课程思政建设探索教材

运筹学基础

（修订本）

王周宏　编著

清华大学出版社
北京交通大学出版社
·北京·

内容简介

本书深入细致地讨论了线性规划的理论与方法，并以线性规划与单纯形法为主线，详细讨论了线性规划的对偶理论、整数线性规划、常用网络优化方法、对策论、多目标线性规划方法和动态规划方法．本书注重阐明运筹学经典算法的数学思想、原理及其相互关系，深入浅出，力图使学生知其然并知其所以然．本书对所有经典算法和定理都给出了正确性证明，具有严谨性；本书除了常规性的例题、习题外，通过提炼、整合课程的关键内容，设计了一系列具有层次性和综合性的研究性问题作为课程设计，以配合研究型教学，有助于培养学生的理解能力和创造能力．为培养学生的建模能力和实际操作能力，本书设计了一系列数学建模问题作为例题和习题，介绍了如何使用 MATLAB 和 LINDO 求解线性规划问题．本书是作者在多年教学经验的基础上并参考了大量相关专著和教材编写而成的．本书的内容曾在北京交通大学信息与计算专业多届学生中使用，获得了较好的效果．

本书主要针对数学系相关专业学生编写，同时也适合作为经济管理、计算机、工业与工程管理等其他相关专业的参考教材．

图书在版编目（CIP）数据

运筹学基础/王周宏编著．—北京：清华大学出版社；北京交通大学出版社，2010.11（2023.9 重印）

ISBN 978－7－5121－0381－8

Ⅰ．①运…　Ⅱ．①王…　Ⅲ．①运筹学　Ⅳ．①O22

中国版本图书馆 CIP 数据核字（2010）第 203913 号

责任编辑：赵彩云
出版发行：清 华 大 学 出 版 社　　邮编：100084　　电话：010－62776969
　　　　　北京交通大学出版社　　邮编：100044　　电话：010－51686414
印 刷 者：北京虎彩文化传播有限公司
经　　销：全国新华书店
开　　本：185×260　　印张：19.5　　字数：499 千字
版　　次：2023 年 9 月第 1 次修订　　2023 年 9 月第 3 次印刷
书　　号：ISBN 978－7－5121－0381－8/O・74
定　　价：49.00 元

本书如有质量问题，请向北京交通大学出版社质监组反映。对您的意见和批评，我们表示欢迎和感谢。
投诉电话：010－51686043，51686008；传真：010－62225406；E-mail：press@bjtu. edu. cn。

序

一直盼望的面向数学系本科生的北京交通大学运筹学教材系列开始问世．这个系列的初衷是通过提炼在保持一些已被证实对于提高数学素养和强化能力培养十分重要的内容的基础上，尽量反映近半个世纪数学中运筹学方面的可适于本科生接受的新发展．虽然已经通过了一些教学实践，仍还处于试行阶段，不免一些内容不很甚至很不成熟，这些都有待在教学实践中，适时地发现、改进和纠正．

运筹学的形成与发展本身就决定了它广泛地与人类的生产活动和社会生活建立密切的联系．随着生产水平的提高和社会组织的进步，使人们愈来愈意识到运筹学所研究的中心问题一直是围绕着宏观管理与微观调整优化中的科学基础．然而，从运筹学的近代发展中，又愈来愈使人们意识到在基础（或曾被称为纯粹）数学拓新中的作用．这就是为什么要在数学系本科搞这样一个教材系列的原因．

这本教材介绍了以线性规划为中心的内容．虽然线性规划本身在现代运筹学的研究中就是一个最经典、理论上最完善、应用上也最广泛的专题，本书作者却将它与博弈（或对策）论、网络优化，以及动态规划紧密地联系起来，显示了它们之间的统一性．同时，还精心设计程度不同的例题、习题和问题．这些都有利于读者举一反三地拓广思路，提高分析和解决问题的能力．

关于线性规划本身理论的发展，我不能不提三位取得过具有里程碑意义成果的人．第一是康托洛维奇（Konterovitch）于 1939 年首次提出有普遍意义的三个模型并提供了解乘数法．第二是丹捷格（Dantzig）于 1947 年给出一个统一的模型，并提供了单形（或单纯形）法，为当今利用最广的算法．第三是哈奇安（Khachyian）于 1979 年提出椭球法，首次论证线性规划的有效性．

为了不致形成多中心和便于计算，本书只用单形法一贯始终．在学习单形法时，我建议先考虑如果一个线性方程组多解，如何求出其所有解，再看一看如何给出最优的判别准则．这样就会觉得单形法的顺理成章．相仿地，关于对偶性也是如此．

如果对线性规划十分感兴趣，我还建议尝试可否通过根据选初始解的方式，给线性规划分类，使得用单形法能有效地求解．不过在此之前，必须仔细研究使单形法不能有效求解的那个反例．

希望通过进一步的教学实践，在本科生（或研究生）教材中，能适当考虑解线性规划的椭球法以及讨论有限域上的线性整数规划的相关内容．

刘彦佩

于北京

修订本前言

本书是北京交通大学运筹学系列教材之一，也是由修乃华教授主持的 2007 年北京交通大学教改项目“运筹学系列课程建设与教学改革研究”的成果之一. 本书主要针对数学与应用数学、信息与计算科学两个专业的大学生编写，同时也适合作为经济管理、计算机、工业与工程管理等其他相关专业的参考教材.

目前国内外在运筹学的教学方面出版了多种教材，但这些教材要么面向管理学科的本科生，要么面向理工科研究生，而面向数学与应用数学、信息与计算科学专业大学生的教材则很少. 在内容上，要么过于强调理论，对算法原理的基本思想及算法之间的关系描述不够；要么过于简单，仅写出算法的执行步骤，对算法的原理和构造方法基本上没有描述，甚至存在一些瑕疵. 作者认为这些都不利于学生从本质上学习和掌握运筹学的思想与方法. 因此，作者在多年教学经验的基础上，参考国内外大量相关专著和教材编写出了这本书，试图使学生知其然并知其所以然，为今后应用和研究运筹学打下较为扎实的基础.

本书主要介绍运筹学线性部分的内容，非线性部分、随机部分和图论中更为深入的部分将在本系列课程的后续课程介绍. 本书共分 8 章，其中带“*”的内容为选学内容. 全书的基本内容可用 64 学时授完. 本书的特点是：首先深入细致地讨论了线性规划与单纯形法，特别是针对目前其他教材对单纯形法设计思路叙述不够的情况，详述了单纯形法的设计思路，并深入讨论了退化的 2 种处理方法，证明了单纯形算法的收敛性，介绍了单纯形法的几何性质. 然后以线性规划和单纯形法为主线，详细讨论了线性规化的对偶理论、整数线性规划、网络优化方法、对策论、多目标线性规划方法和动态规划的理论与计算方法；本书对所有经典算法和定理都给出了正确性证明，具有严谨性；同时为配合进行研究型教学，除了常规性的例题、习题外，本书通过提炼、整合课程的关键内容，设计了一系列具有层次性和综合性的研究性问题作为课程设计，有助于开阔思路，培养学生的理解能力和创造能力；为培养学生的建模能力和实际操作能力，本书设计了一系列数学建模问题作为例题和习题，介绍了如何使用 MATLAB 和 LINDO 求解线性规划问题.

本书在编写过程中得到了国家基金委重点项目“最优化理论与应用（10831006）”的部分支持，在此深表感谢.

本书在编写过程中得到了北京交通大学数学与统计学院领导的大力支持. 北京交通大学教改项目“运筹学系列课程建设与教学改革”研究主持人修乃华教授对本书的取材、布局提出了指导性意见. 修乃华教授、郝荣霞教授、王金亭教授、李岷珊副教授仔细审阅了本书的初稿，提出了许多宝贵意见，这对提高本书质量起到了重要作用，在此表示衷心感谢. 北京交通大学 2006 级信息与计算专业部分学生和我的研究生王桂艳、侯瑞娜帮助完成了部分录入工作，在此一并致谢.

在此，作者还要特别感谢北京交通大学出版基金的资助，正是由于该基金的支持，本书才得以面世.

在使用本书进行教学的过程中，学生和作者都发现了本书的一些不足之处。本次修订，作者除了改正本书的一些不妥之处，还对第5章内容作了较大调整和修改，增加了Prim标号算法和例题，将原“5.5.3 运输问题”和“5.5.4 指派问题”调整为“5.5 运输问题与指派问题”，并对相关内容作了相应修正，使之自成体系；将原“5.5 最小费用流问题和网络单纯形法”调整为“＊5.6 最小费用流问题”作为选学内容，并增加了“消圈算法”和“逐次最短路算法”，试图将最小费用流问题与前面介绍的最短路和最大流问题更好地联系起来，将其内容更为清晰地展现到读者面前. 此外，为便于开展“课程思政”教学，贯彻“以德树人”的理念，本书增加了附录C的相关内容.

如果本书能够对读者理解掌握运筹学的基本思想与方法有所帮助，那么作者将会感到非常欣慰. 由于作者水平、精力有限，而运筹学的各个分支都是博大精深的专题，错误疏漏之处在所难免，恳请读者批评指正.

作　者

2023年9月

目　录

第 1 章

绪　论

1.1　运筹学的历史概况

朴素的运筹思想在中国古代历史中有许多记载，如“齐王赛马”“丁渭修宫”等故事. “齐王赛马”载于《史记·孙子吴起列传》，说的是战国时齐国将领田忌与齐威王赛马. 二人各拥有上、中、下三个等级的马，但齐王各等级的马均略优于田忌同等级的马，如依次按同等级的马对赛，田忌必连负三局. 田忌根据孙膑的计策，以自己的下、上、中马分别与齐王的上、中、下马对赛，结果田忌反而以二胜一负获胜. 这反映了在总的劣势条件下，以己之长击敌之短，以最小的代价换取最大胜利的古典运筹思想，也是对策论的最早渊源. “丁渭修宫”的故事发生在北宋时期. 宋真宗祥符年间（公元 1008—1017 年）宫廷失火，由丁渭主持重建，他让人先在需要重建的宫廷前的通衢大道上就近取土烧砖，取土后通衢变成深沟，引入汴水，成为一条人工河，基建材料便可由此水路运入工地；宫殿修成后，又将基建废料弃置沟中，重新建成通衢大道. 这样统筹安排的施工次序保证了取土近、弃土近、运输便，一举三得，节省了巨额费用和工期，体现了我国古代在大规模工程施工组织方面的运筹思想.

但现代运筹学却是 20 世纪 50 年代中期由钱学森、许国志等教授从西方引入我国的. 1956 年，经当时中国科学院力学研究所的所长钱学森教授倡导，在该所成立了由许国志领导的国内第一个运筹学研究组，1958 年成为运筹学研究室. 同年，以中国科学院数学研究所所长华罗庚教授为首的一大批数学家加入到了运筹学的研究队伍，影响和带动了全国范围内各部门、各高校的运筹学应用和推广工作，使我国在运筹学的很多分支很快跟上了当时的国际水平. 运输和农业等部门的“图上作业法”“打麦场设计”，是典型的成果，其中“中国邮递员问题”还得到了国际学术界的承认和进一步的研究发展，成为目前运筹学教材必备的内容. 1959 年，中国科学院数学研究所成立了运筹学研究室，1962 年，中国科技大学在应用数学系中设立了运筹学专业，这是国内大学中最早也是最大的一个运筹学专业，影响深远. 目前运筹学课程已成为国内几乎所有大学的理学和工学等多个专业的必修课和专业主干课.

现代运筹学起源于第二次世界大战，但其历史可追溯到 20 世纪初，如 1908—1917 年期间丹麦工程师 Erlang 在哥本哈根电话公司研究电话通讯系统时提出了排队论的基本公式，Lanchester 在 1914 年提出了关于战争兵力部署的 Lanchester 战斗方程，Harris 在 1915 年针对简单存储模型提出了著名的EOQ平方根公式等. 运筹学作为一个正式的学科术语（在欧洲和英国为“Operational Research”，在美国为“Operations Research”，均简写为“OR”）是在1938年由英国波得塞雷达研究基地（Bawdsey Research Station）负责人罗伊（A. P. Rowe）提出的. 1936年，英国空军部在英格兰东部萨福克郡（Suffolk）附近的波得塞（Bawdsey）建立了雷达研究基地（雷达在当时还属于秘密武器）. 1937年夏天的试验表明雷达将是一种有效的防空工具，但其获得的跟踪信息尚不能令人满意. 因此，在1938年又新建立了4个雷达站，希望能够提高雷达的覆盖面和信息的有效性，但结果却并未达到目的，反而带来了新的问题. 当多个雷达同时操作时，获取的关联信息常常是互相矛盾的，必须对各个雷达进行协调后才能有效使用. 波得塞雷达研究基地当时的负责人罗伊指出，雷达作为防空系统的一部分，从技术上是可行的，但实际运用时效果并不好，还远远达不到实战要求. 因此他提出成立一个专门的研究小组，以解决雷达的运作问题. 由于这一研究与雷达纯技术方面的研究不同，因此他使用了“Operational Research”这一词以相区别. 这一研究获得了显著的效果. 目前大家公认这一事件标志着现代运筹学的诞生. 之后英、美等国在陆海空三军中成立了一些专门的运筹研究小组，开展了对一些战略战术问题的深入研究，如护航舰队保护商船队的编队问题和当船队遭受德国潜艇攻击时，如何使船队损失最少；反潜深水炸弹的合理爆炸深度和如何用水雷封锁敌方海面，以及船只在受到敌机攻击时如何进行有效的逃避等.

由于运筹学的研究在第二次世界大战中发挥了重要作用，并在“二战”后被其他民用行业如工业制造、管理与销售、农业、经济分析等领域广泛应用，运筹学作为一个专门的学科迅速发展起来，并形成了运筹学的许多分支，如数学规划（包括线性规划、非线性规划、整数规划与组合优化、参数规划、多目标规划、动态规划、随机规划等）、图论与网络优化理论、排队论（也称随机服务系统理论）、可靠性理论、存贮论、对策论、决策论等，其中排队论、随机规划、可靠性理论、存贮论、随机网络优化等含随机变量的理论也称为随机运筹理论.

值得提到的是，目前线性规划是运筹学中应用最广泛、理论与方法均最成熟的分支. 线性规划及其单纯形法是丹捷格（G. B. Dantzig）在1947提出的. 但早在1939年，前苏联学者康托洛维奇在解决工业生产组织和计划问题时，已提出了类似线性规划的模型，并给出了“解乘数法”的求解方法，从根本上回答了集权与分权、计划与市场之间的关系，但在当时未被领导重视. 直到1960年康托洛维奇再次发表了《最佳资源利用的经济计算》一书后，才被国内外一致看好，康托洛维奇也为此获得了1975年诺贝尔经济学奖. 1944年由冯·诺依曼（J. Von Neumann）和奥斯卡·摩根斯坦（O. Morgenstern）合著的《对策论与经济行为》对线性规划的提出也起到了很大作用，该书作为对策论的奠基作已隐约地指出了对策论与线性规划对偶理论的紧密联系. 线性规划提出后很快受到经济学家的重视，如在第二次世界大战中从事运输模型研究的美国经济学家库普曼斯（T. C. Koopmans）很快看到了线性规划在经济中应用的意义，并呼吁年轻的经济学家要关注线性规划，得到许多年轻学者的响应，其中阿罗、萨谬尔逊、西蒙、多夫曼、胡尔威茨、纳什、米勒斯、费克勒和奥曼等都因为将线性规划、对策论、最优控制等运筹学的数学理论成功地应用于经济分析中而获得了诺贝尔经济学奖. 丹捷格由于其在线性规划及其单纯形法方面的重要贡献，在1975年获得了美国运筹与管理界的最高奖——冯·诺依曼奖。在线性规划取得巨大成功的影响下，1951

年，Kuhn 和 Tucker 给出了一般非线性规划的充分条件和必要条件；1973 年国际学术界成立了“数学规划协会（the Mathematical Programming Society）”，丹捷格被推选为第一任主席；该协会每三年举办一次世界级的学术会议（ISMP），并在 2010 年更名为“The Mathematical Optimization Society”。因此“数学规划（Mathematical Programming）”等同于“数学优化（Mathematical Optimization）”，“线性规划（Mathematical Programming）”等同于“线性优化（Mathematical Optimization）”。线性规划及其单纯形法的提出，标志着现代最优化方法的开始.

目前许多国家和地区建立了运筹学会，其中最早建立运筹学会的国家是英国（1948 年），接着美国（1952 年）、法国（1956 年）、日本和印度（1957 年）等国家也成立了运筹学会. 1959 年，英、美、法三国的运筹学会联合发起成立了国际运筹学联合会（International Federation of Operational Research Societies，IFORS）. 之后一些地区性的组织相继成立，如欧洲运筹学协会（Association of the European Operational Research Societies，EURO）成立于 1976 年，亚太运筹学协会（Association of Asian Pacific Operational Research Societies，APORS）成立于 1985 年. 1994 年美国运筹学会（The Operations Research Society of America，ORSA）和管理科学学会（The Institute of Management Sciences，TIMS）合并成立了 INFORMS（The Institute For Operations Research and the Management Sciences），成为国际上最大的运筹学会，这是当年国际运筹学界的一件大事. 目前国际运筹学联合会（IFORS）已有几十个成员国，每个国家也有自己的运筹学会. 运筹学正在为许多国家和组织提高工作效率、节省工作成本发挥着重要作用.

我国于 1980 年成立了中国运筹学会，在 1982 年成为国际运筹学联合会（IFORS）的成员，并于 1992 年从中国数学会独立出来成为国家一级学会. 中国运筹学会现有注册会员 1 200 多名，遍布于全国各省市大专院校、科研院所、机关企业. 运筹学理论与方法已在我国的一些组织中得到运用，取得了很好的经济效益与社会效益.

目前国际上著名的运筹学刊物有：*Management Science*，*Operations Research*，*Mathematical Programming*，*Interfaces*，*Journal of Operational Research Society*，*European Journal of Operations Research* 等，国内运筹学的专门刊物或较多刊登运筹学理论和应用的刊物主要有：《Journal of the Operations Research Society of China》《运筹学学报》《运筹与管理》《应用数学学报》《系统工程学报》《系统科学与数学》等.

1.2 运筹学的基本特点

运筹学至今没有统一的定义. 其中影响较大的是莫斯（P. M. Morse）和金博尔（G. E. Kimball）曾对运筹学下的定义，即运筹学是“为决策机构在对其控制下业务活动进行决策时，提供以数量化为基础的科学方法”（“Operations research is a scientific method of providing executive departments with a quantitative basis for decisions regarding operations under their control”）. 另一较有影响的定义是：“运筹学是一门应用科学，它广泛应用现有的科学技术知识和数学方法，解决实际中提出的专门问题. 为决策者选择最优决策提供定量依据.”虽然人们对运筹学的定义有不同认识，但是关于运筹学的基本特点，人们达成了以下共识.

(1) 运筹学强调研究过程的完整性. 运筹学的研究从仔细观察和阐明问题开始，同时收集所有相关数据，然后构造一个可以概括真正问题本质的数学模型，再到提出解法并获得结论，之后选用适当的案例检验模型和结论的正确性，再按照需求对模型进行调整，直至付诸实施为止. 因此，它涉及的不仅是方法论，而且与社会、政治、经济、军事、科学、技术各领域都有密切的关系，是对业务的基本特性进行的创造性科学研究.

(2) 运筹学强调理论与实践的结合，并具有全局的观点. 这一特点在运筹学的创建时期就已经显现出来，不论是武器系统的有效使用，还是生产组织或电话、电讯问题，都是与当时的社会实践密切联系的. 在解决这些实际问题时，运筹学着眼于整个系统或组织的利益，试图用一种方法解决系统或组织中各个成员间的利益冲突以实现整个系统或组织利益的最优.

(3) 运筹学常常会考虑寻求问题的最优解，即使是对非常困难的、无法得到最优解的问题，也会尽量去寻找最好的满意解，而不仅仅满足于某个满意解，因此寻找最优解常常是运筹学中的一个重要主题.

运筹学的上述特点使其在研究方法上自然显示出各学科方法的综合，而不单是某种研究方法的分散和偶然的应用. 现代运筹学工作者面临的大量新问题是经济、技术、社会、行为、生态和政治等因素交叉在一起的复杂系统问题. 在运用运筹学研究解决这类新问题时，常常需要用到数学、统计学、经济学、工商管理、信息科学、工程学、物理学、社会科学和运筹学的专业技巧. 因此，现代运筹学已发展成为试图将工程学、数学、物理学、化学、信息科学（包括计算机科学、通信与图像处理等）以及社会科学（如心理学、行为科学等）中的原则和方法拓展综合并融为一体的、定性与定量相结合的、独立的科学学科. 根据运筹学简史，为运筹学的建立和发展作出贡献的有物理学家、经济学家、数学家、其他专业的学者、军官和各行业的实际工作者，如最早投入运筹学领域工作的诺贝尔奖金获得者、美国物理学家勃拉凯特（Blackett）领导的第一个以运筹学命名的小组实际上是一个由各方面专家组成的交叉学科小组，由于该小组的成员复杂，人们戏称它为“勃拉凯特马戏团”. 因此，运筹学具有多学科交叉的综合性特点，虽然以数学为基础，但同数学学科又有本质的不同. 运筹学本身的独立学科性质是由它特定的研究对象所决定的，正如物理学、经济学、生物学等学科大量用到数学，但仍然属于数学之外的独立学科一样. 1992 年中国运筹学会从中国数学会独立出来成为国家一级学会、1994 年美国运筹学会（ORSA）和管理科学学会（TIMS）合并成立 INFORMS 都说明了这一点，目前欧美一些大学甚至还专门建立了运筹学系.

另一方面，应该强调的是，数学方法是运筹学的基础. 数学定量技术构成了运筹学的主体，它对运筹学的重要性绝不亚于它对物理、力学、经济学等所起的作用. 从强调方法论，特别是数学方法论的观点而言，可以把运筹学中反映数学研究内容的那部分，看成运筹学与数学的交叉分支，称之为运筹数学，与数学物理、生物数学、经济数学等作为物理学、生物学、经济学与数学的交叉分支相类似. 只有掌握了运筹学的数学原理和相应的模型构建方法，才能创造性地运用运筹学方法解决实践中出现的新问题.

1.3 运筹学建模方法概述

由于数学方法是运筹学的基础，数学定量技术构成了运筹学的主体，本书后面章节将主要阐述运筹学的数学方法．然而，这并不意味着实际的运筹学研究主要是数学练习．事实上，数学分析通常只代表研究总工作量相对较小的一部分．本节的目的是要通过对典型运筹学研究所有主要阶段的描述，对运筹学整个研究过程获得一个全局观．

在运筹学研究的大量实践中，人们形成了一整套工作方法．一个完整的运筹学研究过程通常可划分为如下步骤．

(1) 分析、定义问题，收集相关数据．与教科书中的例子相反，运筹学研究团队遇到的大部分实际问题最初以模糊的、不精确的方式被描述给他们．因此，首先要做的是研究相关系统，并使被研究的问题得到明确说明．详细来说，这包括确定合适的目标、实际操作的约束、被研究领域和组织的其他领域间的相互关系、其他可能的行动路线、制定决策的时间限制，确定问题中哪些是可控的决策变量，哪些是不可控的变量，确定限制变量取值的工艺技术条件及对目标的有效度量问题等．定义过程是至关重要的，因为它对研究结论的意义有重大影响．从“错误”的问题中，很难得出“正确”的答案．为了准确定义问题，通常运筹学研究团队会花费惊人的时间收集问题的相关数据．大部分数据既用于获得对问题的充分理解，又为下一阶段研究建立的数学模型提供所需的输入．很多时候，许多数据在研究的开始阶段并不能被获得，可能是因为数据从来就没有被保存或者是被保存的数据过时了，或者是以错误的形式保存的．因此，经常需要安装新的基于计算机的管理信息系统，以按所需的形式收集数据．运筹学研究团队一般需要组织中其他关键人员的辅助，来追踪所有的重要数据．即使付出了这样的努力，很多数据仍是非常“不精确的”，只是基于粗略的猜测．因此，运筹学研究团队需要花费大量时间来提高数据的准确度以便于使用．例如，一个美国的运筹学小组在对美国旧金山警署实现巡警值班与调度优化的研究时，曾提出三个目标：①维护市民的高度安全；②保证警官的高昂士气；③运行成本最小．经研究，为达到第①个目标，警署同市政府共同建立了一个期望的保护水平，然后，在数学模型中增加了这一保护水平一定要实现的约束，并在模型中通过平衡警官的工作量来达到第②个目标，最后在保证满足前两个目标的基础上，模型采用了从长远看能最小化警员数量的函数来达到第三个目标，试图通过确立优化的巡逻制度，使用尽可能少的警官来实现低成本运行．这个新系统在实施后，每年节约 1 100 万美元的同时还增加了 300 万美元的交通管理收入，并且将反应时间提高了 20%．

(2) 建立模型．广义地说，模型是真实系统的代表，是对实际问题的抽象概括和严格的逻辑表达，如飞机模型、原子模型、遗传基因模型、地球仪、地图、人体解剖图、肖像等．模型不仅有数学模型，也有心理学模型、生理学模型、社会行为模型，因此在建立问题的模型表述时，常常需要由一支包括数学、统计学、经济学、工商管理、信息科学、工程学、物理学、社会科学和运筹学等方面的专家构成的运筹学研究团队来共同完成．通常情形下，运筹学方法主要是建立表示问题实质的数学模型，它们采用数学符号和数学表达式来表述问题，如果要制订 n 个可量化的决策，可把它们表示成决策变量（x_1，x_2，…，x_n），它们的值是需要确定的. 效用（如利润、费用等）的合理度量被表示成这些决策变量的数学函数，这个函数被称为目标函数（objective）. 任何对决策变量值的约束也能够通过数学表达式如等式或者不等式来表示，这些用于限制决策变量取值范围的数学表达式通常被称为约束（constraints）. 约束和目标函数中的常数（也就是系数和右端项）被称为模型的参数（parameters）. 因此，数学模型一般为在特定约束下选择最大化或最小化目标函数的决策变量值的问题. 这类模型以及它的轻微变体代表了运筹学中常用到的模型，数学模型表达了问题中可控的决策变量、不可控变量、工艺技术条件及目标有效度量之间的相互关系.

模型的正确建立是运筹学研究中的关键一步. 对模型的研制是一项艺术，它是将实际经验、科学方法二者有机结合的创造性工作. 数学模型以更为准确的方式描述了问题. 这使得问题的整体结构更为全面，并且帮助揭示重要的因果关系. 这样，模型更清楚地表明了什么样的数据和分析相关，促进了以整体方式处理问题，以及同时考虑所有的相互依赖关系. 最后，数学模型架起了高性能数学技术和用于分析问题的计算机之间的桥梁. 目前，可用于个人计算机和大型计算机的软件包已经被广泛地用于求解很多数学模型. 建立模型时既要尽可能包含系统的各种信息资料，又要抓住本质的因素. 因为模型毕竟是对问题的理想化抽象，所以建模时进行近似或简化假设是必要的，去除一些不重要的因素不会影响问题的结果.

建模过程中，一种好的做法是从简单的形式开始，然后逐步丰富使其接近实际问题. 一般建模时应尽可能选择建立数学模型，但有时问题中的各种关系难于用数学语言描绘，或问题中包含的随机因素较多时，也可以建立起一个模拟的模型，即将问题的因素、目标及运行时的关系用逻辑框图的形式表示出来.

（3）对问题求解，即用数学方法或其他工具对模型求解. 根据问题的要求，可分别求出最优解、次最优解或满意解；依据对解的精度的要求及算法上实现的可能性，又可区分为精确解和近似解等. 目前运筹学教材中的算法主要是求最优解，实际上管理问题的解只要满意或对最优解足够近似即可. 近年来发展起来的启发式算法和很多软计算方法（如遗传算法、模拟退火算法、蚁群算法等）已成为求解运筹学模型的重要工具.

（4）对模型和由模型导出的解进行检验. 将实际问题的数据资料代入模型，找出的精确的或近似的解毕竟是模型的解. 为了检验得到的解是否正确，常采用回溯的方法. 即将历史的资料输入模型，研究得到的解与历史实际的符合程度，以判断模型是否正确. 当发现有较大误差时，要将实际问题同模型重新对比，检查实际问题中的重要因素在模型中是否已考虑，检查模型中各公式的表达是否前后一致，检查模型中各参数取极值情况时问题的解，以便发现问题进行修正.

（5）建立起对解的有效控制. 任何模型都有一定的适用范围，模型的解是否有效要首先注意模型是否继续有效，并依据灵敏度分析的方法，确定最优解保持稳定时的参数变化范围. 一旦外界条件参数变化超出这个范围时，及时对模型及导出的解进行修正.

（6）方案的实施. 这是很关键也是很困难的一步. 只有实施方案后，研究成果才能有收获. 这一步要求明确：方案由谁去实施，什么时间去实施，如何实施，要求估计实施过程可能遇到的阻力，并为此制定相应的克服困难的措施.

1.4 运筹学的主要内容

运筹学发展到现在虽然只有一百年左右的历史，但是内容丰富，涉及面广，应用范围大，已形成了一个相当庞大的学科. 其主要内容可分为数学规划、图论与网络优化理论、随机运筹理论、对策论等，其中数学规划包含线性规划、非线性规划（其中又分为无约束最优化、约束最优化、几何规划、凸规划、非光滑最优化、全局最优化等）、整数规划与组合优化、参数规划、半无穷规划、多目标规划、动态规划、随机规划等；图论与网络优化理论包括图论、网络优化、随机网络优化、排序理论等；随机运筹理论包含排队论（也称随机服务系统理论）、可靠性理论、随机规划、随机网络优化、存贮论、决策论、模型论等.

数学规划主要是解决两个方面的问题：一是对于给定的人力、物力和财力，怎样才能发挥其最大效益；二是在预定的任务目标下，怎样才能用最少的人力、物力和财力去完成它. 这类统筹规划的问题用数学语言表达时，先根据问题要达到的目标选取适当的**决策变量**，问题的目标通过用变量的函数形式表示（称为**目标函数**），对问题的限制条件用有关变量的等式或不等式表达（称为**约束条件**），当变量连续取值，且目标函数和约束条件均为线性时，称这类模型为**线性规划**模型，有关对线性规划问题建模、求解和应用的研究构成了运筹学中的**线性规划**分支；如果上述模型中目标函数或约束条件不全是线性的，对这类模型的研究便构成了**非线性规划**分支；如果上述模型中变量不能连续取值，如变量只能取整数值，则该模型被称为**整数规划**；组合优化就是在确定的有限集合上求函数的极值，因此组合优化也常常表示为整数规划的形式. 如果函数的系数或常数含参数，则称之为参数规划；如果模型中的目标函数有多个，则称之为**多目标规划**，也称向量值函数优化. 对多目标规划问题，多个目标函数常常转换结合成**组合度量**，化为单目标规划问题求解. 但这一过程是复杂的，需要详细比较目标以及它们的相对重要性；有些决策活动由一系列阶段组成，在每个阶段依次进行决策，而且各阶段的决策之间互相关联，因而构成一个多阶段的决策过程，**动态规划**就是研究一个多阶段决策过程如何达到总体优化的方法. 如果模型中含有随机变量，则称这类问题为**随机规划**. 数学规划的一般数学形式可表示如下：

$$
\begin{aligned}
&\min\ (\text{或}\ \max)\ f(\boldsymbol{x}, \boldsymbol{y}, \boldsymbol{\xi}) \\
&\text{s. t.}\quad h_i(\boldsymbol{x}, \boldsymbol{y}, \boldsymbol{\xi})=0, \quad i=1, 2, \cdots, m_e \\
&\qquad g_j(\boldsymbol{x}, \boldsymbol{y}, \boldsymbol{\xi})\leqslant 0, \quad j=m_e+1, \cdots, m \\
&\qquad \boldsymbol{x}\in X\subseteq \mathbf{R}^n \\
&\qquad \boldsymbol{y}\in Y\subseteq \mathbf{R}^p \\
&\qquad \boldsymbol{\xi}\in U\subseteq \mathbf{R}^q
\end{aligned} \tag{1-1}
$$

其中 $\mathbf{R}^n$ 表示 n 维欧几里德（Euclid）向量空间；$\boldsymbol{x}=(x_1, \cdots, x_n)\in X$ 是决策变量或设计变量，实际上是一个 n 维向量；$\boldsymbol{y}\in Y$ 是事先可确定的参数，为 p 维向量；$\boldsymbol{\xi}\in U$ 为随机变量，是一个 q 维向量；$f(\boldsymbol{x}, \boldsymbol{y}, \boldsymbol{\xi})$：$X\times Y\times U\to\mathbf{R}^l$ 称为**目标函数**（当 $l=1$ 时为单目标规划，当 $l>1$ 时为多目标规划，此时 $f(\boldsymbol{x}, \boldsymbol{y}, \boldsymbol{\xi})$ 是一个向量值函数），$h_i(\boldsymbol{x}, \boldsymbol{y}, \boldsymbol{\xi})$，$g_j(\boldsymbol{x}, \boldsymbol{y}, \boldsymbol{\xi})$：$X\times Y\times U\to\mathbf{R}$ 称为**约束函数**，“s. t.”是英文“subject to”的缩写. 通常要求 $f(\boldsymbol{x}, \boldsymbol{y}, \boldsymbol{\xi})$，$h_i(\boldsymbol{x}, \boldsymbol{y}, \boldsymbol{\xi})$，$g_j(\boldsymbol{x}, \boldsymbol{y}, \boldsymbol{\xi})$ 均为 $\boldsymbol{x}$，$\boldsymbol{y}$，$\boldsymbol{\xi}$ 的连续函数.

若问题（1-1）中没有随机变量 $\boldsymbol{\xi}$，则称之为确定型数学规划问题．一般而言，我们总是把随机型数学规划化为确定型数学规划来求解，把多目标规划化为单目标规划来求解．确定型单目标数学规划问题一般可表示为如下形式：

$$
\begin{aligned}
&\min\ (\text{或}\ \max)\ f(\boldsymbol{x})\\
&\text{s. t.}\quad h_i(\boldsymbol{x})=0,\quad i=1,2,\cdots,m_e\\
&\qquad\ \ g_j(\boldsymbol{x})\leqslant(\text{或}\geqslant)0,\quad j=m_e+1,\cdots,m\\
&\qquad\ \ \boldsymbol{x}\in X\subseteq\mathbf{R}^n
\end{aligned}
\tag{1-2}
$$

其中 $\boldsymbol{x}=(x_1,\cdots,x_n)^{\mathrm{T}}\in X$ 是 n 维向量，$f(\boldsymbol{x})$，$h_i(\boldsymbol{x})$，$g_j(\boldsymbol{x})$ 均为 $\boldsymbol{x}$ 的连续函数．当目标函数和约束函数均为一次多元多项式时，即 $h_i(\boldsymbol{x})=\boldsymbol{a}_i^{\mathrm{T}}\boldsymbol{x}-b_i(i=1,2,\cdots,m_e)$，且 $f(\boldsymbol{x})$ 和 $g_j(\boldsymbol{x})(j=m_e+1,\cdots,m)$ 也都具有同样的形式时，问题（1-2）就成为**线性规划问题**；当目标函数或约束函数含有非线性函数时，则称之为**非线性规划**．称

$$
S=\{\boldsymbol{x}\in X\subseteq\mathbf{R}^n\,|\,h_i(\boldsymbol{x})=0,\ i=1,2,\cdots,m_e;\ g_j(\boldsymbol{x})\leqslant 0,\ j=m_e+1,\cdots,m\}
$$

为问题（1-2）的可行域．对任意 $\boldsymbol{x}\in S$，称其为**可行解**；若 $\boldsymbol{x}\notin S$，则称其为**不可行解**．在任何一个数学规划（或数学优化）模型中，有如下三个要素，即**决策变量（或设计变量）**、**目标函数**、**约束函数**．

除了上述可用函数形式表示出来的数学规划问题外，生产管理中经常碰到工序间的合理衔接搭配问题，设计中经常碰到研究各种管道、线路的通过能力以及仓库、附属设施的布局等问题．运筹学把一些研究的对象用节点表示，对象之间的联系用连线（边）表示，称由点边构成的集合为**图**．**图论**就是研究图及其性质的学科，是组合优化和网络优化的基础．如果给图中各边赋予具体的权数，并指定了起点和终点，称这样的图为**网络图**．**网络优化方法**通过对图与网络性质及其优化的研究，解决生产组织、计划管理中诸如最短路径问题、最小连接问题、最小费用流问题、最优指派问题及关键路线图等实际问题，特别在计划和安排大型的复杂工程时，网络优化方法是重要的工具．

排队论亦称"等待理论""公用服务系统理论"或"随机服务系统理论"．排队现象在日常生活中屡见不鲜，如机器等待修理、船舶等待装卸、顾客等待服务等．它们有一个共同的问题，就是等待时间长了，会影响生产任务的完成，或者顾客会自动离去而影响经济效益；如果增加修理工、装卸码头和服务台，固然能解决等待时间过长的问题，但又会蒙受修理工、码头和服务台空闲的损失，这类问题的妥善解决是**排队论**的任务．

可靠性理论起源于20世纪30年代，最早研究的领域包括机器维修、设备更换和材料疲劳寿命等问题．产品的可靠性是指产品在规定的条件下，在规定的时间内完成规定功能的能力．产品可以是一个零件也可以是一个系统．第二次世界大战期间由于研制使用复杂的军事装备和评定改善系统可靠性的需要，可靠性理论得到重视和发展，其应用已从军事部门扩展到国民经济的许多领域，其任务是运用概率统计和运筹学的理论和方法定量研究产品（单元或系统）的可靠程度，提高效率和安全性．

对策论是研究具有利害冲突的各方，如何制定、选择最优策略的一种数学方法．在这类模型中，参与对抗的各方均有一组策略可供选择，对策论的研究为对抗各方提供为获取对自己有利的结局而应采取的最优策略．由于这门学问最初是从赌博和弈棋中提出的，因此亦称**博弈论**．

决策论是研究在有多种方案可供选择时，决策者如何从中选择能达到其预期目标且最优的方案. 决策问题是普遍存在的，人们在着手实现某个预期目标时，常常会出现多种情况，又有多种方案可供选择，从而产生应如何决策的问题.

存储论是研究人们在生产和消费过程中，应该如何确定合理的存储量、购货批量和购货周期. 在生产和消费过程中，人们都必须储备一定数量的原材料、半成品或商品，存储少了会因停工待料或失去销售机会而遭受损失，存储多了又会造成资金积压、原材料及商品的损耗. 因此，确定合理的存储量、购货批量和购货周期是至关重要的.

模型论就是从理论上和方法上来研究建立复杂事物数学模型的基本技能. 人们在生产实践和社会实践中遇到的事物往往是很复杂的，要想了解这些事物的变化规律，首先必须对这些事物的变化过程进行适当的描述，即所谓建立模型，然后就可通过对模型的研究来了解事物的变化规律. 由前面简述的运筹学建模过程可看到，对实际问题建立模型是一个非常复杂的过程，因此有必要理论上和方法上进行研究，这正是模型论的任务.

本书将依次讨论线性规划、整数线性规划、网络优化方法、对策论、多目标线性规划与目标规划方法和动态规划，而排队论、可靠性理论、决策论、存储论、非线性规划和随机规划等内容将在本教程的后续课程中介绍，本书就不再涉及了.

第2章 线性规划与单纯形法

线性规划是运筹学的一个重要分支，自1947年丹捷格（G. B. Dantzig）提出单纯形法后，线性规划已在经济分析及其管理、博弈论、交通运输等领域获得了广泛深入的应用. 线性规划的求解技术也日趋成熟，已能在很短的时间里在PC机上求解上百万个变量的线性规划问题. 目前线性规划模型已成为运筹学中最重要、最基础和最成熟的数学模型.

2.1 问题的提出

例题2-1 设有n种不同的食品，每种食品含m种营养成分，每单位第j种食品含第i种营养成分a_{ij}个单位，为达到营养要求，每天对第i种营养成分至少需要b_i个单位. 设第j种食品的单位价格为c_j，试求每天最经济的营养食谱.

解：设每天对第j种食品的需求为x_j个单位，于是决策变量为

$$\boldsymbol{x}=(x_1, x_2, \cdots, x_n)^{\mathrm{T}}$$

目标函数为

$$\min z=\sum_{j=1}^{n} c_j x_j \equiv c_1x_1+c_2x_2+\cdots+c_nx_n$$

约束条件为

1. 非负性要求： $x_j \geqslant 0,\quad j=1, 2, \cdots, n$
2. 营养要求：

$$\sum_{j=1}^{n} a_{ij}x_j \geqslant b_i,\quad i=1, 2, \cdots, m$$

于是整个模型为

$$\begin{aligned}
&\min z=\sum_{j=1}^{n} c_j x_j \\
&\text{s.t.} \sum_{j=1}^{n} a_{ij}x_j \geqslant b_i,\quad i=1, 2, \cdots, m \\
&\qquad x_j \geqslant 0,\quad j=1, 2, \cdots, n
\end{aligned}$$

□

例题2-2 某化工厂要用三种原料Ⅰ，Ⅱ，Ⅲ混合配制三种不同规格的产品A，B，C. 各产品的规格、单价以及各原料的单价及每天最大供量如表2-1和表2-2所示，该厂应如何安排生产才能使利润最大?

表 2-1　各产品的规格、单价

产品	规　　格	单价/(元/kg)
A	原料Ⅰ不少于 50%，原料Ⅱ不超过 25%	50
B	原料Ⅰ不少于 25%，原料Ⅱ不超过 50%	35
C	不限	25

表 2-2　各原料的单价及每天最大供量

原料	最大供量/(kg/d)	单价/(元/kg)
Ⅰ	100	65
Ⅱ	100	25
Ⅲ	60	35

解：该问题为多种产品配料问题. 因此，不能单独考虑每一产品的最经济配料方案，而必须从总体上考虑各产品的配方及产量，目标是使总利润达到最大.

1. 决策变量

设以 x_{ij} 表示第 i 种产品的日产量（kg）中所含第 j 种原料的数量，具体对应关系如表 2-3 所示.

表 2-3　对 应 关 系

	Ⅰ	Ⅱ	Ⅲ		Ⅰ	Ⅱ	Ⅲ
A	x_{11}	x_{12}	x_{13}	C	x_{31}	x_{32}	x_{33}
B	x_{21}	x_{22}	x_{23}				

2. 约束条件

（1）规格约束. 由表 2-3，具体的约束有

$$\frac{x_{11}}{x_{11}+x_{12}+x_{13}}\geqslant 0.5,\quad \frac{x_{12}}{x_{11}+x_{12}+x_{13}}\leqslant 0.25,$$

$$\frac{x_{21}}{x_{21}+x_{22}+x_{23}}\geqslant 0.25,\quad \frac{x_{22}}{x_{21}+x_{22}+x_{23}}\leqslant 0.5$$

整理得到

$$\begin{gathered}-x_{11}+x_{12}+x_{13}\leqslant 0\\ -x_{11}+3x_{12}-x_{13}\leqslant 0\\ -3x_{21}+x_{22}+x_{23}\leqslant 0\\ -x_{21}+x_{22}-x_{23}\leqslant 0\end{gathered}$$

（2）资源约束. 根据题意可得

$$\begin{gathered}x_{11}+x_{21}+x_{31}\leqslant 100\\ x_{12}+x_{22}+x_{32}\leqslant 100\\ x_{13}+x_{23}+x_{33}\leqslant 60\end{gathered}$$

3. 目标函数

问题要求利润最大，即总产值减去总成本所得的差值为最大. 分别考虑如下.

（1）总产值. 根据题意可得

产品 A 的产值：$50(x_{11}+x_{12}+x_{13})$

产品 B 的产值：$35(x_{21}+x_{22}+x_{23})$

产品 C 的产值：$25(x_{31}+x_{32}+x_{33})$

以上三项之和即总产值.

(2) 总成本．根据题意分别有

原料Ⅰ的费用：$65(x_{11}+x_{21}+x_{31})$

原料Ⅱ的费用：$25(x_{12}+x_{22}+x_{32})$

原料Ⅲ 的费用：$35(x_{13}+x_{23}+x_{33})$

以上三项之和即为总成本．目标函数为总产值减去总成本，于是得

$$\begin{aligned} z &= 50(x_{11}+x_{12}+x_{13})+35(x_{21}+x_{22}+x_{23})+25(x_{31}+x_{32}+x_{33})- \\ &\quad 65(x_{11}+x_{21}+x_{31})-25(x_{12}+x_{22}+x_{32})-35(x_{13}+x_{23}+x_{33}) \\ &= -15x_{11}+25x_{12}+15x_{13}-30x_{21}+10x_{22}-40x_{31}-10x_{33} \end{aligned}$$

综上所述可得该问题的线性规划模型如下：

$$\begin{aligned} \max\ z= & -15x_{11}+25x_{12}+15x_{13}-30x_{21}+10x_{22}-40x_{31}-10x_{33} \\ \text{s. t.}\ & -x_{11}+x_{12}+x_{13}\leqslant 0 \\ & -x_{11}+3x_{12}-x_{13}\leqslant 0 \\ & -3x_{21}+x_{22}+x_{23}\leqslant 0 \\ & -x_{21}+x_{22}-x_{23}\leqslant 0 \\ & x_{11}+x_{21}+x_{31}\leqslant 100 \\ & x_{12}+x_{22}+x_{32}\leqslant 100 \\ & x_{13}+x_{23}+x_{33}\leqslant 60 \\ & x_{ij}\geqslant 0,\quad i,j=1,2,3 \end{aligned}$$

□

在例题 2-1 和例题 2-2 中，所形成的优化模型的目标函数和约束函数均是线性函数，称之为**线性规划问题**．运用线性代数的知识，线性规划问题一般形式可表示为

$$\begin{aligned} \min(\text{或}\ \max)\ & \boldsymbol{c}^{\mathrm{T}}\boldsymbol{x}\equiv\sum_{j=1}^{n}c_j x_j \\ \text{s. t.}\quad & \boldsymbol{A}_1\boldsymbol{x}=\boldsymbol{b}_1 \\ & \boldsymbol{A}_2\boldsymbol{x}\leqslant\boldsymbol{b}_2 \\ & \boldsymbol{l}\leqslant\boldsymbol{x}\leqslant\boldsymbol{u} \end{aligned} \tag{2-1}$$

其中 $\boldsymbol{A}_1$，$\boldsymbol{A}_2$ 分别是 $m_1\times n$，$m_2\times n$ 阶矩阵，$\boldsymbol{l}$，$\boldsymbol{u}$，$\boldsymbol{x}\in\mathbf{R}^n$ 均为 n 维实向量，关系式"$\boldsymbol{x}\leqslant\boldsymbol{u}$"表示向量 $\boldsymbol{x}$，$\boldsymbol{u}$ 的每个分量 x_i，$u_i(i=1,2,\cdots,n)$ 均满足相应的关系式，即"$x_i\leqslant u_i$，$i=1,2,\cdots,n$"．同样理解关系式"$\boldsymbol{x}\geqslant\boldsymbol{l}$"．对于不等式约束 $\boldsymbol{Ax}\geqslant\boldsymbol{b}$，两边同乘一个 -1 便化为 $-\boldsymbol{Ax}\leqslant-\boldsymbol{b}$，因此在上述一般形式（2-1）中省略了"$\boldsymbol{Ax}\geqslant\boldsymbol{b}$"形式的不等式约束．在一般形式（2-1）中，称"$\boldsymbol{l}\leqslant\boldsymbol{x}\leqslant\boldsymbol{u}$"为简单界约束，简称**界约束**．在目标函数行，min 表示求最小值，max 表示求最大值，分别简称其为 **MIN 类型或 MAX 类型的线性规划问题．**

记线性规划问题（2-1）的可行域为

$$S=\{\boldsymbol{x}\in\mathbf{R}^n\,|\,\boldsymbol{A}_1\boldsymbol{x}=\boldsymbol{b}_1,\ \boldsymbol{A}_2\boldsymbol{x}\leqslant\boldsymbol{b}_2,\ \boldsymbol{l}\leqslant\boldsymbol{x}\leqslant\boldsymbol{u}\}$$

定义 2-1 设 S 是问题（2-1）的可行域．若存在 $\boldsymbol{x}^*\in S$，对 $\forall\,\boldsymbol{x}\in S$，均有 $\boldsymbol{c}^{\mathrm{T}}\boldsymbol{x}^*\leqslant\boldsymbol{c}^{\mathrm{T}}\boldsymbol{x}$（若为 MAX 类型的问题，则改为 $\boldsymbol{c}^{\mathrm{T}}\boldsymbol{x}^*\geqslant\boldsymbol{c}^{\mathrm{T}}\boldsymbol{x}$），则称 $\boldsymbol{x}^*\in S$ 是问题（2-1）的**最优解**，对应的目标值 $z^*=\boldsymbol{c}^{\mathrm{T}}\boldsymbol{x}^*$ 称为线性规划问题（2-1）的**最优目标值**，简称为**最优值**．

由上述定义，易见问题（2-1）的最优值一定是唯一的，但对应的最优解却不一定唯一．此外，MIN 类型与 MAX 类型的线性规划问题实际上可互相转化，如 MAX 类型线性规划问

题“$\max \sum_{j=1}^{n} c_j x_j$, s. t. $\boldsymbol{Ax}=\boldsymbol{b}$, $\boldsymbol{x}\geqslant\boldsymbol{0}$”等价于 MIN 类型线性规划问题“$\min \sum_{j=1}^{n} (-c_j) x_j$, s. t. $\boldsymbol{Ax}=\boldsymbol{b}$, $\boldsymbol{x}\geqslant 0$”，因此在后面主要针对 MIN 类型线性规划问题讨论其求解方法.

2.2　图解法

图解法一般只适用于二维问题和较为简单的三维问题，下面通过例题来说明.

例题 2-3　用图解法求解下列线性规划问题.

$$\begin{aligned}\min\ & -x_1-3x_2\\ \text{s. t. }\ & x_1+x_2\leqslant 6\\ & -x_1+2x_2\leqslant 8\\ & x_1\geqslant 0,\ x_2\geqslant 0\end{aligned}$$

首先画出可行域和目标函数的等值线，如图 2-1 所示. 其中可行域是四边形 $ABCO$ 的内部（包括边界），虚线是目标函数 $-x_1-3x_2$ 的等值线，即方程 $-x_1-3x_2=a$ 在 a 取不同值时得到了一组平行线，a 为相应的函数值. 等值线上的箭头方向是目标函数 $-x_1-3x_2$ 函数值的增加方向. 因此在可行域（即四边形 $ABCO$ 的内部和边界）上，目标函数 $-x_1-3x_2$ 在点 B 处达到最小值，在原点 O 处达到最大值，从而最优解为点 B，即直线 $x_1+x_2=6$ 与直线 $-x_1+2x_2=8$ 的交点，因此最优解为：$x_1=\frac{4}{3}$，$x_2=\frac{14}{3}$，对应的最优目标函数值为：$z^*=-\frac{46}{3}$，而且最优解是唯一的.　□

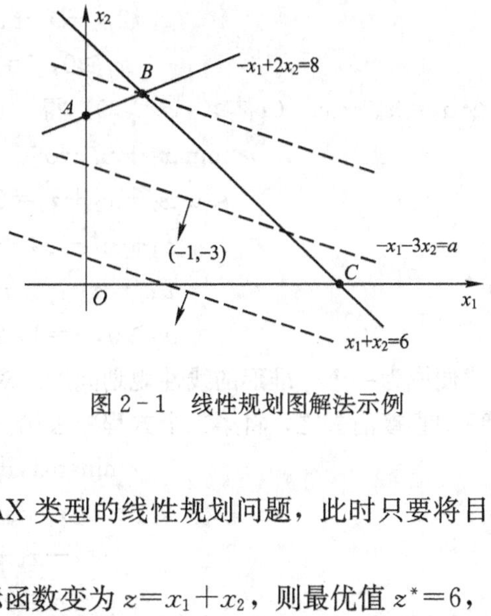

图 2-1　线性规划图解法示例

由例 2-3 可看到，图解法也可用来求解 MAX 类型的线性规划问题，此时只要将目标函数的等值线向相反方向移动即可.

通过图解法，容易看到在例 2-3 中，若目标函数变为 $z=x_1+x_2$，则最优值 $z^*=6$，而最优解为线段 BC 上的所有点，即对应的最优解有无穷多个；若在例 2-3 中去掉第一个约束 $x_1+x_2\leqslant 6$，则问题无下界；若在例 2-3 中将第二个约束 $-x_1+2x_2\leqslant 8$ 改为 $-x_1+2x_2\leqslant -8$，则问题将无可行解.

2.3　线性规划的标准形

为求解变量个数更多的线性规划问题，需要将一般的线性规划问题（2-1）化为较为简单的形式以方便分析求解，因此人们提出了如下形式的线性规划问题：

$$\min \boldsymbol{c}^{\mathrm{T}}\boldsymbol{x} \equiv \sum_{j=1}^{n} c_j x_j$$
$$\text{s.t.}\ \boldsymbol{Ax} = \boldsymbol{b} \qquad (2-2)$$
$$\boldsymbol{x} \geqslant \boldsymbol{0}$$

并称之为**线性规划的标准形**（**standard form linear programming**）．在上面的标准形中，通常还要求右端项 $\boldsymbol{b}\geqslant\boldsymbol{0}$（否则在等式两端同乘以$-1$便可）．其他形式均可化为上述形式．例如

$$\begin{aligned}
&\min\ x_1+x_3\\
&\text{s.t.}\ x_1+x_2\leqslant 6\\
&\qquad x_1+x_3\geqslant 5\\
&\qquad 2x_1-x_2+x_3=2\\
&\qquad x_1\geqslant 0,\ x_2\geqslant 0,\ x_3\ \text{任意}
\end{aligned}$$

引入松弛变量 x_4，x_5，将不等式约束均化为等式得

$$\begin{aligned}
&\min\ x_1+x_3\\
&\text{s.t.}\ x_1+x_2+x_4=6\\
&\qquad x_1+x_3-x_5=5\\
&\qquad 2x_1-x_2+x_3=2\\
&\qquad x_j\geqslant 0,\ j=1,2,4,5;\quad x_3\ \text{任意}
\end{aligned}\qquad (2-3)$$

再令 $x_3=x_3^+-x_3^-$（$x_3^+\geqslant 0$，$x_3^-\geqslant 0$）得

$$\begin{aligned}
&\min\ x_1+x_3^+-x_3^-\\
&\text{s.t.}\ x_1+x_2+x_4=6\\
&\qquad x_1+x_3^+-x_3^--x_5=5\\
&\qquad 2x_1-x_2+x_3^+-x_3^-=2\\
&\qquad x_j\geqslant 0,\ j=1,2,4,5;\quad x_3^+\geqslant 0,\ x_3^-\geqslant 0
\end{aligned}\qquad (2-4)$$

上式便成为一个标准形的线性规划问题．对于自由变量 x_3，另一种方法是从（2-3）的等式约束中直接消去之，将第二个方程减去第三个方程得

$$\begin{aligned}
&\min\ -x_1+x_2+2\\
&\text{s.t.}\ x_1+x_2+x_4=6\\
&\qquad -x_1+x_2-x_5=3\\
&\qquad x_j\geqslant 0,\quad j=1,2,4,5
\end{aligned}\qquad (2-5)$$

这里问题（2-5）去掉了一个变量（即 x_3）和一个约束（即第三个等式约束 $2x_1-x_2+x_3=2$），从计算上看问题（2-5）要比问题（2-4）更简单些．在解出问题（2-5）后，再将得到的 x_1，x_2 代入到去掉的第三个等式约束 $2x_1-x_2+x_3=2$ 中便可得到变量 x_3 的值．

由上例可看到，对形如 $\boldsymbol{Ax}\geqslant\boldsymbol{b}$ 的约束，可通过引入松弛变量 $\boldsymbol{y}\geqslant\boldsymbol{0}$ 将其化为

$$\boldsymbol{Ax}-\boldsymbol{y}=\boldsymbol{b}$$
$$\boldsymbol{y}\geqslant\boldsymbol{0}$$

同样对形如 $\boldsymbol{Ax}\leqslant\boldsymbol{b}$ 的约束，可通过引入松弛变量 $\boldsymbol{y}\geqslant\boldsymbol{0}$ 将其化为

$$\boldsymbol{Ax}+\boldsymbol{y}=\boldsymbol{b}$$
$$\boldsymbol{y}\geqslant\boldsymbol{0}$$

对自由变量 x_i，一种方法是令 $x_i=x_i^+-x_i^-$，$x_i^+\geqslant 0$，$x_i^-\geqslant 0$，另一种方法则是将其直接从方程组中消去，这样约束和变量都将减少一个（在后面介绍的单纯形表中，将看到把自由变量 x_i 直接作为基变量即可达到消去的目的）；而对于界约束 $\boldsymbol{u}\geqslant\boldsymbol{x}\geqslant\boldsymbol{l}$，一方面可令 $\boldsymbol{x}'=\boldsymbol{x}-\boldsymbol{l}$ 将其化为 $\boldsymbol{u}-\boldsymbol{l}\geqslant\boldsymbol{x}'\geqslant\boldsymbol{0}$，再将 $\boldsymbol{u}-\boldsymbol{l}\geqslant\boldsymbol{x}'$ 看做一般的不等式约束按照前面的方法化为等式约束以将问题化为标准形；另一方面，也可根据后面介绍的单纯形方法基本原理直接对界约束进行处理，而不用作变换.

2.4　单纯形方法

2.4.1　基本方法

1. 基本思路

对于只有等式约束的线性规划问题"$\min\sum\limits_{j=1}^{n}c_jx_j$，s. t. $\boldsymbol{Ax}=\boldsymbol{b}$"或只有"$\boldsymbol{x}\geqslant\boldsymbol{0}$"约束的线性规划问题"$\min\sum\limits_{j=1}^{n}c_jx_j$，s. t. $\boldsymbol{x}\geqslant\boldsymbol{0}$"，很容易得到其最优解或断定其无下界，但对一般标准形问题则不是一件易事. 下面首先通过例子来观察单纯形法的基本思路和步骤.

例题 2-4　计算线性规划问题：

$$\begin{aligned}\min\ & -x_1-x_2\\ \text{s. t. }\ & x_1-x_2\leqslant 5\\ & x_2\leqslant 10\\ & x_1,\ x_2\geqslant 0\end{aligned}$$

解：该问题对应的标准形是

$$\begin{aligned}\min\ & -x_1-x_2\\ \text{s. t. }\ & x_1-x_2+x_3=5\\ & x_2+x_4=10\\ & x_1,\ x_2,\ x_3,\ x_4\geqslant 0\end{aligned}$$

约束中既有等式约束，又有简单的不等式约束"$x_i\geqslant 0$". 一个自然的想法就是通过解方程组将等式约束去掉. 首先引入人工变量 z 作为目标函数对应的值，即令 $z=-x_1-x_2$. 在等式约束中，将 x_3，x_4 看做常数解线性方程组得

$$\begin{aligned}x_1&=15-x_3-x_4\\ x_2&=10-x_4\end{aligned}\tag{2-6}$$

此时 x_1，x_2 完全由 x_3，x_4 的值确定，称 x_1，x_2 为**基变量**，x_3，x_4 为**非基变量**（**即自由变量**）. 然后将解出的 x_1，x_2 代入到目标函数 $z=-x_1-x_2$ 中，并注意到 $x_3\geqslant 0$，$x_4\geqslant 0$ 得

$$z=-x_1-x_2=-25+x_3+2x_4\geqslant -25\tag{2-7}$$

因此，目标函数值在可行域上的一个下界是 -25，且等号在 $x_3=0$，$x_4=0$ 处达到. 当 $x_3=0$，$x_4=0$ 时，由式（2-6）得：$x_1=15>0$，$x_2=10>0$，该解是可行解，并在该解处目标函数值达到其下界，从而最优解为：$x_1=15$，$x_2=10$，$x_3=x_4=0$，对应的最优目标函

数值为-25. 而且还可看到**最优解是唯一的**，这是因为由式（2-7）可知要取得最优目标函数值-25，必须有$x_3=x_4=0$（注意到$x_3\geqslant 0$，$x_4\geqslant 0$），再由式（2-6）知x_1，x_2由x_3，x_4唯一确定，从而必有$x_1=15$，$x_2=10$. □

观察例题2-4的求解过程，会发现很幸运，因为我们恰好选择了x_1，x_2作基变量，将解出的x_1，x_2代入到目标函数z中时，得到的表达式中非基变量x_3，x_4的系数又恰好都是非负数，而且在式（2-6）中令非基变量$x_3=0$，$x_4=0$得到的解又恰好是可行解. 正是这些巧合，使我们幸运地只解一个线性方程组便得到了最优解.

如果不是那么走运，比如我们在例题2-4中选择了x_3，x_4为基变量，那么又会如何呢？同样以x_1和x_2为常数解等式约束构成的方程组并代入到目标函数中可得

$$\begin{aligned}x_3&=5-x_1+x_2\\x_4&=10-x_2\\z&=-x_1-x_2\end{aligned}\tag{2-8}$$

在式（2-8）中令非基变量x_1和x_2取零值，得到的一个可行解和相应的目标值是

$$x_1=0,\quad x_2=0,\quad x_3=5,\quad x_4=10,\quad z=0$$

那么该解是否是最优解呢？显然不是！由式（2-8）的目标函数行（简称z行）可看出增大非基变量x_1或x_2的值还可减小目标函数值z，而且增加得越多，目标函数值就减少得越多. 如果同时增大x_1和x_2，则不容易看出x_1和x_2到底增大多少才是最合适的. 单纯形方法采用了数学方法论中的一种典型方法——“化繁为简”. 该方法仅增大一个非基变量，而其他非基变量保持为0. 如对例2-4，若选择增大x_2，而保持$x_1=0$，注意到x_3，x_4的值完全由x_1，x_2的值确定，为保持x_3，x_4的非负性，由式2-4可知x_2可最多增大到10，此时对应的解和目标值是：$x_1=0$，$x_2=10$，$x_3=15$，$x_4=0$，$z=-10$，可见目标函数值变小了，由0变成了-10，因此得到了一个新的、更好的可行解. 上述过程可表示为

$$\begin{aligned}&\min\ -x_1-x_2\\&\text{s. t. } x_1-x_2+x_3=5\\&\qquad x_2+x_4=10\\&\qquad x_1,x_2,x_3,x_4\geqslant 0\end{aligned}\ \xrightarrow{\text{以 }x_3,\,x_4\text{ 为基变量}}\ \begin{aligned}&\min\ -x_1-x_2\\&\text{s. t. } x_3=5-x_1+x_2\geqslant 0\\&\qquad x_4=10-x_2\geqslant 0\\&\qquad x_1,x_2\geqslant 0\end{aligned}$$

$$\xrightarrow[\text{简化的问题}]{\text{令 }x_1=0\text{ 得到}}\ \begin{aligned}&\min\ -x_2\\&\text{s. t. } x_3=5+x_2\geqslant 0\\&\qquad x_4=10-x_2\geqslant 0\\&\qquad x_1=0,\ x_2\geqslant 0\end{aligned}\ \xrightarrow[\text{最优解}]{\text{直接看出}}\ \begin{aligned}&x_1=0,\ x_2=10,\\&\min z=-10\end{aligned}$$

为判断当前解是否是原问题的最优解，可采用前面所说的代入消元法，即将取非零值的变量x_2，x_3作为基变量，取零值的变量x_1，x_4作为自由变量. 由于x_2由0增大到10时，x_4由10变为0（也就是x_2由非基变量变为了基变量，x_4由基变量变为了非基变量），这都是由式（2-8）的第二个方程“$x_4=10-x_2$”所决定的. 因此在式（2-8）的第二个方程中将x_2用x_1，x_4表示出来，得$x_2=10-x_4$，然后再将其代入到式（2-8）的其他两式中便可得

$$\begin{aligned}x_3&=15-x_1-x_4\\x_2&=10-x_4\\z&=-10-x_1+x_4\end{aligned}$$

在这一基变量的替换过程中，称 x_4 为**离基变量**（因为该变量由基变量变为了非基变量），x_2 为**入基变量**（因为该变量由非基变量变为了基变量）．由上式的目标行同样可看出增大非基变量 x_1 的值还可减小目标函数值，因此 x_1 将作为入基变量．保持其他非基变量为零，即令 $x_4=0$，由第一式“$x_3=15-x_1-x_4$”可看出 x_1 最多增大到 15，由第二式“$x_2=10-x_4$”可看出 x_1 可任意增大，因此 x_1 最多增大到 15，相应地，原来的基变量 x_3 将由非零值变为零值，成为非基变量．于是得到一组新的可行解和相应的目标值：$x_1=15$，$x_2=10$，$x_3=0$，$x_4=0$，$z=-25$，可见目标函数值再次得到了改善，由 -10 变成了 -25．此时原为基变量的 x_3 是**离基变量**（由非零变为零，由基变量变为非基变量），原为非基变量的 x_1 是**入基变量**（由零变为非零，由非基变量变为基变量），而这都是由第一式“$x_3=15-x-x_4$”所决定的．因此在第一式“$x_3=15-x_1-x_4$”中将 x_1 用 x_3，x_4 表示出来得到 $x_1=15-x_3-x_4$，然后将其代入到其他两个方程中（也就是以 x_1，x_2 为基变量，x_3，x_4 为自由变量），得

$$
\begin{aligned}
x_1 &= 15-x_3-x_4\\
x_2 &= 10-x_4\\
z &= -25+x_3+2x_4
\end{aligned}
$$

注意到 $x_3\geqslant 0$，$x_4\geqslant 0$，得到 $z=-25+x_3+2x_4\geqslant -25$，从而最优解是 $x_3=x_4=0$，$x_1=15$，$x_2=10$，对应的最优目标函数值为 -25，而且当前最优解还是**唯一的**（必须有 $x_3=x_4=0$）．

整个计算过程可表示为

$$
\begin{array}{lll}
x_3=5-x_1+x_2 & x_3=15-x_1-x_4 & x_1=15-x_3-x_4\\
x_4=10-x_2 & \rightarrow x_2=10-x_4 & \rightarrow x_2=10-x_4\\
z=-x_1-x_2 & z=-10-x_1+x_4 & z=-25+x_3+2x_4
\end{array}
$$

该过程可看做是一个更换基变量（或非基变量）的消元过程，也就是在解一系列线性方程组，在几何上相当于在不断地旋转坐标轴，称该方法为**单纯形法**．在上述计算过程中令所有非基变量为 0 所得到的一个特殊的解被称为**基本解**，若该基本解还是可行的（即令所有非基变量为零时，得到的基变量的值均非负），则称之为**基本可行解**，相应的基变量称为**可行基变量**．更换基变量时由基变量变为非基变量的变量称之为**离基变量**，由非基变量变为基变量的变量称之为**入基变量**，更换基变量的计算过程称之为**旋转**（pivot）．而选择哪个变量作为入基变量实际上是由目标行（即 z 行）各个变量的系数决定的，原则上在目标行中可选择任一个系数为负的非基变量作为入基变量，以进一步减少目标函数值（对于 MAX 类型的问题，则是在目标行中选择任一个系数为正的非基变量作为入基变量，以进一步**增大**目标函数值）．通常定义目标行中变量系数的相反数为该变量的**检验数**（这主要是为了和后面单纯形表法一致）．当目标行上各个变量的系数非负（即各个变量的检验数均$\leqslant 0$）且其对应的基本解是可行解时，便得到了 MIN 类型线性规划问题的最优解．单纯形法必须从一个基本可行解开始，并在以后的迭代保持解可行性，其**基本思路**就是从一个基本可行解到另一个更好的基本可行解．下面再看一个例题．

例题 2－5 计算线性规划问题：

$$
\begin{aligned}
\min\ & -x_1-3x_2\\
\text{s. t. }\ & x_1+x_2\leqslant 6\\
& -x_1+2x_2\leqslant 8\\
& x_1\geqslant 0,\ x_2\geqslant 0
\end{aligned}
$$

解：引入松弛变量 x_3，x_4，将之化为标准形得

$$\begin{aligned}&\min\ -x_1-3x_2\\&\text{s. t. } x_1+x_2+x_3=6\\&\qquad -x_1+2x_2+x_4=8\\&\qquad x_j\geqslant 0,\quad j=1,\cdots,4\end{aligned}\tag{2-9}$$

显然 x_3，x_4 为一组可行基变量，由（2-9）得

$$\begin{aligned}x_3&=6-x_1-x_2\\x_4&=8+x_1-2x_2\\z&=-x_1-3x_2\end{aligned}\tag{2-10}$$

对应的基本可行解为 $x_1=x_2=0$，$x_3=6$，$x_4=8$，对应的目标函数值为 $z=0$. 非基变量 x_1，x_3 对应的检验数分别为$+1$，$+3$（注意符号），因此增大 x_1 或 x_2 均可减少目标函数值. 通常选择增大检验数较大的非基变量，以尽可能多地减少目标函数值（至少直观上如此），因此选择增大 x_2，于是 x_2 将变为基变量，即 x_2 为**入基变量**. 此时其他非基变量仍保持为 0. 保持 $x_1=0$ 不变，由（2-10）和 $x_3\geqslant 0$，$x_4\geqslant 0$ 知 x_2 最大可增大到 4，相应地基变量 x_4 将变为 0，即 x_4 为**离基变量**，而这又是由式（2-10）的第二个方程"$x_4=8+x_1-2x_2$"所决定的，因此在该方程中将 x_2 作为基变量，x_1，x_4 作为非基变量解得"$x_2=4+\frac{1}{2}x_1-\frac{1}{2}x_4$"，然后将其代入到（2-10）的其他两式得

$$\begin{aligned}x_3&=2-\frac{3}{2}x_1+\frac{1}{2}x_4\\x_2&=4+\frac{1}{2}x_1-\frac{1}{2}x_4\\z&=-12-\frac{5}{2}x_1+\frac{3}{2}x_4\end{aligned}\tag{2-11}$$

此时基变量变为 x_2，x_3，对应的基本可行解为 $x_1=x_4=0$，$x_2=4$，$x_3=2$，目标值为 $z=-12$，于是得到了一个更好的可行解. 由式（2-10）变为式（2-11）的计算过程便是一次**旋转**. 由（2-11）的目标行可看出非基变量 x_1，x_4 的检验数分别是$\frac{5}{2}$，$-\frac{3}{2}$，增大 x_1 时可继续减少目标函数的值，因此选 x_1 作为**入基变量**. 由式（2-11）的前两式和 $x_3\geqslant 0$，$x_2\geqslant 0$ 知 x_1 最大可增加到$\frac{4}{3}$（非基变量 $x_4=0$ 保持不变），相应地基变量 x_3 由 2 变为 0，即 x_3 是**离基变量**，同样作一次旋转（即由式（2-11）的第一个方程得到 x_1 的表达式然后再代入其他两式中）得

$$\begin{aligned}x_1&=\frac{4}{3}-\frac{2}{3}x_3+\frac{1}{3}x_4\\x_2&=\frac{14}{3}-\frac{1}{3}x_3-\frac{1}{3}x_4\\z&=-\frac{46}{3}+\frac{5}{3}x_3+\frac{2}{3}x_4\end{aligned}$$

在上式的目标行中注意到 $x_3\geqslant 0$，$x_4\geqslant 0$ 便得

$$z=-\frac{46}{3}+\frac{5}{3}x_3+\frac{2}{3}x_4\geqslant-\frac{46}{3}$$

于是得到最优解为：$x_1=\frac{4}{3}$，$x_2=\frac{14}{3}$，$x_3=0$，$x_4=0$，相应的最优函数值为：$z^*=-\frac{46}{3}$，而且最优解是**唯一**的（由目标行知在最优解处必须有 $x_3=x_4=0$，从而唯一确定 x_1，x_2）. □

在式（2-11）中，若第一个方程"$x_3=2-\frac{3}{2}x_1+\frac{1}{2}x_4$"变为"$x_3=2+\frac{3}{2}x_1+\frac{1}{2}x_4$"，而其他两个方程不变，则可看到选 x_1 作为**入基变量**时，x_1 任意增大都可保持基变量 x_3，x_2 的可行性（x_4 保持为0），而此时将有"$z=-12-\frac{5}{2}x_1\to-\infty$"，即只要令 $x_1=t>0$，$x_4=0$，便得到一组可行解和相应的目标值：

$$x_3=2+\frac{3}{2}t\geqslant 0,\quad x_2=4+\frac{1}{2}t\geqslant 0,\quad z=-12-\frac{5}{2}t$$

令 $t\to+\infty$，便得 $z=-12-\frac{5}{2}t\to-\infty$，**即原问题是无下界的.**

2. 单纯形法的矩阵表示

对一般的标准形问题（2-2），不失一般性可设矩阵 $\boldsymbol{A}$ 是 $m\times n$ 行满秩矩阵，即 $\mathrm{Rank}(\boldsymbol{A})=m$. 将 $\boldsymbol{A}$ 划分为 $[\boldsymbol{B}\mid\boldsymbol{N}]$，其中 $\boldsymbol{B}$ 是 $m\times m$ 可逆矩阵，对向量 $\boldsymbol{c}$ 和变量 $\boldsymbol{x}$ 作相应的划分：

$$\boldsymbol{x}=\begin{bmatrix}\boldsymbol{x}_B\\\boldsymbol{x}_N\end{bmatrix},\quad \boldsymbol{c}=\begin{bmatrix}\boldsymbol{c}_B\\\boldsymbol{c}_N\end{bmatrix}$$

于是有

$$\boldsymbol{A}\boldsymbol{x}=[\boldsymbol{B}\mid\boldsymbol{N}]\begin{bmatrix}\boldsymbol{x}_B\\\boldsymbol{x}_N\end{bmatrix}=\boldsymbol{B}\boldsymbol{x}_B+\boldsymbol{N}\boldsymbol{x}_N=\boldsymbol{b} \tag{2-12}$$

$$z=\boldsymbol{c}^{\mathrm{T}}\boldsymbol{x}=\boldsymbol{c}_B^{\mathrm{T}}\boldsymbol{x}_B+\boldsymbol{c}_N^{\mathrm{T}}\boldsymbol{x}_N \tag{2-13}$$

由式（2-12）解得 $\boldsymbol{x}_B$，将之代入式（2-13）中便得

$$\boldsymbol{x}_B=\boldsymbol{B}^{-1}\boldsymbol{b}-\boldsymbol{B}^{-1}\boldsymbol{N}\boldsymbol{x}_N \tag{2-14}$$

$$z=\boldsymbol{c}^{\mathrm{T}}\boldsymbol{x}=\boldsymbol{c}_B^{\mathrm{T}}\boldsymbol{x}_B+\boldsymbol{c}_N^{\mathrm{T}}\boldsymbol{x}_N=\boldsymbol{c}_B^{\mathrm{T}}\boldsymbol{B}^{-1}\boldsymbol{b}-(\boldsymbol{c}_B^{\mathrm{T}}\boldsymbol{B}^{-1}\boldsymbol{N}-\boldsymbol{c}_N^{\mathrm{T}})\boldsymbol{x}_N \tag{2-15}$$

若记

$$\boldsymbol{\zeta}_N^{\mathrm{T}}=\boldsymbol{c}_B^{\mathrm{T}}\boldsymbol{B}^{-1}\boldsymbol{N}-\boldsymbol{c}_N^{\mathrm{T}},$$

$$\boldsymbol{\zeta}_B^{\mathrm{T}}=\boldsymbol{c}_B^{\mathrm{T}}\boldsymbol{B}^{-1}\boldsymbol{B}-\boldsymbol{c}_B^{\mathrm{T}}=\boldsymbol{0},$$

则

$$[\boldsymbol{\zeta}_B^{\mathrm{T}},\ \boldsymbol{\zeta}_N^{\mathrm{T}}]=\boldsymbol{c}_B^{\mathrm{T}}\boldsymbol{B}^{-1}[\boldsymbol{B},\ \boldsymbol{N}]-[\boldsymbol{c}_B^{\mathrm{T}},\ \boldsymbol{c}_N^{\mathrm{T}}].$$

定义

$$\boldsymbol{\zeta}^{\mathrm{T}}=\boldsymbol{c}_B^{\mathrm{T}}\boldsymbol{B}^{-1}\boldsymbol{A}-\boldsymbol{c}^{\mathrm{T}}. \tag{2-16}$$

设 a_j 是系数矩阵 A 的第 j 列，ζ_j 是 ζ 的第 j 个分量，则：

$$\zeta_j=\boldsymbol{c}_B^{\mathrm{T}}\boldsymbol{B}^{-1}\boldsymbol{a}_j-c_j,\ j=1,\ 2,\ \cdots,\ n,$$

相应地目标函数变为

$$z=\boldsymbol{c}^{\mathrm{T}}\boldsymbol{x}=\boldsymbol{c}_B^{\mathrm{T}}\boldsymbol{B}^{-1}\boldsymbol{b}-(\boldsymbol{c}_B^{\mathrm{T}}\boldsymbol{B}^{-1}\boldsymbol{N}-\boldsymbol{c}_N^{\mathrm{T}})\boldsymbol{x}_N=\boldsymbol{c}_B^{\mathrm{T}}\boldsymbol{B}^{-1}\boldsymbol{b}-\boldsymbol{\zeta}^{\mathrm{T}}\boldsymbol{x}. \tag{2-17}$$

令 $\boldsymbol{x}_N=\boldsymbol{0}$，得解

$$\boldsymbol{x}=\begin{bmatrix}\boldsymbol{x}_B\\\boldsymbol{x}_N\end{bmatrix}=\begin{bmatrix}\boldsymbol{B}^{-1}\boldsymbol{b}\\\boldsymbol{0}\end{bmatrix} \tag{2-18}$$

定义 2-2 称上述解（2-18）是问题（2-2）的一个**基本解**，$\boldsymbol{B}$ 为相应的**基矩阵**，$\boldsymbol{x}_B$ 的各分量称为**基变量**，$\boldsymbol{x}_N$ 的各分量称为**非基变量**. 若 $\boldsymbol{x}_B=\boldsymbol{B}^{-1}\boldsymbol{b}\geqslant\boldsymbol{0}$，则称解（2-18）为问题（2-2）的一个**基本可行解**，称 $\boldsymbol{B}$ 为相应的**可行基矩阵**，相应的基变量称为**可行基变量**. 若 $\boldsymbol{B}^{-1}\boldsymbol{b}>\boldsymbol{0}$，则称之为**非退化的基本可行解**；否则称之为**退化的基本可行解**. 称 $\boldsymbol{\zeta}^{\mathrm{T}}=\boldsymbol{c}_B^{\mathrm{T}}\boldsymbol{B}^{-1}\boldsymbol{A}-\boldsymbol{c}^{\mathrm{T}}$ 为问题（2-2）对应基 $\boldsymbol{B}$ 的变量 $\boldsymbol{x}$ 的**检验向量**，$\boldsymbol{\zeta}$ 的各分量 $\zeta_j=\boldsymbol{c}_B^{\mathrm{T}}\boldsymbol{B}^{-1}\boldsymbol{a}_j-c_j\,(j=1, \cdots, n)$ 被称为对应基 $\boldsymbol{B}$ 的变量 x_j 的**检验数**.

若 $\boldsymbol{x}^*\in S$ 既是问题（2-2）的最优解，又是问题（2-2）的基本可行解，则称之为问题（2-2）的**最优基本可行解**.

由式（2-16）知基变量对应的检验数均为 0. 由上述定义和单纯形法的计算过程可得：

定理 2-1 对于线性规划标准形问题（2-2），设矩阵 $\boldsymbol{A}$ 行满秩，$\boldsymbol{x}$ 是由式（2-18）确定的一个基本解，若 $\boldsymbol{x}_B=\boldsymbol{B}^{-1}\boldsymbol{b}\geqslant\boldsymbol{0}$（即 $\boldsymbol{x}$ 是一个基本可行解），则当 $\boldsymbol{\zeta}\leqslant\boldsymbol{0}$ 即 $\boldsymbol{\zeta}_N\leqslant\boldsymbol{0}$ 时，$\boldsymbol{x}$ 是问题（2-2）的最优基本可行解，并且有

① 若非基变量的检验数均不等于 0，即 $\boldsymbol{\zeta}_N<\boldsymbol{0}$，则 $\boldsymbol{x}$ 还是问题（2-2）的唯一最优解.

② 若非基变量的检验数至少有一个等于 0，该非基变量在系数矩阵 $\boldsymbol{A}$ 中对应的列非零，且当前最优基本可行解非退化，则标准形问题（2-2）有无穷多个不同的最优解.

证明：① 由 $\boldsymbol{x}_N$ 的非负性、$\boldsymbol{\zeta}\leqslant\boldsymbol{0}$ 和式（2-17）知该基本可行解就是最优解. 当 $\boldsymbol{\zeta}_N<\boldsymbol{0}$ 时，由式（2-17）知为取得最优值，必须有 $\boldsymbol{x}_N=\boldsymbol{0}$，而根据式（2-14）知 $\boldsymbol{x}_B$ 由 $\boldsymbol{x}_N$ 唯一确定，且有 $\boldsymbol{x}_B=\boldsymbol{B}^{-1}\boldsymbol{b}$，因此当前得到的最优解 $\boldsymbol{x}$ 是唯一的.

② 记 $\boldsymbol{\zeta}_N=(\zeta_{N_1}, \zeta_{N_2}, \cdots, \zeta_{N_{n-m}})$，$\boldsymbol{a}_j$ 为系数矩阵 $\boldsymbol{A}$ 的第 j 列. 不妨设非基变量 x_{N_s} 的检验数 $\zeta_{N_s}=0$，且 $\boldsymbol{a}_{N_s}\neq\boldsymbol{0}$. 记 $\bar{\boldsymbol{a}}_j=\boldsymbol{B}^{-1}\boldsymbol{a}_j$，$\bar{\boldsymbol{b}}=\boldsymbol{B}^{-1}\boldsymbol{b}>\boldsymbol{0}$，则 $\bar{\boldsymbol{a}}_{N_s}=\boldsymbol{B}^{-1}\boldsymbol{a}_{N_s}\neq\boldsymbol{0}$. 令其他非基变量 $x_{N_j}=0$（$j\neq s$），则由式（2-14）知此时满足等式约束的解可表示为

$$\boldsymbol{x}_B'=\bar{\boldsymbol{b}}-\bar{\boldsymbol{a}}_{N_s}x_{N_s},\ x_{N_j}=0,\quad j\neq s\,. \tag{2-19}$$

再由式（2-17）知此时目标函数值仍为 $\boldsymbol{c}_B^{\mathrm{T}}\boldsymbol{B}^{-1}\boldsymbol{b}$（由 $\zeta_{N_s}=0$ 和 $x_{N_j}=0$，$j\neq s$）. 注意到 $\bar{\boldsymbol{b}}>\boldsymbol{0}$，由式（2-19）知 $\exists\delta>0$，当 $\delta>x_{N_s}\geqslant0$ 时，$\boldsymbol{x}_B'\geqslant\boldsymbol{0}$，即当 $\delta>x_{N_s}\geqslant0$ 时，由式（2-19）确定的解都是可行解，且对应的目标值为最优目标值，因此这些可行解都是最优解. 由于 $\bar{\boldsymbol{a}}_{N_s}\neq 0$，因此这些最优解各不相同，即原问题有无穷多个最优解. □

定义 2-3 对于线性规划标准形问题（2-2），设矩阵 $\boldsymbol{A}$ 行满秩，$\boldsymbol{x}$ 是由式（2-18）确定的一个最优基本可行解，此时称相应的基矩阵 $\boldsymbol{B}$ 是**最优基矩阵**，$\boldsymbol{x}_B$ 的各分量称为**最优基变量**. 在不混淆的情况下，把两者均简称为**最优基**.

由上述定义可知每一个基本解都对应一个基矩阵 $\boldsymbol{B}$，两者互相唯一确定，并唯一确定了相应的检验数. 例如，对于例题 2-4，其对应的标准形是

$$\begin{aligned}
&\min\ -x_1-x_2\\
&\text{s.t. } x_1-x_2+x_3=5\\
&\qquad x_2+x_4=10\\
&\qquad x_1, x_2, x_3, x_4\geqslant0
\end{aligned}$$

等式约束的系数矩阵 $\boldsymbol{A}$ 为

$$\begin{bmatrix}1 & -1 & 1 & 0\\ 0 & 1 & 0 & 1\end{bmatrix}$$

该矩阵的秩为 2，其任意两列均可能构成基矩阵，因此一共可能有 $\binom{4}{2}=6$ 个基矩阵，但由于其中第一列和第三列线性相关，因此实际上只有 5 个基矩阵，对应如下 5 个基本解：

$$\begin{bmatrix}x_1\\x_2\end{bmatrix}=\begin{bmatrix}15\\10\end{bmatrix},\ \begin{bmatrix}x_1\\x_4\end{bmatrix}=\begin{bmatrix}5\\10\end{bmatrix},\ \begin{bmatrix}x_2\\x_3\end{bmatrix}=\begin{bmatrix}10\\15\end{bmatrix},$$

$$\begin{bmatrix}x_2\\x_4\end{bmatrix}=\begin{bmatrix}-5\\15\end{bmatrix},\ \begin{bmatrix}x_3\\x_4\end{bmatrix}=\begin{bmatrix}5\\10\end{bmatrix}$$

其中有一个（即 x_2，x_4 为基变量时）是不可行的．若以 x_1，x_2 为基变量，则

$$x_1=15-x_3-x_4$$
$$x_2=10-x_4$$
$$z=-x_1-x_2=-25+x_3+2x_4\geqslant-25$$

于是得到相应的检验数为：(0，0，−1，−2)（注意符号）．若以 x_3，x_4 为基变量，则

$$x_3=5-x_1+x_2$$
$$x_4=10-x_2$$
$$z=-x_1-x_2$$

相应的检验数为：(1，1，0，0)．

由上面的例子可看到，对于标准形问题（2-2），若 $\boldsymbol{A}$ 为 $m\times n$ 矩阵，则其基本可行解的个数最多为 $\binom{n}{m}=\dfrac{n!}{m!\,(n-m)!}$ 个，且每一个基本可行解都对应一个唯一确定的检验向量 $\boldsymbol{\zeta}$．对于 MIN 类型的线性规划问题，当 $\boldsymbol{\zeta}\leqslant\boldsymbol{0}$ 时对应的基本可行解就是最优解．

思考：对于 MAX 类型的线性规划问题，设一个基本可行解对应的检验向量为 $\boldsymbol{\zeta}$，试问何时该基本可行解就是最优解？

可以看到，单纯形法实际上就是一个寻找最优基的计算过程．一旦最优基矩阵 $\boldsymbol{B}$ 确定了，那么最优解也就找到了．单纯形法的基本步骤如下．

算法 2-1　单纯形法基本步骤（对于 MIN 问题）

步 1　首先找出一个初始的基矩阵 $\boldsymbol{B}$，使 $\bar{\boldsymbol{b}}=\boldsymbol{B}^{-1}\boldsymbol{b}\geqslant 0$（即基矩阵 $\boldsymbol{B}$ 是可行的），然后将与基矩阵 $\boldsymbol{B}$ 对应的基变量 $\boldsymbol{x}_B$ 消去，即用非基变量 $\boldsymbol{x}_N$ 表示基变量 $\boldsymbol{x}_B$ 得式（2-14），然后将其代入到目标函数 $z=\boldsymbol{c}^{\mathrm{T}}\boldsymbol{x}$ 得式（2-15）～式（2-17），并得到相应的检验向量 $\boldsymbol{\zeta}$．

步 2　若检验向量 $\boldsymbol{\zeta}\leqslant 0$，由式（2-17）和 $\boldsymbol{x}\geqslant\boldsymbol{0}$ 知当前基矩阵 $\boldsymbol{B}$ 对应的基本可行解 $\boldsymbol{x}_B=\boldsymbol{B}^{-1}\boldsymbol{b}$，$\boldsymbol{x}_N=\boldsymbol{0}$ 就是最优解，最优目标值为 $\boldsymbol{c}_B^{\mathrm{T}}\boldsymbol{B}^{-1}\boldsymbol{b}$，算法中止；否则必有某个检验数 $\zeta_j>0$，转下一步．

步 3　任意选取一个大于 0 的检验数（通常选检验数最大的非基变量，试图尽可能多地减少目标函数值），不妨设其为 $\zeta_j>0$，将其对应的非基变量 x_j 作为入基变量，并根据式（2-14）在保持左端项 $\boldsymbol{x}_B\geqslant\boldsymbol{0}$ 的前提下计算 x_j 的最大增量（其他非基变量保持为 0）．若最大增量为 $+\infty$，则由式（2-17）知原问题无下界，算法中止；否则选取一个变为 0 的基变量作为离基变量，便得到一组新的基变量和相应的基矩阵 $\boldsymbol{B}$，转步 1．

2.4.2 单纯形表方法

1. 单纯形表的构造

正如在线性方程组的计算中，变量代换法和变量消去法是等价的，且可直接在其增广矩阵上作 Gauss-Jordan 消元法，单纯形法中变量的代换过程也可用变量的消去过程替代，并可写成表的形式，即单纯形表. 例题 2-5 的初始表如下：

	x_1	x_2	x_3	x_4		
x_3	1	1	1	0	6	$\leftarrow x_1+x_2+x_3=6$
x_4	−1	2 *	0	1	8	$\leftarrow -x_1+2x_2+x_4=8$
z	1	3	0	0	0	$\leftarrow z+x_1+3x_2=0$

其中 x_3，x_4 为基变量，x_1，x_2 为非基变量，对应的基本可行解为 $x_3=6$，$x_4=8$，$x_1=x_2=0$，目标值为 0. 由于在目标行（也称 z 行）中基变量 x_3，x_4 的系数均为 0，因此根据定义，与当前基对应的检验向量就是 $\boldsymbol{\zeta}=(1, 3, 0, 0)$，从而选择增大 x_1，x_2 均可减少当前的目标函数值 0. 选 x_2 作为**入基变量**，保持其他非基变量不变，即保持 $x_1=0$. 由该例题的求解过程知 x_2 最大可增大到 4，这实际上就是在计算：

$$\theta=\min\{6/1, 8/2\}=4$$

上式的意义是，由单纯形表的第一行即方程"$x_1+x_2+x_3=6$（其中 $x_1=0$，x_3 为基变量，即该方程相当于 $x_3=6-x_2$）"知为保持基变量 x_3 的非负性，x_2 最大可增大到 $6/1=6$；由单纯形表的第二行即方程"$-x_1+2x_2+x_4=8$（其中 $x_1=0$，x_4 为基变量，该方程相当于 $x_4=8-2x_2$）"知为保持基变量 x_4 的非负性，x_2 最大可增大到 $8/2=4$. 因此为同时保持基变量 x_3 和 x_4 的非负性，x_2 最大可增大到 $\min\{6/1, 8/2\}=4$. 相应地基变量 x_4 由 8 变为 0，成为非基变量，即 x_4 是**离基变量**，这是由单纯形表的第二行（即第二个方程）决定的. 在该例题的求解过程中，我们是在第二个方程中把新的基变量 x_2 用新的非基变量 x_1 和 x_4 表示出来再代入其他两式中，而这完全可由 Gauss-Jordan 消元法办到，即以位于第二行（即离基变量 x_4 所在的行）、第二列（即入基变量 x_2 所在的列）的元素 2（以"*"标注）为主元作 Gauss-Jordan 消元法便得

	x_1	x_2	x_3	x_4		
x_3	$\frac{3}{2}$ *	0	1	$-\frac{1}{2}$	2	$\leftarrow \frac{3}{2}x_1+x_3-\frac{1}{2}x_4=2$
x_2	$-\frac{1}{2}$	1	0	$\frac{1}{2}$	4	$\leftarrow -\frac{1}{2}x_1+x_2+\frac{1}{2}x_4=4$
z	$\frac{5}{2}$	0	0	$-\frac{3}{2}$	−12	$\leftarrow z+\frac{5}{2}x_1-\frac{3}{2}x_4=-12$

注意此时基变量变成了 x_3，x_2，其在单纯形表中对应的系数矩阵为单位矩阵（注意应按 x_3，

x_2 的顺序排列其对应的列)，实际上就相当于把 x_3，x_2 解出来用 x_1，x_4 表示．此时非基变量 x_1，x_4 的检验数分别是 $\frac{5}{2}$，$-\frac{3}{2}$，因此增大 x_1 还可减少目标值（增大 x_4 则是增大目标值)，因此下一步应以 x_1 为**入基变量**，计算：

$$\theta=\min\left\{2\div\frac{3}{2}\right\}=\frac{4}{3},$$

即根据单纯形表的第一行知 x_1 最多可增大到 $\frac{4}{3}$，而在第二行中由于 x_1 的系数为负，因此对应的第二个方程中 x_1 可任意增大也不会改变基变量 x_2 的可行性（保持另外的非基变量为 0)，从而 x_1 最多可增大到 $\frac{4}{3}$，相应地得 x_3 为**离基变量**，因此以第一行（即基变量 x_3 所在的行)、第一列（即 x_1 所在的列）处的元素 $\frac{3}{2}$（以"＊"标注）为主元作一次 Gauss-Jordan 消元法后得到

	x_1	x_2	x_3	x_4		
x_1	1	0	$\frac{2}{3}$	$-\frac{1}{3}$	$\frac{4}{3}$	$\leftarrow x_1+\frac{2}{3}x_3-\frac{1}{3}x_4=\frac{4}{3}$
x_2	0	1	$\frac{1}{3}$	$\frac{1}{3}$	$\frac{14}{3}$	$\leftarrow x_2+\frac{1}{3}x_3+\frac{1}{3}x_4=\frac{14}{3}$
z	0	0	$-\frac{5}{3}$	$-\frac{2}{3}$	$-\frac{46}{3}$	$\leftarrow z-\frac{5}{3}x_3-\frac{2}{3}x_4=-\frac{46}{3}$

此时由目标行可看到非基变量 x_3，x_4 分别为 $-\frac{5}{3}$，$-\frac{2}{3}$，均严格小于零，因此得到最优解，且最优解是唯一的，对应的最小值为 $-\frac{46}{3}$．由此可见，前述用表达式作变量的代换过程完全可以用在表上对变量的系数作 Gauss-Jordan 消元法替代，以简化符号，只要把基变量标出来就可以了（这样便可看出哪些变量是被消去的)．

注意无下界的情形．若第二步的表变为

	x_1	x_2	x_3	x_4		
x_3	$-\frac{3}{2}$	0	1	$-\frac{1}{2}$	2	$\leftarrow -\frac{3}{2}x_1+x_3-\frac{1}{2}x_4=2$
x_2	$-\frac{1}{2}$	1	0	$\frac{1}{2}$	4	$\leftarrow -\frac{1}{2}x_1+x_2+\frac{1}{2}x_4=4$
z	$\frac{5}{2}$	0	0	$-\frac{3}{2}$	-12	$\leftarrow z+\frac{5}{2}x_1-\frac{3}{2}x_4=-12$

其中，x_1 的值任意增大（保持另外的非基变量为 0）也不会改变基变量 x_3，x_2 的可行性，而当 x_1 任意增大时，目标函数值 $z=-12-\frac{5}{2}x_1$ 将无下界，即取可行解：$x_1\geqslant 0$，$x_2=4+$

$\frac{1}{2}x_1$，$x_3=2+\frac{3}{2}x_1$，$x_4=0$，相应的目标值 $z=-12-\frac{5}{2}x_1\to-\infty$（当 $x_1\to+\infty$时）.

对一般标准形问题（2-2），设已知一个可行基矩阵 $\boldsymbol{B}$，即 $\bar{\boldsymbol{b}}=\boldsymbol{B}^{-1}\boldsymbol{b}\geqslant0$，记 $\boldsymbol{a}_j$ 为 $\boldsymbol{A}$ 的第 j 列，$\bar{\mathbf{A}}=\boldsymbol{B}^{-1}\mathbf{A}$，$\bar{\boldsymbol{a}}_j=\boldsymbol{B}^{-1}\boldsymbol{a}_j=(\bar{a}_{1j},\bar{a}_{2j},\cdots,\bar{a}_{mj})^{\mathrm{T}}$ 为 $\bar{\mathbf{A}}$ 的第 j 列. 设基变量的下标依次为：$B_1,B_2,\cdots,B_m$，非基变量的下标依次为：$N_1,N_2,\cdots,N_{n-m}$，$\zeta_j=\boldsymbol{c}_B^{\mathrm{T}}\boldsymbol{B}^{-1}\boldsymbol{a}_j-c_j=\boldsymbol{c}_B^{\mathrm{T}}\bar{\boldsymbol{a}}_j-c_j$，$j=1,\cdots,n$，$\bar{z}_0=\boldsymbol{c}_B^{\mathrm{T}}\boldsymbol{B}^{-1}\boldsymbol{b}$，则通过 Gauss-Jordan 消元法得到的单纯形表可表示为

	x_{B_1}	$\cdots$	x_{B_r}	$\cdots$	x_{B_m}	x_{N_1}	$\cdots$	x_k	$\cdots$	RHS
x_{B_1}	1	$\cdots$	0	$\cdots$	0	$\bar{a}_{1,N_1}$	$\cdots$	$\bar{a}_{1,k}$	$\cdots$	$\bar{b}_1$
$\vdots$	$\vdots$		$\vdots$		$\vdots$	$\vdots$		$\vdots$		$\vdots$
x_{B_r}	0	$\cdots$	1	$\cdots$	0	$\bar{a}_{r,N_1}$	$\cdots$	$\bar{a}_{r,k}$	$\cdots$	$\bar{b}_r$
$\vdots$	$\vdots$		$\vdots$		$\vdots$	$\vdots$		$\vdots$		$\vdots$
x_{B_m}	0	$\cdots$	0	$\cdots$	1	$\bar{a}_{m,N_1}$	$\cdots$	$\bar{a}_{m,k}$	$\cdots$	$\bar{b}_m$
z	0	$\cdots$	0	$\cdots$	0	ζ_{N_1}	$\cdots$	ζ_k	$\cdots$	$\bar{z}_0$

(2-20)

注意在式（2-20）中基变量是有一定顺序的，在表中必须按照基变量的顺序排列变量以及与变量对应的列（包括基矩阵 $\boldsymbol{B}$ 以及目标行系数），式（2-20）中与基变量对应的约束系数矩阵才能成为单位矩阵 $\boldsymbol{I}$.

若在式（2-20）中 $\boldsymbol{\zeta}=(0,\cdots,0,\cdots,0,\zeta_{N_1},\cdots,\zeta_{N_{n-m}})^{\mathrm{T}}\leqslant0$，则由 $\boldsymbol{x}\geqslant\boldsymbol{0}$ 和 $z=\boldsymbol{c}^{\mathrm{T}}\boldsymbol{x}=\bar{z}_0-\boldsymbol{\zeta}^{\mathrm{T}}\boldsymbol{x}\geqslant\bar{z}_0$ 知当前基本可行解 $\bar{\boldsymbol{x}}_B=\bar{\boldsymbol{b}}\geqslant0$，$\bar{\boldsymbol{x}}_N=\boldsymbol{0}$ 就是最优解，对应的最小值为 $\bar{z}_0$；否则存在 k，$1\leqslant k\leqslant n$，使 $\zeta_k>0$，显然 x_k 为非基变量（基变量对应的检验数均为0，此处可设 $k=N_l$），其当前值为0. 于是可选择 x_k 为入基变量，通过增大其值以减少目标函数值. 在式（2-20）中将其他非基变量保持为0得

$$\boldsymbol{x}_B=\bar{\boldsymbol{b}}-\bar{\boldsymbol{a}}_k x_k,\quad z=\bar{z}_0-\zeta_k x_k,\tag{2-21}$$

其中 $\bar{\boldsymbol{a}}_k=\boldsymbol{B}^{-1}\boldsymbol{a}_k=(\bar{a}_{1,k},\cdots,\bar{a}_{r,k},\cdots,\bar{a}_{m,k})^{\mathrm{T}}$，$\bar{\boldsymbol{b}}=\boldsymbol{B}^{-1}\boldsymbol{b}=(\bar{b}_1,\cdots,\bar{b}_r,\cdots,\bar{b}_m)^{\mathrm{T}}$. 若 $\bar{\boldsymbol{a}}_k\leqslant\boldsymbol{0}$，则由式（2-21）知 x_k 可以变得任意大而不改变 $\boldsymbol{x}_B$ 的可行性，从而使目标函数值 $z=\boldsymbol{c}^{\mathrm{T}}\boldsymbol{x}=\bar{z}_0-\zeta_k x_k$ 无下界（即 $x_k\to+\infty$，而其他非基变量仍保持为0）；否则存在 i，$1\leqslant i\leqslant m$，使 $\bar{a}_{i,k}>0$. 计算：

$$\theta=\frac{\bar{b}_r}{\bar{a}_{r,k}}\equiv\min\left\{\frac{\bar{b}_i}{\bar{a}_{i,k}}\,\middle|\,\bar{a}_{i,k}>0,\ i=1,2,\cdots,m\right\},\tag{2-22}$$

则 θ 就是由式（2-21）左边的表达式 $\boldsymbol{x}_B=\bar{\boldsymbol{b}}-\bar{\boldsymbol{a}}_k x_k$ 确定的、x_k 所能增大到的最大值（以保持 $\boldsymbol{x}_B\geqslant\boldsymbol{0}$）. 于是 x_{B_r} 为离基变量（如果有多个 r 使式（2-22）成立，则任取一个这样的 r，此时将得到一个退化基本可行解），其值将变为0. 入基变量 x_k 的值将由0变为 $\theta=\frac{\bar{b}_r}{\bar{a}_{r,k}}$. 作一次相应的旋转（pivot，实际上就是以 $\bar{a}_{r,k}$ 为主元作 Gauss-Jordan 消元法）后单纯形表

变为

	x_{B_1}	$\cdots$	x_{B_r}	$\cdots$	x_{B_m}	x_{N_1}	$\cdots$	x_k	$\cdots$	RHS
x_{B_1}	1	$\cdots$	$\hat{a}_{1,B_r}$	$\cdots$	0	$\hat{a}_{1,N_1}$	$\cdots$	0	$\cdots$	$\hat{b}_1$
$\vdots$	$\vdots$		$\vdots$		$\vdots$	$\vdots$		$\vdots$		$\vdots$
x_k	0	$\cdots$	$\hat{a}_{r,B_r}$	$\cdots$	0	$\hat{a}_{r,N_1}$	$\cdots$	1	$\cdots$	$\hat{b}_r$
$\vdots$	$\vdots$		$\vdots$		$\vdots$	$\vdots$		$\vdots$		$\vdots$
x_{B_m}	0	$\cdots$	$\hat{a}_{m,B_r}$	$\cdots$	1	$\hat{a}_{m,N_1}$	$\cdots$	0	$\cdots$	$\hat{b}_m$
z	0	$\cdots$	$\hat{\zeta}_{B_r}$	$\cdots$	0	$\hat{\zeta}_{N_1}$	$\cdots$	0	$\cdots$	$\hat{z}_0$

(2-23)

式（2-23）就是由式（2-20）以 $\bar{a}_{r,k}$ 为主元作 Gauss-Jordan 消元法后得到的，并将第 r 个基变量 x_{B_r} 替换为非基变量 x_k，称这一计算过程为旋转，主元 $\bar{a}_{r,k}$ 也常被称作旋转元.

算法 2-2　经典的单纯形表算法

步 1　首先设法找到一个基本可行解，设相应基变量的下标依次为：B_1，B_2，…，B_m，非基变量的下标依次为：N_1，N_2，…，N_{n-m}，计算 $\overline{\boldsymbol{N}}\equiv[\bar{\boldsymbol{a}}_{N_1},\cdots,\bar{\boldsymbol{a}}_{N_{n-m}}]=\boldsymbol{B}^{-1}\boldsymbol{N}$，$\zeta_j=\boldsymbol{c}_B^{\mathrm{T}}\boldsymbol{B}^{-1}\boldsymbol{a}_j-c_j=\boldsymbol{c}_B^{\mathrm{T}}\bar{\boldsymbol{a}}_j-c_j$，$j=1,\cdots,n$，$\bar{\boldsymbol{b}}=\boldsymbol{B}^{-1}\boldsymbol{b}\geqslant\boldsymbol{0}$，$\bar{z}_0=\boldsymbol{c}_B^{\mathrm{T}}\bar{\boldsymbol{b}}$，并构造相应的单纯形表.

步 2　计算

$$\zeta_k=\max\{\zeta_{N_j}\mid j=1,\cdots,n-m\}.$$

步 3　若 $\zeta_k\leqslant 0$，停止，当前解 $\boldsymbol{x}_B=\bar{\boldsymbol{b}}$，$\boldsymbol{x}_N=\boldsymbol{0}$ 是最优解，最优值是 $\bar{z}_0=\boldsymbol{c}_B^{\mathrm{T}}\bar{\boldsymbol{b}}$.

步 4　此时 $\zeta_k>0$，选取非基变量 x_k（若有多个，选第一个，即下标最小的）作为入基变量.

步 5　若 $\bar{\boldsymbol{a}}_k\leqslant\boldsymbol{0}$，停止，原问题无下界.

步 6　计算

$$\theta=\frac{\bar{b}_r}{\bar{a}_{r,k}}\equiv\min\left\{\frac{\bar{b}_i}{\bar{a}_{i,k}}\,\middle|\,\bar{a}_{i,k}>0,\ i=1,2,\cdots,m\right\},$$

从而确定离基变量为 x_{B_r}（若有多个，选取第一个，即 r（**注意不是** B_r）最小的）.

步 7　以 $\bar{a}_{r,k}$ 为主元进行旋转，将形如式（2-20）的表按单纯形法化为形如式（2-23）的表，然后转步 3 继续循环.

注意上述经典的单纯形算法 2-2 与基本的单纯形算法 2-1 的不同. 在算法 2-2 中，我们选取的是最大的正检验数对应的非基变量作为入基变量（对 MIN 类型的问题（2-2）），试图在每次迭代中用最少的计算量尽可能多地减少目标函数值. 这种选取主元的方法常常被称为 **Dantzig 规则**（即选取最大的正检验数对应的非基变量入基（若有多个，选第一个）；选取离基变量 B_r 时，若有多个，选第一个，即 r 最小的）. 但从整体上看这样做未必就一定能使问题求解的总计算量达到最少，因此人们后来又提出了一些其他入基准则，如最速下降边（Steepest Edge）准则等，试图通过减少单纯形法总的迭代步数以从整体上减少计算量，但在操作上更为复杂，感兴趣的读者可参考有关文献.

从单纯形法的设计上看，该方法仍留下了较大的研究空间. 例如，单纯形法在每次改进当前可行解时，总是改变一个非基变量的值，而其他非基变量保持不变. 那么是否能通过同时改变多个非基变量的值获得更好的计算效果呢？这就需要对多维空间的搜索方向如何定义进行细致的研究. Karmarkar 正是基于这一观察并结合单纯形中心变换技术提出了线性规划的内点法，其选择的搜索方向就是负梯度方向. 这些将需要用到非线性规划的知识，感兴趣的读者可在后续课程中进一步学习.

例题 2－6 计算线性规划问题：

$$\begin{aligned} \min\ & -x_1-x_2+5x_3 \\ \text{s. t. }\ & x_1+x_2+x_3\leqslant 5 \\ & x_1+3x_2-3x_3\leqslant 9 \\ & x_i\geqslant 0,\quad i=1, 2, 3 \end{aligned}$$

解：引入松弛变量 x_4，x_5 和人工变量 z，将原问题化为如下标准形：

$$\begin{aligned} \min\ & z=-x_1-x_2+5x_3 \\ \text{s. t. }\ & x_1+x_2+x_3+x_4=5 \\ & x_1+3x_2-3x_3+x_5=9 \\ & x_i\geqslant 0,\quad i=1, 2, 3, 4, 5 \end{aligned}$$

目标行等价于方程 $z+x_1+x_2-5x_3=0$，于是得到初始表：

	x_1	x_2	x_3	x_4	x_5	RHS
x_4	1	1	1	1	0	5
x_5	1	3 *	−3	0	1	9
z	1	1	−5	0	0	0

由于表的目标行中基变量对应的系数已全为 0，因此目标行中各个变量的系数已是各个变量对应的检验数. 由于 $\zeta_1>0$，$\zeta_2>0$，因此当前的基本可行解还不是最优解，x_1，x_2 均可作为入基变量以改进当前的目标值 0. 选 x_2 作为入基变量，将第 2 列引入基，计算：

$$\theta=\min\left\{\frac{\bar{b}_i}{\bar{a}_{i,2}}\,\middle|\,\bar{a}_{i,2}>0,\ i=1, 2\right\}=\min\{5/1,\ 9/3\}=3,$$

可知第二个基变量即 x_5 为离基变量，相应的旋转元为 $\bar{a}_{22}=3$（由 * 标注），旋转后得

	x_1	x_2	x_3	x_4	x_5	RHS
x_4	$\frac{2}{3}$ *	0	2	1	$-\frac{1}{3}$	2
x_2	$\frac{1}{3}$	1	−1	0	$\frac{1}{3}$	3
z	$\frac{2}{3}$	0	−4	0	$-\frac{1}{3}$	−3

在表中，目标行变成了 $z+\frac{2}{3}x_1-4x_3-\frac{1}{3}x_5=-3$，这在等式约束的条件下与原来的目标函数行 $z+x_1+x_2-5x_3=0$ 是等价的，即原问题等价表 2－11 对应的线性规划问题：

$$\min \quad z=-3-\frac{2}{3}x_1+4x_3+\frac{1}{3}x_5$$

$$\text{s. t.} \quad \frac{2}{3}x_1+2x_3+x_4-\frac{1}{3}x_5=2$$

$$\frac{1}{3}x_1+x_2-x_3+\frac{1}{3}x_5=3$$

$$x_i \geqslant 0, \quad i=1, 2, 3, 4, 5$$

读者只要注意到初等行变换的可逆性便可将上述问题又化为原问题.

在表中由于 $\zeta_1=\frac{2}{3}>0$ 还未达到最优解，应将 x_1 作为入基变量，由于 $\bar{a}_1 \nleq 0$，因此计算：

$$\theta=\min\left\{\frac{\bar{b}_i}{\bar{a}_{i,1}}\middle|\bar{a}_{i,1}>0, i=1, 2\right\}=\min\left\{2\Big/\left(\frac{2}{3}\right), 3\Big/\left(\frac{1}{3}\right)\right\}=\min\{3, 9\}=3,$$

于是 x_4 为离基变量，旋转后得

	x_1	x_2	x_3	x_4	x_5	RHS
x_1	1	0	3	$\frac{3}{2}$	$-\frac{1}{2}$	3
x_2	0	1	-2	$-\frac{1}{2}$	$\frac{1}{2}$	2
z	0	0	-6	-1	0	-5

检验数均不大于 0，得到最优解 $x_1=3$，$x_2=2$，$x_3=0$，相应的最优目标值为 $z^*=5$. □

在例题 2-6 中，最优单纯形表对应的基变量是 x_1，x_2，对应的最优基矩阵为（在最初的标准形中）

$$\boldsymbol{B}=[\boldsymbol{a}_1 \vdots \boldsymbol{a}_2]=\begin{bmatrix}1 & 1\\1 & 3\end{bmatrix}.$$

注意到 $\boldsymbol{B}$ 所在的第一个单纯形表中含有一个单位矩阵 $\boldsymbol{I}$，而单纯形法的旋转过程实际上就是对单纯形表所对应的增广矩阵（包括目标行的系数）作行初等变换，因此当把单纯形表中的基矩阵 $\boldsymbol{B}$ 通过行初等变换变为单位矩阵 $\boldsymbol{I}$ 时，原来单纯形表中的和基矩阵 $\boldsymbol{B}$ 在相同行上的单位矩阵 $\boldsymbol{I}$ 就变成了 $\boldsymbol{B}^{-1}$，即

$$\boldsymbol{B}^{-1}[\boldsymbol{B} \vdots \boldsymbol{I}]=[\boldsymbol{I} \vdots \boldsymbol{B}^{-1}],$$

其中 $\boldsymbol{B}^{-1}$ 就是这一系列行初等变换的乘积. 因此，在对应的最优单纯形表中可看出

$$\boldsymbol{B}^{-1}=\begin{bmatrix}\frac{3}{2} & -\frac{1}{2}\\-\frac{1}{2} & \frac{1}{2}\end{bmatrix}.$$

此外，例题 2-6 最优解还不唯一. 在例题 2-6 的最优单纯形表中，由于非基变量 x_5 的检验数为 0，说明该非基变量可作为入基变量进行旋转而不改变目标的最优值. 在例题 2-6 的最优单纯形表中以 x_5 作为入基变量进行旋转后得：

	x_1	x_2	x_3	x_4	x_4	RHS
x_1	1	1	1	1	0	5
x_5	0	2	-4	-1	1	4
z	0	0	-6	-1	0	-5

这样便得到了另外一组最优基本可行解 $x_1=5$，$x_2=x_3=0$，因此例题 2-6 的最优解不唯一，但最优值是唯一的，均为-5. 事实上，由例题 2-6 的最优单纯形表可看出可行解"$x_1=3+\frac{1}{2}t$，$x_2=2-\frac{1}{2}t$，$x_3=x_4=0$，$x_5=t$，$4\geqslant t\geqslant 0$"均是例题 2-6 的最优解.

2. 矩阵表示与代数意义

下面考虑单纯形表变换过程的矩阵表示和代数意义. 对一般标准形问题（2-2），设已知可行基矩阵 $\boldsymbol{B}$，则单纯形表的变换过程可用矩阵表示为

	$\boldsymbol{x}_B$	$\boldsymbol{x}_N$	RHS			$\boldsymbol{x}_B$	$\boldsymbol{x}_N$	RHS
$\boldsymbol{x}_B$	$\boldsymbol{B}$	$\boldsymbol{N}$	$\boldsymbol{b}$	→	$\boldsymbol{x}_B$	$\boldsymbol{I}$	$\boldsymbol{B}^{-1}\boldsymbol{N}$	$\boldsymbol{B}^{-1}\boldsymbol{b}$
z	$-\boldsymbol{c}_B^{\mathrm{T}}$	$-\boldsymbol{c}_N^{\mathrm{T}}$	0		z	0	$\boldsymbol{c}_B^{\mathrm{T}}\boldsymbol{B}^{-1}\boldsymbol{N}-\boldsymbol{c}_N^{\mathrm{T}}$	$\boldsymbol{c}_B^{\mathrm{T}}\boldsymbol{B}^{-1}\boldsymbol{b}$

(2-24)

其中，箭头左边的表是初始表，完全由原问题的变量系数决定；箭头右边的表是做完 Gauss-Jordan 消元法后得到的可进行单纯形迭代的表，实际上相当于解了一个线性方程组，将 x_B 和目标变量 z 都用 x_N 表示出来了. 表中的"RHS"表示右端项（Right Handed Side）. 根据线性代数知识，任一个可逆矩阵可表示为一系列初等矩阵之积，将其左乘一个可逆矩阵时就等价于在对该矩阵作一系列相应的初等行变换. 因此，在式（2-24）的等式约束的增广矩阵左乘矩阵 $\boldsymbol{B}^{-1}$ 实际上就等价于通过初等行变换将等式约束系数矩阵（增广）中的基矩阵 $\boldsymbol{B}$（见式（2-24）箭头的左端）化为单位矩阵 $\boldsymbol{I}$（即左乘矩阵 $\boldsymbol{B}^{-1}$），同时便得到式（2-24）右端的 $\boldsymbol{B}^{-1}\boldsymbol{N}$ 和 $\boldsymbol{B}^{-1}\boldsymbol{b}$，然后再将目标行中 $\boldsymbol{x}_B$ 的系数 $-\boldsymbol{c}_B$（以等式约束系数矩阵中 $\boldsymbol{x}_B$ 的系数矩阵为主元）消去便得到非基变量的检验数 $\boldsymbol{\zeta}_N=\boldsymbol{c}_B^{\mathrm{T}}\boldsymbol{B}^{-1}\boldsymbol{N}-\boldsymbol{c}_N^{\mathrm{T}}$. 这在代数上等价于将解得的基变量 $\boldsymbol{x}_B$ 的表达式代入到目标函数中. 式（2-24）也可表示为如下矩阵形式：

$$\boldsymbol{B}^{-1}(\boldsymbol{B}\quad \boldsymbol{N}\quad \boldsymbol{b})=(\boldsymbol{I}\quad \boldsymbol{B}^{-1}\boldsymbol{N}\quad \boldsymbol{B}^{-1}\boldsymbol{b}) \tag{2-25}$$

$$\begin{bmatrix}\boldsymbol{I} & 0\\ \boldsymbol{c}_B^{\mathrm{T}}\boldsymbol{B}^{-1} & 1\end{bmatrix}\begin{bmatrix}\boldsymbol{B} & \boldsymbol{N} & \boldsymbol{b}\\ -\boldsymbol{c}_B^{\mathrm{T}} & -\boldsymbol{c}_N^{\mathrm{T}} & \boldsymbol{0}\end{bmatrix}=\begin{bmatrix}\boldsymbol{B} & \boldsymbol{N} & \boldsymbol{b}\\ \boldsymbol{0} & \boldsymbol{c}_B^{\mathrm{T}}\boldsymbol{B}^{-1}\boldsymbol{N}-\boldsymbol{c}_N^{\mathrm{T}} & \boldsymbol{c}_B^{\mathrm{T}}\boldsymbol{B}^{-1}\boldsymbol{b}\end{bmatrix} \tag{2-26}$$

式（2-26）的**代数意义**是：对于一般标准形问题（2-2），构造一个包括目标行在内的、由变量系数和右端项构成的增广矩阵，然后**将等式约束系数的增广矩阵（见式（2-24）箭头的左端）左乘 $\boldsymbol{c}_B^{\mathrm{T}}\boldsymbol{B}^{-1}$ 后再加到目标行上以消去目标行中 $\boldsymbol{x}_B$ 的系数便得到了目标行上各个变量的检验数和相应的目标值.** 后面将看到 $\boldsymbol{c}_B^{\mathrm{T}}\boldsymbol{B}^{-1}$ 有着特殊的含义，称 $\boldsymbol{w}^{\mathrm{T}}=\boldsymbol{c}_B^{\mathrm{T}}\boldsymbol{B}^{-1}$ 是问题（2-2）的对应基 $\boldsymbol{B}$ 的**单纯形乘子或影子价格**，它和基矩阵 $\boldsymbol{B}$ 一一对应. 式（2-25）和式（2-26）可合并写为

$$\begin{bmatrix}\boldsymbol{B}^{-1} & 0\\ \boldsymbol{c}_B^{\mathrm{T}}\boldsymbol{B}^{-1} & 1\end{bmatrix}\begin{bmatrix}\boldsymbol{B} & \boldsymbol{N} & \boldsymbol{b}\\ -\boldsymbol{c}_B^{\mathrm{T}} & -\boldsymbol{c}_N^{\mathrm{T}} & 0\end{bmatrix}=\begin{bmatrix}\boldsymbol{I} & \boldsymbol{B}^{-1}\boldsymbol{N} & \boldsymbol{B}^{-1}\boldsymbol{b}\\ 0 & \boldsymbol{c}_B^{\mathrm{T}}\boldsymbol{B}^{-1}\boldsymbol{N}-\boldsymbol{c}_N^{\mathrm{T}} & \boldsymbol{c}_B^{\mathrm{T}}\boldsymbol{B}^{-1}\boldsymbol{b}\end{bmatrix} \tag{2-27}$$

式（2-27）在对单纯形法作代数分析时很有用. 在计算中，$\boldsymbol{B}^{-1}$ 一般是不用计算的.

实际上根据上述单纯形表变换的代数意义，可在式（2-24）中箭头左边的表的右边再增加一个单位矩阵，并令相应的目标行系数为0，然后对该表再作同样的初等行变换便得

	$\boldsymbol{x}_B$	$\boldsymbol{x}_N$	RHS	$\boldsymbol{y}$
$\boldsymbol{x}_B$	$\boldsymbol{B}$	$\boldsymbol{N}$	$\boldsymbol{b}$	I
z	$-\boldsymbol{c}_B^{\mathrm{T}}$	$-\boldsymbol{c}_N^{\mathrm{T}}$	0	0

→

	$\boldsymbol{x}_B$	$\boldsymbol{x}_N$	RHS	$\boldsymbol{y}$
$\boldsymbol{x}_B$	$\boldsymbol{I}$	$\boldsymbol{B}^{-1}\boldsymbol{N}$	$\boldsymbol{B}^{-1}\boldsymbol{b}$	$\boldsymbol{B}^{-1}$
z	0	$\boldsymbol{c}_B^{\mathrm{T}}\boldsymbol{B}^{-1}\boldsymbol{N}-\boldsymbol{c}_N^{\mathrm{T}}$	$\boldsymbol{c}_B^{\mathrm{T}}\boldsymbol{B}^{-1}\boldsymbol{b}$	$\boldsymbol{c}_B^{\mathrm{T}}\boldsymbol{B}^{-1}$

（2-28）

因此，直接用消元法便可得到与 $\boldsymbol{x}_B$ 对应的 $\boldsymbol{B}^{-1}\boldsymbol{b}$，$\boldsymbol{B}^{-1}\boldsymbol{N}$，$\boldsymbol{\zeta}_N$ 和 $\bar{z}=\boldsymbol{c}_B^{\mathrm{T}}\boldsymbol{B}^{-1}\boldsymbol{b}$，甚至是单纯形乘子 $\boldsymbol{c}_B^{\mathrm{T}}\boldsymbol{B}^{-1}$（如果需要的话）.

根据式（2-26）和式（2-28），不难看出，在例题2-6中与最优基对应的单纯形乘子就是 $\boldsymbol{w}=(-1,\ 0)^{\mathrm{T}}$，这是因为在例题2-6的初始单纯形表中恰好有一个单位矩阵，且在目标行上对应系数均为0.

需要指出的是，式（2-24）中箭头左边的表是与原问题（2-2）对应的表示形式，此时与基变量 $\boldsymbol{x}_B$、基矩阵 $\boldsymbol{B}$ 对应的基本解并未计算出来，尚不能开始单纯形迭代；右边的表达式才是可以开始迭代的单纯形表，此时必须有 $\boldsymbol{B}^{-1}\boldsymbol{b}\geqslant\boldsymbol{0}$，且在目标行中与基变量 $\boldsymbol{x}_B$ 对应的系数已通过Gauss-Jordan消元法（以等式约束系数矩阵中 $\boldsymbol{x}_B$ 的系数矩阵为主元）变为0，相应地便在目标行上得到了非基变量的检验数：$\boldsymbol{\zeta}_N=\boldsymbol{c}_B^{\mathrm{T}}\boldsymbol{B}^{-1}\boldsymbol{N}-\boldsymbol{c}_N^{\mathrm{T}}$. 如果运气好，碰巧 $\boldsymbol{B}$ 就是最优可行基，则解一个线性方程组便得到最优解.

例题2-7　计算下述线性规划问题，判断最优解是否唯一，并指出最优单纯形表对应的最优基矩阵 $\boldsymbol{B}$、$\boldsymbol{B}^{-1}$ 和最优单纯形乘子 $\boldsymbol{w}^{\mathrm{T}}=\boldsymbol{c}_B^{\mathrm{T}}\boldsymbol{B}^{-1}$，并说明最优单纯形乘子的代数意义.

$$
\begin{aligned}
\min\ & z=-6x_1-x_2+5x_3-x_4\\
\text{s.t.}\ & x_1+2x_2+x_3=2\\
& 4x_1+3x_2+x_4=5\\
& x_j\geqslant 0,\quad j=1,\ 2,\ 3,\ 4
\end{aligned}
$$

解：由观察知 x_3，x_4 是一组基本可行解，可直接开始单纯形迭代，单纯形表为

	x_1	x_2	x_3	x_4	RHS
x_3	1	2	1	0	2
x_4	4	3	0	1	5
z	6	1	−5	1	0

表中目标行中与基变量对应的系数不全为0，说明与当前基变量（或基矩阵）对应的检验数尚未算出. 用消元法将目标行中与基变量对应的系数消去，得到新的单纯形表为

	x_1	x_2	x_3	x_4	RHS
x_3	1	2*	1	0	2
x_4	4	3	0	1	5
z	7	8	0	0	5

非基变量 x_1，x_2 均可作为入基变量，选 x_2 为入基变量，计算得第1个基变量即 x_3 为离基变量，作相应的旋转后单纯形表为

	x_1	x_2	x_3	x_4	RHS
x_2	$\frac{1}{2}$	1	$\frac{1}{2}$	0	1
x_4	$\frac{5}{2}$ *	0	$-\frac{3}{2}$	1	2
z	3	0	-4	0	-3

选 x_1 为入基变量. 计算得第 2 个基变量即 x_4 为离基变量，作相应的旋转后单纯形表为

	x_1	x_2	x_3	x_4	RHS
x_2	0	1	$\frac{4}{5}$	$-\frac{1}{5}$	$\frac{3}{5}$
x_1	1	0	$-\frac{3}{5}$	$\frac{2}{5}$	$\frac{4}{5}$
z	0	0	$-\frac{11}{5}$	$-\frac{6}{5}$	$-\frac{27}{5}$

检验数均小于或等于 0，当前解是最优解，最优解是：$x_1=\frac{4}{5}$，$x_2=\frac{3}{5}$，$x_3=x_4=0$，对应的最优值为 $z^*=-\frac{27}{5}$. 由于非基变量的检验数都是严格小于 0 的数，因此该最优解是唯一的；最优单纯形表对应的最优基矩阵 $\boldsymbol{B}$ 及其逆是

$$\boldsymbol{B}=[\boldsymbol{a}_2 \mid \boldsymbol{a}_1]=\begin{bmatrix}2 & 1\\ 3 & 4\end{bmatrix},\quad \boldsymbol{B}^{-1}=\begin{bmatrix}\frac{4}{5} & -\frac{1}{5}\\ -\frac{3}{5} & \frac{2}{5}\end{bmatrix}$$

由第一个单纯形表和式（2-24）知单纯形乘子 $\boldsymbol{w}^{\mathrm{T}}$ 满足

$$\boldsymbol{w}^{\mathrm{T}}[\boldsymbol{a}_3 \mid \boldsymbol{a}_4]+(-5,\ 1)=\left(-\frac{11}{5},\ -\frac{6}{5}\right)$$

注意到在第一个单纯形表中 $[\boldsymbol{a}_3 \mid \boldsymbol{a}_4]=\boldsymbol{I}$，由此得单纯形乘子为：$\boldsymbol{w}^{\mathrm{T}}=\left(-\frac{11}{5},\ -\frac{6}{5}\right)-(-5,\ 1)=\left(\frac{14}{5},\ -\frac{11}{5}\right)$. 单纯形乘子的代数意义由式（2-26）揭示，具体到该问题，就是在第一个单纯形表中将第一行乘以 $w_1=\frac{14}{5}$加上第二行乘以 $w_2=-\frac{11}{5}$再和目标行的对应系数相加，便得到了最优单纯形表的目标行系数. □

研究与思考：如何在单纯形表中直接处理自由变量？如何在单纯形表中直接处理形如 $x_j\leqslant 0$ 的约束（此时问题也含有形如 $x_j\geqslant 0$ 的约束）？进一步考虑如何在单纯形表中直接处理形如 $x_j\geqslant l_j$的约束.（注意，此处是**直接**，而不是作变换令 $x_j'=x_j-l_j$后再进行计算，但可按照该方式去思考如何定义基变量、非基变量，以及检验数与入基和最优解之间的关系）. 再进一步考虑如何直接在单纯形表中处理形如 $u_j\geqslant x_j\geqslant l_j$的约束（称之为简单界约束）. 要

求给出方法和计算实例.

3. MAX 类型问题的计算

对于 MAX 类型的标准形线性规划问题：

$$\begin{aligned} \max z &= \boldsymbol{c}^{\mathrm{T}}\boldsymbol{x} \equiv \sum_{j=1}^{n} c_j x_j \\ \text{s.t. } \boldsymbol{Ax} &= \boldsymbol{b} \\ \boldsymbol{x} &\geqslant \boldsymbol{0} \end{aligned} \tag{2-29}$$

一方面，我们可在目标行上加上一个负号，将其化为等价 MIN 类型的标准形线性规划问题（2-2）求解，即将目标行变为"$\min -z=-\boldsymbol{c}^{\mathrm{T}}\boldsymbol{x}$"，相应的单纯形表变换过程可表示为

	$\boldsymbol{x}_B$	$\boldsymbol{x}_N$	RHS			$\boldsymbol{x}_B$	$\boldsymbol{x}_N$	RHS	
$\boldsymbol{x}_B$	$\boldsymbol{B}$	$\boldsymbol{N}$	$\boldsymbol{b}$	→	$\boldsymbol{x}_B$	$\boldsymbol{I}$	$\boldsymbol{B}^{-1}\boldsymbol{N}$	$\boldsymbol{B}^{-1}\boldsymbol{b}$	(2-30)
$-z$	$\boldsymbol{c}_B^{\mathrm{T}}$	$\boldsymbol{c}_N^{\mathrm{T}}$	0		$-z$	0	$\boldsymbol{c}_N^{\mathrm{T}}-\boldsymbol{c}_B^{\mathrm{T}}\boldsymbol{B}^{-1}\boldsymbol{N}$	$-\boldsymbol{c}_B^{\mathrm{T}}\boldsymbol{B}^{-1}\boldsymbol{b}$	

注意在式（2-28）中非基变量的系数（见目标行）变成了 $\boldsymbol{\sigma}_N=\boldsymbol{c}_N^{\mathrm{T}}-\boldsymbol{c}_B^{\mathrm{T}}\boldsymbol{B}^{-1}\boldsymbol{N}$，与 MIN 类型的线性规划问题（2-2）的单纯形表（见式（2-24））的目标行恰好相差一个符号. 同时也要注意目标值刚好反号.

另一方面，我们也可在单纯形表中直接计算 MAX 类型的线性规划问题（2-29）. 和问题（2-2）一样，在问题（2-29）中设矩阵 $\boldsymbol{A}$ 是 $m\times n$ 行满秩矩阵，且 $\boldsymbol{A}$ 被划分为 $[\boldsymbol{B}, \boldsymbol{N}]$，其中 $\boldsymbol{B}$ 是 $m\times m$ **基矩阵**，$\boldsymbol{x}_B$、$\boldsymbol{x}_N$ 为相应的**基变量**和**非基变量**，则同样可得到式（2-14）～式(2-17). 设 $\boldsymbol{x}_B=\boldsymbol{B}^{-1}\boldsymbol{b}\geqslant\boldsymbol{0}$（即当前的基本解是可行的），则根据式（2-17）和 $\boldsymbol{x}_N\geqslant\boldsymbol{0}$，当 $\boldsymbol{\zeta}_N^{\mathrm{T}}=\boldsymbol{c}_B^{\mathrm{T}}\boldsymbol{B}^{-1}\boldsymbol{N}-\boldsymbol{c}_N^{\mathrm{T}}\geqslant\boldsymbol{0}$ 时，有

$$z=\boldsymbol{c}^{\mathrm{T}}\boldsymbol{x}=\boldsymbol{c}_B^{\mathrm{T}}\boldsymbol{B}^{-1}\boldsymbol{b}-(\boldsymbol{c}_B^{\mathrm{T}}\boldsymbol{B}^{-1}\boldsymbol{N}-\boldsymbol{c}_N^{\mathrm{T}})\boldsymbol{x}_N\leqslant\boldsymbol{c}_B^{\mathrm{T}}\boldsymbol{B}^{-1}\boldsymbol{b} \tag{2-31}$$

从而此时 $\boldsymbol{x}_B=\boldsymbol{B}^{-1}\boldsymbol{b}$，$\boldsymbol{x}_N=\boldsymbol{0}$ 就是问题（2-29）的最优解，对应的最大值为 $\boldsymbol{c}_B^{\mathrm{T}}\boldsymbol{B}^{-1}\boldsymbol{b}$；否则存在 k，$1\leqslant k\leqslant n$，使 $\boldsymbol{\zeta}_k<\boldsymbol{0}$，显然 x_k 为非基变量（基变量对应的检验数均为 0）. 于是可选择 x_k 为**入基变量**，增大其值可以**增大**当前目标函数值. 保持其他非基变量为 0，同样可得式（2-21）和式（2-22）. 此时若 $\bar{\boldsymbol{a}}_k\leqslant\boldsymbol{0}$，则 x_k 可无限增大，从而问题无上界；否则 $\bar{\boldsymbol{a}}_k\not\leqslant\boldsymbol{0}$，按式（2-22）选择**离基变量**，并和计算问题（2-2）一样进行旋转便可得到一个新的基本可行解，对应的目标值将**增大**，如此不断循环. 因此直接在单纯形表中计算 MAX 类型的线性规划 问题（2-29）时，和在单纯形表中直接计算问题（2-2）有两点不同：一是在选择入基变量时，应选择检验数小于零的非基变量入基（离基变量的选择方法不变），这样旋转后目标函数值将增大；二是当检验数都大于或等于零时才得到最优解. 其他方面和解 MIN 类型的线性规划问题是相同的，并有类似的如下定理：

定理 2-2 对于 MAX 类型的线性规划标准形问题（2-29），设矩阵 $\boldsymbol{A}$ 行满秩，$\boldsymbol{x}$ 是由式（2-18）确定的一个基本解，若 $\boldsymbol{x}_B=\boldsymbol{B}^{-1}\boldsymbol{b}\geqslant\boldsymbol{0}$（即 $\boldsymbol{x}$ 是一个基本可行解），则当 $\boldsymbol{\zeta}\geqslant\boldsymbol{0}$ 即 $\boldsymbol{\zeta}_N\geqslant\boldsymbol{0}$ 时，$\boldsymbol{x}$ 是 MAX 类型问题（2-29）的最优基本可行解，并且有

1. 若非基变量的检验数均不等于 0，即 $\boldsymbol{\zeta}_N^{\mathrm{T}}=\boldsymbol{c}_B^{\mathrm{T}}\boldsymbol{B}^{-1}\boldsymbol{N}-\boldsymbol{c}_N^{\mathrm{T}}>\boldsymbol{0}$，则 $\boldsymbol{x}$ 还是问题（2-29）的唯一最优解；

2. 若非基变量的检验数至少有一个等于 0，且当前最优基本可行解非退化，则标准形问

题 (2-29) 一定还存在另一个不同的最优基本可行解.

该定理的证明留作习题.

例题 2-8 计算：

$$
\begin{aligned}
&\max\ 2x_1+x_2-x_3\\
&\text{s.t.}\ x_1+x_2+2x_3\leqslant 6\\
&\qquad x_1+4x_2-x_3\leqslant 4\\
&\qquad x_1,\ x_2,\ x_3\geqslant 0
\end{aligned}
$$

解：引入人工变量 z，令 $z=2x_1+x_2-x_3$. 原问题对应的标准形为

$$
\begin{aligned}
&\max\ z=2x_1+x_2-x_3\\
&\text{s.t.}\ x_1+x_2+2x_3+x_4=6\\
&\qquad x_1+4x_2-x_3+x_5=4\\
&\qquad x_j\geqslant 0,\quad j=1,\ \cdots,\ 5
\end{aligned}
$$

构造初始单纯形表（其中目标行为 $z-2x_1-x_2+x_3=0$）：

	x_1	x_2	x_3	x_4	x_5	RHS
x_4	1	1	2	1	0	6
x_5	1*	4	−1	0	1	4
z	−2	−1	1	0	0	0

表中目标行中对应基变量的检验数都是 0，因此已得到各个变量的检验数. 由于是 MAX 问题，因此当检验数全为非负数（即≥0）的时候才得到最优值，并应选检验数为负的非基变量作为入基变量. 表中 x_1 或 x_2 均可作为入基变量，由于 x_1 的检验数更小些，因此选 x_1 作为入基变量，目的是用最少的计算量尽可能多地增大目标函数值. 由于 x_1 对应的列 $\bar{a}_1\nleq 0$，因此其对应的简化问题有上界. 保持其他非基变量为 0，为保证 $x_4\geqslant 0$，$x_5\geqslant 0$，x_1 最多可增大到 4，即计算：

$$
\theta=\min\left\{\frac{\bar{b}_i}{\bar{a}_{i,1}}\,\middle|\,\bar{a}_{i,1}>0,\ i=1,\ 2\right\}=\min\{6/1,\ 4/1\}=4,
$$

相应地 x_5 为离基变量，旋转后得

	x_1	x_2	x_3	x_4	x_5	RHS
x_4	0	−3	3*	1	−1	2
x_1	1	4	−1	0	1	4
z	0	7	−1	0	2	8

同样选 x_3 作为入基变量，x_4 为离基变量，旋转后得

	x_1	x_2	x_3	x_4	x_5	RHS
x_3	0	-1	1	$\frac{1}{3}$	$-\frac{1}{3}$	$\frac{2}{3}$
x_1	1	3	0	$\frac{1}{3}$	$\frac{2}{3}$	$\frac{14}{3}$
z	0	6	0	$\frac{1}{3}$	$\frac{5}{3}$	$\frac{26}{3}$

于是得到最优解 $x_1=\frac{14}{3}$，$x_2=0$，$x_3=\frac{2}{3}$，对应的最大值为$\frac{26}{3}$. 由于最优单纯形表中非基变量的检验数均大于 0，因此该问题的最优解唯一. □

对于例题 2-8，和例题 2-6 一样，可知最优单纯形表对应的最优基矩阵及其逆分别是

$$\boldsymbol{B}=[\boldsymbol{a}_3,\ \boldsymbol{a}_1]=\begin{bmatrix}2 & 1\\ -1 & 1\end{bmatrix},\quad \boldsymbol{B}^{-1}=\begin{bmatrix}\frac{1}{3} & -\frac{1}{3}\\ \frac{1}{3} & \frac{2}{3}\end{bmatrix}.$$

注意上式中最优基矩阵 $\boldsymbol{B}$ 中列的顺序必须与单纯形表中基变量的顺序一致. 根据式 (2-26) 和式 (2-28)，同样可直接从最优单纯形表中得到与最优基对应的单纯形乘子为 $\boldsymbol{w}=\left(\frac{1}{3},\ \frac{5}{3}\right)^{\mathrm{T}}$ (验算时注意与最优基对应的 $\boldsymbol{c}_B^{\mathrm{T}}=(c_3,\ c_1)=(-1,\ 2)$).

4. 其他单纯形表构造方法

根据单纯形法基本原理，人们也提出了其他单纯形表的构造方法. 另一种常用构造方法实际上就是将 MAX 问题化为 MIN 问题 (或将 MIN 问题化为 MAX 问题) 来求解，其特点是在单纯形表目标行上的人工变量为 $-z$，正如式 (2-30) 所示. 因此，根据式 (2-30)，该类单纯形表方法的检验数定义为

$$\sigma_j=c_j-\boldsymbol{c}_B^{\mathrm{T}}\boldsymbol{B}^{-1}\boldsymbol{a}_j=c_j-\boldsymbol{c}_B^{\mathrm{T}}\bar{\boldsymbol{a}}_j,\quad j=1,\ \cdots,\ n,$$

其中 $\bar{\boldsymbol{a}}_j=\boldsymbol{B}^{-1}\boldsymbol{a}_j$，相应的矩阵形式为

$$\boldsymbol{\sigma}^{\mathrm{T}}=\boldsymbol{c}^{\mathrm{T}}-\boldsymbol{c}_B^{\mathrm{T}}\boldsymbol{B}^{-1}\boldsymbol{A},$$

刚好与前面检验数的定义反号.

在式 (2-30) 中，记

$$\bar{\boldsymbol{b}}=\boldsymbol{B}^{-1}\boldsymbol{b},\quad \bar{z}=\boldsymbol{c}_B^{\mathrm{T}}\boldsymbol{B}^{-1}\boldsymbol{b}.$$

对于 MAX 类型的问题 (2-29)，由于是将其化为等价的 MIN 类型问题求解，因此在式 (2-30) 中 (其中 $\bar{\boldsymbol{b}}=\boldsymbol{B}^{-1}\boldsymbol{b}\geqslant 0$)，当 $\sigma\leqslant 0$ 时，当前基本可行解 $\bar{\boldsymbol{x}}_B=\bar{\boldsymbol{b}}$，$\bar{\boldsymbol{x}}_N=\boldsymbol{0}$ 就是目标函数 $-z=-\boldsymbol{c}^{\mathrm{T}}\boldsymbol{x}$ 的最小值解，最小值为 $-\bar{z}_0$，相应地对原目标函数 $z=\boldsymbol{c}^{\mathrm{T}}\boldsymbol{x}$ 就是最大值解，对应的最大值为 $\bar{z}_0$ (注意符号). 否则存在 k，$1\leqslant k\leqslant n$，使 $\sigma_k>0$，于是可选择 x_k 为入基变量，即对 MAX 类型的问题，此时应选择检验数大于零的非基变量入基. 若 $\bar{\boldsymbol{a}}_k=(\bar{a}_{1,k},\ \cdots,\ \bar{a}_{r,k},\ \cdots,\ \bar{a}_{m,k})^{\mathrm{T}}\leqslant 0$，则 x_k 可以变得任意大而不改变 $\boldsymbol{x}_B$ 的可行性，从而目标函数值 $-z=-\boldsymbol{c}^{\mathrm{T}}\boldsymbol{x}=-\bar{z}_0-\sigma_k x_k$ 无下界 (其他非基变量仍保持为 0)，相应地目标函数 $z=\boldsymbol{c}^{\mathrm{T}}\boldsymbol{x}$ 无上界；否则存在 i，$1\leqslant i\leqslant m$，使 $\bar{a}_{i,k}>0$. 然后和前面一样计算：

$$\theta=\frac{\bar{b}_r}{\bar{a}_{r,k}}\equiv\min\left\{\frac{\bar{b}_i}{\bar{a}_{i,k}}\middle|\bar{a}_{i,k}>0,\ i=1,\ 2,\ \cdots,\ m\right\}$$

再选择作为离基变量 $\boldsymbol{x}_B$ 即以 $\bar{a}_{r,k}$ 作为旋转元进行旋转即可.

同样地，对 MIN 类型问题，由于是将其化为等价的 MAX 类型问题求解，因此当 $\sigma\geqslant 0$ 时，当前基本可行解 $\bar{\boldsymbol{x}}_B=\bar{\boldsymbol{b}}$，$\bar{\boldsymbol{x}}_N=\boldsymbol{0}$ 对目标函数 $z=\boldsymbol{c}^{\mathrm{T}}\boldsymbol{x}$ 就是最小值解（对目标函数 $-z=-\boldsymbol{c}^{\mathrm{T}}\boldsymbol{x}$为最大值解），对应的最小值为 $\bar{z}_0=\boldsymbol{c}_B^{\mathrm{T}}\boldsymbol{B}^{-1}\boldsymbol{b}$. 否则存在 k，$1\leqslant k\leqslant n$，使 $\sigma_k<0$，于是可选择 x_k 为入基变量. 若 $\bar{\boldsymbol{a}}_k=(\bar{a}_{1,k},\ \cdots,\ \bar{a}_{r,k},\ \cdots,\ \bar{a}_{m,k})^{\mathrm{T}}\leqslant 0$，则 x_k可以变得任意大而不改变 $\boldsymbol{x}_B$ 的可行性，从而目标函数值$-z=-\boldsymbol{c}^{\mathrm{T}}\boldsymbol{x}=\bar{z}_0-\sigma_k x_k$ 无上界（其他非基变量仍保持为 0），因此目标函数 $z=\boldsymbol{c}^{\mathrm{T}}\boldsymbol{x}$ 无下界；否则存在 i，$1\leqslant i\leqslant m$，使 $\bar{a}_{i,k}>0$. 然后和前面一样计算：

$$\theta=\frac{\bar{b}_r}{\bar{a}_{r,k}}\equiv\min\left\{\frac{\bar{b}_i}{\bar{a}_{i,k}}\middle|\bar{a}_{i,k}>0,\ i=1,\ 2,\ \cdots,\ m\right\}$$

并进行旋转即可.

下面以一个 MAX 问题为例具体说明.

$$\begin{aligned}\max\ & z=2x_1+x_2-x_3\\ \text{s. t.}\ & x_1+x_2+2x_3\leqslant 6\\ & x_1+4x_2-x_3\leqslant 4\\ & x_1,\ x_2,\ x_3\geqslant 0\end{aligned}\quad\Leftrightarrow\quad\begin{aligned}\min\ & -z=-2x_1-x_2+x_3\\ \text{s. t.}\ & x_1+x_2+2x_3\leqslant 6\\ & x_1+4x_2-x_3\leqslant 4\\ & x_1,\ x_2,\ x_3\geqslant 0\end{aligned}$$

其对应的标准形为

$$\begin{aligned}\min\ & -z=-2x_1-x_2+x_3\\ \text{s. t.}\ & x_1+x_2+2x_3+x_4=6\\ & x_1+4x_2-x_3+x_5=4\\ & x_j\geqslant 0,\quad j=1,\ \cdots,\ 5\end{aligned}$$

然后构造单纯形表并进行旋转便得：

	x_1	x_2	x_3	x_4	x_5	RHS
x_4	1	1	2	1	0	6
x_5	1*	4	−1	0	1	4
$-z$	2	1	−1	0	0	0

	x_1	x_2	x_3	x_4	x_5	RHS
x_4	0	−3	3*	1	−1	2
x_1	1	4	−1	0	1	4
$-z$	0	−7	1	0	−2	−8

	x_1	x_2	x_3	x_4	x_5	RHS
x_3	0	-1	1	$\frac{1}{3}$	$-\frac{1}{3}$	$\frac{2}{3}$
x_1	1	3	0	$\frac{1}{3}$	$\frac{2}{3}$	$\frac{14}{3}$
$-z$	0	-6	0	$-\frac{1}{3}$	$-\frac{5}{3}$	$-\frac{26}{3}$

得到最优解为：$x_1=\frac{14}{3}$，$x_3=\frac{2}{3}$，$x_2=x_4=0$，对应的最优值为：$z^*=\frac{26}{3}$（注意符号），且最优解唯一.

综上所述，单纯形表的不同构造方法主要体现在目标行上. 除了上述在目标行用 z 和 $-z$ 来加以区别外，另一种常见的区分方式是定义：

$$z_j=\boldsymbol{c}_B^{\mathrm{T}}\boldsymbol{B}^{-1}\boldsymbol{a}_j\,,\ \zeta_j=z_j-c_j\,,\ \sigma_j=c_j-z_j\,,\quad j=1,\ \cdots,\ n$$

然后在目标行的第一列省略字母 z（或 $-z$），而用 z_j-c_j（相当于 z）或 c_j-z_j（相当于 $-z$）代替以说明目标行的不同构造方式.

此外，对上述单纯形表，为方便验算，还可在表的左侧再加上一列、上面加上一行：

		c_{B_1}	$\cdots$	c_{B_r}	$\cdots$	c_{B_m}	c_{N_1}	$\cdots$	c_k	$\cdots$	
		x_{B_1}	$\cdots$	x_{B_r}	$\cdots$	x_{B_m}	x_{N_1}	$\cdots$	x_k	$\cdots$	RHS
c_{B_1}	x_{B_1}	1	$\cdots$	0	$\cdots$	0	$\bar{a}_{1,N_1}$	$\cdots$	$\bar{a}_{1,k}$	$\cdots$	$\bar{b}_1$
$\vdots$	$\vdots$	$\vdots$		$\vdots$		$\vdots$	$\vdots$		$\vdots$		$\vdots$
c_{B_r}	x_{B_r}	0	$\cdots$	1	$\cdots$	0	$\bar{a}_{r,N_1}$	$\cdots$	$\bar{a}_{r,k}$	$\cdots$	$\bar{b}_r$
$\vdots$	$\vdots$	$\vdots$		$\vdots$		$\vdots$	$\vdots$		$\vdots$		$\vdots$
c_{B_m}	x_{B_m}	0	$\cdots$	0	$\cdots$	1	$\bar{a}_{m,N_1}$	$\cdots$	$\bar{a}_{m,k}$	$\cdots$	$\bar{b}_m$
	z	0	$\cdots$	0	$\cdots$	0	ζ_{N_1}	$\cdots$	ζ_k	$\cdots$	$\bar{z}_0$
（或	$-z$	0	$\cdots$	0	$\cdots$	0	σ_{N_1}	$\cdots$	σ_k	$\cdots$	$-\bar{z}_0$）

此时有

$$\zeta_j=\boldsymbol{c}_B^{\mathrm{T}}\bar{\boldsymbol{a}}_j-c_j\,,\ \sigma_j=-\zeta_j\,,\ j=1,\ \cdots,\ n;\quad \bar{z}_0=\boldsymbol{c}_B^{\mathrm{T}}\bar{\boldsymbol{b}} \tag{2-32}$$

手工计算时，上述表格显得较为繁琐，只是在计算检验数 $\zeta_j(j=1,\ 2,\ \cdots,\ n)$ 和 $\bar{z}_0=\boldsymbol{c}_B^{\mathrm{T}}\bar{\boldsymbol{b}}$ 时，可直接采用式（2－32）计算. 但使用前面介绍的消元法可得到同样的结果，需要强调的是必须首先将基矩阵 $\boldsymbol{B}$ 化为单位矩阵，然后以基变量的系数为主元，把目标行（即 z 所在的行）对应基变量的系数消为零后，才得到非基变量对应的检验数，才能开始单纯形法的旋转过程.

2.4.3　初始基本可行解的寻找

单纯形法必须从一个基本可行解开始. 因此，对初始基本可行解不明显的问题，如何找到一个基本可行解就成为一个重要问题.

1. 两阶段法

初始基本可行解通常采用两阶段法去寻找. 对于标准形式的线性规划问题（2-2），设矩阵 $\boldsymbol{A}$ 是 $m\times n$ 行满秩矩阵，即 $\mathrm{Rank}(\boldsymbol{A})=m$，且 $\boldsymbol{b}\geqslant\boldsymbol{0}$（若某个方程的右端项 $b_i<0$，则在两端同乘以 -1 便可，如 $x_1-2x_2+x_3=-1\to -x_1+2x_2-x_3=1$）. 添加人工变量 $\boldsymbol{y}$ 后，得到如下**第一阶段问题**：

$$\begin{aligned}\min g &= \boldsymbol{e}^{\mathrm{T}}\boldsymbol{y}\equiv\sum_{j=1}^{m}y_j\\ \text{s.t. } \boldsymbol{A}\boldsymbol{x}&+\boldsymbol{y}=\boldsymbol{b}\\ \boldsymbol{x}&\geqslant\boldsymbol{0},\ \boldsymbol{y}\geqslant\boldsymbol{0}\end{aligned}\tag{2-33}$$

其中 $\boldsymbol{e}=(1,1,\cdots,1)^{\mathrm{T}}$，$\boldsymbol{y}=(y_1,y_2,\cdots,y_m)^{\mathrm{T}}$. 显然该问题有一个初始基本可行解 $\boldsymbol{y}=\boldsymbol{b}\geqslant\boldsymbol{0}$，$\boldsymbol{x}=\boldsymbol{0}$，对应的基矩阵为 $\boldsymbol{I}_m$，从而可用单纯形法求解问题（2-33）.

定理 2-3 设第一阶段问题（2-33）的最优解为 $(\boldsymbol{x}^*,\boldsymbol{y}^*)$，最优值为 g^*，则原问题（2-2）有可行解的充分必要条件是最优值 $g^*=0$.

证明：若原问题（2-2）有可行解 $\boldsymbol{x}_0$，则 $\boldsymbol{A}\boldsymbol{x}_0=\boldsymbol{b}$，$\boldsymbol{x}_0\geqslant\boldsymbol{0}$，从而 $\bar{\boldsymbol{x}}=\boldsymbol{x}_0$，$\bar{\boldsymbol{y}}=\boldsymbol{0}$ 也是问题（2-33）的可行解，对应的目标值为 $\bar{g}=\sum_{j=1}^{m}\bar{y}_j=0$. 而对于（2-33）的任一可行解 $\boldsymbol{x}$，$\boldsymbol{y}$，均有 $\boldsymbol{x}\geqslant 0$，$\boldsymbol{y}\geqslant 0$，因此对应的目标值 $g=\sum_{j=1}^{m}y_j\geqslant 0=\bar{g}$，所以 $\bar{\boldsymbol{x}}=\boldsymbol{x}_0$，$\bar{\boldsymbol{y}}=\boldsymbol{0}$ 是问题（2-33）的一个最优解，$\bar{g}=0$ 是问题（2-33）的最优值，然后由最优值的唯一性知 $g^*=0$.

反之，若最优值 $g^*=0$，记 $\boldsymbol{y}^*=(y_1^*,y_2^*,\cdots,y_m^*)^{\mathrm{T}}$，则由 $g^*=\sum_{j=1}^{m}y_j^*=0$ 和可行性条件 $y_j^*\geqslant 0$，$j=1,2,\cdots,m$ 知 $y_j^*=0$，$j=1,2,\cdots,m$，即 $y^*=0$. 由于 $(\boldsymbol{x}^*,\boldsymbol{y}^*)$ 是问题（2-33）的最优解，因此 $(\boldsymbol{x}^*,\boldsymbol{y}^*)=(\boldsymbol{x}^*,\boldsymbol{0})$ 一定是问题（2-33）的可行解，代入到问题（2-33）的约束条件便得 $\boldsymbol{A}\boldsymbol{x}^*=\boldsymbol{b}$，$x^*\geqslant\boldsymbol{0}$，即 $\boldsymbol{x}^*$ 是原问题（2-2）的可行解. □

根据定理 2-3 及其证明可知：

1. 若 $g^*>0$，则原问题无可行解；

2. 若 $g^*=0$，则 $\boldsymbol{y}^*=0$，此时把最优解 $(\boldsymbol{x}^*,\boldsymbol{y}^*)$ 中的 $\boldsymbol{y}^*$ 去掉便得原问题的可行解. 下面看如何从当前最优单纯形表得到基本可行解.

（1）若当前最优单纯形表中人工变量 $\boldsymbol{y}$ 全为非基变量，则由单纯形表便可看出 $\boldsymbol{x}^*$ 为原问题的一个基本可行解.

（2）若当前最优解 $(\boldsymbol{x}^*,\boldsymbol{y}^*)$ 中某个人工变量 y_k 仍为基变量，不妨设基变量依次为 x_{B_1}，…，x_{B_m}，y_k 为第 r 个基变量 x_{B_r}，相应的单纯形表为

	x_1	…	x_s	…	x_n	y_1	…	y_k	…	y_m	RHS
x_{B_1}	$\bar{a}_{1,1}$	…	$\bar{a}_{1,s}$	…	$\bar{a}_{1,n}$	$\bar{a}_{1,n+1}$	…	0	…	$\bar{a}_{1,n+m}$	$\bar{b}_1$
⋮	⋮		⋮		⋮	⋮		⋮		⋮	⋮
x_{B_r}	$\bar{a}_{r,1}$	…	$\bar{a}_{r,s}$	…	$\bar{a}_{r,n}$	$\bar{a}_{r,n+1}$	…	1	…	$\bar{a}_{r,n+m}$	$\bar{b}_r$
⋮	⋮		⋮		⋮	⋮		⋮		⋮	⋮
x_{B_m}	$\bar{a}_{m,1}$	…	$\bar{a}_{m,s}$	…	$\bar{a}_{m,n}$	$\bar{a}_{m,n+1}$	…	0	…	$\bar{a}_{m,n+m}$	$\bar{b}_m$
g	0	…	ζ_s	…	0	ζ_{n+1}	…	0	…	ζ_{n+m}	0

其中 $y_k \equiv x_{B_r}=0$. 设向量 $(\bar{a}_{r,1}, \cdots, \bar{a}_{r,s}, \cdots, \bar{a}_{r,n})$ 非零，不妨设 $\bar{a}_{r,s}\neq 0$，此时由于 $\bar{b}_r=0$，因此以 $\bar{a}_{r,s}$ 为旋转元作一次旋转即可把基变量 y_k 变为非基变量，把非基变量 x_s 变为基变量，并得到了一个新的基本可行解. 如此不断重复便可将所有人工变量赶出基.

若向量 $(\bar{a}_{r,1}, \cdots, \bar{a}_{r,s}, \cdots, \bar{a}_{r,n})$ 为零向量，则说明存在可逆矩阵 $\boldsymbol{B}$，使 $\overline{\boldsymbol{A}}=\boldsymbol{B}^{-1}\boldsymbol{A}$ 的第 r 行全是 0，而 $\overline{\boldsymbol{A}}$ 与 $\boldsymbol{A}$ 显然有相同的秩，这与矩阵 $\boldsymbol{A}$ 行满秩矛盾. 因此，当 $\boldsymbol{A}$ 行满秩时，这种情形不会出现，从而当前得到的可行解实际上是一个**退化的基本可行解**.

但在实际计算中，我们事先常常并不知道矩阵 $\boldsymbol{A}$ 是否是行满秩的，当出现 $\overline{\boldsymbol{A}}=\boldsymbol{B}^{-1}\boldsymbol{A}$ 的第 r 行全是 0 且 x_{B_r} 是人工变量这种情形时，说明矩阵 $\boldsymbol{A}$ 的行是线性相关的. 再由 $g^*=0$ 知此时单纯形表的右端项 $\bar{b}_r=0$，因此此时增广矩阵 $[\boldsymbol{A}, \boldsymbol{b}]$ 的第 r 行全为 0. 注意到在作单纯形法时，实际上是在对系数矩阵作两种特殊的初等行变换：一是把矩阵的某一行乘以一个非零的常数；二是把矩阵的某一行乘以一个常数后加到另一行上. 因此，通过这两种特殊的初等行变换把增广矩阵 $[\boldsymbol{A}, \boldsymbol{b}]$ 的第 r 行变为 0 时，实际上说明矩阵 $[\boldsymbol{A}, \boldsymbol{b}]$ 的第 r 行可被矩阵 $[\boldsymbol{A}, \boldsymbol{b}]$ 的其他行线性表出，所以此时把矩阵 $[\boldsymbol{A}, \boldsymbol{b}]$ 的第 r 行去掉再继续计算即可，即原问题的第 r 个约束实际上是多余的.

例题 2-9 用两阶段单纯形法解下面的线性规划问题.

$$
\begin{aligned}
\min\ & -2x_1+x_2 \\
\text{s. t. } & x_1+2x_2\leqslant 5 \\
& x_1+x_3\geqslant 3 \\
& 2x_1-x_2+x_3=2 \\
& x_1\geqslant 0,\ x_2\geqslant 0,\ x_3\geqslant 0
\end{aligned}
$$

解：问题的标准形为

$$
\begin{aligned}
\min\ & -2x_1+x_2 \\
\text{s. t. } & x_1+2x_2+x_4=5 \\
& x_1+x_3-x_5=3 \\
& 2x_1-x_2+x_3=2 \\
& x_1\geqslant 0,\ x_2\geqslant 0,\ x_3\geqslant 0,\ x_4\geqslant 0,\ x_5\geqslant 0
\end{aligned}
$$

引入人工变量 x_6，x_7，得第一阶段问题为

$$
\begin{aligned}
\min\ & x_6+x_7 \\
\text{s. t. } & x_1+2x_2+x_4=5 \\
& x_1+x_3-x_5+x_6=3 \\
& 2x_1-x_2+x_3+x_7=2 \\
& x_i\geqslant 0,\quad i=1, 2, \cdots, 7
\end{aligned}
$$

相应的单纯形表为

	x_1	x_2	x_3	x_4	x_5	x_6	x_7	RHS
x_4	1	2	0	1	0	0	0	5
x_6	1	0	1	0	−1	1	0	3
x_7	2	−1	1	0	0	0	1	2
g	0	0	0	0	0	−1	−1	0

表中目标行与基变量对应的系数不全为 0，说明与当前基变量（或基矩阵）对应的检验数尚未算出. 用消元法将目标行中与基变量对应的系数消去，得到新的单纯形表为

	x_1	x_2	x_3	x_4	x_5	x_6	x_7	RHS
x_4	1	2	0	1	0	0	0	5
x_6	1	0	1	0	−1	1	0	3
x_7	2	−1	1	0	0	0	1	2
g	3	−1	2	0	−1	0	0	5

为避免分数运算，可选 x_3 为入基变量，计算得第 3 个基变量即 x_7 为离基变量，作相应的旋转后单纯形表为

	x_1	x_2	x_3	x_4	x_5	x_6	x_7	RHS
x_4	1	2	0	1	0	0	0	5
x_6	−1	1	0	0	−1	1	−1	1
x_3	2	−1	1	0	0	0	1	2
g	−1	1	0	0	−1	0	−2	1

选 x_2 为入基变量，计算得第 2 个基变量即 x_6 为离基变量，作相应的旋转后单纯形表为

	x_1	x_2	x_3	x_4	x_5	x_6	x_7	RHS
x_4	3	0	0	1	2	−2	2	3
x_2	−1	1	0	0	−1	1	−1	1
x_3	1	0	1	0	−1	1	0	3
g	0	0	0	0	0	−1	−1	0

检验数均小于或等于 0，当前解是最优解，对应的最优值为 $g^*=0$，且人工变量均为非基变量. 去掉人工变量开始第二阶段，相应的单纯形表为

	x_1	x_2	x_3	x_4	x_5	RHS
x_4	3	0	0	1	2	3
x_2	−1	1	0	0	−1	1
x_3	1	0	1	0	−1	3
z	2	−1	0	0	0	0

表中目标行与基变量对应的系数不全为 0，说明与当前基变量（或基矩阵）对应的检验数尚未算出. 用消元法将目标行中与基变量对应的系数消去，得到新的单纯形表为

	x_1	x_2	x_3	x_4	x_5	RHS
x_4	3	0	0	1	2	3
x_2	-1	1	0	0	-1	1
x_3	1	0	1	0	-1	3
z	1	0	0	0	-1	1

选 x_1 为入基变量，计算得第 1 个基变量即 x_4 为离基变量，作相应的旋转后单纯形表为

	x_1	x_2	x_3	x_4	x_5	RHS
x_1	1	0	0	$\frac{1}{3}$	$\frac{2}{3}$	1
x_2	0	1	0	$\frac{1}{3}$	$-\frac{1}{3}$	2
x_3	0	0	1	$-\frac{1}{3}$	$-\frac{5}{3}$	2
z	0	0	0	$-\frac{1}{3}$	$-\frac{5}{3}$	0

检验数均小于或等于 0，当前解是最优解，最优解是：$x_1=1$，$x_2=2$，$x_3=2$，$x_4=x_5=0$，对应的最优值为 $z^*=0$. 由于最优单纯形表中非基变量的检验数均小于 0，因此该问题的最优解唯一. □

例题 2－10　用两阶段法计算：

$$\begin{aligned}
&\min\ 2x_1-x_2+x_3\\
&\text{s. t. } -x_1+2x_2+x_3\leqslant 2\\
&\qquad -2x_1+4x_2+x_3=4\\
&\qquad x_1+4x_2-2x_3=4\\
&\qquad x_i\geqslant 0,\quad i=1,2,3
\end{aligned}$$

解：

$$\begin{aligned}
&\min\ z=2x_1-x_2+x_3\\
&\text{s. t. } -x_1+2x_2+x_3+x_4=2\\
&\qquad -2x_1+4x_2+x_3=4\\
&\qquad x_1+4x_2-2x_3=4\\
&\qquad x_j\geqslant 0,\quad j=1,2,3,4
\end{aligned}$$

引入人工变量 x_5，x_6，得第一阶问题为

$$
\begin{aligned}
\min\ & g = x_5 + x_6 \\
\text{s.t.}\ & -x_1 + 2x_2 + x_3 + x_4 = 2 \\
& -2x_1 + 4x_2 + x_3 + x_5 = 4 \\
& x_1 + 4x_2 - 2x_3 + x_6 = 4 \\
& x_j \geqslant 0,\quad j = 1, \cdots, 6
\end{aligned}
$$

相应的单纯形表为

	x_1	x_2	x_3	x_4	x_5	x_6	RHS
x_4	-1	2	1	1	0	0	2
x_5	-2	4	1	0	1	0	4
x_6	1	4	-2	0	0	1	4
g	0	0	0	0	-1	-1	0

表中目标行与基变量对应的系数不全为 0，说明与当前基变量（或基矩阵）对应的检验数尚未算出. 用消元法将目标行中与基变量对应的系数消去，得到新的单纯形表为

	x_1	x_2	x_3	x_4	x_5	x_6	RHS
x_4	-1	2*	1	1	0	0	2
x_5	-2	4	1	0	1	0	4
x_6	1	4	-2	0	0	1	4
g	-1	8	-1	0	0	0	8

因此，x_2 为入基变量，计算得 3 个基变量 x_4，x_5，x_6 均可作为离基变量，不妨取第 1 个基变量即 x_4 为离基变量，作相应的旋转后单纯形表为

	x_1	x_2	x_3	x_4	x_5	x_6	RHS
x_2	$-\frac{1}{2}$	1	$\frac{1}{2}$	$\frac{1}{2}$	0	0	1
x_5	0	0	-1	-2	1	0	0
x_6	3*	0	-4	-2	0	1	0
g	3	0	-5	-4	0	0	0

以非基变量 x_1 为入基变量，计算得第 3 个基变量即 x_6 为离基变量，作相应的旋转后单纯形表为

	x_1	x_2	x_3	x_4	x_5	x_6	RHS
x_2	0	1	0	$\frac{1}{2}$	0	$\frac{1}{2}$	1
x_5	0	0	-1	-2	1	0	0
x_1	1	0	-1	0	0	1	0
g	0	0	-1	-2	0	-1	0

检验数均小于或等于 0，当前解是最优解，对应的最优值为 $g^*=0$. 但在上述单纯形表中，人工变量 x_5 仍为基变量，尚未得到原问题的一组基本可行解. 可选择 x_3 作为入基变量以赶走人工变量 x_5. 旋转后得到新的单纯形表为（此时目标行可省略）

	x_1	x_2	x_3	x_4	x_5	x_6	RHS
x_2	0	1	0	$\frac{1}{2}$	$-\frac{1}{6}$	$\frac{1}{6}$	1
x_3	0	0	1	2	-1	0	0
x_1	1	0	0	2	$-\frac{4}{3}$	$\frac{1}{3}$	0

此时便得到原问题的一组基本可行解. 去掉人工变量开始第二阶段，相应的单纯形表为

	x_1	x_2	x_3	x_4	RHS
x_2	0	1	0	$\frac{1}{2}$	1
x_3	0	0	1	2	0
x_1	1	0	0	2	0
z	-2	1	-1	0	0

表中目标行与基变量对应的系数不全为 0，因此必须用消元法将目标行中与基变量对应的系数消去才得到当前基变量（或基矩阵）对应的检验数，计算得到新的单纯形表为

	x_1	x_2	x_3	x_4	RHS
x_2	0	1	0	$\frac{1}{2}$	1
x_3	0	0	1	$2*$	0
x_1	1	0	0	2	0
z	0	0	0	$\frac{11}{2}$	-1

以 x_4 为入基变量，计算得 2 个基变量 x_3，x_1 均可作为离基变量，不妨选 x_3 为离基变量，作相应的旋转后单纯形表为

	x_1	x_2	x_3	x_4	RHS
x_2	0	1	$-\frac{1}{4}$	0	1
x_4	0	0	$\frac{1}{2}$	1	0
x_1	1	0	-1	0	0
z	0	0	$-\frac{11}{4}$	0	-1

检验数均小于或等于 0，当前解是最优解，最优解是：$x_1=0$，$x_2=1$，$x_3=0$，$x_4=0$，对应的最优值为 $z^*=-1$. 由于最优单纯形表中非基变量的检验数小于 0，因此该问题的最优解唯一. □

2. 大 M 法

除上述两阶段法，另外一种寻找初始可行解的方法是大 M 法．对于标准形问题（2-2），在添加人工变量 $\boldsymbol{y}$ 后，在第一阶段问题中进一步考虑目标函数，可得如下模型：

$$\begin{aligned} \min\ & \boldsymbol{c}^{\mathrm{T}}\boldsymbol{x}+M\boldsymbol{e}^{\mathrm{T}}\boldsymbol{y} \\ \text{s.t.}\ & A\boldsymbol{x}+\boldsymbol{y}=\boldsymbol{b} \\ & \boldsymbol{x}\geqslant\boldsymbol{0},\ \boldsymbol{y}\geqslant\boldsymbol{0} \end{aligned} \tag{2-34}$$

其中 $\boldsymbol{e}=(1, 1, \cdots, 1)^{\mathrm{T}}$，$\boldsymbol{b}\geqslant\boldsymbol{0}$，因此问题（2-34）同样有明显的基本可行解 $\boldsymbol{x}=\boldsymbol{0}$，$\boldsymbol{y}=\boldsymbol{b}$，从而可开始单纯形迭代．上述模型实际体现了一种精确罚函数的思想．在原问题有可行解的条件下，通过充分增大 M 的值，在最优解处应有 $\boldsymbol{e}^{\mathrm{T}}\boldsymbol{y}=y_1+y_2+\cdots+y_m=0$，而这在 $y_i\geqslant0$，$i=1, \cdots, m$ 的条件下，实际上就等价于 $y_1=y_2=\cdots=y_m=0$．

定理 2-4 ① 设标准形问题（2-2）有最优解 $\boldsymbol{x}^*$，则存在常数 $M_0>0$，当 $M\geqslant M_0$ 时，$\bar{\boldsymbol{x}}=\boldsymbol{x}^*$，$\bar{\boldsymbol{y}}=\boldsymbol{0}$ 总是问题（2-34）的最优解．

② 若存在常数 $M>0$，使问题（2-34）有最优解（$\boldsymbol{x}^*$，$\boldsymbol{y}^*$），并且 $\boldsymbol{y}^*=\boldsymbol{0}$，则 $\boldsymbol{x}^*$ 就是问题（2-2）的最优解．

③ 若对任意大的常数 M，问题（2-34）均无下界，则问题（2-2）无下界或者无可行解．

④ 若对充分大的常数 M，问题（2-34）有最优解，但最优值与 M 有关，则问题（2-2）无可行解．

该定理的证明要用到后面的线性规划基本定理，其证明见习题．

例题 2-11 用大 M 法计算：

$$\begin{aligned} \min\ & x_1+x_2-3x_3 \\ \text{s.t.}\ & x_1-2x_2+x_3\leqslant12 \\ & 2x_1+x_2-2x_3\geqslant6 \\ & x_1-x_2-x_3=5 \\ & x_i\geqslant0,\quad i=1, 2, 3 \end{aligned}$$

解：引入松弛变量 x_4，x_5 得到该问题的标准形为

$$\begin{aligned} \min\ & z=x_1+x_2-3x_3 \\ \text{s.t.}\ & x_1-2x_2+x_3+x_4=12 \\ & 2x_1+x_2-2x_3-x_5=6 \\ & x_1-x_2-x_3=5 \\ & x_j\geqslant0,\quad j=1, \cdots, 5 \end{aligned}$$

然后引入人工变量 x_6，x_7，得到相应大 M 问题

$$\begin{aligned} \min\ & x_1+x_2-3x_3+M(x_6+x_7) \\ \text{s.t.}\ & x_1-2x_2+x_3+x_4=12 \\ & 2x_1+x_2-2x_3-x_5+x_6=6 \\ & x_1-x_2-x_3+x_7=5 \\ & x_i\geqslant0,\quad i=1, \cdots, 7 \end{aligned}$$

该问题有明显的基本可行解 $x_4=12$，$x_6=6$，$x_7=5$，可以开始单纯形迭代．若令 $M=1$，将发现该问题无下界；若令 $M=2$，计算得最优解 $x_3=\dfrac{9}{2}$，$x_1=\dfrac{15}{2}$，$x_7=2$，$x_2=x_4=x_5=x_6=0$，

由于人工变量 $x_7=2>0$，因此该解并不是原问题的可行解．可见必须选择一个足够大的 M 方可．下面把 M 看作是任意大的正数进行计算，过程如下．

	x_1	x_2	x_3	x_4	x_5	x_6	x_7	RHS
x_4	1	−2	1	1	0	0	0	12
x_6	2	1	−2	0	−1	1	0	6
x_7	1	−1	−1	0	0	0	1	5
z	−1	−1	3	0	0	$-M$	$-M$	0

用消元法将目标行中与基变量对应的系数消去，得到新的单纯形表为

	x_1	x_2	x_3	x_4	x_5	x_6	x_7	RHS
x_4	1	−2	1	1	0	0	0	12
x_6	2 *	1	−2	0	−1	1	0	6
x_7	1	−1	−1	0	0	0	1	5
z	$-1+3M$	−1	$3-3M$	0	$-M$	0	0	$11M$

然后把 M 看作是任意大的正数，依次旋转得

	x_1	x_2	x_3	x_4	x_5	x_6	x_7	RHS
x_4	0	$-\frac{5}{2}$	2	1	$\frac{1}{2}$	$-\frac{1}{2}$	0	9
x_1	1	$\frac{1}{2}$	−1	0	$-\frac{1}{2}$	$\frac{1}{2}$	0	3
x_7	0	$-\frac{3}{2}$	0	0	$\frac{1}{2}$ *	$-\frac{1}{2}$	1	2
z	0	$-\frac{1}{2}-\frac{3}{2}M$	2	0	$-\frac{1}{2}+\frac{1}{2}M$	$\frac{1}{2}-\frac{3}{2}M$	0	$3+2M$

	x_1	x_2	x_3	x_4	x_5	x_6	x_7	RHS
x_4	0	−1	2 *	1	0	0	−1	7
x_1	1	−1	−1	0	0	0	1	5
x_5	0	−3	0	0	1	−1	2	4
z	0	−2	2	0	0	$-M$	$1-M$	5

	x_1	x_2	x_3	x_4	x_5	x_6	x_7	RHS
x_3	0	$-\frac{1}{2}$	1	$\frac{1}{2}$	0	0	$-\frac{1}{2}$	$\frac{7}{2}$
x_1	1	$-\frac{3}{2}$	0	$\frac{1}{2}$	0	0	$\frac{1}{2}$	$\frac{17}{2}$
x_5	0	−3	0	0	1	−1	2	4
z	0	−1	0	−1	0	$-M$	$2-M$	−2

表中非基变量检验数均小于0，当前解是最优解，且由于人工变量 $x_6=x_7=0$，该问题也是原问题的最优解. 从而原问题的最优解是：$x_1=\frac{17}{2}$，$x_3=\frac{7}{2}$，$x_5=4$，$x_2=x_4=0$，对应的最优值为 $z^*=-2$. □

仔细观察可发现，当把 M 看作是任意大的正数时，上述例题的计算过程和两阶段法完全一样. 事实上，根据旋转过程的线性性质，可以构造如下具有两个目标行的单纯形表

	x_1	x_2	x_3	x_4	x_5	x_6	x_7	RHS
x_4	1	−2	1	1	0	0	0	12
x_6	2	1	−2	0	−1	1	0	6
x_7	1	−1	−1	0	0	0	1	5
g	0	0	0	0	0	−1	−1	0
z	−1	−1	3	0	0	0	0	0

在进行单纯形迭代时，目标行应理解为 $(M\cdot g+z)$，因此计算时不仅要把 g 行中基变量的系数消去，还要把 z 行中基变量的系数也消去. 于是例题 2-11 的旋转过程也可表示为

	x_1	x_2	x_3	x_4	x_5	x_6	x_7	RHS
x_4	1	−2	1	1	0	0	0	12
x_6	2*	1	−2	0	−1	1	0	6
x_7	1	−1	−1	0	0	0	1	5
g	3	0	−3	0	−1	0	0	11
z	−1	−1	3	0	0	0	0	0

	x_1	x_2	x_3	x_4	x_5	x_6	x_7	RHS
x_4	1	$-\frac{5}{2}$	2	1	$\frac{1}{2}$	$-\frac{1}{2}$	0	9
x_1	1	$\frac{1}{2}$	−1	0	$-\frac{1}{2}$	$\frac{1}{2}$	0	3
x_7	0	$-\frac{3}{2}$	0	0	$\frac{1}{2}$*	$-\frac{1}{2}$	1	2
g	0	$-\frac{3}{2}$	0	0	$\frac{1}{2}$	$-\frac{3}{2}$	0	2
z	0	$-\frac{1}{2}$	2	0	$-\frac{1}{2}$	$\frac{1}{2}$	0	3

	x_1	x_2	x_3	x_4	x_5	x_6	x_7	RHS
x_4	1	-1	$2*$	1	0	0	-1	7
x_1	1	-1	-1	0	0	0	1	5
x_5	0	-3	0	0	1	-1	2	4
g	0	0	0	0	0	-1	-1	0
z	0	-2	2	0	0	0	1	5

	x_1	x_2	x_3	x_4	x_5	x_6	x_7	RHS
x_3	1	$-\frac{1}{2}$	1	$\frac{1}{2}$	0	0	$-\frac{1}{2}$	$\frac{7}{2}$
x_1	1	$-\frac{3}{2}$	0	$\frac{1}{2}$	0	0	$\frac{1}{2}$	$\frac{17}{2}$
x_5	0	-3	0	0	1	-1	2	4
g	0	0	0	0	0	-1	-1	0
z	0	-1	0	-1	0	0	2	-2

观察上述迭代过程，由于 M 是任意大的正数，在选择入基变量时，优先考虑的是 g 目标行中的系数，而目标行中的 g 行恰好就是两阶段法的第一阶段问题的目标行，因此如果在迭代过程中 g 行的最大检验数总是唯一的（如上面的迭代过程），则大 M 法的迭代过程实际上和两阶段法是一样的，但其计算量显然要比两阶段法大；如果在某次迭代过程中 g 行的最大检验数出现了多个，即有多个变量可作为入基变量时，这时考虑原问题的目标函数（即 z 行）是有益的，但这在后面介绍的修正单纯形法中很容易办到，且计算量要更少.

大 M 法主要在理论上具有意义. 在实际计算中，该方法的困难主要在于如何确定合适的 M. 当 M 太大时，该方法实际上优先考虑的是 g 目标行中的系数，等价于两阶段法，但计算量更大，而且还可能出现"大数吃小数"的现象，产生较大的计算误差；当 M 太小时又可能找不到原问题的基本可行解. 只有当 M 大小合适时才能既找到原问题的一个基本可行解，又能使目标函数 $\boldsymbol{c}^{\mathrm{T}}\boldsymbol{x}$ 有所下降. 但这在实际计算中是很困难的，因此目前看来，与两阶段法相比，大 M 法不具有实用性. 但在理论上，大 M 法具有重要意义，如何用尽可能少的计算量找到尽可能好的初始基本可行解仍是一个值得深入研究的问题.

2.4.4　退化的处理与单纯形法的收敛性

由于基本可行解的个数只有有限个$\left[最多为\binom{n}{m}=\frac{n!}{m!\,(n-m)!}个\right]$，因此若单纯形法不有限中止，则必会发生循环现象.

定理 2-5　若单纯形算法在迭代过程中不出现退化情形，则算法在有限步后必定有限中止.

证明：若不出现退化情形，则单纯形算法每次迭代目标函数值都会下降，从而每次迭代的基本可行解都不一样，而基本可行解的个数只有有限个$\left[\text{最多为}\binom{n}{m}=\frac{n!}{m!\,(n-m)!}\text{个}\right]$，因此单纯形算法在有限步后必定有限中止. □

由定理 2-5 便得：

推论 2-5a 若单纯形算法在迭代过程中不有限中止，则必会出现退化现象.

对于退化情形，即使最优解存在，采用前面介绍的使用最大检验数对应的变量作为入基变量的方法，单纯形法有可能经有限次迭代求不出最优解，即出现无限循环现象. 1951 年，A. J. Hoffman 创造性地构造出一个 3 个方程、11 个变量的无限循环的例子；1955 年，E. M. L. Beale 构造出一个 3 个方程、7 个变量的会无限循环的例子，随后 Tucker 等又提出了多个类似的例子. 下面举例说明.

例题 2-12

$$\min z=-\frac{3}{4}x_4+20x_5-\frac{1}{2}x_6+6x_7$$

$$\text{s.t. } x_1+\frac{1}{4}x_4-8x_5-x_6+9x_7=0$$

$$x_2+\frac{1}{2}x_4-12x_5-\frac{1}{2}x_6+3x_7=0$$

$$x_3+x_6=1$$

$$x_j\geqslant 0,\quad j=1,\cdots,7$$

解：由观察知 x_1，x_2，x_3 是一组可行基变量，可直接开始单纯形迭代，单纯形表为

	x_1	x_2	x_3	x_4	x_5	x_6	x_7	RHS
x_1	1	0	0	$\frac{1}{4}$ *	-8	-1	9	0
x_2	0	1	0	$\frac{1}{2}$	-12	$-\frac{1}{2}$	3	0
x_3	0	0	1	0	0	1	0	1
z	0	0	0	$\frac{3}{4}$	-20	$\frac{1}{2}$	-6	0

选 x_4 为入基变量，计算得第 1 个基变量即 x_1 为离基变量，作相应的旋转后单纯形表为

	x_1	x_2	x_3	x_4	x_5	x_6	x_7	RHS
x_4	4	0	0	1	-32	-4	36	0
x_2	-2	1	0	0	4 *	$\frac{3}{2}$	-15	0
x_3	0	0	1	0	0	1	0	1
z	-3	0	0	0	4	$\frac{7}{2}$	-33	0

选 x_5 为入基变量，计算得第 2 个基变量即 x_2 为离基变量，作相应的旋转后单纯形表为

	x_1	x_2	x_3	x_4	x_5	x_6	x_7	RHS
x_4	-12	8	0	1	0	$8*$	-84	0
x_5	$-\frac{1}{2}$	$\frac{1}{4}$	0	0	1	$\frac{3}{8}$	$-\frac{15}{4}$	0
x_3	0	0	1	0	0	1	0	1
z	-1	-1	0	0	0	2	-18	0

选 x_6 为入基变量，计算得第 1 个基变量即 x_4 为离基变量，作相应的旋转后单纯形表为

	x_1	x_2	x_3	x_4	x_5	x_6	x_7	RHS
x_6	$-\frac{3}{2}$	1	0	$\frac{1}{8}$	0	1	$-\frac{21}{2}$	0
x_5	$\frac{1}{16}$	$-\frac{1}{8}$	0	$-\frac{3}{64}$	1	0	$\frac{3}{16}*$	0
x_3	$\frac{3}{2}$	-1	1	$-\frac{1}{8}$	0	0	$\frac{21}{2}$	1
z	2	-3	0	$-\frac{1}{4}$	0	0	3	0

选 x_7 为入基变量，计算得第 2 个基变量即 x_5 为离基变量，作相应的旋转后单纯形表为

	x_1	x_2	x_3	x_4	x_5	x_6	x_7	RHS
x_6	$2*$	-6	0	$-\frac{5}{2}$	56	1	0	0
x_7	$\frac{1}{3}$	$-\frac{2}{3}$	0	$-\frac{1}{4}$	$\frac{16}{3}$	0	1	0
x_3	-2	6	1	$\frac{5}{2}$	-56	0	0	1
z	1	-1	0	$\frac{1}{2}$	-16	0	0	0

选 x_1 为入基变量，计算得第 1 个基变量即 x_6 为离基变量，作相应的旋转后单纯形表为

	x_1	x_2	x_3	x_4	x_5	x_6	x_7	RHS
x_1	1	-3	0	$-\frac{5}{4}$	28	$\frac{1}{2}$	0	0
x_7	0	$\frac{1}{3}*$	0	$\frac{1}{6}$	-4	$-\frac{1}{6}$	1	0
x_3	0	0	1	0	0	1	0	1
z	0	2	0	$\frac{7}{4}$	-44	$-\frac{1}{2}$	0	0

选 x_2 为入基变量，计算得第 2 个基变量即 x_7 为离基变量，作相应的旋转后单纯形表为

	x_1	x_2	x_3	x_4	x_5	x_6	x_7	RHS
x_1	1	0	0	$\frac{1}{4}$	-8	-1	9	0
x_2	0	1	0	$\frac{1}{2}$	-12	$-\frac{1}{2}$	3	0
x_3	0	0	1	0	0	1	0	1
z	0	0	0	$\frac{3}{4}$	-20	$-\frac{1}{2}$	-6	0

经 6 次迭代，得到的单纯形表与第 1 个单纯形表相同，再做下去将无限循环. □

由例题 2-12，若出现退化情形，则单纯形法可能会出现无限循环，因此人们提出了摄动和字典序方法、Bland 规则.

1. 摄动与字典序方法

为避免循环，Charnes 在 1952 年提出了摄动方法. 该方法用到了如下基本引理.

引理 2-1 考虑两个 ε 的 m 次多项式：

$$a(\varepsilon)=a_0+a_1\varepsilon+a_2\varepsilon^2+\cdots+a_m\varepsilon^m,$$
$$b(\varepsilon)=b_0+b_1\varepsilon+b_2\varepsilon^2+\cdots+b_m\varepsilon^m$$

1. 若存在 $\delta>0$，对任意 $\varepsilon\in(0,\delta]$，均有 $a(\varepsilon)=b(\varepsilon)$，则 $a_k=b_k$，$k=0,1,\cdots,m$；反之亦然.

2. 若 $a_0=b_0,\cdots,a_{k-1}=b_{k-1},a_k>b_k$ $(0\leqslant k\leqslant m)$，则存在 $\delta>0$，对任意 $\varepsilon\in(0,\delta]$，均有 $a(\varepsilon)>b(\varepsilon)$.

3. 若存在 $\delta>0$，对任意 $\varepsilon\in(0,\delta]$，均有 $a(\varepsilon)>b(\varepsilon)$，则必存在 k，$0\leqslant k\leqslant m$，使 $a_0=b_0,\cdots,a_{k-1}=b_{k-1},a_k>b_k$.

证明：根据代数基本定理和函数极限的概念便可证明该引理之 1、2（见习题 2-9），下面看如何用结论 1、2 证明 3. 由结论 2 知必有 $(a_0,a_1,\cdots,a_m)\neq(b_0,b_1,\cdots,b_m)$，从而必存在 k，$0\leqslant k\leqslant m$，使 $a_0=b_0,\cdots,a_{k-1}=b_{k-1},a_k\neq b_k$. 若 $a_k<b_k$，则由结论 1 知存在 $\delta_2>0$，对任意 $\varepsilon\in(0,\delta_2]$，均有 $a(\varepsilon)<b(\varepsilon)$，这与条件矛盾，因此必有 $a_k>b_k$. □

该引理表明，可以在某个小的正数范围内比较两个多项式之间大小，且其大小完全由多项式的系数向量所决定.

定理 2-6 设单纯形法在某次迭代时出现了退化现象，相应的问题变为

$$\begin{aligned}&\min \boldsymbol{c}^{\mathrm{T}}\boldsymbol{x}=\boldsymbol{c}_B^{\mathrm{T}}\boldsymbol{x}_B+\boldsymbol{c}_N^{\mathrm{T}}\boldsymbol{x}_N\\&\text{s. t. } \boldsymbol{x}_B+\overline{\boldsymbol{N}}\boldsymbol{x}_N=\overline{\boldsymbol{b}}\\&\qquad \boldsymbol{x}_B\geqslant\boldsymbol{0},\ \boldsymbol{x}_N\geqslant\boldsymbol{0}\end{aligned}\tag{2-35}$$

其中 $\overline{\boldsymbol{b}}=\boldsymbol{B}^{-1}\boldsymbol{b}\geqslant\boldsymbol{0}$. 记

$$\overline{\boldsymbol{b}}(\varepsilon)=\overline{\boldsymbol{b}}+\begin{bmatrix}\varepsilon\\\varepsilon^2\\\vdots\\\varepsilon^m\end{bmatrix}$$

则存在 $\delta>0$，当 $0<\varepsilon<\delta$ 时，下述摄动问题：

$$\min \boldsymbol{c}^{\mathrm{T}}\boldsymbol{x}=\boldsymbol{c}_B^{\mathrm{T}}\boldsymbol{x}_B+\boldsymbol{c}_N^{\mathrm{T}}\boldsymbol{x}_N$$

$$\text{s. t. } \boldsymbol{x}_B+\overline{\boldsymbol{N}}\boldsymbol{x}_N=\overline{\boldsymbol{b}}(\varepsilon)$$

$$\boldsymbol{x}_B\geqslant\boldsymbol{0},\ \boldsymbol{x}_N\geqslant\boldsymbol{0}$$

在以后的迭代过程中不会再出现退化现象.

该定理实际上是与下面的定理 2-7 等价的，其证明请参考定理 2-7.

定理 2-6 表明，只要 ε 充分小，相应的摄动问题就不会再出现退化现象，而且当 ε 充分小时，$\boldsymbol{x}_B=\boldsymbol{B}^{-1}\boldsymbol{b}\approx\boldsymbol{B}^{-1}\boldsymbol{b}(\varepsilon)$，因此得到的解可作为原问题的最优解. 但该定理在实际应用中会遇到数值困难，这是因为计算机的数值精度是有限的，如果计算机有 15 位精度，那么“$1.0+10^{-16}$”和“$1.0+10^{-18}$”在计算机看来是相等的，不能区分大小. 因此，Dantzig 和 Wolfe 在 1955 年提出了字典序方法，该方法可看作是摄动法在计算机中的实现.

定义 2-4 设 $\boldsymbol{x}=(x_0, x_1, \cdots, x_m)$ 是一非零向量，若它的第一个非零分量是正的，则称它是按字典序正的，记作：$\boldsymbol{x}\succ 0$；若在上述定义中还允许 $\boldsymbol{x}=0$，则称它是按字典序非负的，记作：$\boldsymbol{x}\succcurlyeq 0$.

设 $\boldsymbol{a}=(a_0, a_1, \cdots, a_m)$，$\boldsymbol{b}=(b_0, b_1, \cdots, b_m)$，则 $\boldsymbol{a}\succ\boldsymbol{b}$ 的充要条件是 $a_0=b_0, \cdots, a_{k-1}=b_{k-1}, a_k>b_k(0\leqslant k\leqslant m)$. 若以向量 $\boldsymbol{a}=(a_0, a_1, \cdots, a_m)$ 表示多项式 $a(\varepsilon)=a_0+a_1\varepsilon+a_2\varepsilon^2+\cdots+a_m\varepsilon^m$，由引理 2-1 和字典序的定义知字典序方法与摄动法是等价的，此时在定理 2-6 中的摄动项 $\overline{\boldsymbol{b}}(\varepsilon)=\overline{\boldsymbol{b}}+(\varepsilon, \varepsilon^2, \cdots, \varepsilon^m)^{\mathrm{T}}$ 等价于

$$\begin{bmatrix} \bar{b}_1 & 1 & 0 & \cdots & 0 \\ \bar{b}_2 & 0 & 1 & \cdots & 0 \\ \vdots & \vdots & \vdots & & \vdots \\ \bar{b}_m & 0 & 0 & \cdots & 1 \end{bmatrix}.$$

相应的单纯形表为

	$\cdots$	x_{B_r}	$\cdots$	x_k	$\cdots$	RHS
x_{B_1}	$\cdots$	0	$\cdots$	$\bar{a}_{1,k}$	$\cdots$	$(\bar{b}_1, 1, 0, \cdots, 0)$
$\vdots$		$\vdots$		$\vdots$		$\vdots$
x_{B_r}	$\cdots$	1	$\cdots$	$\bar{a}_{r,k}$	$\cdots$	$(\bar{b}_r, 0, \cdots, 1, \cdots, 0)$
$\vdots$		$\vdots$		$\vdots$		$\vdots$
x_{B_m}	$\cdots$	0	$\cdots$	$\bar{a}_{m,k}$	$\cdots$	$(\bar{b}_m, 0, \cdots, 0, 1)$
z	$\cdots$	0	$\cdots$	ζ_k	$\cdots$	$\bar{z}_0$

定理 2-7 采用字典序方法的单纯形法不会发生循环现象.

证明：采用字典序后，单纯形表的右端项可表示为

$$\begin{bmatrix} \bar{b}_1 & 1 & 0 & \cdots & 0 \\ \bar{b}_2 & 0 & 1 & \cdots & 0 \\ \vdots & \vdots & \vdots & & \vdots \\ \bar{b}_m & 0 & 0 & \cdots & 1 \end{bmatrix} = (\bar{\boldsymbol{b}} \vdots \boldsymbol{I}),$$

其中 $\boldsymbol{I}$ 为 $m \times m$ 单位矩阵．由于循环现象只有在退化情形才会发生，因此若发生循环现象，则单纯形表的右端项必有某行向量全为零（即字典序意义下的零元）．但在单纯形表迭代过程中，设某次迭代的基矩阵为 $\overline{\boldsymbol{B}}$（对应开始采用字典序时的单纯形表系数），那么该次迭代对应的单纯形表右端项为

$$\overline{\boldsymbol{B}}^{-1}(\bar{\boldsymbol{b}} \vdots \boldsymbol{I}) = (\overline{\boldsymbol{B}}^{-1}\bar{\boldsymbol{b}} \vdots \overline{\boldsymbol{B}}^{-1}).$$

由于 $\overline{\boldsymbol{B}}^{-1}$ 可逆，因此其每行的元素均不会全为零，即在迭代过程中，右端项不可能出现某行全为零的向量，从而不会出现退化和循环现象． □

由于非退化基变量离基时，目标值将严格下降，从而不会出现循环，因此在实际计算过程中，根据字典序的原理，只需对退化的基变量作字典序即可，以减少计算量．下面用字典序方法计算例 2 - 12，初始单纯形表为

	x_1	x_2	x_3	x_4	x_5	x_6	x_7	RHS
x_1	1	0	0	$\frac{1}{4}$	-8	-1	9	0
x_2	0	1	0	$\frac{1}{2}*$	-12	$-\frac{1}{2}$	3	0
x_3	0	0	1	0	0	1	0	1
z	0	0	0	$\frac{3}{4}$	-20	$\frac{1}{2}$	-6	0

选 x_4 为入基变量时，有 2 个基变量即 x_1，x_2 可作为离基变量，且均为退化变量，因此用字典序将其展开为（此时我们只需对退化变量引入字典序）

	x_1	x_2	x_3	x_4	x_5	x_6	x_7	RHS		
x_1	1	0	0	$\frac{1}{4}$	-8	-1	9	0	1	0
x_2	0	1	0	$\frac{1}{2}*$	-12	$-\frac{1}{2}$	3	0	0	1
x_3	0	0	1	0	0	1	0	1	0	0
z	0	0	0	$\frac{3}{4}$	-20	$\frac{1}{2}$	-6	0	0	0

若仍选 x_4 为入基变量，用字典序方法计算得第 2 个基变量即 x_2 为离基变量，作相应的旋转后单纯形表为

	x_1	x_2	x_3	x_4	x_5	x_6	x_7	RHS		
x_1	1	$-\frac{1}{2}$	0	0	-2	$-\frac{3}{4}$	$\frac{15}{2}$	0	1	$-\frac{1}{2}$
x_4	0	2	0	1	-24	-1	6	0	0	2
x_3	0	0	1	0	0	$1*$	0	1	0	0
z	0	$-\frac{3}{2}$	0	0	-2	$\frac{5}{4}$	$-\frac{21}{2}$	0	0	$-\frac{3}{2}$

选 x_6 为入基变量，计算得第 3 个基变量即 x_3 为离基变量，且为非退化基变量，循环被打破，因此将右端项恢复正常并作相应的旋转得单纯形表：

	x_1	x_2	x_3	x_4	x_5	x_6	x_7	RHS
x_1	1	$-\frac{1}{2}$	$\frac{3}{4}$	0	-2	0	$\frac{15}{2}$	$\frac{3}{4}$
x_4	0	2	1	1	-24	0	6	1
x_6	0	0	1	0	0	1	0	1
z	0	$-\frac{3}{2}$	$-\frac{5}{4}$	0	-2	0	$-\frac{21}{2}$	$-\frac{5}{4}$

检验数均小于或等于 0，当前解是最优解，最优解是：$x_1=\frac{3}{4}$，$x_4=1$，$x_6=1$，$x_2=x_3=x_5=x_7=0$，对应的最优值为 $z^*=-\frac{5}{4}$.

2. Bland 规则

Bland 规则由 Bland 在 1977 年提出，也称为**最小下标规则**. 在每次迭代时：

(1) 在所有正检验数对应的非基变量中，选下标最小的入基，即入基变量 x_k 的下标由下式决定：

$$k=\min\{j \mid \zeta_j>0, j=1, 2, \cdots, n\}$$

(2) 在所有可选择的离基变量中，选择下标最小的离基，即离基变量 x_l 的下标由下式决定：

$$l=\min\left\{B_r \left| \frac{\bar{b}_r}{\bar{a}_{r,k}}=\min\left\{\frac{\bar{b}_i}{\bar{a}_{i,k}} \middle| \bar{a}_{ik}>0\right\}\right.\right\}$$

定理 2-8 采用 Bland 规则的单纯形法不会发生循环现象.

证明：用反证法，设出现循环，相应单纯形表循环过程为

$$T_0 \to T_1 \to \cdots \to T_k \to T_0 \to T_1 \to \cdots \tag{2-36}$$

设变量 x_{i_0} 在某个表 T_i 中为离基变量，则在单纯形表 $T_i \to \cdots \to T_i$ 的循环过程中，变量 x_{i_0} 一定会在某个表中成为入基变量；同样地，若变量 x_{j_0} 在某个表中 T_j 中为入基变量，则在 $T_j \to \cdots \to T_j$ 的单纯形表迭代过程中，变量 x_{j_0} 一定会在某个表中成为离基变量，因此定义：

$$Q=\{i \mid x_i \text{ 在式 (2-36) 中的某个表中为离基变量（或入基变量）}\}$$

记 $t=\max\{j \mid j\in Q\}$，不妨设 x_t 在表 T 中为离基变量，相应的入基变量为 x_s，则 $s\in Q$，从而 $s<t$. 设在表 T 中基变量下标依次为 B_1，B_2，…，B_m，非基变量下标为 $N_1<N_2<\cdots<N_{n-m}$，约束系数为 $\bar{a}_{ij}$，$i=1$，…，m；$j=1$，…，n，右端项为 $\bar{\boldsymbol{b}}=\boldsymbol{B}^{-1}\boldsymbol{b}=(\bar{b}_1, \bar{b}_2, \cdots, \bar{b}_m)^{\mathrm{T}}$，非基变量的检验数为 $\zeta_N=\{\zeta_{N_1}, \zeta_{N_2}, \cdots, \zeta_{N_{n-m}}\}$，并设 x_t 是表 T 的第 r 个基变量，即 $B_r=t$. 为方便计，仍以 N 表示表 T 中所有非基变量的下标集合，则根据单纯形算法和循环的特点知 $\zeta_s>0$，$\bar{a}_{rs}>0$，并且对 $\forall i\in Q$，有 $\bar{b}_i=0$. 根据单纯形表的代数意义，表 T 对应的代数表达式为

$$\begin{aligned} x_{B_i}+\sum_{j\in N}\bar{a}_{ij}x_j&=\bar{b}_i, \quad i=1, \cdots, m \\ z+\sum_{j\in N}\zeta_j x_j&=\bar{z}_0 \end{aligned} \tag{2-37}$$

设 x_t 在循环过程中在表 $\hat{T}$ 中成为入基变量，记表 $\hat{T}$ 中基变量下标依次为 $\hat{B}_1$，$\hat{B}_2$，…，$\hat{B}_m$，非基变量下标为 $\hat{N}_1<\hat{N}_2<\cdots<\hat{N}_{n-m}$，约束系数为 $\hat{a}_{ij}$，$i=1$，…，m；$j=1$，…，n，右端项为 $\hat{\boldsymbol{b}}=\hat{\boldsymbol{B}}^{-1}\boldsymbol{b}=(\hat{b}_1, \hat{b}_2, \cdots, \hat{b}_m)^{\mathrm{T}}$，非基变量的检验数为 $\hat{\zeta}_N=\{\hat{\zeta}_{N_1}, \hat{\zeta}_{N_2}, \cdots, \hat{\zeta}_{N_{n-m}}\}$，以 $\hat{N}$ 分别表示表 $\hat{T}$ 中所有非基变量的下标集合，则表 $\hat{T}$ 对应的代数表达式为

$$\begin{aligned} x_{\hat{B}_i}+\sum_{j\in\hat{N}}\hat{a}_{ij}x_j&=\hat{b}_i, \quad i=1, \cdots, m \\ z+\sum_{j=1}^{n}\hat{\zeta}_j x_j&=\hat{z}_0 \end{aligned} \tag{2-38}$$

根据单纯形法的原理知方程组（2-37）与方程组（2-38）等价（其中 x_1，…，x_n，z 为变量），并根据循环的特点知 $\bar{z}_0=\hat{z}_0$，且对 $\forall i\in Q$，有 $\hat{b}_i=\bar{b}_i=0$. 由于 x_t 在表 $\hat{T}$ 中为入基变量，因此有 $\hat{\zeta}_t>0$，且根据最小下标规则，对 $\forall j\in\hat{N}$，当 $j<t$ 时有 $\hat{\zeta}_j\leqslant 0$，因此由 $s<t$ 知 $\hat{\zeta}_s\leqslant 0$.

在方程组（2-37）中，令 $x_s=y$，$x_j=0$，$j\in N$ 且 $j\neq s$，则由方程组（2-37）得

$$x_{B_i}=\bar{b}_i-\bar{a}_{is}y, \ i=1, \cdots, m; \quad z=\bar{z}_0-\zeta_s y$$

将其代入到式（2-38）的第 2 个式子中得

$$(\bar{z}_0-\zeta_s y)+\sum_{i=1}^{m}\hat{\zeta}_{B_i}(\bar{b}_i-\bar{a}_{is}y)+\hat{\zeta}_s y=\hat{z}_0$$

由方程组（2-37）与方程组（2-38）等价性知上式对任意 y 均成立，实际上是关于变量 y 的恒等式，再注意到 $\bar{z}=\hat{z}_0$，由上式便得

$$\hat{\zeta}_s-\zeta_s-\sum_{i=1}^{m}\hat{\zeta}_{B_i}\bar{a}_{is}=0$$

由于 $\hat{\zeta}_s\leqslant 0$，$\zeta_s>0$，因此由上式知

$$\sum_{i=1}^{m}\hat{\zeta}_{B_i}\bar{a}_{is}<0$$

从而存在 h，使

$$\hat{\zeta}_{B_h}\bar{a}_{hs}<0 \tag{2-39}$$

因此 $\hat{\zeta}_{B_h}\neq 0$，从而 x_{B_h} 在表 $\hat{T}$ 中为非基变量，而 x_{B_h} 在表 T 中是基变量，因此 $B_h\in Q$，从而 $\bar{b}_h=0$ 且 $B_h\leqslant t$. 由于在表 T 中 x_s 是入基变量，因此 $\zeta_s>0$ 且 $\bar{a}_{rs}>0$；同样由于在表 $\hat{T}$ 中 x_t（即 x_{B_r}）是入基变量，因此 $\hat{\zeta}_t=\hat{\zeta}_{B_r}>0$，从而 $\hat{\zeta}_{B_r}\bar{a}_{rs}>0$，再由式（2-39）和 $B_h\leqslant t$ 知必有 $B_h<t$，从而根据最小下标规则知 $\hat{\zeta}_{B_h}\leqslant 0$，再根据式（2-39）知必有 $\hat{\zeta}_{B_h}<0$，$\bar{a}_{hs}>0$. 由于 $\bar{a}_{hs}>0$，$\bar{b}_r=\bar{b}_h=0$，且 $B_h<t=B_r$，根据最小下标规则，在表 T 中应选 x_{B_h} 作为离基变量，而不是变量 x_{B_r}（即 x_t），这导致矛盾，命题得证. □

由于 Bland 规则直接使用第一个具有正检验数的变量入基，没有考虑正检验数的大小，使用 Bland 规则的单纯形法通常要比采用字典序方法的单纯形法的迭代次数多，但该方法在理论上是一个重要结果.

3. 线性规划基本定理

由定理 2-7、定理 2-8 和两阶段法知：

定理 2-9 对于线性规划标准形问题（2-2），设矩阵 $\boldsymbol{A}$ 行满秩，如果线性规划标准形问题（2-2）有可行解，则必有基本可行解.

证明：显然问题（2-33）有一个初始基本可行解 $\boldsymbol{y}=\boldsymbol{b}\geqslant\boldsymbol{0}$，$\boldsymbol{x}=\boldsymbol{0}$，对应的基矩阵为 $\boldsymbol{I}_m$，因此可用单纯形法求解问题（2-33），然后根据定理 2-7、定理 2-8 知采用字典序方法或 Bland 规则的单纯形法必会有限中止. 而根据单纯形算法，中止时要么发现问题无下界，要么找到原问题的一个最优基本可行解. 而根据定理 2-3，此时第一阶段问题（2-33）有最优解且最优值 $g^*=0$. 因此，计算问题（2-33）的单纯形法必中止于找到问题（2-33）一个最优基本可行解，然后再根据第 35 页的讨论，便一定可找到问题（2-2）的一个基本可行解. □

结合定理 2-7～定理 2-9 和单纯形法的计算过程便得：

定理 2-10 采用字典序方法或 Bland 规则的两阶段单纯形法必会有限中止，要么发现原问题无可行解，或者得到一个基本可行解. 如果有可行解，则要么发现原问题无下界，要么找到原问题的一个最优基本可行解.

推论 2-10a 如果线性规划标准形问题（2-2）有最优解，则必有最优基本可行解.

证明：由于最优解一定是可行解，因此问题（2-2）有可行解，再由定理 2-10 便知通过两阶段单纯形法一定可找到一个最优基本可行解. □

由定理 2-7～定理 2-9 和推论 2-10a 便得如下线性规划基本定理：

定理 2-11（线性规划基本定理） 对于线性规划问题（2-2），设矩阵 $\boldsymbol{A}$ 行满秩，则

1. 如果线性规划问题（2-2）有可行解，则必有基本可行解；
2. 如果线性规划问题（2-2）有最优解，则必有最优基本可行解；
3. 如果线性规划问题（2-2）无最优解，则问题（2-2）要么无可行解，要么无下界.

*2.4.5 修正单纯形方法

在单纯形法的每次迭代中，都需要计算并保存如下形式的单纯形表：

	x_{B_1}	$\cdots$	x_{B_r}	$\cdots$	x_{B_m}	x_{N_1}	$\cdots$	x_k	$\cdots$	RHS
x_{B_1}	1	$\cdots$	0	$\cdots$	0	$\bar{a}_{1,N_1}$	$\cdots$	$\bar{a}_{1,k}$	$\cdots$	$\bar{b}_1$
$\vdots$	$\vdots$		$\vdots$		$\vdots$	$\vdots$		$\vdots$		$\vdots$
x_{B_r}	0	$\cdots$	1	$\cdots$	0	$\bar{a}_{r,N_1}$	$\cdots$	$\bar{a}_{r,k}$	$\cdots$	$\bar{b}_r$
$\vdots$	$\vdots$		$\vdots$		$\vdots$	$\vdots$		$\vdots$		$\vdots$
x_{B_m}	0	$\cdots$	0	$\cdots$	1	$\bar{a}_{m,N_1}$	$\cdots$	$\bar{a}_{m,k}$	$\cdots$	$\bar{b}_m$
z	0	$\cdots$	0	$\cdots$	0	ζ_{N_1}	$\cdots$	ζ_k	$\cdots$	$\bar{z}_0$

设 x_k 为入基变量（此时 $\zeta_k>0$），则只有 x_k 对应的列 $\bar{\boldsymbol{a}}_k=(\bar{a}_{1,k},\cdots,\bar{a}_{m,k})^{\mathrm{T}}$ 在计算下一个基本可行解时起作用，其他非基变量对应的列事实上是不用计算的. 当 $n\gg m$ 时，为进一步减少计算量，人们提出了修正单纯形方法. 该方法在每次迭代中仅保存如下数据：

$\boldsymbol{B}^{-1}$（或 $\boldsymbol{B}$ 的其他形式，如 LU 分解）	$\bar{\boldsymbol{b}}$
$\boldsymbol{w}^{\mathrm{T}}$	z_0

(2-40)

其中 $\boldsymbol{w}^{\mathrm{T}}=\boldsymbol{c}_B^{\mathrm{T}}\boldsymbol{B}^{-1}$，$\bar{\boldsymbol{b}}=\boldsymbol{B}^{-1}\boldsymbol{b}$，$z_0=\boldsymbol{c}_B^{\mathrm{T}}\boldsymbol{B}^{-1}\boldsymbol{b}$，$\boldsymbol{w}$ 可由 $\boldsymbol{w}^{\mathrm{T}}=\boldsymbol{c}_B^{\mathrm{T}}\boldsymbol{B}^{-1}$ 直接计算（此时已知 $\boldsymbol{B}^{-1}$），或者通过解方程组 $\boldsymbol{w}^{\mathrm{T}}\boldsymbol{B}=\boldsymbol{c}_B^{\mathrm{T}}$ 即 $\boldsymbol{B}^{\mathrm{T}}\boldsymbol{w}=\boldsymbol{c}_B$ 得到（此时已知 $\boldsymbol{B}$ 或者 $\boldsymbol{B}$ 的某种其他形式，如 LU 分解等），我们称 $\boldsymbol{w}$ 为**单纯形乘子或影子价格**. 在得到 $\boldsymbol{w}$ 后，便可计算出非基变量对应的检验数：

$$\boldsymbol{\zeta}_N^{\mathrm{T}}=\boldsymbol{w}^{\mathrm{T}}N-\boldsymbol{c}_N^{\mathrm{T}},$$

并得到

$$\zeta_k=\max\{\boldsymbol{w}^{\mathrm{T}}\boldsymbol{a}_j-c_j\mid j\in N\},$$

再计算 $\bar{\boldsymbol{a}}_k=\boldsymbol{B}^{-1}\boldsymbol{a}_k$ 或通过解方程组 $\boldsymbol{B}\bar{\boldsymbol{a}}_k=\boldsymbol{a}_k$ 得到 $\bar{\boldsymbol{a}}_k$，然后按最小比值法确定离基变量 x_{B_r}，即根据式

$$\frac{b_r}{\bar{a}_{r,k}}\equiv\min\left\{\frac{b_i}{\bar{a}_{i,k}}\,\middle|\,\bar{a}_{i,k}>0,\ i=1,2,\cdots,m\right\}$$

确定离基变量 x_{B_r}，再按单纯形法便得新的基矩阵 $\hat{\boldsymbol{B}}$，新的右端项 $\hat{\boldsymbol{b}}$ 和新的目标值 $\hat{z}_0$，然后再计算新的单纯形乘子 $\hat{\boldsymbol{w}}$ 并继续循环便可.

算法 2-3 一般修正单纯形法的计算步骤：

步 1 找到初始可行基矩阵 $\boldsymbol{B}$，计算对应的基本解 $x_B=\boldsymbol{B}^{-1}b\geqslant 0$ 和目标函数值 $z_0=\boldsymbol{c}_B^{\mathrm{T}}\boldsymbol{B}^{-1}\boldsymbol{b}$，基变量的下标集合为：$J_B=\{B_1,B_2,\cdots,B_m\}$. 设非基变量的下标集合为：$J_N=\{N_1,N_2,\cdots,N_{n-m}\}$；

步 2 通过解方程组 $\boldsymbol{B}^{\mathrm{T}}\boldsymbol{w}=\boldsymbol{c}_B$ 得到单纯形乘子 $\boldsymbol{w}$.

步 3 计算非基变量的检验数 $\zeta_j=\boldsymbol{w}^{\mathrm{T}}\boldsymbol{a}_j-c_j$，$j\in J_N$ 和

$$\zeta_k=\max\{\boldsymbol{w}^{\mathrm{T}}\boldsymbol{a}_j-c_j\mid j\in J_N\}$$

若 $\zeta_k\leqslant 0$，当前解为最优解（对极小化问题），算法中止；否则做下一步；

步 4 通过解方程组 $\boldsymbol{B}\bar{\boldsymbol{a}}_k=\boldsymbol{a}_k$ 计算 $\bar{\boldsymbol{a}}_k=\boldsymbol{B}^{-1}\boldsymbol{a}_k$，若 $\bar{\boldsymbol{a}}_k\leqslant\boldsymbol{0}$，则原问题无下界，算法中止；否则根据式

$$\theta \leftarrow \frac{\bar{b}_r}{\bar{a}_{r,k}} = \min\left\{\frac{\bar{b}_i}{\bar{a}_{i,k}} \middle| \bar{a}_{i,k} > 0,\ i=1,\ 2,\ \cdots,\ m\right\}$$

确定离基变量 x_{B_r}（其中 $x_{B_i} = \bar{b}_i (i=1, \cdots, m)$）；

步 5　按单纯形法以 $\bar{a}_{r,k}$ 为旋转元进行旋转得到新的基 $\boldsymbol{B}$（或 $\boldsymbol{B}$ 的其他形式，如 LU 分解），和相应的 x_B，z_0，即令 $x_k \leftarrow \dfrac{x_{B_r}}{\bar{a}_{r,k}} = \theta$，$x_{B_i} \leftarrow x_{B_i} - x_{B_r} \cdot \dfrac{\bar{a}_{i,k}}{\bar{a}_{r,k}} = x_{B_i} - \theta \cdot \bar{a}_{i,k} (i \neq r,\ i=1, \cdots, m)$，$z_0 \leftarrow z_0 - x_{B_r} \cdot \dfrac{\zeta_k}{\bar{a}_{r,k}} = z_0 - \theta \cdot \zeta_k$，$x_{B_r} = 0$，$\boldsymbol{B}_r \leftarrow k$，$J_B \leftarrow J_B \backslash \{\boldsymbol{B}_r\} \cup \{k\}$，$J_N \leftarrow J_N \backslash \{k\} \cup \{\boldsymbol{B}_r\}$，然后转步 2.

算法 2-2 和算法 2-3 在理论上是等价的，但在计算上不等价.

当直接保存 $\boldsymbol{B}^{-1}$ 时，其修正单纯形表（即要保存和更新的数据）可表示为

$\boldsymbol{B}^{-1}$	$\bar{\boldsymbol{b}}$
$\boldsymbol{w}^{\mathrm{T}}$	z_0

(2-41)

设 $\hat{\boldsymbol{B}}$ 是由当前基 $\boldsymbol{B}$ 出发按单纯形方法以 $\bar{a}_{r,k}$ 为旋转元进行旋转后得到的新的基矩阵，此时有如下定理：

定理 2-12　在基 $\boldsymbol{B}$ 对应的修正单纯形表右边添加一列 $\begin{bmatrix}\bar{\boldsymbol{a}}_k \\ \zeta_k\end{bmatrix}$，然后以 $\bar{a}_{rk}$ 为旋转元旋转一次即可得新的基矩阵 $\hat{\boldsymbol{B}}$ 对应的修正单纯形表，即

$\boldsymbol{B}^{-1}$	$\bar{\boldsymbol{b}}$	$\bar{\boldsymbol{a}}_k$
$\boldsymbol{w}^{\mathrm{T}}$	z_0	ζ_k

$\Rightarrow$

$\hat{\boldsymbol{B}}^{-1}$	$\hat{\boldsymbol{b}}$	$\boldsymbol{e}_r$
$\hat{\boldsymbol{w}}^{\mathrm{T}}$	$\hat{z}_0$	$\boldsymbol{0}$

，

其中 $\hat{\boldsymbol{b}} = \hat{\boldsymbol{B}}^{-1}\boldsymbol{b}$，$\hat{z}_0 = \boldsymbol{c}_{\hat{B}}^{\mathrm{T}}\hat{\boldsymbol{B}}^{-1}\boldsymbol{b}$，$\hat{\boldsymbol{w}}^{\mathrm{T}} = \boldsymbol{c}_{\hat{B}}^{\mathrm{T}}\hat{\boldsymbol{B}}^{-1}$，$\boldsymbol{e}_r$ 是长度为 m 的第 r 个单位列向量.

证明：直接根据式（2-28）便得结论. □

因此，直接存储和计算 $\boldsymbol{B}^{-1}$ 时，按照定理 2-12 更新 $\boldsymbol{B}^{-1}$，$\bar{\boldsymbol{b}}$，$\boldsymbol{w}$ 和 z_0 即可.

例题 2-13　用修正单纯形法计算下列问题：

$$\begin{aligned}
\min\ & z = x_1 - 2x_2 \\
\text{s. t.}\ & x_2 + x_5 = 4 \\
& x_1 + x_2 - x_3 = 3 \\
& x_1 - x_2 + x_4 = -1 \\
& x_i \geqslant 0,\quad i=1,\ 2,\ \cdots,\ 5
\end{aligned}$$

解：采用两阶段法，原问题化为

$$\begin{aligned}
\min\ & g = x_6 + x_7 \\
\text{s. t.}\ & x_2 + x_5 = 4 \\
& x_1 + x_2 - x_3 + x_6 = 3 \\
& -x_1 + x_2 - x_4 + x_7 = 1 \\
& x_i \geqslant 0,\quad i=1,\ 2,\ \cdots,\ 7
\end{aligned}$$

初始基变量为 x_5，x_6，x_7，$\boldsymbol{B} = \boldsymbol{I}$，上述问题的系数矩阵和右端项为

$$A=\begin{bmatrix}0&1&0&0&1&0&0\\1&1&-1&0&0&1&0\\-1&1&0&-1&0&0&1\end{bmatrix},\quad b=\begin{bmatrix}4\\3\\1\end{bmatrix}$$

计算得 $\boldsymbol{w}^{\mathrm T}=\boldsymbol{c}_B^{\mathrm T}\boldsymbol{B}^{-1}=(0,1,1)$，$\bar{\boldsymbol{b}}=\boldsymbol{B}^{-1}\boldsymbol{b}=(4,3,1)^{\mathrm T}$，目标函数值 $z_0=\boldsymbol{c}_B^{\mathrm T}\bar{\boldsymbol{b}}=4$，对应的修正单纯形表为

$$\begin{array}{c|ccc|c} x_5 & 1 & 0 & 0 & 4\\ x_6 & 0 & 1 & 0 & 3\\ x_7 & 0 & 0 & 1 & 1\\ \hline & 0 & 1 & 1 & 4\end{array}$$

计算检验数及其对应的列得

$$\begin{aligned}\boldsymbol{\zeta}_N&=(\zeta_1,\zeta_2,\zeta_3,\zeta_4)=\boldsymbol{w}^{\mathrm T}\cdot\boldsymbol{N}-\boldsymbol{c}_N^{\mathrm T}\\&=(0,1,1)\begin{bmatrix}0&1&0&0\\1&1&-1&0\\-1&1&0&-1\end{bmatrix}-(0,0,0,0)\\&=(0,2,-1,-1)\\ \bar{\boldsymbol{a}}_2&=\boldsymbol{B}^{-1}\boldsymbol{a}_2=(1,1,1)^{\mathrm T}\end{aligned}$$

作旋转得

$$\begin{array}{c|ccc|c} x_5 & 1 & 0 & 0 & 4\\ x_6 & 0 & 1 & 0 & 3\\ x_7 & 0 & 0 & 1 & 1\\ \hline g & 0 & 1 & 1 & 4\end{array}\;\begin{bmatrix}1\\1\\1*\\2\end{bmatrix}\rightarrow\begin{array}{c|ccc|c} x_5 & 1 & 0 & -1 & 3\\ x_6 & 0 & 1 & -1 & 2\\ x_2 & 0 & 0 & 1 & 1\\ \hline g & 0 & 1 & -1 & 2\end{array}\;\begin{bmatrix}0\\0\\1\\0\end{bmatrix}$$

计算检验数及其对应的列得

$$\begin{aligned}\boldsymbol{\zeta}_N&=(\zeta_1,\zeta_3,\zeta_4,\zeta_7)=\boldsymbol{w}^{\mathrm T}\cdot\boldsymbol{N}-\boldsymbol{c}_N^{\mathrm T}\\&=(0,1,-1)\begin{bmatrix}0&0&0&0\\1&-1&0&0\\-1&0&-1&1\end{bmatrix}-(0,0,0,1)\\&=(2,-1,1,-2)\\ \bar{\boldsymbol{a}}_1&=\boldsymbol{B}^{-1}\boldsymbol{a}_1=\begin{bmatrix}1&0&-1\\0&1&-1\\0&0&1\end{bmatrix}\begin{bmatrix}0\\1\\-1\end{bmatrix}=\begin{bmatrix}1\\2\\-1\end{bmatrix}\end{aligned}$$

（事实上一步中的 ζ_7 已不用计算），作旋转得

$$\begin{array}{c|ccc|c} x_5 & 1 & 0 & -1 & 3\\ x_6 & 0 & 1 & -1 & 2\\ x_2 & 0 & 0 & 1 & 1\\ \hline g & 0 & 1 & -1 & 2\end{array}\;\begin{bmatrix}1\\2*\\-1\\2\end{bmatrix}\rightarrow\begin{array}{c|ccc|c} x_5 & 1 & -\frac{1}{2} & -\frac{1}{2} & 2\\ x_1 & 0 & \frac{1}{2} & -\frac{1}{2} & 1\\ x_2 & 0 & \frac{1}{2} & \frac{1}{2} & 2\\ \hline g & 0 & 0 & 0 & 0\end{array}\;\begin{bmatrix}0\\1\\0\\0\end{bmatrix}$$

于是得到原问题的一个可行基，开始第二阶段，此时

$$B=[a_5,a_1,a_2]=\begin{bmatrix}1&0&1\\0&1&1\\0&-1&1\end{bmatrix},\quad c_B=\begin{bmatrix}c_5\\c_1\\c_2\end{bmatrix}=\begin{bmatrix}0\\1\\-2\end{bmatrix}$$

相应地计算：

$$w^{\mathrm{T}}=c_B^{\mathrm{T}}B^{-1}=(0,1,-2)\begin{bmatrix}1&-\frac{1}{2}&-\frac{1}{2}\\0&\frac{1}{2}&-\frac{1}{2}\\0&\frac{1}{2}&\frac{1}{2}\end{bmatrix}=\left(0,-\frac{1}{2},-\frac{3}{2}\right)$$

$$z_0=c_B^{\mathrm{T}}\bar{b}=(0,1,-2)(2,1,2)^{\mathrm{T}}=-3$$

$$\zeta_N=(\zeta_3,\zeta_4)=\left(0,-\frac{1}{2},-\frac{3}{2}\right)\begin{bmatrix}0&0\\-1&0\\0&-1\end{bmatrix}-(0,0)=\left(\frac{1}{2},\frac{3}{2}\right)$$

$$\bar{a}_4=B^{-1}a_4=\begin{bmatrix}1&-\frac{1}{2}&-\frac{1}{2}\\0&\frac{1}{2}&-\frac{1}{2}\\0&\frac{1}{2}&\frac{1}{2}\end{bmatrix}\begin{bmatrix}0\\0\\-1\end{bmatrix}=\begin{bmatrix}\frac{1}{2}\\\frac{1}{2}\\-\frac{1}{2}\end{bmatrix}$$

构造修正单纯形表并继续迭代：

$$\begin{array}{c|ccc|c}x_5&1&-\frac{1}{2}&-\frac{1}{2}&2\\x_1&0&\frac{1}{2}&-\frac{1}{2}&1\\x_2&0&\frac{1}{2}&\frac{1}{2}&2\\\hline z&0&-\frac{1}{2}&-\frac{3}{2}&-3\end{array}\ \begin{bmatrix}\frac{1}{2}\\\frac{1}{2}*\\-\frac{1}{2}\\\frac{3}{2}\end{bmatrix}\rightarrow\begin{array}{c|ccc|c}x_5&1&-1&0&1\\x_4&0&1&-1&2\\x_2&0&1&0&3\\\hline z&0&-2&0&-6\end{array}\ \begin{bmatrix}0\\1\\0\\0\end{bmatrix}$$

$$\zeta_N=(\zeta_1,\zeta_3)=(0,-2,0)\begin{bmatrix}0&0\\1&-1\\-1&0\end{bmatrix}-(1,0)=(-3,2)$$

$$\bar{a}_3=B^{-1}a_3=\begin{bmatrix}1&-1&0\\0&1&-1\\0&1&0\end{bmatrix}\begin{bmatrix}0\\-1\\0\end{bmatrix}=\begin{bmatrix}1\\-1\\-1\end{bmatrix}$$

$$\begin{array}{c|ccc|c}x_5&1&-1&0&1\\x_4&0&1&-1&2\\x_2&0&1&0&3\\\hline z&0&-2&0&-6\end{array}\ \begin{bmatrix}1*\\-1\\-1\\2\end{bmatrix}\rightarrow\begin{array}{c|ccc|c}x_3&1&-1&0&1\\x_4&1&0&-1&3\\x_2&0&1&0&4\\\hline z&-2&0&0&-8\end{array}\ \begin{bmatrix}1\\0\\0\\0\end{bmatrix}$$

$$(\zeta_1, \zeta_5)=\boldsymbol{w}^{\mathrm{T}}\boldsymbol{N}-\boldsymbol{c}_N^{\mathrm{T}}=(-2, 0, 0)\begin{bmatrix}0 & 1\\ 1 & 0\\ -1 & 0\end{bmatrix}-(1, 0)=(-3, 0)\leqslant(0, 0),$$

于是最优解为

$$x_1=0,\quad x_2=4,\quad x_3=1,\quad x_4=3,\quad x_5=0,$$

对应最优值为 $z_0=-8$.

现代单纯法软件针对界约束的标准形采用修正单纯形法开发，商业软件通常采用了稀疏矩阵处理技巧，已可求解上百万个变量的问题，而且在大多数实际计算中，算法的收敛速度主要与约束个数有关（不含界约束个数）.

*2.4.6 单纯形法的几何理论

定义 2-5 设 C 是 $\mathbf{R}^n$ 中的集合，对 C 中任意两点 $\boldsymbol{x}$，$\boldsymbol{y}$ 及每个实数 $\lambda\in[0, 1]$，均有

$$(1-\lambda)\boldsymbol{x}+\lambda\boldsymbol{y}=\boldsymbol{x}+\lambda(\boldsymbol{y}-\boldsymbol{x})\in C \tag{2-42}$$

即连接 $\boldsymbol{x}$，$\boldsymbol{y}$ 的线段仍未位于 C 中，见图 2-2，则称 C 为凸集.

在图 2-3 中，(A) 不是凸集，(B)、(C) 均是凸集.

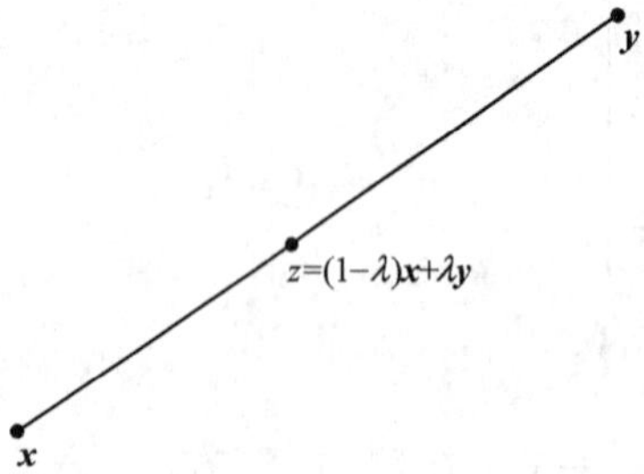

图 2-2 式 (2-42) 的几何含义

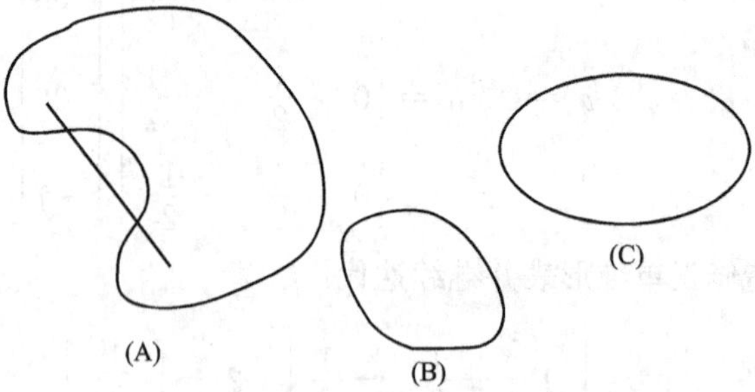

图 2-3 凸集的例子（含反例）

定义 2-6 设 $x_1, x_2, \cdots, x_k\in\mathbf{R}^n$，$\sum_{i=1}^{k}\lambda_i=1$，$\lambda_i\geqslant 0$，$i=1, 2, \cdots, k$，则称 $\sum_{i=1}^{k}\lambda_i x_i$ 为点集 $x_1, x_2, \cdots, x_k$ 的**凸组合**.

定理 2-13 集合 $S\in\mathbf{R}^n$ 是凸集的充分必要条件是对任意正整数 k，对 $\forall x_1, \cdots, x_k\in S$，点集 $x_1, \cdots, x_k$ 的凸组合仍属于 S.

定义 2-7 设 S 是 $\mathbf{R}^n$ 中的集合，称包含 S 的最小凸集为集合 S 的**凸包**（**convex hull**），记为 $Co(S)$.

定理 2-14 设 S 是 $\mathbf{R}^n$ 中的集合，则集合 S 的**凸包**（**convex hull**）为

$$Co(S)=\left\{\boldsymbol{x}=\sum_{j=1}^{k}\lambda_j x_j \,\middle|\, \sum_{j=1}^{k}\lambda_j=1, \lambda_j\geqslant 0, j=1, \cdots, k, k\text{ 为正整数}\right\}$$

即 $Co(S)$ 是由 S 中任意个点的凸组合构成的集合.

定理 2-13 和定理 2-14 的证明留作习题.

定义 2-8 称集合 $H=\{\boldsymbol{x}\in\mathbf{R}^n\mid\boldsymbol{p}^{\mathrm{T}}\boldsymbol{x}=\alpha\}$ 是 n 维欧氏空间 $\mathbf{R}^n$ 中的超平面（hyperplane），其中 $\boldsymbol{p}\in\mathbf{R}^n$（$\neq 0$）称作超平面的法向量；称

$$H^+=\{\boldsymbol{x}\in\mathbf{R}^n\mid\boldsymbol{p}^{\mathrm{T}}\boldsymbol{x}\geqslant\alpha\}$$

$$H^- = \{\boldsymbol{x}\in\mathbf{R}^n \mid \boldsymbol{p}^{\mathrm{T}}\boldsymbol{x}\leqslant\alpha\}$$

是 n 维欧氏空间 $\mathbf{R}^n$ 中的半空间（half-space）；称由有限个半空间的交集构成的集合为多面集（polyhedral set）.

上述定义中，H^+，H^- 均为闭集，相应的半空间开集是 $\{\boldsymbol{x}\in\mathbf{R}^n \mid \boldsymbol{p}^{\mathrm{T}}\boldsymbol{x}>\alpha\}$ 和 $\{\boldsymbol{x}\in\mathbf{R}^n \mid \boldsymbol{p}^{\mathrm{T}}\boldsymbol{x}<\alpha\}$. 根据定义，超平面、半空间、多面集均是凸集，且 $\mathbf{R}^n$ 中的多面集 P 可一般地表示为

$$P=\{\boldsymbol{x}\in\mathbf{R}^n \mid \boldsymbol{A}\boldsymbol{x}\leqslant\boldsymbol{b}\}$$

其中 $\boldsymbol{A}$ 是 $m\times n$ 阶矩阵. 因此线性规划问题（2-1）的可行域：

$$S=\{\boldsymbol{x}\in\mathbf{R}^n \mid \boldsymbol{A}_1\boldsymbol{x}=\boldsymbol{b}_1,\ \boldsymbol{A}_2\boldsymbol{x}\leqslant\boldsymbol{b}_2,\ \boldsymbol{l}\leqslant\boldsymbol{x}\leqslant\boldsymbol{u}\}$$

是一个多面集.

定理 2-15 对一般线性规划问题（2-1），其最优解构成的集合为凸集.

证明：设 $\boldsymbol{x}^{(1)}$ 和 $\boldsymbol{x}^{(2)}$ 均是问题（2-1）最优解，则由最优解的定义知 $\boldsymbol{c}^{\mathrm{T}}\boldsymbol{x}^{(1)}=\boldsymbol{c}^{\mathrm{T}}\boldsymbol{x}^{(2)}=\boldsymbol{c}^{\mathrm{T}}[\lambda\boldsymbol{x}^{(1)}+(1-\lambda)\boldsymbol{x}^{(2)}]$，显然 $\lambda\boldsymbol{x}^{(1)}+(1-\lambda)\boldsymbol{x}^{(2)}(0\leqslant\lambda\leqslant1)$ 均是问题（2-1）的可行解，因此 $\lambda\boldsymbol{x}^{(1)}+(1-\lambda)\boldsymbol{x}^{(2)}(0\leqslant\lambda\leqslant1)$ 均为问题（2-1）的最优解，即最优解构成的集合为凸集. □

由定理 2-15 便得：

推论 2-15a 若线性规划问题（2-1）有两个不同的最优解，则该问题一定有无穷个不同的最优解，且它们的最优目标值相同.

对于标准形式的线性规划问题（2-2），其可行域为

$$S=\{\boldsymbol{x}\in\mathbf{R}^n \mid \boldsymbol{A}\boldsymbol{x}=\boldsymbol{b},\ \boldsymbol{x}\geqslant\boldsymbol{0}\}.$$

显然 S 为一个多面集，下面将研究其几何性质.

定义 2-9 设 C 为一凸集，$\boldsymbol{x}\in C$，若 $\boldsymbol{x}$ 不能表示为 C 中其他两个不同点的凸组合，即若 $\boldsymbol{x}=(1-\lambda)x_1+\lambda x_2$，$x_1$，$x_2\in C$，$0<\lambda<1$，则必有 $x_1=x_2=\boldsymbol{x}$，则称 $\boldsymbol{x}$ 为 C 的一个极点.

引理 2-2 设 $\bar{\boldsymbol{x}}$ 是线性规划标准形问题（2-2）（其中系数矩阵 $\boldsymbol{A}$ 是 $m\times n$ 行满秩矩阵）的可行解，则 $\bar{\boldsymbol{x}}$ 是（2-2）的基本可行解的充分必要条件是它的正分量所对应的矩阵 $\boldsymbol{A}$ 的列向量线性无关.

证明：必要性显然，下面证充分性. 不妨设 $\bar{\boldsymbol{x}}=(\bar{x}_1,\cdots,\bar{x}_n)^{\mathrm{T}}$，其前 k 个分量大于零，其余为 0，即 $\bar{x}_1>0,\cdots,\bar{x}_k>0$，$\bar{x}_{k+1}=\cdots=\bar{x}_n=0$，且正分量对应的列 $\boldsymbol{a}_1,\cdots,\boldsymbol{a}_k$ 线性无关（a_j 表示矩阵 $\boldsymbol{A}$ 的第 j 列，下同）. 若 $k=m$，则由定义知 $\bar{x}$ 是基本可行解；否则将有 $k<m$，由于 $m\times n$ 矩阵 $\boldsymbol{A}$ 的秩为 m，因此一定可找出矩阵 $\boldsymbol{A}$ 的另外 $m-k$ 列，使其与 $\boldsymbol{a}_1,\cdots,\boldsymbol{a}_k$ 一起构成一组 m 个线性无关的列向量，不妨设其为 $\boldsymbol{a}_{k+1},\cdots,\boldsymbol{a}_m$，于是 $\boldsymbol{B}=[\boldsymbol{a}_1,\cdots,\boldsymbol{a}_m]$ 是 $\boldsymbol{A}$ 的一个基矩阵，且 $\bar{\boldsymbol{x}}$ 是与该基矩阵对应的基本可行解（其中 $\bar{x}_{k+1}=\cdots=\bar{x}_m=0$）. □

定理 2-16 对于多面集 $S=\{\boldsymbol{x}\in\mathbf{R}^n \mid \boldsymbol{A}\boldsymbol{x}=\boldsymbol{b},\ \boldsymbol{x}\geqslant\boldsymbol{0}\}$，$\bar{\boldsymbol{x}}$ 为其一个极点的充分必要条件是 $\bar{\boldsymbol{x}}$ 是 S 的基本可行解.

证明：先证充分性，设 $\bar{\boldsymbol{x}}$ 是 S 的基本可行解，且存在 $\boldsymbol{x}^{(1)}\in S$，$\boldsymbol{x}^{(2)}\in S$ 和 $0<\lambda<1$，使

$$\bar{\boldsymbol{x}}=(1-\lambda)\boldsymbol{x}^{(1)}+\lambda\boldsymbol{x}^{(2)}. \tag{2-43}$$

设 $\bar{\boldsymbol{x}}=(\bar{x}_1,\cdots,\bar{x}_n)^{\mathrm{T}}\geqslant0$，$\boldsymbol{x}^{(1)}=(x_1^{(1)},\cdots,x_n^{(1)})^{\mathrm{T}}\geqslant0$，$\boldsymbol{x}^{(2)}=(x_1^{(2)},\cdots,x_n^{(2)})^{\mathrm{T}}\geqslant0$. 由引理 2-2，不妨设 $\bar{\boldsymbol{x}}=(\bar{x}_1,\cdots,\bar{x}_n)^{\mathrm{T}}$ 的前 k 个分量大于零，其余为 0，即 $\bar{x}_1>0,\cdots,\bar{x}_k>0$，$\bar{x}_{k+1}=\cdots=\bar{x}_n=0$，则由式（2-43）、$\bar{x}_{k+1}=\cdots=\bar{x}_n=0$ 和 $0<\lambda<1$ 知

$$x_{k+1}^{(1)}=\cdots=x_n^{(1)}=0,\quad x_{k+1}^{(2)}=\cdots=x_n^{(2)}=0$$

由引理 2-2 设 $\bar{x}$ 对应的基矩阵为 $\boldsymbol{B}$，则

$$\boldsymbol{B}\bar{\boldsymbol{x}}_B=\boldsymbol{B}\boldsymbol{x}_B^{(1)}=\boldsymbol{B}\boldsymbol{x}_B^{(2)}=\boldsymbol{b},$$

从而 $\bar{\boldsymbol{x}}_B=\boldsymbol{x}_B^{(1)}=\boldsymbol{x}_B^{(2)}=\boldsymbol{B}^{-1}\boldsymbol{b}\Rightarrow\bar{\boldsymbol{x}}=\boldsymbol{x}^{(1)}=\boldsymbol{x}^{(2)}$，因此 $\bar{x}$ 是 S 的一个极点.

反之，若 $\bar{x}$ 是 S 的一个极点，$\bar{\boldsymbol{x}}=(\bar{x}_1, \cdots, \bar{x}_n)^{\mathrm{T}}\geqslant 0$ 且其前 k 个分量大于零，其余为 0，即 $\bar{x}_1>0, \cdots, \bar{x}_k>0, \bar{x}_{k+1}=\cdots=\bar{x}_n=0$，但它不是 S 的基本可行解，则由引理 2-2 知 $\boldsymbol{a}_1, \cdots, \boldsymbol{a}_k$ 线性相关，于是存在不全为 0 系数 y_j，$j=1, 2, \cdots, k$，使

$$\boldsymbol{a}_1 y_1+\cdots+\boldsymbol{a}_k y_k=0. \tag{2-44}$$

另一方面，由于 $\bar{x}\in S$，因此有

$$\boldsymbol{A}\bar{\boldsymbol{x}}=\boldsymbol{a}_1\bar{x}_1+\cdots+\boldsymbol{a}_k\bar{x}_k=\boldsymbol{b}. \tag{2-45}$$

由式 (2-45)$\pm\delta\times$(2-44) 得

$$\boldsymbol{a}_1(\bar{x}_1\pm\delta y_1)+\cdots+\boldsymbol{a}_k(\bar{x}_k\pm\delta y_k)=\boldsymbol{b}. \tag{2-46}$$

由于 $\bar{x}_j>0$, $j=1, 2, \cdots, k$, y_j, $j=1, 2, \cdots, k$ 不全为 0，因此存在充分小的 $\delta>0$，使 $\bar{x}_j\pm\delta y_j\geqslant 0$，记 $y_j=0$, $j=k+1, \cdots, n$，令 $x_j^{(1)}=\bar{x}_j+\delta y_j$, $x_j^{(2)}=\bar{x}_j-\delta y_j$, $j=1, \cdots, n$，则 $\boldsymbol{x}^{(1)}\neq\boldsymbol{x}^{(2)}$ 且有

$$\bar{\boldsymbol{x}}=\frac{\boldsymbol{x}^{(1)}+\boldsymbol{x}^{(2)}}{2}$$

这与 $\bar{x}$ 是 S 的一个极点相矛盾，因此若 $\bar{x}$ 是 S 的一个极点，则 $\bar{x}$ 是 S 的基本可行解. □

根据上述定理和线性规划基本定理便得：

定理 2-17 若多面集 $S=\{\boldsymbol{x}\in\mathbf{R}^n \mid \boldsymbol{A}\boldsymbol{x}=\boldsymbol{b}, \boldsymbol{x}\geqslant 0\}\neq\varnothing$，则 S 至少有一个极点.

定义 2-10 设 $C\subseteq\mathbf{R}^n$ 为非空凸集，$\boldsymbol{d}\in\mathbf{R}^n$ 且 $\boldsymbol{d}\neq 0$，若对 $\forall\,\boldsymbol{x}\in C$, $\forall\lambda>0$，均有 $\boldsymbol{x}+\lambda\boldsymbol{d}\in C$，则称 $\boldsymbol{d}$ 是凸集 C 的一个方向；若 $\boldsymbol{d}^{(1)}=\alpha\boldsymbol{d}$, $\alpha>0$，则说 $\boldsymbol{d}^{(1)}$ 与 $\boldsymbol{d}$ 是相同的方向；若方向 $\boldsymbol{d}$ 不能表示为 C 中两个不同方向的正线性组合，即当 $\lambda_1, \lambda_2>0$ 且 $\boldsymbol{d}=\lambda_1\boldsymbol{d}^{(1)}+\lambda_2\boldsymbol{d}^{(2)}$ 时 ($\boldsymbol{d}^{(1)}\neq 0$, $\boldsymbol{d}^{(2)}\neq 0$)，必有 $\boldsymbol{d}^{(1)}=\alpha\boldsymbol{d}^{(2)}$, $\alpha>0$，则称 $\boldsymbol{d}$ 为 C 的一个极方向.

容易得到（见习题 2-12）：

定理 2-18 对于多面集 $S=\{\boldsymbol{x}\in\mathbf{R}^n \mid \boldsymbol{A}\boldsymbol{x}=\boldsymbol{b}, \boldsymbol{x}\geqslant 0\}$，$\boldsymbol{d}$ 为其一个方向的充要条件是 $\boldsymbol{A}\boldsymbol{d}=0$ 且 $\boldsymbol{d}\geqslant 0$.

引理 2-3 对于多面集 $S=\{\boldsymbol{x}\in\mathbf{R}^n \mid \boldsymbol{A}\boldsymbol{x}=\boldsymbol{b}, \boldsymbol{x}\geqslant 0\}$，设 $\boldsymbol{A}$ 为 $m\times n$ 行满秩矩阵，即 $\mathrm{Rank}(\boldsymbol{A})=m$. 设向量 $\boldsymbol{d}\in\mathbf{R}^n$ 为多面集 S 的一个方向，且方向 $\boldsymbol{d}$ 的正分量的个数为 k，则 $\boldsymbol{d}$ 为 S 的极方向的充要条件是 $\boldsymbol{d}$ 的正分量与矩阵 $\boldsymbol{A}$ 对应的列向量构成的向量组的秩为 $k-1$.

证明：设 $\boldsymbol{d}=(d_1, \cdots, d_n)^{\mathrm{T}}$ 是 S 的一个方向，则由定理 2-18 知 $\boldsymbol{A}\boldsymbol{d}=\mathbf{0}$ 且 $d_j\geqslant 0$, $j=1, 2, \cdots, n$. 不妨设 $\boldsymbol{d}$ 的前 k 个分量大于零，其余为 0，即 $d_1>0, \cdots, d_k>0$, $d_{k+1}=\cdots=d_n=0$，则

$$\boldsymbol{A}\boldsymbol{d}=\boldsymbol{a}_1 d_1+\boldsymbol{a}_2 d_2+\cdots+\boldsymbol{a}_k d_k=0, \quad d_j>0, j=1, 2, \cdots, k. \tag{2-47}$$

先证充分性，设向量组 $\{\boldsymbol{a}_1, \boldsymbol{a}_2, \cdots, \boldsymbol{a}_k\}$ 的秩为 $k-1$，则由线性方程组的基本理论知齐次线性方程组

$$\boldsymbol{a}_1 y_1+\boldsymbol{a}_2 y_2+\cdots+\boldsymbol{a}_k y_k=0 \tag{2-48}$$

的解空间的维数为 1，再由式 (2-47) 知该方程组的所有解均是向量 $\bar{\boldsymbol{d}}=(d_1, \cdots, d_k)>0$ 的若干倍，即 $\bar{\boldsymbol{d}}=(d_1, \cdots, d_k)>0$ 是方程组 (2-48) 的基础解系. 设 $\boldsymbol{d}^{(1)}=(d_1^{(1)}, \cdots, d_n^{(1)})^{\mathrm{T}}\geqslant 0$,

$\boldsymbol{d}^{(2)}=(d_1^{(2)},\cdots,d_n^{(2)})^{\mathrm{T}}\geqslant 0$ 是 S 的两个方向，且存在 $\lambda_1,\lambda_2>0$ 使

$$\boldsymbol{d}=\lambda_1\boldsymbol{d}^{(1)}+\lambda_2\boldsymbol{d}^{(2)}, \tag{2-49}$$

则由 $d_{k+1}=\cdots=d_n=0$、$d_j^{(1)}\geqslant 0$，$d_j^{(2)}\geqslant 0$，$j=1,\cdots,n$ 和式（2-49）知

$$d_{k+1}^{(1)}=\cdots=d_n^{(1)}=0,\quad d_{k+1}^{(2)}=\cdots=d_n^{(2)}=0.$$

从而

$$\boldsymbol{A}\boldsymbol{d}^{(1)}=\boldsymbol{a}_1d_1^{(1)}+\cdots+\boldsymbol{a}_kd_k^{(1)}=0,\quad \boldsymbol{A}\boldsymbol{d}^{(2)}=\boldsymbol{a}_1d_1^{(2)}+\cdots+\boldsymbol{a}_kd_k^{(2)}=0.$$

由于方程组（2-48）的基础解系是 $\bar{\boldsymbol{d}}$，因此存在 $t_1\neq 0$，$t_2\neq 0$，使

$$(d_1^{(1)},\cdots,d_k^{(1)})=t_1(d_1,\cdots,d_k),\quad (d_1^{(1)},\cdots,d_k^{(2)})=t_2(d_1,\cdots,d_k)$$

并由 $d_j^{(1)}\geqslant 0$，$d_j^{(2)}\geqslant 0$，$d_j>0$，$j=1,\cdots,k$ 知 $t_1>0$，$t_2>0$，从而有

$$\boldsymbol{d}^{(1)}=\alpha\boldsymbol{d}^{(2)},\quad \alpha=\frac{t_1}{t_2}>0$$

即 $\boldsymbol{d}$ 为 S 的极方向.

反之若 $\boldsymbol{d}$ 为 S 的极方向，但向量组 $\{\boldsymbol{a}_1,\boldsymbol{a}_2,\cdots,\boldsymbol{a}_k\}$ 的秩不等于 $k-1$，则由式（2-47）知该向量组的秩一定小于 $k-1$，从而齐次线性方程组（2-48）的解空间维数至少为 2，从而存在一个与向量 $\bar{\boldsymbol{d}}=(d_1,\cdots,d_k)>0$ 不平行的非零向量 $\bar{\boldsymbol{y}}=(\bar{y}_1,\cdots,\bar{y}_k)$，使

$$\boldsymbol{a}_1\bar{y}_1+\boldsymbol{a}_2\bar{y}_2+\cdots+\boldsymbol{a}_k\bar{y}_k=0. \tag{2-50}$$

由式（2-47）$\pm\delta\times$（2-50）得

$$\boldsymbol{a}_1(d_1\pm\delta\bar{y}_1)+\cdots+\boldsymbol{a}_k(d_k\pm\delta\bar{y}_k)=0. \tag{2-51}$$

由于 $d_j>0$，$j=1,2,\cdots,k$，y_j，$j=1,2,\cdots,k$ 不全为 0，因此存在充分小的 $\delta>0$，使 $d_j\pm\delta\bar{y}_j\geqslant 0$，记 $\bar{y}_j=0$，$j=k+1,\cdots,n$，令 $d_j^{(1)}=d_j+\delta\bar{y}_j$，$d_j^{(2)}=d_j-\delta\bar{y}_j$，$j=1,\cdots,n$，则由 $\bar{\boldsymbol{y}}=(\bar{y}_1,\cdots,\bar{y}_k)$ 与向量 $\bar{\boldsymbol{d}}=(d_1,\cdots,d_k)>0$ 不平行知有 $\boldsymbol{d}^{(1)}$ 与 $\boldsymbol{d}^{(2)}$ 不同向，且

$$\boldsymbol{d}=\frac{\boldsymbol{d}^{(1)}+\boldsymbol{d}^{(2)}}{2},$$

这与 $\boldsymbol{d}$ 为 S 的极方向相矛盾. □

定义 2-11 对于多面集 $S=\{\boldsymbol{x}\in\mathbf{R}^n\,|\,\boldsymbol{A}\boldsymbol{x}=\boldsymbol{b},\ \boldsymbol{x}\geqslant\boldsymbol{0}\}$，设 $\boldsymbol{A}$ 为 $m\times n$ 行满秩矩阵，即 $\mathrm{Rank}(\boldsymbol{A})=m$，设 $\boldsymbol{A}$ 可划分为 $[\boldsymbol{B},\boldsymbol{N}]$，其中有 $\boldsymbol{B}$ 为 m 阶可逆矩阵，同时对 $\boldsymbol{d}\in\mathbf{R}^n$ 相应地划分为 $[\boldsymbol{d}_B,\boldsymbol{d}_N]$. 设 $\boldsymbol{a}_j$ 是 $\boldsymbol{N}$ 中的某一列且 $\bar{\boldsymbol{a}}_j=\boldsymbol{B}^{-1}\boldsymbol{a}_j\leqslant 0$，令 $\boldsymbol{d}_B=-\bar{\boldsymbol{a}}_j$，$\boldsymbol{d}_N=\boldsymbol{e}_j$，其中 $\boldsymbol{e}_j$ 是 $n-m$ 维单位向量，其与 $\boldsymbol{a}_j$ 在 $\boldsymbol{N}$ 中对应的位置处的分量为 1，其他位置的分量为 0. 则 $\boldsymbol{d}=\begin{bmatrix}\boldsymbol{d}_B\\ \boldsymbol{d}_N\end{bmatrix}\begin{bmatrix}-\bar{\boldsymbol{a}}_j\\ \boldsymbol{e}_j\end{bmatrix}$ 是 S 的一个方向，称之为 S 的一个基本可行方向.

显然多面集 $S=\{\boldsymbol{x}\in\mathbf{R}^n\,|\,\boldsymbol{A}\boldsymbol{x}=\boldsymbol{b},\ \boldsymbol{x}\geqslant\boldsymbol{0}\}$ 的基本可行方向至多有 C_n^{m+1} 个. 由前述线性规划基本定理和单纯形法的计算过程便得（见习题 2-12）：

定理 2-19 对于线性规划标准形问题（2-2）（矩阵 $\boldsymbol{A}$ 行满秩），若其无下界，则单纯形法必中止于发现一个可行域 $S=\{\boldsymbol{x}\in\mathbf{R}^n\,|\,\boldsymbol{A}\boldsymbol{x}=\boldsymbol{b},\ \boldsymbol{x}\geqslant\boldsymbol{0}\}$ 的基本可行方向.

定理 2-20 对于多面集 $S=\{\boldsymbol{x}\in\mathbf{R}^n\,|\,\boldsymbol{A}\boldsymbol{x}=\boldsymbol{b},\ \boldsymbol{x}\geqslant\boldsymbol{0}\}$，设 $\boldsymbol{A}$ 为 $m\times n$ 行满秩矩阵，即 $\mathrm{Rank}(\boldsymbol{A})=m$，则方向 $\boldsymbol{d}$ 为 S 的极方向的充要条件是 $\boldsymbol{d}$ 为 S 的基本可行方向.

证明：先证必要性，设方向 $\boldsymbol{d}=(d_1,\cdots,d_n)^{\mathrm{T}}$ 为 S 的极方向，其正分量的个数为 k，则由引理 2-3 知 $\boldsymbol{d}$ 的正分量与矩阵 $\boldsymbol{A}$ 对应的列向量构成的向量组的秩为 $k-1$. 不妨设 $\boldsymbol{d}$ 的前

k 个分量大于零，其余为 0，即 $d_1>0$，…，$d_k>0$，$d_{k+1}=\cdots=d_n=0$，则有式（2-47）成立. 由于矩阵 $\boldsymbol{A}$ 的秩为 m，其列向量组 $\{\boldsymbol{a}_1, \cdots, \boldsymbol{a}_k\}$ 的秩为 $k-1$，因此一定有 $m\geqslant k-1$，且存在 $m-k+1$ 个列向量，不妨设就是 $\boldsymbol{a}_{k+1}, \cdots, \boldsymbol{a}_m, \boldsymbol{a}_{m+1}$，使向量组 $\{\boldsymbol{a}_1, \cdots, \boldsymbol{a}_k, \boldsymbol{a}_{k+1}, \cdots, \boldsymbol{a}_m, \boldsymbol{a}_{m+1}\}$ 的秩为 m(由 $Ad=0$，$d\neq 0$，$\mathrm{Rank}(A)=m$ 知必有 $n>m$)，不妨设在该向量组中子向量组 $\boldsymbol{a}_2, \cdots, \boldsymbol{a}_{m+1}$ 线性无关，记 $\boldsymbol{B}=[\boldsymbol{a}_2, \cdots, \boldsymbol{a}_{m+1}]$，$\boldsymbol{d}_B=(d_2, \cdots, d_{m+1})^{\mathrm{T}}$，则有

$$\boldsymbol{A}\boldsymbol{d}=\boldsymbol{a}_1 d_1+\boldsymbol{a}_2 d_2+\cdots+\boldsymbol{a}_{m+1} d_{m+1}=\boldsymbol{a}_1 d_1+\boldsymbol{B}\boldsymbol{d}_B=0, \tag{2-52}$$

其中 $d_j>0$，$j=1, 2, \cdots, k\leqslant m+1$，$d_{k+1}=\cdots=d_n=0$. 由于 $d_1>0$，在式（2-52）两端同除以 d_1 便可消去之，因此不妨设在上式中有 $d_1=1$，于是得

$$\boldsymbol{d}_B=-\boldsymbol{B}^{-1}\boldsymbol{a}_1\geqslant\boldsymbol{0}$$

即 $\boldsymbol{d}$ 为 S 的基本可行方向.

反之若 $\boldsymbol{d}$ 为 S 的基本可行方向，不妨设 $\boldsymbol{B}=[\boldsymbol{a}_2, \cdots, \boldsymbol{a}_{m+1}]$ 且 $-\boldsymbol{B}^{-1}\boldsymbol{a}_1\geqslant 0$，令 $d_1=1$，$d_B=(d_2, \cdots, d_{m+1})^{\mathrm{T}}=-B^{-1}a_1$，$d_{m+2}=\cdots=d_n=0$，则有式（2-52）成立. 由线性方程组的基本理论知齐次线性方程组（2-52）的解空间维数为 1，即齐次线性方程组（2-52）的任意解 $\bar{\boldsymbol{y}}=(y_1, \cdots, y_{m+1})$，均存在实数 t，使

$$\bar{\boldsymbol{y}}=(y_1, \cdots, y_{m+1})=t(d_1, \cdots, d_{m+1}). \tag{2-53}$$

若存在 S 的两个方向 $\boldsymbol{d}^{(1)}=(d_1^{(1)}, \cdots, d_n^{(1)})^{\mathrm{T}}\geqslant 0$，$\boldsymbol{d}^{(2)}=(d_1^{(2)}, \cdots, d_n^{(2)})^{\mathrm{T}}\geqslant 0$ 和 $\lambda_1, \lambda_2>0$ 使 $\boldsymbol{d}=\lambda_1\boldsymbol{d}^{(1)}+\lambda_2\boldsymbol{d}^{(2)}$，则由 $d_{m+2}=\cdots=d_n=0$ 和 $d_j^{(1)}\geqslant 0$，$d_j^{(2)}\geqslant 0$，$j=1, \cdots, n$ 知

$$d_{m+2}^{(1)}=\cdots=d_n^{(1)}=0, \quad d_{m+2}^{(2)}=\cdots=d_n^{(2)}=0.$$

从而由定理 2-18 知 $(d_1^{(1)}, \cdots, d_{m+1}^{(1)})$ 和 $(d_1^{(2)}, \cdots, d_{m+1}^{(2)})$ 均是线性方程组（2-52）的解，再由式（2-53）和 $\boldsymbol{d}^{(1)}\geqslant\boldsymbol{0}$、$\boldsymbol{d}^{(2)}\geqslant\boldsymbol{0}$ 且均非零向量知存在 $\lambda>0$，使 $\boldsymbol{d}^{(1)}=\lambda\boldsymbol{d}^{(2)}$，即 $\boldsymbol{d}$ 是极方向. □

由上述定理的证明知 S 的任一个极方向均可由形如式（2-52）的齐次线性方程组唯一确定（仅差一个正的比例因子），因此得到：

推论 2-20a 多面集 $S=\{\boldsymbol{x}\in\mathbf{R}^n \mid A\boldsymbol{x}=\boldsymbol{b}, \boldsymbol{x}\geqslant\boldsymbol{0}\}$（其中 $\boldsymbol{A}$ 为 $m\times n$ 行满秩矩阵）最多有 C_n^{m+1} 个极方向.

引理 2-4 对于多面集 $S=\{\boldsymbol{x}\in\mathbf{R}^n \mid A\boldsymbol{x}=\boldsymbol{b}, \boldsymbol{x}\geqslant\boldsymbol{0}\}$，设 d 是 S 的一个方向，则 $\boldsymbol{d}$ 可表示为 S 中若干个极方向的非负线性组合.

证明：设 $\boldsymbol{d}=(d_1, \cdots, d_n)^{\mathrm{T}}$ 是 S 的一个方向，不妨设 $\boldsymbol{d}$ 的前 k 个分量大于零，其余为 0，即 $d_1>0$，…，$d_k>0$，$d_{k+1}=\cdots=d_n=0$，则有式（2-47）成立，从而向量组 $\{\boldsymbol{a}_1, \cdots, \boldsymbol{a}_k\}$ 的秩不超过 $k-1$. 若向量组 $\{\boldsymbol{a}_1, \cdots, \boldsymbol{a}_k\}$ 的秩是 $k-1$，则由引理 2-3 知 $\boldsymbol{d}$ 就是 S 的一个极方向；若向量组 $\{\boldsymbol{a}_1, \cdots, \boldsymbol{a}_k\}$ 的秩小于 $k-1$，则由线性方程组的基本理论知齐次线性方程组（2-48）的解空间维数至少为 2，从而存在一个与向量 $\bar{\boldsymbol{d}}=(d_1, \cdots, d_k)>0$ 不平行的非零向量 $\bar{\boldsymbol{y}}=(\bar{y}_1, \cdots, \bar{y}_k)$，使

$$\boldsymbol{a}_1\bar{y}_1+\boldsymbol{a}_2\bar{y}_2+\cdots+\boldsymbol{a}_k\bar{y}_k=0. \tag{2-54}$$

不妨设 $\dfrac{\bar{y}_1}{d_1}>\dfrac{\bar{y}_2}{d_2}$，取 t_0 满足于 $\dfrac{\bar{y}_1}{d_1}>t_0>\dfrac{\bar{y}_2}{d_2}$，将式（2-54）$-t_0\times$式（2-47）得 $\hat{y}_1=\bar{y}_1-t_0 d_1>0$，$\hat{y}_2=\bar{y}_2-t_0 d_2<0$，且有式（2-54）（其中 $\bar{\boldsymbol{y}}$ 用 $\hat{\boldsymbol{y}}$ 代替）成立，因此不妨设在式（2-54）中有 $\bar{y}_1>0$，$\bar{y}_2<0$. 令

$$\delta_1=\min\left\{\frac{d_i}{\bar{y}_i}\middle|\bar{y}_i>0,\ i=1,\cdots,k\right\},\quad \delta_2=\min\left\{\frac{d_i}{-\bar{y}_i}\middle|\bar{y}_i<0,\ i=1,\cdots,k\right\}.$$

显然 $\delta_1>0$，$\delta_2>0$，然后由式（2-47）$-\delta_1\times$式（2-54）、式（2-47）$+\delta_2\times$式（2-54）得

$$\boldsymbol{a}_1 d_1^{(1)}+\cdots+\boldsymbol{a}_k d_k^{(1)}=0,\quad \boldsymbol{a}_1 d_1^{(2)}+\cdots+\boldsymbol{a}_k d_k^{(2)}=0$$

其中 $d_j^{(1)}=d_j-\delta_1\bar{y}_j\geqslant 0$，$d_j^{(2)}=d_j+\delta_2\bar{y}_j\geqslant 0$，$j=1,\cdots,n$，且向量 $\boldsymbol{d}^{(1)}=(d_1^{(1)},\cdots,d_n^{(1)})^{\mathrm{T}}$ 和 $\boldsymbol{d}^{(2)}=(d_1^{(2)},\cdots,d_n^{(2)})^{\mathrm{T}}$均比向量 $\boldsymbol{d}=(d_1,\cdots,d_n)^{\mathrm{T}}$ 至少多一个零分量，并有

$$\boldsymbol{d}=\frac{\delta_2}{\delta_1+\delta_2}\boldsymbol{d}^{(1)}+\frac{\delta_1}{\delta_1+\delta_2}\boldsymbol{d}^{(2)}.$$

上式表明**如果 $\boldsymbol{d}=(d_1,\cdots,d_n)^{\mathrm{T}}$ 不是极方向，则它可表示为另外两个至少比它多一个零分量的方向 $\boldsymbol{d}^{(1)}$、$\boldsymbol{d}^{(2)}$ 的非负线性组合**. 若 $\boldsymbol{d}^{(1)}$、$\boldsymbol{d}^{(2)}$ 均是极方向，结论得证；否则不妨设 $\boldsymbol{d}^{(2)}$ 是极方向，$\boldsymbol{d}^{(1)}$仍不是极方向，则用同样的方法可得方向 $\boldsymbol{d}^{(3)}$、$\boldsymbol{d}^{(4)}$ 和 $\delta_3>0$，$\delta_4>0$，方向 $\boldsymbol{d}^{(3)}$、$\boldsymbol{d}^{(4)}$均比方向 $\boldsymbol{d}^{(1)}$至少多一个零分量，使 $\boldsymbol{d}^{(1)}=\frac{\delta_4}{\delta_3+\delta_4}\boldsymbol{d}^{(3)}+\frac{\delta_3}{\delta_3+\delta_4}\boldsymbol{d}^{(4)}$. 由于零分量个数有限，这一过程一定会中止于得到极方向. 由于**一组向量的非负线性组合的非负线性组合仍是该组向量的非负线性组合**，因此命题得证. □

定理 2-21（表示定理） 设 $S=\{\boldsymbol{x}\in\mathbf{R}^n\,|\,\boldsymbol{A}\boldsymbol{x}=\boldsymbol{b},\ \boldsymbol{x}\geqslant\boldsymbol{0}\}$ 的所有极点为 $\boldsymbol{x}^{(1)},\cdots,\boldsymbol{x}^{(k)}$，所有极方向为 $\boldsymbol{d}^{(1)},\cdots,\boldsymbol{d}^{(l)}$，则 $\bar{x}\in S$ 的充要条件是存在一组数 $\lambda_i(i=1,\cdots,k)$ 和 $\mu_j(j=1,\cdots,l)$，使之满足：

$$\bar{\boldsymbol{x}}=\sum_{i=1}^{k}\lambda_i\boldsymbol{x}^{(i)}+\sum_{j=1}^{l}\mu_j\boldsymbol{d}^{(j)}$$
$$\lambda_i\geqslant 0,\quad i=1,\cdots,k$$
$$\sum_{i=1}^{k}\lambda_i=1$$
$$\mu_j\geqslant 0,\quad j=1,\cdots,l$$

证明：

1. 若 $\bar{\boldsymbol{x}}\in S$ 是一个极点，则 $\boldsymbol{x}$ 是 $\boldsymbol{x}^{(1)},\cdots,\boldsymbol{x}^{(k)}$ 中的某一个，不妨设 $\boldsymbol{x}=\boldsymbol{x}^{(1)}$，则令 $\lambda_1=1$，$\lambda_2=\cdots=\lambda_k=0$，$\mu_j=0$，$j=1,\cdots,l$，便得结论.

2. 若 $\bar{\boldsymbol{x}}\in S$ 不是 S 的极点，不妨设 $\bar{\boldsymbol{x}}=(\bar{x}_1,\cdots,\bar{x}_n)^{\mathrm{T}}$的前 k 个分量大于零，其余为 0，即 $\bar{x}_1>0,\cdots,\bar{x}_k>0$，$\bar{x}_{k+1}=\cdots=\bar{x}_n=0$，则由引理 2-2 知其正分量对应的列向量组 $\boldsymbol{a}_1,\cdots,\boldsymbol{a}_k$ 线性相关，于是存在不全为 0 的系数 y_j，$j=1,2,\cdots,k$，使

$$\boldsymbol{a}_1 y_1+\cdots+\boldsymbol{a}_k y_k=0\,. \tag{2-55}$$

若式（2-55）中 y_j，$j=1,2,\cdots,k$ 同号，不妨设对 $\forall j=1,2,\cdots,k$，均有 $y_j\geqslant 0$（否则在式（2-55）两端同乘以-1 即可），令 $y_{k+1}=\cdots=y_n=0$，则 $\boldsymbol{y}=(y_1,\cdots,y_n)^{\mathrm{T}}\neq 0$，且由定理 2-18 知 $\boldsymbol{y}$ 是$S=\{\boldsymbol{x}\in\mathbf{R}^n\,|\,\boldsymbol{A}\boldsymbol{x}=b,\ \boldsymbol{x}\geqslant\boldsymbol{0}\}$ 的一个方向. 另一方面，由于 $\bar{\boldsymbol{x}}\in S$，因此有

$$\boldsymbol{A}\bar{\boldsymbol{x}}=\boldsymbol{a}_1\bar{x}_1+\cdots+\boldsymbol{a}_k\bar{x}_k=\boldsymbol{b}, \tag{2-56}$$

令

$$\delta=\min\left\{\frac{\bar{x}_j}{y_j}\middle|y_j>0\right\},$$

由式（2-56）$-\delta\times$式（2-55）得

$$\boldsymbol{a}_1\hat{x}_1+\cdots+\boldsymbol{a}_k\hat{x}_k=0, \tag{2-57}$$

其中 $\hat{x}_j=\bar{x}_j-\delta y_j\geqslant 0$，$j=1,\cdots,k$，且 $\hat{x}_j(j=1,\cdots,k)$ 中至少有一个为 0，令 $\hat{x}_{k+1}=\cdots=\hat{x}_n=0$，则 $\hat{\boldsymbol{x}}=(\hat{x}_1,\cdots,\hat{x}_n)^{\mathrm{T}}\in S$，且有

$$\bar{\boldsymbol{x}}=\hat{\boldsymbol{x}}+\delta\boldsymbol{y}, \tag{2-58}$$

其中 $\hat{\boldsymbol{x}}$ 至少比 $\bar{\boldsymbol{x}}$ 多一个零分量，$\delta>0$，$\boldsymbol{y}$ 是 S 的一个方向.

若在式（2-55）中 y_j，$j=1,2,\cdots,k$ 不同号，不妨设 $y_1>0$，$y_2<0$. 令

$$\delta_1=\min\left\{\frac{\bar{x}_i}{y_i}\middle| y_i>0,\ i=1,\cdots,k\right\},\quad \delta_2=\min\left\{\frac{\bar{x}_i}{-y_i}\middle| y_i<0,\ i=1,\cdots,k\right\},$$

显然 $\delta_1>0$，$\delta_2>0$，然后由式（2-56）$-\delta_1\times$式（2-55）、式（2-56）$+\delta_2\times$式（2-55）得

$$\boldsymbol{a}_1x_1^{(1)}+\cdots+\boldsymbol{a}_kx_k^{(1)}=0,\quad \boldsymbol{a}_1x_1^{(2)}+\cdots+\boldsymbol{a}_kx_k^{(2)}=0$$

其中 $x_j^{(1)}=\bar{x}_j-\delta_1y_j\geqslant 0$，$x_j^{(2)}=\bar{x}_j+\delta_2y_j\geqslant 0$，$j=1,\cdots,n$，从而向量 $\boldsymbol{x}^{(1)}=(x_1^{(1)},\cdots,x_n^{(1)})^{\mathrm{T}}\in S$，$\boldsymbol{x}^{(2)}=(x_1^{(2)},\cdots,x_n^{(2)})^{\mathrm{T}}\in S$，且 $\boldsymbol{x}^{(1)}$ 和 $\boldsymbol{x}^{(2)}$ 均比向量 $\bar{\boldsymbol{x}}=(\bar{x}_1,\cdots,\bar{x}_n)^{\mathrm{T}}$ 至少多一个零分量，并有

$$\bar{\boldsymbol{x}}=\lambda_1\boldsymbol{x}^{(1)}+\lambda_2\boldsymbol{x}^{(2)} \tag{2-59}$$

其中 $\lambda_1=\dfrac{\delta_2}{\delta_1+\delta_2}>0$，$\lambda_2=\dfrac{\delta_1}{\delta_1+\delta_2}>0$，$\lambda_1+\lambda_2=1$，即 $\bar{\boldsymbol{x}}$ 可表示为 S 中另外两个点 $\boldsymbol{x}^{(1)}$、$\boldsymbol{x}^{(2)}$ 的凸组合，且 $\boldsymbol{x}^{(1)}$、$\boldsymbol{x}^{(2)}$ 均至少比 $\bar{\boldsymbol{x}}$ 多一个零分量.

然后根据式（2-58）、式（2-59）对 $\bar{\boldsymbol{x}}$ 的零分量个数作归纳法. 不失一般性，可假设 $\boldsymbol{A}$ 每个列向量均非零. 当 $\bar{\boldsymbol{x}}$ 的零分量个数为 $n-1$ 时，则 $\bar{\boldsymbol{x}}$ 的正分量只有一个，其对应的列向量非零，自然线性无关，因此根据引理 2-2 和定理 2-16 知 $\bar{\boldsymbol{x}}$ 是一个极点，命题正确. 下面设在 $\bar{\boldsymbol{x}}$ 的零分量个数为 $n-k+1$ 时命题正确，则 $\bar{\boldsymbol{x}}$ 的零分量个数为 $n-k$ 时，其正分量个数为 k，若其正分量对应的列向量组线性无关，根据引理 2-2 和定理 2-16 知 $\bar{\boldsymbol{x}}$ 是一个极点，命题正确；若线性相关，则有式（2-58）或式（2-59）成立. 注意到**一组向量的凸组合的凸组合仍为该组向量的凸组合**，方向的非负线性组合仍为 S 的方向，再根据引理 2-4 知 S 的方向又可表示为 S 的极方向的非负线性组合，因此由式（2-58）、式（2-59）知命题在 $\bar{\boldsymbol{x}}$ 的零分量个数为 $n-k$ 时仍然正确. 命题得证. □

由表示定理 2-21 不难得到（见习题 2-17）：

推论 2-21a 考虑线性规划标准形问题（2-2），设可行域 $S=\{x\in R^n\,|\,Ax=b,\ x\geqslant 0\}$ 的所有极点为 $x^{(1)},\cdots,x^{(k)}$，所有极方向为 $d^{(1)},\cdots d^{(l)}$.

1. 线性规划问题（2-2）有下界的充分必要条件是对所有极方向 $\boldsymbol{d}^{(1)},\cdots,\boldsymbol{d}^{(l)}$，均有 $\boldsymbol{c}^{\mathrm{T}}\boldsymbol{d}^{(j)}\geqslant 0(j=1,\cdots,l)$；

2. 若线性规划问题（2-2）有下界和可行解，则其最优值必在凸集 $S=\{\boldsymbol{x}\in\mathbf{R}^n\,|\,\boldsymbol{Ax}=\boldsymbol{b},\ \boldsymbol{x}\geqslant\mathbf{0}\}$ 的某个极点处达到；若目标函数一共在 r 个极点处达到最优值，则由这 r 个极点生成的凸包均为线性规划问题（2-2）的最优解；若目标函数一共在 r 个极点处达到最优值，不妨设其为 $x^{(1)},\cdots,x^{(r)}$，记 $J=\{j\,|\,c^{\mathrm{T}}d^{(j)}=0,\ j=1,\cdots,l\}$，则线性规划问题（2-2）的最优解集为：

$$S^*=\left\{z\,|\,z=\sum_{i=1}^{r}\lambda_ix^{(i)}+\sum_{j\in J}\mu_jd^{(j)},\lambda_i\geqslant 0,i=1,\cdots,r,\sum_{i=1}^{k}\lambda_i=1;\mu_j\geqslant 0,j=1,\cdots,l\right\}.$$

例题 2-14 计算下列问题的所有解：

$$\begin{cases}\begin{bmatrix}1 & -1 & 1 & 1\\ -2 & 1 & 2 & 0\end{bmatrix}\begin{bmatrix}x_1\\ \vdots\\ x_4\end{bmatrix}=\begin{bmatrix}5\\ 10\end{bmatrix}\\ x_i\geqslant 0,\quad i=1,\cdots,4\end{cases}$$

解：该问题最多有 $\begin{bmatrix}4\\2\end{bmatrix}=6$ 个基本解，一一验证得到两个基本可行解：

$$\boldsymbol{x}^{(1)}=\begin{bmatrix}0\\0\\5\\0\end{bmatrix},\quad \boldsymbol{x}^{(2)}=\begin{bmatrix}0\\10\\0\\15\end{bmatrix}$$

该问题最多有 $\begin{bmatrix}4\\3\end{bmatrix}=4$ 个基本方向，其与式（2-52）对应的齐次线性方程组的系数矩阵依次为 $\begin{bmatrix}1&-1&1\\-2&1&2\end{bmatrix}$，$\begin{bmatrix}1&-1&1\\-2&1&0\end{bmatrix}$，$\begin{bmatrix}1&1&1\\-2&2&0\end{bmatrix}$，$\begin{bmatrix}-1&1&1\\1&2&0\end{bmatrix}$，一一验证得到两个基本可行方向：

$$\boldsymbol{d}^{(1)}=\begin{bmatrix}3\\4\\1\\0\end{bmatrix},\quad \boldsymbol{d}^{(2)}=\begin{bmatrix}1\\2\\0\\1\end{bmatrix}$$

于是该问题的所有解为

$$\boldsymbol{x}=\lambda_1\begin{bmatrix}0\\0\\5\\0\end{bmatrix}+\lambda_2\begin{bmatrix}0\\10\\0\\15\end{bmatrix}+\mu_1\begin{bmatrix}3\\4\\1\\0\end{bmatrix}+\mu_2\begin{bmatrix}1\\2\\0\\1\end{bmatrix}=\begin{bmatrix}3\mu_1+\mu_2\\10\lambda_2+4\mu_1+2\mu_2\\5\lambda_1+\mu_1\\15\lambda_2+\mu_2\end{bmatrix}$$

其中 $\lambda_1+\lambda_2=1$，$\lambda_1\geqslant0$，$\lambda_2\geqslant0$，$\mu_1\geqslant0$，$\mu_2\geqslant0$. □

应该指出的是，虽然表示定理在理论上完全解决了线性不等式组的求解问题，但在计算上却意义不大. 例如，考虑求解一个由 20 个等式和 100 个变量构成的标准形不等式组，需要验证的基本解将达到 $\binom{100}{20}\approx5.359\,833\,7\times10^{20}$ 个. 假设一台超级计算机 1 秒钟可检验 1 亿个（即 10^8 个）基本解，则要检验完所有的基本解约需 62 035 112.3 天，相当于 169 959.2 年！这种现象我们称之为“组合爆炸”或“维数灾难”. 因此，在计算上，要计算出一个中等规模的不等式组的所有解，目前仍是一个无法完成的任务.

习题

2-1　用图解法解下述问题：

(1)
$$\begin{aligned}\min\ & -5x_1-3x_2\\ \text{s.t.}\ & x_1+5x_2\leqslant10\\ & x_1\leqslant2\\ & x_1\geqslant0,\ x_2\geqslant0\end{aligned}$$

(2)
$$\begin{aligned}\min\ & -x_1-3x_2\\ \text{s.t.}\ & x_1+5x_2\leqslant10\\ & 2x_1+x_2\leqslant5\\ & -x_1+x_2\leqslant1\\ & x_1-x_2\leqslant1\\ & x_1\geqslant0,\ x_2\geqslant0\end{aligned}$$

2-2　用单纯形法解第一题中的各个问题，并指出单纯形法迭代过程中得到的各个可行解在图形中的位置.

2-3 证明定理2-2，并写出与算法2-2对应的求解MAX类型问题（2-29）单纯形表算法.

2-4 用单纯形法解下述问题，并指出单纯形法迭代过程中得到的各个可行解在图形中的位置.

(1) $\max x_1+x_2$

$$\begin{aligned} \text{s.t. } & x_1+5x_2\leqslant 10 \\ & x_1-x_2\leqslant 2 \\ & x_1\geqslant 0,\ x_2\geqslant 0 \end{aligned}$$

(2) $\max -x_1+3x_2$

$$\begin{aligned} \text{s.t. } & x_1+5x_2\leqslant 10 \\ & -x_1+x_2\leqslant 1 \\ & x_1\geqslant 0,\ x_2\geqslant 0 \end{aligned}$$

2-5 用两阶段单纯形法解下述问题：

(1) $\min 3x_1+x_2+2x_3$

$$\begin{aligned} \text{s.t. } & x_1+3x_3\leqslant 5 \\ & x_1+x_2\geqslant 6 \\ & x_1\geqslant 0,\ x_2\geqslant 0,\ x_3\geqslant 0 \end{aligned}$$

(2) $\max x_1+3x_2$

$$\begin{aligned} \text{s.t. } & x_1+2x_2\leqslant 10 \\ & x_1-x_2\geqslant 1 \\ & x_1\geqslant 0,\ x_2\geqslant 0 \end{aligned}$$

(3) $\min z=x_1-2x_2+x_3$

$$\begin{aligned} \text{s.t. } & x_1+x_2-x_3\leqslant 3 \\ & 2x_1+3x_2+5x_3\geqslant 5 \\ & -x_1+x_2+x_3=6 \\ & x_j\geqslant 0,\ j=1,2,3 \end{aligned}$$

(4) $\max z=-2x_1+3x_2-x_3$

$$\begin{aligned} \text{s.t. } & x_1+x_2-x_3\geqslant 3 \\ & 2x_1+x_2+3x_3\leqslant 12 \\ & x_1-x_2+2x_3\leqslant 6 \\ & x_j\geqslant 0,\ j=1,2,3 \end{aligned}$$

(5) $\max z=-x_1+x_2-x_3$

$$\begin{aligned} \text{s.t. } & x_1+x_2-x_3\geqslant 9 \\ & 2x_1+x_2+3x_3\leqslant 5 \\ & x_1-x_2+2x_3\leqslant 6 \\ & x_j\geqslant 0,\ j=1,2,3 \end{aligned}$$

(6) $\min z=-2x_1+x_2+3x_3+2x_4$

$$\begin{aligned} \text{s.t. } & x_1-x_2+2x_3-x_4=-2 \\ & x_1+x_2-2x_3-x_4\leqslant 8 \\ & -x_1+2x_2-x_3+3x_4\geqslant 3 \\ & x_1\geqslant 0,\ x_2\text{ 任意},\ x_3\geqslant 0,\ x_4\geqslant 0 \end{aligned}$$

(7) $\min z=x_1-x_2$

$$\begin{aligned} \text{s.t. } & -x_1+2x_2+x_3+x_4=2 \\ & x_1+2x_2+2x_3=3 \\ & 2x_1+x_3-x_4=1 \\ & x_j\geqslant 0,\ j=1,2,3,4 \end{aligned}$$

(8) $\min z=x_1-x_2$

$$\begin{aligned} \text{s.t. } & -x_1+2x_2+x_3+x_4=1 \\ & x_1+2x_2+2x_3=3 \\ & 2x_1+x_3-x_4=1 \\ & x_j\geqslant 0,\ j=1,2,3,4 \end{aligned}$$

2-6 用两阶段单纯形法解线性规划问题：

$$\begin{aligned} \min\ & z=x_1+x_2-x_3 \\ \text{s.t. } & -x_1+x_2+x_3\geqslant 2 \\ & 2x_1-x_2+x_3\leqslant 3 \\ & x_j\geqslant 0,\quad j=1,2,3 \end{aligned}$$

并分析最优解是否唯一. 若不唯一，试用单纯形法找出另一解.

2-7 分别用大M法和两阶段法求解下列线性规划问题并进行比较：

$$\begin{aligned} \max\ & z=x_1+3x_2-5x_3 \\ \text{s.t. } & x_1+x_2+x_3=8 \\ & 2x_1-3x_2+3x_3\geqslant 9 \\ & x_1,\ x_2,\ x_3\geqslant 0 \end{aligned}$$

2-8 考虑线性规划问题：

$$
\begin{aligned}
\min\ & -2x_1-x_2-x_3\\
\text{s. t. }\ & x_1+x_2\leqslant 9\\
& -3x_1+kx_2-x_3\geqslant 2\\
& x_1\geqslant 0,\ x_2\geqslant 0,\ x_3\geqslant 0
\end{aligned}
$$

设用单纯形法解该问题得到的最优解为 $x_1=0$，$x_2=9$，$x_3=7$，试计算 k，写出对应的最优单纯形表，并分析最优解是否唯一.

2-9 证明引理 2-1 之 1 和 2.

2-10 使用 Bland 规则计算例 2-12，并与字典序方法相比较.

2-11 证明定理 2-4.

2-12 证明定理 2-18 和定理 2-19.

2-13 下表是某求极大化线性规划问题计算得到的单纯形表. 表中无人工变量，a_1、a_2、a_3、d、c_1、c_2 为待定常数. 已知 $d>0$，试说明这些常数分别取何值时，以下结论成立.

	x_1	x_2	x_3	x_4	x_5	x_6	RHS
x_3	2	a_1	1	0	a_2	0	d
x_4	-1	-3	0	1	-1	0	2
x_6	a_3	-5	0	0	-2	1	3
ζ	$-c_1$	$-c_2$	0	0	3	0	3

1. 表中解为唯一最优解；
2. 表中解为最优解，但存在无穷多最优解；
3. 该线性规划问题具有无界解；
4. 表中解非最优，为对解改进，换入变量为 x_1，换出变量为 x_6.

2-14 考虑集合

$$S=\{\boldsymbol{x}\in\mathbf{R}^n\,|\,\boldsymbol{x}=\boldsymbol{A}\boldsymbol{y},\ \boldsymbol{y}\in\mathbf{R}^m,\ \boldsymbol{y}\geqslant\mathbf{0}\}$$

其中 $\boldsymbol{A}\in\mathbf{R}^{n\times m}$ 是给定的 $n\times m$ 矩阵. 证明 S 是凸集.

2-15 证明定理 2-13、定理 2-14.

2-16 证明线性规划标准形问题 2-2 的可行域 S 最多有 $\binom{n}{m+1}$ 个极方向.

2-17 证明推论 2-21a.

2-18 考虑线性规划问题：

1. 求出集合 $\Omega=\{\boldsymbol{x}=(x_1,x_2,x_3)\in\mathbf{R}^3\,|\,x_1-x_2\leqslant 9,\ -x_1+x_3=2,\ x_i\geqslant 0,\ i=1,2,3\}$ 的所有顶点和极方向，并写出该集合的通解.

2. 讨论 c_1，c_2，c_3 取不同值时，下述问题的解的情况.

$$
\begin{aligned}
\min\ & c_1x_1+c_2x_2+c_3x_3\\
\text{s. t. }\ & x_1-x_2\leqslant 9\\
& -x_1+x_3=2\\
& x_i\geqslant 0,\quad i=1,2,3
\end{aligned}
$$

2－19 考虑线性规划标准形问题 2－2，若其有一个最优解但该最优解却不是一个基本解，证明此时问题 2－2 一定有无数个最优解.

2－20 某糖果厂用原料 A、B、C 加工成三种不同牌号的糖果甲、乙、丙. 已知各种牌号糖果中 A、B、C 含量、原料成本、各种原料的每月限制用量，三种牌号糖果的单位加工费及售价如下所示.

原　料	甲	乙	丙	原料成本（元/千克）	每月限制用量（千克）
A	≥60%	≥15%		2.00	2 000
B				1.50	2 500
C	≤20%	≤60%	≤50%	1.00	1 200
加工费（元/千克）	0.50	0.40	0.30		
售价	3.40	2.85	2.25		

问该厂每月应生产这三种牌号糖果各多少千克，使该厂获利最大？试建立这个问题的线性规划的数学模型并用 Lindo 软件求解之.

2－21 某厂生产三种产品Ⅰ，Ⅱ，Ⅲ. 每种产品要经过 A、B 两道工序加工. 设该厂有两种规格的设备能完成 A 工序，它们以 A_1，A_2 表示；有三种规格的设备能完成 B 工序，它们以 B_1，B_2，B_3 表示. 产品Ⅰ可在 A、B 任何一种规格设备上加工. 产品Ⅱ可在任何规格的 A 设备上加工，但完成 B 工序时，只能在 B_1 设备上加工；产品Ⅲ只能在 A_2 与 B_2 设备上加工. 已知在各种机床设备的单件工时、原材料费、产品销售价格、各种设备有效台时及满负荷操作时机床设备的费用如下，要求安排最优的生产计划，使该厂利润最大.

设　备	产　品			设备有效台时	满负荷时的设备费用（元）
	Ⅰ	Ⅱ	Ⅲ		
A_1	5	10		6 000	300
A_2	7	9	12	10 000	329
B_1	6	8		4 000	250
B_2	4		11	7 000	780
B_3	7			4 000	200
原料费（元/件）	0.25	0.35	0.50		
单价（元/件）	1.25	2.00	2.80		

2－22 某部门在今后 5 年内考虑如下列项目投资，已知：项目 A，从第一年到第四年每年年初需要投资，并于次年末回收本利 115%；项目 B，第三年年初需要投资，到第五年年末能回收本利 125%，但规定最大投资额不超过 4 万元；项目 C，第二年年初需要投资，到第五年年末能收回本利 140%，但规定最大投资额不超过 3 万元；项目 D，五年内每年年初可购买公债，于当年年末归还，并加利息 6%. 已知该部门现有资金 10 万，问它应如何确定给这些项目每年的投资额，使到第五年年末拥有资金的本利总额为最大？

第 3 章

线性规划的对偶理论

3.1 对偶原理

首先考虑如下生产问题：

例题 3-1 某厂生产 n 种产品，需用到 m 种不同的资源（包括厂房、设备、原材料、技术工人等）. 第 j 种产品需要用到第 i 种资源 a_{ij} 个单位，该产品的单位价格为 σ_j；第 i 种资源的单位价格为 ρ_i，目前共有 b_i 个单位可供使用. 问应如何安排生产以使利润最大?

解：设第 j 种产品生产 x_j 个单位，于是决策变量为

$$\boldsymbol{x}=(x_1, x_2, \cdots, x_n)^{\mathrm{T}}.$$

生产第 j 种产品一个单位的利润为

$$c_j = \sigma_j - \sum_{i=1}^{m} \rho_i a_{ij}, \tag{3-1}$$

从而目标函数为

$$\max z = \sum_{j=1}^{n} c_j x_j \equiv c_1 x_1 + c_2 x_2 + \cdots + c_n x_n,$$

约束条件为

① 非负性要求：$x_j \geqslant 0$，$j=1, 2, \cdots, n$；

② 资源约束：

$$\sum_{j=1}^{n} a_{ij} x_j \leqslant b_i, \quad i = 1, 2, \cdots, m$$

于是整个模型为

$$\begin{aligned} \max z &= \sum_{j=1}^{n} c_j x_j \\ \text{s. t.} \ & \sum_{j=1}^{n} a_{ij} x_j \leqslant b_i, \quad i = 1, 2, \cdots, m \\ & x_j \geqslant 0, \quad j = 1, 2, \cdots, n \end{aligned} \tag{3-2}$$

□

现在我们考虑另一家更大的企业试图兼并这家工厂，其需要购买的当然是这家工厂所拥有的资源，这就涉及一个定价问题. 作为购买企业，当然是希望购买的价格越低越好，但同时也要让被购买的工厂能够接受该价格. 设其对第 i 种资源的定价为 w_i，则应有 $w_i \geqslant \rho_i$，

$i=1, \cdots, m$；由于被购买的工厂在生产中还能创造价值，其生产的第 j 种产品的单位价格为 σ_j，含有 a_{ij} 个单位第 i 种资源，因此定价 w_i 也应满足

$$\sum_{i=1}^{m} a_{ij} w_i \geqslant \sigma_j, \quad j=1, 2, \cdots, n \tag{3-3}$$

于是收购问题的数学模型为

$$\begin{aligned} \min & \sum_{i=1}^{m} b_i w_i \\ \text{s. t.} & \sum_{i=1}^{m} a_{ij} w_i \geqslant \sigma_j, \quad j=1, 2, \cdots, n \\ & w_i \geqslant \rho_i, \quad i=1, \cdots, m \end{aligned} \tag{3-4}$$

在上式中令 $y_i = w_i - \rho_i$，$i=1, \cdots, m$，并注意到式（3-1）和 $\sum\limits_{i=1}^{m} b_i \rho_i$ 是常数，可知问题（3-4）等价于如下问题：

$$\begin{aligned} \min & \sum_{i=1}^{m} b_i y_i \\ \text{s. t.} & \sum_{i=1}^{m} a_{ij} y_i \geqslant c_j \left(= \sigma_j - \sum_{i=1}^{m} a_{ij} \rho_i\right), \quad j=1, 2, \cdots, n, \\ & y_i \geqslant 0, \quad i=1, \cdots, m \end{aligned} \tag{3-5}$$

称问题（3-2）与问题（3-5）是一对互相**对偶**的线性规划问题. 由生产问题（3-2）和收购问题（3-5）的关系可看到，为保证收购的成功，**问题（3-5）的目标函数在任一个可行解处的值均是问题（3-2）的目标函数在任一个可行解处的值的一个上界**，收购问题（3-5）的目标就是要使该上界达到最小. 反之，**生产问题（3-2）在任一个可行解处的值均是问题（3-2）的目标函数在任一个可行解处的值的一个下界**，其目标就是要使该下界达到最大.

下面看如何构造一般线性规划问题的对偶问题，首先看一个例子：

$$\begin{aligned} \min\ & 5x_1 + 4x_2 + 5x_3 \\ \text{s. t.}\ & x_1 + x_2 + x_3 \geqslant 4 \\ & 2x_1 + x_2 + 2x_3 = 5 \\ & x_1 \text{ 任意}, x_2 \geqslant 0, x_3 \geqslant 0 \end{aligned} \tag{3-6}$$

容易看出

$$\begin{aligned} 4 + 2 \times 5 &= (x_1 + x_2 + x_3) + 2(2x_1 + x_2 + 2x_3) \\ &= 5x_1 + 3x_2 + 5x_3 \leqslant 5x_1 + 4x_2 + 5x_3, \end{aligned}$$

因此问题（3-6）的一个下界为

$$4 + 2 \times 5 = 14.$$

为找到一个最优的下界，可引入变量 w_1，w_2，使

$$\begin{aligned} 4w_1 + 5w_2 &\leqslant w_1(x_1 + x_2 + x_3) + w_2(2x_1 + x_2 + 2x_3) \\ &= (w_1 + 2w_2)x_1 + (w_1 + w_2)x_2 + (w_1 + 2w_2)x_3 \\ &\leqslant 5x_1 + 4x_2 + 5x_3, \end{aligned} \tag{3-7}$$

且使 $4w_1 + 5w_2$ 最大即可. 由 x_1 任意，$x_2 \geqslant 0$，$x_3 \geqslant 0$ 和（3-6）问题的约束条件便知要使

(3－7) 成立当且仅当

$$\begin{aligned}&w_1+2w_2=5\\&w_1+w_2\leqslant 4\\&w_1+2w_2\leqslant 5\\&w_1\geqslant 0,\ w_2\ 任意\end{aligned}$$

于是便得到一个线性规划问题：

$$\begin{aligned}\max\ & 4w_1+5w_2\\ \text{s. t. }\ & w_1+2w_2=5\\ & w_1+w_2\leqslant 4\\ & w_1+2w_2\leqslant 5\\ & w_1\geqslant 0,\ w_2\ 任意\end{aligned}\tag{3-8}$$

此即问题 (3－6) 的对偶问题. 又如对问题：

$$\begin{aligned}\max\ & -x_1+x_2+x_3\\ \text{s. t. }\ & x_1+x_2+2x_3\leqslant 25\\ & -x_1+2x_2-x_3\geqslant 2\\ & x_1-x_2+x_3=3\\ & x_1,\ x_2\geqslant 0\end{aligned}$$

可直接得到其对偶问题为

$$\begin{aligned}\min\ & 25w_1+2w_2+3w_3\\ \text{s. t. }\ & w_1-w_2+w_3\geqslant -1\\ & w_1+2w_2-w_3\geqslant 1\\ & 2w_1-w_2+w_3=1\\ & w_1\geqslant 0,\ w_2\leqslant 0\end{aligned}$$

根据上述构造方法，对一般问题：

$$\begin{aligned}\min\ & \boldsymbol{c}^{\mathrm T}\boldsymbol{x}\equiv\boldsymbol{c}_1^{\mathrm T}\boldsymbol{x}_1+\boldsymbol{c}_2^{\mathrm T}\boldsymbol{x}_2+\boldsymbol{c}_3^{\mathrm T}\boldsymbol{x}_3\\ \text{s. t. }\ & \boldsymbol{A}_{11}\boldsymbol{x}_1+\boldsymbol{A}_{12}\boldsymbol{x}_2+\boldsymbol{A}_{13}\boldsymbol{x}_3\geqslant\boldsymbol{b}_1\\ & \boldsymbol{A}_{21}\boldsymbol{x}_1+\boldsymbol{A}_{22}\boldsymbol{x}_2+\boldsymbol{A}_{23}\boldsymbol{x}_3=\boldsymbol{b}_2\\ & \boldsymbol{A}_{31}\boldsymbol{x}_1+\boldsymbol{A}_{32}\boldsymbol{x}_2+\boldsymbol{A}_{33}\boldsymbol{x}_3\leqslant\boldsymbol{b}_3\\ & \boldsymbol{x}_1\geqslant\boldsymbol{0},\ \boldsymbol{x}_2\ 任意,\ \boldsymbol{x}_3\leqslant\boldsymbol{0}\end{aligned}\tag{3-9}$$

其对偶问题为

$$\begin{aligned}\max\ & \boldsymbol{w}_1^{\mathrm T}\boldsymbol{b}_1+\boldsymbol{w}_2^{\mathrm T}\boldsymbol{b}_2+\boldsymbol{w}_3^{\mathrm T}\boldsymbol{b}_3\\ \text{s. t. }\ & \boldsymbol{w}_1^{\mathrm T}\boldsymbol{A}_{11}+\boldsymbol{w}_2^{\mathrm T}\boldsymbol{A}_{21}+\boldsymbol{w}_3^{\mathrm T}\boldsymbol{A}_{31}\leqslant\boldsymbol{c}_1^{\mathrm T}\\ & \boldsymbol{w}_1^{\mathrm T}\boldsymbol{A}_{12}+\boldsymbol{w}_2^{\mathrm T}\boldsymbol{A}_{22}+\boldsymbol{w}_3^{\mathrm T}\boldsymbol{A}_{32}=\boldsymbol{c}_2^{\mathrm T}\\ & \boldsymbol{w}_1^{\mathrm T}\boldsymbol{A}_{13}+\boldsymbol{w}_2^{\mathrm T}\boldsymbol{A}_{23}+\boldsymbol{w}_3^{\mathrm T}\boldsymbol{A}_{33}\geqslant\boldsymbol{c}_3^{\mathrm T}\\ & \boldsymbol{w}_1\geqslant\boldsymbol{0},\ \boldsymbol{w}_2\ 任意,\ \boldsymbol{w}_3\leqslant\boldsymbol{0}\end{aligned}\tag{3-10}$$

其关系如表 3－1 所示.

表 3-1 原问题与对偶问题的关系

原问题（P）MIN		对偶问题（D）MAX	
变量	≥0	行约束	≤
	≤0		≥
	无限制		=
行约束	≥	变量	≥0
	≤		≤0
	=		无限制

常见的对偶形式有**对称形式的对偶**，其原问题（P）和对偶问题（D）分别是

$$(P)\quad \begin{aligned} &\min \boldsymbol{c}^{\mathrm{T}}\boldsymbol{x} \equiv \sum_{j=1}^{n} c_j x_j \\ &\text{s.t. } \boldsymbol{Ax} \geqslant \boldsymbol{b} \\ &\quad\ \ \boldsymbol{x} \geqslant \boldsymbol{0} \end{aligned} ,\quad (D)\quad \begin{aligned} &\max \boldsymbol{w}^{\mathrm{T}}\boldsymbol{b} \\ &\text{s.t. } \boldsymbol{w}^{\mathrm{T}}\boldsymbol{A} \leqslant \boldsymbol{c}^{\mathrm{T}} \\ &\quad\ \ \boldsymbol{w} \geqslant \boldsymbol{0} \end{aligned} \tag{3-11}$$

而对线性规划标准形，其原问题（P）和对偶问题（D）分别是

$$(P)\quad \begin{aligned} &\min \boldsymbol{c}^{\mathrm{T}}\boldsymbol{x} \equiv \sum_{j=1}^{n} c_j x_j \\ &\text{s.t. } \boldsymbol{Ax} = \boldsymbol{b} \\ &\quad\ \ \boldsymbol{x} \geqslant \boldsymbol{0} \end{aligned} ,\quad (\mathrm{D})\quad \begin{aligned} &\max \boldsymbol{w}^{\mathrm{T}}\boldsymbol{b} \\ &\text{s.t. } \boldsymbol{w}^{\mathrm{T}}\boldsymbol{A} \leqslant \boldsymbol{c}^{\mathrm{T}} \\ &\quad\ \ \boldsymbol{w}\text{ 任意} \end{aligned} \tag{3-12}$$

定理 3-1 （弱对偶定理）设（P），（D）是一对相互对偶的线性规划问题，不妨设（P）为 MIN 问题，目标函数 $z=\boldsymbol{c}^{\mathrm{T}}\boldsymbol{x}$，则（$D$）为 MAX 问题，设其目标函数为 $z=\boldsymbol{b}^{\mathrm{T}}\boldsymbol{w}$。设 $\boldsymbol{x}_0$，$\boldsymbol{w}_0$ 分别是（P），（D）的可行解，则

$$\boldsymbol{c}^{\mathrm{T}}\boldsymbol{x}_0 \geqslant \boldsymbol{b}^{\mathrm{T}}\boldsymbol{w}_0$$

证明：不失一般性，仅对对称形式的对偶（3-11）证明. 设 $\boldsymbol{x}_0$，$\boldsymbol{w}_0$ 分别是式（3-11）中原问题（P）和对偶问题（D）的可行解，则由问题（P）和（D）的约束条件便得

$$\boldsymbol{b}^{\mathrm{T}}\boldsymbol{w}_0 = \boldsymbol{w}_0^{\mathrm{T}}\boldsymbol{b} \leqslant \boldsymbol{w}_0^{\mathrm{T}}\boldsymbol{A}\boldsymbol{x}_0 \leqslant \boldsymbol{c}^{\mathrm{T}}\boldsymbol{x}_0$$ □

由上述定理便得：

推论 3-1a 设 $\boldsymbol{x}_0$，$\boldsymbol{w}_0$ 分别是（P），（D）的可行解，且 $\boldsymbol{c}^{\mathrm{T}}\boldsymbol{x}_0=\boldsymbol{b}^{\mathrm{T}}\boldsymbol{w}_0$，则 $\boldsymbol{x}_0$，$\boldsymbol{w}_0$ 分别是（P），（D）的最优解.

证明：设 $\boldsymbol{x}$，$\boldsymbol{w}$ 分别是（P），（D）的任意可行解，则由弱对偶定理 3-1 知

$$\boldsymbol{b}^{\mathrm{T}}\boldsymbol{w} \leqslant \boldsymbol{c}^{\mathrm{T}}\boldsymbol{x}_0 = \boldsymbol{b}^{\mathrm{T}}\boldsymbol{w}_0 \leqslant \boldsymbol{c}^{\mathrm{T}}\boldsymbol{x} \Rightarrow \boldsymbol{b}^{\mathrm{T}}\boldsymbol{w} \leqslant \boldsymbol{b}^{\mathrm{T}}\boldsymbol{w}_0,\quad \boldsymbol{c}^{\mathrm{T}}\boldsymbol{x}_0 \leqslant \boldsymbol{c}^{\mathrm{T}}\boldsymbol{x}$$

因此 $\boldsymbol{x}_0$，$\boldsymbol{w}_0$ 分别是（P），（D）的最优解. □

推论 3-1b 相互对偶的线性规划问题（P），（D）同时有最优解的充分必要条件是（P），（D）同时有可行解.

证明：若（P），（D）同时有可行解，则由弱对偶定理 3-1 知两个问题都有界（即 MAX 问题有上界，MIN 问题有下界），因此根据线性规划基本定理，两个问题均有最优解. 反之，若（P），（D）同时有最优解，而最优解一定是可行解，因此两者均有可行解. □

推论 3-1c 若其中一个问题无界，则另一个问题无可行解.

证明：不妨设 MIN 问题无下界. 用反证法，若与其对偶的 MAX 问题有可行解 $\boldsymbol{w}_0$，则由弱对偶定理 3-1 知 MIN 问题有下界 $\boldsymbol{b}^{\mathrm{T}}\boldsymbol{w}_0$，矛盾. □

定理 3-2 （强对偶定理）设（P），（D）是一对相互对偶的线性规划问题，若其中一个问题有最优解，则另一个问题也有最优解，且两个问题的最优目标函数值相等.

证明：不失一般性，仅对线性规划标准形问题及其对偶进行证明即可. 设式（3-12）中原问题（P）有最优解，则根据线性规划基本定理知原问题（P）一定有最优基本可行解，设其为 $\boldsymbol{x}^*$，对应的基矩阵为 $\boldsymbol{B}$，相应的单纯形乘子为 $\boldsymbol{w}^{*\mathrm{T}}=\boldsymbol{c}_B^{\mathrm{T}}\boldsymbol{B}^{-1}$，则根据单纯形法的最优性条件有

$$\boldsymbol{\zeta}=\boldsymbol{c}_B^{\mathrm{T}}\boldsymbol{B}^{-1}\boldsymbol{A}-\boldsymbol{c}^{\mathrm{T}}=\boldsymbol{w}^{*\mathrm{T}}\boldsymbol{A}-\boldsymbol{c}^{\mathrm{T}}\leqslant 0\ .$$

因此 $\boldsymbol{w}^*$ 为式（3-12）中对偶问题（D）的可行解，且 $\boldsymbol{b}^{\mathrm{T}}\boldsymbol{w}^*=\boldsymbol{w}^{*\mathrm{T}}\boldsymbol{b}=\boldsymbol{c}_B^{\mathrm{T}}\boldsymbol{B}^{-1}\boldsymbol{b}=\boldsymbol{c}^{\mathrm{T}}\boldsymbol{x}^*$，再根据推论 3-1a 便知 $\boldsymbol{x}^*$，$\boldsymbol{w}^*$ 分别为式（3-12）中原问题（P）和对偶问题（D）的最优解. □

由上述定理的证明可得：

推论 3-2a 设问题（P）是标准形式的线性规划问题，其一个最优基本可行解对应的基矩阵为 $\boldsymbol{B}$，则该最优基对应的单纯形乘子 $\boldsymbol{w}^{\mathrm{T}}=\boldsymbol{c}_B^{\mathrm{T}}\boldsymbol{B}^{-1}$ 是其对偶问题（D）的一个最优解.

定理 3-3 （互补松弛定理）考虑对称形式的对偶（3-11）. 设 $\boldsymbol{x}_0$，$\boldsymbol{w}_0$ 分别是式（3-11）中原问题（P）和对偶问题（D）的可行解，则 $\boldsymbol{x}_0$，$\boldsymbol{w}_0$ 分别是原问题（P）和对偶问题（D）的最优解的充要条件是

$$\boldsymbol{w}_0^{\mathrm{T}}(\boldsymbol{A}\boldsymbol{x}_0-\boldsymbol{b})=\boldsymbol{0}\quad 且\quad (\boldsymbol{w}_0^{\mathrm{T}}\boldsymbol{A}-\boldsymbol{c}^{\mathrm{T}})\boldsymbol{x}_0=\boldsymbol{0}\ . \tag{3-13}$$

由可行性条件知（3-13）等价于

$$w_i^{(0)}\Big(\sum_{j=1}^{n}a_{ij}x_j^{(0)}-b_i\Big)=0,\quad i=1,\ 2,\ \cdots,\ m$$

$$x_j^{(0)}\Big(\sum_{i=1}^{m}a_{ij}w_i^{(0)}-c_j\Big)=0,\quad j=1,\ 2,\ \cdots,\ n \tag{3-14}$$

证明：由于 $\boldsymbol{x}_0$，$\boldsymbol{w}_0$ 分别是式（3-11）中原问题（P）和对偶问题（D）的可行解，因此由对偶定理知 $\boldsymbol{x}_0$，$\boldsymbol{w}_0$ 分别是原问题（P）和对偶问题（D）的最优解的充要条件是 $\boldsymbol{w}_0^{\mathrm{T}}\boldsymbol{b}=\boldsymbol{c}^{\mathrm{T}}\boldsymbol{x}_0$，而由原问题（$P$）和对偶问题（$D$）的约束条件知

$$\boldsymbol{b}^{\mathrm{T}}\boldsymbol{w}=\boldsymbol{w}_0^{\mathrm{T}}\boldsymbol{b}\leqslant\boldsymbol{w}_0^{\mathrm{T}}\boldsymbol{A}\boldsymbol{x}_0\leqslant\boldsymbol{c}^{\mathrm{T}}\boldsymbol{x}_0$$

由上式 $\boldsymbol{w}_0^{\mathrm{T}}\boldsymbol{b}=\boldsymbol{c}^{\mathrm{T}}\boldsymbol{x}_0$ 又等价于 $\boldsymbol{w}_0^{\mathrm{T}}\boldsymbol{b}=\boldsymbol{w}_0^{\mathrm{T}}\boldsymbol{A}\boldsymbol{x}_0$，$\boldsymbol{w}_0^{\mathrm{T}}\boldsymbol{A}\boldsymbol{x}_0=\boldsymbol{c}^{\mathrm{T}}\boldsymbol{x}_0$，此即式（3-13）. 然后由 $\boldsymbol{w}_0^{\mathrm{T}}=(w_1^{(0)},\ w_2^{(0)},\ \cdots,\ w_m^{(0)})^{\mathrm{T}}\geqslant 0$，$\boldsymbol{x}_0=(x_1^{(0)},\ x_2^{(0)},\ \cdots,\ x_n^{(0)})^{\mathrm{T}}\geqslant 0$，$\boldsymbol{A}\boldsymbol{x}_0\geqslant\boldsymbol{b}$，$\boldsymbol{w}_0^{\mathrm{T}}\boldsymbol{A}\leqslant\boldsymbol{c}^{\mathrm{T}}$，$\boldsymbol{w}_0^{\mathrm{T}}(\boldsymbol{A}\boldsymbol{x}_0-\boldsymbol{b})=\sum_{i=1}^{m}w_i^{(0)}\Big(\sum_{j=1}^{n}a_{ij}x_j^{(0)}-b_j\Big)$，$(\boldsymbol{w}_0^{\mathrm{T}}\boldsymbol{A}-\boldsymbol{c}^{\mathrm{T}})\boldsymbol{x}_0=\sum_{j=1}^{n}\Big(\sum_{i=1}^{m}a_{ij}w_i^{(0)}-c_j\Big)x_j^{(0)}$ 便知式（3-13）与式（3-14）等价. □

根据上述证明方法，不难证明定理 3-3 对一般情形（3-9）、（3-10）也成立.

例题 3-2 用互补松弛定理和图解法解：

$$\begin{aligned}
&\min\ x_1+5x_2+2x_3+6x_4+9x_5\\
&\text{s.t.}\ -x_1+x_2+x_3-5x_4+3x_5\geqslant 1\\
&\qquad x_1+x_2-x_3+x_4+x_5\geqslant 2\\
&\qquad x_i\geqslant 0,\quad i=1,\ 2,\ \cdots,\ 5
\end{aligned}$$

解：其对偶为

$$
\begin{aligned}
\max\ & w_1+2w_2 \\
\text{s.t.}\ & -w_1+w_2\leqslant 1 \\
& w_1+w_2\leqslant 5 \\
& w_1-w_2\leqslant 2 \\
& -5w_1+w_2\leqslant 6 \\
& 3w_1+w_2\leqslant 9 \\
& w_1\geqslant 0,\ w_2\geqslant 0
\end{aligned}
$$

由图解法可得解

$$w_1=2,\quad w_2=3$$

其中第三、第四约束不起作用，因此由互补松弛定理：

$$\begin{cases} x_3=0, \quad x_4=0 \\ -x_1+x_2+x_3-5x_4+3x_5=1 \\ x_1+x_2-x_3+x_4+x_5=2 \end{cases}$$

即

$$\begin{cases} x_3=0, \quad x_4=0 \\ -x_1+x_2+3x_5=1 \\ x_1+x_2+x_5=2 \end{cases} \Rightarrow \begin{cases} x_3=0, \quad x_4=0 \\ x_2=\dfrac{3}{2}-2x_5\geqslant 0 \\ x_1=\dfrac{1}{2}+x_5\geqslant 0 \end{cases}$$

于是原问题的解为

$$\begin{cases} x_1=\dfrac{1}{2}+t, \quad x_2=\dfrac{3}{2}-2t \\ x_3=0, \quad x_4=0, \quad x_5=t \\ \dfrac{3}{4}\geqslant t\geqslant 0 \end{cases}$$

目标值为

$$x_1+5x_2+2x_3+6x_4+9x_5=\frac{1}{2}+t+5\left(\frac{3}{2}-2t\right)+9t=8$$

其中一个解为

$$x_1=\frac{1}{2},\ x_2=\frac{3}{2},\ x_3=0,\ x_4=0,\ x_5=0$$

□

3.2 对偶单纯形法

考虑线性规划标准形问题及其对偶问题（3-12），设已知原问题（P）一个基矩阵 $\boldsymbol{B}$ 和相应的单纯形表，但 $\boldsymbol{x}_B=\boldsymbol{B}^{-1}\boldsymbol{b}$，$\boldsymbol{x}_N=\boldsymbol{0}$ 并不可行，这时就需要引入人工变量并采用两阶段法求解．但若此时对应的检验数

$$\zeta^{\mathrm{T}}=c_B^{\mathrm{T}}B^{-1}A-c^{\mathrm{T}}\leqslant 0, \tag{3-15}$$

则 $w=c_B^{\mathrm{T}}B^{-1}$ 是对偶问题（D）的可行解，那么应该可以直接对（D）作单纯形法以提高计算效率.

定义 3-1 设 B 是式（3-12）中原问题（P）一个基矩阵，若式（3-15）成立，则称 $w=c_B^{\mathrm{T}}B^{-1}$ 是对偶问题（D）的**基本可行解**，称 B 是（P）的**对偶可行基矩阵或正则基矩阵**；称原问题对应的基本解 $x_B=B^{-1}b$，$x_N=0$ 是（P）的**正则解**.

在式（3-12）中，设基矩阵 B 是（P）的对偶可行基矩阵，若此时还有 $x_B=B^{-1}b\geqslant 0$，则基矩阵 B 不仅是对偶可行的，还是原始可行的，从而该基对应的基本可行解就是最优解. 对偶单纯形法就是从一个对偶可行基本解到另一个对偶可行基本解并不断改进对偶目标值，直至该解变为原始可行，实质上是在对对偶问题（D）作单纯形法. 下面通过例子来说明对偶单纯形法的计算过程.

例题 3-3

$$\begin{aligned}&\min x_1+x_2+x_3\\ &\text{s. t. } 3x_1+x_2+x_3\geqslant 1\\ &\qquad -x_1+4x_2+x_3\geqslant 2\\ &\qquad x_1, x_2, x_3\geqslant 0\end{aligned}$$

引入松弛变量 x_4，x_5 得

$$(P)\quad \begin{aligned}&\min x_1+x_2+x_3\\ &\text{s. t. } 3x_1+x_2+x_3-x_4=1\\ &\qquad -x_1+4x_2+x_3-x_5=2\\ &\qquad x_i\geqslant 0,\quad i=1,\cdots,5\end{aligned}$$

原问题的对偶问题及其标准形为

$$(D)\quad \begin{aligned}&\max w_1+2w_2\\ &\text{s. t. } 3w_1-w_2\leqslant 1\\ &\qquad w_1+4w_2\leqslant 1\\ &\qquad w_1+w_2\leqslant 1\\ &\qquad -w_1\leqslant 0,\ -w_2\leqslant 0\end{aligned}\quad\Leftrightarrow\quad \begin{aligned}&\max w_1+2w_2\\ &\text{s. t. } 3w_1-w_2+w_3=1\\ &\qquad w_1+4w_2+w_4=1\\ &\qquad w_1+w_2+w_5=1\\ &\qquad w_1\geqslant 0,\ w_2\geqslant 0\end{aligned}$$

对偶问题与原问题的单纯形表分别为

	w_1	w_2	w_3	w_4	w_5	RHS
w_3	3	−1	1	0	0	1
w_4	1	4 *	0	1	0	1
w_5	1	1	0	0	1	1
	−1	−2	0	0	0	0

	x_1	x_2	x_3	x_4	x_5	RHS
x_4	−3	−1	−1	1	0	−1
x_5	1	−4 *	−1	0	1	−2
z	−1	−1	−1	0	0	0

在上面的单纯形表中，注意原问题与对偶问题的关系，即对偶单纯形表中非基变量的检验数恰好是原始单纯形表的右端项，原始单纯形表的检验数恰好与对偶单纯形表的右端项相差一个符号. 在约束系数矩阵中，若把单纯形表中松弛变量对应的 0 和基变量对应的 1 拿掉

的话，则对偶单纯形表约束系数矩阵的行与原始单纯形表的列相对应，而对偶问题的列则与原问题的行相对应，它们之间恰好差一个符号. 对偶问题的单纯形表已有一组基本可行解，因此可直接开始单纯形迭代. 由于是 MAX 问题，选 w_2 为入基变量. 计算得第 2 个基变量即 w_4 为离基变量，即在对偶问题的单纯形表中应以 $a_{22}^{(D)}=4$ 为旋转元，其在原始单纯形表中对应的元素为 $a_{22}^{(P)}=-4$. 在对偶问题的单纯形表中以 $a_{22}^{(D)}=4$ 为旋转元旋转，并交换变量 w_2 和 w_4 对应的列，在原始单纯形表中 $a_{22}^{(P)}=-4$ 为旋转元旋转，并交换变量 x_2 和 x_5 对应的列得

	w_1	w_4	w_3	w_2	w_5	RHS
w_3	$\frac{13}{4}$ *	$\frac{1}{4}$	1	0	0	$\frac{5}{4}$
w_2	$\frac{1}{4}$	$\frac{1}{4}$	0	1	0	$\frac{1}{4}$
w_5	$\frac{3}{4}$	$-\frac{1}{4}$	0	0	1	$\frac{3}{4}$
	$-\frac{1}{2}$	$\frac{1}{2}$	0	0	0	$\frac{1}{2}$

	x_1	x_5	x_3	x_4	x_2	RHS
x_4	$-\frac{13}{4}$ *	$-\frac{1}{4}$	$-\frac{3}{4}$	1	0	$-\frac{1}{2}$
x_2	$-\frac{1}{4}$	$-\frac{1}{4}$	$\frac{1}{4}$	0	1	$\frac{1}{2}$
z	$-\frac{5}{4}$	$-\frac{1}{4}$	$-\frac{3}{4}$	0	0	$\frac{1}{2}$

可见对偶问题的单纯形表和原始单纯形表问题的单纯形表仍保持相同的对应关系，即对偶单纯形表中非基变量的检验数恰好是原始单纯形表的右端项，原始单纯形表的检验数恰好与对偶单纯形表的右端项相差一个符号. 在约束系数矩阵中，若把单纯形表中松弛变量对应的 0 和基变量对应的 1 拿掉的话，则对偶单纯形表约束系数矩阵的行与原始单纯形表的列相对应，而对偶问题的列则与原问题的行相对应，它们之间恰好差一个符号. 在对偶单纯形表中，由于是 MAX 问题，下一步应选 w_1 为入基变量，计算得第 1 个基变量即 w_3 为离基变量，即对偶单纯形表中的旋转元是 $a_{11}^{(D)}=\frac{13}{4}$，其在原始单纯形表中对应的元素为 $a_{11}^{(P)}=-\frac{13}{4}$，将对偶问题与原问题的单纯形表同时作相应的旋转并交换变量 w_1 和 w_3 对应的列、交换变量 x_1 和 x_4 对应的列后得

	w_3	w_4	w_1	w_2	w_5	RHS
w_1	$\frac{4}{13}$	$\frac{1}{13}$	1	0	0	$\frac{5}{13}$
w_2	$-\frac{1}{13}$	$\frac{3}{13}$	0	1	0	$\frac{2}{13}$
w_5	$-\frac{3}{13}$	$-\frac{4}{13}$	0	0	1	$\frac{6}{13}$
	$\frac{2}{13}$	$\frac{7}{13}$	0	0	0	$\frac{9}{13}$

	x_4	x_5	x_3	x_1	x_2	RHS
x_1	$-\frac{4}{13}$	$\frac{1}{13}$	$\frac{3}{13}$	1	0	$\frac{2}{13}$
x_2	$-\frac{1}{13}$	$-\frac{3}{13}$	$\frac{4}{13}$	0	1	$\frac{7}{13}$
z	$-\frac{5}{13}$	$-\frac{2}{13}$	$-\frac{6}{13}$	0	0	$\frac{9}{13}$

可见对偶问题的单纯形表和原始单纯形表问题的单纯形表仍保持相同的对应关系. 在对偶单纯形表中，检验数均大于或等于 0，得到最优解 $w_1=\frac{5}{13}$，$w_2=\frac{2}{13}$，$w_5=\frac{6}{13}$，$w_3=w_4=0$；在原始单纯形表中，检验数始终小于或等于 0（即始终是对偶可行的），同时右端项也全

变成了正数，即是原始可行的，因此也得到了最优解 $x_1=\frac{2}{13}$，$x_2=\frac{7}{13}$. 两者对应的最优值均为 $z^*=\frac{9}{13}$.

对一般问题，设已得到如下单纯形表：

	x_{B_1}	$\cdots$	x_{B_r}	$\cdots$	x_{B_m}	x_{N_1}	$\cdots$	x_{N_s}	$\cdots$	$x_{N_{n-m}}$	RHS
x_{B_1}	1	$\cdots$	0	$\cdots$	0	$\bar{a}_{1,N_1}$	$\cdots$	$\bar{a}_{1,N_s}$	$\cdots$	$\bar{a}_{1,N_{n-m}}$	$\bar{b}_1$
$\vdots$	$\vdots$		$\vdots$		$\vdots$	$\vdots$		$\vdots$		$\vdots$	$\vdots$
x_{B_r}	0	$\cdots$	1	$\cdots$	0	$\bar{a}_{r,N_1}$	$\cdots$	$\bar{a}_{r,N_s}$	$\cdots$	$\bar{a}_{r,N_{n-m}}$	$\bar{b}_r$
$\vdots$	$\vdots$		$\vdots$		$\vdots$	$\vdots$		$\vdots$		$\vdots$	$\vdots$
x_{B_m}	0	$\cdots$	0	$\cdots$	1	$\bar{a}_{m,N_1}$	$\cdots$	$\bar{a}_{m,N_s}$	$\cdots$	$\bar{a}_{m,N_{n-m}}$	$\bar{b}_m$
z	0	$\cdots$	0	$\cdots$	0	ζ_{N_1}	$\cdots$	ζ_{N_s}	$\cdots$	$\zeta_{N_{n-m}}$	$\bar{z}_0$

(3-16)

其中 $\boldsymbol{\zeta}=(\zeta_1, \cdots, \zeta_n)\leqslant\mathbf{0}$. 若 $\bar{\boldsymbol{b}}=\boldsymbol{B}^{-1}\boldsymbol{b}\geqslant\mathbf{0}$，则当前基本可行解 $\bar{\boldsymbol{x}}_B=\bar{\boldsymbol{b}}$，$\bar{\boldsymbol{x}}_N=\mathbf{0}$ 就是最优解；否则存在 r，$1\leqslant r\leqslant m$，使 $\bar{b}_r<0$. 记

$$J_B=\{B_1, \cdots, B_m\}, \quad J_N=\{N_1, \cdots, N_{n-m}\}$$

则单纯形表（3-16）对应的优化问题可写为

$$(P)\quad \begin{aligned} &\min\ \bar{z}+\sum_{j\in J_N}(-\zeta_j)x_j \\ &\text{s. t.}\ \sum_{j\in J_N}(-\bar{a}_{i,j})x_j\geqslant-\bar{b}_i, \quad i=1, \cdots, m \\ &\qquad x_j\geqslant 0, \quad j\in J_N \end{aligned} \tag{3-17}$$

其对偶问题为

$$(D)\quad \begin{aligned} &\max\ \bar{z}_0+\sum_{i=1}^{m}(-\bar{b}_i)w_i \\ &\text{s. t.}\ \sum_{i=1}^{m}(-\bar{a}_{i,j})w_i\leqslant-\zeta_j, \quad j\in J_N \\ &\qquad w_i\geqslant 0, \quad i=1, \cdots, m \end{aligned} \tag{3-18}$$

与对偶问题（D）对应的单纯形表为

	w_1	$\cdots$	w_r	$\cdots$	w_m	w_{m+1}	$\cdots$	w_{m+s}	$\cdots$	w_n	RHS
w_{m+1}	$-\bar{a}_{1,N_1}$	$\cdots$	$-\bar{a}_{r,N_1}$	$\cdots$	$-\bar{a}_{m,N_1}$	1	$\cdots$	0	$\cdots$	0	$-\zeta_{N_1}$
$\vdots$	$\vdots$		$\vdots$		$\vdots$	$\vdots$	$\vdots$	$\vdots$	$\vdots$	$\vdots$	$\vdots$
w_{m+s}	$-\bar{a}_{1,N_s}$	$\cdots$	$-\bar{a}_{r,N_s}$	$\cdots$	$-\bar{a}_{m,N_s}$	0	$\cdots$	1	$\cdots$	0	$-\zeta_{N_s}$
$\vdots$	$\vdots$		$\vdots$		$\vdots$	$\vdots$	$\vdots$	$\vdots$	$\vdots$	$\vdots$	$\vdots$
w_n	$-\bar{a}_{1,N_{n-m}}$	$\cdots$	$-\bar{a}_{r,N_{n-m}}$	$\cdots$	$-\bar{a}_{m,N_{n-m}}$	0	$\cdots$	0	$\cdots$	1	$-\zeta_{N_{n-m}}$
	$\bar{b}_1$	$\cdots$	$\bar{b}_r$	$\cdots$	$\bar{b}_m$	0	$\cdots$	0	$\cdots$	0	$\bar{z}_0$

(3-19)

注意到 $\boldsymbol{\zeta}_N=(\zeta_{N_1}, \cdots, \zeta_{N_{n-m}})\leqslant 0$，即上述单纯形表的基变量是对偶可行的．因此可直接在对偶单纯形表（3－19）中作单纯形法．由 $\bar{b}_r<0$（注意对偶问题是 MAX 问题），在对偶单纯形表（3－19）中可选 w_r 作为入基变量．而 w_i 与原问题（3－17）的第 i 个约束相对应，x_{B_i} 是与之相应的松弛变量，因此对偶单纯形表（3－19）中选 w_r 入基时，相应地在原始单纯形表（3－16）中应选择 x_{B_r} 为**离基变量**．若 $\bar{\boldsymbol{a}}_r=(\bar{a}_{r,N_1}, \cdots, \bar{a}_{r,N_{n-m}})\geqslant \mathbf{0}$，则说明对偶问题没有上界，从而由弱对偶定理知原问题无可行解；否则存在 i，$1\leqslant i\leqslant n-m$，使 $\bar{a}_{r,N_i}<0$．计算：

$$\frac{\zeta_{N_s}}{\bar{a}_{r,N_s}}\equiv\min\left\{\frac{\zeta_{N_i}}{\bar{a}_{r,N_i}}\,\middle|\,\bar{a}_{r,N_i}<0,\ i=1, 2, \cdots, n-m\right\} \tag{3-20}$$

于是在对偶单纯形表中应选择 w_{m+s} 作为离基变量，转轴元为 $-\bar{a}_{r,N_s}$，相应地在原始单纯形表中应选择 x_{N_s} 为**入基变量**，转轴元为 $\bar{a}_{r,N_s}$．设将对偶单纯形表（3－19）作一次相应的**旋转**后单纯形表变为

	w_1	$\cdots$	w_r	$\cdots$	w_m	w_{m+1}	$\cdots$	w_{m+s}	$\cdots$	w_n	RHS
w_{m+1}	$-\hat{a}_{1,N_1}$	$\cdots$	0	$\cdots$	$-\hat{a}_{m,N_1}$	1	$\cdots$	$-\hat{a}_{r,N_1}$	$\cdots$	0	$-\hat{\zeta}_{N_1}$
$\vdots$	$\vdots$		$\vdots$		$\vdots$	$\vdots$		$\vdots$		$\vdots$	$\vdots$
w_r	$-\hat{a}_{1,B_r}$	$\cdots$	1	$\cdots$	$-\hat{a}_{m,B_r}$	0	$\cdots$	$-\hat{a}_{r,B_r}$	$\cdots$	0	$-\hat{\zeta}_{B_r}$
$\vdots$	$\vdots$		$\vdots$		$\vdots$	$\vdots$		$\vdots$		$\vdots$	
w_n	$-\hat{a}_{1,N_{n-m}}$	$\cdots$	0	$\cdots$	$-\hat{a}_{m,N_{n-m}}$	0	$\cdots$	$-\hat{a}_{r,N_{n-m}}$	$\cdots$	1	$-\hat{\zeta}_{N_{n-m}}$
	$\hat{b}_1$	$\cdots$	0	$\cdots$	$\hat{b}_m$	0	$\cdots$	0	$\cdots$	$\hat{b}_r$	$\hat{z}_0$

（3－21）

则可以证明（见习题 3－6），将原始单纯形表（3－16）作一次相应的旋转后单纯形表变为

	x_{B_1}	$\cdots$	x_{B_r}	$\cdots$	x_{B_m}	x_{N_1}	$\cdots$	x_{N_s}	$\cdots$	$x_{N_{n-m}}$	RHS
x_{B_1}	1	$\cdots$	$\hat{a}_{1,B_r}$	$\cdots$	0	$\hat{a}_{1,N_1}$	$\cdots$	0	$\cdots$	$\hat{a}_{1,N_{n-m}}$	$\hat{b}_1$
$\vdots$	$\vdots$		$\vdots$		$\vdots$	$\vdots$		$\vdots$		$\vdots$	$\vdots$
x_{N_s}	0	$\cdots$	$\hat{a}_{r,B_r}$	$\cdots$	0	$\hat{a}_{r,N_1}$	$\cdots$	1	$\cdots$	$\hat{a}_{r,N_{n-m}}$	$\hat{b}_r$
$\vdots$	$\vdots$		$\vdots$		$\vdots$	$\vdots$		$\vdots$		$\vdots$	$\vdots$
x_{B_m}	0	$\cdots$	$\hat{a}_{m,B_r}$	$\cdots$	1	$\hat{a}_{m,N_1}$	$\cdots$	0	$\cdots$	$\hat{a}_{m,N_{n-m}}$	$\hat{b}_m$
z	0	$\cdots$	$\hat{\zeta}_{B_r}$	$\cdots$	0	$\hat{\zeta}_{N_1}$	$\cdots$	0	$\cdots$	$\hat{\zeta}_{N_{n-m}}$	$\hat{z}_0$

（3－22）

即对偶单纯形表（3－21）和原始单纯形表（3－22）之间的关系，与对偶单纯形表（3－19）和原始单纯形表（3－16）之间的关系是相同的．因此对对偶问题作单纯形法完全可以在原问题的单纯形表上实现，原始单纯形表上的右端项相当于对偶单纯形表上目标行的检验数，原始单纯形表上目标行的检验数与对偶单纯形表上的右端项相对应（相差一个符号），而对

于约束条件的系数矩阵 $\boldsymbol{A}$，原始单纯形表上的行（列）与对偶单纯形表的列（行）相对应，在对偶单纯形表（3-19）中选 w_r **入基**时，在原始单纯形表（3-16）中相当于选择 x_{B_r} 为离基变量；在对偶单纯形表中选择 w_{m+s} 作为**离基变量**时，在原始单纯形表中相当于选择 x_{N_s} 为**入基变量**，从而在计算过程中原始问题与对偶问题之间总满足互补松弛关系：$x_{B_i}w_i=0$，$i=1$，…，m，$x_{N_j}w_{m+j}=0$，$j=1$，…，$n-m$，从而两者的目标值是相等的. 在实际计算时对偶单纯形表（3-19）和（3-21）是不用列出的，对偶单纯形表的旋转过程完全可以在原始单纯形表中实现. 其特点是，在原始单纯形表中，目标行的检验数均小于或等于零，表明当前的基是对偶可行的（相应的对偶问题的基本可行解是 $\boldsymbol{w}^{\mathrm{T}}=\boldsymbol{c}_B^{\mathrm{T}}\boldsymbol{B}^{-1}$）. 原始单纯形表的右端项相当于对偶单纯形表中的检验数，若其非负，则说明当前解不仅是对偶可行的，而且也是原始可行的，从而是最优解；否则应选某一负项所对应的基变量作为离基变量，然后再按式（3-20）确定入基变量即可. 所以在原问题的单纯形表上对对偶问题作单纯形法时，应首先通过原始单纯形表上的右端项首先选择离基变量，然后再选入基变量. 在选入基变量时，注意到原始单纯形表中检验数所在行与对偶单纯形表的右端项相应，因此所选入基变量应在保持对偶可行性的前提下，将离基变量所在的行乘以一个尽可能大的正数并以目标行减去之，从而每次旋转都尽可能增大对偶问题的目标函数值，此即对偶单纯形法的基本原则. 在原始单纯形表上如此不断循环便得到了对偶单纯形法. 具体到例题 3-3，初始单纯形表为

	x_1	x_2	x_3	x_4	x_5	RHS
x_4	-3	-1	-1	1	0	-1
x_5	1	-4 *	-1	0	1	-2
z	-1	-1	-1	0	0	0

右端项 $b_2=\min\{b_1, b_2\}=-2$，因此可选第二个基变量即选 x_5 作为离基变量（当然，此处也可选第一个基变量即 x_4 离基），注意到第二个方程与对偶问题的变量 w_2 相对应，因此在对偶单纯形表中相当于变量 w_2 入基；在选入基变量时，为保持对偶可行性，计算：

$$\frac{\zeta_2}{\bar{a}_{22}}=\min\left\{\frac{\zeta_2}{\bar{a}_{22}}, \frac{\zeta_3}{\bar{a}_{23}}\right\}=\min\left\{\frac{-1}{-4}, \frac{-1}{-1}\right\}=\frac{-1}{-4}$$

注意上述计算实际上是在对偶单纯形表中计算离基变量，即应选第二个基变量即 w_4 作为离基变量，而 w_4 在对偶问题中是第二个约束方程的松弛变量，与原问题的变量 x_2 相对应，因此相当于在原始单纯形表中选取 x_2 作入基变量（此即互补松弛性 $x_2\cdot w_4=0$ 所要求的），旋转后得

	x_1	x_2	x_3	x_4	x_5	RHS
x_4	$-\frac{13}{4}$ *	0	$-\frac{3}{4}$	1	$-\frac{1}{4}$	$-\frac{1}{2}$
x_2	$-\frac{1}{4}$	1	$\frac{1}{4}$	0	$-\frac{1}{4}$	$\frac{1}{2}$
z	$-\frac{5}{4}$	0	$-\frac{3}{4}$	0	$-\frac{1}{4}$	$\frac{1}{2}$

考察右端项，得到 $\bar{b}_1=\min\{\bar{b},\ \bar{b}_2\}=-\dfrac{1}{2}$，因此选第一个基变量即选 x_4 为离基变量，相应地计算：

$$\frac{\zeta_1}{\bar{a}_{11}}=\min\left\{\frac{\zeta_1}{\bar{a}_{11}},\ \frac{\zeta_3}{\bar{a}_{13}}\frac{\zeta_5}{\bar{a}_{15}}\right\}=\min\left\{\frac{5}{13},\ 1,\ 1\right\}=\frac{5}{13}$$

因此，应选 x_1 作入基变量（在对偶单纯形表中相当于选与 x_1 对应的松弛变量 w_3 作为离基变量，这正是互补松弛性 $x_1\cdot w_3=0$ 所要求的），旋转后得

	x_1	x_2	x_3	x_4	x_5	RHS
x_1	1	0	$\frac{3}{13}$	$-\frac{4}{13}$	$\frac{1}{13}$	$\frac{2}{13}$
x_2	0	1	$\frac{4}{13}$	$-\frac{1}{13}$	$-\frac{3}{13}$	$\frac{7}{13}$
z	0	0	$-\frac{6}{13}$	$-\frac{5}{13}$	$-\frac{2}{13}$	$\frac{9}{13}$

注意到右端项已为非负，因此当前解是最优解，最优解是 $x_1=\dfrac{2}{13}$，$x_2=\dfrac{7}{13}$，对应的最优值为 $z^*=\dfrac{9}{13}$.

同样也可以设计针对 MAX 问题的对偶单纯形法，此时只有入基变量的确定有所不同，应按照下式确定入基变量：

$$\frac{\zeta_{N_s}}{\bar{a}_{r,N_s}}\equiv\max\left\{\frac{\zeta_{N_i}}{\bar{a}_{r,N_i}}\,\middle|\,\bar{a}_{r,N_i}<0,\ i=1,\ 2,\ \cdots,\ n-m\right\}. \tag{3-23}$$

算法 3-1 对偶单纯形算法的基本步骤

步 1 首先找到一个对偶可行基，设相应的基变量下标依次为 B_1，B_2，…，B_m，非基变量的下标依次为 N_1，N_2，…，N_{n-m}，已算得 $\zeta_j=\boldsymbol{c}_B^{\mathrm{T}}\boldsymbol{B}^{-1}\boldsymbol{a}_j-c_j=\boldsymbol{c}_B^{\mathrm{T}}\bar{\boldsymbol{a}}_j-c_j\leqslant 0$，$j=1$，…，$n$（对 MAX 问题为：$\zeta_j\geqslant 0$，$j=1$，…，$n$），$\bar{\boldsymbol{N}}=[\bar{\boldsymbol{a}}_{N_1},\ \cdots,\ \bar{\boldsymbol{a}}_{N_{n-m}}]=\boldsymbol{B}^{-1}\boldsymbol{N}$，$\bar{\boldsymbol{b}}=\boldsymbol{B}^{-1}\boldsymbol{b}$，$\bar{z}_0=\boldsymbol{c}_B^{\mathrm{T}}\bar{\boldsymbol{b}}$. 记 $J_B=\{B_1,\ B_2,\ \cdots,\ B_m\}$，$J_N=\{N_1,\ N_2,\ \cdots,\ N_{n-m}\}$；

步 2 计算

$$\bar{b}_r=\min\{\bar{b}_i\mid i=1,\ \cdots,\ m\};$$

步 3 若 $\bar{b}_r\geqslant 0$，停止，当前解 $\boldsymbol{x}_B=\bar{\boldsymbol{b}}$，$\boldsymbol{x}_N=0$ 是最优解，最优值是 $\bar{z}_0=\boldsymbol{c}_B^{\mathrm{T}}\bar{\boldsymbol{b}}$；

步 4 选取一个小于 0 的 $\bar{b}_i$，不妨设就是 $\bar{b}_r$（这是通常的取法），将其所在行对应的基变量 x_{B_r} 作为离基变量；

步 5 若 $\bar{a}_{r,j}\geqslant 0$，$\forall j\in J_N$，停止，原问题无可行解；

步 6 对 MIN 问题计算

$$\frac{\zeta_k}{\bar{a}_{r,k}}\equiv\min\left\{\frac{\zeta_j}{\bar{a}_{r,j}}\,\middle|\,\bar{a}_{r,j}<0,\ j=1,\ 2,\ \cdots,\ n\right\},$$

对 MAX 问题计算

$$\frac{\zeta_k}{\bar{a}_{r,k}}=\max\left\{\frac{\zeta_j}{\bar{a}_{r,j}}\,\middle|\,\bar{a}_{r,j}<0,\ j=1,\ 2,\ \cdots,\ n\right\},$$

从而确定离基变量为 x_k；

步 7　以 $\bar{a}_{rk}$ 为旋转元进行旋转得到新的单纯形表．设 $N_s=k$，交换 B_r 与 N_s 的值以更新 J_B 和 J_N．然后转步 2 继续循环．

根据上述对偶单纯形法的原理，同样可设计避免循环的摄动方法、字典序方法和 Bland 规则，只是此时当且仅当非基变量对应的检验数出现 0 时才称其为**退化**，因此字典序方法也是针对单纯形表中非基变量对应的为 0 的检验数来展开．

研究与思考：针对对偶单纯形法设计避免循环的摄动方法、字典序方法和 Bland 规则，并证明其正确性．

例题 3-4　用对偶单纯形法计算：

$$
\begin{aligned}
\min\ & z=2x_1+8x_2+3x_3+2x_4\\
\text{s. t.}\ & 2x_1+x_2+3x_3\geqslant 5\\
& x_1+x_2+2x_4\geqslant 3\\
& x_j\geqslant 0,\quad j=1,2,3,4
\end{aligned}
$$

解：问题的标准形为

$$
\begin{aligned}
\min\ & z=2x_1+8x_2+3x_3+2x_4\\
\text{s. t.}\ & 2x_1+x_2+3x_3-x_5=5\\
& x_1+x_2+2x_4-x_6=3\\
& x_j\geqslant 0,\quad j=1,\cdots,6
\end{aligned}
$$

相应的单纯形表为

	x_1	x_2	x_3	x_4	x_5	x_6	RHS
x_5	$-2*$	-1	-3	0	1	0	-5
x_6	-1	-1	0	-2	0	1	-3
z	-2	-8	-3	-2	0	0	0

上述单纯形表中，已得到检验数 $\boldsymbol{\zeta}$，且 $\boldsymbol{\zeta}\leqslant 0$，因此当前基是对偶可行的．此时 $\bar{b}_i<0$，$i=1$，2，因此基变量 x_5，x_6 均可作为离基变量，可任选一个．通常应选最小的 $\bar{b}_i$ 对应的基变量作为离基变量，即选 $\bar{b}_1$ 对应的基变量 x_5 为离基变量．下面确定入基变量，计算：

$$\min\left\{\frac{\zeta_1}{\bar{a}_{11}},\ \frac{\zeta_2}{\bar{a}_{12}},\ \frac{\zeta_3}{\bar{a}_{13}}\right\}=\frac{\zeta_1}{\bar{a}_{11}}=\frac{\zeta_3}{\bar{a}_{13}}=1$$

有非基变量 x_1，x_3 均可作为入基变量，不妨选取非基变量 x_1 为入基变量，作相应的旋转后单纯形表为

	x_1	x_2	x_3	x_4	x_5	x_6	RHS
x_1	1	$\frac{1}{2}$	$\frac{3}{2}$	0	$-\frac{1}{2}$	0	$\frac{5}{2}$
x_6	0	$-\frac{1}{2}$	$\frac{3}{2}$	$-2*$	$-\frac{1}{2}$	1	$-\frac{1}{2}$
z	0	-7	0	-2	-1	0	5

上述单纯形表中，

$$\bar{b}_2=\min\{\bar{b}_i\mid i=1,\ 2\}=-\frac{1}{2}<0$$

选 x_6 为离基变量. 下面确定入基变量，计算：

$$\min\left\{\frac{\zeta_2}{\bar{a}_{22}},\ \frac{\zeta_4}{\bar{a}_{24}},\ \frac{\zeta_5}{\bar{a}_{25}}\right\}=\frac{\zeta_4}{\bar{a}_{24}}=1$$

因此应选非基变量 x_4 为入基变量，作相应的旋转后单纯形表为

	x_1	x_2	x_3	x_4	x_5	x_6	RHS
x_1	1	$\frac{1}{2}$	$\frac{3}{2}$	0	$-\frac{1}{2}$	0	$\frac{5}{2}$
x_4	0	$\frac{1}{4}$	$-\frac{3}{4}$	1	$\frac{1}{4}$	$-\frac{1}{2}$	$\frac{1}{4}$
z	0	$-\frac{13}{2}$	$-\frac{3}{2}$	0	$-\frac{1}{2}$	-1	$\frac{11}{2}$

右端项均大于 0，当前解是最优解，最优解是：$x_1=\frac{5}{2}$，$x_4=\frac{1}{4}$，$x_2=x_3=x_5=x_6=0$，对应的最优值为 $z^*=\frac{11}{2}$. □

例题 3－5 用对偶单纯形法求解：

$$\begin{aligned}\max\ & z=-2x_1-5x_2-8x_3\\ \text{s.t.}\ & x_1+x_2+2x_3\geqslant 3\\ & 3x_1-2x_2+3x_3\geqslant 5\\ & x_j\geqslant 0,\quad j=1,\ 2,\ 3\end{aligned}$$

解：问题的标准形为

$$\begin{aligned}\max\ & z=-2x_1-5x_2-8x_3\\ \text{s.t.}\ & x_1+x_2+2x_3-x_4=3\\ & 3x_1-2x_2+3x_3-x_5=5\\ & x_j\geqslant 0,\quad j=1,\ \cdots,\ 5\end{aligned}$$

相应的单纯形表为

	x_1	x_2	x_3	x_4	x_5	RHS
x_4	-1	-1	-2	1	0	-3
x_5	$-3*$	2	-3	0	1	-5
z	2	5	8	0	0	0

上述单纯形表中，已得到各个变量的检验数. 由于 MAX 问题当检验向量 $\zeta\geqslant 0$ 时，对应的基对偶可行，因此该单纯形表对应的基是对偶可行的. 计算：

$$\bar{b}_2=\min\{\bar{b}_i\mid i=1,\ 2\}=-5<0$$

选 $\bar{b}_2$ 对应的基变量 x_5 为离基变量，下面确定入基变量. 注意是 MAX 问题，计算：

$$\max\left\{\frac{\zeta_1}{\bar{a}_{21}},\ \frac{\zeta_3}{\bar{a}_{23}}\right\}=\frac{\zeta_1}{\bar{a}_{21}}=-\frac{2}{3}$$

因此应选非基变量 x_1 为入基变量，作相应的旋转后单纯形表为

	x_1	x_2	x_3	x_4	x_5	RHS
x_4	0	$-\frac{5}{3}$	-1	1	$-\frac{1}{3}$ *	$-\frac{4}{3}$
x_1	1	$-\frac{2}{3}$	1	0	$-\frac{1}{3}$	$\frac{5}{3}$
z	0	$\frac{19}{3}$	6	0	$\frac{2}{3}$	$-\frac{10}{3}$

上述单纯形表中，

$$\bar{b}_1=\min\{\bar{b}_i \mid i=1,\ 2\}=-\frac{4}{3}<0$$

选 x_4 为离基变量，再计算：

$$\max\left\{\frac{\zeta_2}{\bar{a}_{12}},\ \frac{\zeta_3}{\bar{a}_{13}},\ \frac{\zeta_5}{\bar{a}_{15}}\right\}=\frac{\zeta_5}{\bar{a}_{15}}=-2$$

因此应选非基变量 x_5 为入基变量，作相应的旋转后单纯形表为

	x_1	x_2	x_3	x_4	x_5	RHS
x_5	0	5	3	-3	1	4
x_1	1	1	2	-1	0	3
z	0	3	4	2	0	-6

右端项均大于 0，当前解是最优解，最优解是：$x_1=3$，$x_5=4$，$x_2=x_3=x_4=0$，对应的最优值为 $z^*=-6$. □

对于例题 3-5，也可先将问题化为 MIN 问题，即

$$\begin{aligned}&\max\ z=-2x_1-5x_2-8x_3\\&\text{s. t. }\ x_1+x_2+2x_3\geqslant 3\\&\qquad 3x_1-2x_2+3x_3\geqslant 5\\&\qquad x_j\geqslant 0,\quad j=1,\ 2,\ 3\end{aligned}\iff\begin{aligned}&\min\ -z=2x_1+5x_2+8x_3\\&\text{s. t. }\ x_1+x_2+2x_3\geqslant 3\\&\qquad 3x_1-2x_2+3x_3\geqslant 5\\&\qquad x_j\geqslant 0,\quad j=1,\ 2,\ 3\end{aligned}$$

然后再用对偶单纯形法求解. 观察其计算过程可知，其单纯形表仅是在目标行上与上述解法的单纯形表相差一个符号.

3.3 对偶变量的经济含义

定理 3-4 考虑线性规划标准形及其对偶（3-12），设式（3-12）中原问题（P）至少存在一个非退化的最优基本可行解 $\boldsymbol{x}^*$，其对应的最优基为 B，最优值为 z^*，则其对偶问题（D）的最优解 $\boldsymbol{w}^*$ 存在且唯一，且当式（3-12）中原问题（P）之右端项由 b 变为 $b+\varepsilon$ 时，若

$B^{-1}(b+\varepsilon)\geqslant 0$，则当前基 B 仍为最优可行基，从而存在 $\delta>0$，当 $|\varepsilon_i|<\delta$（$i=1, 2, \cdots, m$）时，问题（其中 $\boldsymbol{\varepsilon}=(\varepsilon_1, \varepsilon_2, \cdots, \varepsilon_m)^{\mathrm{T}}$）

$$\begin{aligned} \min\ \boldsymbol{c}^{\mathrm{T}}\boldsymbol{x} &\equiv \sum_{j=1}^{n} c_j x_j \\ \boldsymbol{A}\boldsymbol{x} &= \boldsymbol{b}+\boldsymbol{\varepsilon} \\ \boldsymbol{x} &\geqslant \boldsymbol{0} \end{aligned} \tag{3-24}$$

存在最优解，且最优基保持不变，最优值为

$$z^*(\varepsilon) = z^* + \sum_{i=1}^{m} w_i^* \varepsilon_i,$$

其中 $\boldsymbol{w}^*=(w_1^*, w_2^*, \cdots, w_m^*)^{\mathrm{T}}$ 为式（3-12）中对偶问题（D）的唯一最优解.

证明：设式（3-12）中原问题（P）之非退化的最优基本可行解 $\boldsymbol{x}^*$ 所对应的最优基为 $\boldsymbol{B}$，则 $\boldsymbol{x}_B^*=\boldsymbol{B}^{-1}\boldsymbol{b}>0$，$\boldsymbol{x}_N^*=\boldsymbol{0}$，且式（3-12）中原问题（$P$）及其对偶问题（$D$）可表示为

$$(P)\quad \begin{aligned} &\min\ z=\boldsymbol{c}_B^{\mathrm{T}}\boldsymbol{x}_B+\boldsymbol{c}_N^{\mathrm{T}}\boldsymbol{x}_N \\ &\text{s.t. } \boldsymbol{B}\boldsymbol{x}_B+\boldsymbol{N}\boldsymbol{x}_N=\boldsymbol{b}, \\ &\qquad \boldsymbol{x}_B\geqslant\boldsymbol{0},\ \boldsymbol{x}_N\geqslant\boldsymbol{0} \end{aligned} \qquad (D)\quad \begin{aligned} &max\ \boldsymbol{b}^{\mathrm{T}}\boldsymbol{w} \\ &\text{s.t. } \boldsymbol{w}^{\mathrm{T}}\boldsymbol{B}\leqslant\boldsymbol{c}_B^{\mathrm{T}} \\ &\qquad \boldsymbol{w}^{\mathrm{T}}\boldsymbol{N}\leqslant\boldsymbol{c}_N^{\mathrm{T}} \end{aligned} \tag{3-25}$$

然后根据互补松弛定理 3.3 和 $\boldsymbol{x}_B^*>\boldsymbol{0}$ 可得

$$\boldsymbol{w}^{*\mathrm{T}}\boldsymbol{B}=\boldsymbol{c}_B^{\mathrm{T}}\Rightarrow\boldsymbol{w}^{*\mathrm{T}}=\boldsymbol{c}_B^{\mathrm{T}}\boldsymbol{B}^{-1}$$

因此对偶问题（D）的最优解 $\boldsymbol{w}^*$ 存在且唯一，且 $\boldsymbol{w}^{*\mathrm{T}}=\boldsymbol{c}_B^{\mathrm{T}}\boldsymbol{B}^{-1}$.

另一方面，由 $\boldsymbol{B}$ 为最优基知 $\boldsymbol{\zeta}_N=\boldsymbol{c}_B^{\mathrm{T}}\boldsymbol{B}^{-1}\boldsymbol{N}-\boldsymbol{c}_N^{\mathrm{T}}\leqslant\boldsymbol{0}$，因此当式（3-12）中原问题（$P$）之右端项由 $\boldsymbol{b}$ 变为 $\boldsymbol{b}+\boldsymbol{\varepsilon}$ 时，只要 $\boldsymbol{B}^{-1}(\boldsymbol{b}+\boldsymbol{\varepsilon})\geqslant 0$，当前基 $\boldsymbol{B}$ 将仍为最优可行基. 由于 $\boldsymbol{B}^{-1}\boldsymbol{b}>\boldsymbol{0}$，$\boldsymbol{B}^{-1}\boldsymbol{\varepsilon}$ 的每个分量均是 $\boldsymbol{\varepsilon}$ 的线性函数，因此一定存在 $\delta>0$，当 $|\varepsilon_i|<\delta$（$i=1, 2, \cdots, m$）时，$\boldsymbol{B}^{-1}(\boldsymbol{b}+\boldsymbol{\varepsilon})\geqslant\boldsymbol{0}$，从而最优基 $\boldsymbol{B}$ 不变，对应的最优解变为 $\boldsymbol{x}_B(\varepsilon)=\boldsymbol{c}_B^{\mathrm{T}}\boldsymbol{B}^{-1}(\boldsymbol{b}+\boldsymbol{\varepsilon})$，最优值为

$$z^*(\varepsilon)=\boldsymbol{c}_B^{\mathrm{T}}\boldsymbol{B}^{-1}(\boldsymbol{b}+\boldsymbol{\varepsilon})=\boldsymbol{c}_B^{\mathrm{T}}\boldsymbol{B}^{-1}\boldsymbol{b}+\boldsymbol{c}_B^{\mathrm{T}}\boldsymbol{B}^{-1}\boldsymbol{\varepsilon}=z^*+\boldsymbol{w}^{*\mathrm{T}}\boldsymbol{\varepsilon}$$ □

在上述定理中，如果把式（3-12）中原问题（P）的约束 $\boldsymbol{A}\boldsymbol{x}=\boldsymbol{b}$ 看做是资源约束，b_i 是第 i 种资源的数量，则在一定范围内（即保持当前最优基不变），第 i 种资源的单位变化所引起的最优目标函数值的变化由其对偶问题（D）的最优解 w_i^* 确定，因此对偶问题的最优解 $\boldsymbol{w}^*=(w_1^*, w_2^*, \cdots, w_m^*)^{\mathrm{T}}$ 也常被称为**影子价格**.

根据定理 3.4 的证明，可得如下推论：

推论 3.4a. 条件同定理 3.4，并设非退化最优基本可行解 x^* 对应的最优基为 B，则当 $B^{-1}(b+\varepsilon)\geqslant 0$ 时，当前基 B 将仍为扰动问题（3.24）的最优可行基，且 $x_B=B^{-1}(b+\varepsilon)$，$x_N=0$ 是扰动问题（3.24）的一个最优解，对应的最优值为：

$$z^*(\varepsilon)=c_B^{\mathrm{T}}B^{-1}(b+\varepsilon)=z^*+\sum_{i=1}^{m} w_i^*\varepsilon_i.$$

下面通过一个例子来说明上述定理和推论的意义和应用。

例题 3-6 设一个农民承包了 100 亩地，若种植农作物 A，每亩需投资 10 元，收益是 80 元；若种植农作物 B，每亩需投资 50 元，收益是 150 元. 其资金共有 4 000 元，问应如何投资使收益最大？若可以从银行贷款，问利率是多少时应该贷款？贷多少？相应的利润增加多少？

解：设种植农作物A共 x_1 亩，种植农作物B共 x_2 亩，则问题的模型是

$$
(P)\quad \begin{aligned} &\max\ 70x_1+100x_2 \\ &\text{s. t.}\ x_1+x_2\leqslant 100 \\ &\qquad 10x_1+50x_2\leqslant 4\,000 \\ &\qquad x_1\geqslant 0,\ x_2\geqslant 0 \end{aligned}
$$

相应的单纯形表是

	x_1	x_2	x_3	x_4	RHS
x_3	1	1	1	0	100
x_4	10	50	0	1	4 000
z	−70	−100	0	0	0

→

	x_1	x_2	x_3	x_4	RHS
x_1	1	1	1	0	100
x_4	0	40	−10	1	3 000
z	0	−30	70	0	7 000

→

	x_1	x_2	x_3	x_4	RHS
x_1	1	0	1.25	−0.025	25
x_2	0	1	−0.25	0.025	75
z	0	0	62.5	0.75	9 250

于是

$$x_1=25,\ x_2=75,\ w_1^*=62.5,\ w_2^*=0.75,\ z^*=9\,250$$

其中 w_1^*，w_2^* 为其对偶最优解，且

$$\boldsymbol{B}^{-1}=\begin{bmatrix} 1.25 & -0.025 \\ -0.25 & 0.025 \end{bmatrix}$$

若贷款 t 元，并保持基变量不变，则解变为

$$\begin{bmatrix} x_1 \\ x_2 \end{bmatrix}=\begin{bmatrix} 1.25 & -0.025 \\ -0.25 & 0.025 \end{bmatrix}\begin{bmatrix} 100 \\ 4\,000+t \end{bmatrix}=\begin{bmatrix} 25-0.025t \\ 75+0.025t \end{bmatrix}\geqslant 0$$

因此最多可贷款 1 000 元，相应的最优值变为

$$z^*+0.75t=9\,250+0.75t$$

于是当银行贷款利息 $k<75\%$ 时应该贷款，贷款 1 000 元，相应的收益变为

$$9\,250+1\,000(0.75-k)$$

3.4 灵敏度分析

在大多数实际问题的线性规划模型中，一些数据往往是估计值或预测值，并不是很精确；市场条件、工艺条件等的变化，也会引起一些数据的变化．这就提出了两个问题：当某些系数发生变化时，相应线性规划问题的最优解会有什么变化？这些系数在什么范围内变化时，原来线性规划问题的最优解或最优基保持不变？这就是灵敏度分析要研究的内容（又称

优化后分析).

考虑线性规划的标准形问题：

$$\min \boldsymbol{c}^{\mathrm{T}}\boldsymbol{x} \equiv \sum_{j=1}^{n} c_j x_j$$
$$\text{s. t. } \boldsymbol{Ax} = \boldsymbol{b}$$
$$\boldsymbol{x} \geqslant \boldsymbol{0}$$

设已得其最优单纯形表如下.

	$\boldsymbol{x}_B$	$\boldsymbol{x}_N$	RHS
$\boldsymbol{x}_B$	I	$\boldsymbol{B}^{-1}\boldsymbol{N}$	$\boldsymbol{B}^{-1}\boldsymbol{b}$
z	$\boldsymbol{0}$	$\boldsymbol{c}_B^{\mathrm{T}}\boldsymbol{B}^{-1}\boldsymbol{N}-\boldsymbol{c}_N^{\mathrm{T}}$	$\boldsymbol{c}_B^{\mathrm{T}}\boldsymbol{B}^{-1}\boldsymbol{b}$

下面一些条件的变化是经常发生的，即：①改变价格向量 $\boldsymbol{c}$；②改变右端向量 $\boldsymbol{b}$；③改变矩阵 $\boldsymbol{A}$；④增加新的变量；⑤增加新的约束. 下面将逐一讨论这些情况.

1. 价格向量c 变为 $\boldsymbol{c}'$

此时原最优解仍是新问题的基本可行解，只需计算检验向量 $\boldsymbol{\zeta}'$ 和目标值：

$$\begin{aligned} \boldsymbol{\zeta}'^{\mathrm{T}} &= \boldsymbol{c}'^{\mathrm{T}}_B\boldsymbol{B}^{-1}\boldsymbol{A}-\boldsymbol{c}'^{\mathrm{T}} \\ z_0' &= \boldsymbol{c}'^{\mathrm{T}}_B\boldsymbol{B}^{-1}\boldsymbol{b} \end{aligned} \tag{3-26}$$

即对原最优单纯形表只需按如上公式修改目标函数行的数据，然后继续单纯形的迭代.

记 $\delta=c'-c$，则：

$$c_B'=c_B+\delta_B,\ c_N'=c_N+\delta_N. \tag{3-27}$$

从而

$$\begin{aligned} \boldsymbol{\zeta}_N' &= \boldsymbol{c}'^{\mathrm{T}}_B\boldsymbol{B}^{-1}\boldsymbol{N}-\boldsymbol{c}'^{\mathrm{T}}_N \\ &= (\boldsymbol{c}_B+\delta_B)^{\mathrm{T}}\boldsymbol{B}^{-1}\boldsymbol{N}-(\boldsymbol{c}_N+\delta_N)^{\mathrm{T}} \\ &= \boldsymbol{\zeta}_N-\delta_N^{\mathrm{T}}+(\delta_B)^{\mathrm{T}}B^{-1}N, \\ z_0' &= \boldsymbol{c}'^{\mathrm{T}}_B\boldsymbol{B}^{-1}b=(\boldsymbol{c}_B+\delta_B)^{\mathrm{T}}B^{-1}b=z_0+(\delta_B)^{\mathrm{T}}B^{-1}b. \end{aligned} \tag{3-28}$$

上述公式也可直接在单纯形表上得到。设已知原问题的最优基矩阵 B，则原问题的单纯形表的变换过程可表示为：

	$\boldsymbol{x}_B$	$\boldsymbol{x}_N$	RHS
$\boldsymbol{x}_B$	B	$\boldsymbol{N}$	$\boldsymbol{b}$
z	$-\boldsymbol{c}_B^{\mathrm{T}}$	$-\boldsymbol{c}_N^{\mathrm{T}}$	$\boldsymbol{0}$

→

	$\boldsymbol{x}_B$	$\boldsymbol{x}_N$	RHS
$\boldsymbol{x}_B$	I	$\boldsymbol{B}^{-1}\boldsymbol{N}$	$\boldsymbol{B}^{-1}\boldsymbol{b}$
z	$\boldsymbol{0}$	$\boldsymbol{\zeta}_N$	$\boldsymbol{z}_0$

然后对变化后的问题作同样的初等行变换可得：

	$\boldsymbol{x}_B$	$\boldsymbol{x}_N$	RHS
$\boldsymbol{x}_B$	B	$\boldsymbol{N}$	$\boldsymbol{b}$
z	$-(\boldsymbol{c}_B^{\mathrm{T}}+\boldsymbol{\delta}_B^{\mathrm{T}})$	$-(\boldsymbol{c}_N^{\mathrm{T}}+\boldsymbol{\delta}_N^{\mathrm{T}})$	$\boldsymbol{0}$

→

	$\boldsymbol{x}_B$	$\boldsymbol{x}_N$	RHS
$\boldsymbol{x}_B$	I	$\boldsymbol{B}^{-1}\boldsymbol{N}$	$\boldsymbol{B}^{-1}\boldsymbol{b}$
z	$-\boldsymbol{\delta}_B^{\mathrm{T}}$	$\boldsymbol{\zeta}_N-\boldsymbol{\zeta}_N^{\mathrm{T}}$	$\boldsymbol{z}_0$

其中 $\boldsymbol{\delta}_B$ 和 $\boldsymbol{\delta}_N$ 由公式（3.27）决定。再以基变量的系数为主元将目标行（即 z 行）中基变量对应的系数消去得：

	x_B	x_N	RHS
x_B	I	$B^{-1}N$	$B^{-1}b$
z	$-\delta_B^T$	$\zeta_N-\delta_N^T$	z_0

→

	x_B	x_N	RHS
x_B	I	$B^{-1}N$	$B^{-1}b$
z	$\mathbf{0}$	ζ'_N	z'_0

其中ζ'_N和z'_0由公式（3.28）决定。

当价格向量c中只有一个分量c_k变成c'_k时，计算可简化.

(1) c_k对应的变量x_k是非基变量，仅有ζ_k变化：

$$\zeta'_k=c_B^TB^{-1}a_k-c'_k=\zeta_k-(c'_k-c_k)$$

(2) x_k是基变量，设$k=B_r$，此时

$$c'_B=c_B+(c'_k-c_k)e_r$$

$$\begin{aligned}\zeta'_j&=c'^T_BB^{-1}a_j-c_j\\&=[c_B+(c'_k-c_k)e_r]^TB^{-1}a_j-c_j\\&=\zeta_j+(c'_k-c_k)^T\bar{a}_{rj},\ j\in N\end{aligned}$$

$$z'_0=c'^T_BB^{-1}b=z_0+(c'_k-c_k)\bar{b}_r$$

即把原最优单纯形表的第r行乘以(c'_k-c_k)加到目标函数行，再令$\zeta'_k=0$.

例题3-7 计算问题：

$$\begin{aligned}\max\ &-x_1+2x_2+x_3\\ \text{s.t.}\ &x_1+x_2+x_3\leqslant 6\\&2x_1-x_2\leqslant 4\\&x_1,\ x_2\geqslant 0\end{aligned}$$

并在最优单纯形表上考虑：

(1) 若上述问题中$c_1=-1$变为$c'_1=4$，如何计算该问题?

(2) 讨论$c_2=2$的变化范围，以使原问题的最优解仍为新问题的最优解（目标值可以变化).

解：(1) 首先用单纯形法解该问题得

x_4	1	1*	1	1	0	6
x_5	2	−1	0	0	1	4
z	1	−2	−1	0	0	0

→

x_2	1	1	1	1	0	6
x_5	3	0	1	1	1	10
z	3	0	1	2	0	12

由于x_1是非基变量，于是

$$\zeta'_1=\zeta_1-(c'_1-c_1)=3-(4-(-1))=-2$$

从而$c_1=-1$变为$c'_1=4$后：

x_2	1	1	1	1	0	6
x_5	3	0	1	1	1	10
z	−2	0	1	2	0	12

→

x_2	0	1	$\frac{2}{3}$	$\frac{2}{3}$	$-\frac{1}{3}$	$\frac{8}{3}$
x_1	1	0	$\frac{1}{3}$	$\frac{1}{3}$	$\frac{1}{3}$	$\frac{10}{3}$
z	0	0	$\frac{5}{3}$	$\frac{8}{3}$	$\frac{2}{3}$	$\frac{56}{3}$

(2) 由于 x_2 是基变量，记 $t=c_2'-c_2=c_2'-2$，则

$$(\zeta_1', \zeta_3', \zeta_4')=(3, 1, 2)+t(1, 1, 1)=(3+t, 1+t, 2+t)\geqslant 0$$

解之得：$t\geqslant -1$，即

$$c_2'-2\geqslant -1 \Rightarrow c_2'\geqslant 1$$

因此当 $c_2'\geqslant 1$ 时，最优解不变，相应的目标值变为

$$z_0'=z_0+(c_2'-c_2)\bar{b}_1=12+6(c_2'-2)=6c_2'$$ □

由于最优单纯形表对应的线性规划问题与原问题是等价的，因此在计算中也可直接把目标系数的变化量加到最优单纯形表对应的线性规划问题的目标系数上，相应地在最优单纯形表上的目标行上减去对应的变化量即可. 具体到例题 3-7，对于（1）问，由于 $c_1'-c_1=5$，因此新问题对应的单纯形表为

x_2	1	1	1	1	0	6
x_5	3	0	1	1	1	10
z	3−5	0	1	2	0	12

然后作上述旋转即可；对于（2）问，设 $t=c_2'-c_2$，则新问题对应的单纯形表为

x_2	1	1	1	1	0	6
x_5	3	0	1	1	1	10
z	3	$-t$	1	2	0	12

然后将基变量 x_2 对应的检验数消为 0，便得

x_2	1	1	1	1	0	6
x_5	3	0	1	1	1	10
z	$3+t$	0	$1+t$	$2+t$	0	$12+6t$

再和上述解法作同样的分析即可. 这种方法可方便地用于有多个价格系数发生变化的情形，读者可自行设计例题尝试求解.

2. 右端向量 b 变为 b' 时

此时检验数不变，右端项变为

$$x_B'=\boldsymbol{B}^{-1}\boldsymbol{b}', \quad z'=\boldsymbol{c}_B^{\mathrm{T}}\boldsymbol{B}^{-1}\boldsymbol{b}'.$$

当 $\boldsymbol{B}^{-1}\boldsymbol{b}'\geqslant\boldsymbol{0}$ 时，最优基矩阵 $\boldsymbol{B}$ 不变，最优解由上式确定；否则可用对偶单纯形法继续求解.

例题 3-8 在例题 3-7 中约束的右端项由（6，4）变为（−4，6），重新计算该问题.

解：由最优表知

$$\boldsymbol{B}^{-1}=\begin{bmatrix}1 & 0\\ 1 & 1\end{bmatrix}\Rightarrow$$

$$x'_B = B^{-1}b' = \begin{bmatrix} 1 & 0 \\ 1 & 1 \end{bmatrix}\begin{bmatrix} -4 \\ 6 \end{bmatrix} = \begin{bmatrix} -4 \\ 2 \end{bmatrix}$$

$$z'_0 = c_B^T x'_B = (2, 0)\begin{bmatrix} -4 \\ 2 \end{bmatrix} = -8$$

从而新问题的单纯形表为

x_2	1	1	1	1	0	−4		x_2	−1	−1	−1	−1	0	4
x_5	3	0	1	1	1	2	→	x_5	3	0	1	1	1	2
z	3	0	1	2	0	−8		z	3	0	1	2	0	−8

变化后的问题无可行解. □

3. 改变矩阵 A 对最优解的影响

仅考虑改变一列的情形. 设 a_k 变为 a'_k，下面分别就 x_k 为基变量和非基变量两种情况进行讨论.

(1) x_k 为非基变量.

这时基 B 不变，在最优单纯形表中只有 x_k 对应的列发生变化，其计算公式为

$$\bar{a}'_k = B^{-1}a'_k,$$

$$\zeta'_k = c_B^T B^{-1} a'_k - c_k = c_B^T \bar{a}'_k - c_k$$

例题 3-9　在例题 3-7 的约束中，变量 x_3 的系数由 $a_3 = (1, 0)^T$ 变为 $a_3 = (-1, 3)^T$，试计算新问题.

解：由最优表知

$$B^{-1} = \begin{bmatrix} 1 & 0 \\ 1 & 1 \end{bmatrix}$$

从而

$$\bar{a}'_3 = B^{-1}a'_3 = \begin{bmatrix} 1 & 0 \\ 1 & 1 \end{bmatrix}\begin{bmatrix} -1 \\ 3 \end{bmatrix} = \begin{bmatrix} -1 \\ 2 \end{bmatrix}$$

$$\zeta'_3 = c_B^T \bar{a}'_3 - c_3 = (2, 0)\begin{bmatrix} -1 \\ 2 \end{bmatrix} - 1 = -3$$

因此新问题的单纯形表为

	x_1	x_2	x_3	x_4	x_5	RHS
x_2	1	1	−1	1	0	6
x_5	3	0	2*	1	1	10
z	3	0	−3	2	0	12

选 x_3 为入基变量，计算得第 2 个基变量即 x_5 为离基变量，作相应的旋转后单纯形表为

	x_1	x_2	x_3	x_4	x_5	RHS
x_2	$\frac{5}{2}$	1	0	$\frac{3}{2}$	$\frac{1}{2}$	11
x_3	$\frac{3}{2}$	0	1	$\frac{1}{2}$	$\frac{1}{2}$	5
z	$\frac{15}{2}$	0	0	$\frac{7}{2}$	$\frac{3}{2}$	27

检验数均大于或等于 0，当前解是最优解，最优解是：$x_2=11$，$x_3=5$，$x_1=x_4=x_5=0$，对应的最优值为 $z^*=27$. □

(2) x_k 为基变量.

这时基 $\boldsymbol{B}$ 发生了变化，从而影响整个最优单纯形表，一般而言应重新开始计算. 但也可采用下面的技巧以充分利用已计算出的最优单纯形表，从而达到节省运算量的目的. 构造如下辅助问题：

$$\begin{aligned} &\min g=x_{n+1} \\ &\text{s. t. } a_1x_1+\cdots+a_k'x_k+\cdots+a_nx_n+a_kx_{n+1}=b, \\ &\qquad x_j\geqslant 0, \quad j=1, \cdots, n, n+1 \end{aligned} \tag{3-29}$$

这样在原来的最优单纯形表中，将基变量 x_k 换成 x_{n+1}，将目标行换为上述辅助问题的目标行，并在第 k 列处插入新的一列 $\bar{\boldsymbol{a}}_2'=\boldsymbol{B}^{-1}\boldsymbol{a}_k'$，便得到了对应上述辅助问题的一个可以开始迭代的单纯形表. 因此上述辅助问题可作为新问题的第一阶段问题，以判断新问题是否可行，并在可行的情形下找到新问题的一个可行解，然后再继续单纯形迭代.

例题 3-10 在例题 3-7 的约束中，变量 x_2 的系数由 $\boldsymbol{a}_2=(1, -1)^{\mathrm{T}}$ 变为 $\boldsymbol{a}_2=(-1, 3)^{\mathrm{T}}$，试计算新问题.

解：由最优表知

$$\boldsymbol{B}^{-1}=\begin{bmatrix}1 & 0\\ 1 & 1\end{bmatrix}$$

于是

$$\bar{\boldsymbol{a}}_2'=\boldsymbol{B}^{-1}\boldsymbol{a}_2'=\begin{bmatrix}1 & 0\\ 1 & 1\end{bmatrix}\begin{bmatrix}-1\\ 3\end{bmatrix}=\begin{bmatrix}-1\\ 2\end{bmatrix}$$

在已计算出的最优单纯形表的基础上，构造辅助问题以开始第一阶段的求解：

	x_1	x_2	x_3	x_4	x_5	x_6	RHS
x_6	1	−1	1	1	0	1	6
x_5	3	2	1	1	1	0	10
g	0	0	0	0	0	−1	0

表中目标行与基变量对应的系数不全为 0，说明与当前基变量（或基矩阵）对应的检验数尚未算出. 用消元法将目标行中与基变量对应的系数消去，得到新的单纯形表为

	x_1	x_2	x_3	x_4	x_5	x_6	RHS
x_6	1	-1	1	1	0	1	6
x_5	$3*$	2	1	1	1	0	10
g	1	-1	1	1	0	0	6

有 3 个非基变量 x_1，x_3，x_4 可作为入基变量，选 x_1 为入基变量．计算得第 2 个基变量即 x_5 为离基变量，作相应的旋转后单纯形表为

	x_1	x_2	x_3	x_4	x_5	x_6	RHS
x_6	0	$-\frac{5}{3}$	$\frac{2}{3}*$	$\frac{2}{3}$	$-\frac{1}{3}$	1	$\frac{8}{3}$
x_1	1	$\frac{2}{3}$	$\frac{1}{3}$	$\frac{1}{3}$	$\frac{1}{3}$	0	$\frac{10}{3}$
g	0	$-\frac{5}{3}$	$\frac{2}{3}$	$\frac{2}{3}$	$-\frac{1}{3}$	0	$\frac{8}{3}$

有 2 个非基变量 x_3，x_4 可作为入基变量，选 x_3 为入基变量．计算得第 1 个基变量即 x_6 为离基变量，作相应的旋转后单纯形表为

	x_1	x_2	x_3	x_4	x_5	x_6	RHS
x_3	0	$-\frac{5}{2}$	1	1	$-\frac{1}{2}$	$\frac{3}{2}$	4
x_1	1	$\frac{3}{2}$	0	0	$\frac{1}{2}$	$-\frac{1}{2}$	2
g	0	0	0	0	0	-1	0

检验数均小于或等于 0，当前解是最优解，对应的最优值为 $g^*=0$．去掉人工变量开始第二阶段，注意第二阶段问题是 MAX 问题，相应的单纯形表为

	x_1	x_2	x_3	x_4	x_5	RHS
x_3	0	$-\frac{5}{2}$	1	1	$-\frac{1}{2}$	4
x_1	1	$\frac{3}{2}$	0	0	$\frac{1}{2}$	2
z	1	-2	-1	0	0	0

表中目标行与基变量对应的系数不全为 0，说明与当前基变量（或基矩阵）对应的检验数尚未算出．用消元法将目标行中与基变量对应的系数消去，得到新的单纯形表为

	x_1	x_2	x_3	x_4	x_5	RHS
x_3	0	$-\frac{5}{2}$	1	1	$-\frac{1}{2}$	4
x_1	1	$\frac{3}{2}*$	0	0	$\frac{1}{2}$	2
z	0	-6	0	1	-1	2

有非基变量 x_2，x_5 均可作为入基变量，通常选最小的负检验数对应的非基变量作为入基变量，即选 x_2 为入基变量. 计算得第 2 个基变量即 x_1 为离基变量，作相应的旋转后单纯形表为

	x_1	x_2	x_3	x_4	x_5	RHS
x_3	$\frac{5}{3}$	0	1	1	$\frac{1}{3}$	$\frac{22}{3}$
x_2	$\frac{2}{3}$	1	0	0	$\frac{1}{3}$	$\frac{4}{3}$
z	4	0	0	1	1	10

检验数均大于或等于 0，当前解是最优解，最优解是：$x_3=\frac{22}{3}$，$x_2=\frac{4}{3}$，$x_1=x_4=x_5=0$，对应的最大值为 $z^*=10$. □

4. 增加一个变量对最优解的影响

设增加一个新的变量 x_{n+1}，其对应的价格系数为 $\boldsymbol{c}_{n+1}$，在约束矩阵中对应的系数向量为 $\boldsymbol{a}_{n+1}$. 注意到最优单纯形表对应的问题与原问题的等价性，可将 x_{n+1} 作为非基变量加入到已算得的最优单纯形表中，再在相应的位置添加一列：

$$\begin{bmatrix}\bar{\boldsymbol{a}}_{n+1}\\ \zeta_{n+1}\end{bmatrix}=\begin{bmatrix}\boldsymbol{B}^{-1}\boldsymbol{a}_{n+1}\\ \boldsymbol{c}_B^{\mathrm{T}}\boldsymbol{B}^{-1}\boldsymbol{a}_{n+1}-c_{n+1}\end{bmatrix}$$

就得到了新问题对应的单纯形表. 若 $\zeta_{n+1}\leqslant 0$(对 MAX 问题为 $\zeta_{n+1}\geqslant 0$)，则原最优基本可行解也是新问题的最优基本可行解；否则继续用单纯形法迭代即可.

例题 3－11 在例题 3－7 中，增加一个非负变量 x_4，其价格系数为 $c_4=-1$，在约束中系数为 $\boldsymbol{a}_4=(-1, 2)^{\mathrm{T}}$，试计算新问题.

解：由最优表知

$$\boldsymbol{B}^{-1}=\begin{bmatrix}1 & 0\\ 1 & 1\end{bmatrix}$$

于是

$$\bar{\boldsymbol{a}}_4=\boldsymbol{B}^{-1}\boldsymbol{a}_4=\begin{bmatrix}1 & 0\\ 1 & 1\end{bmatrix}\begin{bmatrix}-1\\ 2\end{bmatrix}=\begin{bmatrix}-1\\ 1\end{bmatrix}$$

$$\zeta_4=\boldsymbol{c}_B^{\mathrm{T}}\bar{\boldsymbol{a}}_4-c_4=(2,\ 0)\begin{bmatrix}-1\\ 1\end{bmatrix}-(-1)=-1$$

在已计算出的最优单纯形表上，为方便计，可将已添加的松弛变量 x_4 改为 x_4'，而将新增加的变量 x_4 及其对应的列加入到已计算出的最优单纯形表中约束矩阵的最后一列，得到新的单纯形表为

	x_1	x_2	x_3	x_4'	x_5	x_4	RHS
x_2	1	1	1	1	0	−1	6
x_5	3	0	1	1	1	1*	10
z	3	0	1	2	0	−1	12

选 x_4 为入基变量. 计算得第 2 个基变量即 x_5 为离基变量，作相应的旋转后单纯形表为

	x_1	x_2	x_3	x_4'	x_5	x_4	RHS
x_2	4	1	2	2	1	0	16
x_4	3	0	1	1	1	1	10
z	6	0	2	3	1	0	22

检验数均大于或等于 0，当前解是最优解，最优解是：$x_2=16$，$x_4=10$，$x_1=x_3=x_4'=x_5=0$，对应的最优值为 $z^*=22$. □

5. 增加一个约束对最优解的影响

下面分增加不等式约束和等式约束两种情况进行讨论.

(1) 增加不等式约束.

例题 3-12 在例题 3-7 中，增加一个不等式约束 $-x_1+2x_2+2x_3\leqslant-1$，试计算新问题.

解：引入一个松弛变量 x_6，将新增加不等式约束 $-x_1+2x_2+2x_3\leqslant-1$ 化为等式约束 $-x_1+2x_2+2x_3+x_6=-1$，在已得到的原问题的最优单纯形表中加入该约束并以 x_6 为基变量得

	x_1	x_2	x_3	x_4	x_5	x_6	RHS
x_2	1	1	1	1	0	0	6
x_5	3	0	1	1	1	0	10
x_6	−1	2	2	0	0	1	−1
z	3	0	1	2	0	0	12

将表中第三行与基变量对应的系数消去，得到新的单纯形表为

	x_1	x_2	x_3	x_4	x_5	x_6	RHS
x_2	1	1	1	1	0	0	6
x_5	3	0	1	1	1	0	10
x_6	−3	0	0	−2	0	1	−13
z	3	0	1	2	0	0	12

上述单纯形表是对偶可行的，可采用对偶单纯形法求解．由于

$$\bar{b}_3=\min\{\bar{b}_i \mid i=1,\ 2,\ 3\}=-13<0$$

选 x_6 为离基变量．下面确定入基变量，由于是MAX问题，计算：

$$\max\left\{\frac{\zeta_1}{\bar{a}_{31}},\ \frac{\zeta_4}{\bar{a}_{34}}\right\}=\frac{\zeta_1}{\bar{a}_{31}}=-1$$

有2个非基变量 x_1，x_4 可作为入基变量．选取非基变量 x_1 为入基变量，作相应的旋转后单纯形表为

	x_1	x_2	x_3	x_4	x_5	x_6	RHS
x_2	0	1	1	$\frac{1}{3}$	0	$\frac{1}{3}$	$\frac{5}{3}$
x_5	0	0	1	-1*	1	1	-3
x_1	1	0	0	$\frac{2}{3}$	0	$-\frac{1}{3}$	$\frac{13}{3}$
z	0	0	1	0	0	1	-1

上述单纯形表中，

$$\bar{b}_2=\min\{b_i \mid i=1,\ 2,\ 3\}=-3<0$$

选 x_5 为离基变量．计算：

$$\max\left\{\frac{\zeta_4}{\bar{a}_{24}}\right\}=0$$

因此应选非基变量 x_4 为入基变量，作相应的旋转后单纯形表为

	x_1	x_2	x_3	x_4	x_5	x_6	RHS
x_2	0	1	$\frac{4}{3}$	0	$\frac{1}{3}$	$\frac{2}{3}$	$\frac{2}{3}$
x_4	0	0	-1	1	-1	-1	3
x_1	1	0	$\frac{2}{3}$	0	$\frac{2}{3}$	$\frac{1}{3}$	$\frac{7}{3}$
z	0	0	1	0	0	1	-1

右端项均大于或等于0，当前解是最优解，最优解是：$x_1=\frac{7}{3}$，$x_2=\frac{2}{3}$，$x_4=3$，$x_3=x_5=x_6=0$，对应的最优值为 $z^*=-1$． □

对于一般问题，若增加的约束是"$\geqslant$"类型的，可先在两端同乘以-1，然后引入一个松弛变量 x_{n+1}，将新增加不等式约束化为等式约束，再以 x_{n+1} 为基变量在已得到的原问题的最优单纯形表中加入该约束，然后将新增加的行中与基变量对应的非零系数消去，便可得到一个与新问题对应的、对偶可行的单纯形表．若 $\hat{b}_{n+1}\geqslant 0$，则已得到最优解；否则用对偶单纯形法继续计算即可．

(2) 增加等式约束．

设增加一个新的等式约束：

$$a_{m+1}^{\mathrm{T}}x\equiv a_{m+1,1}x_1+a_{m+1,2}x_2+\cdots+a_{m+1,n}x_n=b_{m+1}$$

在已得到的原问题的最优单纯形表中加入新增加的约束后，首先将新增加的行中与当前最优基变量对应的系数消去，得到：

$$\sum_{j\in N}\bar{a}_{m+1,j}x_j=\bar{b}_{m+1}$$

其中 N 为原问题最优单纯形表中所有非基变量的下标集合．然后设法在新加入的行中给出一个非基变量作为基变量以得到一组对偶可行基．若 $\bar{b}_{m+1}=0$，则说明原问题的最优基本可行解仍是新问题的可行解，由于增加约束后新问题的可行域一般会变小，因此原问题的最小值不会变小（对 MAX 问题则是原问题的最大值不会变大），从而原问题的最优解对新问题可行时，原问题的最优解仍是新问题的最优解；若 $\bar{b}_{m+1}>0$ 且对 $\forall j\in N$ 有 $\bar{a}_{m+1,j}\leqslant 0$，则新增加约束后问题无可行解．因此不妨设 $\bar{b}_{m+1}\geqslant 0$ 且至少存在一个 $j\in N$，使 $\bar{a}_{m+1,j}>0$（否则在等式两端同乘以 -1 即可）．对 MAX 问题，计算 $\theta=\min\left\{\frac{\zeta_j}{\bar{a}_{m+1,j}}\middle|j\in N\text{ 且 }\bar{a}_{m+1,j}>0\right\}\equiv\frac{\zeta_k}{\bar{a}_{m+1,k}}$；对 MIN 问题，则计算 $\theta=\max\left\{\frac{\zeta_j}{\bar{a}_{m+1,j}}\middle|j\in N\text{ 且 }\bar{a}_{m+1,j}>0\right\}\equiv\frac{\zeta_k}{\bar{a}_{m+1,k}}$．然后在第 $m+1$ 行以 x_k 为基变量，以 $\bar{a}_{m+1,k}$ 为主元旋转一次（即以 $\bar{a}_{m+1,k}$ 主元做一次 Gauss-Jordan 消元，同时更新基变量）便得到一个对偶可行基，再用对偶单纯形法继续计算便可．

例题 3-13　在例题 3-7 中，增加一个等式约束 $-x_1+x_2+2x_3=-2$，试计算新问题．

解：在已得到的原问题的最优单纯形表中加入新增加的约束后，相应的单纯形表为

	x_1	x_2	x_3	x_4	x_5	RHS
x_2	1	1	1	1	0	6
x_5	3	0	1	1	1	10
	1	−1	−2	0	0	2
z	3	0	1	2	0	12

将表中第三行与基变量对应的系数消去，得到新的单纯形表为

	x_1	x_2	x_3	x_4	x_5	RHS
x_2	1	1	1	1	0	6
x_5	3	0	1	1	1	10
	2 *	0	−1	1	0	8
z	3	0	1	2	0	12

此时第三行的右端项为 $8>0$．由于是 MAX 问题，因此计算：

$$\theta=\min\left\{\frac{\zeta_j}{\bar{a}_{3,j}}\middle|j\in N\text{ 且 }\bar{a}_{3,j}>0\right\}=\min\left\{\frac{3}{2},\ \frac{2}{1}\right\}=\frac{3}{2},$$

因此在第三行中应以 x_1 作为基变量，以 $\bar{a}_{31}$ 为主元旋转得

	x_1	x_2	x_3	x_4	x_5	RHS
x_2	0	1	$\frac{3}{2}$	$\frac{1}{2}$	0	2
x_5	0	0	$\frac{5}{2}$	$-\frac{1}{2}$ *	1	-2
x_1	1	0	$-\frac{1}{2}$	$\frac{1}{2}$	0	4
z	0	0	$\frac{5}{2}$	$\frac{1}{2}$	0	0

当前基为对偶可行基，但不是原始可行. 采用对偶单纯形法，应以 x_5 为离基变量，计算得 x_4 是入基变量，以 $\bar{a}_{24}$为主元旋转后得

	x_1	x_2	x_3	x_4	x_5	RHS
x_2	0	1	4	0	1	0
x_4	0	0	-5	1	-2	4
x_1	1	0	2	0	1	2
z	0	0	5	0	1	-2

得到最优解，最优解是：$x_1=2$，$x_2=0$，$x_3=0$，$x_4=4$，$x_5=0$，对应的最优值为 $z^*=-2$. □

当线性规划模型的个别数据发生改变时，用上述灵敏度分析的方法往往要比重新从头开始计算节省很多计算量. 灵敏度分析是优化建模与求解的重要内容.

*3.5 参数线性规划

首先讨论目标函数含参数的线性规划，可表示为

$$\begin{aligned} &\min\ (\boldsymbol{c}'+\lambda\boldsymbol{c}'')^{\mathrm{T}}\boldsymbol{x} \\ &\text{s.t.}\ \boldsymbol{A}\boldsymbol{x}=\boldsymbol{b} \\ &\qquad \boldsymbol{x}\geqslant\boldsymbol{0} \end{aligned} \tag{3-30}$$

设在 $\lambda=\lambda^*$ 时解上述问题得到最优解 x^*，对应的最优基矩阵为 $\boldsymbol{B}$，则检验向量为

$$(\boldsymbol{c}_B^{\mathrm{T}}\boldsymbol{B}^{-1}\boldsymbol{A}-\boldsymbol{c}')+\lambda^*(\boldsymbol{c}''^{\mathrm{T}}_B\boldsymbol{B}^{-1}\boldsymbol{A}-\boldsymbol{c}'')=\boldsymbol{\zeta}'+\lambda^*\boldsymbol{\zeta}''\leqslant 0$$

当 λ 任意时，检验向量为

$$(\boldsymbol{c}'^{\mathrm{T}}_B\boldsymbol{B}^{-1}\boldsymbol{A}-\boldsymbol{c}')+\lambda(\boldsymbol{c}''^{\mathrm{T}}_B\boldsymbol{B}^{-1}\boldsymbol{A}-\boldsymbol{c}'')=\boldsymbol{\zeta}'+\lambda\boldsymbol{\zeta}''$$

通过解

$$\boldsymbol{\zeta}'+\lambda\boldsymbol{\zeta}''\leqslant\boldsymbol{0} \tag{3-31}$$

便可得到最优解保持不变时 λ 所在的区间，称之为最优基 $\boldsymbol{B}$ 对应的特征区间. 然后在特征区间外继续求解该问题便可找到其他最优解（或最优基）对应的特征区间（包括无下界的情

形). 如此循环，由于基本可行解只有有限个，因此有限步后必然中止，且由式（3-31）可知特征区间必然彼此相邻，并覆盖整个实轴.

另一种情形是约束的右端含参变量，可表示为

$$\begin{aligned}&\min\ \boldsymbol{c}^{\mathrm{T}}\boldsymbol{x}\\&\text{s.t. } \boldsymbol{A}\boldsymbol{x}=\boldsymbol{b}+\lambda\boldsymbol{b}'\\&\qquad \boldsymbol{x}\geqslant\boldsymbol{0}\end{aligned}\tag{3-32}$$

同样设在 $\lambda=\lambda^*$ 时解上述问题得到最优解 $\boldsymbol{x}^*$，对应的最优基矩阵为 $\boldsymbol{B}$，则

$$\boldsymbol{x}_B=\boldsymbol{B}^{-1}\boldsymbol{b}+\lambda^*\boldsymbol{B}^{-1}\boldsymbol{b}'=\bar{\boldsymbol{b}}+\lambda^*\bar{\boldsymbol{b}}'\geqslant\boldsymbol{0},\quad \boldsymbol{x}_N=\boldsymbol{0}$$

当 λ 由 λ^* 变化时，检验数不变，因此只需使

$$\bar{\boldsymbol{b}}+\lambda\bar{\boldsymbol{b}}'\geqslant\boldsymbol{0}$$

即

$$\bar{b}_i+\lambda\bar{b}_i'\geqslant 0,\quad i=1,\ 2,\ \cdots,\ m$$

由此可得最优基矩阵 $\boldsymbol{B}$ 对应的特征区间 $[\underline{\lambda}_B,\ \bar{\lambda}_B]$. 当 λ 不在该特征区间时，$\bar{b}+\lambda\bar{b}'\geqslant 0$ 不成立，此时可用对偶单纯形法继续求解该问题，得到新的最优基矩阵 $\boldsymbol{B}$ 及其对应的特征区间如此循环，有限步后必然中止，且特征区间必然彼此相邻，并覆盖整个实轴.

例题 3-14　计算下面的问题：

$$\begin{aligned}&\min\ (1+2\lambda)x_1+(1-\lambda)x_2\\&\text{s.t. } -2x_1+x_2\leqslant 1\\&\qquad x_1-2x_2\leqslant 2\\&\qquad x_1\geqslant 0,\ x_2\geqslant 0\end{aligned}$$

解：原目标可写为

$$z=(1+2\lambda)x_1+(1-\lambda)x_2=(x_1+x_2)+\lambda(2x_1-x_2)\equiv z_1+\lambda z_2$$

其中

$z_1=x_1+x_2=\boldsymbol{c}^{(1)}\boldsymbol{x}$，$z_2=2x_1-x_2=\boldsymbol{c}^{(2)}\boldsymbol{x}$，$\boldsymbol{c}^{(1)}=(1,\ 1)$，$\boldsymbol{c}^{(2)}=(2,\ -1)$ 构造初始单纯形表（注意有两个目标）：

	x_1	x_2	x_3	x_4	RHS
x_3	−2	1	1	0	1
x_4	1	−2	0	1	2
z_1	−1	−1	0	0	0
z_2	−2	1	0	0	0

（3-33）

容易看出对目标函数 z_1，上述单纯形表已是最优单纯形表，此时 $\lambda=0$，由 $\zeta_1+\lambda\zeta_2\leqslant 0$ 解得：$-\dfrac{1}{2}\leqslant\lambda\leqslant 1$，对应的最优目标值是：$z(\lambda)=z_1+\lambda z_2=0$.

当 $\lambda>1$ 时，在单纯形表（3-33）中，检验数 $\zeta_2=\zeta_2^{(1)}+\lambda\zeta_2^{(2)}=-1+\lambda>0$，因此 x_2 应为入基变量，得

	x_1	x_2	x_3	x_4	RHS
x_2	−2	1	1	0	1
x_4	−3	0	2	1	4
z_1	−3	0	1	0	1
z_2	0	0	−1	0	−1

由$\lambda>1$，上述单纯形表对于目标 $z(\lambda)=z_1+\lambda z_2$ 已是最优的，对应的最优解是：$x_2=1$，$x_4=4$，对应的最优目标值是：$z(\lambda)=z_1+\lambda z_2=1-\lambda$.

当$\lambda<-\dfrac{1}{2}$时，在单纯形表（3-33）中，检验数 $\zeta_1=\zeta_1^{(1)}+\lambda\zeta_1^{(2)}=-1-2\lambda>0$，因此 x_1 应为入基变量，得

	x_1	x_2	x_3	x_4	RHS
x_3	0	−3	1	2	5
x_1	1	−2	0	1	2
z_1	0	−3	0	1	2
z_2	0	−3	0	2	4

由上表及 $\zeta_1+\lambda\zeta_2\leqslant 0$ 解得：$-1\leqslant\lambda\leqslant-\dfrac{1}{2}$，此时对应的最优目标值是：$z(\lambda)=z_1+\lambda z_2=2+4\lambda$.

当$\lambda<-1$时，由上表知检验数 $\zeta_2=\zeta_2^{(1)}+\lambda\zeta_2^{(2)}=-3(1+\lambda)>0$，因此 x_2 应为入基变量，x_2 对应的列向量为 $\boldsymbol{a}_2'=\begin{bmatrix}-3\\-2\end{bmatrix}<0$，因此此时问题无下界，此时的解为：$x_1=2+2t$，$x_2=t$，$x_3=5+3t$，$x_4=0$，对应的目标值为 $z(t)=2+4\lambda+3(1+\lambda)t$. 当 $t\to+\infty$时，$x(t)=(2+2t, t, 5+3t, 0)$是可行解，但 $z(t)\to-\infty$，即问题无下界. □

例题 3-15 计算下面的问题：

$$\begin{aligned}\min\ & x_1+x_2\\ \text{s. t.}\ & -2x_1+x_2\leqslant 1+\lambda\\ & x_1-2x_2\leqslant 2-\lambda\\ & x_1\geqslant 0,\ x_2\geqslant 0\end{aligned}$$

解：原问题约束的右端项可写为

$$\begin{bmatrix}1\\2\end{bmatrix}+\lambda\begin{bmatrix}1\\-1\end{bmatrix}\equiv b_1+\lambda b_2$$

构造初始单纯形表（注意有两个右端项）：

	x_1	x_2	x_3	x_4	RHS	
x_3	−2	1	1	0	1	1
x_4	1	−2	0	1	2	−1
z	−1	−1	0	0	0	0

(3-34)

当 $\lambda=0$ 时，上述表已是最优的. 由 $b_1+\lambda b_2\geqslant 0$ 得：$-1\leqslant\lambda\leqslant 2$，此时最优值为 $z=0$.

当 $\lambda>2$ 时，基变量 $x_4<0$，由对偶单纯形法该变量应离基，入基变量为 x_2，得

	x_1	x_2	x_3	x_4	RHS	
x_3	$-\frac{3}{2}$	0	1	$\frac{1}{2}$	2	$\frac{1}{2}$
x_2	$-\frac{1}{2}$	1	0	$-\frac{1}{2}$	-1	$\frac{1}{2}$
z	$-\frac{3}{2}$	0	0	$-\frac{1}{2}$	-1	$\frac{1}{2}$

由 $\lambda>2$，右端项 $b_1+\lambda b_2>0$，已是最优解，对应的最优值为：$z(\lambda)=-1+\frac{1}{2}\lambda$.

当 $\lambda<-1$ 时，在单纯形表（3 - 34）中，基变量 $x_3<0$，该变量应离基，入基变量为 x_1，由对偶单纯形法得

	x_1	x_2	x_3	x_4	RHS	
x_1	1	$-\frac{1}{2}$	$-\frac{1}{2}$	0	$-\frac{1}{2}$	$-\frac{1}{2}$
x_4	0	$-\frac{3}{2}$	$\frac{1}{2}$	1	$\frac{5}{2}$	$-\frac{1}{2}$
z	0	$-\frac{3}{2}$	$-\frac{1}{2}$	0	$-\frac{1}{2}$	$-\frac{1}{2}$

由 $\lambda<-1$，右端项 $b_1+\lambda b_2>0$，已是最优解，对应的最优值为：$z(\lambda)=-\frac{1}{2}(1+\lambda)$. □

习题

3 - 1　写出下列原问题的对偶问题：

(1) $\min\ 3x_1-2x_2+6x_3$

s. t. $x_1+5x_2+2x_3\leqslant 10$

$x_1-x_2-3x_3\geqslant 2$

$x_1\geqslant 0$，$x_2\geqslant 0$，$x_3\leqslant 0$

(2) $\max\ x_1+3x_2-3x_3+5x_4$

s. t. $x_1+x_2+2x_3-x_4\geqslant 2$

$2x_1+x_2-x_3+x_4\leqslant 15$

$-x_1+x_2-x_4\leqslant 1$

$x_1\geqslant 0$，$x_2\geqslant 0$，x_3 任意，$x_4\leqslant 0$

(3) $\min\ \sum_{i=1}^{m}\sum_{j=1}^{n}c_{ij}x_{ij}$

s. t. $\sum_{j=1}^{n}x_{ij}=a_i$，　$i=1, 2, \cdots, m$

$\sum_{i=1}^{m}x_{ij}=b_j$，　$j=1, 2, \cdots, n$

$x_{ij}\geqslant 0$，　$i=1, \cdots, m, j=1, \cdots, n$

3-2 考虑线性规划问题：

$$\begin{aligned} \max\ & z=-3x_1-2x_2-8x_3+x_4 \\ \text{s. t.}\ & x_1-x_2-3x_3+2x_4\leqslant -3 \\ & x_1+5x_3-2x_4\leqslant -9 \\ & x_j\geqslant 0,\quad j=1,\cdots,4 \end{aligned}$$

1. 写出上述原问题的对偶问题；

2. 用图解法解对偶问题；

3. 用互补松弛原理计算原问题的最优解.

3-3 证明定理 3-3 对一般情形 (3-9)、(3-10) 也成立.

3-4 证明下面的线性规划问题要么无解，要么最优函数值为 0，其中 $\boldsymbol{c}\in\mathbf{R}^n$，$\boldsymbol{b}\in\mathbf{R}^m$，$\boldsymbol{A}$ 为 $m\times n$ 矩阵.

$$\begin{aligned} \min\ & \boldsymbol{c}^{\mathrm{T}}\boldsymbol{x}-\boldsymbol{b}^{\mathrm{T}}\boldsymbol{y} \\ \text{s. t.}\ & \boldsymbol{A}\boldsymbol{x}\geqslant \boldsymbol{b}, \\ & \boldsymbol{A}^{\mathrm{T}}\boldsymbol{y}\leqslant \boldsymbol{c}, \\ & \boldsymbol{x}\geqslant 0,\ \boldsymbol{y}\geqslant 0 \end{aligned}$$

3-5 证明若线性规划原问题 (P) 有一个非退化的最优基本可行解，则其对偶问题 (D) 的最优解唯一.

3-6 设将对偶单纯形表 (3-19) 作一次旋转后单纯形表变为式 (3-21)，证明将原始单纯形表 (3-16) 作一次相应的旋转后单纯形表变为 (3-22).

3-7 用对偶单纯形法解下述问题：

(1)
$$\begin{aligned} \min\ & 3x_1+x_2+6x_3 \\ \text{s. t.}\ & x_1+x_2+2x_3\leqslant 10 \\ & x_1-x_2-x_3\geqslant 2 \\ & x_1\geqslant 0,\ x_2\geqslant 0,\ x_3\geqslant 0 \end{aligned}$$

(2)
$$\begin{aligned} \max\ & -x_1-x_2-3x_3-x_4 \\ \text{s. t.}\ & x_1+x_2-2x_3-x_4\leqslant 2 \\ & 2x_1+x_2-x_3+x_4\geqslant 8 \\ & -x_1+x_2-x_4\leqslant 1 \\ & x_1\geqslant 0,\ x_2\geqslant 0,\ x_3\geqslant 0,\ x_4\geqslant 0 \end{aligned}$$

(3)
$$\begin{aligned} \min\ & x_1+2x_2+5x_3 \\ \text{s. t.}\ & x_1+x_2+2x_3\leqslant 10 \\ & x_1-x_3\geqslant 2 \\ & -x_2+2x_3\geqslant 3 \\ & x_1\geqslant 0,\ x_2\geqslant 0,\ x_3\geqslant 0 \end{aligned}$$

(4)
$$\begin{aligned} \max\ & -x_1-x_2-3x_3-5x_4 \\ \text{s. t.}\ & x_1+x_2+2x_3-x_4\geqslant 2 \\ & 2x_1+x_2-x_3+x_4\leqslant 15 \\ & -x_1+x_2-x_4\geqslant 1 \\ & x_1\geqslant 0,\ x_2\geqslant 0,\ x_3\geqslant 0,\ x_4\geqslant 0 \end{aligned}$$

3-8 已知用单纯形法求解线性规划问题：

$$\begin{aligned} \max\ & -x_1+x_2-3x_3 \\ \text{s. t.}\ & x_1+x_2+2x_3\leqslant 12 \\ & 2x_1+x_2-x_3\leqslant 5 \\ & -2x_1+x_2\leqslant 1 \\ & x_1\geqslant 0,\ x_2\geqslant 0,\ x_3\geqslant 0 \end{aligned}$$

得到的最优单纯形表为

	x_1	x_2	x_3	x_4	x_5	x_6	RHS
x_4	0	0	$\frac{11}{4}$	1	$-\frac{3}{4}$	$-\frac{1}{4}$	8
x_1	1	0	$-\frac{1}{4}$	0	$\frac{1}{4}$	$-\frac{1}{4}$	1
x_2	0	1	$-\frac{1}{2}$	0	$\frac{1}{2}$	$\frac{1}{2}$	3
z	0	0	$\frac{11}{4}$	0	$\frac{1}{4}$	$\frac{3}{4}$	2

1. 从最优单纯形表上直接得到对偶问题的最优解；

2. 为保持当前最优基不变，分别讨论目标函数中 x_1 系数 $c_1=-1$ 和 x_3 的系数 $c_3=-3$ 的变化范围；

3. 如果把原问题的右端项 $\boldsymbol{b}=(12, 5, 1)^{\mathrm{T}}$ 改为 $\boldsymbol{b}'=(1, 2, 2)^{\mathrm{T}}$，试在原问题最优单纯形表的基础上计算新问题；

4. 如果把原问题约束的系数矩阵的第 2 列即 x_2 对应的向量 $(1, 1, 1)^{\mathrm{T}}$ 变为 $(1, 3, 1)^{\mathrm{T}}$，试在原问题最优单纯形表的基础上计算新问题；

5. 如果给原问题增加一个不等式约束 $2x_1+3x_2+x_3\leqslant 6$，试在原问题最优单纯形表的基础上计算新问题；

6. 如果给原问题增加一个等式约束 $2x_1+x_2+x_3=3$，试在原问题最优单纯形表的基础上计算新问题.

第4章

整数线性规划

4.1 整数规划的概念及其基本性质

整数线性规划问题在生产和生活实践中有着广泛而重要的应用，本章将在线性规划基础上考虑整数线性规划问题.

首先考虑下面的问题. 假设小王打算进行夜间徒步旅行，小王考虑在旅途中携带 n 种物品，每种物品有多件. 第 j 种物品的重量为 w_j，小王能够从第 j 种物品得到的利益为 c_j（$i=1, 2, \cdots, n$）. 小王的背包最多能携带的重量为 h，问小王应如何携带物品以使获得的利益最大?

对上述问题，设携带第 j 种物品 x_j 件，则可得数学模型：

$$\begin{aligned} &\max z = \sum_{j=1}^{n} c_j x_j \\ &\text{s.t.} \ \sum_{j=1}^{n} w_j x_j \leqslant h, \\ &\qquad x_j \geqslant 0 \text{ 且为整数}, \quad j = 1, 2, \cdots, n \end{aligned} \tag{4-1}$$

在上述问题中，变量 x_j 只能取整数，因此称之为整数规划问题，简记为 **IP**（Integer Programming）. 问题（4-1）也常被称为**背包问题**，其特点是只有一个线性约束. 若在上述问题中限定每种物品最多只能携带一种，则对 $j=1, 2, \cdots, n$，定义

$$x_j = \begin{cases} 1, & \text{如果携带第 } j \text{ 种物品} \\ 0, & \text{如果不携带第 } j \text{ 种物品} \end{cases}$$

得到的模型为

$$\begin{aligned} &\max z = \sum_{j=1}^{n} c_j x_j \\ &\text{s.t.} \ \sum_{j=1}^{n} w_j x_j \leqslant h, \\ &\qquad x_j \in \{0, 1\}, \quad j = 1, 2, \cdots, n \end{aligned} \tag{4-2}$$

称上述问题为 **0-1 背包问题**. 有许多问题可归结为背包问题，如下面例子所示.

例题 4-1 某公司正在考虑 4 个投资项目. 投资项目 1 将产生 16 000 元的净利润，投

资项目 2 将产生 22 000 元的净利润，投资项目 3 将产生 12 000 元的净利润，投资项目 4 将产生 8 000 元的净利润. 每个投资项目现在都需要一定的现金流出量：投资项目 1，需 5 000 元；投资项目 2，需 7 000 元；投资项目 3，需 4 000 元；投资项目 4，需 3 000 元. 目前可用于投资的现金为 14 000 元. 表述一个 IP，它的解将告诉该公司如何最大化由投资项目 1～4 获得的净利润.

解：首先针对该公司必须作出的每个决策定义一个变量. 这里将定义一个 0-1 型变量：

$$x_j(j=1,2,3,4)=\begin{cases}1, & \text{如果对投资项目 } j \text{ 进行投资}\\ 0, & \text{如果不对投资项目 } j \text{ 进行投资}\end{cases}$$

公司获得的总净利润（单位为千元）是 $16x_1+22x_2+12x_3+8x_4$，因此公司的目标函数是

$$\max z=16x_1+22x_2+12x_3+8x_4.$$

由于最多只能投资 14 000 元，所以 $x_j(j=1,2,3,4)$ 必须满足

$$5x_1+7x_2+4x_3+3x_4\leqslant 14\ .$$

把目标函数和约束条件组合以后，便得到下列 0-1 型 IP

$$\begin{aligned}&\max z=16x_1+22x_2+12x_3+8x_4\\ &\text{s. t. } 5x_1+7x_2+4x_3+3x_4\leqslant 14\\ &\qquad x_j\in\{0,1\},\quad j=1,2,3,4\end{aligned}$$

这实际上也是一个背包问题.

例题 4-2　在例题 4-1 的基础上，把下列每个要求考虑在内：

(1) 公司最多可以投资 2 个投资项目；

(2) 如果公司对投资项目 2 进行投资，那么还必须对投资项目 1 进行投资；

(3) 如果公司对投资项目 2 进行投资，那么就不能对投资项目 4 进行投资.

解：对 (1)，只需增加约束条件

$$x_1+x_2+x_3+x_4\leqslant 2\ .$$

(2) 这个要求规定，就 x_1 和 x_2 而言，如果 $x_2=1$，那么 x_1 也必须等于 1. 如果增加约束条件

$$x_2\leqslant x_1,$$

便考虑到了第 2 个要求.

(3) 此时投资项目 2 和投资项目 4 只能出现一个或者两个都不出现，因此只需增加约束条件

$$x_2+x_4\leqslant 1,$$

这样便得到相应的数学模型：

$$\begin{aligned}&\max z=16x_1+22x_2+12x_3+8x_4\\ &\text{s. t. } 5x_1+7x_2+4x_3+3x_4\leqslant 14\\ &\qquad x_1+x_2+x_3+x_4\leqslant 2\\ &\qquad x_2\leqslant x_1\\ &\qquad x_2+x_4\leqslant 1\\ &\qquad x_j\in\{0,1\},\quad j=1,2,3,4\end{aligned}$$

从此例可看出，人们常用 0-1 变量来表示取与舍、开与关、有与无等逻辑关系.

例题 4-3 某个百货商场对售货员的需求经过统计分析如表 4-1 所示．每个销售人员每周连续工作 5 天，然后休息 2 天，每个销售人员的周工资为 100 元，问应该如何安排，使聘用售货人员所需花费最少？

表 4-1 某百货商场对售货员的需求统计

时间	所需售货员人数	时间	所需售货员人数
星期日	18	星期四	19
星期一	16	星期五	14
星期二	15	星期六	12
星期三	16		

解：设 x_1 为星期一开始工作的人数，x_2 为星期二开始工作的人数，…，x_6 为星期六开始工作的人数，x_7 为星期日开始工作的人数．于是目标函数为

$$\min z=100(x_1+x_2+x_3+x_4+x_5+x_6+x_7)$$

再按照每天所需售货员的人数写出约束条件，由于除了周二和周三开始工作的之外，其余都会在周一工作，所以周一应有 $x_1+x_4+x_5+x_6+x_7$ 个人工作，相应的约束为

$$x_1+x_4+x_5+x_6+x_7\geqslant 16$$

类似可得其他约束，于是约束条件为

$$\begin{gathered}
x_3+x_4+x_5+x_6+x_7\geqslant 18\\
x_1+x_4+x_5+x_6+x_7\geqslant 16\\
x_1+x_2+x_5+x_6+x_7\geqslant 15\\
x_1+x_2+x_3+x_6+x_7\geqslant 16\\
x_1+x_2+x_3+x_4+x_7\geqslant 19\\
x_1+x_2+x_3+x_4+x_5\geqslant 14\\
x_2+x_3+x_4+x_5+x_6\geqslant 12
\end{gathered}$$

从而数学模型为

$$\begin{aligned}
\min z=&100(x_1+x_2+x_3+x_4+x_5+x_6+x_7)\\
\text{s. t. }&x_3+x_4+x_5+x_6+x_7\geqslant 18\\
&x_1+x_4+x_5+x_6+x_7\geqslant 16\\
&x_1+x_2+x_5+x_6+x_7\geqslant 15\\
&x_1+x_2+x_3+x_6+x_7\geqslant 16\\
&x_1+x_2+x_3+x_4+x_7\geqslant 19\\
&x_1+x_2+x_3+x_4+x_5\geqslant 14\\
&x_2+x_3+x_4+x_5+x_6\geqslant 12\\
&x_1,\ x_2,\ \cdots,\ x_7\geqslant 0 \text{ 且为整数}
\end{aligned}$$

□

由例题 4-3 可以看到，线性规划加上整数约束便是整数线性规划．因此和线性规划一

样可定义整数线性规划的标准形式如下.

$$\begin{aligned} &\min \boldsymbol{c}^{\mathrm{T}}\boldsymbol{x} \equiv \sum_{j=1}^{n} c_j x_j \\ &\text{s. t. } \boldsymbol{A}\boldsymbol{x} = \boldsymbol{b} \\ &\quad \boldsymbol{x} \geqslant \boldsymbol{0} \text{ 且 } x_i (i = 1, \cdots, n) \text{ 均为整数} \end{aligned} \tag{4-3}$$

记：

$$P=\{\boldsymbol{x}\in \mathbf{R}^n \mid \boldsymbol{A}\boldsymbol{x}=\boldsymbol{b},\ \boldsymbol{x}\geqslant \boldsymbol{0}\},\quad S=P\cap \mathbf{Z}_+^n=P\cap \mathbf{Z}^n \tag{4-4}$$

其中 $\mathbf{Z}^n$ 表示所有 n 维整数向量构成的集合，$\mathbf{Z}_+^n$ 表示所有 n 维非负整数向量构成的集合，即

$$\mathbf{Z}_+^n=\{\boldsymbol{x}=(x_1,\ \cdots,\ x_n)^{\mathrm{T}} \mid x_i\geqslant 0 \text{ 且为整数},\ i=1,\ \cdots,\ n\}$$

则问题（4-3）也可写作$\min\limits_{x\in S} \boldsymbol{c}^{\mathrm{T}}\boldsymbol{x}$ 或

$$\begin{aligned} &\min \boldsymbol{c}^{\mathrm{T}}\boldsymbol{x} \equiv \sum_{j=1}^{n} c_j x_j \\ &\text{s. t. } \boldsymbol{x}\in P \\ &\quad x_i (i = 1, \cdots, n) \text{ 均为整数} \end{aligned} \tag{4-5}$$

在上面的问题中，若把整数约束条件去掉，问题（4-3）或（4-5）就转化为普通的线性规划问题，称之为 **LP 松弛问题**. 如问题（4-5）对应的 LP 松弛问题定义为

$$\begin{aligned} &\min \boldsymbol{c}^{\mathrm{T}}\boldsymbol{x} \equiv \sum_{j=1}^{n} c_j x_j \\ &\text{s. t. } \boldsymbol{x}\in P \end{aligned} \tag{4-6}$$

显然 LP 松弛问题的可行域更大些，因此松弛问题的最优值通常是原问题（MIN 类型）的一个下界（对 MAX 问题则为上界）.

整数线性规划通常要比线性规划困难得多，将其相应的 LP 松弛问题的最优解“圆整”（或“凑整”）来解原整数规划，虽是最容易想到的，但常常得不到整数规划的最优解，甚至根本不是可行解，这可通过下例来说明.

例题 4-4 计算：

$$\begin{aligned} &\max\ x_1+0.64x_2 \\ &\text{s. t. } 50x_1+31x_2\leqslant 250 \\ &\quad 3x_1-2x_2\geqslant -4 \\ &\quad x_1,\ x_2\geqslant 0 \text{ 且为整数} \end{aligned}$$

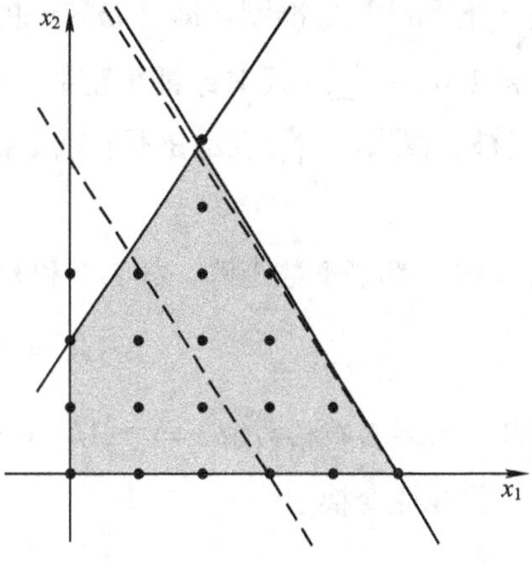

图 4-1 例 4-4 的图示

通过图解法（见图 4-1，虚线为目标函数的等值线），容易看到上述问题对应的线性规划问题最优解是：$\bar{\boldsymbol{x}}=\left(\dfrac{376}{193},\ \dfrac{950}{193}\right)$，化整后解变为 $\hat{\boldsymbol{x}}=(2,\ 5)$，$\hat{\boldsymbol{x}}$ 甚至不是原问题的可行解！通过图示可看出原问题的最优解是 $\boldsymbol{x}^*=(5,\ 0)$，松弛问题的最优解 $\bar{\boldsymbol{x}}=$

$\left(\frac{376}{193}, \frac{950}{193}\right)$与之有一段相当长的距离（相对于可行域）. 当变量个数较多时，“圆整”的方法将更为困难. 对有 n 个变量的问题，若每个变量都有向上“圆整”和向下“圆整”两种选择，则其组合数将达到 2^n，出现“组合爆炸”现象. 因此有必要对整数线性规划的解法进行专门研究.

求解一般整数规划问题的主要方法有分枝定界方法和割平面方法. 这两个方法都基于这个基本而重要的观察：如果在求解一个 IP 的松弛问题时得到了恰好是整数值的解，那么这个松弛问题的最优解也是这个 IP 的最优解. 这是因为 IP 的可行域是其 LP 松弛问题可行域的子集. 因此，这个 IP 的最优值不会小于（对 MIN 问题）或大于（对 MAX 问题）松弛问题的最优值. 因此，我们有如下定理：

定理 4-1 1. 若松弛问题（4-6）的最优解为 IP 问题（4-5）的可行解，则该解也是原问题（4-5）的最优解；

2. 松弛问题（4-6）的最优目标值是 IP 问题（4-5）目标值的一个下界（对 MAX 问题为一个上界）.

下面介绍一个代数学的基本定理，它与整数线性规划密切相关.

定理 4-2 假设 $\boldsymbol{A}$，$\boldsymbol{b}$ 中的分量都是整数，$\boldsymbol{Ax}=\boldsymbol{b}$ 有整数解 $\boldsymbol{x}$ 的充分必要条件是：对任意使 $\boldsymbol{uA}$ 为整数向量的 $\boldsymbol{u}=(u_1, \cdots, u_n)$，必使 $\boldsymbol{ub}$ 是整数.

证明：必要性是显然的. 下面证明充分性，不妨设矩阵 $\boldsymbol{A}$ 行满秩，

$$\sum = \begin{bmatrix} \sum_1 \\ \vdots \\ \sum_i \\ \vdots \\ \sum_m \end{bmatrix} = \begin{bmatrix} \varepsilon_1 & & & & 0 & \cdots & 0 \\ & \ddots & & & 0 & \cdots & 0 \\ & & \varepsilon_i & & 0 & \cdots & 0 \\ & & & \ddots & 0 & \cdots & 0 \\ & & & \varepsilon_m & 0 & \cdots & 0 \end{bmatrix}$$

是 $\boldsymbol{A}$ 的 Smith 标准型，即有 $m\times m$ 的整数矩阵 $\boldsymbol{L}$ 和 $n\times n$ 的整数矩阵 $\boldsymbol{U}$，$|\boldsymbol{L}|=|\boldsymbol{U}|=\pm 1$，使得 $\boldsymbol{LAU}=\sum$，其中 ε_i 都是整数，且 $\varepsilon_i | \varepsilon_{i+1}$，其中 $i=1, \cdots, m-1$. 这里的符号 $\alpha | \beta$ 表示 β 能被 α 整除，$\alpha \nmid \beta$ 表示 β 不能被 α 整除. 因为

$$|\boldsymbol{L}|=|\boldsymbol{U}|=\pm 1$$

且 $\boldsymbol{L}$ 和 $\boldsymbol{U}$ 都是整数矩阵，故 $\boldsymbol{L}^{-1}$ 和 $\boldsymbol{U}^{-1}$ 也都是整数矩阵，且有关系

$$\boldsymbol{LA} = \sum \boldsymbol{U}^{-1}, \quad \boldsymbol{A} = \boldsymbol{L}^{-1} \sum \boldsymbol{U}^{-1}$$

因此，$\boldsymbol{Ax}=\boldsymbol{b}$ 有整数解 $\boldsymbol{x} \Leftrightarrow \sum \boldsymbol{U}^{-1}\boldsymbol{x} = \boldsymbol{Lb}$ 有整数解 $\boldsymbol{x}$.

作线性变换

$$\boldsymbol{U}^{-1}\boldsymbol{x}=\boldsymbol{y}$$

则整数向量 $\boldsymbol{x}$ 与整数向量 $\boldsymbol{y}$ 之间建立了一一对应. 因此 $\boldsymbol{Ax}=\boldsymbol{b}$ 有整数解 $\boldsymbol{x} \Leftrightarrow \sum \boldsymbol{y} = \boldsymbol{Lb}$ 有整数解 $\boldsymbol{y}$.

设

$$L=\begin{bmatrix} L_1 \\ \vdots \\ L_i \\ \vdots \\ L_m \end{bmatrix}$$

则 $Ax=b$ 有整数解 $x \Leftrightarrow \varepsilon_i | L_i b$，$i=1, \cdots, m$.

现在我们用反证法：假设定理的条件成立，但是 $Ax=b$ 无整数解，则存在某 i，使得 $\varepsilon_i \nmid L_i b$. 取 $u=\frac{1}{\varepsilon_i}L_i$，则 $ub=\frac{1}{\varepsilon_i}L_i b$ 不是整数，但是

$$uA=\frac{1}{\varepsilon_i}L_i A=\frac{1}{\varepsilon_i}\sum_i U^{-1}=U_i^{-1}$$

是整数向量，其中的 U_i^{-1} 表示 U^{-1} 的第 i 行. 这与定理的假设相矛盾，证毕. □

定理 4-3 设 P 和 S 由式（4-4）定义且均非空，A，b 中的分量都是整数，则存在有限个非负的整数向量

$$z^1, \cdots, z^h; \quad y^1, \cdots, y^t,$$

满足

$$\begin{aligned} Az^i&=b, \quad i=1, \cdots, h, \\ Ay^j&=0, \quad j=1, \cdots, t, \end{aligned}$$

使得集合 S 的凸包可表示为

$$Co(S)=\left\{x \,|\, x=\sum_{i=1}^{h}\alpha_i z^i+\sum_{j=1}^{t}\beta_j y^j, \sum_{i=1}^{h}\alpha_i=1, \text{且所有 } \alpha_i, \beta_j \geqslant 0, i=1, \cdots, h; j=1, \cdots, t\right\}$$

证明：设无界多面体 P 的顶点集合为 $\{x^1, \cdots, x^r\}$，极方向集合为 $\{y^1, \cdots, y^t\}$. 因为极方向的任何正数倍仍是极方向，故不妨设所有的 y^j 都是非负整数向量. 根据线性规划的表示定理，可得

$$P=\left\{x \,|\, x=\sum_{k=1}^{r}\lambda_k x^k+\sum_{j=1}^{t}\mu_j y^j, \sum_{k=1}^{r}\lambda_k=1, \text{且所有 } \lambda_k, \mu_j \geqslant 0\right\}$$

以 Z_+^n 记所有 n 维非负整数向量构成的集合，设

$$Q=\left\{x \,|\, x \in Z_+^n, x=\sum_{k=1}^{r}\lambda_k x^k+\sum_{j=1}^{t}\mu_j y^j, \sum_{k=1}^{r}\lambda_k=1, \lambda_k \geqslant 0 (1 \leqslant k \leqslant r), 0 \leqslant \mu_j \leqslant 1 (1 \leqslant j \leqslant t)\right\}$$

则 Q 是 S 的一个有界子集，且每个元素都是整数向量，从而是有限子集. 设

$$Q=\{z^1, \cdots, z^h\}$$

则对任意的 $x \in S \subseteq P$，必可表示为

$$x=\sum_{k=1}^{r}\lambda_k x^k+\sum_{j=1}^{t}\mu_j y^j=\sum_{k=1}^{r}\lambda_k x^k+\sum_{j=1}^{t}(\mu_j-[\mu_j])y^j+\sum_{j=1}^{t}[\mu_j]y^j=z^i+\sum_{j=1}^{t}[\mu_j]y^j$$

其中 $[a]$ 表示不超过 a 的最大整数，且

$$z^i=\sum_{k=1}^{r}\lambda_k x^k+\sum_{j=1}^{t}(\mu_j-[\mu_j])y^j \in Q$$

由此就可推得

$$Co(S)=\left\{\boldsymbol{x}|\boldsymbol{x}=\sum_{i=1}^{h}\alpha_i\boldsymbol{z}^i+\sum_{j=1}^{t}\beta_j\boldsymbol{y}^j,\ \sum_{i=1}^{h}\alpha_i=1,\text{且所有 }\alpha_i,\beta_j\geqslant 0\right\}$$

证毕. □

通常称 $Co(S)$ 是可行域 S 的**整点凸包**.

上述定理表明，即使 S 含有无限个点，$Co(S)$ 也是一个凸多面集. 根据线性规划的表示定理，$Co(S)$ 也可表示为

$$Co(S)=\{\boldsymbol{x}|\boldsymbol{Ax}=\boldsymbol{b},\ \boldsymbol{\pi}^i\boldsymbol{x}\leqslant\pi_0^i,\ i=1,\ \cdots,\ s;\ \boldsymbol{x}\geqslant\boldsymbol{0}\}$$

其中 $\boldsymbol{\pi}^i=(\pi_1^i,\ \cdots,\ \pi_n^i)$ 是 n 维行向量。由于 $Co(S)$ 的每一点均可写成集合 S 中若干个点的凸组合，因此 $Co(S)$ 的极点必属于集合 S. 而线性规划问题的最优解必可在极点（即基本可行解）处达到，故问题（4-3）的求解便可化为如下线性规划问题：

$$\begin{aligned}\min\ &\boldsymbol{c}^{\mathrm{T}}\boldsymbol{x}\equiv\sum_{j=1}^{n}c_jx_j\\ \text{s. t. }&\boldsymbol{Ax}=\boldsymbol{b}\\ &\boldsymbol{\pi}^i\boldsymbol{x}\leqslant\pi_0^i,\quad i=1,\cdots,s\\ &\boldsymbol{x}\geqslant\boldsymbol{0}\end{aligned}\tag{4-7}$$

进行求解. 当得到问题（4-7）的一个最优基本可行解 $\boldsymbol{x}^*$ 时，必有 $\boldsymbol{x}^*\in S$，从而 $\boldsymbol{x}^*$ 也就是问题（4-3）的最优解. 问题的关键在于如何得到可行域 S 的**整点凸包**的不等式组表示，即如何得到不等式组 $\boldsymbol{\pi}^i\boldsymbol{x}\leqslant\pi_0^i$，$i=1$，…，$s$，这是整数线性规划所要研究的一个基本问题. 后面介绍的分枝定界方法和割平面法都可看做是为解决这一基本问题而提出的最简单而又有效的方法.

4.2 整数线性规划的计算方法

求解一般整数线性规划问题的基本方法是分枝定界方法和割平面法，此外还有建立在其基础上的求解一般 0-1 整数规划的隐枚举法，下面将分别介绍.

4.2.1 分枝定界方法

在求解整数规划时，如果可行域是有界的，首先容易想到的方法就是穷举变量的所有可行的整数组合，然后比较它们的目标函数值以定出最优解：对于小型的问题，变量数很少，可行的整数组合数也是很小时，这个方法是可行的，也是有效的；对于大型的问题，可行的整数组合数是很大的，如设某个问题有 50 个 0-1 整型变量，则其可能的解有 $2^{50}=$ 1 125 899 906 842 624 个，即使是用每秒 1 亿次的计算机，也要算上 130.31 天；若有 100 个 0-1 整型变量，则要算上 46.52 年！解这样的题，穷举法是不可取的. 我们的方法一般是仅检查可行的整数组合的一部分，就能定出最优的整数解. 分枝定界解法（Branch and Bound Method）就是其中的一个.

考虑问题（4-5）及其对应的松弛问题（4-6）（即去掉整数约束后的连续优化问题）. 设松弛问题（4-6）的解为 $\boldsymbol{x}'$，若 $\boldsymbol{x}'$ 对原问题（4-23）也是可行的，则由定理 4-1 知 x' 也

是问题（4－5）的解；否则存在某个 $i\in I$ 使 x_i' 不是整数，于是由变量 x_i 可得到如下两个分枝问题：

$$P^-:\quad \min f(\boldsymbol{x}) \quad \text{s.t.}\ \boldsymbol{x}\in P,\quad x_i\leqslant[x_i'] \tag{4-8}$$

和

$$P^+:\quad \min f(\boldsymbol{x}) \quad \text{s.t.}\ \boldsymbol{x}\in P,\quad x_i\geqslant[x_i']+1 \tag{4-9}$$

其中 $[x_i']$ 表示不超过 x_i' 的最大整数．显然若 $\boldsymbol{x}^*$ 是（4－5）的最优解，则必是 P^- 或 P^+ 其中某一个问题（且只能是其中一个）的可行解．由定理 4－1 知（4－6）的最优值是问题 P^- 和 P^+ 最优值的一个下界（对于 MAX 问题为上界，下同）．然后求解 P^- 或 P^+，若该问题无可行解或已得到整数可行解，则该问题不用再分枝，称之为一个叶子节点；否则对该问题继续分枝得到两个子问题，以及这两个子问题的一个下界．如此循环下去，便得到一棵树，其根节点是（4－6），叶子节点是不用再分枝的问题．显然 x^* 必是某个叶子节点的解，且是所有叶子节点的解中最小的．因此分枝定界法实际上是一个穷举的过程，有可能会遇到“组合爆炸”的问题，但通过分枝、剪枝和定界过程的灵活组合，常常能在规定时间里获得满意的结果，因此分枝定界法是目前求解整数规划问题商业软件的首选方法．在求解过程中首先要解决如下两个问题：

1．在分枝的问题中先求解哪个问题？

2．在多个 x_i' 非整数的情形下，选择哪一个变量作为分枝变量？

对第一个问题，通常采用 LIFO 规则，即“后进先出（即 Last In，First Out）”的规则依次求解子问题．该方法沿分枝定界树的一侧向下迅速求出候选解，然后反向跟踪至树另一侧的顶部．由于这个原因，LIFO 方法通常称为反向跟踪法．LIFO 规则的好处是使入栈的问题数不至于过多，即分枝树不会太“胖”．另一种常用的方法是跳跃式跟踪法．在分枝一个节点时，跳跃式跟踪法将求解分枝形成的所有问题，然后再次对具有最佳目标值的节点进行分枝．跳跃式跟踪法经常从树的一侧跳到另一侧．与反向跟踪法相比，它通常形成更多的子问题，并且需要更多的计算机内存．跳跃式跟踪法背后的想法是，朝着具有良好目标值的子问题移动应当能够让我们更快地求出最佳目标值．

对第二个问题，即如果在一个子问题的最优解中有两个或两个以上的变量都是分数，应当分枝哪个变量呢？此时分枝经济重要性最大的分数值变量通常是最佳策略．当一个子问题中有多个变量时，许多计算机代码将分枝标号最小的分数变量．因此，如果整数规划计算机代码要求必须对变量进行编号，那么将应当按照变量的经济重要性对其由小到大进行编号．此外从数学角度看，解父问题时，往往会得到对偶变量等其他信息，通过这些信息便可预测增加约束 $x_i\geqslant[x_i']+1$ 或 $x_i\leqslant[x_i']$ 时目标函数的增加量（对 MIN 问题，对 MAX 问题为减少量），贪婪算法总是将预测量最小的问题先入栈（相应的变量作为分枝变量），并赋予该问题一个下界（应大于父问题的最优值）．

分枝定界的一个重要技巧是在计算过程中要适时地进行剪枝．剪枝指的是，若某分枝问题的下界（对 MIN 问题）或上界（对 MAX 问题）当前得到的关于原问题（如（4－5））的一个可行解的最优值还要大（对 MIN 问题）或小（对 MAX 问题），则该问题及其分枝都不可能得到当前可行解更好的解，因此都不用考虑了，即可以将该分枝“剪去”．所以分枝定界法的计算过程实际是一个隐枚举的过程．下面通过例子具体说明分枝定界的计算过程．

例题 4－5 某公司生产桌子和椅子，已知生产一个桌子需要 9 个单位的木材和 1 个单位的工时，其利润为 8 元．生产一个椅子需要 5 个单位的木材和 1 个单位的工时，其利润为 5 元．木材总数为 45，工时总数为 6，如下所示．问应如何安排生产利润最大？

	餐桌	椅子	限量
木材	9	5	45
工时	1	1	6
利润	8 元	5 元	

解：设生产餐桌和椅子的数量分别是 x_1 和 x_2，则数学模型为

$$\max 8x_1+5x_2$$

$$\text{s. t. } 9x_1+5x_2\leqslant 45$$

$$x_1+x_2\leqslant 6$$

$$x_1\geqslant 0,\ x_2\geqslant 0,\quad \text{且 } x_1,\ x_2 \text{ 均为整数}$$

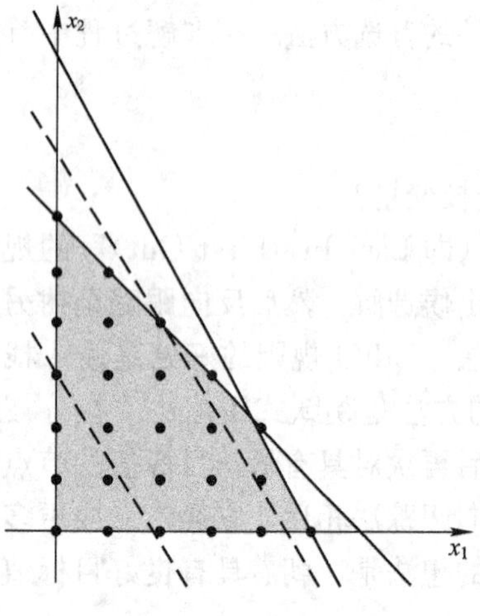

图 4－2 例 4－5 的图解法

首先用作图法求去掉整数约束后的松弛问题（见图 4－2），由作图法知松弛问题的最优解为 $x_1=\frac{15}{4}$，$x_2=\frac{9}{4}$，不是整数，需要调整．若简单取整令 $x_1=4$，$x_2=2$，不可行．由图 4－2 知原问题的整数最优解在点 $\boldsymbol{x}=(5,\ 0)$ 处达到，可见非整数最优解 $\boldsymbol{x}=\left(\frac{15}{4},\ \frac{9}{4}\right)$与整数最优解 $\boldsymbol{x}=(5,\ 0)$ 在图中相差很远．对于一般问题，即便松弛问题的最优解圆整后是可行的，一般也不是整数最优解．

下面用“分枝定界”的方法求解该问题．首先解由原问题去掉整数约束后得到的松弛问题（称之为子问题 1），得解：$x_1=\frac{15}{4}$，$x_2=\frac{9}{4}$，$\max z=8\times\frac{15}{4}+5\times\frac{9}{4}=41\ \frac{1}{4}$，因此得到原问题一个上界 UB=41，但解不是整数，需要调整，取 x_1 作分枝变量．由 $x_1=\frac{15}{4}$知可分为 $x_1\leqslant 3$ 和 $x_1\geqslant 4$ 两枝，得到子问题 2 和子问题 3，其可行域如图 4－3 所示．然后解子问题 2 得 $x_1=x_2=3$，$z=39$，为整数解，于是得到原问题的一个下界 LB=39，于是原问题最优值 $z^*\in[39,\ 41]$，可行解 $x_1=x_2=3$，$z=39$，满意度已在 $\frac{41-39}{39}=\frac{2}{39}=$ 5.13%，即若只要求目标函数的误差不超过 6%，则该解已可接受了．由于已得到整数解，子问题 2 已不用分枝，其最优解可作为候选的最优解．然后求解子问题 3，得解 $x_1=4$，$x_2=\frac{9}{5}$，$z=41$．这一过程如图 4－4 所示．

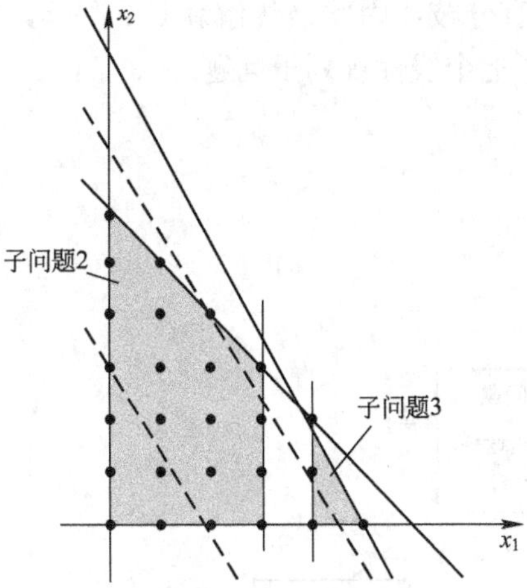

图 4－3　子问题 2 和子问题 3 的可行域

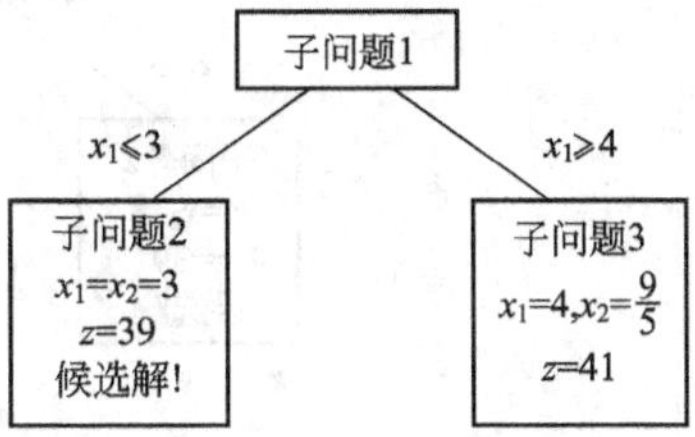

图 4－4　例 4－5 的分枝定界过程 1

由于子问题 3 的解 $x_2=\dfrac{9}{5}$是分数，应继续分枝，分为 $x_2\leqslant 1$ 和 $x_2\geqslant 2$ 两枝，得到两个子问题 4 和 5，解子问题 4 得 $x_1=\dfrac{40}{9}$，$x_2=1$，$z=40\dfrac{5}{9}$，如图 4－5 所示.

由于子问题 4 的解 $x_1=\dfrac{40}{9}$是分数，应继续分枝，分为 $x_1\leqslant 4$ 和 $x_1\geqslant 5$，得到两个子问题 6 和 7. 此时子问题 6 的数学模型为

$$
\begin{aligned}
\max\ & 8x_1+5x_2\\
\text{s. t.}\ & 9x_1+5x_2\leqslant 45\\
& x_1+x_2\leqslant 6\\
& x_1\geqslant 0,\quad x_2\geqslant 0\\
& x_1\geqslant 4\ \text{第一次分枝}\\
& x_2\leqslant 1\ \text{第二次分枝}\\
& x_1\leqslant 4\ \text{第三次分枝}
\end{aligned}
$$

解子问题 6 得 $x_1=4$，$x_2=1$，$z=37<39$，比当前的最优下界 LB=39 小，即子问题 6 及其分枝（若还需要继续分枝的话）的最优值不可能得到比 39 更好的最优值，因此该节点不用再考虑，将其去掉；解子问题 7 得 $x_1=5$，$x_2=0$，$z=40>39$，该解是原问题的可行解，因此得到新的下界 40，如图 4－6 所示.

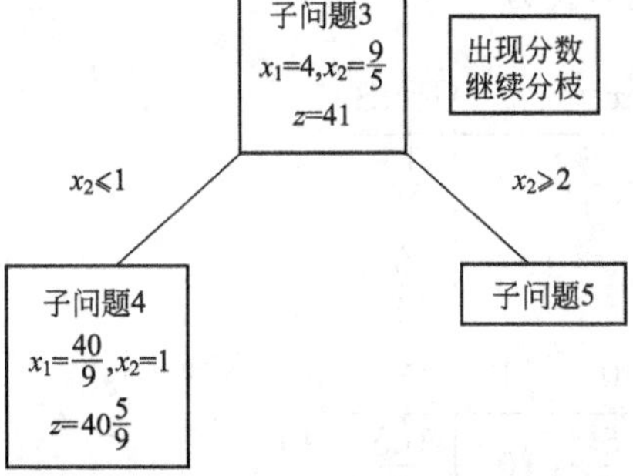

图 4－5　例 4－5 的分枝定界过程 2

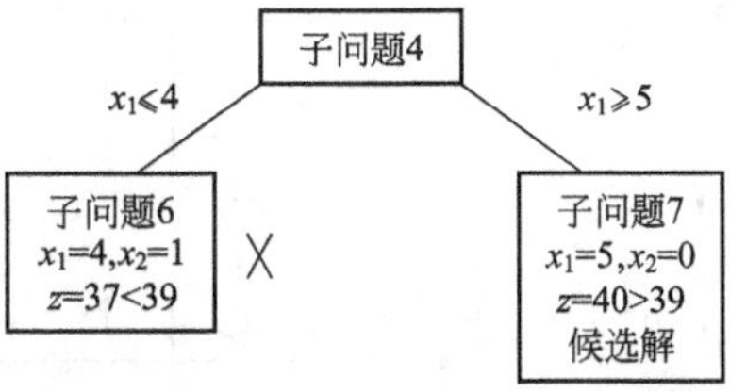

图 4－6　例 4－5 的分枝定界过程 3

再解子问题 5 不可行，舍去，此时已穷尽所有分枝，因此最优解就是 $x_1=5$，$x_2=0$，$z^*=40$. 整个计算过程如图 4.7 所示，一共计算了七个线性规划子问题. □

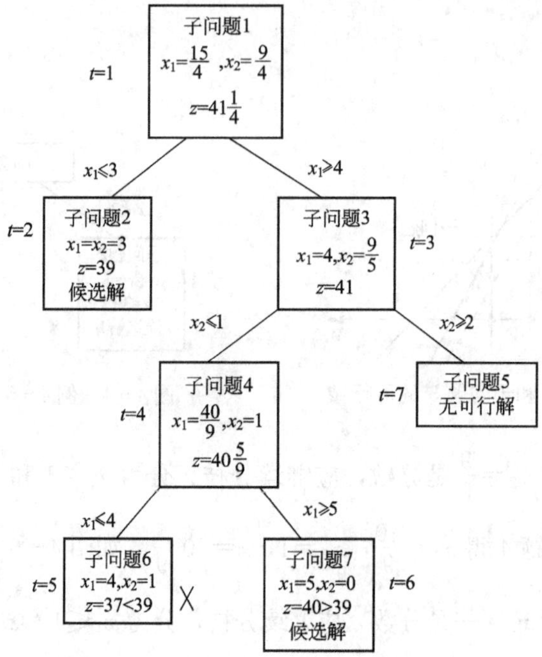

图 4-7　例 4-5 的整个分枝定界过程

如果使用单纯形法计算上述子问题，可采用前述灵敏度分析的方法. 如对例题 4-5，子问题 1 的初始单纯形表和最优单纯形表如下.

	x_1	x_2	x_3	x_4	RHS
x_3	9 *	5	1	0	45
x_4	1	1	0	1	6
z	−8	−5	0	0	0

→

	x_1	x_2	x_3	x_4	RHS
x_1	1	0	$\frac{1}{4}$	$-\frac{5}{4}$	$\frac{15}{4}$
x_2	0	1	$-\frac{1}{4}$	$\frac{9}{4}$	$\frac{9}{4}$
z	0	0	$\frac{3}{4}$	$\frac{5}{4}$	$\frac{165}{4}$

子问题 1 增加一个约束 $x_1\leqslant 3$ 后得到子问题 2，对增加的约束 $x_1\leqslant 3$ 引入松弛变量 x_5，在子问题 1 的最优单纯形表基础上得到子问题 2 的单纯形表为

	x_1	x_2	x_3	x_4	x_5	RHS
x_1	1	0	$\frac{1}{4}$	$-\frac{5}{4}$	0	$\frac{15}{4}$
x_2	0	1	$-\frac{1}{4}$	$\frac{9}{4}$	0	$\frac{9}{4}$
x_5	1	0	0	0	1	3
z	0	0	$\frac{3}{4}$	$\frac{5}{4}$	0	$\frac{165}{4}$

上表中，将第 3 行中与基变量对应的系数消去，得到新的单纯形表为

	x_1	x_2	x_3	x_4	x_5	RHS
x_1	1	0	$\frac{1}{4}$	$-\frac{5}{4}$	0	$\frac{15}{4}$
x_2	0	1	$-\frac{1}{4}$	$\frac{9}{4}$	0	$\frac{9}{4}$
x_5	0	0	$-\frac{1}{4}$	$\frac{5}{4}$	1	$-\frac{3}{4}$
z	0	0	$\frac{3}{4}$	$\frac{5}{4}$	0	$\frac{165}{4}$

上述单纯形表是对偶可行的，用对偶单纯形法．由

$$\bar{b}_3=\min\{\bar{b}_i\,|\,i=1，2，3\}=-\frac{3}{4}<0$$

应选 x_5 为离基变量．下面确定进基变量，计算：

$$\max\left\{\frac{\zeta_3}{\bar{a}_{33}}\right\}=\frac{\zeta_3}{\bar{a}_{33}}=-3$$

因此应选非基变量 x_3 为进基变量，作相应的旋转后单纯形表为

	x_1	x_2	x_3	x_4	x_5	RHS
x_1	1	0	0	0	1	3
x_2	0	1	0	1	-1	3
x_3	0	0	1	-5	-4	3
z	0	0	0	5	3	39

右端项均大于或等于 0，当前解是最优解，最优解是：$x_1=3$，$x_2=3$，$x_3=3$，$x_4=x_5=0$，对应的最优值为 $z^*=39$.

下面计算子问题 3. 对增加的约束 $x_1\geqslant 4$ 引入松弛变量 x_5，在子问题 1 的最优单纯形表基础上得到子问题 3 的单纯形表为

	x_1	x_2	x_3	x_4	x_5	RHS
x_1	1	0	$\frac{1}{4}$	$-\frac{5}{4}$	0	$\frac{15}{4}$
x_2	0	1	$-\frac{1}{4}$	$\frac{9}{4}$	0	$\frac{9}{4}$
x_5	-1	0	0	0	1	-4
z	0	0	$\frac{3}{4}$	$\frac{5}{4}$	0	$\frac{165}{4}$

上表中，将第 3 行中与基变量对应的系数消去，得到新的单纯形表为

	x_1	x_2	x_3	x_4	x_5	RHS
x_1	1	0	$\frac{1}{4}$	$-\frac{5}{4}$	0	$\frac{15}{4}$
x_2	0	1	$-\frac{1}{4}$	$\frac{9}{4}$	0	$\frac{9}{4}$
x_5	0	0	$\frac{1}{4}$	$-\frac{5}{4}$	1	$-\frac{1}{4}$
z	0	0	$\frac{3}{4}$	$\frac{5}{4}$	0	$\frac{165}{4}$

然后用对偶单纯形法，由

$$\bar{b}_3=\min\{\bar{b}_i \mid i=1, 2, 3\}=-\frac{1}{4}<0$$

选 x_5 为离基变量. 下面确定进基变量，计算：

$$\max\left\{\frac{\zeta_4}{\bar{a}_{34}}\right\}=\frac{\zeta_4}{\bar{a}_{34}}=-1$$

因此应选非基变量 x_4 为进基变量，作相应的旋转后单纯形表为

	x_1	x_2	x_3	x_4	x_5	RHS
x_1	1	0	0	0	-1	4
x_2	0	1	$\frac{1}{5}$	0	$\frac{9}{5}$	$\frac{9}{5}$
x_4	0	0	$-\frac{1}{5}$	1	$-\frac{4}{5}$	$\frac{1}{5}$
z	0	0	1	0	1	41

右端项均大于或等于 0，当前解是最优解，最优解是：$x_1=4$，$x_2=\frac{9}{5}$，$x_4=\frac{1}{5}$，$x_3=x_5=0$，对应的最优值为 $z^*=41$. 其他子问题的计算依次类推.

下面介绍求解背包问题的分枝定界方法. 对于背包问题，由于背包问题只有一个约束，其松弛问题的解可以直接得到，因此其分枝定界方法的执行将更为简单. 对于一般的背包问题：

$$\begin{aligned}&\max z=c_1x_1+c_2x_2+\cdots+c_nx_n\\&\text{s. t. } a_1x_1+a_2x_2+\cdots+a_nx_n\leqslant b\\&\quad x_j\geqslant 0 \text{ 且均为整数}, \quad j=1, 2, \cdots, n\end{aligned} \tag{4-10}$$

其中 $c_j\geqslant 0(j=1, \cdots, n)$ 是选择物品 j 的利益，$b>0$ 是可使用的资源的量，$a_j\geqslant 0(j=1, \cdots, n)$ 是物品 j 占用的资源. 其松弛问题为

$$\begin{aligned}&\max z=c_1x_1+c_2x_2+\cdots+c_nx_n\\&\text{s. t. } a_1x_1+a_2x_2+\cdots+a_nx_n\leqslant b\\&\quad x_j\geqslant 0, \quad j=1, 2, \cdots, n\end{aligned} \tag{4-11}$$

对问题（4－11），$\frac{c_j}{a_j}$ 可以解释为物品 j 每使用一个单位资源可以获得的利益，设 $\frac{c_k}{a_k}=\max\left\{\frac{c_i}{a_i}\middle| i=1, \cdots, n\right\}$，$\frac{c_l}{a_l}=\min\left\{\frac{c_i}{a_i}\middle| i=1, \cdots, n\right\}$，则问题（4－11）的解为 $x_k=\frac{b}{a_k}$，$x_i=$

0，$i\neq k$，$\max z=\frac{c_k b}{a_k}$（对相应的 MIN 问题，解为 $x_l=\frac{b}{a_l}$，$x_i=0$，$i\neq l$，$\min z=\frac{c_l b}{a_l}$），因此对背包问题（4-10），对变量 x_j，应按 $\frac{c_j}{a_j}$ 从大到小的顺序对 x_j 从小到大编号，然后直接按前述分枝定界方法，即首先对编号最小的变量进行分枝，并采用 LIFO 规则计算.

实际问题中的大多数背包问题是 0-1 背包问题，其模型为

$$\begin{aligned}&\max z=c_1x_1+c_2x_2+\cdots+c_nx_n\\&\text{s. t. } a_1x_1+a_2x_2+\cdots+a_nx_n\leqslant b\\&\qquad x_j\in\{0,1\},\quad j=1,2,\cdots,n\end{aligned}\tag{4-12}$$

即每种物品最多只能取一个. 问题（4-12）的 LP 松弛问题是

$$\begin{aligned}&\max z=c_1x_1+c_2x_2+\cdots+c_nx_n\\&\text{s. t. } a_1x_1+a_2x_2+\cdots+a_nx_n\leqslant b\\&\qquad 0\leqslant x_j\leqslant 1,\quad j=1,2,\cdots,n\end{aligned}$$

由于每个变量只能取值 0 或 1，因此对变量 x_j 进行分枝后将直接得到 $x_j=0$ 和 $x_j=1$ 两个分枝，此时分枝过程也简化了. 下面举例说明.

例题 4-6　计算 0-1 背包问题：

$$\begin{aligned}&\max z=16x_1+22x_2+12x_3+8x_4\\&\text{s. t. } 5x_1+7x_2+4x_3+3x_4\leqslant 14\\&\qquad x_j\in\{0,1\},\quad j=1,2,3,4\end{aligned}$$

解：此时变量 x_j 已按 $\frac{c_j}{a_j}$ 从大到小的顺序编好号，首先解由原问题去掉整数约束再加上不等式约束 $0\leqslant x_j\leqslant 1$（$j=1,2,3,4$）后得到的松弛问题（称之为子问题 1），容易看出其解为：$x_1=x_2=1$，$x_3=\frac{1}{2}$，$x_4=0$，对应的目标值为 $z=44$，于是可知原问题的一个上界是 UB=44. 然后对变量 x_3 分枝，分别令 $x_3=1$ 和 $x_3=0$ 得到子问题 2 和子问题 3，容易看出子问题 2 的解为（此时 $x_3=1$）：$x_1=1$，$x_2=\frac{5}{7}$，$x_4=0$. 按 LIFO 规则，再对变量 x_2 分枝，分别令 $x_2=1$ 和 $x_2=0$ 得到子问题 4 和子问题 5，解子问题 4（此时 $x_3=x_2=1$）得 $x_1=\frac{3}{5}$，$x_4=0$；然后对变量 x_1 分枝，分别令 $x_1=1$ 和 $x_1=0$ 得到子问题 6 和子问题 7，而子问题 6 不可行，子问题 7（此时 $x_1=0$，$x_2=x_3=1$）的解为 $x_1=0$，$x_2=x_3=x_4=1$，$z=42$，从而得到原问题的一个可行解，相应的目标值形成原问题最优值的一个下界，即 LB=42，当前解是一个候选解，同可知原问题的最优值 $z^*\in[42,44)$. 然后按 LIFO 规则解子问题 5（此时 $x_3=1$，$x_2=0$），得 $x_1=x_4=1$，对应的最优目标值 $z=36<42$，即该分枝不会得到比当前候选解更好的解，该分枝被剪枝. 然后按 LIFO 规则解子问题 3（此时 $x_3=0$），得 $x_1=x_2=1$，$x_3=0$，$x_4=\frac{2}{3}$，$z=43\frac{1}{3}$. 对变量 x_4 分枝，分别令 $x_4=1$ 和 $x_4=0$ 得到子问题 8 和子问题 9，解子问题 8（此时 $x_3=0$，$x_4=1$）得 $x_1=1$，$x_2=\frac{6}{7}$，$z=42\frac{6}{7}$，因此该问题的整数最优值不会超过 42，从而不用再考虑该问题. 子问题 9 的最优解为 $x_1=x_2=1$，$x_3=x_4=0$，对应的最优值 $z=38<42$，因此该分枝也不用再考虑. 此时已穷举完所有分枝，因此原问

题的最优解为 $x_1=0$，$x_2=x_3=x_4=1$，对应的最优值 $z^*=42$. 整个计算过程如图 4－8 所示. □

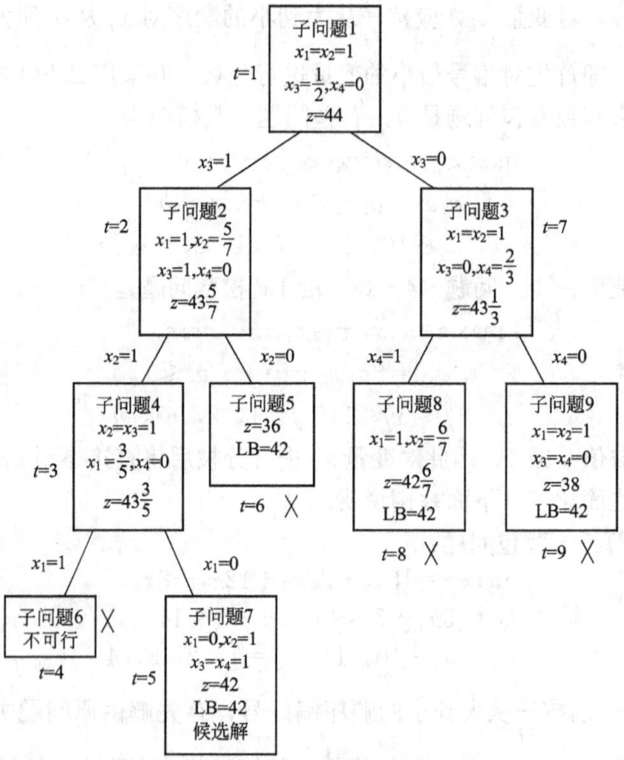

图 4－8 例题 4－6 的分枝定界求解过程

4.2.2 求解一般 0-1 整数规划的隐枚举法

一般 0-1 规划的数学模型为

$$\begin{aligned} &\max z=\boldsymbol{c}^{\mathrm{T}}\boldsymbol{x} \\ &\text{s.t. } \boldsymbol{Ax}=\boldsymbol{b} \\ &x_j=0 \text{ 或 } 1, \quad j=1, \cdots, n \end{aligned} \tag{4-13}$$

对上述问题，由于变量只取 0 与 1，因此 n 个变量组合起来得到的所有可能解有 2^n 个，可用一个完全二叉树来表示，如三个只取 0 与 1 的变量的所有可能组合可由图 4－9 所示的完全二叉树来表示：当 n 很小时，可直接用枚举法解上述问题，但当 n 很大时，直接的枚举法就不适用了，但可结合分枝定界方法，通过对问题的观察简化上述枚举过程，得到所谓的**隐枚举法**. 隐枚举法经常用于求解 0-1 型 IP. 隐枚举法利用的是每个变量都必须等于 0 或 1 这个事实，简化了分枝定界过程的分枝和定界.

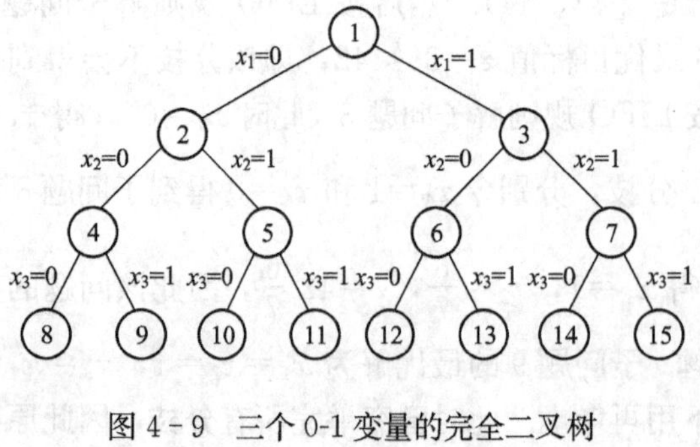

图 4－9 三个 0-1 变量的完全二叉树

在隐枚举法中使用的树中，对于某个

变量 x_i，树的每个分枝将规定 $x_i=0$ 或 1. 在每个节点处，一些变量的值已经被确定，值已经被确定的那些变量称为**固定变量**，在一个节点处值没有被确定的所有变量都称为**自由变量**. 对于一个节点来说，所有自由变量可取的值称为该节点的**完备值**. 下面描述 3 个在隐枚举法中使用的主要思想.

(1) 在一个节点处，对于固定变量在该节点的给定值，是不是有一种容易的方法能够求出该节点在原始 0-1 型 IP 中可行的好完备值呢？要回答这个问题，需要完备这个节点，把每个自由变量设置为能够使目标函数最大（在 MAX 问题中）或最小（在 MIN 问题中）的值（0 或 1），称之为该节点的**最佳完备值**. 如果该节点的最佳完备值是可行的，那么它当然就是该节点的**最佳可行完备值**，从而得到一个候选解，因而没有必要对这个节点做进一步的分枝. 假设要求解：

$$\max z=4x_1+2x_2-x_3+2x_4$$
$$\text{s. t. } x_1+3x_2-x_3-2x_4\geqslant 1$$
$$x_i=0 \text{ 或 } 1 \quad (i=1, 2, 3, 4)$$

如果在一个固定变量为 $x_1=0$，$x_2=1$ 的节点处（不妨称之为节点 5），那么最好的办法是设置 $x_3=0$，$x_4=1$. 由于 $x_1=0$，$x_2=1$，$x_3=0$，$x_4=1$ 在原始问题中是可行的，所以已经求出该节点的最佳可行完备值. 因此，节点 5 已被查明，并且可以把 $x_1=0$，$x_2=1$，$x_3=0$，$x_4=1$ 以及它的目标值 $z=4$ 作为候选解.

(2) 即使一个节点的最佳完备值不是可行的，这个最佳完备值也将给出最佳目标函数值的界限. 通过其他节点的可行完备值，这个界限经常用于排除节点，即剪枝. 例如，假设前面已经求出了一个 $z=6$ 的候选解，并且我们的目标就是最大化

$$z=4x_1+2x_2+x_3-x_4+2x_5$$

此外假设在一个固定变量是 $x_1=0$，$x_2=1$，$x_3=1$ 的节点处. 那么这个节点的最佳完备值就是 $x_4=0$，$x_5=1$. 这将得到该节点的最大可能目标函数值 $z=2+1+2=5$. 由于 $z=5$ 没有超过候选解 $z=6$，所以可以不考虑这个节点（这个完备值是否可行与此无关），将该节点剪枝即可.

(3) 在任意一个节点处，有一种容易的方法能够确定该节点的所有完备值都是不可行的. 假设在一个固定变量是 $x_1=0$，$x_2=1$，$x_3=1$ 的节点处，约束条件之一是

$$-2x_1+3x_2+2x_3-3x_4-x_5+2x_6\leqslant -5$$

给自由变量赋予一些能够使上式的左端尽可能小的值，不妨称之为**该约束条件的最佳完备值**（注意其与目标函数最佳完备值的区别）. 如果这个完备值不满足上式，那么该节点当然就没有完备值能够满足，从而该节点的所有完备值都是不可行的. 显然使上式的左端尽可能小的取值是 $x_1=1$，$x_5=1$，$x_6=0$，代入这些值以及固定变量的值，得到 $-2+3+2-3-1<-5$. 这个不等式不成立，所以该节点没有完备值能够满足上式，即该节点不可行，剪去.

一般来说，通过分析每个约束条件，并赋予每个自由变量满足约束条件的最佳完备值，就可以检查一个节点是否有可行的完备值. 在该节点处，即使只有一个约束条件的最佳完备值不可行，就可判明该节点也没有可行完备值. 在这种情况下，该节点不能生成原始 IP 的最优解，从而被剪枝.

除上述三点外，还可根据具体情况增加一些经验规则以帮助判明某个节点的情况，例如，若某个约束的最佳完备值唯一或不超过 2 个，则该节点的情况也容易查明. 如果用这些方法没有得到有关一个节点的信息，那么应该对一个自由变量 x_i 进行分枝，增添两个新节

点：一个节点是 $x_i=1$；另一个节点是 $x_i=0$.

例题 4-7 用隐数法计算 0-1 背包问题：

$$\max z=16x_1+22x_2+12x_3+8x_4$$

$$\text{s.t. } 5x_1+7x_2+4x_3+3x_4\leqslant 14$$

$$x_i=0 \text{ 或 } 1,\quad i=1,2,3,4$$

解：此时变量 x_j 已按 $\frac{c_j}{a_j}$ 从大到小的顺序编好号，首先将约束条件 $5x_1+7x_2+4x_3+3x_4\leqslant 14$ 去掉，不妨将相应的松弛问题称为子问题 1，其解为：$x_1=x_2=x_3=x_4=1$，称之为子问题 1 的**最佳完备值**，但该解不满足约束条件 $5x_1+7x_2+4x_3+3x_4\leqslant 14$. 显然有满足约束条件 $5x_1+7x_2+4x_3+3x_4\leqslant 14$ 的 0-1 变量组合，因此对变量 x_1 分枝，分别令 $x_1=1$ 和 $x_1=0$ 得到子问题 2 和子问题 3.

按 LIFO 规则，首先计算子问题 2，由 $x_1=1$ 知，约束条件为 $5x_1+7x_2+4x_3+3x_4\leqslant 14$ 变为 $7x_2+4x_3+3x_4\leqslant 9$，在该约束条件下问题的最优解仍不易看出，因此先将该约束去掉，易知相应的最优解为：$x_1=1$，$x_2=x_3=x_4=1$，称之为子问题 2 的**最佳完备值**，仍不可行，显然子问题 2（此时 $x_1=1$）有可行解，因此再对变量 x_2 分枝（此时变量 x_1 已固定为 1），分别令 $x_2=1$ 和 $x_2=0$ 得到子问题 4 和子问题 5.

按 LIFO 规则，首先计算子问题 4，在该节点处，x_1 和 x_2 为**固定变量**. 由 $x_1=1$ 和 $x_2=1$ 知，约束条件为 $5x_1+7x_2+4x_3+3x_4\leqslant 14$ 变为 $4x_3+3x_4\leqslant 2$，此时必有 $x_3=x_4=0$，即子问题 4 的可行完备值唯一，从而子问题 4 的最优解为：$x_1=x_2=1$，$x_3=x_4=0$，相应的目标值为 $z=38$，这样便得到了原问题的一个可行解 $x_1=x_2=1$，$x_3=x_4=0$ 以及一个下界 LB=38.

然后求解子问题 5，由 $x_1=1$ 和 $x_2=0$ 知，约束条件为 $5x_1+7x_2+4x_3+3x_4\leqslant 14$ 变为 $4x_3+3x_4\leqslant 9$，其最佳完备值 $x_3=x_4=1$ 可行，因此子问题 5 的最优解为：$x_1=1$，$x_2=0$，$x_3=x_4=1$，对应的目标值为 $z=36<\text{LB}=38$，因此子问题 5 的解不可能是原问题的最优解，舍去.

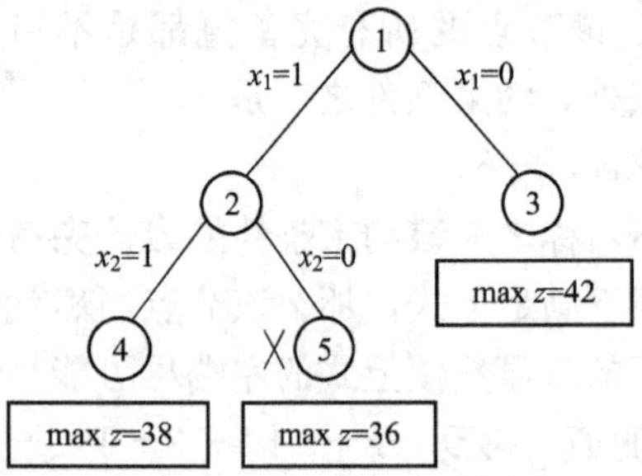

图 4-10 例题 4-6 的隐枚举求解过程

然后按 LIFO 规则计算子问题 3，由 $x_1=0$ 知，约束条件为 $5x_1+7x_2+4x_3+3x_4\leqslant 14$ 变为 $7x_2+4x_3+3x_4\leqslant 14$，子问题 3 的最佳完备值 $x_2=x_3=x_4=1$ 可行，因此子问题 3 的最优解为 $x_2=x_3=x_4=1$，对应的目标值为 $z=42>\text{LB}=38$，这样便得到了一个新的候选解：$x_1=0$，$x_2=x_3=x_4=1$，对应的目标值为 $z=42$，相应地 LB=42. 此时所有分枝都已查明，因此最优解为 $x_1=0$，$x_2=x_3=x_4=1$，对应的最优值为 $z^*=42$. 整个计算过程如图 4-10 所示. □

例题 4-8 用隐枚举方法计算：

$$\max z=-7x_1-3x_2-2x_3-x_4-2x_5$$

$$\text{s.t. } -4x_1-2x_2+x_3-2x_4-x_5\leqslant -3 \quad (4-14)$$

$$-4x_1-2x_2-4x_3+x_4+2x_5\leqslant -7 \quad (4-15)$$

$$x_i=0 \text{ 或 } 1,\quad i=1,2,\cdots,5$$

解：该问题的求解过程如图 4－11 所示. 首先在节点 1 处所有变量均为自由变量，该节点处的最佳完备值是 $x_1=x_2=x_3=x_4=x_5=0$，显然该解不可行；然后检查节点 1 是否有可行完备值，对约束条件（4－14），令 $x_1=x_2=1$，$x_3=0$，$x_4=x_5=1$，以使左端的函数值尽可能小，由 $-4-2-2-1=-9<-3$ 知约束条件（4－14）有可行完备值，再同样检查约束条件（4－15），令 $x_1=x_2=x_3=1$，$x_4=x_5=0$，知约束条件（4－14）有可行完备值. 因此，对节点 1 进行分枝，任选一个自由变量进行分枝，如选 x_1，分别令 $x_1=0$ 和 $x_1=1$ 得到节点 2 和节点 3.

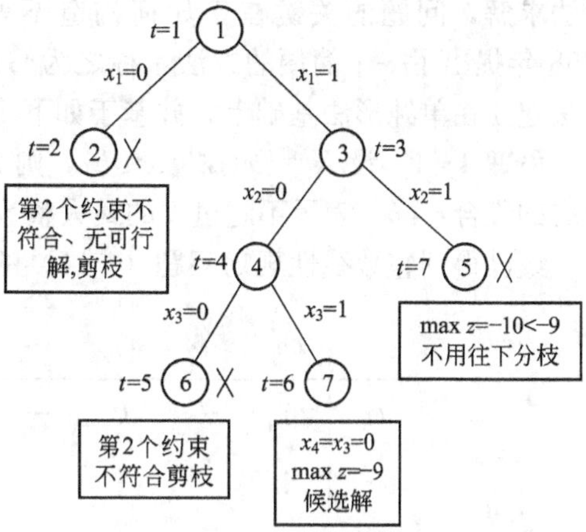

图 4－11　例 4－8 的隐枚举求解过程

按 LIFO 规则，首先检查节点 2，此时 $x_1=0$，最佳完备值为 $x_2=x_3=x_4=x_5=0$，不可行；然后检查该节点是否有可行完备值，对约束条件（4－14），令 $x_2=1$，$x_3=0$，$x_4=x_5=1$，以使左端的函数值尽可能小，由 $-2-2-1=-5<-3$ 知约束条件（4－14）有可行完备值，再检查约束条件（4－15），令 $x_2=x_3=1$，$x_4=x_5=0$ 以使条件（4－15）左端的函数值达到最小，由于左端项的最小函数值 $-2-4=-6>-7$，因此约束条件（4－15）没有可行的完备值，从而节点 2 不可行，不用再考虑，将其剪枝.

按 LIFO 规则，下面检查节点 3，此时固定变量为 $x_1=1$，节点 3 的最佳完备值 $x_2=x_3=x_4=x_5=0$ 不满足约束条件（4－15），用同样的方法知节点 3 有可行的完备值，因此任选一个变量如选变量 x_2 进行分枝，令 $x_2=0$ 和 $x_2=1$ 得到节点 4 和节点 5.

检查节点 4，此时固定变量 $x_1=1$，$x_2=0$，其最佳完备值 $x_3=x_4=x_5=0$ 不可行，约束条件（4－14）和（4－15）均有可行的完备值，因此按 LIFO 规则对节点 4 任选一个变量如 x_3 进行分枝，令 $x_3=0$ 和 $x_3=1$ 得到节点 6 和节点 7.

检查节点 6，此时固定变量 $x_1=1$，$x_2=0$，$x_3=0$，约束条件（4－15）的最佳完备值 $x_4=x_5=0$ 不可行，因此节点 6 没有可行的完备值，剪枝. 然后检查节点 7，此时固定变量 $x_1=1$，$x_2=0$，$x_3=1$，目标函数的最佳完备值 $x_4=x_5=0$ 可行，因此节点 7 的最优解为 $x_1=1$，$x_2=0$，$x_3=1$，$x_4=x_5=0$，对应的目标值为 $z=-9$，从而得到原问题的一个候选解 $x_1=1$，$x_2=0$，$x_3=1$，$x_4=x_5=0$ 和最优目标值的一个下界 $\mathrm{LB}=-9$.

然后按 LIFO 规则检查节点 5，此时固定变量 $x_1=x_2=1$，目标函数的最佳完备值 $x_3=x_4=x_5=0$，对应的目标值 $z=-10<\mathrm{LB}=-9$，因此该节点不可能得到比当前候选解更好的解，剪枝. 此时所有节点均已查明，从而原问题的最优解是 $x_1=1$，$x_2=0$，$x_3=1$，$x_4=x_5=0$，对应的最优目标值 $z^*=-9$. □

研究与思考：除了书中介绍的 3 个在隐枚举法中使用的主要规则，试根据你自己的计算经验，给出 1～2 个其他隐枚举规则，以提高求解 0-1 规划问题的计算效率，要求有计算实例.

4.2.3　Gomory 割平面法

根据定理 4－3，可试图把整数线性规划问题（4－3）化为线性规划问题（4－7）用单纯形法求解，问题的关键在于如何构造不等式组 $\boldsymbol{\pi}^i x \leqslant \pi_0^i$，$i=1$，…，$s$. R. E. Gomory 在 1958 年提出了一个简便的方法，称之为 Gomory 割平面法，或 Gomory 分数割平面法. 该方法建立在单纯形法基础上，并基于如下简单的观察：

引理 4-1 设 $X=\{x\in\mathbf{Z}^1 \mid x\leqslant b\}$，则 $X=\{x\in\mathbf{Z}^1 \mid x\leqslant[b]\}$，其中 $\mathbf{Z}^n$ 表示 n 维整数向量构成的集合，$[b]$ 表示不超过 b 的最大整数.

设已得到整数线性规划问题（4-3）的松弛问题（4-6）的最优单纯形表：

	x_{B_1}	…	x_{B_r}	…	x_{B_m}	x_{N_1}	…	x_k	…	RHS
x_{B_1}	1	…	0	…	0	$\bar{a}_{1,N_1}$	…	$\bar{a}_{1,k}$	…	$\bar{b}_1$
⋮	⋮		⋮		⋮	⋮		⋮		⋮
x_{B_r}	0	…	1	…	0	$\bar{a}_{r,N_1}$	…	$\bar{a}_{r,k}$	…	$\bar{b}_r$
⋮	⋮		⋮		⋮	⋮		⋮		⋮
x_{B_m}	0	…	0	…	1	$\bar{a}_{m,N_1}$	…	$\bar{a}_{m,k}$	…	$\bar{b}_m$
z	0	…	0	…	0	ζ_{N_1}	…	ζ_k	…	$\bar{z}_0$

（4-16）

在表中 $\boldsymbol{\zeta}=(0,\ \cdots,\ 0,\ \cdots,\ 0,\ \zeta_{N_1},\ \cdots,\ \zeta_{N_{n-m}})^{\mathrm{T}}\leqslant 0$ 且 $\bar{b}_i\geqslant 0$，$i=1$，…，m. 如果 $\bar{b}_i$ 均为整数，则已得到原问题（4-3）的最优解；否则必存在某个 i，$1\leqslant i\leqslant m$，使 $\bar{b}_i$ 是分数，记当前所有非基变量的下标集合为 J_N，则相应的第 i 个约束的方程为

$$x_{B_i}+\sum_{j\in J_N} a_{ij}x_j=\bar{b}_i \tag{4-17}$$

再由 $x_j(j=1,\ \cdots,\ n)$ 均为非负整数、$a_{ij}\geqslant[a_{ij}]$ 和引理 4-1 知

$$x_{B_i}+\sum_{j\in J_N}[a_{ij}]x_j\leqslant[\bar{b}_i] \tag{4-18}$$

该不等式便构成了一个有效的割平面. 首先原问题的所有整数可行解仍满足该不等式；其次当前松弛问题（4-6）的最优解 x^* 不满足式（4-18）（因为 $\bar{b}_i$ 是分数，因此 $x_{B_i}^*=\bar{b}_i>[\bar{b}_i]$，同时所有非基变量取 0 值），因此式（4-18）把当前的分数最优基本解割去了，但没割掉原问题（4-3）的整数解. 将式（4-18）加入到原问题的约束中，引入一个新的松弛变量 $x_{n+1}\geqslant 0$ 将其变为等式：

$$x_{B_i}+\sum_{j\in J_N}[a_{ij}]x_j+x_{n+1}=[\bar{b}_i] \tag{4-19}$$

由于式（4-19）系数均为整数，且 $x_i(i=1,\ \cdots,\ n)$ 均为非负整数，**因此新引入的松弛变量 $x_{n+1}\geqslant 0$ 也一定是整数**. 为继续计算，可采用前述灵敏度分析的技巧。记 $f_{i0}=\bar{b}_i-[\bar{b}_i]$，$f_{ij}=a_{ij}-[a_{ij}]$，$j\in J_N$，则

$$f_{i0}>0,\quad f_{ij}\geqslant 0,\quad \forall j\in J_N \tag{4-20}$$

再由式（4-19）减去式（4-17）得

$$\sum_{J\in J_N}(-f_{ij})x_j+x_{n+1}=-f_{i0} \tag{4-21}$$

称式（4－21）是 Gomory **分数割平面**. 把式（4－21）作为约束加入到单纯形表（4－16）中便得到一组对偶可行基（此时目标行系数保持不变，因此对偶可行），从而可用对偶单纯形法继续求解. 注意增加约束后的问题和原问题（4－3）实际上是等价的，即原问题（4－3）等价于

$$
\begin{aligned}
&\min \boldsymbol{c}^{\mathrm{T}}\boldsymbol{x} = \bar{z}_0 - \sum_{j\in J_N}\zeta_j x_j \\
&\text{s. t. } \boldsymbol{x}_B + \overline{\boldsymbol{N}}\boldsymbol{x}_N = \bar{\boldsymbol{b}} \\
&\qquad \sum_{j\in J_N}(-f_{ij})x_j + x_{n+1} = -f_{i0} \\
&\qquad x_j \geqslant 0 \text{ 且为整数}, \quad j = 1, \cdots, n, n+1
\end{aligned} \tag{4-22}
$$

下面通过例子说明 Gomory 分数割平面法的计算过程.

例题 4－9　用 Gomory 割平面法计算：

$$
\begin{aligned}
&\max\ 8x_1 + 5x_2 \\
&\text{s. t. } 9x_1 + 5x_2 \leqslant 45 \\
&\qquad x_1 + x_2 \leqslant 6 \\
&\qquad x_1 \geqslant 0,\ x_2 \geqslant 0, \text{ 且 } x_1, x_2 \text{ 均为整数}
\end{aligned}
$$

解：首先用单纯形法解其对应的 LP 松弛问题，LP 松弛问题的初始单纯形表如下.

	x_1	x_2	x_3	x_4	RHS
x_3	9 *	5	1	0	45
x_4	1	1	0	1	6
z	-8	-5	0	0	0

由于是 MAX 问题，选取非基变量 x_1 为进基变量，计算得第 1 个基变量即 x_3 为离基变量，作相应的旋转后单纯形表为

	x_1	x_2	x_3	x_4	RHS
x_1	1	$\frac{5}{9}$	$\frac{1}{9}$	0	5
x_4	0	$\frac{4}{9}$ *	$-\frac{1}{9}$	1	1
z	0	$-\frac{5}{9}$	$\frac{8}{9}$	0	40

注意是 MAX 问题，选取非基变量 x_2 为进基变量，计算得第 2 个基变量即 x_4 为离基变量，作相应的旋转后单纯形表为

	x_1	x_2	x_3	x_4	RHS
x_1	1	0	$\frac{1}{4}$	$-\frac{5}{4}$	$\frac{15}{4}$
x_2	0	1	$-\frac{1}{4}$	$\frac{9}{4}$	$\frac{9}{4}$
z	0	0	$\frac{3}{4}$	$\frac{5}{4}$	$\frac{165}{4}$

获得非整数最优解：$x_1=\frac{15}{4}$，$x_2=\frac{9}{4}$，对应的最优值为 $z^*=\frac{165}{4}$. 基变量 x_1 和 x_2 均非整数，其所在的方程均可用来产生分数割平面，不妨取基变量 x_1 所在的方程，由式（4-21）知相应的分数割平面方程为$\left(\left[\frac{1}{4}\right]=0，\left[-\frac{5}{4}\right]=-2，\left[\frac{15}{4}\right]=3\right)$

$$-\frac{1}{4}x_3-\frac{3}{4}x_4+x_5=-\frac{3}{4}$$

引入的松弛变量 $x_5\geqslant 0$ 且为整数. 将其加入上述 LP 松弛问题的最优单纯形表中得

	x_1	x_2	x_3	x_4	x_5	RHS
x_1	1	0	$\frac{1}{4}$	$-\frac{5}{4}$	0	$\frac{15}{4}$
x_2	0	1	$-\frac{1}{4}$	$\frac{9}{4}$	0	$\frac{9}{4}$
x_5	0	0	$-\frac{1}{4}$	$-\frac{3}{4}$ *	1	$-\frac{3}{4}$
z	0	0	$\frac{3}{4}$	$\frac{5}{4}$	0	$\frac{165}{4}$

采用对偶单纯形法，在上述单纯形表中，

$$\bar{b}_3=\min\{\bar{b}_i \mid i=1，2，3\}=-\frac{3}{4}<0$$

选 x_5 为离基变量. 下面确定进基变量，由于是 MAX 问题，计算：

$$\max\left\{\frac{\zeta_3}{\bar{a}_{33}}，\frac{\zeta_4}{\bar{a}_{34}}\right\}=\frac{\zeta_4}{\bar{a}_{34}}=-\frac{5}{3}$$

因此应选非基变量 x_4 为进基变量，作相应的旋转后单纯形表为

	x_1	x_2	x_3	x_4	x_5	RHS
x_1	1	0	$\frac{2}{3}$	0	$-\frac{5}{3}$	5
x_2	0	1	-1	0	3	0
x_4	0	0	$\frac{1}{3}$	1	$-\frac{4}{3}$	1
z	0	0	$\frac{1}{3}$	0	$\frac{5}{3}$	40

右端项均大于或等于 0，当前解是最优解，且解均为整数，因此得到了原问题的最优解：$x_1=5$，$x_2=0$，对应的最优值为 $z^*=40$. □

上述 Gomory 割平面法只能求解纯整数规划问题（即所有变量只能取整数值）. Gomory 割平面法在 1958 年提出后，引起了人们的广泛注意，并推广到了求解混合整数规划问题（即一部分变量取整数值，另一部分变量取连续值的线性规划问题）. 但在实际计算中常常出现收敛缓慢的情况，原因主要是在计算中产生的分数割平面通常不是整点凸包所要求的不等式约束 $\boldsymbol{\pi x} \leqslant \pi_0$（见式（4-7））. 因此，人们又提出了“深切割”的概念，并常与分枝定界法结合使用以提高计算效率.

4.3 常见整数线性规划模型

除了在第 4.1 节提到的背包问题（4-1）和人员调度问题（见例 4-3）外，还常常遇到下述整数规划模型.

1. 下料问题

例题 4-10 制造某种机床，需要 A，B，C 三种轴件，其规格与数量如下所示. 各类轴件都用 5.5 m 长的同一种圆钢下料. 若计划生产 100 台机床，最少要用多少根圆钢？

轴类	规格：长度（m）	每台机床所需轴件数
A	3.1	1
B	2.1	2
C	1.2	4

依据问题，若直接以要用的圆钢数作为决策变量，则建模变得很困难. 所以避免直接由题意建模，先进行分析，实际问题抽象成线性规划的数学模型经常要进行转化.

首先考虑一根长 5.5 m 的圆钢截成 A，B，C 三种轴的毛坯有哪些具体下料方式. 为此，只需找出全部省料截法，如下所示余料 $\delta_j < 1.2$ m 的各种截法，其中 1.2 m 是各类轴件长度中最短者.

	一根圆钢所截各类轴件数					轴件需要量
	1	2	3	4	5	
A（3.1）	1	1	0	0	0	100
B（2.1）	1	0	2	1	0	200
C（1.2）	0	2	1	2	4	400
余料 δ_j	0.3	0	0.1	1	0.7	

现在问题归结为：采用上述五种截法用多少根圆钢，才能配成 100 套轴件，且使总下料根数最少？

设按第 j 种截法下料 x_j（$j=1, 2, 3, 4, 5$）根. 这样就可以建立该问题的 LP 模型为

$$\min z=x_1+x_2+x_3+x_4+x_5$$
$$\text{s.t.}\ x_1+x_2\geqslant 100$$
$$x_1+2x_3+x_4\geqslant 200$$
$$2x_2+x_3+2x_4+4x_5\geqslant 400$$
$$x_1,\ \cdots,\ x_5\geqslant 0 \text{ 且为整数}$$

该问题在 Lindo 中的输入为（详见附录）

```
min x1+x2+x3+x4+x5
s.t. x1+x2>100
     x1+2x3+x4>200
     2x2+x3+2x4+4x5>400
end
GIN 5
```

例题 4-10 也被称为一维下料问题，该问题的一般描述是：制造某种产品，需要 m 种轴件，其长度分别为 l_1，…，l_m. 各类轴件都用长为 l 的同一种圆钢下料. 设长度为 l_i 的轴件需要量为 b_i，问最少要用多少根圆钢?

用非负的整数向量 $P_j=(a_{1j},\ a_{2j},\ \cdots,\ a_{mj})$ 表示第 j 种下料方式，其中 a_{ij} 表示下料长度为 l_i 的轴件的数目. 记所有下料方式 P_j 的下标集合为 J，则对 $\forall j\in J$，下料方式 P_j 满足：

$$\sum_{i=1}^{m} l_i a_{ij}\leqslant l,\quad a_{ij}\geqslant 0 \text{ 且为整数} \tag{4-23}$$

设采用第 j 种下料方式的圆钢数目为 x_j，则问题数学模型为

$$\begin{aligned}&\min \sum_{j\in J} x_j\\ &\text{s.t.}\ \sum_{j\in J} a_{ij}x_j\geqslant b,\quad i=1,\ 2,\ \cdots,\ m.\\ &\qquad x_j\geqslant 0 \text{ 且为整数},\quad \forall j\in J\end{aligned} \tag{4-24}$$

称问题（4-24）为一维下料问题的**主规划**，其约束系数 a_{ij} 满足式（4-23）. 可按下面方式确定问题（4-24）的一个初始可行基，令

$$\boldsymbol{P}_1=\begin{bmatrix}a_{11}\\0\\\vdots\\0\end{bmatrix},\ \boldsymbol{P}_2=\begin{bmatrix}0\\a_{22}\\\vdots\\0\end{bmatrix},\ \cdots,\ \boldsymbol{P}_m=\begin{bmatrix}0\\0\\\vdots\\a_{mm}\end{bmatrix} \tag{4-25}$$

其中

$$a_{ii}=\left[\frac{l}{l_i}\right],\quad i=1,\ 2,\ \cdots,\ m$$

$[a]$ 表示不超过 a 的最大整数. 在修正单纯形法的基础上，去掉问题（4-24）的整数约束要求，有如下求解问题（4-24）的**列生成方法**.

算法 4-1 列生成方法

步 1 首先按上面的方式确定问题（4-24）的一个基本可行解，计算 $\bar{\boldsymbol{b}}=\boldsymbol{B}^{-1}\boldsymbol{b}\geqslant 0$，

$\bar{z}_0=\boldsymbol{c}_B^{\mathrm{T}}\bar{\boldsymbol{b}}$，令 $J_B=\{B_1, B_2, \cdots, B_m\}=\{1, 2, \cdots, m\}$，$k=m+1$.

步 2　计算

$$\zeta_k=\max\{\zeta_j=\boldsymbol{c}_B^{\mathrm{T}}\boldsymbol{B}^{-1}\boldsymbol{P}_j-c_j \mid j\in J\}$$

记 $\boldsymbol{w}=(w_1, w_2, \cdots, w_m)=\boldsymbol{c}_B^{\mathrm{T}}\boldsymbol{B}^{-1}$，$\boldsymbol{P}_j=(y_1, \cdots, y_m)^{\mathrm{T}}$，结合式（4-23），注意到 $\boldsymbol{c}=(1, \cdots, 1)^{\mathrm{T}}$，$\zeta_k$ 的计算等价于

$$\begin{aligned}\max \boldsymbol{\zeta} &= \sum_{i=1}^{m} w_i y_i - 1 \\ \text{s.t. } &\sum_{i=1}^{m} l_i y_i \leqslant l, \\ &y_i \geqslant 0 \text{ 且为整数}\end{aligned} \tag{4-26}$$

记上述问题的最优解为 $\boldsymbol{P}_k$，相应的最优值为 ζ_k.

步 3　若 $\zeta_k\leqslant 0$，停止，当前解 $\boldsymbol{x}_B=\bar{\boldsymbol{b}}$，$\boldsymbol{x}_N=\boldsymbol{0}$ 是最优解，最优值是 $\bar{z}_0=\boldsymbol{c}_B^{\mathrm{T}}\bar{\boldsymbol{b}}$.

步 4　计算

$$\bar{\boldsymbol{P}}_k \triangleq \boldsymbol{B}^{-1}\boldsymbol{P}_k=\begin{bmatrix}\bar{a}_{1k}\\ \bar{a}_{2k}\\ \vdots \\ \bar{a}_{mk}\end{bmatrix}$$

$$\theta=\frac{\bar{b}_r}{\bar{a}_{r,k}}\triangleq\min\left\{\frac{\bar{b}_i}{\bar{a}_{i,k}}\middle|\bar{a}_{i,k}>0, i=1, 2, \cdots, m\right\}$$

从而确定离基变量为 x_{B_r}.

步 5　以 $\bar{a}_{rk}$ 为旋转元进行旋转得到新的基矩阵 $\boldsymbol{B}$ 和新的 $\bar{\boldsymbol{b}}$、$\bar{z}_0$，并令 $B_r\leftrightarrow k$，$k\leftarrow k+1$，然后转步 2 继续循环.

在上面的算法中，子问题（4-26）就是**背包问题**，可见背包问题的高效计算方法在生产实践中是非常重要的.

2. 固定费用问题

例题 4-11　固定费用 IP

G 服装公司能够生产 3 种服装：衬衣、短裤和长裤. 每种服装的生产都要求 G 公司具有适当类型的机器. 生产每种服装所需要的机器将按照下列费用租用：衬衣机器，每周 200 元；短裤机器，每周 150 元；长裤机器，每周 100 元. 每种服装的生产还需要表 4-2 所示数量的布料和劳动时间. 每周可以使用的劳动时间为 150 个小时，布料为 160 平方米. 表 4-3 给出了每种服装的单位成本和售价. 表述一个可以使 G 公司每周利润最大的 IP.

表 4-2　G 公司的资源要求

服装类型	劳动时间（小时）	布料（平方码）
衬衣	3	4
短裤	2	3
长裤	6	4

表 4-3　G 公司的收入和成本信息

服装类型	售价（元）	成本（元）
衬衣	12	6
短裤	8	4
长裤	15	8

解：首先对 G 公司必须做出的每个决策定义一个决策变量．显然，G 公司必须决定每周应当生产多少每种类型的服装，因此定义

$$x_1 = \text{衬衣的周产量}$$
$$x_2 = \text{短裤的周产量}$$
$$x_3 = \text{长裤的周产量}$$

注意租用机器的费用只取决于所生产服装的类型，而与每种服装的产量无关，因此能够使用下列变量表示租用机器的费用：

$$y_1 = \begin{cases} 1, & \text{如果生产衬衣} \\ 0, & \text{如果不生产衬衣} \end{cases}$$

$$y_2 = \begin{cases} 1, & \text{如果生产短裤} \\ 0, & \text{如果不生产短裤} \end{cases}$$

$$y_3 = \begin{cases} 1, & \text{如果生产长裤} \\ 0, & \text{如果不生产长裤} \end{cases}$$

从而建立模型如下：

$$\begin{aligned} \max\ & z = 6x_1 + 4x_2 + 7x_3 - 200y_1 - 150y_2 - 100y_3 \\ \text{s.t.}\ & 3x_1 + 2x_2 + 6x_3 \leqslant 150, \quad \leftarrow \text{劳动时间约束} \\ & 4x_1 + 3x_2 + 4x_3 \leqslant 160, \quad \leftarrow \text{布料约束} \\ & x_j \leqslant M_j y_j, \quad j = 1, 2, 3 \\ & x_j \geqslant 0 \text{ 且为整数}, \quad j = 1, 2, 3 \\ & y_j \in \{0, 1\}, \quad j = 1, 2, 3 \end{aligned}$$

其中 $M_j(j=1, 2, 3)$ 是很大的整数，以保证当 $y_j = 1$ 时，对满足其他所有约束的 x_j，均有 $x_j \leqslant M_j$，从而使引入的约束 $x_j \leqslant M_j$ 对可行域没有影响．在本例中，由劳动时间约束、布料约束和 x_j 均为非负整数知 $M_j(j=1, 2, 3)$ 可依次取为：40，53，25．

3. 集合覆盖、打包和划分问题（set covering，packing and partitioning）

设 $M=\{1, \cdots, m\}$ 是一个有限集合，$N=\{1, \cdots, n\}$，$\{M_j \mid j \in N\}$ 是 M 的一个子集簇．取子集 $F \subseteq N$，若 $\bigcup_{j \in F} M_j = M$，则称 $F \subseteq N$ 是集合 M 的一个覆盖（covering）；若 $M_j \cap M_k = \varnothing$，$\forall j, k \in F$，$j \neq k$，则称 $F \subseteq N$ 是集合 M 的一个打包（packing）；若 $\bigcup_{j \in F} M_j = M$ 且 $M_j \cap M_k = \varnothing$，$\forall j, k \in F$，$j \neq k$，则称 $F \subseteq N$ 是集合 M 的一个划分（partitioning）．

以 $m \times n$ 矩阵 $\mathbf{A} = (a_{ij})_{m \times n}$ 记集合 M 和子集簇 $\{M_j \mid j \in N\}$ 之间的关联（incidence）矩阵，即

$$a_{ij} = \begin{cases} 1, & \text{若 } i \in M_j \\ 0, & \text{若 } i \notin M_j \end{cases}$$

以 n 维 0-1 向量 $\boldsymbol{x}$ 表示集合 F 和 N 的关联向量，即对 $\forall j\in N$，定义

$$x_j=\begin{cases}1 & 若\ j\in F\\ 0 & 若\ j\notin F\end{cases}$$

则 $\sum_{j=1}^{n}a_{ij}x_j$ 表示按集合 F 挑选出的子集簇 $\{M_j\mid j\in F\}$ 中有多少个子集 $M_j(j\in F)$ 含有元素 $i(i\in M)$. 以 c_j 表示选择集合 M_j 的开销，则集合覆盖问题可表示为

$$\begin{aligned}&\min \boldsymbol{c}^{\mathrm{T}}\boldsymbol{x}=\sum_{j=1}^{n}c_jx_j\\ &\text{s. t. } \boldsymbol{Ax}\geqslant \boldsymbol{e}\\ &\qquad x_j\in\{0,1\},\quad j=1,\cdots,n\end{aligned}\tag{4-27}$$

其中 $\boldsymbol{e}=(1,\cdots,1)^{\mathrm{T}}$. 若以 $\boldsymbol{c}_j$ 表示选择集合 M_j 获得的利益集合，则 M 的打包问题可表示为

$$\begin{aligned}&\max \boldsymbol{c}^{\mathrm{T}}\boldsymbol{x}=\sum_{j=1}^{n}c_jx_j\\ &\text{s. t. } \boldsymbol{Ax}\leqslant \boldsymbol{e}\\ &\qquad x_j\in\{0,1\},\quad j=1,\cdots,n\end{aligned}\tag{4-28}$$

集合 M 的划分问题可表示为

$$\begin{aligned}&\max \boldsymbol{c}^{\mathrm{T}}\boldsymbol{x}=\sum_{j=1}^{n}c_jx_j\\ &\text{s. t. } \boldsymbol{Ax}=\boldsymbol{e}\\ &\qquad x_j\in\{0,1\},\quad j=1,\cdots,n\end{aligned}\tag{4-29}$$

实际问题中许多问题可表示上述三类问题. 下面看一个具体的集合覆盖问题.

例题 4-12　设施位置集合覆盖问题

K 市有 6 个城区（城区 1～6）. 这个市必须确定在什么地方修建消防站. 在保证至少有一个消防站在每个城区的 15 分钟（行驶时间）路程内的情况下，这个市希望修建的消防站最少. 表 4-4 给出了在 K 市的城区之间行驶时需要的时间（单位为分钟）. 表述一个 IP，告诉 K 市应当修建多少消防站以及它们所在的位置.

表 4-4　在 K 市的城区之间行驶时需要的时间

	城区 1	城区 2	城区 3	城区 4	城区 5	城区 6
城区 1	0	10	20	30	30	20
城区 2	10	0	25	35	20	10
城区 3	20	25	0	15	30	20
城区 4	30	35	15	0	15	25
城区 5	30	20	30	15	0	14
城区 6	20	10	20	25	14	0

解：对城区 1～6，定义

$$x_i=\begin{cases}1, & 如果在城区\ i\ 修建消防站\\ 0, & 如果不在城区\ i\ 修建消防站\end{cases}$$

其中 $i=1, 2, \cdots, 6$. 于是目标是极小化函数：

$$z=x_1+x_2+x_3+x_4+x_5+x_6$$

表 4－5 给出了每个位置在 15 分钟内可到达的城区. 因此对每个位置，有约束条件：

$$
\begin{aligned}
&x_1+x_2\geqslant 1 && \leftarrow\text{城区 1 的约束条件}\\
&x_1+x_2+x_6\geqslant 1 && \leftarrow\text{城区 2 的约束条件}\\
&x_3+x_4\geqslant 1 && \leftarrow\text{城区 3 的约束条件}\\
&x_3+x_4+x_5\geqslant 1 && \leftarrow\text{城区 4 的约束条件}\\
&x_4+x_5+x_6\geqslant 1 && \leftarrow\text{城区 5 的约束条件}\\
&x_2+x_5+x_6\geqslant 1 && \leftarrow\text{城区 6 的约束条件}\\
&x_i\in\{0, 1\},\ i=1, 2, \cdots, 6
\end{aligned}
$$

表 4－5 在给定城区 15 分钟行程内的城区

城区 1	1，2	城区 4	3，4，5
城区 2	1，2，6	城区 5	4，5，6
城区 3	3，4	城区 6	2，5，6

从而整个模型为

$$
\begin{aligned}
\min\ & z=x_1+x_2+x_3+x_4+x_5+x_6\\
\text{s. t. }& x_1+x_2\geqslant 1 && \leftarrow\text{城区 1 的约束条件}\\
& x_1+x_2+x_6\geqslant 1 && \leftarrow\text{城区 2 的约束条件}\\
& x_3+x_4\geqslant 1 && \leftarrow\text{城区 3 的约束条件}\\
& x_3+x_4+x_5\geqslant 1 && \leftarrow\text{城区 4 的约束条件}\\
& x_4+x_5+x_6\geqslant 1 && \leftarrow\text{城区 5 的约束条件}\\
& x_2+x_5+x_6\geqslant 1 && \leftarrow\text{城区 6 的约束条件}\\
& x_i\in\{0, 1\},\quad i=1, 2, \cdots, 6
\end{aligned}
$$

4. 二选一约束条件（either or 条件）

下列情况通常出现在数学规划问题中. 现在提供了两个下列形式的约束条件：

$$f(x_1, x_2, \cdots, x_n)\leqslant 0$$
$$g(x_1, x_2, \cdots, x_n)\leqslant 0$$

希望保证至少满足上述两个约束条件中的一个约束条件，这经常称做二选一约束条件. 在表述中加入如下两个约束条件以后，将保证至少满足一个约束条件成立：

$$f(x_1, x_2, \cdots, x_n)\leqslant M\boldsymbol{y}$$
$$g(x_1, x_2, \cdots, x_n)\leqslant M(1-\boldsymbol{y})$$
$$\boldsymbol{y}\in\{0, 1\}$$

其中，$\boldsymbol{y}$ 是 0-1 型变量，M 是选择的一个足够大的数字，它将保证满足问题中其他约束条件的 $x_1, x_2, \cdots, x_n$ 的所有值都满足 $f(x_1, x_2, \cdots, x_n)\leqslant M$ 和 $g(x_1, x_2, \cdots, x_n)\leqslant M$.

例题 4－13 二选一约束条件

D 汽车公司正在考虑生产 3 种类型的汽车：微型、中型和大型汽车. 表 4－6 给出了生产每种汽车需要的资源以及产生的利润. 目前有 6 000 吨钢材和 60 000 小时的劳动时间. 要生产一种在经济效益上可行的汽车，这种类型的汽车至少必须生产 1 000 辆. 表述一个可以使该公司利润最大的 IP.

表 4-6 生产每种汽车需要的资源及利润

	微型	中型	大型
需要的钢材	1.5 吨	3 吨	5 吨
需要的劳动时间	30 小时	25 小时	40 小时
利润（元）	2 000	3 000	4 000

解：由于 D 公司必须确定每种汽车应当生产多少辆，所以我们定义 x_1，x_2，x_3 分别是微型、中型和大型汽车的产量，因此利润（单位为千元）就是 $2x_1+3x_2+4x_3$，D 公司的目标函数是

$$\max z=2x_1+3x_2+4x_3$$

我们知道，如果要生产某种类型的汽车，那么至少必须生产 1 000 辆. 因此，对于 $i=1, 2, 3$，必须有 $x_i\leqslant 0$ 或 $x_i\geqslant 1\,000$，于是可表示为

$$x_i\leqslant M_iy_i$$

$$1\,000-x_i\leqslant M_i(1-y_i)$$

$$y_i\in\{0, 1\}$$

由于钢材和劳动时间有限，因此必须有

$1.5x_1+3x_2+5x_3\leqslant 6\,000$（钢材约束条件）

$30x_1+25x_2+40x_3\leqslant 60\,000$（劳动时间约束条件）

注意到 x_i 为非负整数，这样便得到如下 IP：

$$\begin{aligned}\max\ & z=2x_1+3x_2+4x_3\\ \text{s.t.}\ & 1.5x_1+3x_2+5x_3\leqslant 6\,000\\ & 30x_1+25x_2+40x_3\leqslant 60\,000\\ & x_i\leqslant M_iy_i,\quad i=1, 2, 3\\ & 1\,000-x_i\leqslant M_i(1-y_i),\quad i=1, 2, 3\\ & y_i\in\{0, 1\},\quad i=1, 2, 3\\ & x_i\geqslant 0，\text{且为整数},\quad i=1, 2, 3\end{aligned}$$

其中 $M_i(i=1, 2, 3)$ 可取为 $M_1=2\,000$，$M_2=2\,000$，$M_3=1\,200$.

这个 IP 的最优解是 $z=6\,000$，$x_2=2\,000$，$y_2=1$，其他为 0. 因此，D 公司应当生产 2 000 辆中型汽车. 如果不要求 D 公司每种汽车至少生产 1 000 辆，那么最优解将是生产 570 辆微型汽车和 1 715 辆中型汽车.

5. If-then 约束条件

在许多应用中将出现下列情况：如果满足约束条件 $f(x_1, x_2, \cdots, x_n)>0$，那么也必须满足约束条件 $g(x_1, x_2, \cdots, x_n)\geqslant 0$；如果没有满足 $f(x_1, x_2, \cdots, x_n)>0$，那么可以满足也可以不满足 $g(x_1, x_2, \cdots, x_n)\geqslant 0$. 简而言之，我们希望保证 $f(x_1, x_2, \cdots, x_n)>0$ 意味着 $g(x_1, x_2, \cdots, x_n)\geqslant 0$.

为了确保这一点，可在表述中加入下列约束条件：

$$-g(x_1, x_2, \cdots, x_n)\leqslant My$$

$$f(x_1, x_2, \cdots, x_n) \leqslant M(1-y)$$
$$y \in \{0, 1\}$$

其中，y 是 0-1 型变量，M 是选择的一个足够大的数字，它应保证满足问题中其他约束条件的 x_1，x_2，…，x_n 的所有值都满足 $f(x_1, x_2, \cdots, x_n) \leqslant M$ 和 $-g(x_1, x_2, \cdots, x_n) \leqslant M$.

可以看到，如果 $f>0$，那么只有当 $y=0$ 时才满足. 于是由约束条件可知 $-g \leqslant 0$ 或 $g \geqslant 0$，这就是要求的结果. 因此，如果 $f>0$，那么约束条件将保证 $g \geqslant 0$. 此外，如果没有满足 $f>0$，那么约束条件允许 $y=0$ 或 $y=1$. 选择 $y=1$ 将自动满足 $-g(x_1, x_2, \cdots, x_3) \leqslant M$. 因此，如果没有满足 $f>0$，那么 x_1，x_2，…，x_n 的值将没有限制，$g \geqslant 0$ 和 $g<0$ 的情况都有可能出现.

习题

4-1 对下列整数规划问题，用解相应的 LP 松弛问题然后凑整的办法能否得到最优解？

(1) $\max\ 5x_1+2x_2$

s. t. $3x_1+x_2 \leqslant 12$

$x_1+x_2 \leqslant 5$

$x_1 \geqslant 0$，$x_2 \geqslant 0$，

x_1，x_2 均为整数

(2) $\max\ 4x_1+5x_2$

s. t. $3x_1+2x_2 \leqslant 10$

$x_1+4x_2 \leqslant 11$

$3x_1+3x_2 \leqslant 13$

$x_1 \geqslant 0$，$x_2 \geqslant 0$，

x_1，x_2 均为整数

4-2 用分枝定界法解下列 IP：

(1) $\max\ 2x_1+3x_2$

s. t. $x_1+2x_2 \leqslant 10$

$3x_1+4x_2 \leqslant 25$

$x_1 \geqslant 0$，$x_2 \geqslant 0$，

x_1，x_2 均为整数

(2) $\max\ 7x_1+3x_2$

s. t. $2x_1+x_2 \leqslant 10$

$3x_1+2x_2 \leqslant 13$

$x_1 \geqslant 0$，$x_2 \geqslant 0$，

x_1，x_2 均为整数

(3) $\max\ 10x_1+15x_2+17x_3$

s. t. $3x_1+4x_2+5x_3 \leqslant 26$

$x_i \in \{0, 1\}$，$i=1, 2, 3$

(4) $\max\ 5x_1+8x_2+3x_3+7x_4$

s. t. $3x_1+5x_2+2x_3+4x_4 \leqslant 7$

$x_i \in \{0, 1\}$，$i=1, 2, 3, 4$

4-3 用隐枚举法求解下列 0-1 型 IP：

(1) $\min\ -3x_1-x_2-3x_3+x_4-x_5$

s. t. $2x_1+x_2-3x_4 \leqslant 1$

$x_1+2x_2-3x_3-2x_4+x_5 \geqslant 2$

$x_i \in \{0, 1\}$，$i=1, \cdots, 5$

(2) $\max\ 2x_1-3x_2+x_3$

s. t. $2x_1+x_2-x_3 \leqslant 1$

$x_1+x_2+x_3 \geqslant 2$

$x_i \in \{0, 1\}$，$i=1, 2, 3$

(3) $\max\ z=2x_1-x_2+6x_3$

s. t. $2x_1+3x_2-x_3 \leqslant 1$

$x_1+x_2+x_3 \leqslant 3$

$4x_2+x_3 \leqslant 5$

$x_i \in \{0, 1\}$，$i=1, 2, 3$

(4) $\min\ 3x_1+6x_2-2x_3+x_4$

s. t. $2x_1-x_2+x_3-x_4 \geqslant 1$

$x_1-x_2+6x_3+2x_4 \geqslant 8$

$3x_1+2x_2+x_4 \geqslant 3$

$x_i \in \{0, 1\}$，$i=1, 2, 3, 4$

4-4　用 Gomory 割平面法求解下列 IP：

(1) $\max\ 15x_1+19x_2$

s. t. $-x_1+2x_2\leqslant 6$

$7x_1+x_2\leqslant 28$

$x_1\geqslant 0,\ x_2\geqslant 0,$

x_1，x_2 均为整数

(2) $\min\ 6x_1+8x_2$

s. t. $3x_1+x_2\geqslant 4$

$x_1+2x_2\geqslant 5$

$x_1\geqslant 0,\ x_2\geqslant 0,$

x_1，x_2 均为整数

4-5　公司目前必须向五家用户送货，在用户 A 处卸下 1 单位重量的货物，在用户 B 处卸下 2 单位重量的货物，在用户 C 处卸下 3 单位重量的货物，在用户 D 处卸下 4 单位重量的货物，在用户 E 处卸下 8 单位重量的货物．公司有各种卡车四辆．1 号车载重能力为 2 单位重量，2 号车载重能力为 6，3 号车载重能力为 8，4 号车载重能力为 11．卡车 j 的运费为 c_j．假定一辆卡车不能同时给用户 A 和 C 二者送货；同样，也不能同时给用户 B 和 D 二者送货．

1. 建立该问题整数规划模型，以确定装运全部货物应如何配置卡车，使其运费为最小．

2. 如果卡车在一天内的送货次数最多为 2 次，修改相应的整数规划模型．

4-6　某石油公司的送货卡车有 5 个油罐舱，每个油罐舱分别最多能够装载 2 700、2 800、1 100、1 800 和 3 400 升汽油．该公司必须给客户运送 3 种汽油（优质、普通和无铅汽油）．表 4-7 给出了需求量、每短缺一升汽油的罚款和最大容许短缺量．卡车的每个油罐舱只能装载一种汽油．建立该问题的整数规划模型，使罚款最少．

表 4-7　习题 4-6 表

汽油类型	需求量	每短缺一升的罚款（元）	最大容许短缺量
优质汽油	2 900	10	500
普通汽油	4 000	8	500
无铅汽油	4 900	6	500

第 5 章

网络流优化

许多实际问题都要用到网络优化方法，如交通网络、电流网络和通信网络的设计与优化. 当研究的系统中含有有限对象，并需要研究其相互间的关系，一个比较简单且常用的直观方法就是画一张图，以点表示系统中的对象，用点之间的连线和连线旁的数字表示对象之间的相互关系，然后通过对该图的研究，达到研究系统和优化系统的目的. 1736 年，年方 29 岁的欧拉解决了哥尼斯堡（Königsberg，18 世纪属于东普鲁士的一座古城）七桥问题，并向圣彼得堡科学院递交了一篇论文《哥尼斯堡的七座桥》. 论文不仅仅是解决了这一难题，而且引发了一门新的数学分支——图论的诞生. 图论的内容十分丰富，本章将主要介绍图论中的重要内容——网络优化方法，包括最小生成树问题、最短路问题、最大流问题、一般最小费用流问题、运输问题、指派问题和中国邮递员问题.

5.1 基本概念

一个图是由一些点及一些点之间的连线（不带箭头或带箭头）所组成的，称这些点为图的**顶点**（vertex）或**节点**（node），称这些连线为图的**边**（edge）或**弧**（arc），记作 $G(V, E)$ 或 $G=(V, E)$，其中 V 是所有节点构成的集合，E 是所有边构成的集合. 在一个图中，重要的是图中的点、边关系，而图形的大小、形状和位置通常都是无关紧要的. 例如，甲、乙、丙、丁、戊五个球队之间比赛情况就能用一个图来表示. 可以用 1，2，3，4，5 这五个点依次表示这五支球队，若两队比赛过，则用连接和这两个队相应的点的一条边来表示，如图 5 - 1（a）所示. 但该图没能表示出这两队之间的胜负情况. 为反映这些情况，可以用一条带箭头的连线来表示，如球队甲胜了乙，则可以从点 1 引一条带箭头的连线到点 2，如图 5 - 1（b）所示（此外，还可以在连线旁标上数字来表示两队之间的比分）.

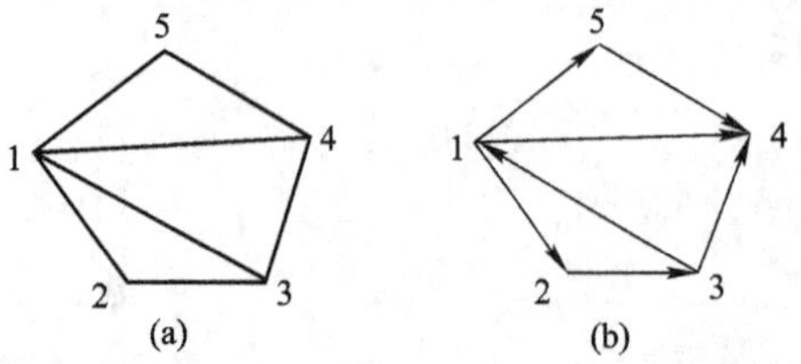

图 5 - 1　五个球队之间的比赛情况

对于图 $G(V, E)$，若集合 E 中的边都是无向的（即所有边都不带箭头），则称图 G 是一个**无向图**（undirected graph）. 若集合 E 中的边都是有方向的（即所有边都带箭头），则称图 G 是一个**有向图**（directed graph），相应的边称为**有向边**或**弧**，此时在网络图的弧上只能在一个方向上移动. 为与无向图相区别，通常约定把有向图中的点称作**节点**，把有向图中的边称作**弧**，并引入记号 $D(V, A)$ 表示有向图，其中 V 是有向图 D 的点构成的集合，A

是图 D 的有向边构成的集合.

在本书中，为简单计，在不混淆的情况下，**约定**有向图也用 $G(V, E)$ 表示，有向图中的弧也称作边.

设 v_1，v_2 是 V 中的两个点，用（v_1，v_2）表示连接点 v_1，v_2 的边. 在无向图中，（v_1，v_2）是无序的，（v_1，v_2）和（v_2，v_1）表示相同的边；而在有向图中，（v_1，v_2）是有序的，$e=(v_1, v_2)$ 表示起点为 v_1、终点为 v_2 的一条弧. 设 $e=(v_1, v_2)$ 是有向图 G 中的一条弧，称 v_1 是有向边 e 的**始点**（或**尾**，英文为 tail），v_2 是弧 e 的**终点**（或**头**，英文为 head），并称弧 e 是从 v_1 指向 v_2 的，v_1 是 v_2 的**前继**节点，v_2 是 v_1 的**后继**节点. 在有向图中，（v_1，v_2）和（v_2，v_1）表示方向相反的两条不同的边.

通常可把无向图看做是每条边都是双向边的有向图，从而有向图的结果可直接用于无向图. 对于有向图 $D(V, A)$，把每条边的方向去掉后得到的无向图称为该有向图的**基础图**，记为 $G(D)$. 在有向图中，为方便计，双向边也常常用一条无向边来表示.

对于图 $G(V, E)$，若边 $e=(u, v)\in E$，则称 u，v 是边 e 的端点，点 u，v 是相邻的，称 e 是点 u（及点 v）的**关联边**，或称边 e 和点 u **相关联**. 若两条边有一个共同的顶点，则称这两条边是**相邻边**；若图 G 中，某个边 e 的两个端点（在有向图中为头和尾）相同，则称 e 是**环**（loop）；若以节点 v_1，v_2 为端点（在有向点分别为头和尾）的边有多个，则称这些边是多重边，此时可用（v_1，v_2），$(v_1, v_2)_2$，…，$(v_1, v_2)_k$ 来表示连接节点 v_1，v_2 的 k 条边. 一个无环、无多重边的图称为**简单图**，一个无环但允许有多重边的图称为**多重图**. 若一个简单图中任意两个节点之间恰有一条边相连，则称该图是**完全图**.

对一个图，若每一条边均有一个或多个数字与之相关，用以表示两个点相联系的数量关系，则我们常常把该图称为**网络图**. 如果在一个网络图中，每一条弧均有且只有一个数字与之相关，用以表示两个点的联系程度，如费用、距离等，则常常称该网络图为**赋权图**，并把与弧相关的数字称为该弧上的**权**.

在本书中，约定以 $|V|$ 或 $p(G)$ 记集合 V 中点的个数，$|E|$ 或 $q(G)$ 记集合 E 中边的个数. 通常，$|V|$ 被称为图 $G(V, E)$ 的**阶**（order），而 $|E|$ 则被称为该图的**大小**（size）. $|V|$ 和 $|E|$ 均有限的图称为**有限图**（finite graph），若不特别声明，后面讲的图均是有限图.

在无向图中，以点 u 为端点的边的个数称为点 u 的**次**或**度**（degree），记为 $d_G(u)$ 或 $d(u)$. 注意若图中含有环，则在计算该环的端点 u 的度时，该环应该算 2 条边，计数 2 次. 称次为 1 的点为**悬挂点**，悬挂点的关联边称为悬挂边，次为零的点称为**孤立点**，孤立点不和任何边相关联. 称次为奇数的点为**奇点**，否则称为**偶点**.

定理 5-1 在任一个无向图 $G(V, E)$ 中，所有点的次（度）之和是边数的两倍，即

$$\sum_{v\in V} d(v) = 2|E|$$

证明：由于每条边均有两个端点，在计算各点的次时，每条边均被其两个端点各用了一次，因此所有点的次（度）之和是边数的两倍. □

由上述定理便得：

推论 5-1a 任一个无向图中，奇点的个数为偶数.

对于有向图，以节点 u 为终点的边的个数称为节点 u 的**入次**或**入度**（in-degrees），记为 $d_G^-(u)$ 或 $d^-(u)$；以节点 u 为始点的边的个数称为节点 u 的**出次**或**出度**（out-degrees），记

为 $d_G^+(u)$ 或 $d^+(u)$. 同样由于在有向图中每条边都有一个起点和终点，在计算入次和出次时该条各被用了一次，因此可得如下结果.

定理 5-2 设 $G(V, E)$ 是有向图，则

$$\sum_{v\in V}d^+(v)=\sum_{v\in V}d^-(v)=|E|$$

设有两个图 $G(V, E)$ 和 $G'(V', E')$，如果 $V'\subseteq V$，$E'\subseteq E$，则称图 G' 是图 G 的一个**子图**（注意此时 E' 中的边的端点应均在 V' 中）；如果 $V'=V$，$E'\subseteq E$，则称图 G' 是图 G 的一个**生成子图**（**或支撑子图**）.

设 u，v 是图 $G(V, E)$ 的两个点，一个点边交错序列（$u=v_{i_1}$，e_{i_1}，v_{i_2}，e_{i_2}，…，$v_{i_{k-1}}$，$e_{i_{k-1}}$，$v_{i_k}=v$），如果满足 $e_{i_t}=(v_{i_t}, v_{i_{t+1}})\in E$ 或 $e_{i_t}=(v_{i_{t+1}}, v_{i_t})\in E(t=1, 2, \cdots, k-1)$，则称该点边交错序列是由点 u 到点 v 的一条**途径**（walk），简记为（v_{i_1}，v_{i_2}，…，v_{i_k}），称 v_{i_2}，…，$v_{i_{k-1}}$ 为该途径的**中间节点**，v_{i_1} 为该途径的**起点**，v_{i_k} 为该途径的**终点**；若该途径中的边各不相同，则称之为**迹**（trail，在一些教材中称之为**简单路**）；若途径（v_{i_1}，v_{i_2}，…，v_{i_k}）中各个节点均不相同，则称之**路**（path，在一些教材中称之为**初等路**）. 由定义知路一定是迹，迹一定是途径. 若一条途径中至少含一条边，且起点和终点重合，则称之为**闭途径**；若该闭途径中的边各不相同，则称之为**闭迹**（在一些教材中称之为**简单圈**）；若该闭途径中的中间节点各不相同，则称该闭途径是一个**回路或圈**（circle，在一些教材中称之为**初等圈**）. 显然回路（或圈）一定是闭迹（或简单圈）. 在有向图中，相应地也可定义**有向途径**、**有向迹**、**有向路**和**有向回路**（**或有向圈**），此时要求在途径（v_{i_1}，v_{i_2}，…，v_{i_k}）中满足 $e_{i_t}=(v_{i_t}, v_{i_{t+1}})\in E(t=1, 2, \cdots, k-1)$，即途径上的所有弧（有向边）$e_{i_t}(t=1, 2, \cdots, k-1)$ 的方向要与该途径的方向一致. 无论是无向图还是有向图，途径都是有方向的，其方向定义为由起点 $u=v_{i_1}$ 指向终点 $v=v_{i_k}$.

根据上述定义可知，任何一条途径均可分解为路和圈的并.

对于图 $G(V, E)$，若任何两个节点都有一条途径相连，则称之为**连通图**（connected graph），否则称为**不连通图**. 称图 G 的每个极大连通子图为图 G 的一个**连通分支**，简称**分支**. 每个连通图恰有一个连通分支.

对于有向图 $G(V, A)$，若其任何两个节点 u 和 v 之间要么存在一条由节点 u 到节点 v 的一条**有向途径**，要么存在一条由节点 v 到节点 u 的一条**有向途径**，则称该有向图是**单向连通图**；若任何两个节点 u 和节点 v 之间既存在一条由节点 u 到节点 v 的一条**有向途径**，又存在一条由节点 v 到节点 u 的一条**有向途径**，则称之为**强连通图**. 因此强连通图一定是单向连通图，单向连通图一定是连通图（在一些教材中也称之为**弱连通图**），但反之则不对.

有向图中从节点 u 到节点 v 的路在网络流优化中也常称为连接节点 u 和节点 v 的一条链，该链也是有向图的基础图中连接节点 u 和节点 v 的一条路.

注意在有向图中**有向路**和**链**（**路**）是不同的概念，有向路中要求其中每条边的方向与有向路一致，而链（路）则不要求.

5.2 最小生成树问题

若连通图 $G(V, E)$ 中无圈，则称该图为**树**（tree）. 若一棵树的每条边均有方向，则

称之为**有向树**. 由于树中无圈，因此树中的每条途径都是一条路.

引理 5-1 设图 $G(V, E)$ 是一个树，若 $p(G)\geqslant 2$，则图 G 中至少有两个悬挂点.

证明：由于 G 是有限连通图，又无圈，因此一定存在一条边数最多的路 P，该路的两个端点一定是悬挂点.

定理 5-3 下列各个条件等价：

1. 图 $G(V, E)$ 是一个树；
2. 图 $G(V, E)$ 不含圈，且恰有 $p(G)-1$ 条边；
3. 图 $G(V, E)$ 是连通图，并且 $q(G)=p(G)-1$；
4. 图 $G(V, E)$ 的任意两个顶点之间有且仅有一条路.

证明：首先证明 $1\Rightarrow 2$. 设图 $G(V, E)$ 是一个树，则图 $G(V, E)$ 不含圈. 下面对顶点数 $p(G)$ 作归纳法证明其恰有 $p(G)-1$ 条边. 当 $p(G)=1$，2 时命题显然成立，设 $p(G)=k\geqslant 2$ 时命题成立，则当 $p(G)=k+1>2$ 时，由引理 5-1 知其至少含有两个悬挂点，不妨设其中一个悬挂点为 v_1，从图 $G(V, E)$ 去掉 v_1 及其与之关联的唯一一条边 e_1 后得到的图为 G'，则由定义知图 G' 仍为一棵树，且顶点数和边数均比图 $G(V, E)$ 少 1，即 $p(G')=p(G)-1=k$，$q(G')=q(G)-1$，由归纳假设知图 G' 恰有 $q(G')=p(G')-1=k-1$ 条边，从而 $q(G)=q(G')+1=k=p(G)-1$.

$2\Rightarrow 3$：设图 $G(V, E)$ 不含圈，且恰有 $p(G)-1$ 条边，下面证明其必是连通的. 由于图 $G(V, E)$ 是有限图，若其不连通，设其可分为 $r(r\geqslant 2)$ 个连通分支 $G_i(i=1, \cdots, r)$. 由已知条件知每个连通分支 $G_i(i=1, \cdots, r)$ 均不含圈，因此每个连通分支 G_i 都是树，再根据 1 知 $q(G_i)=p(G_i)-1$，从而

$$q(G)=\sum_{i=1}^{r}q(G_i)=\sum_{i=1}^{r}p(G_i)-r=p(G)-r<p(G)-1$$

这与 $q(G)=p(G)-1$ 矛盾，因此图 $G(V, E)$ 是连通图.

$3\Rightarrow 4$：只需证明图 $G(V, E)$ 不含圈. 首先证明图 $G(V, E)$ 一定有悬挂点. 用反证法，若图 $G(V, E)$ 没有悬挂点，则对任意 $v\in V$，均有 $d(v)\geqslant 2$，从而由定理 5-1 知

$$2q(G)=\sum_{v\in V}d(v)\geqslant 2p(G)\Rightarrow q(G)\geqslant p(G)$$

这与 $q(G)=p(G)-1$ 矛盾，因此图 $G(V, E)$ 至少有一个悬挂点. 然后对顶点数 $p(G)$ 作归纳法，当 $p(G)=1$，2 时，由连通性和 $q(G)=p(G)-1$ 知图 $G(V, E)$ 不含圈，设 $p(G)=k\geqslant 2$ 时命题成立（即图 $G(V, E)$ 不含圈），则当 $p(G)=k+1>2$ 时，由于图 $G(V, E)$ 至少有一个悬挂点，不妨设该悬挂点为 v_1，从图 $G(V, E)$ 中去掉 v_1 及其与之关联的唯一一条边 e_1 后得到的图为 G'，则图 G' 仍为连通图且 $p(G')=k$，$q(G')=k-1$，因此由归纳假设知图 G' 不含圈，从而图 $G(V, E)$ 不含圈.

$4\Rightarrow 1$：由图 $G(V, E)$ 的任意两个顶点之间有一条路知图 $G(V, E)$ 是连通的，然后由任意两个顶点之间仅有一条路知图 $G(V, E)$ 不含圈（否则将有两个端点之间的路不唯一），因此图 $G(V, E)$ 是树. □

由定理 5-3 可得如下推论.

推论 5-3a 在树 $G(V, E)$ 中不相邻的两个点间添上一条边，则得到只含一个圈的图

G'；若在图 G' 中从该圈中再去掉任意一条边得到图 G''，则图 G'' 又成为树.

证明：设 $v_1 \in V$，$v_2 \in V$，$v_1 \neq v_2$，$(v_1, v_2) \notin E$，由定理 5-3 知节点 v_1 和 v_2 之间存在唯一一条路（v_1，v_{i_1}，v_{i_2}，…，v_{i_k}，v_2）. 在树 $G(V, E)$ 中添加一条边（v_1，v_2）后，便得到一个圈（v_1，v_{i_1}，v_{i_2}，…，v_{i_k}，v_2，v_1）. 由于树 $G(V, E)$ 中不含圈，且连接节点 v_1 和 v_2 的路是唯一的，因此添加边（v_1，v_2）后，得到的圈（v_1，v_{i_1}，v_{i_2}，…，v_{i_k}，v_2，v_1）也是唯一的. 在该圈中任意去掉一条边后，所得到的图 G'' 仍是连通的，且不含圈，因此图 G'' 又成为树. □

设图 $G=(V, E)$，如果图 $G'=(V', E')$ 是一个树且是图 G 的一个生成子图，则称 G' 为图 G 的一个**生成树**（或支撑树）.

定理 5-4 图 G 有生成树的充分必要条件是图 G 是连通的.

证明：必要性由树的定义知显然成立.

充分性：设图 G 是连通图，如果 G 不含圈，则 G 已是一个树. 否则任取一个圈，从圈中任意去掉一条边，得到 G 的一个生成子图 G_1，显然生成子图 G_1 是连通的，如果图 G_1 不含圈，那么 G_1 是 G 的一个生成树；如果 G_1 仍含圈，那么从中任取一个圈，从圈中再去掉任意一条边，得到图 G_1 的一个连通生成子图 G_2，由于图 G 的边数是有限的，如此重复，最终一定可以得到一个 G 的连通生成子图 G_k，它不含圈，于是 G_k 是 G 的一个生成树. 证毕. □

上面证明充分性的方法称为"破圈法"，即在连通图 G 中任取一个圈，从圈中去掉一边，对余下的图重复这个步骤，直到不含圈为止，便得到连通图 G 的一个生成树.

推论 5-4a 若图 $G(V, E)$ 满足 $|E|<|V|-1$，则该图一定是不连通的；若图 $G(V, E)$ 连通且 $|E|>|V|-1$，则该图一定含圈；若图 $G(V, E)$ 不含圈，则必有 $|E| \leqslant |V|-1$.

证明：当 $|E|<|V|-1$ 时，若图 $G(V, E)$ 是连通的，则由定理 5-4 知图 $G(V, E)$ 有一棵生成子树，从而 $|E| \geqslant |V|-1$，矛盾，因此图 $G(V, E)$ 不连通；若图 $G(V, E)$ 连通且 $|E|>|V|-1$，则由定理 5-3 知该连通图一定不是树，从而一定含圈.

若图 $G(V, E)$ 不含圈，则由上面的证明知当图 $G(V, E)$ 连通时一定有 $|E| \leqslant |V|-1$；若图 $G(V, E)$ 不连通，设其可分为 $r(r \geqslant 2)$ 个连通分支 $G_i=(V_i, E_i)(i=1, \cdots, r)$，则各个连通分支 G_i 也不含圈，从而 $|e_i| \leqslant |v_i|-1(i=1, \cdots, r)$，因此有

$$|E| = \sum_{i=1}^{r} E_i \leqslant \sum_{i=1}^{r} |V_i| - r = |V| - r < |V| - 1$$ □

由此可知：若图 $G(V, E)$ 是树，则去掉任一条边，该图不连通. 因此，树可看成是在图中节点数确定的前提下，具有最少边数的连通图.

也可用"避圈法"寻找连通图 G 的一个生成树，即在图 G 中任取一条边 e_1，找一条与 e_1 不构成圈的边 e_2，再找一条与 $\{e_1, e_2\}$ 不构成圈的边 e_3，……一般设已有图 G 的 k 条边构成的集合 $E_k=\{e_1, e_2, \cdots, e_k\}$，其中不含圈，再从图 G 找一条与 $E_k=\{e_1, e_2, \cdots, e_k\}$ 中的任何边均不构成圈的边 e_{k+1}，重复这个过程，直到不能进行为止，则此时由所有取出来的边所构成的图是一个生成树.

算法 5-1 "避圈法"的计算步骤（设图 $G=(V, E)$ 有 m 个点，n 条边）

步 1 初始时令 $E_0=\varnothing$，$i=1$（$\varnothing$ 表示空集）.

步2 选一条边 $e_i \in E \backslash E_{i-1}$，使 e_i 与 E_{i-1} 不构成圈. 若这样的边不存在，终止，此时若 $|E_{i-1}|=m-1$，则说明找到了图 $G=(V, E)$ 的一棵生成树；若 $|E_{i-1}|<m-1$，则说明图 $G=(V, E)$ 不是连通的.

步3 令 $E_i=E_{i-1} \cup \{e_i\}$ 并转步2.

由定理5-3和图的连通性，易知上面的“避圈法”也构造性地证明了定理5-4.

定理5-5 设 $G=(V, E)$ 是连通图，则上述“避圈法”算法一定会有限终止，且终止时得到的子图 T 一定是图 G 的一个生成树.

证明：由于图 $G=(V, E)$ 只有有限条边，因此上述“避圈法”算法一定会有限终止. 设终止时得到的图为 $G_{i-1}=(V_{i-1}, E_{i-1})$，则 $V_{i-1} \subseteq V$ 且 $|V_{i-1}| \leqslant |V|=m$. 若终止时 $|V_{i-1}|<|V|=m$，则一定存在 $v \in V$，$v \notin V_{i-1}$. 由 $G=(V, E)$ 的连通性知一定存在一条边 $e=(u, v) \in E$ 将 v 与 G_{i-1} 连接起来，但由 $v \notin V_{i-1}$ 知 $e=(u, v)$ 与边集 E_{i-1} 不构成圈，从而算法不应终止，矛盾. 因此终止时必有 $|V_{i-1}|=|V|=m$，$V_{i-1}=V$.

若终止时 $|E_{i-1}|<m-1$，则由 $|V_{i-1}|=|V|=m>|E_{i-1}|+1$ 和推论5-4a知图 $G_{i-1}=(V_{i-1}, E_{i-1})$ 一定不连通，从而至少有两个连通分支. 由于 $G=(V, E)$ 是连通的，因此一定存在一条边 $e \in E$ 将这两个连通分支连接起来，显然 e 与边集 E_{i-1} 一定不构成圈，此时算法不应终止. 因此若 $G=(V, E)$ 是连通图，则该种情形不会出现.

若终止时 $|E_{i-1}|>m-1$，则根据推论5-4a知边集 e_{i-1} 中必含圈，与算法矛盾.

因此若 $G=(V, E)$ 连通，则终止时必有 $|E_{i-1}|=m-1$，边集 E_{i-1} 中不含圈，且 $|V_{i-1}|=|V|=m$，$V_{i-1}=V$，然后由定理5-3之2便知 $G_{i-1}=(V_{i-1}, E_{i-1})$ 是 $G=(V, E)$ 的一个生成树. □

下面考虑赋权的连通图 $G=(V, E)$. 以 w_{ij} 或 $w(v_i, v_j)$ 表示边 (v_i, v_j) 上的权，G' 是 G 的一个生成树，定义该生成树的权为

$$w(G') = \sum_{(v_i, v_j) \in G'} w_{ij}$$

如果生成树 G^* 的权 $w(G^*)$ 是 G 的所有生成树的权中最小的，则称 G^* 是 G 的**最小生成树**（或**最小支撑树**，Minimum Spanning Tree，缩写为 MST)，简称**最小树**. 相应地，我们也可定义**最大生成树**（或**最大支撑树**、**最大树**).

例题5-1 已知5个城市 Atlanta，Chicago，Cincinnati，Houston 和 LA 的距离矩阵如表5-1所示. 现要在五个城市之间修建高速公路，要求每两个城市之间都能到达，问如何建才能使费用最省？

表5-1 五个城市之间的距离

	ATL	CHI	CIN	HOU	LA
ATL	0	702	454	842	2 396
CHI	702	0	324	1 093	2 136
CIN	454	324	0	1 137	2 180
HOU	842	1 093	1 137	0	1 616
LA	2 396	2 136	2 180	1 616	0

若以节点1～5依次代表城市 Atlanta，Chicago，Cincinnati，Houston 和 LA，用直线

将这5个城市两两连接起来，两个城市之间的距离作为对应边上的权，则该问题就变成一个求解连接5个城市网络的最小生成树问题（见图5-2）.

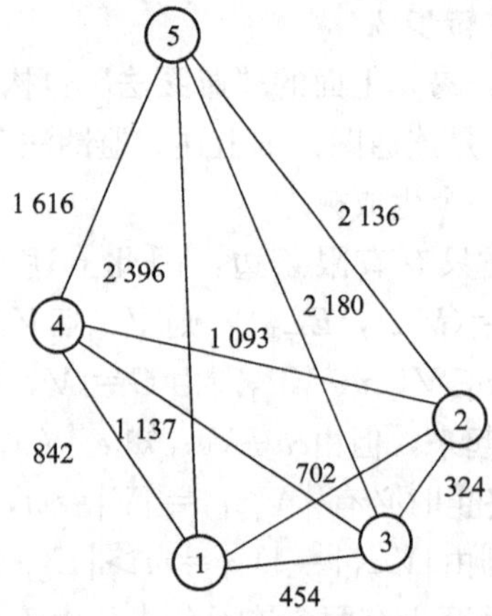

图5-2　五个城市之间的网络图

最小生成树（MST）的算法主要有克鲁斯卡尔（Kruskal）算法和普里姆（Prim）算法. Kruskal算法也被称为“避圈法”. 该方法开始选一条最小权的边，以后每一步中总从未被选取的边中选取一条与已选取的边不构成圈的最小边（若某一步中如果有两条或两条以上的边都是权最小的边，则从中任选一条）.

算法5-2　Kruskal算法的具体步骤：

步1　令 $i=1$，$E_0=\varnothing$（$\varnothing$表示空集）；

步2　选一条边 $e_i\in E\backslash E_{i-1}$，使 e_i 是所有不在 E_{i-1} 中且与 E_{i-1} 不构成圈的边中权最小的边，如果这样的边不存在，算法终止，此时若 $|E_{i-1}|=m-1$，则 $T=(V, E_{i-1})$ 是最小树；若 $|E_{i-1}|<m-1$，则说明原图 $G=(V, E)$ 不是连通的；

步3　令 $E_i=E_{i-1}\cup\{e_i\}$，$i\leftarrow i+1$，转步2.

定理5-6　设 $G=(V, E)$ 是连通图，则上述Kruskal算法一定有限终止，且终止时得到的子图 T 一定是图 G 的最小生成树.

证明：由于 $G=(V, E)$ 只有有限条边，因此一定会有限终止，并由定理5-5知算法终止时得到的子图 T 一定是生成树. 设算法终止时得到生成树 $T=(V, E_m)$，$E_m=\{e_1, e_2, \cdots, e_{m-1}\}$，则由Kruskal算法的计算步骤知

$$w(e_1)\leqslant w(e_2)\leqslant\cdots\leqslant w(e_{m-1})$$

用反证法，设 $T=(V, E)$ 不是最小生成树，T^* 是与 T 公共边最多的一个最小生成树，则 $T^*\neq T$. 设 e_i 是 T 中第一个不属于 T^* 的边，即 $\{e_1, e_2, \cdots, e_{i-1}\}\subseteq E(T)\cap E(T^*)$ 且 $e_i\in E(T)$，$e_i\notin E(T^*)$（这里 $E(T)$ 表示由图 T 的所有边构成的集合）. 记 $e_i=(u, v)$，则由 T^* 是生成树知 T^* 中存在唯一一条路 $P(u\rightarrow v)\subseteq E(T^*)$，且由推论5-4a知该路与 $e_i=(u, v)$ 构成一个唯一的圈. 由于 T 不含圈，因此该圈中一定存在某条边 $e\notin E(T)$，再由 $e_i\in E(T)$ 知 $e\neq e_i$. 令

$$T_0=T^*\backslash\{e\}\cup\{e_i\}$$

则由推论 5-3a 知 T_0 仍为 $G=(V, E)$ 的一个树，且与 T 多一条公共边 e_i，并有

$$w(T_0)=w(T^*)-w(e)+w(e_i)\geqslant w(T^*)$$

从而

$$w(e_i)\geqslant w(e) \tag{5-1}$$

另一方面由 $e\in E(T^*)$ 和 $\{e_1, e_2, \cdots, e_{i-1}\}\subseteq E(T^*)$ 知 $\{e_1, e_2, \cdots, e_{i-1}\}$ 与 e 不构成圈，因此由 Kruskal 算法的计算步骤知

$$w(e)\geqslant w(e_i) \tag{5-2}$$

由式 (5-1)、(5-2) 得 $w(e)=w(e_i)$，从而 $w(T_0)=w(T^*)$. 这就是说 T_0 也是 G 的一个最小支撑树，但是 T_0 与 T 的公共边数比 T^* 与 T 的公共边数多一条，这与 T^* 的选取矛盾，所以证得方法的正确性. □

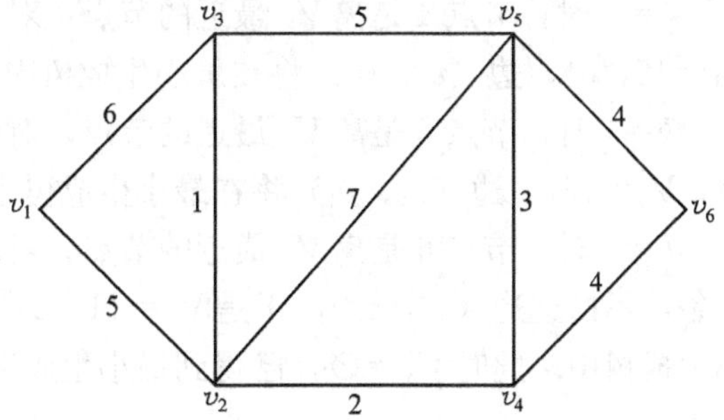

图 5-3 计算最小生成树

例题 5-2 求图 5-3 的最小生成树.

解：$i=1$ 时（即第 1 次迭代，下同），$E_0=\varnothing$，从 E 中选取最小权边 (v_2, v_3)，$E_1=\{(v_2, v_3)\}$；

$i=2$ 时，从 $E\backslash E_1$ 中选取最小权边 (v_2, v_4)（(v_2, v_3) 与 (v_2, v_3) 不构成圈），$E_2=\{(v_2, v_3), (v_2, v_4)\}$；

$i=3$ 时，从 $E\backslash E_2$ 中选取最小权边 (v_4, v_5)（$E_2\cup\{(v_4, v_5)\}$ 不含圈），令 $E_3=\{(v_2, v_3), (v_2, v_4), (v_4, v_5)\}$；

$i=4$ 时，在 $E\backslash E_3$ 中有两条最小权边，分别是 (v_4, v_6) 和 (v_5, v_6)，且均与 $E\backslash E_3$ 不构成圈，此时任选一条即可，不妨选取边 (v_5, v_6)，令 $E_4=\{(v_2, v_3), (v_2, v_4), (v_4, v_5), (v_5, v_6)\}$；

$i=5$ 时，在 $E\backslash E_4$ 中的最小权边是 (v_4, v_6)，但它与 $E_4=\{(v_2, v_3), (v_2, v_4), (v_4, v_5), (v_5, v_6)\}$ 构成圈，舍去；选取与 E_4 不构成圈的最小权边 (v_1, v_2)（即 $E_4\cup\{(v_1, v_2)\}$ 不含圈），令 $E_5=\{(v_2, v_3), (v_2, v_4), (v_4, v_5), (v_5, v_6), (v_1, v_2)\}$，此时 $|E_5|=|V|-1$，算法终止，(V, E_5) 是最小树. □

另外一个常用的最小生成树（MST）算法是 Prim 算法.

算法 5-3 最小生成树（MST）的 Prim 算法.

步 1 从任意一个节点 i 开始，找到离节点 i 最近的节点 j. 令 $V_1=\{i, j\}$，$E_1=\{(i, j)\}$，称 V_1 的节点为连通节点集合，网络中其余的节点 $V_1'=V\backslash V_1$ 称做非连通节点集. $E_1=\{(i, j)\}$ 将在最小生成树中. 令 $k=1$.

步 2 若 $V_k'=\varnothing$，算法终止，已找到最小生成树，V_k 为相应的节点集，E_k 为相应的边集；否则从 V_k' 中选择一个离 V_k 最近的成员节点 p（如果 V_k' 中有两个或两个以上的节点离 V_k 最近，则从中任选一个；如果 V_k' 中所有节点均不能与 V_k 连通，则说明图 G 不是连通的）. 设 q 表示 V_k 中离 p 最近的节点，则边 (q, p) 将在最小生成树中. 更新 V_k 和 V_k'，令 $V_{k+1}\leftarrow V_k\cup\{p\}$，$V_{k+1}'\leftarrow V_k'\backslash\{p\}$，$E_{k+1}\leftarrow E_k\cup\{(q, p)\}$.

步 3 令 $k\leftarrow k+1$，转步 2.

例题 5-3 用 Prim 算法计算例题 5-2.

解：$k=1$ 时（即第 1 次迭代），根据 Prim 算法，可任选一个节点开始，不妨从节点 1 开始，离节点 1 最近的节点是节点 2，于是 $V_1=\{1, 2\}$，$V_1'=\{3, 4, 5, 6\}$，$E_1=(v_1, v_2)$ 将在最小生成树中.

$k=2$ 时（即第 2 次迭代，下同），节点 3 是离 V_1 最近的节点，对应的边是 (v_2, v_3)，于是 $V_2=\{1, 2, 3\}$，$V_2'=\{4, 5, 6\}$，边 (v_2, v_3) 将在最小生成树中，$E_2=E_1\cup\{(v_1, v_3)\}$.

$k=3$ 时，节点 4 是离 V_2 最近的节点，对应的边是 (v_2, v_4)，于是 $V_3=\{1, 2, 3, 4\}$，$V_3'=\{5, 6\}$，边 (v_2, v_4) 将在最小生成树中，$E_3=E_2\cup\{(v_2, v_4)\}$.

$k=4$ 时，节点 5 是离 V_3 最近的节点，对应的边是 (v_4, v_5)，于是 $V_4=\{1, 2, 3, 4, 5\}$，$V_4'=\{6\}$，边 (v_4, v_5) 将在最小生成树中，$E_4=E_3\cup\{(v_4, v_5)\}$.

$k=5$ 时，节点 6 是离 V_4 最近的节点，对应的边有两条：(v_4, v_6) 和 (v_5, v_6)，任选一条，不妨选边 (v_5, v_6)，于是 $V_5=\{1, 2, 3, 4, 5, 6\}$，$V'=\varnothing$，边 (v_5, v_6) 将在最小生成树中. 此时 $V_5'=\varnothing$，已得到最小生成树，相应的边集为：$E_5=\{(v_1, v_2), (v_2, v_3), (v_2, v_4), (v_4, v_5), (v_5, v_6)\}$. □

通过上述例子可以看到 Prim 算法每次迭代的计算量还是比较大的，需要找到 V_k 和 V_k' 中最近的节点和相应的弧. 戴克斯特拉（Dijkstra）1960 年在研究这一算法时，提出了标号方法以减少运算量.

在 Prim 算法的第 k 次迭代，定义：

$$d(V_k, V_k')=\min\{w(i, j) \mid i\in V_k, j\in V_k'\}.$$

其中若 $(i, j)\notin E$，则定义 $w(i, j)=+\infty$. 若 $V_k'=\{x\}$，则将其简记为 $d(V_k, x)$，即 $d(V_k, x)$ 是节点 x 到集合 V_k 中的点的最短距离，定义为 $d(V_k, x)=\min\{w(i, x) \mid i\in V_k, (i, x)\in E\}$.

设在第 k 次迭代已得到 $d(V_k, V_k')=w(i_k, j_k)$，其中 $i_k\in V_k$，$j_k\in V_k'$. 则根据 Prim 算法有：

$$V_{k+1}=V_k\cup\{j_k\}, \quad V_{k+1}'=V_k'\setminus\{j_k\}.$$

下面计算 $d(V_{k+1}, V_{k+1}')$ 和相应的节点 i_{k+1}、j_{k+1}. 对任意 $x\in V_{k+1}'$ 有：

$$d(V_{k+1}, x)=\min\{d(V_k, x), w(j_k, x)\} \tag{5-3}$$

因此计算过程中应保存 $d(V_k, x)$，由式（5-3）计算 $d(V_{k+1}, x)$，然后再计算：

$$d(V_{k+1}, V_{k+1}')=\min_{x\in V_{k+1}'} d(V_{k+1}, x)\equiv d(V_{k+1}, j_{k+1}). \tag{5-4}$$

便得到 $d(V_{k+1}, V_{k+1}')$ 和节点 j_{k+1}. 为得到节点 i_{k+1}，设已知 V_k 中与节点 x 最近的节点为 $\mathrm{Pred}_k(x)$，则在按式（5-3）计算 $d(V_{k+1}, x)$ 时，相应地有：

$$\mathrm{Pred}_{k+1}(x)=\begin{cases} j_k, & 若\ d(V_k, x)>w(j_k, x) \\ \mathrm{Pred}_k(x), & 否则 \end{cases} \tag{5-5}$$

从而在得到节点 j_{k+1} 后，便有：

$$i_{k+1}=\mathrm{Pred}_{k+1}(j_{k+1}).$$

由以上分析，在第 k 次迭代时，对每个节点 $x\in V_k'$，应计算 $(\mathrm{Pred}_k(x), d(V_k, x))$，称之为节点 x 的**标号**，称其中的 $\mathrm{Pred}_k(x)$ 是节点 x 的**前继节点**.

初始时，可任取一个节点 i_0，令 $V_0=\{i_0\}$，$V_0'=V\setminus V_0$，$E_0=\varnothing$，$k=0$，且对任意 $x\in$

V'_0 有：

$$d(V_0, x)=\begin{cases} w(i_0, x), & 若 (i_0, x)\in E \\ +\infty, & 否则 \end{cases}$$

$$\text{Pred}(x)=\begin{cases} i_0, & 若 (i_0, x)\in E \\ 0, & 否则 \end{cases}$$

然后再按式（5-3）～式（5-5）循环。

算法 5-4 Prim 算法的标号方法.

步 1. 任取一个节点 i_0，令 $V_0=\{i_0\}$，$V'_0=V\setminus V_0$，$E_0=\varnothing$，对任意 $x\in V'_0$ 计算：

$$d(V_0, x)=\begin{cases} w(i_0, x), & 若 (i_0, x)\in E \\ +\infty, & 否则 \end{cases}$$

$$\text{Pred}(x)=\begin{cases} i_0, & 若 (i_0, x)\in E \\ 0, & 否则 \end{cases}$$

令 $k=0$.

步 2. 若 $V'_k=\varnothing$，算法中止，已找到最小生成树，V_k 为相应的节点集，E_k 为相应的弧集.

步 3. 计算：

$$\min_{x\in V'_k} d(V_k, x)\triangleq d(V_k, j_k).$$

若 $d(V_k, j_k)=+\infty$，则 V'_k 中所有节点均不能与 V_k 连通，说明图 G 不是连通的，算法中止.

步 4. 令 $i_k=\text{pred}(j_k)$，$V_{k+1}=V_k\cup\{j_k\}$，$V'_{k+1}=V'_k\setminus\{j_k\}$，$E_{k+1}=E_k\cup\{(i_k, j_k)\}$，对任意 $x\in V'_{k+1}$，按式（5—3）和式（5—5）计算 $d(V_{k+1}, x)$ 和 $\text{Pred}(x)$，令 $k\leftarrow k+1$ 转步 2.

例题 5-4 用 Prim 标号算法计算上面的例 5-2.

解：当 $k=0$ 时（初始步），根据 Prim 算法，可任选一个节点开始，不妨从节点 v_1 开始，则 $V_0=\{v_1\}$. $V'_0=\{v_2, v_3, v_4, v_5, v_6\}$，将节点 v_1 标记为（0，0），然后固定 v_1（在图中将标记（0，0）用下划线来表示），将与节点 v_1 相邻的节点 v_2 和节点 v_3 分别标记为（1，6）和（1，5），其余未标记的节点标号均为（0，$+\infty$），得到图 5-4（**回顾一下：在各个节点的标记中，第 1 个值是前继节点，第 2 个值是该节点到集合 V_k 的距离，已固定的节点（即在集合 V_k 中的点）除外**）。

然后在已标记但未固定的节点（**即集合 V'_k 中的点，在图中没有下划线**）中选择其标记中第 2 个值最小的，得到节点 v_2，此时 $k=1$（第 1 次迭代），得到 $V_1=\{v_1, v_2\}$，$V'_1=\{v_3, v_4, v_5, v_6\}$，由 $\text{Pred}(v_2)=1$ 得 $E_1=\{(v_1, v_2)\}$，即 E_1 将在最小生成树中；然后在图中将节点 v_2 固定，并标记节点 v_2 能到达的节点；节点 v_3 的标记更新为（2，1），节点 v_4，v_5 依次标记为（2，2），（2，7），得到图 5-5。

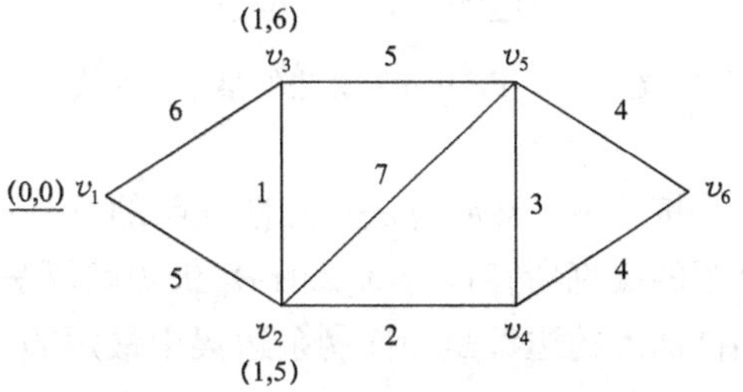

图 5-4　Prim 标号算法的初始步

然后在已标记但未固定（即没有下划线）的节点中选择其标记中第 2 个值最小的，得

到节点 v_3，Pred(v_3)=2，于是 $k=2$，$V_2=\{v_1,\ v_2,\ v_3\}$，$V'_2=\{v_4,\ v_5,\ v_6\}$，$E_2=\{(v_1,\ v_2),\ (v_2,\ v_3)\}$ 将在最小生成树中；然后将节点 v_3 固定，标记节点 v_3 能到达的节点（已固定标号的节点不再标号），节点 v_5 的标记更新为（3，5），其余节点标号不变，得到图 5-6。

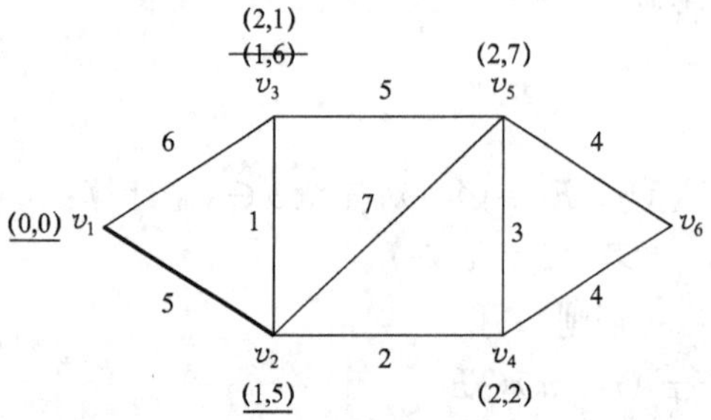

图 5-5　Prim 标号算法的第 1 次迭代

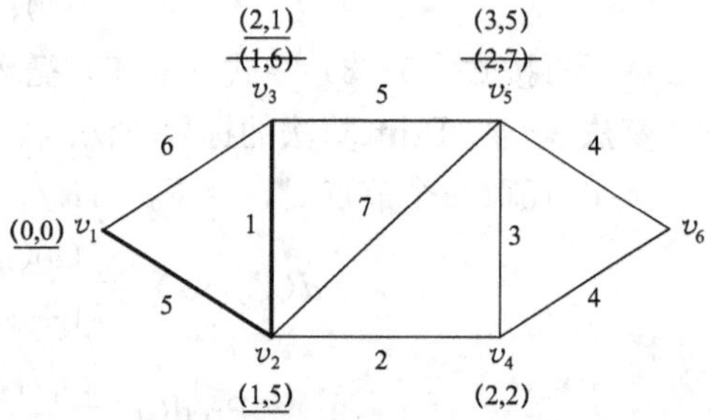

图 5-6　Prim 标号算法的第 2 次迭代

然后在已标记但未固定的节点中选择其标记中第 2 个值最小的，得到节点 v_4，Pred(v_4)=2，此时 $k=3$（即第 3 次迭代），$V_3=\{v_1,\ v_2,\ v_3,\ v_4\}$，$V'_3=\{v_5,\ v_6\}$，$E_3=\{(v_1,\ v_2),\ (v_2,\ v_3),\ (v_2,\ v_4)\}$；然后将节点 v_4 固定，标记节点 v_4 能到达的但尚未固定的节点，节点 v_5 的标记更新为（4，3），节点 v_6 标记为（4，4），得到图 5-7。

然后在已标记但未固定的节点中选择其标记中第 2 个值最小的，得到节点 v_5，Pred(v_5)=4，此时 $k=4$（即第 4 次迭代），$V_4=\{v_1,\ v_2,\ v_3,\ v_4,\ v_5\}$，$V'_4=\{v_6\}$，$E_4=\{(v_1,\ v_2),\ (v_2,\ v_3),\ (v_2,\ v_4),\ (v_4,\ v_5)\}$；然后将节点 v_5 固定，标记节点 v_5 能到达的但尚未固定的节点（即在 V'_4 中的节点），发现节点 v_6 标记不变，在 V'_4 中的节点（即已标记但未固定的节点）选择其标记中第 2 个值最小的，得到节点 v_6，Pred(v_6)=4，此时 $k=5$（即第 5 次迭代），$V_5=\{v_1,\ v_2,\ v_3,\ v_4,\ v_5,\ v_6\}$，$V'_5=\varnothing$，得到最小生成树，相应的边集为：$E_5=\{(v_1,\ v_2),\ (v_2,\ v_3),\ (v_2,\ v_4),\ (v_4,\ v_5),\ (v_5,\ v_6)\}$，如图 5-8 所示.

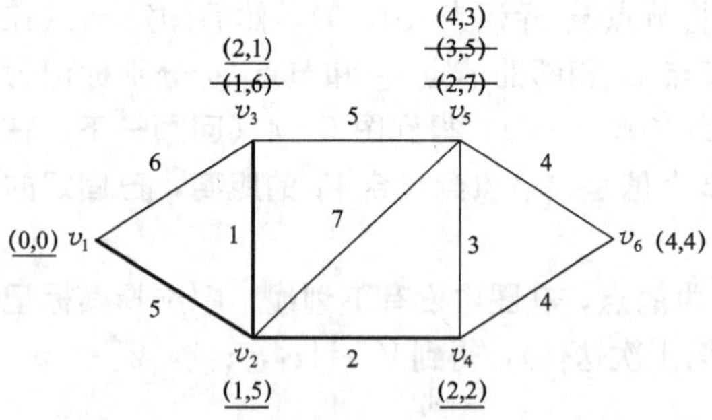

图 5-7　Prim 标号算法的第 3 次迭代

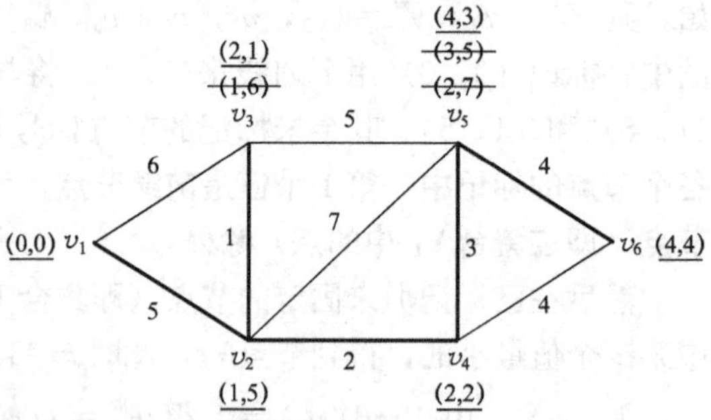

图 5-8　Prim 标号算法的第 4、5 次迭代

按照 Kruskal 算法正确性证明的思路不难证明 Prim 算法的正确性. Prim 算法将是后面介绍的戴克斯特拉（Dijkstra）最短路算法的基础. 在 Kruskal 算法和 Prim 算法中，由于所选择加入的边都是当前剩余边集中最短的，所以这些算法常被称为“贪婪”算法.

5.3 最短路问题

给定一个赋权有向图，即给了一个有向图 $G=(V, E)$，对每一个弧 $a=(v_i, v_j)$，相应地有权 $w(a)=w_{ij}$，又给定 G 中两个顶点 v_s，v_t，设 P 是 G 中从 v_s 到 v_t 的一条路，定义路 P 的权是 P 中所有弧的权之和，记 $w(P)$，最短路问题就是要在所有从 v_s 到 v_t 的路中，求一条权最小的路，即求一条 $v_s \rightarrow v_t$ 的路 P_0，使 $w(P_0)=\min\limits_{p} w(P)$，$P_0$ 称为 $v_s \rightarrow v_t$ 的最短路. 路 P 的权称为从 v_s 到 v_t 的距离，记为 $d(v_s, v_t)$.

最短路问题在实践中有着广泛的应用，如在一个公路网或 INTERNET 网中找到一条从 v_s 到 v_t 的最短路等. 此外还有一些问题也可转化为最短路问题. 例如，设备更新问题，某企业使用一台设备，在每年年初，企业就要决定是购置新的，还是继续使用旧的. 若购置新设备，就要支付一定的购置费用；若继续使用旧设备，则需支付一定的维修费用. 用一个五年之内要更新某种设备的计划为例，若已知该种设备在各年年初的价格为

第1年	第2年	第3年	第4年	第5年
11	11	12	12	13

还已知使用不同时间（年）的设备所需要的维修费用为

使用年数	0-1	1-2	2-3	3-4	4-5
维修费用	5	6	8	11	18

现在的问题是如何制订一个几年之内的设备更新计划，使得总的支付费用最少？

对此问题，可用点 v_i 代表“第 i 年年初购进一台新设备”这种状态. 再加设一点 v_6 表示第5年年底. 从 v_i 到 v_{i+1}，…，v_6 各画一条弧（v_i，v_j）（其中 $i<j$）表示在第 i 年年初购进的设备一直使用到第 j 年年初（即第 $j-1$ 年底），该弧上的权 w_{ij} 表示在第 i 年年初购进的设备一直使用到第 j 年年初（即第 $j-1$ 年底）所花费的费用. 每条弧的权可按已知资料计算出来，例如，（v_1，v_4）是第1年年初购进一台新设备（支付购置费11），一直使用到第3年年底（支付维修费 $5+6+8=19$），故（v_1，v_4）上的权为30. 这样一来，制订一个最优的设备更新计划的问题就等价于寻求从 v_1 到 v_6 的最短路问题，如图5-9所示.

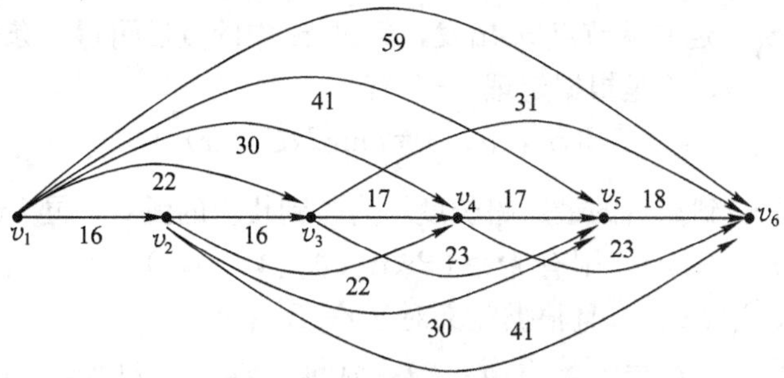

图5-9 设备更新计划问题

由于最短路问题的特殊性，人们提出了专门的算法. 戴克斯特拉（Dijkstra）1960 年在普里姆（Prim）算法的基础上提出了戴克斯特拉（Dijkstra）算法，其原理基于如下两个定理.

定理 5-7 设有向图 $G=(V, E)$，对每条弧 $(i, j)\in E$，其上的权 $w_{ij}\geqslant 0$. 设节点 k 是节点 $1\rightarrow i$ 最短路 P_i 上的一个中间节点，则路 P_i 上的 $1\rightarrow k$ **子路** P_k **一定是节点** $1\rightarrow k$ **的最短路.**

证明：用反证法，若 P_k 不是 $1\rightarrow k$ 的最短路，则存在一条 $1\rightarrow k$ 的路 P'_k 比 P_k 更短，设 $P(k\rightarrow i)$ 是 P_i 上节点 $k\rightarrow i$ 的子路，则 $P(k\rightarrow i)\cup P'_k$ 是节点 $1\rightarrow i$ 的比路 P_i 更短的途径 Q. 由于 $w_{ij}\geqslant 0$，在途径 Q 上去掉圈后将得到一条节点 $1\rightarrow i$ 的比途径 Q 更短的 $1\rightarrow i$ 的路 P'_i，从而路 P'_i 比路 P_i 更短，这与 P_i 是节点 $1\rightarrow i$ 的最短路矛盾. 证毕. □

定理 5-8 设 $w_{ij}=w(v_i, v_j)\geqslant 0$，$v_s, v_t\in V$，记 $d(v_s, v_t)$ 为 $v_s\rightarrow v_t$ 的最短路的长度，设 $v_i(i=1, \cdots, k)$ 是离 v_s 第 i 近的节点，即对 $\forall v\in V\backslash\{v_i|i=1, \cdots, k\}$，有

$$d(v_s, v_1)\leqslant d(v_s, v_2)\leqslant\cdots\leqslant d(v_s, v_k)\leqslant d(v_s, v)$$

则一定存在一个离 v_s 第 $k+1$ 近的节点 v_{k+1}，要么由节点 v_s 出发后再过一条弧直接到达，要么由节点 v_s 出发，经过 $\{v_1, \cdots, v_k\}$ 中的点后再过一条弧到达.

证明：若必须经过 $v'\notin\{v_s, v_1, \cdots, v_k\}$ 后再过弧 (v', v_{k+1}) 到达节点 v_{k+1}，不妨记该条从 $v_s\rightarrow v'\rightarrow v_{k+1}$ 的路为 P，则由定理 5-7 和 $w_{ij}=w(v_i, v_j)\geqslant 0$ 知

$$d(v_s, v_{k+1})=d(v_s, v')+w(v', v_{k+1})\geqslant d(v_s, v')$$

再由 v_{k+1} 是离 v_s 第 $k+1$ 近的节点和 $v'\notin\{v_s, v_1, \cdots, v_k, v_{k+1}\}$ 知 $d(v_s, v')\geqslant d(v_s, v_{k+1})$，从而

$$d(v_s, v_{k+1})=d(v_s, v'), \quad w(v', v_{k+1})=0$$

因此 v' 也是离 v_s 第 $k+1$ 近的节点，令 $v_{k+1}\leftarrow v'$. 若还不能通过 $\{v_s, v_1, \cdots, v_k\}$ 中的点直接到达节点 v_{k+1}，则可重复以上过程，由于路 P 上的弧只有有限条且 $d(v_s, v_{k+1})\geqslant d(v_s, v_i)$，$\forall i=1, 2, \cdots, k$，因此经过有限次迭代后必可找到一个离 v_s 第 $k+1$ 近的节点 v_{k+1}，经过 $\{v_s, v_1, \cdots, v_k\}$ 中的某个节点后再过一条弧到达. □

设 v_i 是离 v_s 第 i 近的节点，易知节点 v_1 就是从节点 v_s 出发经过一条权最小的弧所能直达的节点（若有多个这样的节点，任取一个）. 设已知 $S_k=\{v_s, v_1, \cdots, v_k\}$，$S'_k=V\backslash S_k$，则由定理 5-8 知第 $k+1$ 近的节点 v_{k+1} 必可经 S_k 中的点后再过一条弧到达，因此可和 Prim 算法一样，对 $\forall x\in S'_k$，定义从节点 v_s 出发，经过 S_k 中的点后再过一条弧 e_k 到达节点 x 的最短路长度为 $d(S_k, x)$，于是根据定理 5-8 有

$$d(S_k, v_{k+1})=\min_{x\in S'_k} d(S_k, x) \tag{5-6}$$

且 $d(S_k, v_{k+1})$ 就是 v_s 到 v_{k+1} 的最短路长度. 为得到相应的弧 e_k，同 Prim 算法一样定义节点 x 的前继节点为 Pred (x)，则有 $e_k=(\text{Pred}(v_{k+1}), v_{k+1})$. 下一次迭代时，有 $S_{k+1}=S_k\cup\{v_{k+1}\}$，$S'_{k+1}=S'_k\backslash\{v_{k+1}\}$，且根据定义对 $\forall x\in S'_{k+1}$ 有

$$d(S_{k+1}, x)=\min\{d(S_k, x), d(S_k, v_{k+1})+w(v_{k+1}, x)\} \tag{5-7}$$

$$\text{Pred}(x)=\begin{cases} v_{k+1}, & \text{若 } d(S_k, x)>d(S_k, v_{k+1})+w(v_{k+1}, x) \\ \text{不变}, & \text{其他} \end{cases} \tag{5-8}$$

然后不断循环，直至 $v_t \in S_k$，此时不仅找到了 $v_s \to v_t$ 的最短路，而且找到了 v_s 到 S_k 其他节点的最短路，最短路可通过 $Pred(x)$ 反推得到.

算法 5-5 戴克斯特拉（Dijkstra）算法

步 1 令 $Pred(v_s)=0$，$S_0=\{v_s\}$，对每一个 $x \notin S_0$，计算：

$$d(S_0, x)=\begin{cases} w(v_s, x), & 若\ (v_s, x)\in E \\ +\infty & 否则 \end{cases} \qquad Pred(x)=\begin{cases} v_s, & 若\ (v_s, x)\in E \\ NULL, & 否则 \end{cases}$$

令 $k=0$.

步 2 按式（5-6）计算 v_{k+1}，若 $d(S_k, v_{k+1})=\min\limits_{x\notin S_k} d(S_k, x)=+\infty$，算法终止，说明不存在 $v_s \to v_t$ 的路，即节点 v_s 与节点 v_t 不连通；若 $v_t=v_{k+1}$，则已找到 $v_s \to v_t$ 的最短路，$d(S_k, v_{k+1})$ 为 $v_s \to v_t$ 的最短路长度，令 $y_{k+1}=v_{k+1}$，对 $i=k, k-1, \cdots, 1, 0$，依次令 $y_i=Pred(y_{i+1})$ 便得到了最短路上的节点 $y_0=v_s, y_1, \cdots, y_{k+1}=v_t$ 和相应的弧集 $\{(y_0, y_1), (y_1, y_2), \cdots, (y_k, y_{k+1})\}$；否则作下一步.

步 3 令 $S_{k+1}=S_k \cup \{v_{k+1}\}$，对 $\forall x \notin S_{k+1}$，按式（5-7）和（5-8）计算 $d(S_{k+1}, x)$ 和更新 $Pred(x)$，令 $k \leftarrow k+1$，转步 2.

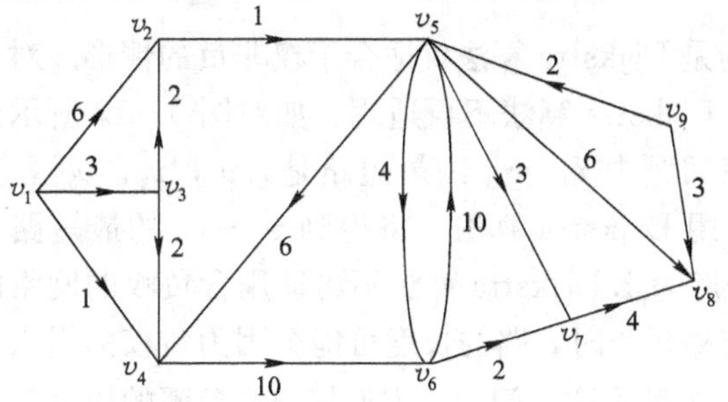

图 5-10 计算 $v_1 \to v_8$ 的最短路

易知戴克斯特拉（Dijkstra）算法的复杂度和普里姆（Prim）算法的复杂度一样，为$O(m^2)$. Dijkstra 算法目前被公认为是针对一般最短路问题的最好算法. 目前的改进主要是在数据结构和步骤的具体实现上，如从起点和终点同时执行 Dijkstra 算法的双树算法等.

具体计算时，可在图上对每个节点作上标号（$Pred(v)$，$d(S_k, v)$）. 若对某个 k（即第 k 次迭代），节点 $v \in S_k$，则节点 v 的标号将被固定，后面的迭代均不会改变该节点的标号，可对该节点的标号加上下划线或加圈来标记，并通过列表的方法来表示标号和标记的具体过程，下面通过例题说明.

例题 5-5 计算图 5-10 中 $v_1 \to v_8$ 的最短路.

解：当 $k=0$ 时，有 $S_k=\{v_1\}$，$d(S_k, v_2)=6$，$d(S_k, v_3)=3$，$d(S_k, v_4)=1$，$Pred(v_2)=Pred(v_3)=Pred(v_4)=v_1$；对 $i=5, 6, 7, 8, 9$，均有 $d(S_k, v_i)=+\infty$，$Pred(v_i)=0$，因此节点 v_2，v_3，v_4 的标号（按（$Pred(v_i)$，$d(S_k, v_i)$）的方式标号）依次为（1，6），（1，3），（1，1），其他节点的标号均为（0，$+\infty$），节点 v_1 的标号任意并已被固定，当前 $d(S_k, v_i)$ 中最小的是节点 v_4，因此该节点的标号也被固定，在图 5-11 中用下划

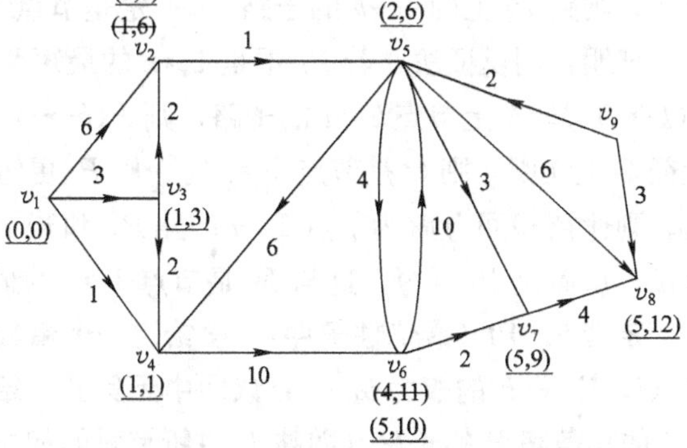

图 5-11 计算 $v_1 \to v_8$ 最短路的标号法

线标记，而在表中则用 * 标记，且 $S_1=S_0\cup\{v_4\}$，然后对 $\forall v_i\notin S_1$，按式（5-5）和式（5-6）计算 $d(S_1, v_i)$ 和更新 $\text{Pred}(v_i)$，便得到 $k=1$ 时的标号，此时仅有节点 v_6 的标号被更新为（4，11），然后对所有标号未被固定的节点计算最小的 $d(S_k, v_i)$，得到节点 v_3，于是 $S_2=S_1\cup\{v_3\}$，节点 v_3 的标号被固定，然后依次类推，其整个计算过程如表 5-2 和图 5-11 所示．经过 6 次迭代后得到了 $v_1\rightarrow v_8$ 最短路，其长度为 12，根据 $\text{Pred}(v)$ 从节点 v_8 依次反推得到最短路上节点依次为 $\{v_1, v_3, v_2, v_5, v_8\}$． □

表 5-2　例 5-4 的迭代过程

k	v_1	v_2	v_3	v_4	v_5	v_6	v_7	v_8	v_9
0	(0，0)	(1，6)	(1，3)	*(1，1)	(0，$+\infty$)	(0，$+\infty$)	(0，$+\infty$)	(0，$+\infty$)	(0，$+\infty$)
1			*			(4，11)			
2		*(3，5)							
3					*(2，6)				
4						(5，10)	*(5，9)	(5，12)	
5						*			
6								*	

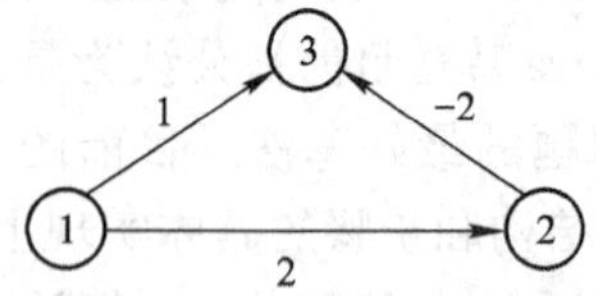

图 5-12　计算 $v_1\rightarrow v_3$ 的最短路

需要注意的是 Dijkstra 算法仅适合于权非负的情形．对于含负权的网络，Dijkstra 算法不再适用，如对图 5-12 所示的问题．显然在该问题中 $v_1\rightarrow v_3$ 的最短路是 $\{v_1, v_2, v_3\}$，其长度为 0；而采用 Dijkstra 算法，将得到 $v_1\rightarrow v_3$ 的最短路是 $\{v_1, v_3\}$，其长度为 1. Dijkstra 算法不再适用含负权的网络的主要原因在于当路延长时，路的长度可能会因为负权的引入而减少，从而定理 5-7 和定理 5-8 不再成立．为解决这一问题，人们提出了负圈的概念．

定义 5-1　设 $G=(V, E)$ 是赋权图，C 是 G 中的一个回路，定义回路 C 上的权 $w(C)$ 为 C 上所有弧的权之和．如果 C 的权 $w(C)$ 小于零，则称 C 是 G 中的一个**负回路**（或**负圈**），如果 C 的权 $w(C)$ 等于零，则称 C 是 G 中的一个**零回路**（或**零圈**）；如果 C 的权 $w(C)$ 大于零，则称 C 是 G 中的一个**正回路**（或**正圈**）．

定理 5-9　设赋权图 $G=(V, E)$ 中无负圈，节点 k 是 $1\rightarrow i$ 的最短路 P_i 上的一个中间节点，则路 P_i 上的 $1\rightarrow k$ 的子路 P_k 一定是节点 $1\rightarrow k$ 的最短路．

证明：用反证法，若 P_k 不是 $1\rightarrow k$ 的最短路，则存在一条 $1\rightarrow k$ 的路 P_k' 比 P_k 更短，设 $P(k\rightarrow i)$ 是 P_i 上节点 $k\rightarrow i$ 的子路，则 $P(k\rightarrow i)\cup P_k'$ 是节点 $1\rightarrow i$ 的比 P_i 更短的途径 Q．若途径 Q 上无圈，则 Q 是节点 $1\rightarrow i$ 的、比 P_i 更短的路，与 P_i 是最短路矛盾；若途径 Q 上有圈，则途径 Q 可分解为节点 $1\rightarrow i$ 的路 P_i' 和若干个圈的并．由于无负圈，路 P_i' 不比途径 Q 更长，从而比 P_i 更短，这与 P_i 是节点 $1\rightarrow i$ 的最短路矛盾．证毕． □

定理 5-10（最优性条件）．**设给定一个赋权有向图 $G=(V, E)$，$V=\{1, 2, \cdots, m\}$，弧 $(i, j)\in E$ 的权为 w_{ij}，且该图中无负圈．给定 G 中的顶点 s，以 $d(i)$ 表示顶点 s 到顶点 i 的某条路 P 的长度（即路 P 中所有弧的权之和），则 $d(j)(j\in V)$ 是从顶点 s 到顶点 j 最短路长度的充要条件是：**

$$d(j)\leqslant d(i)+w_{ij}, \ \forall (i, j)\in E$$

证明：必要性：用反证法．设 P_i，P_j 分别是 s 到 i，j 的最短路，但 $d(j)>d(i)+w_{ij}$，这说明 $P_i\cup\{(i,\ j)\}$ 这条 $s\to j$ 的途径 H_j 的长度比 $d(j)$ 小．由于无负圈，去掉途径 H_j 上的圈后便可得到 $s\to j$ 的一条长度比 $d(j)$ 更小的路，这与 $d(j)$ 是 $s\to j$ 的最短路长度相矛盾．

下证充分性．根据定义知 $d(s)=0$. 设 P：$s\to i_1\to i_2\to\cdots\to i_k\to j$ 是由顶点 s 到顶点 j 的任一条路，其长度为：

$$l=w_{si_1}+w_{i_1i_2}+\cdots+w_{i_kj}.$$

根据已知条件有：

$$d(i_1)\leqslant d(s)+w_{si_1}$$
$$d(i_2)\leqslant d(i_1)+w_{i_1i_2}$$
$$\cdots\cdots$$
$$d(j)\leqslant d(i_k)+w_{i_kj}$$

将各不等式相加得：

$$d(j)\leqslant w_{si_1}+w_{si_2}+\cdots+w_{i_kj}=l.$$

而 $d(j)$ 表示顶点 s 到顶点 j 的某条路的长度，由上式便知 d（j）是顶点 s 到顶点 j 的最短路长度，证毕.

由上述定理可得求最短路的一般标号校正算法如下（要求无负圈）．

算法 5-6 一般标号校正算法

步 1 令 $d(s)=0$，$\text{pred}(s)=0$，$d(j)=+\infty$，$\forall j\neq i$，$k:=0$.

步 2 若存在弧（i，j）$\in E$ 满足 $d(j)\geqslant d(i)+w_{ij}$，则令

$$d(j)=d(i)+w_{ij}，\text{pred}(j)=i;$$

否则算法中止，当前的 $d(i)(i\in V)$ 就是顶点 s 到顶点 i 的最短路长度．

步 3 令 $k:=k+1$ 转步 2.

上述算法的主要计算量主要在步 2，且若在节点 v_s 和 v_t 的某条途径中令有负圈时，通过在负圈上无限循环，可使该途径的长度无下界，从而导致有死循环！因此为防止死循环，需要在步 2 中检查是否出现负圈，从而导致复杂的代码设计和较大的计算量（当网络很大时)。Bellman-Ford 算法则根据动态规划的思想给出了上述问题的一个简单解决方案，该方法能在图中无负圈时得到节点 v_s 到各个节点的最短路；若图中有负圈，则可在 m 步迭代后发现并及时中止算法。实际上，当节点 v_s 和 v_t 的某条途径中含有负圈时，计算这两个节点之间的最短路需要采用枚举法（由于节点 v_s 到 v_t 任何一条路的边数都不会超过 $|V|-1$，且中间节点都不相同，因此 $v_s\to v_t$ 的路的个数是有限的).

对于含负权的网络，虽然定理 5-8 不再成立，但若图中无负圈，定理 5-7 的结论仍成立（即定理 5-9). 对 $\forall x\in V$，定义从节点 v_s 出发，经过不超过 k 条弧到达节点 x 的最短路长度为 d_k（x），则根据定理 5-9 有递推式：

$$\begin{aligned} d_{k+1}(x)&=\min_{v\in V}\{d_k(v)+w(v,\ x)\}\\ &=\min\{\min_{(v,x)\in E}\{d_k(v)+w(v,\ x)\},\ d_k(x)\}. \end{aligned} \tag{5-9}$$

式（5-9）中我们定义 $w(x,\ x)=0$（已假定图是无环的). 为得到相应的路，同 Dijkstra 算法一样定义节点 x 的前继节点为 $\text{Pred}(x)$，按式（5-9）计算 $d_{k+1}(x)$ 时，定义

$$y_x=\arg\min_{(v,x)\in E}\{d_k(v)+w(v,\ x)\},$$

则有

$$\text{Pred}(x)=\begin{cases}y_x, & \text{若 } d_{k+1}(x)<d_k(x),\\ \text{不变}, & \text{若 } d_{k+1}(x)=d_k(x).\end{cases} \quad (5-10)$$

在式（5-10）中，只要有 $d_{k+1}(x)=d_k(x)$，就保持 Pred(x) 不变，以避免可能出现的零回路．当 $k=1$ 时，易知有

$$d_1(x)=\begin{cases}w(v_s, x), & \text{若 } (v_s, x)\in E,\\ +\infty, & \text{否则}.\end{cases}$$

$$\text{Pred}(x)=\begin{cases}v_s, & \text{若 } (v_s, x)\in E,\\ \text{NULL}, & \text{否则}.\end{cases} \quad (5-11)$$

然后按式（5-9）、（5-10）依次迭代即可．容易证明若图中不含负圈，则该算法形成的弧（Pred(x)，x）所构成的子图是一个有向搜索树．记 $m=|V|$，则 $v_s\to v_t$ 的最短路一定由不超过 $m-1$ 条弧构成，因此上述迭代最多经过 $m-1$ 步便可中止．

如果在第 k 次迭代时，对 $\forall x\in V$，均有 $d_{k+1}(x)=d_k(x)$，则在后面的迭代中，$d_k(x)$ 均不会改变，并有

$$d_k(v)+w(v,x)\geqslant d_k(x), \forall x\in V.$$

因此根据定理 5-10 知 $d_k(x)$ 就是 $v_s\to x$ 的最短路，然后根据 Pred(x) 依次反推便可得到相应的最短路．

如果当 $k=m-1$ 时，仍存在某个 $y\in V$，使 $d_m(y)<d_{m-1}(y)$，则说明 $v_s\to y$ 存在一条不超过 m 条弧的途径，该途径比任何 $v_s\to y$ 的不超过 $m-1$ 条弧的途径都要短，因此该途径一定含有 m 条弧．当图中没有负圈时是不会出现这种情况的，因为由算法形成的 Pred(x) 和相应的弧（Pred(x)，x）构成的子图是一个有向搜索树，因此此时该 $v_s\to y$ 的途径上一定含有负圈（否则将得到 $v_s\to y$ 的一条路，而根据路的定义知任何 $v_s\to y$ 的路由不超过 $m-1$ 条弧构成）．

算法 5-7 含负权网络的 Bellman-Ford 算法

步 1 令 $d_1(v_s)=0$，Pred$(v_s)=0$，对每一个 $x\in V$，$x\neq v_s$，按式（5-11）计算 $d_1(x)$ 和 Pred(x)．令 $k=1$．

步 2 按式（5-9）、（5-10）计算 $d_{k+1}(x)$ 和 Pred(x)，若对 $\forall x\in V$，均有 $d_{k+1}(x)=d_k(x)$，则 $d_k(x)$ 就是 $v_s\to x$ 的最短路长度．此时若 $d_k(v_t)=+\infty$，说明 v_s 与节点 v_t 不连通，否则根据 Pred(x) 依次反推便可得到 $v_s\to v_t$ 的最短路，算法终止；若 $k=m-1$，并存在某个 $y\in V$，使 $d_{k+1}(y)<d(y)$，则网络中存在负回路，算法终止．

步 3 令 $k\leftarrow k+1$，转步 2．

易知上述算法的复杂度为 $O(m^3)$，计算量约为 Dijkstra 算法的 m 倍．具体计算时，与 Dijkstra 算法一样，在第 k 次迭代可对每个节点作上标号（Pred(v)，$d_k(v)$），并通过列表的方法来表示迭代的具体过程，只是此时所有标号都不再固定．下面通过例题说明具体的计算过程．

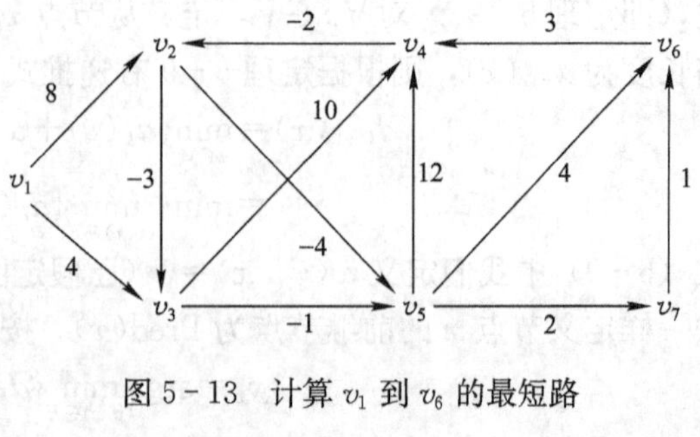

图 5-13 计算 v_1 到 v_6 的最短路

例题 5-6 网络如图 5-13 所示，计算 v_1 到 v_6 的最短路．

解：其计算过程如表 5-3 所示，经过 7

次迭代，得到了节点 v_1 到其他节点的最短路，v_1 到 v_6 的最短路长度为 6，最短路为 $P=\{v_1, v_3, v_5, v_7, v_6\}$.

表 5-3 例题 5-6 的迭代过程

k	v_1	v_2	v_3	v_4	v_5	v_6	v_7
1	(0, 0)	(1, 8)	(1, 4)	(0, $+\infty$)	(0, $+\infty$)	(0, $+\infty$)	(0, $+\infty$)
2				(3, 14)	(3, 3)		
3						(5, 7)	(5, 5)
4				(6, 10)		(7, 6)	
5				(6, 9)			
6		(4, 7)					
7	不变						

由例题 5-6 可看出，Bellman-Ford 算法的主要计算量在于按照式（5-9）计算 $d_k(x)$，如何提高其计算效率就成为人们关心的问题. 通常把节点分为旧标号和新标号两类，这样在按照式（5-9）计算 $d_k(x)$ 时，只需检查与新标号相邻的节点并更新其标号即可. 通过 Bellman-Ford 算法，我们不仅能计算两个节点之间的最短路，同样也能计算两个节点之间的最长路（利用 $\max z=-\min(-z)$，将所有边上的权取负即可）.

5.4 最大流问题

许多系统包含了流量问题. 例如，公路系统中有车辆流，控制系统中有信息流，供水系统在中有水流，金融系统中有现金流等.

为符号上的方便，下面用数字 i 表示节点 i. 图 5-14（a）是连接某产品的产地 1 和销地 6 的交通网，每一弧（i，j）代表节点 i 到节点 j 的运输线，产品经这条弧由节点 i 输送到节点 j，弧旁的数字表示这条运输线的最大通过能力. 产品经过交通网从节点 1 运送到节点 6. 现在要求制订一个运输方案使从节点 1 运到节点 6 的产品数量最多，此即最大流问题.

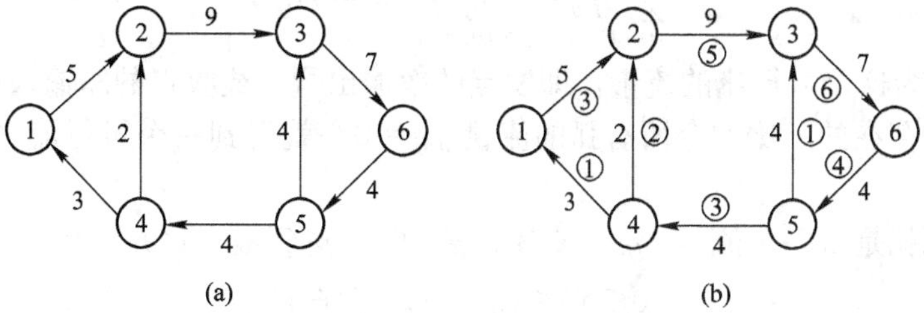

图 5-14 一个交通网及其运输方案

图 5-14（b）给出了图 5-14（a）的一个运输方案，每条弧旁加圈的数字表示在这个方案中每条运输线上的运输数量. 这个方案使 2 个单位的产品从 v_1 运到 v_6，在这个交通网

上输送量是否还可以增多，或者说这个运输网络中，从 v_1 到 v_6 的最大输送量是多少？本节就是要研究类似这样的问题.

5.4.1 基本概念与基本定理

定义 5-2 给一个有向图 $G=(V, E)$，在 V 中指定了一点称为发点（记为 s），而另一点称为收点（记为 t），其余的点叫中间点. 对于每一个弧 $(i, j)\in E$，对应有一个 $c(i, j)\geqslant 0$（或简写为 c_{ij}），称为弧的容量. 通常就把这样的 G 叫做一个网络. 记作

$$G=(V, E, C)$$

所谓网络上的流，是指定义在弧集 E 上的一个函数 $f=\{f(i, j)\}$，并称 $f(i, j)$ 为弧 (i, j) 上的流量（有时也简记作 f_{ij}）.

例如，图 5-14（a）就是一个网络，指定节点 1 是发点，6 是收点，其他节点是中间点. 弧旁的数字为 c_{ij}.

图 5-14（b）所示的运输方案，就可看作是这个网络上的一个流，每个弧上的运输量就是该弧上的流量，即 $f_{12}=3$，$f_{42}=2$，$f_{23}=5$，$f_{36}=6$ 等. 对于流有两个明显的要求：一是每个弧上的流量不能超过该弧的最大通过能力（即弧的容量）；二是中间点的流量为零（对于每个节点，运出这点的产品总量与运进这点的产品总量之差，是这点的净输出量，简称为这一点的**流量**）. 由于中间点只起运转作用，所以中间点的流量必为零. 易见发点的净流出量和收点的净流入量必相等，也是这个方案的总输送量.

定义 5-3 满足下述条件的流 f 称为可行流.

1. 容量限制条件

对每一弧 $(i, j)\in E$，有

$$0\leqslant f_{ij}\leqslant c_{ij}$$

2. 平衡条件

对于中间点：流出量等于流入量，即对每个 $i(i\neq s, t)$，有

$$\sum_{(i,j)\in E} f_{ij}-\sum_{(j,i)\in E} f_{ji}=0$$

对于发点 s，有

$$\sum_{(s,j)\in E} f_{sj}-\sum_{(j,s)\in E} f_{js}=v(f)$$

对于收点 t，有

$$\sum_{(t,j)\in E} f_{tj}-\sum_{(j,t)\in E} f_{jt}=-v(f)$$

式中 $v(f)$ 被称为这个可行流的流量，即发点的净输出量（或收点的净输入量）.

可行流总是存在的. 比如令所有弧的流量 $f_{ij}=0$，就得到一个可行流（称为零流）. 其流量 $v(f)=0$.

最大流问题就是求一个流 $\{f_{ij}\}$，使其流量 $v(f)$ 达到最大，并满足：

$$0\leqslant f_{ij}\leqslant c_{ij},\quad (i, j)\in E$$

$$\sum f_{ij}-\sum f_{ji}=\begin{cases} v(f) & 若(i=s) \\ 0 & 若(i\neq s,t) \\ -v(f) & 若(i=t) \end{cases}$$

最大流问题是一个特殊的线性规划问题，即

$$\max v$$
$$\text{s.t. } 0\leqslant f_{ij}\leqslant c_{ij},\quad (i,j)\in E$$
$$\sum_{(i,j)\in E} f_{ij}-\sum_{(j,i)\in E} f_{ji}=\begin{cases} v & 若(i=s)\\ 0 & 若(i\neq s,t)\\ -v & 若(i=t)\end{cases}$$

其中变量为 $\{f_{ij}\}$ 和 v. 由于最大流问题的特殊性，人们也提出了专门的算法，如**标号法**（也称**增广链法或增广路法**）等. 后面将会看到利用图的特点，这些特殊方法较之线性规划的一般方法要更直观、方便.

1. 关于可行流 f 的剩余网络与增广链

为判断可行流是否还可以增加，或者说判断当前可行流是否是最大流，人们引入了剩余网络和增广链的概念.

设 $f=\{f_{ij}\}$ 是网络图 $G=(V,E,C)$ 的可行流，定义 G 关于流 f 的剩余网络 $\overline{G}$ 如下.

如果 $f_{ij}<c_{ij}$，则在 $\overline{G}$ 中引入弧 (i,j)，并定义其容量为 $r_{ij}=c_{ij}-f_{ij}$；若 $f_{ij}>0$，则引入弧 (j,i)，并定义其容量为 $r_{ji}=f_{ij}$. 如对图 5-14 (b) 中的可行流，其剩余网络如图 5-15 所示.

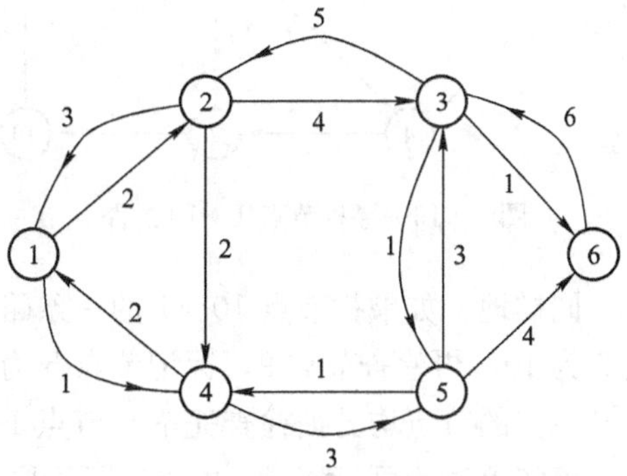

图 5-15 图 5-14 (b) 可行流 f 的剩余网络

直观上看，判断可行流 $f=\{f_{ij}\}$ 是否是节点 $s\to t$ 的最大流，就是要判断其剩余网络是否存在节点 $s\to t$ 的大于零的可行流. 如果存在，那么就找到了一条可以使当前流 f 增加的一条路，不妨称之为**增广路或增广链**；如果找不到，就说明当前流就是最大流. 如何找到剩余网络中节点 $s\to t$ 的大于零的可行流就成为一个关键问题. 对于较简单的网络，可通过目测的方法发现，而对于复杂的网络，这将成为一个困难的问题. 因此人们提出了寻找有向图中 $s\to t$ 的一条路的"树"算法. 该算法实际上是一个穷举的过程. 首先从 s 出发，标记从 s 经过一条弧可达到所有节点，此时称节点 s 已经被检查完毕. 然后任选一个被标记但尚未被检查的节点 i，标记节点 i 经过一条弧可到达的所有尚未被标记的节点，若其中包含了节点 t，则已经找到 $s\to t$ 的一条路，算法终止，否则可继续上述过程. 若已标记完所有可被标记的节点，但 t 不在其中，则说明有向图不存在 $s\to t$ 的路. 整个算法描述如下.

算法 5-8 寻找 $s\to t$ 一条路的树算法

步 1 标记节点 s，其他节点均未标记.

步 2 任选一被标记但尚未被检查的节点 i，若这样的节点不存在，则说明不存在 $s\to t$ 的一条路，算法终止；否则，标记与节点 i 正向邻接但尚未标记的节点，标号均为 i，表示其前继节点是 i. 此时称节点 i 已被检查完毕.

步 3 若节点 t 已被标记，则已找到一条 $s\to t$ 的路，从 t 开始按标号依次反推即可；否则转第 2 步继续.

例如，对于有向图 5-16，寻找从节点 1→10 的路的标号过程见图 5-17. 在图 5-17

中，首先对节点1进行标号，其标号任意，从节点1可直达的节点有2、3，均标号为1. 此时节点1已被检查完毕，节点2、3被标记但尚未被检查. 任选一个，如选节点2检查，将节点5标记2，然后检查节点3，节点3正向邻接的节点有5和6，由于节点5已被标记，仅将节点6标记为3，然后依次检查节点5、6，标记节点8、4、7，再依次检查8、7，标记节点9、10，由于节点10已被标记，找到了一条1→10的路，根据节点10的标号依次反推，得到该条路为：1→3→6→7→10. 显然上述算法产生了一棵搜索树.

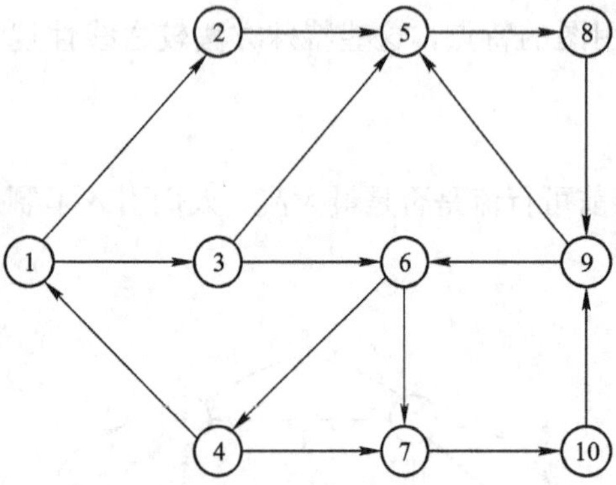

图5-16 寻找节点1→10的路

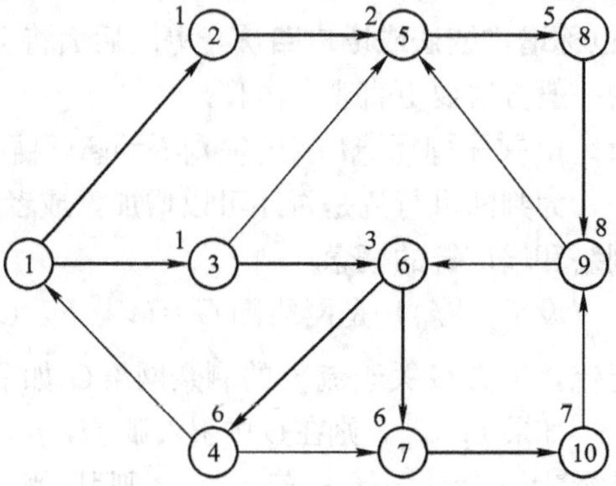

图5-17 寻找节点1→10的路

同样地，如果找节点10→1的一条路，首先将节点10任意标记，检查节点10，标记节点9为10，再检查节点9，标记节点5为9，再检查节点5，没有新的节点可标记. 此时所有被标记的节点均已被检查完毕，节点1未被标记，说明不存在节点10→1的一条路.

事实上对于可行流 f，也可以不用画出其剩余网络图，而直接使用由剩余网络导出的增广链概念. 增广链就是流 f 的剩余网络图中任一个大于零的可行流. 如果流 f 存在增广链，则表示流 f 还可进一步加大.

定义5-4 若给一个可行流 $f=\{f_{ij}\}$，我们把网络中使 $f_{ij}=c_{ij}$ 的弧称为饱和弧，使 $f_{ij}<c_{ij}$ 的弧称为非饱和弧；使 $f_{ij}=0$ 的弧称为零流弧，使 $f_{ij}>0$ 的弧称为非零流弧.

在图5-14（b）中，弧（4，2）和弧（6，5）是饱和弧，其他弧均为非饱和弧，所有弧都是非零流弧.

定义5-5 若 μ 是网络中连接发点 s 和收点 t 的一条链，我们定义链的方向是从 s 到 t，则链上的弧被分为两类：一类是弧的方向与链的方向一致，叫做**前向弧**，前向弧的全体记为 μ^+；另一类弧与链的方向相反，称为**后向弧**，后向弧的全体记为 μ^-.

如对于图5-14（a），在链 $\mu=(1, 2, 3, 5, 6)$ 上，

$$\mu^+=\{(1, 2), (2, 3)\}$$

$$\mu^-=\{(5, 3), (6, 5)\}$$

定义5-6 设 f 是一个可行流，μ 是从 s 到 t 的一条链，若 μ 满足下列条件，称之为关于可行流 f 的增广链.

在弧 $(i, j)\in\mu^+$ 上，$0\leqslant f_{ij}<c_{ij}$，即 μ^+ 中每一弧是非饱和弧；

在弧 $(i, j)\in\mu^-$ 上，$0<f_{ij}\leqslant c_{ij}$，即 μ^- 中每一弧是非零流弧.

容易看出上述定义的**增广链**就是可行流 f 的剩余网络图中从 s 到 t 的任一个大于零的可

行流. 图5-14（b）中，链$\mu=(1,2,3,5,6)$是一条增广链. 因为μ^+和μ^-中的弧满足增广链的条件. 比如：

$$(1,2)\in\mu^+,\ f_{12}=3<c_{12}=5$$
$$(5,3)\in\mu^-,\ f_{53}=1>0$$

2. 截集与截量

设S，$T\subset V$，$S\cap T=\varnothing$，我们把始点在S中，终点在T中的所有弧构成的集合，记为(S,T).

定义5-7 给定网络$G=(V,E,C)$，若点集V被剖分为两个非空集合S和$\overline{S}$（即$V=S\cup\overline{S}$且$S\cap\overline{S}=\varnothing$），使$s\in S$，$t\in\overline{S}$，则把弧集$(S,\overline{S})$称为（分离节点$s$和$t$的）截集.

显然，若把截集$(S,\overline{S})$的弧都从网络中去掉，则从s到t便不存在路. 所以，直观上说，截集是从s到t的必经之路，从s到t的任一个可行流都必须经过截集$(S,\overline{S})$中的弧才能到达.

定义5-8 给定一截集$(S,\overline{S})$，把截集$(S,\overline{S})$中所有弧的容量之和称为这个截集的容量（简称为截量），记为$c(S,\overline{S})$，即

$$c(S,\overline{S})=\sum_{(i,j)\in(S,\overline{S})}c_{ij}$$

若截集$(S^*,\overline{S}^*)$的容量是所有截集（分离节点s和t）中容量最小的，则称之为**最小截集**（分离节点s和t）.

定理5-11 设f是网络图$G=(V,E,C)$从s到t的任一个可行流，$(S,\overline{S})$是分离节点s和t的任一截集. 若定义集合S到$\overline{S}$的流量为

$$f(S,\overline{S})=\sum_{(i,j)\in(S,\overline{S})}f_{ij}-\sum_{(j,i)\in(\overline{S},S)}f_{ji}$$

则

$$v(f)=f(S,\overline{S})\leqslant c(S,\overline{S})$$

证明：由可行流的定义知

$$\begin{aligned}v(f)&=\sum_{(s,j)\in E}f_{sj}-\sum_{(j,s)\in E}f_{js}=\sum_{i\in S}\Big(\sum_{(i,j)\in E}f_{ij}-\sum_{(j,i)\in E}f_{ji}\Big)\\&=\sum_{i\in S}\Big[\Big(\sum_{\substack{j\in S\\(i,j)\in E}}f_{ij}+\sum_{\substack{j\in\overline{S}\\(i,j)\in E}}f_{ij}\Big)-\Big(\sum_{\substack{j\in S\\(j,i)\in E}}f_{ji}+\sum_{\substack{j\in\overline{S}\\(j,i)\in E}}f_{ji}\Big)\Big]\\&=\sum_{i\in S}\sum_{\substack{j\in\overline{S}\\(i,j)\in E}}f_{ij}-\sum_{i\in S}\sum_{\substack{j\in\overline{S}\\(j,i)\in E}}f_{ji}\\&=\sum_{(i,j)\in(S,\overline{S})}f_{ij}-\sum_{(j,i)\in(\overline{S},S)}f_{ji}=f(S,\overline{S})\end{aligned}$$

而对于$\forall(i,j)\in(S,\overline{S})$，有$f_{ij}\leqslant c_{ij}$；对于$\forall(j,i)\in(\overline{S},S)$，有$f_{ji}\geqslant 0$，因此任一个可行流的流量$v(f)$都不会超过任一截集的容量，即

$$v(f)=f(S,\overline{S})\leqslant c(S,\overline{S})$$

□

由定理 5 - 11 便得：

推论 5 - 11a 设 f^* 是网络图 $G=(V,E,C)$ 中从 s 到 t 的一个可行流，若存在一个分离节点 s 和 t 的截集 $(S^*,\overline{S}^*)$，使 $v(f^*)=c(S^*,\overline{S}^*)$，则 f^* 必是 s 到 t 的最大流，而 $(S^*,\overline{S}^*)$ 必定是 $G=(V,E,C)$ 的一个最小截集（分离节点 s 和 t）.

证明：设 f 是网络图 $G=(V,E,C)$ 从 s 到 t 的任一个可行流，$(S,\overline{S})$ 是分离节点 s 和 t 的任一截集，则由定理 5 - 11 知

$$v(f)\leqslant c(S^*,\overline{S}^*)=v(f^*)\leqslant c(S,\overline{S})$$

即 f^* 是最大流，$(S^*,\overline{S}^*)$ 是最小截集. □

定理 5 - 12 可行流 f^* 是最大流，当且仅当不存在关于 f^* 的增广链.

证明：若 f^* 是最大流，设 G 中存在关于 f^* 的增广链，令

$$\theta=\min\{\min_{\mu^+}(c_{ij}-f_{ij}^*),\ \min_{\mu^-}f_{ij}^*\}$$

由增广链的定义，可知 $\theta>0$，令

$$f_{ij}^{**}=\begin{cases}f_{ij}^*+\theta & 若\ (i,j)\in\mu^+\\ f_{ij}^*-\theta & 若\ (i,j)\in\mu^-\\ f_{ij}^* & 若\ (i,j)\notin\mu\end{cases}$$

不难验证 $\{f_{ij}^{**}\}$ 是一个可行流，且 $v(f^{**})=v(f^*)+\theta>v(f^*)$. 这与 f^* 是最大流的假设矛盾.

现在设 G 中不存在关于 f^* 的增广链，证明 f^* 是最大流. 我们利用算法 5 - 8 来定义 S^*：

令 $s\in S^*$.

任选 $i\in S^*$，若 $f_{ij}^*<c_{ij}$ 或 $f_{ji}^*>0$，则说明在 f^* 的剩余网络中 $(i,j)\in E$，令 $S^*\leftarrow S^*\cup\{j\}$. 重复这一过程直至不能再往 S^* 加入新的节点. 因为不存在关于 f^* 的增广链，故 $t\notin S^*$.

记 $\overline{S}^*=V\backslash S^*$，则 $s\in S^*$，$t\in\overline{S}^*$，于是得到一个分离节点 s 和 t 的截集 $(S^*,\overline{S}^*)$. 由 S^* 的构造知在流 f^* 的剩余网络中不存在 S^* 到 $\overline{S}^*$ 前向弧，于是有

$$f_{ij}^*=\begin{cases}c_{ij} & 若\ (i,j)\in(S^*,\overline{S}^*)\\ 0 & 若\ (i,j)\in(\overline{S}^*,S^*)\end{cases}$$

所以 $v(f^*)=f(S^*,\overline{S}^*)=c(S^*,\overline{S}^*)$，从而 f^* 必是最大流，定理得证. □

由上述证明中可见，若 f^* 是最大流，则通过上述树算法 5 - 6 在网络中必可找到一个分离节点 s 和 t 的截集 $(S^*,\overline{S}^*)$，使

$$v(f^*)=c(S^*,\overline{S}^*)$$

于是有如下重要的结论.

推论 5 - 12a （最大流量最小截量定理）任一个网络 D 中，从节点 s 到 t 的最大流量等于分离节点 s 和 t 的最小截集的容量.

定理 5 - 12 及其证明为我们提供了寻求网络中最大流的方法. 若给了一个可行流 f，只要判断 G 中有无关于 f 的增广链. 如果有增广链，则可以按定理 5 - 12 前半部证明中的办

法，改进 f，得到一个流量增大的新的可行流. 如果没有增广链，则得到最大流，并利用定理 5-12 后半部证明中定义 S^* 的办法，找到了一个分离节点 s 和 t 的最小截集.

实际计算时，可按照树算法 5-8 在可行流 f 的剩余网络中给顶点标号来定义 S^*. 在标号过程中，有标号的顶点表示是 S^* 中的点，没有标号的点表示不是 S^* 中的点. 一旦 t 有了标号，就表明找到一条增广链；如果标号过程进行不下去，而 t 尚未标号，则说明不存在增广链，于是得到最大流，同时也得到一个最小截集，此即最大流的标号算法.

5.4.2　寻求最大流的标号法

最大流的标号法也被称为增广路算法或增广链算法. 该算法从一个可行流出发（若网络中没有给定 f，则可以设 f 是零流），实际上就是按照树算法 5-8 在可行流 f 的剩余网络中，经过标号过程与调整过程来找最大流. 在标号过程中，除了标记节点的前继节点外，还要标记其前继节点到该节点的流量（在可行流 f 的剩余网络中），以计算当前可行流 f 流量的增量，具体计算过程如下.

1. 标号过程

在这个过程中，网络中的点或者是标号点（又分为已检查和未检查两种），或者是未标号点. 每个标号点的标号包含两部分：第一个标号表明它的标号是从哪一点得到的，以便找出增广链；第二个标号是为确定增广链的调整量 θ 用的.

标号过程开始，总先给 s 标上（0，$+\infty$），这时 s 是标号而未检查的点，其余都是未标号点. 一般地，取一个标号而未检查的点 i，对一切未标号点 j：

(1) 若在弧（i，j）上，$f_{ij}<c_{ij}$，则给 j 标号（i，$l(j)$），这里 $l(j)=\min\{l(i), c_{ij}-f_{ij}\}$，这时 j 成为标号而未检查的点；

(2) 若在弧（j，i）上，$f_{ji}>0$，则给 j 标号（$-i$，$l(j)$）. 这里 $l(j)=\min\{l(i), f_{ji}\}$，这时 j 成为标号而未检查的点.

于是 i 成为标号而已检查过的点. 重复上述步骤，一旦 t 被标上号，表明得到一条从 s 到 t 的增广链 μ，转入调整过程.

若所有的标号都是已检查过的，而标号过程进行不下去时，则算法结束，这时的可行流就是最大流.

2. 调整过程

首先按 t 及其他节点的第一个标号，利用“反向追踪”的办法，找出增广链 μ. 例如，假设 t 的第一个标号为 k（或 $-k$），则弧（k，t）（或（t，k））是 μ 上的弧. 接下来检查 k 的第一个标号，若为 i（或 $-i$），则找出（i，k）（或相应的（k，i）），再检查 i 的第一个标号，依此下去，直到 s 为止. 这时被找出的弧就构成了增广链 μ. 令调整量 θ 是 $l(t)$，即 t 的第二个标号，计算：

$$f'_{ij}=\begin{cases} f_{ij}+\theta, & \text{若}\ (v_i, v_j)\in\mu^+ \\ f_{ij}-\theta, & \text{若}\ (v_i, v_j)\in\mu^- \\ f_{ij}, & \text{若}\ (v_i, v_j)\notin\mu \end{cases}$$

于是得到一个新的可行流 f'，该流的流量增加了 θ. 去掉所有的标号，对新的可行流 $f'=\{f'_{ij}\}$，重新进入标号过程.

例题 5-7　用标号法求图 5-18 所示网络节点 1→6 的最大流，弧旁的数是（c_{ij}，f_{ij}）.

解：

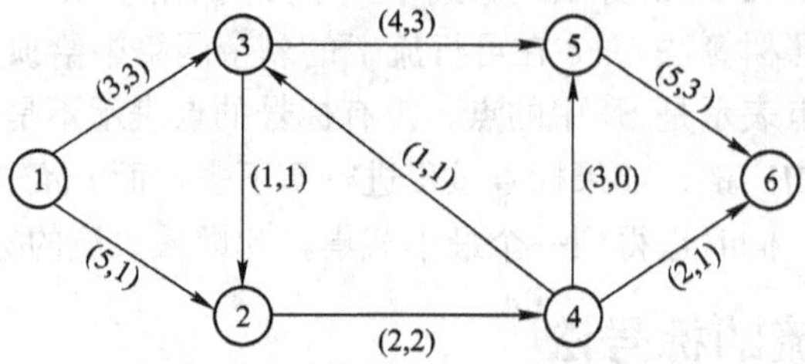

图 5-18 计算节点 1→6 的最大流

1. 标号过程

(1) 首先给节点 1 标上 $(0,\ +\infty)$.

(2) 检查节点 1，在弧（1，3）上，$f_{13}=c_{13}=3$，不满足标号条件. 弧（1，2）上，$f_{12}=1$，$c_{12}=5$，$f_{12}<c_{12}$，则节点 2 的标号为 $(1,\ l(2))$，其中

$$l(2)=\min\{l(1),\ (c_{12}-f_{12})\}=\min\{+\infty,\ 5-1\}=4$$

(3) 检查节点 2，在弧（2，4）上，$f_{24}=2$，$c_{24}=2$，不满足标号条件.

在弧（3，2）上，$f_{32}=1>0$，则给节点 3 记下的标号为 $(-2,\ l(3))$，这里

$$l(3)=\min\{l(2),\ f_{32}\}=\min\{4,\ 1\}=1$$

(4) 检查节点 3，在弧（3，5）上，$f_{32}=3$，$c_{35}=4$，$f_{35}<c_{35}$，则给节点 5 标号 $(3,\ l(5))$，这里

$$l(5)=\min\{l(3),\ (c_{35}-f_{35})\}=\min\{1,\ 1\}=1$$

在弧（4，3）上，$f_{43}=1>0$，给节点 4 标号：$(-3,\ l(4))$，这里

$$l(4)=\min\{l(3),\ f_{43}\}=\min\{1,\ 1\}=1$$

(5) 此时已被标记但尚未检查的节点有节点 4 和节点 5，在其中任选一个进行检查. 例如，选节点 4，在弧（4，6）上，$f_{46}=1$，$c_{46}=2$，$f_{46}<c_{46}$，给节点 6 标号为 $(4,\ l(6))$，这里

$$l(6)=\min\{l(4),\ (c_{46}-f_{46})\}=\min\{1,\ 1\}=1$$

由于节点 6 有了标号，故转入调整过程，此时各节点的标号如图 5-19 所示.

2. 调整过程

从节点 6 开始，按节点的第一个标号依次反推找到一条增广链，如图 5-19 中粗箭头线表示.

易见 $\mu^+=\{(1,\ 2),\ (4,\ 6)\}$，$\mu^-=\{(3,\ 2),\ (4,\ 3)\}$. 按 $\theta=1$ 在 $\mu=\mu^+\cup\mu^-$ 上调整 f. 在 μ^+ 上：

$$f_{12}+\theta=1+1=2,\quad f_{46}+\theta=1+1=2$$

在 μ^- 上：

$$f_{32}-\theta=1-1=0,\quad f_{43}-\theta=1-1=0$$

其余的 f_{ij} 不变.

调整后得到如图 5-20 所示的可行流. 然后对这个可行流进入标号过程，寻找增广链.

开始给节点 1 标以 $(0,\ +\infty)$，于是检查节点 1，给节点 2 标以 $(1,\ 4)$，检查节点 2，弧（2，4）上，$f_{24}=c_{24}$，弧（3，2）上，$f_{32}=0$，均不符合条件，标号过程无法继续下去，

算法结束（见图 5-21）. 此时，图 5-20 所示的可行流就是最大流. 最大流量为

$$v(f)=f_{12}+f_{13}=f_{56}+f_{46}=5$$

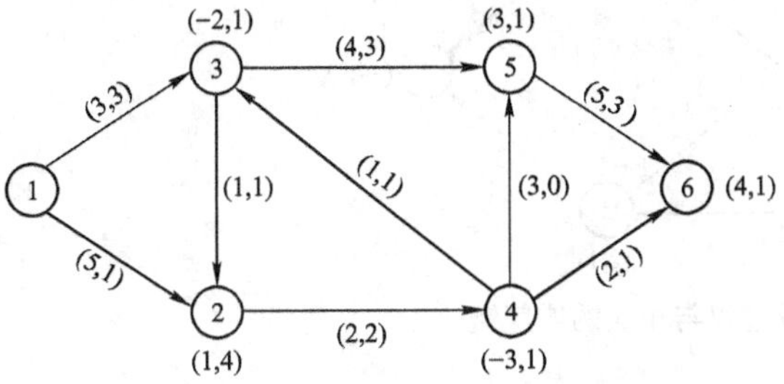

图 5-19 标号结果与相应的增广链

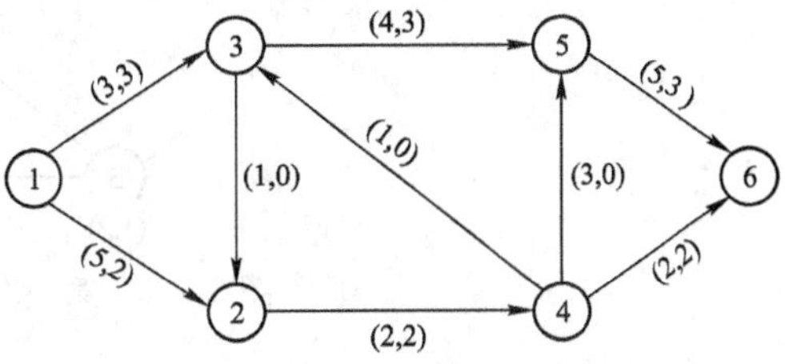

图 5-20 调整后的可行流

与此同时也找到了最小截集（S，$\overline{S}$），其中 S 为标号点集合，$\overline{S}$ 为未标号点集合. 弧集合（S，$\overline{S}$）即为最小截集，见图 5-21. 于是得到 $S=\{1，2\}$，$\overline{S}=\{3，4，5，6\}$，相应的最小截集（S，$\overline{S}$）$=\{(1，3)，(2，4)\}$，它的容量也是 5.

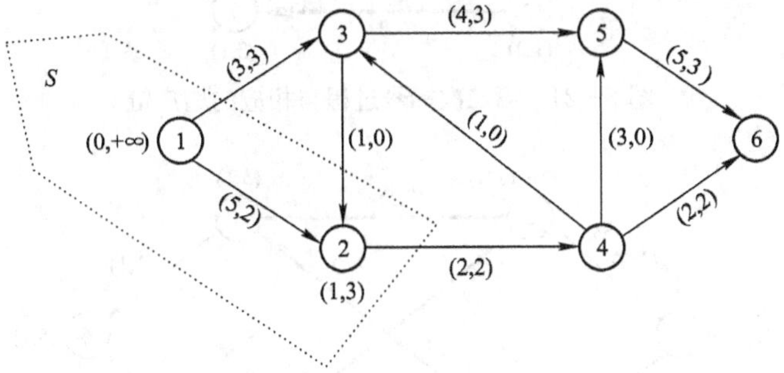

图 5-21 最大流与相应的最小截集

□

例题 5-8 网络图及其每条边上的容量如图 5-22 所示，弧旁的数字是该弧的容量 c_{ij}. 计算节点 1 到节点 6 的最大流.

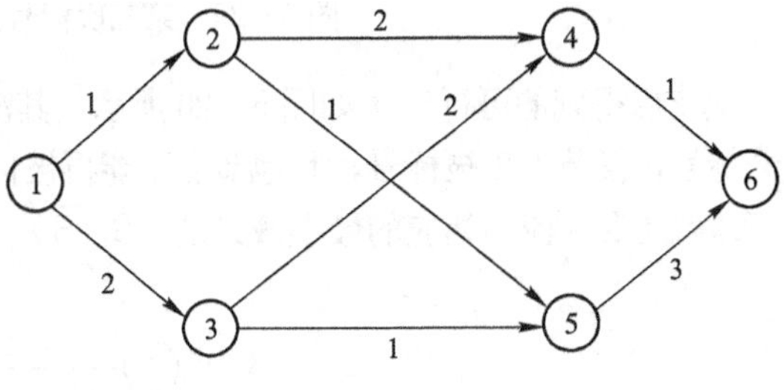

图 5-22 网络图及其每条边的容量

解：设初始可行流为零流，标号过程如图 5-23 所示，依次检查的节点是 1→2→4→6，相应的增广链是 $\mu=\{(1，2)，(2，4)，(4，6)\}$. 调整后得到的可行流 f 如图 5-24 所示，其流量 $v(f)=1$，非零流弧旁的数是（c_{ij}，f_{ij}），零流弧旁的数字是容量 c_{ij}. 然后去掉所有节点的标点，并按可行流 f 对图 5-24 中的各个节点重新标号，依次检查的节点是 1→3→4→5→6，标号结果见图 5-24，相应的增广链是 $\mu=\{(1，3)，(3，5)，(5，6)\}$，调整后得到的可行流 f 如图 5-25 所示，流量 $v(f)=2$；然后再去掉所有节点的标点，并按可行流 f 对图 5-25 中的各个节点标号，依次检查的节点是1→3→4→2→5→6，标号结果见图 5-25，相应的增广链是 $\mu=\{(1，3)，(3，4)，(2，4)，(2，5)，(5，6)\}$，其中 $\mu^{-}=\{(2，4)\}$.

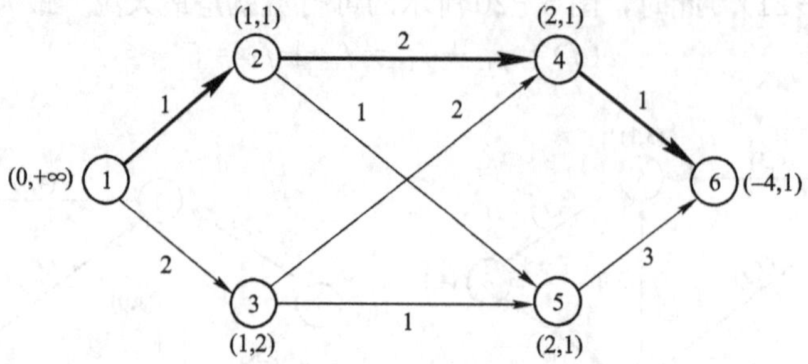

图 5－23　第一次标号过程与相应的增广链

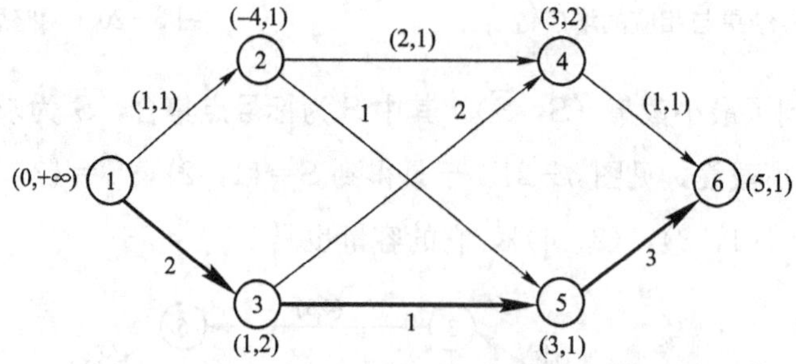

图 5－24　第二次标号过程与相应的增广链

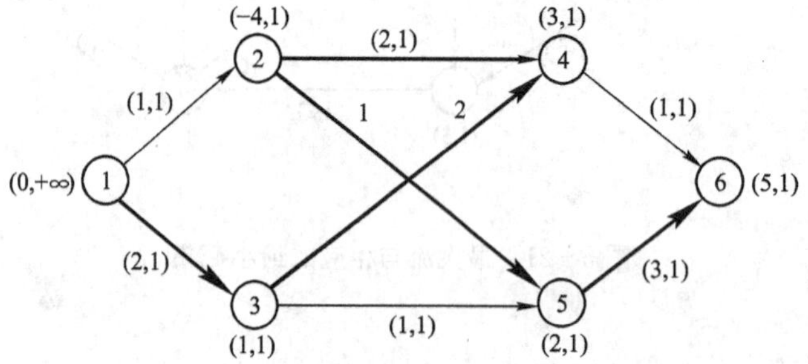

图 5－25　第三次标号过程与相应的增广链

调整后得到的可行流 f 如图 5－26 所示，其流量 $v(f)=3$；然后再在图 5－26 中对所有节点重新标号，仅节点 1 被标号，其他节点不能再被标号，因此当前可行流不再存在增广链，从而该可行流就是最大流，相应的最小截集是 $(S, \overline{S})=\{(1,2),(1,3)\}$，其中 $S=\{1\}$. □

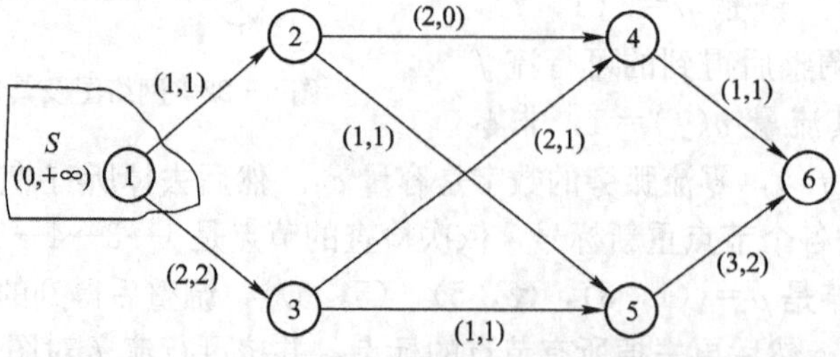

图 5－26　第四次标号过程与相应的最小截集

由例题5-8可见，用标号法找增广链以求最大流时，同时得到一个最小截集．最小截集容量的大小影响总的输送量的提高．因此，为提高总的输送量，必须首先考虑改善最小截集中各弧的输送情况，提高其通过能力；一旦最小截集集中弧的通过能力被降低，就会使总的输送量减少．

5.5 运输问题与指派问题

这一节将介绍在实际生活中有着大量应用的运输问题和指派问题．

5.5.1 运输问题

设有 m 个产地 A_i，$i=1, 2, \cdots, m$，可生产供应某种物资，其产量分别为 $a_i(i=1, 2, \cdots, m)$；有 n 个销地 $B_j(j=1, 2, \cdots, n)$，对该物资的需求量分别为 $b_j(j=1, 2, \cdots, n)$，从 A_i 到 B_j 的运输单价为 c_{ij}，问应如何安排运输方案以使总运费最少？

上述问题可用有向网络图5-27表示．该网络图 $G(V, E)$ 以 $A_i(i=1, 2, \cdots, m)$、$B_j(j=1, 2, \cdots, n)$ 为节点，一共有 mn 条弧由 A_i 指向 $B_j(i=1, 2, \cdots, m; j=1, 2, \cdots, n)$，弧 $e_{ij}=(A_i, B_j)$ 上的费用系数为 c_{ij}，每条弧上的容量均为 $+\infty$，从而上述问题就是要确定每条弧上的流量，使之达到各个节点的供需要求，同时又让总的费用最少．当 $\sum\limits_{i=1}^{m} a_i = \sum\limits_{j=1}^{n} b_j$ 时，称之为**产销平衡的运输问题**，当 $\sum\limits_{i=1}^{m} a_i \neq \sum\limits_{j=1}^{n} b_j$ 时，称之为**产销不平衡的运输问题**．由于产销不平衡的运输问题可化为产销平衡的运输问题，因此后面先讨论**产销平衡的运输问题**，即要求 $\sum\limits_{i=1}^{m} a_i = \sum\limits_{j=1}^{n} b_j$．

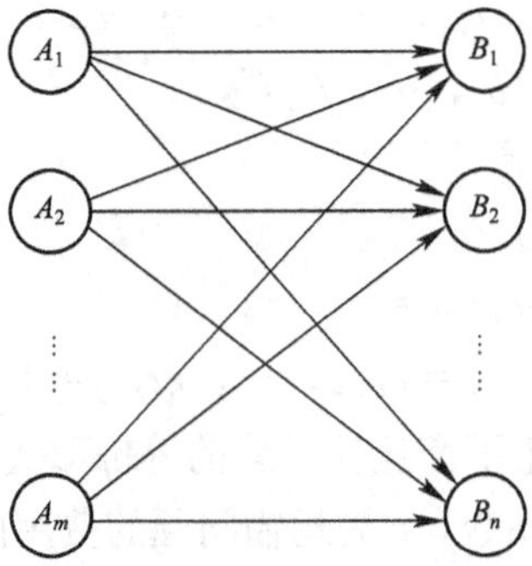

图5-27 运输问题的网络图

1. 产销平衡运输问题的基本性质

设从产地 $A_i(i=1, 2, \cdots, m)$ 到销地 $B_j(j=1, 2, \cdots, n)$ 的运输量为 x_{ij}（即网络图5-27中弧 $e_{ij}=(A_i, B_j)$ 上的流量），则产地 A_i 运往各个销地的物资总量为 $\sum\limits_{j=1}^{n} x_{ij}$，销地 B_j 接收到的物资总量为 $\sum\limits_{i=1}^{m} x_{ij}$．当问题产销平衡时，所有生产出来的物资都将被运往各个销地，各个销地的需求也将都得到满足，从而上述求总运费最少的问题可写为如下线性规划的形式：

$$\begin{aligned}\min \quad & z=\sum_{i=1}^{m}\sum_{j=1}^{n}c_{ij}x_{ij}\\ \text{s. t.} \quad & \sum_{j=1}^{n}x_{ij}=a_i, i=1,2,\cdots,m\\ & \sum_{i=1}^{m}x_{ij}=b_j, j=1,2,\cdots,n\\ & x_{ij}\geqslant 0, i=1,2,\cdots,m, j=1,2,\cdots,n\end{aligned} \tag{5-12}$$

然后便可用前述单纯形法解运输问题（5－12）．但由于运输问题（5－12）中的变量个数（mn）一般远远大于方程的个数（$m+n$），其对应的网络图 5－27 又是一个二部图，其计算过程可大大简化，因此人们提出了更为紧凑的专门求解运输问题的**表上作业法**，也称运输单纯形法.

若记

$$A=\begin{array}{c}\\ A_1\\ A_2\\ \vdots\\ A_m\\ B_1\\ B_2\\ \vdots\\ B_n\end{array}\begin{array}{c}\begin{array}{cccccccccccc} e_{11} & e_{12} & \cdots & e_{1n} & e_{21} & e_{22} & \cdots & e_{2n} & \cdots & e_{m1} & e_{m2} & \cdots\ e_{mn}\end{array}\\ \left(\begin{array}{cccccccccccc} 1 & 1 & \cdots & 1 & & & & & & & & \\ & & & & 1 & 1 & \cdots & 1 & & & & \\ & & & & & & & & \ddots & & & \\ & & & & & & & & & 1 & 1 & \cdots\ 1\\ 1 & & & & 1 & & & & & 1 & & \\ & 1 & & & & 1 & & & & & 1 & \\ & & \ddots & & & & \ddots & & \cdots & & & \ddots\\ & & & 1 & & & & 1 & & & & 1\end{array}\right)\end{array} \tag{5-13}$$

$$c=(c_{11},\ c_{12},\ \cdots,\ c_{1n},\ c_{21},\ c_{22},\ \cdots,\ c_{2n},\ \cdots,\ c_{m1},\ c_{m2},\ \cdots,\ c_{mn})^{\mathrm{T}}, \tag{5-14}$$

$$d=(a_1,\ a_2,\ \cdots,\ a_m,\ b_1,\ b_2,\ \cdots,\ b_m)^{\mathrm{T}}, \tag{5-15}$$

则问题（5－12）的矩阵形式为：

$$\begin{aligned}\min \quad & z=c^{\mathrm{T}}x\\ \text{s. t.} \quad & Ax=d,\\ & x_{ij}\geqslant 0,\ i=1,\ 2,\ \cdots,\ m,\ j=1,\ 2,\ \cdots,\ n.\end{aligned} \tag{5-16}$$

问题（5－12）和（5－16）是产销平衡运输问题的等价形式．称其中的矩阵 A 为运输问题的系数矩阵，c_{ij} 为运输问题的费用系数，c 为运输问题的费用向量，d 为运输问题的供求向量.

在网络图 5－27 中，系数矩阵 A 的前 m 行与节点 A_i（即产地）一一对应，后 n 行与节点 B_j（即销地）一一对应；矩阵 A 的每一列与弧 $e_{ij}=(A_i,\ B_j)$ 及其上的流量 x_{ij} 一一对应，且弧 $e_{ij}=(A_i,\ B_j)$ 和变量 x_{ij} 在矩阵 A 中对应的列只有 2 个 1（其他为 0），1 个位于前 m 行，与产地 A_i 对应（对应行号 i）；1 个位于后 n 行，与销地 B_j 对应（对应行号 $m+j$）．因此系数矩阵 A 与网络图 5－27 存在一一对应关系．将系数矩阵 A 对应于弧 e_{ij}（或变量 x_{ij}）的列向量记为 P_{ij}，则其分量除第 i 个和第 $m+j$ 个分量为 1 外，其他分量均为 0，即有：

$$P_{ij}=(0,\ \cdots,\ 0,\ \overset{\overset{i}{\downarrow}}{1},\ 0,\ \cdots,\ 0,\ \overset{\overset{m+j}{\downarrow}}{1},\ 0,\ \cdots,\ 0)^{\mathrm{T}}=\varepsilon_i+\varepsilon_{m+j} \tag{5-17}$$

其中 ε_i 为第 i 个分量为 1、其余分量为 0 的 $m+n$ 维单位向量.

运输问题也可用表格 5-4 表示（称之为产销运价表），表格 5-4 也可看作是由产销表和运价表合成的. 运输问题的线性规划模型（5-16）与运输问题的表格模型即表 5-4 是一一对应的，因此可在表格上直接求解问题（5-16）.

定理 5-13 运输问题（5-12）有可行解的充分必要条件是该问题是产销平衡的，即满足 $\sum_{i=1}^{m} a_i = \sum_{j=1}^{n} b_j$.

表 5-4 产销运价表

产地 \ 销地	B_1	B_2	…	B_n	产量
A_1	c_{11}	c_{12}	…	c_{1n}	a_1
A_2	c_{21}	c_{22}	…	c_{2n}	a_2
⋮	⋮	⋮	⋮	⋮	⋮
A_m	c_{m1}	c_{m2}	…	c_{mn}	a_m
销量	b_1	b_2	…	b_n	

证明：若 $\sum_{i=1}^{m} a_i = \sum_{j=1}^{n} b_j$ ，取 $x_{ij}=\frac{a_i b_j}{s}$，其中 $s = \sum_{i=1}^{m} a_i = \sum_{j=1}^{n} b_j$. 则

$$x_{ij} \geqslant 0,$$

$$\sum_{j=1}^{n} x_{ij} = a_i \sum_{j=1}^{n} \frac{b_j}{s} = a_i,\ i=1,\ \cdots,\ m;$$

$$\sum_{i=1}^{m} x_{ij} = b_j \sum_{i=1}^{m} \frac{a_i}{s} = b_j,\ j=1,\ \cdots,\ n;$$

因此 $x_{ij}=\frac{a_i b_j}{s}$ 是原问题的可行解，即原问题一定有可行解. 反之，若问题（5-12）有可行解，由问题（5-12）的约束条件便得：

$$\sum_{i=1}^{m} a_i = \sum_{i=1}^{m} \sum_{j=1}^{n} x_{ij} = \sum_{j=1}^{n} \sum_{i=1}^{m} x_{ij} = \sum_{j=1}^{n} b_j$$

□

推论 5-13a 若 $\sum_{i=1}^{m} a_i = \sum_{j=1}^{n} b_j$，则运输问题（5-12）一定有最优解.

证明：由定理 5-13 知线性规划问题（5-12）有可行解，由 $x_{ij} \geqslant 0$ 和约束 $\sum_{j=1}^{n} x_{ij} = a_i$ 知对 $\forall i=1,\ \cdots,\ m$，$\forall j=1,\ \cdots,\ n$，有 $a_i \geqslant x_{ij} \geqslant 0$，从而目标函数 $\sum_{i=1}^{m} \sum_{j=1}^{n} c_{ij} x_{ij}$ 有下界，因此由线性规划基本定理知问题（5-12）必有最优解. □

定理 5-14

1. 运输问题（5-12）的系数矩阵 A 的秩为 $m+n-1$，且系数矩阵 A 的任意 $m+n-1$

行均线性无关.

2. 运输问题的系数矩阵 A 的任意 k 阶子式，要么为 0，要么为 1，要么为 −1.

3. 若 a_i，b_j 均为整数，则运输问题（5－12）（或（5－16））的所有基本可行解都是整数解，从而运输问题一定存在整数最优解.

证明：

1. 在由式（5－13）定义的系数矩阵 A 中，由于矩阵的前 m 行的和等于后 n 行的和，所以矩阵 A 的秩 $\mathrm{rank}(A)\leqslant m+n-1$；另一方面，先取出其最后 n 列，再依次取出其第 1 列、第 $n+1$ 列、…、第 $(m-2)n+1$ 列，然后再去掉第 m 行，便得到一个 $m+n-1$ 阶的子方阵 B，该方阵是一个下三角阵，且对角线上的元素均为 1，从而其行列式值 $\det(B)=1$，因此可逆，从而 $\mathrm{rank}(A)\geqslant m+n-1$，综上便得 $\mathrm{rank}(A)=m+n-1$.

由于矩阵 A 的前 m 行的和等于后 n 行的和，因此矩阵 A 的任一行都可用其他 $m+n-1$ 行线性表出，而这 $m+n$ 行构成的向量组的秩为 $m+n-1$，因此矩阵 A 的任意 $m+n-1$ 行均线性无关.

2. 对 k 用归纳法证明. 由于矩阵 A 的元素要么为 0，要么为 1，因此 $k=1$ 时命题正确.

设 $k=l\geqslant 1$ 时命题正确，则当 $k=l+1\leqslant\min\{m+n, mn\}$ 时，设 A_{l+1} 是矩阵 A 的某个 $l+1$ 阶子矩阵，则矩阵 A_{l+1} 要么存在某一列全是 0，要么存在某一列只有一个 1，要么每一列都有 2 个 1.

如果矩阵 A_{l+1} 某一列元素全是 0，则其行列式 $\det(A_{l+1})=0$；

如果矩阵 A_{l+1} 存在某一列只有一个元素为 1，其他元素为 0，则按该列作行列式展开便化为了一个 l 阶子式，由归纳假设知命题正确；

若矩阵 A_{l+1} 每一列都有 2 个 1，则由矩阵 A 的结构知子矩阵 A_{l+1} 每一列的 2 个 1 中，一定有 1 个位于矩阵 A 的前 m 行，另一个位于 A 的后 n 行，从而子矩阵 A_{l+1} 中位于矩阵 A 前 m 行的所有行的和与子矩阵 A_{l+1} 位于 A 的后 n 行的所有行的和相等，从而 $\det(A_{l+1})=0$. 证毕.

3. 根据前面的结论 1，从运输问题（5－16）等式约束的增广矩阵 $[A, d]$ 任意去掉一行将得到行满秩的增广矩阵 $[\overline{A}, \overline{d}]$，从而得到如下和运输问题（5－16）等价的线性规划标准形问题：

$$
\begin{aligned}
\min\quad & z=c^{\mathrm{T}}x \\
\text{s. t.}\quad & \overline{A}x=\overline{d}, \\
& x_{ij}\geqslant 0,\ i=1, 2, \cdots, m,\ j=1, 2, \cdots, n.
\end{aligned}
\tag{5-18}
$$

设 x 是问题（5－18）一个基本可行解，对应的基矩阵为 $\overline{B}$，相应地将系数矩阵 $\overline{A}$ 划分为 $[\overline{B}, \overline{N}]$，则有 $x_B=\overline{B}^{-1}\overline{d}$，$x_N=0$. 由定理 5－14 之 2 知 $\overline{B}$ 的行列式 $\det(\overline{B})=\pm 1$，且矩阵 $\overline{B}$ 的伴随矩阵 $\overline{B}^*$ 也是整数矩阵，从而 $\overline{B}^{-1}=\overline{B}^*/\det(\overline{B})$ 是整数矩阵. 再由 $\overline{d}$ 的每个分量 a_i，b_j 均为整数知 $x_B=\overline{B}^{-1}\overline{d}$ 一定是整数向量，从而运输问题（5－18）的所有基本可行解都是整数解. 再由线性规划基本定理知若运输问题（5－18）有最优解，则一定有最优基本可行解，而该解一定是整数解. 证毕. □

矩阵 A 任一个子式取值只能是 −1，0，1 的这种性质称为**全幺模性**或**全单模性**.

定义 5-9 称两两不同的变量序列 $\{x_{ij}\}$ 构成回路，如果该序列的变量可排列成如下形式：

$$\underbrace{x_{i_0j_0}\to x_{i_0j_1}\to x_{i_1j_1}\to x_{i_1j_2}\to x_{i_2j_2}\to\cdots\to x_{i_kj_k}\to x_{i_kj_0}}_{\text{共有 }2(k+1)\text{ 个变量}}$$

由定义 5-9，若变量序列 $\{x_{ij}\}$ 构成回路，从运输表 5-4 上看，每行每列恰有两个变量，且连线构成回路：

$$\begin{array}{ccccccc}
x_{i_0j_0} & \cdots & \cdots & \cdots & \cdots & x_{i_0j_1} \\
\vdots & & & & & \vdots \\
\vdots & & x_{i_1j_k} & \cdots & \cdots & x_{i_1j_1} \\
\vdots & & \vdots & & & \\
x_{i_kj_0} & \cdots & x_{i_kj_k} & & &
\end{array}$$

从网络图 5-27 上看，注意到边 $e_{ij}=(A_i, B_j)$ 与变量 x_{ij} 一一对应，因此变量序列 $\{x_{ij}\}$ 构成回路当且仅当变量序列 $\{x_{ij}\}$ 对应的边集合 $\{e_{ij}\}$ 构成了网络图 5-27 的一个圈 $\{B_{j_0}(-e_{i_0j_0})A_{i_0}e_{i_0j_1}B_{j1}(-e_{i_1j_1})A_{i_1}e_{i_1j_2}B_{j_2}\cdots B_{j_k}(-e_{i_kj_k})A_{i_k}e_{i_kj_0}B_{j_0}\}$. 因此，得到如下结论.

定理 5-15 两两不同的变量序列 $\{x_{ij}\}$ 构成回路的充分必要条件是从运输表 5-4 上看，每行每列恰有两个变量，且相邻两个变量的连线（横线和竖线）构成回路；从网络图 5-27 上看，变量序列 $\{x_{ij}\}$ 对应的边集合 $\{e_{ij}\}$ 构成了网络图 5-27 的一个圈.

引理 5-2 考虑问题 (5-16)，记变量 x_{ij} 在系数矩阵 A 中对应的列向量为 P_{ij}. 若一组变量 $\{x_{i_lj_l}\}_{l=1}^{2k+2}$ 构成回路，且其构成回路的序列为：

$$x_{s_0t_0}\to x_{s_0t_1}\to x_{s_1t_1}\to x_{s_1t_2}\to x_{s_2t_2}\to\cdots\to x_{s_kt_k}\to x_{s_kt_0}$$

则其对应的列向量组 $\{P_{i_lj_l}\}_{l=1}^{2k+2}$ 线性相关，且

$$P_{s_0t_0}-P_{s_0t_1}+P_{s_1t_1}-P_{s_1t_2}+P_{s_2t_2}-\cdots+P_{s_kt_k}-P_{s_kt_0}=0. \tag{5-19}$$

证明：根据式 (5-17)（即 $P_{ij}=\varepsilon_i+\varepsilon_{m+j}$，其中 ε_i 为第 i 个 $m+n$ 维单位向量）得：

$$\begin{aligned}
&P_{s_0t_0}-P_{s_0t_1}+P_{s_1t_1}-P_{s_1t_2}+P_{s_2t_2}-\cdots+P_{s_kt_k}-P_{s_kt_0}\\
&=(\varepsilon_{s_0}+\varepsilon_{t_0})-(\varepsilon_{s_0}+\varepsilon_{t_1})+\cdots+(\varepsilon_{s_k}+\varepsilon_{t_k})-(\varepsilon_{s_k}+\varepsilon_{t_0})\\
&=\varepsilon_{t_0}-\varepsilon_{t_1}+\varepsilon_{t_1}-\varepsilon_{t_2}+\cdots+\varepsilon_{t_k}-\varepsilon_{t_0}=0.
\end{aligned}$$

因此向量组 $\{P_{i_lj_l}\}_{l=1}^{2k+2}$ 线性相关，且有式 (5-19) 成立. □

定理 5-16 考虑问题 (5-16)，记变量 x_{ij} 在系数矩阵 A 中对应的列向量为 P_{ij}，则一组变量 $\{x_{i_lj_l}\}_{l=1}^{k}$ 对应的列向量组 $\{P_{i_lj_l}\}_{l=1}^{k}$ 线性无关的充分必要条件是该组变量不含回路.

证明：先证必要性，用反证法. 若该组变量含有回路 $x_{s_0t_0}\to x_{s_0t_1}\to x_{s_1t_1}\to x_{s_1t_2}\to x_{s_2t_2}\to\cdots\to x_{s_qt_q}\to x_{s_qt_0}$（共 $2(q+1)$ 个变量），则根据引理 5-2 知其对应的列向量组 $\{P_{s_0t_0}, P_{s_0t_1}, P_{s_1t_1}, \cdots, P_{s_qt_q}, P_{s_qt_0}\}$ 线性相关，而该组向量是向量组 $\{P_{i_lj_l}\}_{l=1}^{k}$ 的一个子向量组，从而向量组 $\{P_{i_lj_l}\}_{l=1}^{k}$ 线性相关，矛盾！因此变量组 $\{x_{i_lj_l}\}_{l=1}^{k}$ 中不能含有回路.

再证充分性. 设变量组 $\{x_{i_lj_l}\}_{l=1}^{k}$ 中没有回路，将变量组 $\{x_{i_lj_l}\}_{l=1}^{k}$ 对应的列向量组 $\{P_{i_lj_l}\}_{l=1}^{k}$ 构成的子矩阵记为 Q_k. 由于变量组 $\{x_{i_lj_l}\}_{l=1}^{k}$ 不含回路，因此该组变量在运输网络图对应的边生成的子图 H_k 也不含回路（圈）. 然后对 k 作归纳法. 当 $k=1$ 时，由于 $P_{i_1j_1}\neq 0$，因此向量 $P_{i_1j_1}$ 自身线性无关，命题正确.

设 $k=p\geqslant 1$ 时命题正确，则当 $k=p+1$ 时，由于该组变量对应的子图 H_{p+1} 不含圈，且

不含孤立点（由其构造知子图 H_{p+1} 的每个节点至少和一条边关联），因此 H_{p+1} 的每个连通分支都至少含两个悬挂点．不妨设其中一个悬挂点为 A_{i_1}，对应的悬挂边为 $e_{i_1j_1}=(A_{i_1}, B_{j_1})$，则在由该组变量对应的列构成的矩阵 Q_{p+1} 中，节点 A_{i_1} 对应的行上有且仅有一个非零元 1，该非零元 1 在弧 (A_{i_1}, B_{j_1}) 对应的列 $P_{i_1j_1}$ 上，不妨设 $P_{i_1j_1}$ 是矩阵 Q_{p+1} 的第一列，Q_p 是变量组 $\{x_{i_lj_l}\}_{l=1}^{p+1}$ 去掉变量 $x_{i_1j_1}$ 对应的列向量组后构成的矩阵，则 $Q_{p+1}=[P_{i_1j_1}, Q_p]$，其中 Q_p 与 H_{p+1} 去掉悬挂边 $e_{i_1j_1}$ 后得到的子图 H_p 对应，从而 Q_p 的第 i_1 行全是 0（因为 Q_p 的列在网络图中对应的边均与悬挂点 A_{i_1} 没有关联），而列 $P_{i_1j_1}$ 的第 i_1 行有一个非零元 1，因此列 $P_{i_1j_1}$ 与矩阵 Q_p 的所有列线性无关．由于子图 H_{p+1} 不含圈，因此去掉悬挂边 $e_{i_1j_1}$ 后得到的子图 H_p 也无圈，从而其对应的向量组无回路，再根据归纳假设便知 Q_p 的列向量组线性无关，因此矩阵 $Q_{p+1}=[P_{i_1j_1}, Q_p]$ 的列向量组即向量组 $\{P_{i_lj_l}\}_{l=1}^{p+1}$ 线性无关，证毕．

□

根据定理 5－1、定理 5－3、定理 5－15 和定理 5－16 可得：

定理 5－17

1. 运输问题（5－16）的一组 $m+n-1$ 个变量 $\{x_{i_lj_l}\}_{l=1}^{m+n-1}$ 构成基变量的充要条件是这 $m+n-1$ 个变量 $\{x_{i_lj_l}\}_{l=1}^{m+n-1}$ 不包含回路．

2. 一组变量 $\{x_{i_lj_l}\}_{l=1}^{k}$ 在运输表 5－4 上看，若每个变量所在的行、列都至少有另外一个不同的变量，则必存在回路，从而对应的列向量组 $\{P_{i_lj_l}\}_{l=1}^{k}$ 线性相关．

3. 一组 $m+n-1$ 个变量 $\{x_{i_lj_l}\}_{l=1}^{m+n-1}$ 构成基变量的充要条件是从运输表 5－4 上看每行每列至少一个变量，且用横线、竖线连接任意相邻的两个变量后，这组变量中任意两个变量是连通的．

证明：

1. 由定理 5－14 和定理 5－16 便得．

2. 该组变量一共对应 k 条边，设其构成的子图为 $G'(V', E')$．由于运输表 5－4 上变量所在的行、列在网络图 5－27 上对应着每个节点，因此 $G'(V', E')$ 的每个节点都至少有两条边与之关联，即对 $\forall v\in V'$，有 $d_G(v)\geqslant 2$，再由定理 5－1 知 $|V'|\geqslant|E'|$，因此 $G'(V', E')$ 一定含圈．

3. 该组 $m+n-1$ 个变量 $\{x_{i_lj_l}\}_{l=1}^{m+n-1}$ 在网络图 5－27（记为 $G(V, E)$）上对应着 $m+n-1$ 条边，设其构成的子图为 $G'(V', E')$，则 $|E'|=m+n-1$．由于从运输表 5－4 上看每行每列至少一个变量，因此 $V'=V$；用横线、竖线连接任意相邻的两个变量后，这组变量中任意两个变量是连通的，说明 $G'(V', E')$ 是连通的，且 $|V'|=|V|=m+n$，$|E'|=m+n-1$，因此由定理 5－3 知 $G'(V', E')$ 是 $G(V, E)$ 的生成树，从而 $\{x_{i_lj_l}\}_{l=1}^{m+n-1}$ 构成基变量．

□

若一组变量构成基变量，由上述定理和推论 5－3a 知另外添加一个其他的变量后，该组变量含有且仅含有一个回路．

上述定理提供了一个简单的如何在运输表 5－4 上判断一组变量是否构成基变量的方法，例如下图中用 * 表示的变量构成一组基变量．

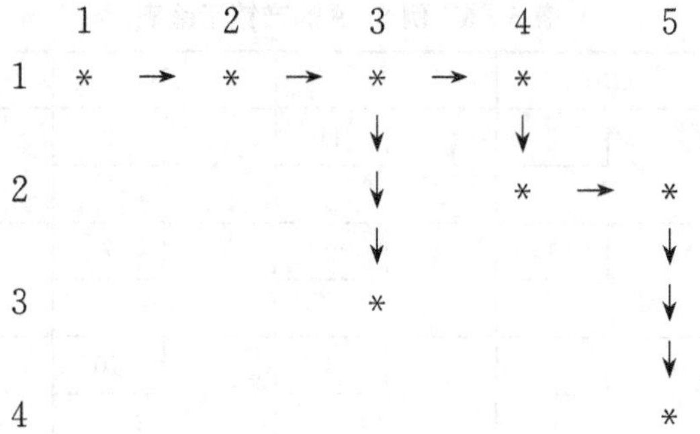

2. 表上作业法

由定理 5-14 知从运输问题（5-16）等式约束的增广矩阵 $[A, d]$ 任意去掉一行将得到等价的线性规划标准形问题（5-18），其中矩阵 $\bar{A}$ 是 $mn\times(m+n-1)$ 行满秩矩阵，且一定有最优解（推论 5-13a）. 由于通常有 $mn\gg(m+n-1)$，因此可采用修正单纯形（见第 54 页的算法 2-3）来计算问题（5-18）. 由于增广矩阵 $[A, d]$ 的特殊结构，人们发现计算初始基本可行解、检验数和进行旋转的过程都可大大简化，并可在运输表 5-4 上进行，从而得到了解运输问题（5-16）的**表上作业法，其计算步骤可概括如下**：

(1) 在 $(m\times n)$ 产销运输表 5-4 上找出初始基本可行解.

(2) 求各非基变量的检验数，判断是否达到最优解，如已是最优解，则停止计算，否则转入下一步.

(3) 确定入基变量和离基变量，更新变量值和目标函数值.

(4) 重复 (2)、(3)，直至得到最优解.

对运输问题（5-12），为方便计，我们将把产量 a_i、需要量 b_j、运输单价 c_{ij} 和决策变量 x_{ij} 放在一个表中，如表 5-5 所示.

2.1　寻找初始基本可行解的方法

表 5-5

产地 \ 销地	B_1	B_2	…	B_n	产量
A_1	x_{11} c_{11}	x_{12} c_{12}	…	x_{1n} c_{1n}	a_1
A_2	x_{21} c_{21}	x_{22} c_{22}	…	x_{2n} c_{2n}	a_2
⋮	⋮	⋮	⋮	⋮	⋮
A_m	x_{m1} c_{m1}	x_{m2} c_{m2}	…	x_{mn} c_{mn}	a_m
销量	b_1	b_2	…	b_n	

根据前面的结果，利用运输表 5-4 求初始基本可行解，就是要在表上确定不包含回路的 $m+n-1$ 个变量 $\{x_{ij}\}$ 作为基变量，并使其取值满足约束条件（其他变量取值为 0）. 下面结合例题介绍求初始基本可行解的三种方法，即西北角法、最小元素法和伏格尔法（Vogel Method）.

例题 5-9　设有三个产地 A_1，A_2，A_3 和四个销地 B_1，B_2，B_3，B_4，其产量、需要量和单位运价如下：

表 5-6 例 5-9 的产销运输表

	B_1	B_2	B_3	B_4	产量
A_1	3	11	3	10	7
A_2	1	9	2	8	4
A_3	7	4	10	5	9
销量	3	6	5	6	

现在来找上述问题的一个基本可行解.

(1) 西北角法：

① 在 m 行 n 列的表中令左上角（即西北角）的变量 $x_{11}=\min\{a_1, b_1\}$，若 $x_{11}=a_1$ 则划去第一行；若 $x_{11}=b_1$ 划去第一列；若出现 $a_1=b_1$，则在第一行和第一列中任意划去一个. 同时更新 a_1 和 b_1，即令 $a_1 \leftarrow a_1-x_{11}$、$b_1 \leftarrow b_1-x_{11}$.

② 在划去一行或一列后剩下的表中，重复①直至得到初始基本可行解.

注：在步①中若出现 $a_1=b_1$，此时可选择划去该行或该列，但不能同时划去该行或该列. 若选择划去行（列），则列（行）对应的 $b_1(a_1)$ 将变为 0，从而在下次迭代中将出现取 0 值的基变量，最终得到一组退化基本可行解.

对例 5-9，按西北角法计算初始基本可行解的过程和结果如表 5-7 所示，其中 a_i 和 b_j 的变化过程用逗号分开.

表 5-7 西北角法的计算过程

	B_1	B_2	B_3	B_4	产量
A_1	3 [3]	4 [11]	[3]	[10]	7, 4, 0
A_2	[1]	2 [9]	2 [2]	[8]	4, 2, 0
A_3	[7]	[4]	3 [10]	6 [5]	9, 6
销量	3, 0	6, 2, 0	5, 3, 0	6	

根据定理 5-17 和西北角法的计算过程知：**由西北角法得到的初始可行解一定是基本可行解**.

(2) 最小元素法：

最小元素法可看作是西北角法的改进，在表 5-6 中，任意交换两行或任意交换两列得到的问题与原问题是等价的，因此实际上可以从任意一个元素开始西北角法. 如果从单位运价表中最小的运价开始，可以期望获得比西北角法更小的目标值. 其计算步骤如下：

① 在 m 行 n 列的表中找出运价最小的元素 $c_{i_1j_1}$，令 $x_{i_1j_1}=\min\{a_{i_1}, b_{j_1}\}$，若 $x_{i_1j_1}=a_{i_1}$

则划去第 i_1 行；若 $x_{i_1j_1}=b_{j_1}$ 则划去第 j_1 列；若出现 $a_{i_1}=b_{j_1}$，则在第 i_1 行和第 j_1 列中任意划去一个，但不能同时划去．然后更新 a_{i_1} 和 b_{j_1}，即令 $a_{i_1}\leftarrow a_{i_1}-x_{i_1j_1}$、$b_{j_1}\leftarrow b_{j_1}-x_{i_1j_1}$．

② 在划去一行或一列后剩下的表中，重复①直至得到初始基本可行解．

注：在步①中若出现 $a_{i_1}=b_{j_1}$，则只能划去一行或者一列，不能把该行和该列同时划去．此时和西北角法一样将得到一组退化的基本可行解．

对例 5－9，按最小元素法计算初始基本可行解的过程和结果如表 5－8 所示，其中 a_i 和 b_j 的变化过程用逗号分开．

表 5－8 最小元素法的计算过程

	B_1	B_2	B_3	B_4	产量 a_i
A_1	[3]	[11]	4 ③ [3]	3 ⑥ [10]	7，3
A_2	3 ① [1]	[9]	1 ② [2]	[8]	4，1，0
A_3	[7]	6 ④ [4]	[10]	3 ⑤ [5]	9，3，0
销量 b_j	3，0	6，0	5，4，0	6，3	

（3）伏格尔法（Vogel 法）

最小元素法缺点：为了节省一处的运费，有时造成在其他处要多花几倍的运费，伏格尔法是最小元素法的进一步改进．

步骤：

（1）计算各行、各列最小运费和次最小运费的差额；

（2）挑出差额最大的一行或列（若有多个，则任选一个），选择其最小元素，利用最小元素法给其赋值，并划去赋值元素所在行或列（对赋值元素 x_{ij}，若 $a_i>b_j$ 划去其所在列；若 $b_j>a_i$ 划去其所在行；若 $b_j=a_i$，则划去其所在行或列均可，但只能划去一个）；

（3）对未划去的元素重复进行（1）（2）的运算，直到得到初始基可行解．

对于例 5－9，用伏格尔法计算初始基本可行解的过程如表 5－9～表 5－12 所示．

表 5－9

	B_1	B_2	B_3	B_4	a_i	行差额
A_1	[3]	[11]	[3]	[10]	7	0
A_2	[1]	[9]	[2]	[8]	4	1
A_3	[7]	6 ① [4]	[10]	[5]	9	1
b_j	3	6	5	6		
列差额	2	[5]	1	3		

表 5－10

	B_1	B_2	B_3	B_4	产量	行差额
A_1	3		3	10	7	0
A_2	1		2	8	4	1
A_3	7	6	10	5 3 ②	3	2
销量	3	0	5	6		
列差额	2	—	1	[3]		

表 5－11

	B_1	B_2	B_3	B_4	产量	行差额
A_1	3		3	10	7	0
A_2	1 3 ③		2	8	4	1
A_3		6		3	0	—
销量	0	0	5	3		
列差额	[2]	—	1	2		

表 5－12

	B_1	B_2	B_3	B_4	产量	行差额
A_1			3 5 ④	10 2 ⑥	7，2，0	[7]，0
A_2	3		2	8 1 ⑤	1，0	6，0
A_3		6		3	0	—
销量	0	0	5，0	3，2，0		
列差额	—	—	1，—	2，2		

于是得到初始基本可行解所对应的运输表 5－13.

表 5－13

	B_1	B_2	B_3	B_4	a_i
A_1	3	11	3 5	10 2	7
A_2	1 3	9	2	8 1	4
A_3	7	4 6	10	5 3	9
b_j	3	6	5	6	

2.2 最优解的判别

为判断当前基本可行解是否是最优解，需要计算非基变量的检验数. 不妨设是去掉问题（5-12）或（5-16）的 k 个等式约束后得到的标准形问题（5-18），则其等式约束对应的增广矩阵 $[\overline{A}, \overline{d}]$ 是问题（5-16）的等式约束增广矩阵 $[A, d]$ 去掉第 k 行所得. 设当前基本可行解在标准形问题（5-18）中对应的基矩阵为 $\overline{B}$（该矩阵为 $m+n-1$ 阶方阵），在问题（5-16）中对应的矩阵为 B（该矩阵为 $(m+n)\times(m+n-1)$ 阶矩阵，在 B 中去掉第 k 行便得到 $\overline{B}$）. 根据修正单纯形法（见第54页的算法2-3），应先计算与 $\overline{B}$ 对应的单纯形乘子 $\overline{w}=c_B^{\mathrm{T}}\overline{B}^{-1}$，然后便可得到变量 x_{ij} 的、与基矩阵 $\overline{B}$ 对应的检验数 $\zeta_{ij}=\overline{w}\,\overline{P}_{ij}-c_{ij}$，其中 $\overline{P}_{ij}$ 是矩阵 $\overline{A}$ 中与变量 x_{ij} 对应的列，可由列向量 P_{ij} 去掉第 k 行得到. 由 $\overline{w}=c_B^{\mathrm{T}}\overline{B}^{-1}$ 知 $\overline{w}\overline{B}=c_B^{\mathrm{T}}$，在 $\overline{w}\overline{B}$ 中，行向量 $\overline{w}$ 的第 i 个分量与 $\overline{B}$ 的第 i 行相对应，因此可令 $\overline{w}=(w_1, \cdots, w_{k-1}, w_{k+1}, \cdots, w_{m+n})$，$w=\overline{\overline{w}}=(w_1, \cdots, w_{k-1}, w_k, w_{k+1}, \cdots, w_{m+n})$，其中 w_i 与矩阵 A 的第 i 行（即产地 A_i 和销地 B_j）相对应. 令 $w_k=0$ 便有 $wB=\overline{w}\overline{B}=c_B^{\mathrm{T}}$，即当 x_{ij} 为基变量时，有 $wP_{ij}=c_{ij}$（其中 $w_k=0$）. 由式（5-13）和式（5-17）知 $wP_{ij}=w_i+w_{m+j}$，从而当 $x_{ij}(i=1, \cdots, m; j=1, \cdots, n)$ 为基变量时有

$$w_i+w_{m+j}=c_{ij}.$$

上面的方程一共有 $m+n-1$ 个（共有 $m+n-1$ 个基变量），构成了一个含 $m+n$ 个变量的线性方程组. 由于 $\overline{B}$ 可逆，令 $w_k=0$ 并将之代入到该方程组中将得到唯一解 $\overline{w}=(w_1, \cdots, w_{k-1}, w_{k+1}, \cdots, w_{m+n})$，然后对所有非基变量 x_{ij}，按下式计算检验数（其中 $w_k=0$）：

$$\zeta_{ij}=\overline{w}\overline{P}_{ij}-c_{ij}=wP_{ij}-c_{ij}=w_i+w_{m+j}-c_{ij}.$$

注意到在问题（5-16）中，矩阵 A 的前 m 行与产地 $A_i(i=1, 2, \cdots, m)$ 一一对应，后 n 行与销地 $B_j(j=1, \cdots, n)$ 一一对应，为方便在表中计算单纯形乘子 w，可令 $w=(u_1, \cdots, u_m, v_1, \cdots, v_n)$，其中 u_i 与产地 $A_i(i=1, 2, \cdots, m)$ 相对应，v_j 与销地 $B_j(j=1, \cdots, n)$ 相对应，此时有 $w_i=u_i$，$w_{m+j}=v_j$. 相应地有方程组：

$$u_i+v_j=c_{ij}\ （当\ x_{ij}\ 为基变量时） \tag{5-20}$$

由于基矩阵 $\overline{B}$ 是系数矩阵 A 去掉一行后得到的，因此在方程组（5-20）可令任一个变量 u_i 或 v_j 为0（其对应的行被去掉，称其对应的节点 A_i 或 B_j 为根节点），然后代入方程组（5-20）依次回代求解便可得到与 $\overline{B}$ 的行对应的单纯形乘子 $\overline{w}$，以及和 B 的行对应的 w（其中去掉的行对应的某个变量 u_i 或 v_j 为0）. 然后根据检验数的计算公式 $\zeta=\overline{w}\overline{A}-c^{\mathrm{T}}=wA-c^{\mathrm{T}}$ 和矩阵 A 的结构（见式（5-13））便得检验数的计算公式：

$$\zeta_{ij}=u_i+v_j-c_{ij}, \quad i=1, 2, \cdots, m; j=1, 2, \cdots, n \tag{5-21}$$

若对 $i=1, 2, \cdots, m$; $j=1, 2, \cdots, n$ 均有 $\zeta_{ij}\leqslant 0$，问题得到最优解；若存在 $\zeta_{ij}>0$，则当前基本可行解还可进一步改进. 称上述计算检验数的方法为**位势法**，相应的称 $w=(u_1, \cdots, u_m, v_1, \cdots, v_n)$ 为各个节点（A_i 或 B_j）的**位势**，实际上也是运输问题（5-12）或（5-16）的**对偶变量**.

例题 5-10 计算例题5-9由最小元素法求得的初始基可行解中（见表5-8）非基变量的检验数.

解：首先构造与表 5 - 8 对应的表 5 - 14：

表 5 - 14

	B_1	B_2	B_3	B_4	产量	u_i
A_1	[3]	[11]	4 [3]	3 [10]	7	u_1
A_2	3 [1]	[9]	1 [2]	[8]	4	u_2
A_3	[7]	6 [4]	[10]	3 [5]	9	u_3
销量	3	6	5	6		
v_j	v_1	v_2	v_3	v_4		

由基变量的位置可列出与式（5 - 21）对应的方程组

$$\begin{cases} u_1+v_4=10 \\ u_3+v_4=5 \\ u_1+v_3=3 \\ u_2+v_3=2 \\ u_3+v_2=4 \\ u_2+v_1=1 \end{cases}$$

令 $v_4=0$，解得

$$v_1=-8,\quad v_2=-1,\quad v_3=-7,\quad v_4=0,\quad u_1=10,\quad u_2=9,\quad u_3=5$$

将计算得到的 u_i，v_j 的值放入表 5 - 14 中得到表 5 - 15，然后按式（5 - 21）计算其他非基变量的检验数并放入表 5 - 15 中相应单元格的左下角即可.

□

由计算得到的检验数，在表 5 - 15 中的基本可行解还不是最优解，应选择具有正检验数的非基变量 x_{24} 作为入基变量，并通过计算 $\overline{B}^{-1}\overline{P}_{24}$ 来确定离基变量. 由前面的分析，非基变量 x_{24} 与当前的 6 个基变量构成一个唯一的回路.

不妨设在当前 $m+n-1$ 个基变量中添加一个非基变量时，该非基变量与当前 $m+n-1$ 个基变量构成的唯一的回路为：

$$x_{s_0t_0}\to x_{s_0t_1}\to x_{s_1t_1}\to x_{s_1t_2}\to x_{s_2t_2}\to\cdots\to x_{s_kt_k}\to x_{s_kt_0},$$

其中 $x_{s_0t_0}$ 为加入的非基变量，则由引理 5 - 2 知：

$$\overline{P}_{s_0t_0}-\overline{P}_{s_0t_1}+\overline{P}_{s_1t_1}-\overline{P}_{s_1t_2}+\overline{P}_{s_2t_2}-\cdots+\overline{P}_{s_kt_k}-\overline{P}_{s_kt_0}=0.$$

设 $\overline{P}_{s_it_i}$ 是基矩阵之第 r_i 列（$i=1,\cdots,k$），$\overline{P}_{s_{i-1}t_i}$ 是基矩阵之第 q_i 列（$i=1,\cdots,k+1$，其中 $t_{k+1}=t_0$），则 $\overline{B}^{-1}\overline{P}_{s_it_i}=\varepsilon_{r_i}$，$\overline{B}^{-1}\overline{P}_{s_{i-1}t_i}=\varepsilon_{q_i}$（其中 ε_i 是第 i 个 $m+n-1$ 维单位向量），从而：

$$\begin{aligned}\overline{B}^{-1}\overline{P}_{s_0t_0}&=\overline{B}^{-1}(\overline{P}_{s_0t_1}-\overline{P}_{s_1t_1}+\overline{P}_{s_1t_2}-\overline{P}_{s_2t_2}+\cdots-\overline{P}_{s_kt_k}+\overline{P}_{s_kt_0})\\&=\varepsilon_{q_1}-\varepsilon_{r_1}+\varepsilon_{q_2}-\varepsilon_{r_2}+\cdots+\varepsilon_{q_k}-\varepsilon_{r_k}+\varepsilon_{q_{k+1}}\end{aligned}\tag{5-22}$$

$$\zeta_{s_0t_0}=c_B^{\mathrm{T}}\overline{B}^{-1}\overline{P}_{s_0t_0}-c_{s_0t_0}$$

$$=c_B^{\mathrm{T}}(\varepsilon_{q_1}-\varepsilon_{r_1}+\varepsilon_{q_2}-\varepsilon_{r_2}+\cdots+\varepsilon_{q_k}-\varepsilon_{r_k}+\varepsilon_{q_{k+1}})-c_{s_0t_0}$$

$$=c_{s_0t_1}-c_{s_1t_1}+c_{s_1t_2}-c_{s_2t_2}+\cdots+c_{s_{k-1}t_k}-c_{s_kt_k}+c_{s_kt_0}-c_{s_0t_0} \tag{5-23}$$

于是得到了计算非基变量 $x_{s_0t_0}$ 检验数的另一种计算方法．在运输表上，式（5－23）的含义是，首先将加入的非基变量 $x_{s_0t_0}$ 标上负号，将回路上与 $x_{s_0t_0}$ 相邻的基变量标上正号，然后将回路上与标上正号的基变量相邻的变量标上负号，…．然后将对应的费用系数按标上的正负号求和即得该非基变量的检验数，称这一方法为**闭回路法**．如对上例，将非基变量 x_{11} 加入到表 5－14 中确定的基变量后，x_{11} 与基变量 x_{13}，x_{23}，x_{21} 构成了唯一的回路，因此：

$$\zeta_{11}=c_{13}-c_{23}+c_{21}-c_{11}=3-2+1-3=-1$$

同样可计算出其他非变量的检验数，结果如表 5－15 所示．

表 5－15

	B_1	B_2	B_3	B_4	产量	u_i
A_1	3 −1	11 −2	3 4 0	10 3 0	7	10
A_2	1 3 0	9 −1	2 1 0	8 1	4	9
A_3	7 −10	4 6 0	10 −12	5 3 0	9	5
销量	3	6	5	6		
v_j	−8	−1	−7	0		

根据式（5－23），在位势法中，**实际上可令系数矩阵 A 去掉的一行所对应的单纯形乘子 u_i 或 v_j 为任意数！**

2.3 当前解的改进方法——闭回路调整法

当表中出现正检验数时，表明未得最优解，具有正检验数的变量应入基．一般是取正检验数最大的变量，设其为 $x_{s_0t_0}$．在当前的 $m+n-1$ 个基变量中加入一个非基变量 $x_{s_0t_0}$ 后将形成一个唯一的回路，设该回路为：

$$x_{s_0t_0}\to x_{s_0t_1}\to x_{s_1t_1}\to x_{s_1t_2}\to x_{s_2t_2}\to\cdots\to x_{s_kt_k}\to x_{s_kt_0}.$$

不妨设 $x_{s_it_i}$ 是第 r_i 个基变量（$i=1$，…，k），$x_{s_{i-1}t_i}$ 是第 q_i 个基变量（$i=1$，…，$k+1$，其中 $t_{k+1}=t_0$），则在当前基下，由式（5－22）知入基变量 $x_{s_0t_0}$ 对应的列为：

$$\hat{a}_{s_0t_0}\triangleq\overline{B}^{-1}\overline{P}_{s_0t_0}=\varepsilon_{q_1}-\varepsilon_{r_1}+\varepsilon_{q_2}-\varepsilon_{r_2}+\cdots+\varepsilon_{q_k}-\varepsilon_{r_k}+\varepsilon_{q_{k+1}}. \tag{5-24}$$

设此时标准形问题（5－18）的基本可行解为 $\bar{x}_B=\overline{B}^{-1}\overline{d}\triangleq\overline{b}$，$\bar{x}_N=0$，目标函数为 $\bar{z}_0\triangleq c_B^{\mathrm{T}}\overline{B}^{-1}\overline{d}$，入基变量为 $x_{s_0t_0}$，其检验数 $\zeta_{s_0t_0}>0$．除入基变量 $x_{s_0t_0}$ 外，将其他非基变量保持为 0，则由单纯形法有：

$$x_B+\hat{a}_{s_0t_0}x_{s_0t_0}=\overline{b}, \tag{5-25}$$

$$z+\zeta_{s_0t_0}x_{s_0t_0}=\bar{z}_0. \tag{5-26}$$

根据单纯形法，就是要根据式（5－25）和式（5－26），在保持 $x_B\geqslant 0$ 的前提下，尽可能地增大入基变量 $x_{s_0t_0}$ 的值，从而使目标函数值尽可能地减少．设 $x_{s_0t_0}$ 增大到 θ，则需要计算一

个最大的 θ，使

$$x_B=\overline{b}-\theta\hat{a}_{s_0t_0}\geqslant 0.$$

将式（5－24）代入到式（5－25）中得：

$$\begin{aligned}x_B&=\overline{b}-\theta\hat{a}_{s_0t_0}=\bar{x}_B-\theta\hat{a}_{s_0t_0}\\&=\bar{x}_B-\theta(\varepsilon_{q_1}-\varepsilon_{r_1}+\varepsilon_{q_2}-\varepsilon_{r_2}+\cdots+\varepsilon_{q_k}-\varepsilon_{r_k}+\varepsilon_{q_{k+1}}),\end{aligned}$$

从而得到：

$$x_{s_it_i}=\bar{x}_{s_it_i}+\theta,\ i=1,\ \cdots,\ k,$$
$$x_{s_{i-1}t_i}=\bar{x}_{s_{i-1}t_i}-\theta,\ i=1,\ \cdots,\ k+1,$$

其中 $t_{k+1}=t_0$，其他不在回路上的基变量的值不变．因此入基变量 $x_{s_0t_0}$ 的值将增大到：

$$\theta=\min\{\bar{x}_{s_0t_1},\ \bar{x}_{s_1t_2},\ \cdots,\ \bar{x}_{s_{k-1}t_k},\ \bar{x}_{s_kt_0}\}.$$

上式在运输表中的含义是：首先将要入基的非基变量 $x_{s_0t_0}$ 标上正号，再将其与当前基变量形成的唯一回路上与 $x_{s_0t_0}$ 相邻的基变量标上负号，然后将回路上与标上负号的基变量相邻的基变量标上正号，…，最后令 θ 取标上负号的基变量值的最小值，并将标上正号的变量增加 θ，标上负号的变量减少 θ，再把变为 0 的基变量作为离基变量（若有多个变为 0，则只选一个作为离基变量），从而得到一组新的基变量及其值．称这一调整过程为**闭回路调整法**．

例：对上面的例题中用最小元素法所得初始基本可行解进行改进．

由计算得到的检验数（见表 5－15），当前基本可行解还不是最优解，应选择具有正检验数的非基变量 x_{24} 作为入基变量，x_{24} 与 x_{14}、x_{13}、x_{23} 构成唯一的回路．当增大 x_{24} 到 θ 时，相邻的基变量 x_{14} 应减少 θ，x_{13} 增加 θ，x_{23} 应减少 θ．为保持基变量的可行性，θ 最多为 $\min\{x_{14},\ x_{23}\}=1$，从而 x_{23} 是离基变量，x_{24} 取值 $\theta=1$，相应的 x_{23} 变为 0，x_{24} 变为 1，x_{14} 变为 2，x_{13} 增加 1 变为 5，结果如表 5－16 所示．

表 5－16

	B_1	B_2	B_3	B_4	产量
A_1	$\boxed{3}$	$\boxed{11}$	4 $\boxed{3}$	3 $\boxed{10}$	7
A_2	3 $\boxed{1}$	$\boxed{9}$	1 $\boxed{2}$	$\boxed{8}$	4
A_3	$\boxed{7}$	6 $\boxed{4}$	$\boxed{10}$	3 $\boxed{5}$	9
销量	3	6	5	6	

⇓

	B_1	B_2	B_3	B_4	产量
A_1	$\boxed{3}$	$\boxed{11}$	5 $\boxed{3}$	2 $\boxed{10}$	7
A_2	3 $\boxed{1}$	$\boxed{9}$	$\boxed{2}$	1 $\boxed{8}$	4
A_3	$\boxed{7}$	6 $\boxed{4}$	$\boxed{10}$	3 $\boxed{5}$	9
销量	3	6	5	6	

然后再计算表 5-16 的基本可行解对应的检验系数（仍令 $v_4=0$），得到表 5-17.

表 5-17 中的各检验系数均小于或等于 0，因此表 5-17 对应的基本可行解就是最优解，对应的最优值为：

$$z^*=5\times3+2\times10+3\times1+1\times8+6\times4+3\times5=85.$$

由上述所知，表上作业法的整个过程可概括如下：

表上作业法计算步骤：（1）首先判断问题是否是平衡的，若是平衡的，则用西北解法（或最小元素法、Vogel 法）找到一组基本可行解.

（2）计算非基变量的检验数，若检验数均≤0，则得到最优解，停止；若有变量对应的检验数为正，则选取一个作为入基变量 x_{kl}.

表 5-17

	B_1	B_2	B_3	B_4	产量	u_i
A_1	检验数 0；运价 3	检验数 −2；运价 11	检验数 0；5；运价 3	检验数 0；2；运价 10	7	10
A_2	检验数 0；3；运价 1	检验数 −2；运价 9	检验数 −1；运价 2	检验数 0；1；运价 8	4	8
A_3	检验数 −9；运价 7	检验数 0；6；运价 4	检验数 −12；运价 10	检验数 0；3；运价 5	9	5
销量	3	6	5	6		
v_j	−7	−1	−7	0		

（3）将新的入基变量加入原基变量的行列，找出对应的唯一回路，确定入基变量可以增加的最大值 θ 和相应的离基变量，按闭回路法调整回路上各变量的值，并计算相应的目标值 $z_0\leftarrow z_0-\zeta_{kl}\theta$，从而得到一组新的基变量和相应的目标值 z_0（即单纯形法的旋转过程）.

（4）得到新的一组基后，重复（2），（3）直至得到最优解和相应的目标值 z^*. 当 $c_{ij}\geqslant0$ 时，原问题有下界 0，因此一定会有最优解.

表上作业法计算中的问题：

（1）无穷多最优解：在最优解处，若解非退化且某个非基变量的检验数为 0，则该问题有无穷多个最优解.

（2）退化：用表上作业法求解运输问题出现退化时，在相应的格中要填上一个 0，以表示此格为基变量.

3. 产销不平衡问题

（1）产量大于需求量，即 $\sum\limits_{i=1}^{m}a_i>\sum\limits_{j=1}^{m}b_j$.

数学模型为：

$$\begin{aligned}
\min\quad & z=\sum_{i=1}^{m}\sum_{j=1}^{n}c_{ij}x_{ij}\\
\text{s. t.}\quad & \sum_{j=1}^{n}x_{ij}\leqslant a_i,i=1,2,\cdots,m\\
& \sum_{i=1}^{m}x_{ij}=b_j,j=1,2,\cdots,n\\
& x_{ij}\geqslant0,i=1,2,\cdots,m,j=1,2,\cdots,n
\end{aligned}$$

增加一个虚拟的销地 B_{n+1}，令各个产地到该销地的单位运价为 0，便可变成一个产销平衡的运输问题：

$$\min \quad z=\sum_{i=1}^{m}\sum_{j=1}^{n+1}c_{ij}x_{ij}$$

$$\text{s. t.} \quad \sum_{j=1}^{n+1}x_{ij}=a_i, i=1,2,\cdots,m$$

$$\sum_{i=1}^{m}x_{ij}=b_j, j=1,2,\cdots,n,n+1$$

$$x_{ij}\geqslant 0, i=1,2,\cdots,m; j=1,2,\cdots,n+1$$

其中 $b_{n+1}=\sum_{i=1}^{m}a_i-\sum_{j=1}^{n}b_j, c_{i,n+1}=0$ ($i=1, 2, \cdots, m$)

（2）产量小于需求量，即 $\sum_{i=1}^{m}a_i<\sum_{j=1}^{m}b_j$.

数学模型为：

$$\min \quad z=\sum_{i=1}^{m}\sum_{j=1}^{n}c_{ij}x_{ij}$$

$$\text{s. t.} \quad \sum_{j=1}^{n}x_{ij}=a_i, i=1,2,\cdots,m$$

$$\sum_{i=1}^{m}x_{ij}\leqslant b_j, j=1,2,\cdots,n$$

$$x_{ij}\geqslant 0, i=1,2,\cdots,m, j=1,2,\cdots,n$$

构造产销平衡运价表时，应加入一个虚拟产地 A_{m+1}，便得到一个产销平衡的运输问题：

$$\min \quad z=\sum_{i=1}^{m+1}\sum_{j=1}^{n}c_{ij}x_{ij}$$

$$\text{s. t.} \quad \sum_{j=1}^{n}x_{ij}=a_i, i=1,2,\cdots,m,m+1$$

$$\sum_{i=1}^{m+1}x_{ij}=b_j, j=1,2,\cdots,n$$

$$x_{ij}\geqslant 0, i=1,2,\cdots,m+1; j=1,2,\cdots,n$$

其中 $a_{m+1}=\sum_{j=1}^{n}b_j-\sum_{i=1}^{m}a_i$，新增加的价格系数 $c_{m+1,j}$（$j=1, 2, \cdots, n$）是对供给不足量 $x_{m+1,j}$ 的惩罚单价，即在第 j 个销地每短缺一个单位的物资应罚款多少，可以是 0 或大 M（即 M 是一个任意大的正数，此时在最优解必有 $x_{m+1,j}=0$，即该处要求必须足量供应物资）.

另外一种情况是某个产地 i 到某个销地 j 之间没有联系，此时可令 $c_{ij}=M$，M 是一个可以任意大的正数.

例题 5－11 三个化肥厂 A_1，A_2，A_3 供应四个地区 B_1，B_2，B_3，B_4，运输表见表 5－18，表中“—”表示相应的产地和销地之间没有联系. 试求一个最优的运输方案.

解：首先将该问题化为产销平衡的运输问题. 由于节点 B_1 的最低需求是 30，最高需求是 50，因此该节点的约束条件为：

$$\begin{cases}30\leqslant x_{11}+x_{21}+x_{31}\leqslant 50\\ x_{11}, x_{21}, x_{31}\geqslant 0\end{cases}$$

表 5-18

	B_1	B_2	B_3	B_4	产量
A_1	16	13	22	17	50
A_2	14	13	19	15	60
A_3	19	20	23	—	50
最低需求	30	70	0	10	
最高需求	50	70	30	不限	

可将该约束拆成如下运输问题的约束形式：

$$\begin{cases}\tilde{x}_{11}+\tilde{x}_{21}+\tilde{x}_{31}=30\\ x'_{11}+x'_{21}+x'_{31}+x'_{41}=20\\ x_{i1}=\tilde{x}_{i1}+x'_{i1}, i=1, 2, 3;\\ \tilde{x}_{i1}\geqslant 0, i=1, 2, 3;\\ x'_{i1}\geqslant 0, i=1, 2, 3, 4.\end{cases}$$

因此应将节点 B_1 拆成$\tilde{B}_1$ 和 B'_1，在销地$\tilde{B}_1$ 处需求量为 30（必须足量供应）；销地 B'_1 的需求量为不超过 20，应为之添加一个虚拟的产地 A_4，并令 $c'_{41}=0$，然后令 $\tilde{c}_{41}=M$（以保证在最优解处有$\tilde{x}_{41}=0$）．为方便计，销地$\tilde{B}_1$ 在新的表中仍记为 B_1；节点 B_2 的约束为 $x_{12}+x_{22}+x_{32}=70$，在增加虚拟的产地 A_4 后应令 $c_{42}=M$，便可保证这一约束成立；对节点 B_3，由于

$$\begin{cases}0\leqslant x_{13}+x_{23}+x_{33}\leqslant 30\\ x_{13}, x_{23}, x_{33}\geqslant 0\end{cases}\Leftrightarrow\begin{cases}x_{13}+x_{23}+x_{33}+x_{43}=30\\ x_{13}, x_{23}, x_{33}, x_{43}\geqslant 0\end{cases},$$

因此令 $c_{43}=0$ 即可；对于节点 B_4，由于产量总共为 50＋60＋50＝160，在满足了其他销地的最低需求后，最多还可供给节点 B_4 的化肥量为 160－（30＋70）＝60，因此可设定节点 B_4 的最高需求为 60，从而和节点 B_1 一样，也应为该节点添加一个虚拟的节点 B'_4，该节点的需求量为 60－10＝50．在添加虚拟产地 A_4 后，应令 $c_{44}=M$，$c'_{44}=0$．在添加虚拟销地 B'_1 和 B'_4 后，总的需求量为 50＋70＋30＋60＝210，超出总产量 50 个单位，因此添加的虚拟产地 A_4 的产量应为 50，从而该问题对应的产销平衡运价表如表 5-19 所示．

表 5-19

	B_1	B'_1	B_2	B_3	B_4	B'_4	产量
A_1	16	16	13	22	17	17	50
A_2	14	14	13	19	15	15	60
A_3	19	19	20	23	M	M	50
A_4	M	0	M	0	M	0	50
销量	30	20	70	30	10	50	

用 Vogel 求出初始基本可行解得到表 5-20，然后计算表 5-20 中基本可行解所对应的检验系数，得表 5-21，所在变量的检验系数均小于等于 0，因此表 5-20 对应的基本可行解就是最优解.

表 5-20

	B_1	B_1'	B_2	B_3	B_4	B_4'	产量
A_1			50				50
A_2			20		10	30	60
A_3	30	20	0				50
A_4				30		20	50
销量	30	20	70	30	10	50	

表 5-21

	B_1	B_1'	B_2	B_3	B_4	B_4'	u_i
A_1	16 / -4	16 / -4	13 / 50 / 0	22 / -7	17 / -2	17 / -2	0
A_2	14 / -2	14 / -2	13 / 20 / 0	19 / -4	15 / 10 / 0	15 / 30 / 0	0
A_3	19 / 30 / 0	19 / 20 / 0	20 / 0 / 0	23 / -1	M / $22-M$	M / $22-M$	7
A_4	M / $-3-M$	0 / -3	M / $-2-M$	0 / 30 / 0	M / $-M$	0 / 20 / 0	-15
v_j	12	12	13	15	15	15	

□

4. 灵敏度分析

和线性规划问题一样，同样可对运输问题作灵敏度分析. 当只有一个价格系数 c_{ij} 发生变化时，若 x_{ij} 不是基变量，则各节点对应的单纯形乘子不变，因此只有 x_{ij} 对应的检验数发生变化，按前述位势法或闭回路法计算其检验数并继续迭代即可；若 x_{ij} 是基变量，则各节点对应的单纯形乘子发生变化，不妨设 c_{ij} 的增量为 Δ，即令 $c_{ij} \leftarrow c_{ij}+\Delta$，然后按位势法或闭回路法重新计算节点对应的检验数即可. 其他变化可作同样的讨论.

5.5.2 指派问题

在生活中经常遇到这样的问题，某单位有 n 项工作，需要 n 个人去完成，安排第 i 个人做第 j 项工作需要的费用为 c_{ij}（或时间、效率等），问如何安排（每人一项工作，一项工作只安排一人），使费用或时间最少（或者是使效率最高）？称这样的问题为指派问题.

为建立数学模型，引入变量 x_{ij}，使之满足：

$$x_{ij}=\begin{cases}1 & \text{若指派第 } i \text{ 个人去做第 } j \text{ 项工作}\\ 0 & \text{若未指派第 } i \text{ 个人去做第 } j \text{ 项工作}\end{cases}$$

于是上述问题的数学模型为：

$$\begin{aligned}\min \quad & \sum_{i=1}^{n}\sum_{j=1}^{n} c_{ij}x_{ij} \\ \text{s. t.} \quad & \sum_{i=1}^{n} x_{ij} = 1, j = 1,\cdots,n \\ & \sum_{j=1}^{n} x_{ij} = 1, i = 1,\cdots,n \\ & x_{ij} \in \{0,1\}, i,j = 1,\cdots,n.\end{aligned} \tag{5-27}$$

其中约束 $\sum_{i=1}^{n} x_{ij} = 1$（$j=1$，…，$n$）表示第 j 项工作必须由且只能由一个人去完成，$\sum_{j=1}^{n} x_{ij} = 1$ 表示第 i 个人必须去完成且只需完成一项工作．这两个约束实际上可看做是运输问题约束的特例．然后根据运输问题整数最优解的性质，以及约束条件"$\sum_{i=1}^{n} x_{ij} = 1$，$x_{ij} \geqslant 0$"隐含了约束条件"$x_{ij} \leqslant 1$"，问题（5-27）等价于：

$$\begin{aligned}\min \quad & \sum_{i=1}^{n}\sum_{j=1}^{n} c_{ij}x_{ij} \\ \text{s. t.} \quad & \sum_{i=1}^{n} x_{ij} = 1, j = 1,\cdots,n \\ & \sum_{j=1}^{n} x_{ij} = 1, i = 1,\cdots,n \\ & x_{ij} \geqslant 0, i,j = 1,\cdots,n.\end{aligned} \tag{5-28}$$

因此指派问题既可看作是 0—1 规划的特例，又可看作是运输问题的特例，从而可用前述运输单纯形即表上作业法求解指派问题（5-28）．但由于问题（5-28）的任何一个整数可行解中，只有 n 个变量为 1，其余变量均为 0，而问题（5-28）的任一个基本可行解都是整数可行解且含有 $2n-1$ 个变量，因此问题（5-28）的任一个基本可行解（包括最优基本可行解）中至少有 $n-1$ 个基变量为 0，从而是高度退化的．因此使用表上作业法解问题（5-28）时，必须使用字典序或 Bland 规则来防止出现循环，在计算过程中可能出现效率低下的情形．因此 H. W. Kuhn 在 1955 年提出了基于匹配理论的匈牙利算法．首先引入下列概念：

定义 5-10　称下列矩阵为指派问题（5-28）（或问题（5-27））的**费用矩阵**（或者是称为**效率矩阵**，此时是**极大化**目标函数）：

$$C = \begin{array}{c} \\ 1 \\ 2 \\ \vdots \\ n \end{array} \begin{array}{c} \begin{array}{cccc} 1 & 2 & \cdots & n \end{array} \\ \begin{bmatrix} c_{11} & c_{12} & \cdots & c_{1n} \\ c_{21} & c_{22} & \cdots & c_{2n} \\ \vdots & \vdots & & \vdots \\ c_{n1} & c_{n2} & \cdots & c_{nn} \end{bmatrix}_{n\times n} \end{array}$$

匈牙利算法主要基于以下两个定理．

定理 5-18　设指派问题（5-28）的费用矩阵 $C=(c_{ij})_{n\times n}$，则该费用矩阵某一行或某

一列加上一个常数后问题（5－28）的最优解不变，即以

$$B=\begin{bmatrix} c_{11} & \cdots & c_{1j}-k & \cdots & c_{1n} \\ c_{21} & \cdots & c_{2j}-k & \cdots & c_{2n} \\ \vdots & & \vdots & & \vdots \\ c_{n1} & \cdots & c_{nj}-k & \cdots & c_{nn} \end{bmatrix} \text{或} B=\begin{bmatrix} c_{11} & c_{12} & \cdots & c_{1n} \\ \vdots & \vdots & & \vdots \\ c_{i1}-k & c_{i2}-k & \cdots & c_{in}-k \\ \vdots & \vdots & & \vdots \\ c_{n1} & c_{n2} & \cdots & c_{nn} \end{bmatrix}$$

为费用矩阵的指派问题与原问题有相同的最优解.

证明：不妨设

$$B=\begin{bmatrix} c_{11} & \cdots & c_{1j}-k & \cdots & c_{1n} \\ c_{21} & \cdots & c_{2j}-k & \cdots & c_{2n} \\ \vdots & & \vdots & & \vdots \\ c_{n1} & \cdots & c_{nj}-k & \cdots & c_{nn} \end{bmatrix}$$

然后由

$$\begin{aligned}\sum_{i=1}^{n}\sum_{r=1}^{n} b_{ir}x_{ir} &= \sum_{i=1}^{n}\sum_{r=1}^{j-1} c_{ir}x_{ir} + \sum_{i=1}^{n}(c_{ij}-k)x_{ij} + \sum_{i=1}^{n}\sum_{r=j+1}^{n} c_{ir}x_{ir} \\ &= \sum_{i=1}^{n}\sum_{j=1}^{n} c_{ij}x_{ij} - k\sum_{i=1}^{n} x_{ij} = \sum_{i=1}^{n}\sum_{j=1}^{n} c_{ij}x_{ij} - k\end{aligned}$$

便得结论. □

例题 5－12 试将费用矩阵

$$\begin{bmatrix} -2 & 11 & 9 & 0 \\ 2 & -4 & 6 & 7 \\ 9 & 14 & 16 & 13 \\ 7 & 8 & 11 & 10 \end{bmatrix} \text{和} \begin{bmatrix} -2 & 11 & 9 & 2 \\ 2 & -4 & 6 & 7 \\ 9 & 14 & 16 & 13 \\ 7 & 8 & 11 & 10 \end{bmatrix}$$

分别化为每个元素非负且每行每列均有零元的等价费用矩阵.

解：根据定理 5－18，将其化为有同解的费用矩阵（含有 0 元素且使所有费用系数均非负）的计算过程如下：

$$\begin{bmatrix} -2 & 11 & 9 & 0 \\ 2 & -4 & 6 & 7 \\ 9 & 14 & 16 & 13 \\ 7 & 8 & 11 & 10 \end{bmatrix}\begin{matrix} \min \\ -2 \\ -4 \\ 9 \\ 7 \end{matrix} \rightarrow \begin{matrix} \begin{bmatrix} 0 & 13 & 11 & 2 \\ 6 & 0 & 10 & 11 \\ 0 & 5 & 7 & 4 \\ 0 & 1 & 4 & 3 \end{bmatrix} \\ \begin{matrix} 0 & 0 & 4 & 2 & \min \end{matrix} \end{matrix} \rightarrow \begin{bmatrix} 0 & 13 & 7 & 0 \\ 6 & 0 & 6 & 9 \\ 0 & 5 & 3 & 2 \\ 0 & 1 & 0 & 1 \end{bmatrix}$$

$$\begin{bmatrix} -2 & 11 & 9 & 2 \\ 2 & -4 & 6 & 7 \\ 9 & 14 & 16 & 13 \\ 7 & 8 & 11 & 10 \end{bmatrix}\begin{matrix} \min \\ -2 \\ -4 \\ 9 \\ 7 \end{matrix} \rightarrow \begin{matrix} \begin{bmatrix} 0 & 13 & 11 & 4 \\ 6 & 0 & 10 & 11 \\ 0 & 5 & 7 & 4 \\ 0 & 1 & 4 & 3 \end{bmatrix} \\ \begin{matrix} 0 & 0 & 4 & 3 & \min \end{matrix} \end{matrix} \rightarrow \begin{bmatrix} 0 & 13 & 7 & 1 \\ 6 & 0 & 6 & 8 \\ 0 & 5 & 3 & 1 \\ 0 & 1 & 0 & 0 \end{bmatrix}$$

□

由上面的例子可以看到，若指派问题（5-28）的费用矩阵 $C=(c_{ij})_{n\times n}$ 中 $c_{ij}\geqslant 0$，$\forall i, j=1, \cdots, n$，且可以找到 n 个位于不同行不同列的零元素，则令解矩阵 $X=(x_{ij})_{n\times n}$ 中与这 n 个 0 元对应的变量取值 1，其他变量取值 0，则该解一定是指派问题（5-28）的最优解，对应目标函数值为 0（即问题（5-28）的目标函数的最小值）. 例如对于例 5-12 得到的、与第 1 个费用矩阵等价的非负费用矩阵 $\begin{bmatrix} 0 & 13 & 7 & \boxed{0} \\ 6 & \boxed{0} & 6 & 9 \\ \boxed{0} & 5 & 3 & 2 \\ 0 & 1 & \boxed{0} & 1 \end{bmatrix}$，在加框的零元处令 $x_{ij}=1$，其他处令 $x_{ij}=0$，便得到了例 5-12 中第 1 个费用矩阵的最优解！**因此首先将费用矩阵的各行减去各行的最小元，然后再将各列减去各列的最小元，便可将其化为同解的费用矩阵，该费用矩阵每行每列含有 0 元素且所有费用系数非负**（即 $c_{ij}\geqslant 0$），**然后仅在零元指派处即可.**

定义 5-11　若一个 $m\times n$ 矩阵的元素可分为零元素和非零元素两部分，则称位于不同行不同列的零元素为相互独立的零元素，简称**独立零元素**.

并不是所有的费用矩阵都能顺利地找到 n 个独立零元，如对例 5-12 得到的、与第 2 个费用矩阵等价的非负费用矩阵 $\begin{bmatrix} 0 & 13 & 7 & 1 \\ 6 & 0 & 6 & 8 \\ 0 & 5 & 3 & 1 \\ 0 & 1 & 0 & 0 \end{bmatrix}$，最多只能找到 3 个独立零元！通过研究人们发现**寻找费用矩阵中最多独立零元个数的问题**实际上等价于**二部图的最大（基数）匹配问题**（称图 $G=(V, E)$ 是一个**二部（或二分）图**（**bipartite graph**），若 V 可以划分为两个不相交的子集 L 和 R（即 $V=L\cup R$，$L\cap R=\varnothing$），且每一个子集中的点和该子集中的其他点没有边相连）. 此时将费用矩阵中行对应人，列与工作对应，仅零元处表示可指派，然后将人和工作（即费用矩阵的行号（与人对应）和列号（与工作对应））都作为图中的节点，可指派的位置（即零元处）有一条边将相应的行号和列号连接，则可得到如图 5-28（a）所示的二部图 $G=(L\cup R, E)$，其中集合 L 中的节点由费用矩阵的行号构成，集合 R 中的节点由费用矩阵的列号构成，仅在零元处有一条边连接相应的行号和列号.

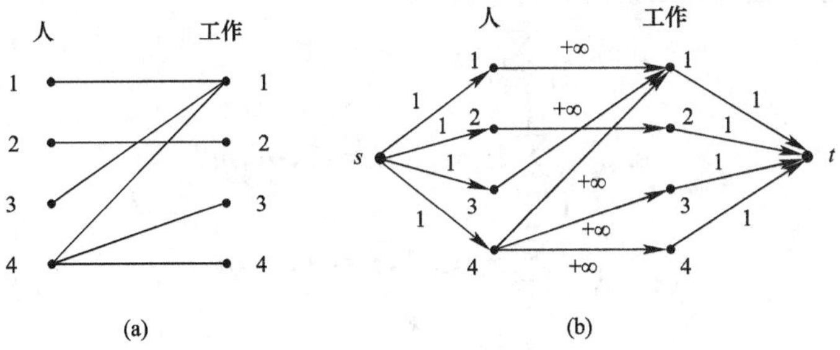

图 5-28

定义 5-12　在无向图 $G=(V, E)$ 中，设 $M\subseteq E$，若 M 中的任意两条边都没有共同的端点（两两不交），则称集合 M 是图 G 的一个**匹配**（**matching**）；如果一个匹配 M 中，V 的每个顶点都和 M 中某条边相关联，则称此匹配为**完美的**（**perfect**）（**或完备的**）. 以 $|M|$ 记集合 M 中边的个数，称问题 $\max\{|M|: M$ 是 G 的一个匹配$\}$ 为**最大（基数）匹配问题**.

设集合$U\subseteq V$，若E中任一条边均与U中的某个顶点相关联，则称U是图G的一个**顶点覆盖**（**vertex cover**）。以$|U|$记集合U中节点的个数，称问题$\min\{|U|: U$是图G的一个顶点覆盖为**最小（顶点）覆盖问题**.

根据$m\times n$矩阵A和二部图$G=(L\cup R, E)$的关系，即将矩阵A的行号作为二部图集合L中的节点，将矩阵A的列号作为二部图集合R中的节点，零元位置表示相应的节点之间有边相连，不难看出在$m\times n$矩阵A中寻找最多独立零元个数的问题等价于相应的二部图中的**最大匹配问题**，而相应的二部图中的**最小覆盖问题**等价于在$m\times n$矩阵A中寻求用最少的直线（指横线或竖线）覆盖矩阵中的所有零元.

引理 5-3 设$m\times n$矩阵$A=(a_{ij})_{m\times n}$有s个独立零元，用t条直线（指横线或竖线）覆盖矩阵了A中的所有零元，则必有$s\leqslant t$.

证明：由于s个独立零元至少需要s条直线才能覆盖，因此必有$s\leqslant t$. □

定理 5-19 设$m\times n$矩阵$A=(a_{ij})_{m\times n}$的元素可分为零元素和非零元素两部分，则矩阵A中独立0元素的最多个数等于能覆盖矩阵A所有0元素的最少直线数（指横线或竖线）.

证明：记$S=\{(i, j) \mid a_{ij}=0\}$，定义：

$$x_{ij}=\begin{cases}1, & \text{若}(i, j)\in S\text{且}a_{ij}\text{被作为独立 0 元素}\\ 0, & \text{其他}\end{cases}$$

则计算矩阵A中独立0元素最多个数的线性规划模型为：

$$\begin{aligned}\max\ & \sum_{(i,j)\in S} x_{ij}\\ \text{s.t.}\ & \sum_{j=1}^{n} x_{ij}\leqslant 1, i=1,\cdots,m,\\ & \sum_{i=1}^{m} x_{ij}\leqslant 1, j=1,\cdots,n\\ & x_{ij}\in\{0,1\}.\end{aligned}\tag{5-29}$$

不难证明问题（5-29）约束系数矩阵的全幺模性（或全单模性）（见习题5—14），从而问题（5-29）等价于下述LP松弛问题：

$$\begin{aligned}\max\ & \sum_{(i,j)\in S} x_{ij}\\ \text{s.t.}\ & \sum_{j=1}^{n} x_{ij}\leqslant 1, i=1,\cdots,m,\\ & \sum_{i=1}^{m} x_{ij}\leqslant 1, j=1,\cdots,n\\ & x_{ij}\geqslant 0.\end{aligned}\tag{5-30}$$

定义：

$$u_i=\begin{cases}1, & \text{若第}\ i\ \text{行被一条横线覆盖}\\ 0, & \text{若第}\ i\ \text{行未被一条横线覆盖}\end{cases}$$

$$v_j=\begin{cases}1, & \text{若第}\ j\ \text{列被一条竖线覆盖}\\ 0, & \text{若第}\ j\ \text{列未被一条竖线覆盖}\end{cases}$$

则计算覆盖矩阵 A 所有 0 元素的最少直线数的数学模型可表示为：

$$\begin{aligned} \min \quad & \sum_{i=1}^{m} u_i + \sum_{j=1}^{n} v_j \\ \text{s.t.} \quad & u_i + v_j \geqslant 1, 若 (i,j) \in S. \\ & u_i \in \{0,1\}, v_j \in \{0,1\}, i = 1, \cdots, m; j = 1, \cdots, n. \end{aligned} \qquad (5-32)$$

将问题（5－31）松弛为如下 LP 问题（其中第 2 个约束是冗余的）：

$$\begin{aligned} \min \quad & \sum_{i=1}^{m} u_i + \sum_{j=1}^{n} v_j \\ \text{s.t.} \quad & u_i + v_j \geqslant 1, 若 (i,j) \in S. \\ & u_i + v_j \geqslant 0, 若 (i,j) \notin S. \\ & u_i \geqslant 0, v_j \geqslant 0, \end{aligned} \qquad (5-32)$$

则问题（5－32）与问题（5－30）恰好是一对互相对偶的线性规划问题，且两者显然均有可行解，从而两者都有最优基本可行解，且最优目标函数值相等. 问题（5－32）的系数矩阵是问题（5－30）的转置，因此也具有全幺模性（或全单模性），从而其每个基本可行解都是整数解，再由问题（5－32）的目标函数和约束条件知在其整数最优解处，一定有 $u_i \in \{0, 1\}$，$v_j \in \{0, 1\}$（$\forall i=1, \cdots, m$；$\forall j=1, \cdots, n$），因此松弛问题（5－32）的最优基本可行解就是原问题（5－31）的最优解，且最优目标函数值相同，从而原问题（5－31）和原问题（5－29）都有最优解，且两者的最优目标函数值相等，即矩阵 A 中独立 0 元素的最多个数等于能覆盖矩阵 A 所有 0 元素的最少直线数. □

由于在 $m \times n$ 矩阵中寻找最多独立零元个数的问题等价于相应二部图中的**最大匹配问题**，而在费用矩阵中寻求用最少的直线（指横线或竖线）覆盖费用矩阵中的所有零元等价于相应二部图中的**最小覆盖问题**，因此可得如下结论：

定理 5－20 （König-Egerváry 定理）. 设 G 是一个二部图（bipartite graph），则匹配的最大基数等于顶点覆盖的最小基数，即：

$$\max\{|M|: M 是一个匹配\} = \min\{|U|: U 是一个顶点覆盖\}.$$

因此最大（基数）匹配问题和最小（顶点）覆盖问题实际上是一对相互对偶的问题.

定理 5－20 也常常被称作为**匈牙利定理**，由匈牙利数学家 D. König 和 E. Egerváry 分别在二十世纪三十年代独立给出. 定理 5－19 实际上是二部图中的**匈牙利定理**在 $m \times n$ 矩阵中的应用.

根据定理 5－18 和定理 5－19，H. W. Kuhn 在 1955 年提出了解指派问题的匈牙利算法.

算法 5－9 计算指派问题的匈牙利算法基本步骤

步 1 根据定理 5－18 变换指派问题的 $n \times n$ 费用矩阵，首先将各行减去各行的最小元，然后再将各列减去各列的最小元，使其各行各列都有零元素，且每个元素均非负；

步 2 找出最多的独立零元素并用最少的直线数覆盖所有零元素. 如果独立零元素的个数为 n，以独立零元素对应的变量 x_{ij} 取 1，其余变量取 0，得最优解，终止；否则，转下一步；

步 3 找出未被直线覆盖的最小元素 θ，则 $\theta > 0$. 在未被直线覆盖的行都减去该最小非零元素 θ，然后在被直线覆盖的列上再都加上该最小非零元素 θ，然后再转步 2.

定理 5-21 设费用矩阵的元素都是整数，则上述匈牙利算法一定会有限终止，并终止于找到一个最优解.

证明：根据定理 5-19，独立零元的最大个数与覆盖所有零元素的最少直线数相同，因此在步 2 中，若独立零元的个数 m 小于 n，不妨设覆盖所有零元的直线中所有横线数为 r，竖线数为 s，则 $m=r+s<n$；由于所有零元都已被直线覆盖，因此未被直线覆盖的最小元素 $\theta>0$，而 θ 又为整数，所以 $\theta\geqslant 1$. 在步 3 执行后，费用矩阵所有元素的和减少了：

$$n[(n-r)\theta-s\theta]=n[n-(r+s)]\theta\geqslant n[n-(r+s)]=n(n-m),$$

即每次迭代费用矩阵所有元素的和至少减少了 $n\ (n-m)$.

另一方面，未被直线覆盖的行减去最小非零元素 θ 后，出现负元素的位置只可能出现在被直线覆盖的列上；而在被直线覆盖的列上再加上 θ 后，便保持了变换后的费用矩阵所有元素的非负性. 再根据定理 5-18，这些费用矩阵都是等价的，只要独立零元素的最大个数 m 小于 n，每次迭代费用矩阵所有元素的和至少减少了 $n(n-m)$，且仍保持费用矩阵所有元素的非负性，因此有限步后一定能找到 n 个独立零元，从而得到原问题的最优解. □

由上述证明可看到，在算法的步 3 中，若改为“所有未被直线覆盖的列减去 θ，然后在所有被直线覆盖的行上再加上 θ”，算法依然正确.

现在的问题是如何找出最多的独立零元素并用最少的直线覆盖所有零元素. 在图 5-28（a）中添加一个起点 s 和一个终点 t，将起点 s 与集合 A 中的每个节点（即费用矩阵的行号，对应图中的“人”）相连，并规定每条弧的起点为 s，终点为集合 A 中的节点，且该弧上的容量为 1；规定原图中的每条边的方向为从 A 到 B，且其容量为 $+\infty$；将集合 B 中的每个节点（即费用矩阵的列号，对应图中的“工作”）与终点 t 相连，并规定每条弧的起点为集合 B 中的节点，终点为 t，且该弧上的容量也为 1，得到图 5-28（b），则不难看出寻找图 5-28（a）中的最大基数匹配问题等价于计算图 5-28（b）的最大流问题，从而可用前面的增广链标号算法. 一般二部图的最大基数匹配问题也可同样化为等价的最大流问题，并可通过计算最大流问题的增广路标号算法来计算. 由于该最大流问题的特殊性，通过最大流问题的增广路标号算法便可得到在一般网络图中计算最大（基数）匹配问题的 **M—增广路方法**.

定义 5-13 给定 $G=(V,E)$ 的一个匹配 M，

- 若 $G=(V,E)$ 中的路 P 中边为属于 M 中的边与不属于 M 的边交替出现，则将路 P 称为 **M—交错路**（**M-alternating**）；
- M—饱和点：对于 $v\in V$，如果 v 与 M 中的某条边关联，则称 v 是 **M—饱和点**，否则称 v 是**非 M—饱和点**.
- M—增广路：设 P 是一条 M—交错路，如果 P 的起点和终点都是非 M—饱和点，则称 P 为 **M—增广路**（**M-augmenting**）.

若 P 为 M—增广路，则 $|P\setminus M|=|P\cap M|+1$，定义集合 M 和 P 的**对称差**如下：

$$N=M\oplus P\triangleq(M\setminus P)\cup(P\setminus M).$$

则 N 也是图 $G=(V,E)$ 中的一个匹配，且 $|N|=|M|+|P\setminus M|-|P\cap M|=|M|+1$，称 N 是**由 M 通过增广路 P 而得到的一个匹配**.

二部图 $G=(A\cup B,E)$ 的 M—增广路方法就是先任意给定图中一个匹配 M，然后从集合 A 中的非 M—饱和点出发，寻找 M—增广路，若通过枚举仍未找到一条 M—增广路，则当前的 M 就是最大基数匹配，其步骤如下：

算法 5-10　二部图 $G=(A\cup B,\ E)$ 的 M—增广路算法

步 1　首先任意给定二部图 $G=(A\cup B,\ E)$ 的一个匹配 M，可以是空集或者是一条边. 一般而言，初始时匹配 M 中的边数越多，后面的计算量越少.

步 2　将集合 A 中的所有非 M—饱和点标记为 0（称其标号为 0），其他节点均未标记(若以前已标记过的，要去掉其标记).

步 3　任选一个被标记但尚未被检查的节点 i（一般采用 DFS 的顺序，即后标记的节点先检查，也称为 LIFO），若这样的节点不存在，则说明不存在 M—增广路，当前的 M 就是最大基数匹配；将所有已标记的节点构成的集合记为 F，则 $(A\setminus F)\cup(B\cap F)$ 就是相应的最小顶点覆盖，算法终止；

若 $i\in A$，则将 B 中所有与节点 i 相连接的、尚未标记的节点标记为 i（称 i 是该节点的标号，表示其前继节点是 i.），此时称节点 i 已被检查完毕；

若 $i\in B$，此时若节点 i 是**非 M—饱和点**，则找到一条 M—增广路 P（可根据标号依次反推得到），令 $M\leftarrow M\oplus P$，去掉所有节点的标记，转步 2；否则节点 i 是 **M—饱和点**，将 A 中与节点 i 相匹配的、尚未标记的 **M—饱和点**标记为 i（表示其前继节点是 i. 已标记的节点不再重新标号），此时节点 i 已被检查完毕；

步 4　转第 3 步继续.

由于在 $m\times n$ 矩阵中寻找最多独立零元个数的问题等价于相应二部图中的**最大匹配问题**，而在费用矩阵中寻求用最少的直线（指横线或竖线）覆盖费用矩阵中的所有零元等价于相应二部图中的**最小覆盖问题**，因此可采用上述 M—增广路算法在费用矩阵中寻找最多独立零元数和覆盖所有零元的最少直线数. 设费用矩阵 $C=(c_{ij})_{m\times n}$ 已根据定理 5-18 化为有同解的、每行每列都含有 0 元素且所有费用系数均非负的费用矩阵（见例 5-12）. 首先可任意挑选出一组在不同行不同列的零元作为独立 0 元，并把这些独立 0 元加框表示为“$\boxed{0}$”，于是费用矩阵 C 的所有 0 元可分为普通 0 元和加框 0 元（即$\boxed{0}$）两类. 于是问题变为如何判断这些加框 0 元（即$\boxed{0}$）的个数是否就是费用矩阵 C 中独立 0 元素的最多个数，如果不是又该如何调整？基于上述二部图的 M—增广路方法，H. W. Kuhn 针对费用矩阵设计了一种迁移（transfer）方法. 首先从行开始（当然也可从列开始，正如 Kuhn 原文所示），在费用矩阵 C 中选出一行没有“$\boxed{0}$”的行，不妨设其为第 i_1 行，若该行没有普通 0 元，则说明从该行开始找不到 M—增广路，然后再从其他没有“$\boxed{0}$”的行重新开始；若该行有普通 0 元，不妨设该普通 0 元所在的列为第 j_1 列，则 $c_{i_1j_1}=0$. 若第 j_1 列没有“$\boxed{0}$”，则第 i_1 行、第 j_1 列均没有“$\boxed{0}$”，从而可令 $c_{i_1j_1}=\boxed{0}$，现有的独立零元便增加一个；否则第 j_1 列一定有一个“$\boxed{0}$”(且只有一个)，设该“$\boxed{0}$”所在的行是第 i_2 行，即 $c_{i_2j_1}=\boxed{0}$，然后看第 i_2 行是否含有普通 0 元. 若无，则说明“$c_{i_1j_1}$ 加框、$c_{i_2j_1}$ 去框（即令 $c_{i_1j_1}=\boxed{0}$，$c_{i_2j_1}=0$）”这一由普通 0 元 $c_{i_1j_1}$ 产生的迁移过程未能产生新的独立零元，这一过程终止（然后应在第 i_1 行另外选一个普通 0 元重新开始；若在第 i_1 行没有其他的普通 0 元，则应从另外没有“$\boxed{0}$”的行重新开始，以下类推）；若有，不妨设 $c_{i_2j_2}=0$，然后看第 j_2 列是否有“$\boxed{0}$”，若无，则发现了一个序列（即 M—增广路）：$c_{i_1j_1}=0$，$c_{i_2j_1}=\boxed{0}$，$c_{i_2j_2}=0$，然后令 $c_{i_1j_1}=\boxed{0}$，$c_{i_2j_1}=0$，$c_{i_2j_2}=\boxed{0}$ 便增加了一个独立零元；若有，设 $c_{i_3j_2}=\boxed{0}$，再看第 i_3 行是否含有普通 0 元，…，

如此不断循环，由于独立零元“$\boxed{0}$”只有有限个，这一过程一定会有限中止．不妨设第 k 次查看的行是第 i_k 行，即 $c_{i_k j_{k-1}}=\boxed{0}$．若第 i_k 行没有普通 0 元，则当前的迁移过程未能产生新的独立零元，该迁移过程中止，然后再从第 i_{k-1} 行另选一个普通 0 元重新检查，直到从其他没有“$\boxed{0}$”的行开始新的迁移过程；若第 i_k 行有普通 0 元，不妨设 $c_{i_k j_k}=0$，然后看第 j_k 列是否有“$\boxed{0}$”，若无，则产生了一个序列：

$$c_{i_1 j_1}=0,\ c_{i_2 j_1}=\boxed{0},\ c_{i_2 j_2}=0,\ \cdots,\ c_{i_{k-1} j_{k-1}}=0,\ c_{i_k j_{k-1}}=\boxed{0},\ c_{i_k j_k}=0,$$

令

$$c_{i_1 j_1}=\boxed{0},\ c_{i_2 j_1}=0,\ c_{i_2 j_2}=\boxed{0},\ \cdots,\ c_{i_{k-1} j_{k-1}}=\boxed{0},\ c_{i_k j_{k-1}}=0,\ c_{i_k j_k}=\boxed{0},$$

便增加了一个独立零元；若第 j_k 列有“$\boxed{0}$”，则继续重复这一过程，直至找到一个序列可增加一个独立零元，或者发现该迁移过程不能再增加独立零元（即第 i_k 行没有普通 0 元）．由于不同的“$\boxed{0}$”在不同的行、不同的列上，因此迁移过程中产生的 $\{i_l\}_{l=1}^{k}$ 是两两不同的，产生的 $\{j_l\}_{l=1}^{k-1}$ 也是两两不同的，从而任一迁移过程有限步后便会中止．如果从任何一个没有“$\boxed{0}$”的行开始的任何一个迁移过程都不能再增加新的独立零元，则说明不可能找到更多个数的独立零元，现有的独立 0 元的个数就是最多的．

在具体计算中，可对检查的行和列打上勾以标记迁移过程，具体过程如下：

算法 5-11 找出最多独立零元并用最少的直线覆盖所有零元的迁移方法

步 1 试指派，将能找出的独立零元加框（如可用类似于 Vogel 法的方法框出独立零元）

步 2 对**所有**未指派的行即没有“$\boxed{0}$”的行打勾．

步 3 对打勾的行中**所有**普通 0 元所在的列打勾（已打勾的不用再打勾）．若打勾的列中含有“$\boxed{0}$”，转步 4；若打勾的列中不含有“$\boxed{0}$”，则找到增广路，打勾的行和打勾的列交叉处的普通 0 元可加框，其所在的行上的“$\boxed{0}$”应去掉框，去掉框的“$\boxed{0}$”所在的列的、位于打勾的行交叉处的普通 0 元又应加上框，…，如此下去，便可增加一个独立零元，然后去掉所有的勾，转步 2；若已不能打出新勾，转步 5．

步 4 此时打勾的列中含有“$\boxed{0}$”，对“$\boxed{0}$”所在行打勾（已打勾的不用再打勾），然后转步 3．

步 5 此时已不能打出新勾（即所有打勾的行和列都已检查完毕），则此时已找到最多个数的独立零元．对所有未打勾的行画上横线，对所有已打勾的列画上竖线，便用最少的直线覆盖了所有零元．

容易看出上述迁移算法 5-11 就是二部图的 M—增广路算法 5-10 在费用矩阵中的应用，两者实际上是等价的，且一定在有限步内中止．在算法 5-11 中，未打勾的行上一定有且只有一个独立零元（根据算法的步 2，当然该行可以含有其他普通零元）；打勾行上的所有普通零元均位于打勾的列上（根据算法的步 3）．当算法中止（即已不能打出新勾）时，打勾的列上一定含有一个独立零元（根据算法的步 3，否则将找到增广路，算法将重新打勾），且该独立零元所在行也一定被打勾（根据算法的步 4），因此打勾的行上若含有独立零元，则其一定位于打勾的列上．这时对所有未打勾的行画上横线，便覆盖了未打勾行上的所有零元，且被横线覆盖的行上恰好有一个独立零元（即“$\boxed{0}$”，否则根据算法的步 2，该行将被打勾)，并有："所用横线数" ＝ "未打勾行数" ＝ "未打勾行上的独立零元个数"；对所有已打勾的列画上竖线，则覆盖了所在打勾行上的普通零元和独立零元（此即打勾行上的所有零元），且："所用竖线数" ＝ "打勾列数" ＝ "打勾列上独立零元个数" ＝ "打勾行上独立零元个数". 这样便用直线覆盖了费用矩阵中的所有零元（打勾行上的所有零元被竖线覆盖，未打勾行被横线覆盖）. 当算法中止时，每个打勾列上一定含有一个独立零元，且该独立零元一定位于打勾的行上，因此打勾列上的独立零元一定和未打勾行上的独立零元各不相同，从而所用直线数恰好与独立零元的个数相同，再根据引理 5 - 3 便知所用直线数一定是最少的，当前独立零元的个数一定是最多的，因此**迁移算法 5 - 11 也构造性地证明了定理 5 - 19.**

例题 5 - 13 试找出下列费用矩阵中的最多独立零元并用最少的直线覆盖所有零元：

$$C=\begin{bmatrix}0 & 2 & 7 & 0 & 2\\ 6 & 0 & 6 & 9 & 1\\ 0 & 5 & 8 & 7 & 2\\ 9 & 8 & 0 & 0 & 3\\ 0 & 5 & 7 & 3 & 5\end{bmatrix}$$

解：首先用西北角法将能找出的独立零元加框得：

$$C=\begin{bmatrix}\boxed{0} & 2 & 7 & 0 & 2\\ 6 & \boxed{0} & 6 & 9 & 1\\ 0 & 5 & 8 & 7 & 2\\ 9 & 8 & \boxed{0} & 0 & 3\\ 0 & 5 & 7 & 3 & 5\end{bmatrix}$$

然后对**所有**未指派的行即没有 "$\boxed{0}$" 的行打勾，再对打勾的行中**所有**普通 0 所在的列打勾得：

$$\begin{array}{c} \begin{array}{ccccc}\checkmark & & & & \end{array} \\ C=\begin{bmatrix}\boxed{0} & 2 & 7 & 0 & 2\\ 6 & \boxed{0} & 6 & 9 & 1\\ 0 & 5 & 8 & 7 & 2\\ 9 & 8 & \boxed{0} & 0 & 3\\ 0 & 5 & 7 & 3 & 5\end{bmatrix}\begin{array}{c} \\ \\ \checkmark \\ \\ \checkmark\end{array}\end{array}$$

然后对打勾的列中 "$\boxed{0}$" 所在的行打勾，并对新打勾的行中**所有**普通 0 所在的列打勾得：

$$\begin{array}{c} \begin{array}{ccccc}\checkmark & & & \checkmark & \end{array} \\ C=\begin{bmatrix}\boxed{0} & 2 & 7 & 0 & 2\\ 6 & \boxed{0} & 6 & 9 & 1\\ 0 & 5 & 8 & 7 & 2\\ 9 & 8 & \boxed{0} & 0 & 3\\ 0 & 5 & 7 & 3 & 5\end{bmatrix}\begin{array}{c}\checkmark \\ \\ \checkmark \\ \\ \checkmark\end{array}\end{array}$$

这时新打勾的第 4 列含有普通 0 元但不含有 "$\boxed{0}$"，应根据步 3 进行调整以增加 "$\boxed{0}$". 将打勾的行和打勾的列交叉处的普通 0 加框，其所在的行上的 "$\boxed{0}$" 去掉框，去掉框的 "$\boxed{0}$"

所在的列的位于打勾的行列交叉处的普通 0 元再加上框，再去掉所有的勾便得：

$$C=\begin{bmatrix} 0 & 2 & 7 & \boxed{0} & 2 \\ 6 & \boxed{0} & 6 & 9 & 1 \\ \boxed{0} & 5 & 8 & 7 & 2 \\ 9 & 8 & \boxed{0} & 0 & 3 \\ 0 & 5 & 7 & 3 & 5 \end{bmatrix}$$

此时便增加了一个独立 0 元（即“$\boxed{0}$”）. 然后再对**所有**没有“$\boxed{0}$”的行打勾，对打勾的行中**所有**普通 0 所在的列打勾，打勾的列中“$\boxed{0}$”所在的行打勾便得：

$$\begin{array}{cc} & \begin{array}{ccccc} \checkmark & & & & \end{array} \\ C= & \left[\begin{array}{ccccc} 0 & 2 & 7 & \boxed{0} & 2 \\ 6 & \boxed{0} & 6 & 9 & 1 \\ \boxed{0} & 5 & 8 & 7 & 2 \\ 9 & 8 & \boxed{0} & 0 & 3 \\ 0 & 5 & 7 & 3 & 5 \end{array}\right]\begin{array}{c} \\ \\ \checkmark \\ \\ \checkmark \end{array} \end{array} \rightarrow \begin{bmatrix} 0 & 2 & 7 & \boxed{0} & 2 \\ 6 & \boxed{0} & 6 & 9 & 1 \\ \boxed{0} & 5 & 8 & 7 & 2 \\ 9 & 8 & \boxed{0} & 0 & 3 \\ 0 & 5 & 7 & 3 & 5 \end{bmatrix}$$

此时已打不出新的勾，说明当前所找到的独立 0 元（即“$\boxed{0}$”）的个数已为最大，再对所有未打勾的行画上直线，对所有打勾的列画上竖线，便用最少的直线覆盖了所有零元. 此时被横线覆盖的行上恰好有一个独立 0 元（位于未打勾的列上），被竖线覆盖的列上也恰好有一个独立 0 元（位于打勾的行上），且所用直线数恰好为独立 0 元的个数. □

基于上述讨论，一个完整的匈牙利算法可概括如下：

算法 5-12 计算指派问题的匈牙利算法

步 1 根据定理 5-18 变换指派问题的费用矩阵，首先将各行减去各行的最小元，然后再将各列减去各列的最小元，使其各行各列都有零元素，且每个元素均非负；

步 2 用上述迁移算法找出最多的独立零元素并用最少的直线数覆盖所有零元素. 如果独立零元素的个数为 n，以独立零元素对应的变量 x_{ij} 取 1，其余变量取 0，得最优解，终止；否则，转下一步；

步 3 找出未被直线覆盖的最小非零元素 θ，使打勾的行都减去该最小非零元素 θ，打勾的列再都加上该最小非零元素 θ（由对称性，也可以是未被划去的列（即未打勾的列）减去该最小非零元素 θ，划去的行（即未打勾的行）都加上该最小零元素 θ），然后再转步 2.

下面通过例子说明匈牙利算法的具体计算过程.

例题 5-14 已知指派问题的费用矩阵 C 如下，试用匈牙利算法计算该指派问题.

$$C=\begin{bmatrix} 12 & 7 & 9 & 7 & 9 \\ 8 & 9 & 6 & 6 & 6 \\ 7 & 17 & 12 & 14 & 9 \\ 15 & 14 & 6 & 6 & 10 \\ 4 & 10 & 7 & 10 & 9 \end{bmatrix}$$

解：首先根据定理 5-18 对费用矩阵作变换，使其有尽可能多的零元并保持各元素的非负性：

$$
\begin{bmatrix}
12 & 7 & 9 & 7 & 9 \\
8 & 9 & 6 & 6 & 6 \\
7 & 17 & 12 & 14 & 9 \\
15 & 14 & 6 & 6 & 10 \\
4 & 10 & 7 & 10 & 9
\end{bmatrix}
\begin{matrix} \min \\ 7 \\ 6 \\ 7 \\ 6 \\ 4 \end{matrix}
\rightarrow
\begin{bmatrix}
5 & 0 & 2 & 0 & 2 \\
2 & 3 & 0 & 0 & 0 \\
0 & 10 & 5 & 7 & 2 \\
9 & 8 & 0 & 0 & 4 \\
0 & 6 & 3 & 6 & 5
\end{bmatrix}
$$

然后可用类似于伏格尔的方法给零元加框并开始打勾得：

$$
\begin{array}{ccccc|c}
\surd & & & & & \\
5 & \boxed{0} & 2 & 0 & 2 & \\
2 & 3 & 0 & 0 & \boxed{0} & \\
\boxed{0} & 10 & 5 & 7 & 2 & \surd \\
9 & 8 & 0 & \boxed{0} & 4 & \\
0 & 6 & 3 & 6 & 5 & \surd
\end{array}
$$

此时已得到了最多的独立零元. 对所有未打勾的行画上直线，对所有打勾的列画上竖线，便用最少的直线覆盖了所有零元. 计算未被直线覆盖的元素中最小的元素 θ 得 $\theta=2$，然后所有打勾的行都减去该最小非零元素 θ，打勾的列再都加上该最小非零元素 θ 便得到新的费用矩阵，并对其继续打勾得：

$$
\begin{array}{ccccc|c}
\surd & & \surd & \surd & \surd & \\
7 & \boxed{0} & 2 & 0 & 2 & \\
4 & 3 & 0 & 0 & \boxed{0} & \surd \\
\boxed{0} & 8 & 3 & 5 & 0 & \surd \\
11 & 8 & 0 & \boxed{0} & 4 & \\
0 & 4 & 1 & 4 & 3 & \surd
\end{array}
$$

打勾的第 3 列没有“$\boxed{0}$”，打勾的行和第 3 列交叉处的普通 0 可加框，其所在的行上的“$\boxed{0}$”应去掉框，去掉框的“$\boxed{0}$”所在的列的位于打勾的行列交叉处的普通 0 元又应加上框，…，如此下去，便增加了一个独立零元，结果如下：

$$
\begin{bmatrix}
7 & \boxed{0} & 2 & 0 & 2 \\
4 & 3 & \boxed{0} & 0 & 0 \\
0 & 8 & 3 & 5 & \boxed{0} \\
11 & 8 & 0 & \boxed{0} & 4 \\
\boxed{0} & 4 & 1 & 4 & 3
\end{bmatrix}
$$

此时独立零元的个数 $m=n=5$，已得到最优指派，最优解为：$x_{12}=x_{23}=x_{35}=x_{44}=x_{51}=1$，

对应的最优值为：$z^*=7+6+9+6+4=32$. □

当任务数 m 和人员数 n 不相等时，称之为**不平衡的指派问题**. 此时和运输问题一样，可通过添加虚拟的任务（当 $m<n$ 时）或虚拟的人员（当 $m>n$ 时）来化为平衡的指派问题，下面通过具体的例子来加以说明.

例题 5-15 某工厂购买了三台机器 A，B，C，有四个位置 1，2，3，4 可供安装，生产出的产品运往一个仓库，运费如下表所示，其中"—"表示相应的机器不能安装在相应的位置，问应如何安排能使运费最少？

机器 \ 位置	1	2	3	4
A	13	16	12	11
B	15	—	13	20
C	5	7	10	6

解：对此问题增加一台虚拟机器 D，并令其从各个位置 1，2，3，4 到仓库的运费均为 0，便构成了如下的平衡指派问题：

机器 \ 位置	1	2	3	4
A	13	16	12	11
B	15	—	13	20
C	5	7	10	6
D	0	0	0	0

相应的费用矩阵为：

$$C=\begin{bmatrix}13 & 16 & 12 & 11\\ 15 & M & 13 & 20\\ 5 & 7 & 10 & 6\\ 0 & 0 & 0 & 0\end{bmatrix}$$

其中 M 为任意大的正数. 用匈牙利算法求解之，计算过程如下：

$$\begin{bmatrix}13 & 16 & 12 & 11\\ 15 & M & 13 & 20\\ 5 & 7 & 10 & 6\\ 0 & 0 & 0 & 0\end{bmatrix}\rightarrow\begin{bmatrix}2 & 5 & 1 & \boxed{0}\\ 2 & M-13 & \boxed{0} & 7\\ \boxed{0} & 2 & 5 & 1\\ 0 & \boxed{0} & 0 & 0\end{bmatrix}$$

因此机器 A 应安装在位置 4，机器 B 应安装在位置 3，机器 C 应安装在位置 1，位置 2 不安装机器，相应的最佳运费总和为：$z^*=11+13+5=29$. □

H. W. Kuhn 在提出解指派问题的匈牙利算法的同时，也指出了该算法与线性规划对偶问题的联系. 不妨设费用矩阵 $C=(c_{ij})_{n\times n}$ 各元素均为整数，考虑原问题（5-28）的对偶问题：

$$\begin{aligned}&\max \sum_{i=1}^{m} u_i+\sum_{j=1}^{n} v_j\\ &\text{s. t. } u_i+v_j\leqslant c_{ij},\quad i=1,\cdots,m;j=1,\cdots,n\end{aligned}\tag{5-33}$$

设 u_i，$v_j(i=1, \cdots, m;\ j=1, \cdots, n)$ 是对偶问题（5-33）的任一个整数可行解，对应的目标函数值为：

$$d_0=\sum_{i=1}^{m}u_i+\sum_{j=1}^{n}v_j.$$

若 $u_i+v_j=c_{ij}$，则定义第 i 个人可以被指派去做第 j 项工作；若 $u_i+v_j<c_{ij}$，则定义第 i 个人不能去做第 j 项工作. 然后对所有 $i=1, \cdots, m$，$j=1, \cdots, n$，第 i 行减去 u_i，第 j 列减去 v_j，便得到了一个与原问题费用矩阵等价的、新的费用矩阵 C'（根据定理 5-18），该费用矩阵 $C'=(c'_{ij})_{n\times n}$ 各元素均为非负整数，且当 $c'_{ij}=0$ 时，第 i 个人可以被指派去做第 j 项工作；$c_{ij}>0$ 时，第 i 个人不能去做第 j 项工作，即在新的费用矩阵 C 中只有零元的位置可被指派，从而化为计算最多的独立零元问题. 显然当最大独立零元个数恰好等于 n 时，注意到费用矩阵 C' 其他非零元均大于 0，令独立零元所在位置的变量 x_{ij} 为 1，其他位置的变量 x_{ij} 为 0，便得到原问题的一个最优解；若当前费用矩阵 C' 的最大独立零元个数 m 小于 n，不妨设已用上述迁移算法找出最多的独立零元，并已用最少的直线数将费用矩阵中所有零元覆盖，且横线恰好位于第 1，…，r 行，竖线恰好位于第 1，…，s 列，则：

$$r+s=m<n, \tag{5-34}$$

且对 $\forall\, i=r+1, \cdots, n;\ j=s+1, \cdots, n$，

$$c'_{ij}=c_{ij}-(u_i+v_j)>0 \Leftrightarrow u_i+v_j<c_{ij},$$

令 $\theta=\min\{c'_{ij}\mid i=r+1, \cdots, n;\ j=s+1, \cdots, n\}>0$，

$$u'_1=u_1, \cdots, u'_r=u_r, u'_{r+1}=u_{r+1}+\theta, \cdots, u'_n=u_n+\theta, \tag{5-35}$$

$$v'_1=v_1-\theta, \cdots, v'_s=v_s-\theta, v'_{s+1}=v_{s+1}, \cdots, v'_n=v_n. \tag{5-36}$$

注意到 c_{ij}，u_i，$v_j(i=1, \cdots, m;\ j=1, \cdots, n)$ 均为整数，因此 θ 是整数且 $\theta\geqslant 1$. 根据式（5-34），对 $\forall\, i=r+1, \cdots, n$，$j=s+1, \cdots, n$，有

$$u'_i+v'_j=u_i+v_j+\theta\leqslant c_{ij},$$

从而 u'_i，v'_j $(i=1, \cdots, m;\ j=1, \cdots, n)$ 仍是对偶问题（5-33）的一个整数可行解，且对应的目标函数值为：

$$\sum_{i=1}^{m}u'_i+\sum_{j=1}^{n}v'_j=\sum_{i=1}^{m}u_i+(n-r)\theta+\sum_{j=1}^{n}v_j-s\theta=d_0+[n-(r+s)]\theta>d_0,$$

即 u'_i，$v'_j(i=1, \cdots, m;\ j=1, \cdots, n)$ 是对偶问题（5-33）一个更好的整数可行解，且目标函数值增加了 $(n-m)\theta\geqslant n-m$. 然后令 $c''_{ij}=c_{ij}-u'_i-v'_j$ 便得到了一个与费用矩阵 C 等价的新费用矩阵 $C''=(c''_{ij})_{n\times n}$，且各元素均为非负整数. 再对费用矩阵 C'' 重复以上操作，便可不断改进对偶问题 5-33 的可行解，且在每次改进中，目标函数值至少增加 1. 由于最优目标函数值是有限的，因此这一过程一定会有限终止，并找到对偶问题 5-33 的最优解. 由对偶原理，此时原问题（5-28）的最优解也就找到了.

基于以上观察，后来人们不仅把该算法推广到解退化的运输问题，还把它推广到了解一般的线性规划问题，提出了线性规划的原始一对偶单纯形法. 通过原始一对偶单纯形法正确性的证明，可以看到上述匈牙利算法在费用矩阵 $C=(c_{ij})_{n\times n}$ 的元素 c_{ij} 不是整数时也是正确的. 对于 MAX 类型的指派问题，可令 $c_{ij}\leftarrow -c_{ij}$，便化为了 MIN 类型的指派问题.

研究与思考：说明指派问题和运输问题的关系，针对分配问题比较匈牙利算法和表上作业法的计算效率，并将指派问题的匈牙利算法推广至运输问题，要求给出计算实例.

*5.6 最小费用流问题

许多优化模型可归结为最小费用流问题. 前面讲的最短路问题、最大流问题、运输问题、指派问题均可以看作是最小费用流问题的特例. 由于其约束系数矩阵特殊的代数结构，人们提出了求解该类问题的特殊单纯形法——网络单纯形法，目前的商业软件通过使用该方法已可以求解数百万个甚至是上千万个变量的这类问题. 本节将介绍最小费用流问题的流分解定理、最优性条件、消圈算法、逐次最短路算法和（原始）网络单纯形法.

5.6.1 最小费用流问题的定义及其基本性质

1. 问题的定义

考虑一个一般的有向网络图 $G(V, E)$，设 $V=\{1, 2, \cdots, m\}$，对每个节点 $i\in V$，给定一个实数 b_i，若 $b_i>0$，则称 i 为**发点**（或**供应点**（supply node,）或**源**（source）），b_i 为该点的供给量；若 $b_i<0$，则称 i 为**收点**（或**需求点**（demand node,）或**汇**（sink）），$-b_i$ 为该点的需求量；若 $b_i=0$，则称 i 为一个（纯）**转运点**（transshipment node）；对每条弧 $(i, j)\in E$，给出了其上的费用系数 c_{ij}、流量上界 $u_{ij}>0$ 和流量下界 $l_{ij}\geqslant 0$. 可将该网络图简记为 $G=(V, E, b, c, u, l)$，其中 $b=\{b_i \mid i\in V\}$，$c=\{c_{ij} \mid (i, j)\in E\}$，$u=\{u_{ij} \mid (i, j)\in E\}$，$l=\{l_{ij} \mid (i, j)\in E\}$.

如果 $\sum_{i=1}^{m} b_i = 0$，则称该网络是收发**平衡**的. 类似于运输问题，不平衡的网络总可通过引入虚节点化为平衡网络. 对供大于求的网络，即 $\sum_{i=1}^{m} b_i > 0$，可引入一个虚节点 v_{m+1} 作为收点，令 $b_{m+1} = -\sum_{i=1}^{m} b_i$，并添上从各发点指向虚节点 v_{m+1} 的弧，令新加弧上的费用系数均为零，便得到一个平衡的网络；若 $\sum_{i=1}^{m} b_i < 0$，则可引入一个虚节点 v_{m+1} 作为发点，令 $b_{m+1} = -\sum_{i=1}^{m} b_i$，并添上从虚节点 v_{m+1} 指向各收点的弧，令新加弧上的费用系数均为零，便也得到了一个平衡的网络. 因此不失一般性，后面总假设问题是收发**平衡**的. 若对每个节点 $i\in V$，均有 $b_i=0$，则称该问题是**环流问题**（circulation problem）. 最小费用流问题就是要确定网络图 $G=(V, E, b, c, u, l)$ 各条弧上的流量，使其满足各条弧上的容量要求和各个节点的供需要求，又使总的费用最小.

如果用 x_{ij} 表示弧 (i, j) 上的流量，则（平衡网络）最小费用流问题数学模型可表示如下：

$$
\begin{aligned}
\min \quad & \sum_{(i,j)\in E} c_{ij} x_{ij} \\
\text{s. t.} \quad & \sum_{j:(i,j)\in E} x_{ij} - \sum_{j:(j,i)\in E} x_{ji} = b_i, \forall i = 1,\cdots,m \\
& l_{ij} \leqslant x_{ij} \leqslant u_{ij}, \forall (i,j)\in E
\end{aligned}
\tag{5-37}
$$

给定一个流 $f=\{f_{ij}:(i,j)\in E\}$，若 f 满足上述问题的约束条件，则称之为最小费用流问题（5-37）的一个**可行流**.

为给出最小费用流问题（5-37）的矩阵表达形式，需对所有的弧标号. 设在有向网络图 $G(V,E)$ 中，$V=\{1,2,\cdots,m\}$，$E=\{e_1,e_2,\cdots,e_n\}$. 设弧 e_j（$j=1,2,\cdots,n$）上的流量上界为 $u_j>0$，流量下界为 $l_j\geqslant 0$，流量为 x_j. 令

$$a_{ij}=\begin{cases}1 & \text{若节点 } i \text{ 是弧 } e_j \text{ 的起点}\\ -1 & \text{若节点 } i \text{ 是弧 } e_j \text{ 的终点}\\ 0 & \text{其他}\end{cases} \tag{5-38}$$

便得到了一个 $m\times n$ 矩阵 $A=(a_{ij})_{m\times n}$，此时 $\sum_{j=1}^{n}a_{ij}x_j$ 表示节点 i 的净流出量，即各节点的供需要求，因此各节点的供需要求可表示为：

$$\sum_{j=1}^{n}a_{ij}x_j=b_i,\forall i=1,2,\cdots,m\,.$$

从而最小费用流问题（5-37）的矩阵表达形式如下：

$$\begin{aligned}\min\quad & c^{T}x\\ \text{s.t.}\quad & Ax=b\\ & l\leqslant x\leqslant u\end{aligned} \tag{5-39}$$

其中 $x=(x_1,\cdots,x_n)^{\mathrm T}$，$b=(b_1,\cdots,b_m)^{\mathrm T}$，$l=(l_1,\cdots,l_m)^{\mathrm T}$，$u=u_1,\cdots,u_m)^{\mathrm T}$，矩阵 $A=(a_{ij})_{m\times n}$ 由式（5-38）定义，称该 $m\times n$ 矩阵 $A=(a_{ij})_{m\times n}$ 为有向网络图 $G(V,E)$ **节点-弧关联矩阵**（详见附录 B.1，第 294 页）. 不失一般性，**后面总假设在问题（5-39）中有** $l=0$（否则令 $x\leftarrow x-l$，$b\leftarrow b-Al$ 即可），同时将网络图简记为 $G=(V,E,b,c,u)$（隐含有 $l=0$）.

2. 与其他问题的关系

最短路问题可看作是特殊的最小费用流问题. 此时弧 e_j 上的费用系数 c_j 为该段弧的长度，在节点 s 和节点 t 处，令 $b_s=1$，$b_t=-1$，其余节点均为纯转运点. 流量上界为 $u_j=1$，相应的数学模型为：

$$\begin{aligned}\min\quad & \sum_{j=1}^{n}c_jx_j\\ \text{s.t.}\quad & Ax=b\\ & x_j\in\{0,1\},\ j=1,2,\cdots,n\end{aligned} \tag{5-40}$$

其中

$$b=\begin{bmatrix}0\\ \vdots\\ 1\\ \vdots\\ -1\\ \vdots\\ 0\end{bmatrix}\begin{matrix}\\ \\ \leftarrow s\\ \\ \leftarrow t\\ \\ \\ \end{matrix}=e_s-e_t.$$

后面将看到，问题（5-40）的整数约束要求“$x_j\in\{0,1\}$”实际上可用“$x_j\geqslant 0$”代替，从

而可直接用单纯形法求解问题（5-40）（但要求图中**无负圈**，否则无下界）.

最大流问题也可看作是一类特殊的最小费用流问题．设 $|V|=m$，$|E|=n$，$A=(a_{ij})_{m\times n}$ 为相应的 $m\times n$ 节点一弧关联矩阵，弧 e_j 上的流量上界为 u_j，为求从节点 s 到节点 t 最大流量，可设弧 e_j 上的流量为 x_j，则 $\sum\limits_{i=1}^{n} a_{ij}x_j$ 表示节点 i 的净流出量 b_i．根据最大流问题的定义，令 $b_s=f$，$b_t=-f$，$b_i=0$，$i\neq s$，t，则最大流问题的数学模型可表示为

$$\begin{aligned} \min \quad & -f \\ \text{s.t.} \quad & Ax-bf=0 \\ & 0\leqslant x_j\leqslant u_j,\quad j=1,2,\cdots,n \end{aligned} \tag{5-41}$$

其中

$$b=\begin{bmatrix} 0 \\ \vdots \\ 1 \\ \vdots \\ -1 \\ \vdots \\ 0 \end{bmatrix}\begin{matrix} \\ \\ \leftarrow s \\ \\ \leftarrow t \\ \\ \\ \end{matrix}=f(e_s-e_t)$$

在网络图添加一条从节点 t 指向节点 s 的虚拟弧 $e_{n+1}=(t,s)$，令该条弧上的费用系数为 $c_{n+1}=-1$，流量限制为 $+\infty$，流量为 x_{n+1}，其他弧上的费用系数为 0，且各个节点的供需量 $b_i=0$，于是便把上述最大流问题化为了一个特殊的最小费用流问题——**环流问题**.

应该指出的是，找（平衡）最小费用流问题（5-39）一个可行流的问题也可转化为最大流问题. 方法是在网络图中添加两个虚拟收发节点 s，t，对每个发点 i，有 $b(i)>0$，添加一条容量为 $b(i)$ 的有向弧（s，i）；对每个收点 i，有 $b(i)<0$，添加一条容量为 $-b(i)$ 的有向弧（i，t），然后计算 $s\to t$ 的最大流，由构造知该网络图的最大流量 $f_{\max}\leqslant \sum\limits_{i:b(i)>0} b(i) = -\sum\limits_{i:b(i)<0} b(i)$，且若原网络图存在可行流，则每个可行流都是新网络图中的最大流（此时添加的弧都是饱和弧，且最大流量 $f_{\max}=\sum\limits_{i:b(i)>0} b(i)=-\sum\limits_{i:b(i)<0} b(i)$）. 因此若最大流量 $f_{\max}$ 恰好为 $\sum\limits_{i:b(i)>0} b(i)=-\sum\limits_{i:b(i)<0} b(i)$，便找到了问题（5-39）的一个可行流；若最大流量 $f_{\max}<\sum\limits_{i:b(i)>0} b(i)=-\sum\limits_{i:b(i)<0} b(i)$，说明原网络图不存在可行流.

由上面的观察，**最小费用流问题可转化为最小费用最大流问题**（即在所有的最大流中，找一个费用最小的）；反之，在网络图添加一条从节点 t 指向节点 s 的虚拟弧 $e_{n+1}=(t,s)$，令该条弧上的费用系数 $c_{n+1}=-1$，流量限制为 $+\infty$，其他弧上的费用系数不变，且各个节点的供需量 $b_i=0$，便把**最小费用最大流问题转化为了最小费用流问题，即最小费用流问题和最小费用最大流问题是等价的.**

由定义，运输问题和指派问题显然是最小费用流问题的特例！

3. 流分解定理

在有向网络图 $G(V,E,b,c,u)$ 中，最小费用流问题（5-37）的一个**可行流** $f=$

$\{f_{ij}:(i,j)\in E\}$ 应满足各个节点的供需要求，即对 $\forall i=1,\cdots,m$，应有 $\sum_{j:(i,j)\in E} f_{ij} - \sum_{j:(j,i)\in E} f_{ji} = b_i$. 但在网络流问题的许多算法中，都使用了前面介绍的最短路和最大流算法中的技巧，开始只要求每条弧上的流量满足容量要求，并不要求其满足各个节点的供需要求，而是通过**路流**（path flow）和**圈流**（circle flow）来得到网络图的一个可行流.

定义 5-14 设给定了一个有向网络图 $G(V, E, b, c, u)$.

弧流（arc flow）是该有向网络图 G 中的一个流 $f=\{f_{ij} \mid (i,j)\in E\}$，该流满足各条弧上的容量要求（但不一定满足各个节点的供需要求），即对 $\forall (i,j)\in E$，有 $0\leqslant f_{ij}\leqslant u_{ij}$；

路流（path flow）是该有向网络图 G 中的一条**有向路** P，该路上每条有向弧上的流量相同，均为 $r>0$，且满足每条有向弧上的容量要求，称 r 是有向路 P 上的流量，记为 $f(P)=r$；

圈流（circle flow）是有向网络图 $G(V, E, b, c, u)$ 中一个**有向圈** W，该圈上每条有向弧上的流量相同，均为 $r>0$，且满足每条有向弧上的容量要求，称 r 是有向圈 W 上的流量，记为 $f(W)=r$.

注意在路流和圈流的定义中，路流和圈流都具有**正流量**！在路流 P 上，有向路 P 起点的流量（即净流出量）为 $f(P)$，终点的流量为 $-f(P)$，中间节点的流量均为 0；而对于圈流 W，所有节点的流量均为 0.

定义 5-15 设 $\mathcal{P}$ 是有向网络图 $G(V, E)$ 中一组有向路构成的集合，对 $\forall P\in\mathcal{P}$，该路上的流量为 $f(P)$；$\mathcal{W}$ 是有向网络图 $G(V, E)$ 中一组有向圈构成的集合，对 $\forall W\in\mathcal{W}$，该圈上的流量为 $f(W)$. 定义这组**路流和圈流的并**为该有向网络图 $G(V, E)$ 中的一个流 $x=\{x_{ij} \mid (i,j)\in E\}$，该流在每条弧 (i,j) 上的流量 x_{ij} 是该组所有路流和圈流在弧 (i,j) 上的流量的和（若 $(i,j)\notin P$，则定义路流 P 在该弧上的流量为 0. 对圈流 W 作同样定义）.

定理 5-22 设 $f=\{f_{ij} \mid (i,j)\in E\}$ 是有向网络图 $G(V, E, b, c, u)$ 的一个可行流，$|V|=m, |E|=n$，则 f 可分解为不超过 $m+n$ 个路流和圈流的并，且其中圈流个数不超过 n.

证明：任取一个供应节点 i，$b_i>0$，由可行性知一定存在 $f_{ij_1}>0$. 若 $b_{j_1}<0$，则得到一条路 $P=\{i, j_1\}$；若 $b_{j_1}\geqslant 0$，则由可行性知一定存在 j_2，使 $f_{j_1j_2}>0$，若 $b_{j_2}<0$，则得到一条路 $P_1=\{i, j_1, j_2\}$，否则一定存在 j_3，使 $f_{j_2j_3}>0$，…，依次类推，由于节点数有限，该过程要么得到一条路 $\{j_0=i, j_1, \cdots, j_l\}$（此时各节点都不相同），该路的每条弧上均有正流量且 $b_i>0$，$b_{j_s}\geqslant 0$，$s=1,\cdots,l-1$，$b_{j_l}<0$，要么得到一个圈 $C=\{j_k, j_{k+1}, \cdots, j_h, j_k\}$（此时 j_k 是第一个重复的节点），该圈每条弧上的流量为正.

在前一种情形，令 $v(P)=\min\{b_i, -b_{j_l}, \min\{f_{ij}:(i,j)\in P\}\}$，则 $v(P)>0$. 从当前的可行流中分解出流量为 $v(P)$ 的路流 P，即令 $b_i\leftarrow b_i-v(P)$，$b_{j_l}\leftarrow b_{j_l}+v(P)$，并对 $\forall (i,j)\in P$，令 $f_{ij}\leftarrow f_{ij}-v(P)$，则得到了一个新的有向网络图 $G(V, E, u, b, c)$ 和可行流 f，但该图中至少有一个节点 k 满足 $b_k=0$，或者是一条弧 (i,j) 上有 $f_{ij}=0$；若是后一种情形，则令 $v(C)=\min\{f_{ij}:(i,j)\in C\}$，同样有 $v(C)>0$. 从当前的可行流中分解出流量为 $v(C)$ 的圈流 C，即对 $\forall (i,j)\in C$，令 $f_{ij}\leftarrow f_{ij}-v(C)$，这样也得到了一个新的有向网络图

$G(V, E, u, b, c)$ 和可行流 f，但该图中至少有一条弧 (i, j) 上 $f_{ij}=0$. 依次类推，每次都从当前可行流中分解出了一个路流或圈流，并使新的有向网络图 $G(V, E, u, b, c)$ 和可行流 f 要么在某个节点 k 满足 $b_k=0$，要么在某条弧 (i, j) 上 $f_{ij}=0$（该弧在后面的分解中不会再出现，因为分解出来的路流或圈流均具有正流量）. 由于节点和弧共有 $m+n$ 个，因此最多 $m+n$ 步后，在得到的新有向网络图 $G(V, E, u, b, c)$ 和新可行流 f 中，对 $\forall i\in V$，有 $b_i=0$；对 $\forall (i, j)\in E$，有 $f_{ij}=0$，因此有向网络图 $G(V, E, b, c, u)$ 中的一个可行流 f 均可分解为不超过 $m+n$ 个路流和圈流的并. 由于每分解出一个圈流，新的有向网络图 $G(V, E, u, b, c)$ 和可行流 f 中至少在一条弧 (i, j) 上 $f_{ij}=0$，而该有向网络图只有 n 条弧，因此分解出来的圈流个数不会超过 n. □

由上述定理及其证明得如下推论：

推论 5-22a 若有向网络图 $G(V, E, b, c, u)$ 是环流问题（即对 $\forall i\in V$，有 $b_i=0$），f 是该环流问题的可行流，则 f 可分解为个数不超过 n 的圈流的并.

4. 最优性条件与消圈算法

类似于最大流问题中的剩余网络，也可在最小费用流问题构造剩余网络，以方便判断当前可行流是否是最优解.

定义 5-16 设 $f=\{f_{ij} \mid (i, j)\in E\}$ 是有向网络图 $G=(V, E, b, c, u)$ 的一个**弧流**，定义 G 关于流 f 的**剩余网络** G_f 如下：

如果 $f_{ij}<u_{ij}$，则在 G_f 中引入弧 (i, j)，并定义其容量为 $r_{ij}=u_{ij}-f_{ij}$（称之为弧 (i, j) 上的**剩余容量**），该弧上的费用仍为 c_{ij}；

若 $f_{ij}>0$，则在 G_f 中引入弧 (j, i)，并定义其容量为 $r_{ji}=f_{ij}$（称之为弧 (j, i) 上的**剩余容量**），该弧上的费用为 $-c_{ij}$.

注意在最小费用流问题的剩余网络中，每条弧都具有**正的剩余容量**，且可能会出现负的价格系数. 除了用前面介绍的增广路来增加当前流的流量外，为判断当前流的费用是否还能减少，人们还引入了增广圈的概念.

定义 5-17 设 $f=\{f_{ij} \mid (i, j)\in E\}$ 是有向网络图 $G=(V, E, b, c, u)$ 的一个**弧流**，若 P 是其剩余网络图 G_f 中的一条 $s\rightarrow t$ 的**有向路**，则称 P 是网络图 G 关于可行流 f 的一条**增广路**（或**增广链**，augmenting path）；若 W 是其剩余网络图 G_f 中的一个**有向圈**，则称 W 是网络图 G 关于可行流 f 的一个**增广圈**（或增广回路，augmenting cycle）.

根据定义，**若不画出剩余网络图 G_f，增广路（圈）就是有向网络图 G 中的一条路（圈）**. 沿着该路（圈）的前向弧增加一定的正流量 θ（不超过该路（圈）上每条弧剩余容量的最小值），沿着该路（圈）的后向弧减少相同的流量，则新得到的流 f' 仍是一个**弧流**. 当沿着增广路 P 增加一定的正流量 θ 时（前向弧增加，后向弧减小），其起点的净流出量将增加 θ，终点的净流出量将减少 θ，中间节点的净流出量保持不变；而沿着增广圈 W 增加一定的正流量 θ 时（前向弧增加，后向弧减小），增广圈 W 上各个节点的净流出量保持不变.

定义 5-18 设 f 是有向网络图 $G=(V, E, b, c, u)$ 的一个弧流，S 是图 G 中关于弧流 f 的一条增广路或增广圈，对 $\forall (i, j)\in E$，定义：

$$\delta_{ij}(S)=\begin{cases}1, & \text{若 } (i, j) \text{ 是 } S \text{ 的前向弧}, \\ -1, & \text{若 } (i, j) \text{ 是 } S \text{ 的后向弧}, \\ 0, & \text{若 } (i, j) \text{ 不在 } S \text{ 上}.\end{cases}$$

称 $c(S)=\sum_{(i,j)\in E}\delta_{ij}(S)c_{ij}$ 为路（或圈）S 的费用. 在不混淆的情况下，通常将 $\delta_{ij}(S)$ 简记为 δ_{ij}.

设 W 是网络图 G 关于流 f 的一个增广圈，若其费用 $c(W)=\sum_{(i,j)\in E}\delta_{ij}(W)c_{ij}<0$，则称 W 是网络图 G 关于可行流 f 的一个**负圈**（negative cycle）；若 $c(W)>0$，则称其是一个**正圈**（positive cycle）；若 $c(W)=0$，则称其是一个**零圈**（zero circle）.

根据以上定义，若 W 是一个正圈，即 $c(W)>0$，将 W 的方向反过来得到的圈记为 $-W$，若 $-W$ 也是剩余网络中的有向圈，则 $-W$ 便是 G 关于可行流 f 的一个**负圈**.

设 f 是网络图 G 的一个弧流，$c(f)$ 为该流的费用，W 是网络图 G 关于弧流 f 的一个增广圈（路），f' 是由流 f 沿增广圈（路）增加流量 θ 后得到的弧流（前向弧增加，后向弧减小），即对 $\forall(i,j)\in E$，令 $f'_{ij}=f_{ij}+\delta_{ij}\theta$，则其费用为：

$$c(f')=\sum_{(i,j)\in E}f'_{ij}=\sum_{(i,j)\in E}f_{ij}+\sum_{(i,j)\in E}\delta_{ij}\theta c_{ij}=c(f)+\theta c(W).$$

因此当网络图 $G=(V,E,u,b,c)$ 中存在关于弧流 f 的一个负圈时，将得到新的一个弧流 f'，使得 $c(f')<c(f)$.

定理 5-23 设 f^* 是最小费用流问题（5-39）的一个可行流，则 f^* 是最优解的充分必要条件是网络图 G 中不含关于流 f^* 的负圈（即其剩余网络图 G_{f^*} 中不含负的有向圈）.

证明：必要性由前面的定义便得. 下面用反证法证明充分性，设 f^* 不是最小费用流，则存在可行流 f'，使 $c(f')<c(f^*)$. 在 G 关于流 f^* 的剩余网络图 G_{f^*} 中定义 $r=f'-f^*$ 如下：对 $\forall(i,j)\in E$，若 $f'_{ij}>f^*_{ij}$，则令 $r_{ij}=f'_{ij}-f^*_{ij}$；若 $f'_{ij}<f^*_{ij}$，则令 $r_{ji}=f^*_{ij}-f'_{ij}$，其他弧上令其流量为 0. 则由 f^* 和 f' 的可行性知流 r 是剩余网络图 G_{f^*} 中的一个**环流**（circulation）. 根据推论 5-22a 知流 r 是剩余网络图 G_{f^*} 中不超过 n 个圈流的并集，且 $c(r)=c(f')-c(f^*)<0$ 是这些圈流费用的和，从而这些圈流中一定有一个负圈，该负圈就是网络图 G 中关于流 f^* 的负圈，与已知条件矛盾！因此 f^* 一定是最小费用流. □

由定理 5-23，便可得如下消圈算法.

算法 5-13 消圈算法（Cycle Cancelling Algorithm）

步 1 建立一个可行流 f，计算其费用 $c(f)=\sum_{(i,j)\in E}c_{ij}f_{ij}$.

步 2 使用某种算法在网络图 G 中寻找负圈（即在其剩余网络图 G_f 中寻找**有向**负圈）. 若负圈不存在，算法中止，当前流 f 为最小费用流；否则作下一步.

步 3 设找到的负圈为 W，令 r_{ij} 为该圈上每条弧的剩余流量，即若弧 (i,j) 是 W 的前向弧，则 $r_{ij}=u_{ij}-f_{ij}$；若弧 (i,j) 是 W 的后向弧，则弧 (i,j) 的剩余流量 $r_{ji}=f_{ij}$. 令 θ 为 W 上所有弧的剩余流量的最小值，在 W 的前向弧中将流增加 θ，在 W 的负向弧中流减少 θ，便得到一个新的可行流 f'，其费用为 $c(f')=c(f)+\theta c(W)<c(f)$，然后令 $f\leftarrow f'$，转步 2 继续循环.

具体计算时，可在 G 关于可行流 f 的剩余网络图 G_f 中用 Bellman-Ford 算法寻找负圈，此时 W 是剩余网络图 G_f 中的**有向圈**，流的增加量 $\theta=\min\{r_{ij}\mid(i,j)\in W\}$.

例题 5-16 在图 5-29 中，弧边的数字为 (c_{ij},u_{ij})（即费用和容量），各节点旁括号里的数字是各节点的供需量，即 b_i，初始可行流为：路 1→2→4 上流量为 3，路 1→3→4 上流量为 1，试用消圈算法计算其最小费用流.

解：将初始可行流 $f^{(0)}$ 写在每条弧旁（没有相应数字的弧是零流弧），得到图 5-30 之

(a)，当前可行流的费用为 $c(f^{(0)})=3\times(2+3)+1\times(2+1)=18$. 然后画出其对应的剩余网络图得到图 5-30 之（b）（弧旁的括号里的数字为费用和剩余容量，即（c_{ij}，r_{ij}））. 显然在图 5-30 中，原图（a）与其剩余网络图（b）一一对应，即由原图（a）可得到其唯一的剩余网络图（b），反之也可由剩余网络图（b）得到其唯一对应的原图（a）（已假定原图（a）中的费用系数均非负）. 在剩余网络图（b）中，可以发现 2 个负圈，即 W_1：4→2→3→4，其费用为 $c(W_1)=-1$；W_2：4→2→1→3→4，其费用为 $c(W_2)=-2$. 选择沿负圈 W_2 增加流量，负圈 W_2 上的最低容量为 1，因此在图（b）中可沿负圈 W_2 增加流量 1，得到新可行流 $f^{(1)}$ 对应的剩余网络图（c），该新可行流的费用为 $c(f^{(1)})=c(f^{(0)})-2\times1=16$. 在剩余网络图（c），仍有一个负圈 W：4→2→3→4，其费用为 $c(W)=-3+1+1=-1$，负圈 W 上的最低容量为 2，因此在图（c）中可沿负圈 W 增加流量 2，得到新可行流 $f^{(2)}$ 对应的剩余网络图（d），该新可行流的费用为 $c(f^{(2)})=c(f^{(1)})-1\times2=14$. 由于剩余网络图（d）已找不出负圈，因此其对应的可行流 $f^{(2)}$ 便是最优解，负费用旁的容量就是可行流 $f^{(2)}$ 在该弧的反向弧上的流量，即最优解 $f_{12}^{(2)}=2$，$f_{13}^{(2)}=2$，$f_{23}^{(2)}=2$，$f_{24}^{(2)}=0$，$f_{34}^{(2)}=4$，最小费用为 14.

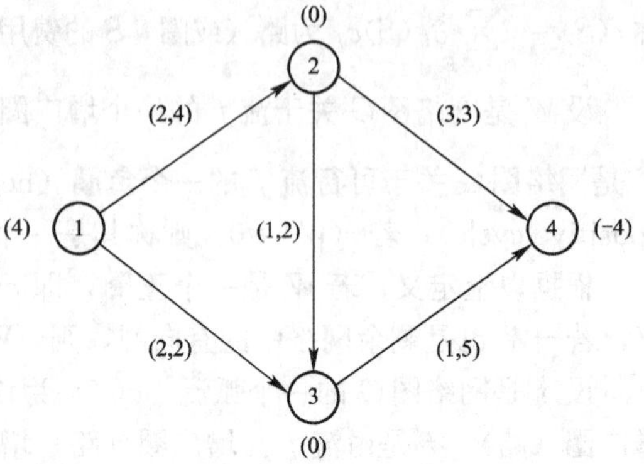

图 5-29 计算最小费用流

□

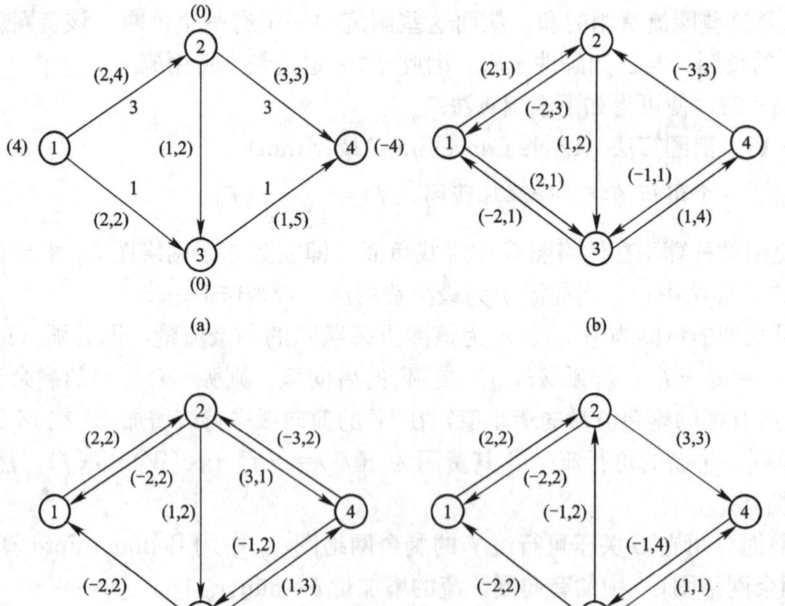

图 5-30 消圈法的计算过程

由上面的例子可以看到，消圈算法的关键在于如何快速有效地在当前可行流的剩余网络中找到负圈.

根据定义可知，若当前可行流 f 没有负圈，但有零圈，则当前可行流 f 是最优解，且最优解不唯一，沿零圈增加任意不超过该圈上最小剩余容量的正流量，得到的新可行流均是最小费用流！

5. 逐次最短路算法

上述消圈算法总是保持流 f 的可行性，通过负圈来判断当前可行流 f 的最优性，或改进当前可行流 f. 人们发现也可先不管当前流 f 是否可行，而是保持其最优性，然后在保持流 f 最优性的前提下，改进流 f 的可行性，这就是**逐次最短路算法**（The Successive Shortest Path Algorithm）. 为简单计，我们将针对只有一个发点和一个收点的最小费用流问题介绍这一算法的基本思想.

设有向网络图 $G=(V, E, b, c, u)$ 中 $c_{ij}\geqslant 0$，$\forall (i, j)\in E$，除起始节点 s 和终点 t 外，其他节点均为转运节点（即 $b(i)=0$，$\forall i\in V$，$i\neq s$，t）. 现在要求找一个 $s\to t$ 流量为 r 的最小费用流（$r>0$）.

算法 5-14 逐次最短路算法（The Successive Shortest Path Algorithm）

步 1 令流 $f=0$，即 $f_{ij}=0$，$\forall (i, j)\in E$，此时流量 $v(f)=0$.

步 2 在流 f 的剩余网络图 $G(f)$ 中，找出以费用为长度的 $s\to t$ 最短路 P. 设 q 是最短路 P 上的弧的最小剩余容量，则在最短路 P 上对流 f 增加流量 $\min\{q, r-v(f)\}$ 得到一个新的流，仍记为 f（即令 $f\leftarrow f\cup P$），此时该流的流量增加了 $\min\{q, r-v(f)\}$.

步 3 重复上一步直至 $v(f)=r$，或者是在流 f 的剩余网络图 $G(f)$ 中，找不到 $s\to t$ 的有向路（此时说明已找到最大流）.

定理 5-24 在算法 5-14 中，每次迭代得到的流均是流量为 $v(f)$ 的最小费用流.

证明：可用归纳法证明每次迭代得到的流均是流量为 $v(f)$ 的最小费用流. 当 $k=0$ 时，当前流显然是流量为 0 的最小费用流. 设第 k 次迭代开始时得到最小费用流为 f，迭代结束时得到的流为 f'，而 f'' 是流量为 $v(f')$ 的任一可行流，则 $f''-f$ 是剩余网络图 $G(f)$ 中的一个可行流（其定义见定理 5-23 的证明），流量为 $v(f')-v(f)$. 由于 f 是流量为 $v(f)$ 的最小费用流，因此 $G(f)$ 中不含负圈. 由定理 5-22，流 $f''-f$ 在剩余网络图 $G(f)$ 中可分解为圈流和路流的并，且 $c(f''-f)$ 是这些路流费用和圈流费用的和，且每个路流和圈流的费用**非负**. 由于中间节点处均有 $b_i=0$，因此在剩余网络中分解出来的路流一定是 $s\to t$ 的路，而 $f'-f$ 是 $G(f)$ 中的最短路，因此必有 $c(f''-f)\geqslant c(f'-f)$，即 $c(f'')\geqslant c(f')$，因此 f' 必是最小费用流，证毕. □

例题 5-17 用逐次最短路算法计算例 5-16 中的最小费用流，其中弧边的数字为（c_j，u_j）（即费用和容量），各节点旁括号里的数字是各节点的供需量，即 b_i.

解：该问题要求达到的流量是 $r=4$. 首先从零流开始，其剩余网络图就是原图 5-29. 在图 5-29 中以费用为权用 Dijkstra 算法计算得到 $1\to 4$ 的最短路为 P_1：$1\to 3\to 4$，该路的长度（即该路的单位费用）为 $c(P_1)=3$，计算过程如图 5-31 之（a）所示. 该路上的最小容量为 2，因此路流 P_1 的流量为 $f(P_1)=2$，且该路流的总费用为 $c_t(P_1)=c(P_1)f(P_1)=3\times 2=6$. 在零流的基础上增加路流 P_1 便得到流量为 2 的最小费用流 $f_1(v(f_1)=2)$，其费用为 $c(f_1)=0+c_t(P_1)=6$. 然后在该流的剩余网络图（见图 5-31 之（b））中，以费用为权用

Bellman-Ford 算法计算 1→4 的最短路得到 P_2：1→2→3→4，$c(P_2)=4$，$f(P_2)=\min\{4, 2, 3, r-f(P_1)\}=2$，$c_t(P_2)=c(P_2)f(P_2)=8$（此时不用担心出现负圈），从而得到最小费用流 $f_2=f_1\cup P_2$，该流的流量为 $v(f_2)=v(f_1)+f(P_2)=2+2=4$，达到了发点和收点的供需要求，从而 f_2 就是要求的最小费用流，其费用为 $c(f_2)=c(f_1)+c_t(P_2)=6+8=14$，各条弧上的流量为 $f_{12}^{(2)}=2$，$f_{13}^{(2)}=2$，$f_{23}^{(2)}=2$，$f_{24}^{(2)}=0$，$f_{34}^{(2)}=4$.

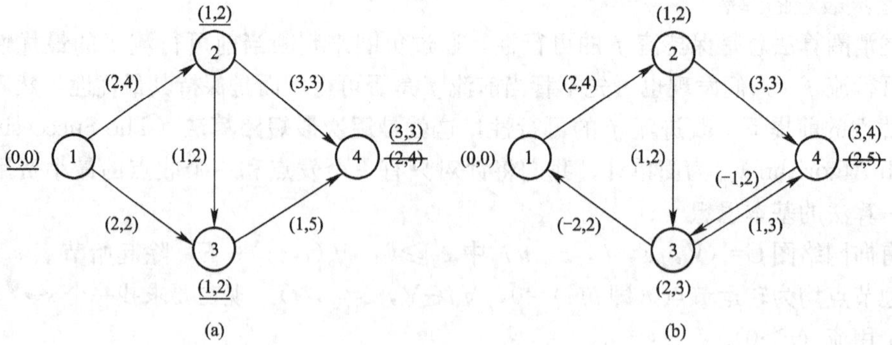

图 5-31 逐次最短路法的计算过程

□

逐次最短路算法也可用来计算最小费用最大流. 此时发点 s 和收点 t 都没有流量要求，在算法 5-14 中应令 $r=+\infty$ 即可，且算法要一直迭代到在当前流 f 的剩余网络图中找不到从发点 s 和收点 t 的有向路，从而得到最小费用最大流 f.

一般最小费用流问题的网络也可化为这种只有一个发点和一个收点的网络，方法是在网络图中添加两个虚拟收发节点 s，t，对每个发点 i，添加一条容量为 $b(i)$ 的有向弧（s，i），该弧上的费用为 0；对每个收点 i，添加一条容量为 $-b(i)$ 的有向弧（i，t），该弧上的费用为 0，并令 $r=\sum_{i:b(i)>0} b(i)=-\sum_{i:b(i)<0} b(i)$. 具体计算时也可不画出该图，从而得到更一般的逐次最短路算法.

5.6.2 网络单纯形法

本小节将讨论如何使用原始单纯形法在网络上解最小费用流问题（5-39），其中矩阵 A 是有向网络图 $G(V, E)$ 的**节点—弧关联矩阵**.

1. 节点-弧关联矩阵的性质

定理 5-25 设有向网络图 $G(V, E)$ 中，$m=|V|$，$n=|E|$，相应的节点—弧关联矩阵 $A=(a_{ij})_{m\times n}$，若该有向图是连通的，则矩阵 A 的秩为 $m-1$.

证明：根据节点—弧关联矩阵 A 的定义，矩阵 A 的每列均有一个 +1，−1，因此矩阵 A 的所有 m 行的和是零，即矩阵 A 的 m 个行向量线性相关，从而 $\text{rank}(A)\leqslant m-1$.

由于 $G(V, E)$ 是连通的，因此该图一定存在一个生成树 T，该树由 $m-1$ 条弧构成. 从矩阵 A 中去掉任一行得到矩阵 $\overline{A}$，并将去掉的行所对应的节点 r 作为生成树 T 的根节点，将矩阵 $\overline{A}$ 中与生成树 T 的 $m-1$ 条弧对应的 $m-1$ 列构成的 $(m-1)\times(m-1)$ 方阵记为 A_T，则 A_T 的行与生成树 T 除去根节点 r 外的其余 $m-1$ 个节点相对应，A_T 的列与生成树 T 的 $m-1$ 条弧相对应，A_T 构成生成树 T 除去根节点 r 外的节点—弧关联矩阵. 由于生成

树 T 至少有两个悬挂点，因此除去根节点外至少还有一个悬挂点，即矩阵 A_T 中至少有一行对应除去根节点 r 外的某个悬挂点 x，该悬挂点与树 T 中的某条弧 e_x 相关联，从而 A_T 中与悬挂点 x 对应的行上有且仅有一个非零元，该非零元在 A_T 中与弧 e_x 对应的列上，取值 ± 1. 在树 T 中去掉该悬挂点 x 和关联弧 e_x，则剩余的图 T' 仍是一个包含根节点 r 的有 $m-2$ 条弧树. 相应地在矩阵 A_T 中去掉悬挂点 x 对应的行和关联边 e_x 对应的列，得到一个 $(m-2)\times(m-2)$ 方阵 $A_{T'}$，且除去根节点 r 外的其余 $m-2$ 个节点相对应，$A_{T'}$ 的列与树 T' 的 $m-2$ 条弧相对应，$A_{T'}$ 构成树 T' 除去根节点 r 外的节点一弧关联矩阵，因此同样地可知 $A_{T'}$ 也有一行，该行上有且仅有一个非零元 ± 1. 依次类推，直至树 T 中只剩下根节点 r，相应地矩阵 A_T 变为空矩阵. 因此根据行列式的按行（列）展开定理和以上过程知 $\det(A_T)=\pm 1$，即 A_T 是 $(m-1)\times(m-1)$ 可逆矩阵. □

推论 5-25a 在去掉矩阵 A 的任意一行后得到矩阵 $\overline{A}$ 是行满秩的.

证明：根据节点一弧关联矩阵 A 的定义，矩阵 A 的所有 m 行的和是零，因此矩阵 A 的任意一行可被其他行线性表出. 由定理 5-25 知，矩阵 A 行向量组的秩为 $(m-1)$，因此，将矩阵 A 去掉任意一行后得到的行向量组线性无关，即去掉矩阵 A 的任意一行后得到的矩阵 $\overline{A}$ 是行满秩的. □

推论 5-25b 若矩阵 A 的一组列向量对应的边构成的图不含圈，则该组列向量一定线性无关.

证明：由于不连通图可看作是若干个连通分支的并，因此不妨设 A 的这组列向量对应的边构成的图 $G'(V', E')$ 是连通的. 设这组列向量有 l 个，构成 A 的 $m\times l$ 子矩阵 B. 由 $G'(V', E')$ 不含圈，因此 $G'(V', E')$ 是一棵树，且 $G'(V', E')$ 对应的节点一弧关联矩阵构成了矩阵 B 的子矩阵 B'（由 B 去掉若干行而得），由定理 5-25 便知子矩阵 B' 列满秩，从而矩阵 B 列满秩，即该组列向量该组列向量线性无关. 当图 $G'(V', E')$ 是若干个连通分支的并，由相应节点一弧关联矩阵的分块性便得结论. □

定义 5-19 设 $L=\{v_{i_1}, v_{i_2}, \cdots, v_{i_k}\}$ 是有向网络图 $G(V, E)$ 中的一条链，$m=|V|$，$n=|E|$，对 $j=1, 2, \cdots, n$，定义：

$$\delta_j(L)=\begin{cases}1, & \text{若 } e_j \text{ 是 } L \text{ 的前向弧，}\\ -1, & \text{若 } e_j \text{ 是 } L \text{ 的后向弧，}\\ 0, & \text{若 } e_j \text{ 不在链 } L \text{ 上.}\end{cases} \tag{5-42}$$

当不会引起混淆时，为方便计，常常将 $\delta_j(L)$ 简记为 δ_j.

引理 5-4 设 $L=\{v_{i_1}, v_{i_2}, \cdots, v_{i_k}\}$ 是有向网络图 $G(V, E)$ 中的一条链，a_j 表示节点一弧关联矩阵 A 的第 j 列，以 v_{i_t} 和 $v_{i_{t+1}}$ 为端点的弧记为 e_{i_t} $(t=1, \cdots, k-1)$，ε_i 表示第 i 个分量为 1、其他分量为 0 的 m 维列向量，δ_{i_t} 由式（5-42）定义，即：

$$\delta_{i_t}=\begin{cases}1, & \text{若 } e_{i_t} \text{ 是 } L \text{ 的前向弧，}\\ -1, & \text{若 } e_{i_t} \text{ 是 } L \text{ 的后向弧，}\\ 0, & \text{若 } e_{i_t} \text{ 不在链 } L \text{ 上.}\end{cases}$$

则：

$$\sum_{t=1}^{k-1}\delta_{i_t}a_{i_t}=\varepsilon_{i_1}-\varepsilon_{i_k},$$

从而若 $L=\{v_{i_1}, v_{i_2}, \cdots, v_{i_k}\}$ 是有向网络图 $G(V, E)$ 中的一个圈（此时 $i_1=i_k$），则 $\{a_{i_t} \mid t=1, \cdots, k-1\}$ 一定线性相关，且 $\sum_{t=1}^{k-1}\delta_{i_t}a_{i_t}=0$，即该圈中各条弧在节点一弧关联矩阵 A 中对应的列是线性相关的.

证明：由节点一弧关联矩阵 A 和 $\delta_{i_t}(t=1, \cdots, k-1)$ 的定义知：

$$\delta_{i_t}a_{i_t}=\varepsilon_{i_t}-\varepsilon_{i_{t+1}}$$

从而

$$\sum_{t=1}^{k-1}\delta_{i_t}a_{i_t}=\sum_{t=1}^{k-1}(\varepsilon_{i_t}-\varepsilon_{i_{t+1}})=\varepsilon_{i_1}-\varepsilon_{i_k}.$$

□

定理 5-26 设有向网络图 $G(V, E)$，$m=|V|$，$n=|E|$，相应的节点一弧关联矩阵是 $A=(a_{ij})_{m\times n}$. 设 $\overline{A}$ 是去掉矩阵 A 的任意一行后得到的矩阵，将 $\overline{A}$ 划分为 $[\overline{B}, \overline{N}]$，其中 $\overline{B}$ 为 $(m-1)\times(m-1)$ 方阵，则 $\overline{B}$ 可逆的充分必要条件是 $\overline{B}$ 的列对应的 $m-1$ 条弧构成图 $G(V, E)$ 的一个生成树.

证明：由定理 5-25 的证明知若 $\overline{B}$ 的列对应的 $m-1$ 条弧构成图 $G(V, E)$ 的一个生成树，则 B 可逆且 $\det B=\pm1$. 反之若 $\overline{B}$ 可逆，则 $\overline{B}$ 的列线性无关. 记矩阵 A 中由与 $\overline{B}$ 对应的列所构成的子矩阵为 B，于是 B 的列线性无关，从而由引理 5-4 知 B 的列对应的 $m-1$ 条弧不含圈（否则 B 的列将线性相关），记由这 $m-1$ 条弧构成的子图为 T. 由于图 T 最多有 m 个节点，有 $m-1$ 条边，且不含圈，因此由定理 5-3 及其证明知该图一定是连通的，且图 T 一定有 m 个节点，即图 T 是图 $G(V, E)$ 的一个生成树. □

结合推论 5-25b 和引理 5-4 便得：

定理 5-27 矩阵 A 的一组列向量对应的弧构成的图不含圈的充分必要条件是该组列向量线性无关.

根据线性规划的理论，下面称上述定理中的 $(m-1)\times(m-1)$ 阶可逆子矩阵 $\overline{B}$ 为节点一弧关联矩阵 A 的**基矩阵**. 由定理 5-25 和定理 5-26 及其证明便得：

定理 5-28 设有向网络图 $G(V, E)$ 中，$m=|V|$，$n=|E|$，相应的节点一弧关联矩阵 $A=(a_{ij})_{m\times n}$，$\overline{B}$ 是 A 的任一个基矩阵，则通过适当的行列交换后，矩阵 $\overline{B}$ 可化为上（或下）三角矩阵，且 $\overline{B}$ 的非零元的个数不超过 $2m-3$.

证明：由定理 5-25 和定理 5-26 的证明知矩阵 $\overline{B}$ 一定有一行有且仅有一个非零元 ±1，首先将该行与第一行交换，然后将该非零元所在的列与第一列交换，于是该非零元位于 $\overline{B}$ 的第一行第一列，且第一行其他位置的元素均为 0. 然后去掉该行该列得到 $(m-2)\times(m-2)$ 阶矩阵 B'，由定理 5-25 的证明知矩阵 B' 也一定有一行有且仅有一个非零元 ±1，依次类推便知矩阵 $\overline{B}$ 通过适当的行列交换后可化为下三角矩阵. 同样可证明其通过适当的行列交换后可化为上三角矩阵. 由于 $\overline{B}$ 每列至多有两个非零元，而又可通过适当的行列交换化为下三角矩阵，因此必有一列只含有一个非零元，因此 $(m-1)\times(m-1)$ 阶可逆子矩阵 $\overline{B}$ 最多含 $2(m-2)+1=2m-3$ 个非零元. □

定理 5-29 设有向网络图 $G(V, E)$ 中，$m=|V|$，$n=|E|$，相应的节点—弧关联矩阵 $A=(a_{ij})_{m\times n}$，则对 $\forall k$，$1\leqslant k\leqslant m$，矩阵 A 的所有 k 阶子式的值只能是 ±1 或 0.

证明：对 k 作归纳法，当 $k=1$ 时，结论显然成立. 假设此结论对 $k(\geqslant1)$ 阶子式成立，对 $k+1$ 阶子式，若此 $k+1$ 阶子式某列只有一个非零元，按此列展开便得到一个 k 阶子式，由归纳假设便知结论成立；若此 $k+1$ 阶子式每列都有两个或以上的非零元，则由节点—弧关联矩阵的定义知此 $k+1$ 阶子式每列均有一个 1，一个 -1，将则此 $k+1$ 阶子式的其他所有行均加到第一行上便得第一行的元素全为 0，所以此 $k+1$ 阶子式为 0.

综上所述此结论对任意 k 阶子式均成立. □

因此有向图的节点—弧关联矩阵 A 是**全幺模矩阵**（**或全单模矩阵**）.

根据前面的结论，在最小费用流问题（5-39）的等式约束增广矩阵 $[A, b]$ 中任意去掉一行后将得行满秩的矩阵 $(\overline{A}, \overline{b}]$，从而得到如下等价的线性规划标准形问题：

$$\begin{aligned} \min\quad & c^{\mathrm{T}}x \\ \text{s. t.}\quad & \overline{A}x=\overline{b} \\ & l\leqslant x\leqslant u \end{aligned} \tag{5-43}$$

其中 $\overline{A}$ 行满秩. 不失一般性，假定 $u>l$.

定义 5-20 考虑最小费用流问题（5-39）及等价形式（5-43），将 $\overline{A}$ 划分为 $[\overline{B}, \overline{N}]$，其中 $\overline{B}$ 为 $(m-1)\times(m-1)$ 可逆矩阵. 将变量 x 也作相应的划分得 $[x_B, x_N]$，不妨设 $x_B=(x_{B_1}, x_{B_2}, \cdots, x_{B_{m-1}})^{\mathrm{T}}$，$x_N=(x_{N_1}, x_{N_2}, \cdots, x_{N_{n-m+1}})^{\mathrm{T}}$，令：

$$x_{N_j}=l_{N_j}>-\infty \text{或} x_{N_j}=u_{N_j}<+\infty,\ \forall j=1, 2, \cdots, n-m+1, \tag{5-44}$$

$$x_B=\overline{B}^{-1}(b-\overline{N}x_N), \tag{5-45}$$

称由（5-44）、（5-45）定义的 $x=[x_B, x_N]$ 为问题（5-43）和（5-39）的**基本解**，位于 x_B 中的变量 $x_{B_1}, x_{B_2}, \cdots, x_{B_{m-1}}$ 称为**基变量**，位于 x_N 中的变量 $x_{N_1}, x_{N_2}, \cdots, x_{N_{n-m+1}}$ 称为**非基变量**，它们只能取有限值（即不能取 $+\infty$ 或 $-\infty$），并将取下界的非基变量称为**下非基变量**，即在界约束 $l_j\leqslant x_j\leqslant u_j$ 中该变量取下界值 $l_j>-\infty$. 将取上界值的非基变量称为**上非基变量**（即在界约束 $l_j\leqslant x_j\leqslant u_j$ 中，该变量取上界值 $u_j<\infty$）；若由（5-44）、（5-45）定义的 $x=[x_B, x_N]$ 还满足 $l_B\leqslant x_B\leqslant u_B$，则称其为问题（5-39）的**基本可行解**.

通过将最小费用流问题（5-39）化为标准形（5-43），再根据线性规划基本定理知，**最小费用流问题（5-43）的最优解一定可在上述定义中的基本可行解处达到**（见习题 5-9）. 由定理 5-29 便得：

推论 5-29a 考虑最小费用流问题（5-39），若 $b_i(i=1, 2, \cdots, m)$ 和 l_j，$u_j(j=1, 2, \cdots, n)$ 均为整数，则最小费用流问题（5-39）的所有基本可行解都是整数解；若最小费用流问题（5-39）有最优解，则一定有整数最优基本可行解.

证明：由伴随矩阵与逆矩阵的关系和定理 5-29 知 $\overline{B}^{-1}$ 是整数矩阵，再由式（5-44）、（5-45）便可知最小费用流问题（5-43）（与问题（5-43 等价）的所有基本可行解都是整数解. 据线性规划基本定理知若最小费用流问题（5-39）有最优解，则一定有最优基本可行解，而该解一定是整数解. □

许多网络流问题都要求整数最优解，如上面介绍的最短路问题的数学模型（5-40）. 上述结果表明，只要 $b_i(i=1, 2, \cdots, m)$ 和 $u_j(j=1, 2, \cdots, n)$ 均为整数，便可将模型中的整数要求去掉后直接用单纯形法计算，最后得到的解一定是原问题要求的整数最优解.

2. 在网络上使用单纯形法

根据上节介绍的节点－弧关联矩阵的性质，在使用修正单纯形法（见第 54 页的算法 2.3）计算最小费用流问题（5-43）时，其计算过程可大大简化. 设 a_j 和 $\overline{a}_j$ 分别是矩阵 A 和 $\overline{A}$ 的第 j 列，由于 $\overline{B}$ 每一列至多有 2 个非零元，且通过适当的行列交换后，矩阵 $\overline{B}$ 可化为下三角矩阵，从而使 $w=c_B^{\mathrm{T}}\overline{B}^{-1}$、$\overline{B}^{-1}\overline{a}_j$ 和 $\overline{B}^{-1}\overline{b}$ 的计算大大简化. 由于矩阵 $[\overline{A}, \overline{b}]$ 是 $[A, b]$ 中去掉第 r 行后得到行满秩矩阵，将 $\overline{A}$ 划分为 $[\overline{B}, \overline{N}]$ 时（其中 $\overline{B}$ 为基矩阵），对矩阵 A 也可作同样划分，得到矩阵 $[B, N]$，从而 $\overline{B}$ 可看作是矩阵 B 去掉第 r 行后得到的，且两者的列都与基变量一一对应，在图 $G(V, E)$ 中与根节点为 r 的生成树 T 一一对应. 由于基矩阵 $\overline{B}$ 与图 $G(V, E)$ 的生成树一一对应，因此在计算过程中不用列出方程 $w\overline{B}=c_B^{\mathrm{T}}$ 和 $\overline{B}y=\overline{a}_j$，在相应的网络图中直接进行计算即可.

首先看 $\overline{B}x_B=\overline{b}$ 的计算. 由于 $\overline{B}$ 对应于图 $G(V, E)$ 某个根节点为 r 的生成树 T，x_B 与生成树 T 的 $m-1$ 边相对应. 由网络的平衡性，方程组 $\overline{B}x_B=\overline{b}$ 实际上等价于 $Bx_B=b$（因为 $[\overline{B}, \overline{b}]$ 是由 $[B, b]$ 去掉第 r 行后得到的，且第 r 行可被 $[\overline{B}, \overline{b}]$ 的行线性表出），而方程组 $Bx_B=b$ 是生成树 T 中各个节点的供需要求（其他非基变量的值为 0），从而可在生成树 T 上根据节点的供需要求直接计算树 T 中各条弧上的流量（即基变量 x_B 的值）. 此时异于根节点 r 的悬挂点 y 在 B 中对应的行只有一个非零元，因此通过该行便可得到树 T 中与悬挂点 y 的关联边 e_t 相对应的基变量 x_t 的值，当 y 是收点时，有 $x_t=-b_y$；当 y 是发点时，有 $x_t=b_y$. 然后从树 T 中去掉悬挂点 y 及其关联边 e_t 得到一个只有 $m-2$ 条边的树 T'，在矩阵 $[B, b]$ 去掉悬挂点 y 对应的行和关联边 e_t 对应的列得 $[B', b']$，则树 T' 和 B' 仍有相同的对应关系，且 $B'x_{B'}=b'$，同样又可得到树 T' 中悬挂边对应的变量的值，依次类推便得到 x_B.

再看单纯形乘子 $w=c_B^{\mathrm{T}}\overline{B}^{-1}$ 的计算，其计算等价于求解方程组 $w\overline{B}=c_B^{\mathrm{T}}$，其中 w 是 $m-1$ 维行向量，其各个分量与 $\overline{B}$ 即 $\overline{A}$ 的各行对应，而 $\overline{A}$ 中的行又对应于图 $G(V, E)$ 中除节点 r 外的其他节点，因此可令 $w=(w_1, \cdots, w_{r-1}, w_{r+1}, \cdots, w_m)$，$\hat{w}=(w_1, \cdots, w_{r-1}, w_r, w_{r+1}, \cdots, w_m)$，其中 w_i 对应图 $G(V, E)$ 的第 i 个节点（不妨称之为节点 i，下同）. 若在 $\hat{w}$ 中令 $w_r=0$，则有 $w\overline{B}=\hat{w}B$. 不妨设当前基变量为 $x_B=(x_{B_1}, x_{B_2}, \cdots, x_{B_{m-1}})^{\mathrm{T}}$，其在图 $G(V, E)$ 中对应的弧依次为 $e_{B_1}, e_{B_2}, \cdots, e_{B_{m-1}}$，并设 $e_{B_j}=(s_j, t_j)$，则 $e_{B_j}(j=1, \cdots, m-1)$ 在图 $G(V, E)$ 中构成了根节点为 r 的生成树 T，且矩阵 B 的第 j 列 $a_{B_j}=\varepsilon_{s_j}-\varepsilon_{t_j}$，其中 ε_j 是第 j 个 m 维单位列向量，从而 $\hat{w}B$ 的第 j 个分量为 $\hat{w}a_{B_j}=w_{s_j}-w_{t_j}$，$j=1, \cdots, m-1$，从而方程组 $w\overline{B}=c_B^{\mathrm{T}}$ 等价于方程组

$$w_{s_j}-w_{t_j}=c_{B_j}, \ j=1, \cdots, m-1; \ w_r=0.$$

其中 $(s_j, t_j)(j=1, \cdots, m-1)$ 构成根节点为 r 的生成树 T 的所有弧，因此与根节点 r 相关联的节点 i 对应的单纯形乘子 w_i 可直接由该关联边对应的方程 $w_{s_j}-w_{t_j}=c_{B_j}$ 得到（注意其中 $w_r=0$）. 根据生成树的连通性和遍历性，从根节点 r 出发，依次通过解关联边对应的

方程 $w_{s_j}-w_{t_j}=c_{B_j}$ 便可得到各个节点对应的单纯形乘子，此时人们称节点 i 对应的单纯形乘子 w_i 为节点 i 的**位势**.

计算出单纯形乘子（或位势）w_i 后，下一步计算各个非基变量 x_j 对应的检验数 $\zeta_j=c_B^{\mathrm{T}}\overline{B}^{-1}\overline{a}_j-c_j=w\overline{a}_j-c_j$. 注意到 $w_r=0$，而 $\overline{a}_j$ 是 a_j 去掉第 r 行所得，因此有 $w\overline{a}_j=\hat{w}a_j$，从而 $\zeta_j=\hat{w}a_j-c_j$. 设非基变量 x_j 对应的弧 $e_j=(s_j, t_j)$，则 $a_j=\varepsilon_{s_j}-\varepsilon_{t_j}$，从而：

$$\zeta_j=\hat{w}a_j-c_j=\hat{w}(\varepsilon_{s_j}-\varepsilon_{t_j})-c_j=w_{s_j}-w_{t_j}-c_j. \tag{5-46}$$

称按式（5-46）计算检验数 ζ_j 的方法为**位势法**.

后面的讨论总假定在最小费用流问题（5-39）中，每条弧的容量下界 $l_j=0$，$j=1, \cdots, n$. 假定每条弧的容量上界 $u_j=+\infty$，$j=1, \cdots, n$，此时若对所有非基变量 x_j，均有 $\zeta_j\leqslant 0$，则当前的基本可行解 $x_B=\overline{B}^{-1}\overline{b}$，$x_N=0$ 就是问题（5-39）的最优解，否则不妨设 $\zeta_k=\max\{\zeta_j \mid j=1, \cdots, n\}>0$，则根据单纯形法应选非基变量 x_k 入基. 设非基变量 x_k 对应的弧 $e_k=(s_k, t_k)$，则生成树 T（由基变量对应的弧 $e_{B_j}=(s_j, t_j)(j=1, \cdots, m-1)$ 构成）存在唯一一条 $s_k\to t_k$ 的链 L_k，该链 L_k 与弧 e_k 构成唯一的圈 W，由引理 5-4 知：

$$a_k=\varepsilon_{s_k}-\varepsilon_{t_k}=\sum_{i=1}^{m-1}\delta_{B_i}a_{B_i}, \tag{5-47}$$

其中 $\delta_{B_i}=\delta_{B_i}(l_k)$，由式（5-42）定义. 注意到 $\overline{B}^{-1}\overline{a}_{B_i}=\varepsilon_i$，于是可得：

$$\hat{a}_k=\overline{B}^{-1}\,\overline{a}_k=\sum_{i=1}^{m-1}\delta_{B_i}\varepsilon_i, \tag{5-48}$$

不妨设将 x_k 增大到 $\theta\geqslant 0$，其他非基变量保持为 0，则由 $\overline{B}x_B+\overline{a}_kx_k=\overline{b}$ 得：

$$x_B=\overline{B}^{-1}\overline{b}-\theta\hat{a}_k=\hat{b}-\theta\sum_{i=1}^{m-1}\delta_{B_i}\varepsilon_i=\sum_{i=1}^{m-1}(\hat{b}_i-\theta\delta_{B_i})\varepsilon_i \tag{5-49}$$

其中 $\hat{b}=\overline{B}^{-1}\overline{b}$ 是当前基变量 x_B 的值. 根据式（5-49）及其与网络图的对应关系，基变量的调整完全可以在链 L_k 与弧 e_k 构成唯一的圈 C_k 上进行调整，当弧 e_k 对应的非基变量 x_k 增大到 θ 时，链 L_k 上的前向弧所对应的基变量的值应减少 θ，而后向弧所对应的基变量则应增大 θ，从而 θ 最多为链 L_k 上的前向弧所对应的基变量值的最小值，此即变量 x_k 入基时所应取的值. 然后从链 L_k 上去掉一条流量变为 0 的弧（若有多条弧变为 0，则只能去掉一条，该弧对应的基变量为离基变量），将弧 e_k（其对应的流量值为 θ）加入，于是又得到一个新的生成树和相应的新基，再按前述计算新基的检验数并继续迭代即可.

事实上，根据式（5-48），我们也可得到一个新的计算各个非基变量 x_j 对应的检验数 ζ_j 的方法. 设非基变量 x_j 对应的弧 $e_j=(s_j, t_j)$，则生成树 T（由基变量对应的弧 $e_{B_j}=(s_j, t_j)(j=1, \cdots, m-1)$ 构成）存在唯一一条 $s_j\to t_j$ 的链 L_j，该链 L_j 与弧 e_j 构成唯一的圈，根据式（5-48）可得：

$$\zeta_j=c_B^{\mathrm{T}}\overline{B}^{-1}\,\overline{a}_j-c_j=c_B^{\mathrm{T}}\Big(\sum_{i=1}^{m-1}\delta_{B_i}\varepsilon_i\Big)-c_j=\sum_{i=1}^{m-1}\delta_{B_i}c_{B_i}-c_j, \tag{5-50}$$

式（5-50）在网络图中的意义是，将弧 e_j 加入到生成树 T 后将形成一个唯一的圈 C_j，定义圈 C_j 的方向就是链 L_j 的方向（刚好与 $e_j=(s_j, t_j)$ 的方向相反，即弧 e_j 一定是圈 C_j 的后向弧），将圈 C_j 上的前向弧的费用系数 c_i 都乘以 $+1$，后向弧的费用系数 c_i 都乘以 -1（包括弧 e_j），然后求和便得非基变量 x_j（与弧 e_j 相对应）的检验系数. 当该和大于零时，表明

通过增大弧 e_j 上流量，并对圈 C_j 上其他弧的流量作相应的调整，便可减少当前流的费用. 称按式（5-50）计算检验数 ζ_j 的方法为**联圈法**. 联圈法的主要缺点在于必须找出所有非基变量对应的圈，当节点数和弧数都较大时，其计算量一般要比位势法大.

由式（5-50）也可看到，当非基变量 x_k 的检验数$\zeta_k>0$ 时，将非基变量 x_k 对应的弧 e_k 加入到当前基变量对应的生成树 T 后将形成一个唯一的圈 C_k，**该圈的费用**（见第 194 页的定义 5-18）就是 ζ_k，从而根据定义其反向圈 $-C_k$ 就是一个**负圈**（该圈的方向与弧 e_k 的方向相同），其费用为 $-\zeta_k<0$. **因此通过计算检验数，若发现某个非基变量的检验数大于 0，则将该非基变量对应的弧 e 加入到当前基变量对应的生成树后将形成一个唯一的圈，若以弧 e 的方向为该圈的正向，则该圈就是一个负圈，从而在使用单纯形法对基变量进行调整时，实际上就是在使用前面介绍的负圈调整法，计算检验数提供了一个有效的寻找负圈的方法.**

根据上一观察，可以方便地将单纯形法推广到容量上界 $u_j<+\infty$的情形. 此时检验数的计算和前面一样，若所有上非基变量 x_j 对应的检验数 $\zeta_j\geqslant 0$（注意上非基变量只能减少），所有下非基变量 x_j 对应的检验数$\zeta_j\leqslant 0$（注意上非基变量只能增大），则当前的基本可行解就是问题（5-39）的最优解；若某个上非基变量 x_j 对应的检验数 $\zeta_j<0$，并将之作为入基变量，则将该非基变量对应的弧 e_j 加入到当前基变量对应的生成树后将形成一个唯一的圈. 由于上非基变量只能减少，因此该圈的方向应与 e_j 的方向相反，其费用为 $\zeta_j<0$，然后计算该圈每条弧上的剩余容量（若（i，j）是前向弧，则$r_{ij}=u_{ij}-x_{ij}$；若（i，j）是后向弧，则 $r_{ij}=x_{ji}$，其中 x_{ij}是弧（i，j）上的流量），并令 θ 是该圈所有弧上剩余容量的最小值，再在该圈的所有后向弧上减少流量 θ，所有前向弧上增加流量 θ，并将某个流量变为上界或下界的基变量离基（若有多个，任选一个，此时有可能入基变量 x_j 直接由上非基变量变为下非基变量，从而当前基不变），得到一组新的基本可行解和相应的生成树，相应的费用减少了$-\zeta_j\theta$；若某个下非基变量 x_j 对应的检验数$\zeta_j>0$，并将之作为入基变量，则将该非基变量对应的弧 e_j 加入到当前基变量对应的生成树后将形成一个唯一的圈. 由于下非基变量只能增加，因此该圈的方向应与 e_j 的方向相同，其费用为$-\zeta_j<0$，然后计算该圈每条弧上的剩余容量并令 θ 是该圈所有弧上剩余容量的最小值，再在该圈的所有后向弧上减少流量 θ，所有前向弧上增加流量 θ，并将某个流量变为上界或下界的基变量离基（若有多个，任选一个，此时有可能入基变量 x_j 直接由下非基变量变为上非基变量，从而当前基不变），得到一组新的基本可行解和相应的生成树，相应的费用减少了$\zeta_j\theta$. 然后继续迭代直至找到最优解或发现问题（5-39）无下界（此时负圈上的流量可无限增大）.

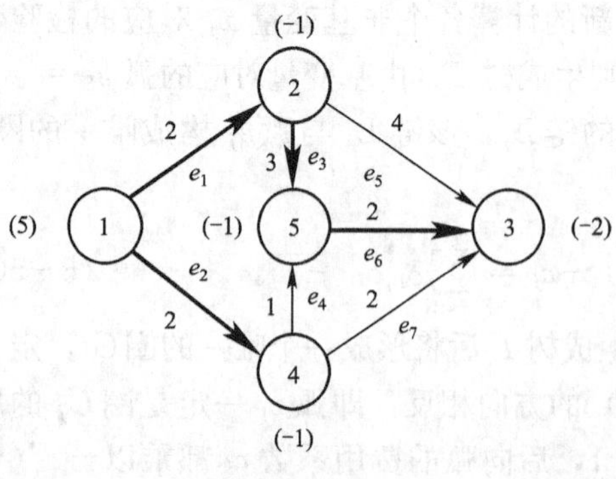

图 5-32

容易看到，上述网络单纯形法也可能出现退化的情形，因此人们后来又设计了在网络上计算问题（5-39）的对偶单纯形法和原始一对偶单纯形法.

下面通过一个例子介绍上述网络单纯形法的具体计算过程.

例题 5-18 用网络单纯形法计算图 5-32 对应的最小费用流问题，弧边的数字为该弧上费用系数，各条弧上均无流量限制，即每条弧上的流量上界均为$+\infty$；各节点旁括号里的数字是b_i，即各节点的供需要求；初始可行基为图中粗线部分，相应的生成树为$T=\{e_1e_2e_3e_6\}$.

解：与图5-32对应的节点一弧关联矩阵A和各节点供需量b为：

$$A=\begin{array}{c}\\1\\2\\3\\4\\5\end{array}\begin{array}{c}\begin{matrix}e_1 & e_2 & e_3 & e_4 & e_5 & e_6 & e_7\end{matrix}\\\begin{bmatrix}1 & 1 & 0 & 0 & 0 & 0 & 0\\-1 & 0 & 1 & 0 & 1 & 0 & 0\\0 & 0 & 0 & 0 & -1 & -1 & -1\\0 & -1 & 0 & 1 & 0 & 0 & 1\\0 & 0 & -1 & -1 & 0 & 1 & 0\end{bmatrix}\end{array},\ b=\begin{bmatrix}5\\-1\\-2\\-1\\-1\end{bmatrix}$$

于是相应的最小费用流问题为

$$\begin{aligned}&\min c^{\mathrm{T}}x=2x_1+2x_2+3x_3+x_4+4x_5+2x_6+2x_7\\&\text{s.t. } Ax=b\\&\qquad x\geqslant 0\end{aligned}$$

其中$x=(x_1,\ x_2,\ x_3,\ x_4,\ x_5,\ x_6,\ x_7)^{\mathrm{T}}$，$c=(2,\ 2,\ 3,\ 1,\ 4,\ 2,\ 2)^{\mathrm{T}}$. 与生成树为$T=\{e_1e_2e_3e_6\}$对应的列构成的矩阵为

$$B=\begin{array}{c}\\1\\2\\3\\4\\5\end{array}\begin{array}{c}\begin{matrix}e_1 & e_2 & e_3 & e_6\end{matrix}\\\begin{bmatrix}1 & 1 & 0 & 0\\-1 & 0 & 1 & 0\\0 & 0 & 0 & -1\\0 & -1 & 0 & 0\\0 & 0 & -1 & 1\end{bmatrix}\end{array}$$

任意去掉一行，不妨设去掉第5行，则生成树$T=\{e_1e_2e_3e_6\}$成为以节点5为根节点的树，相应的基矩阵和右端项为：

$$\overline{B}=\begin{array}{c}\\1\\2\\3\\4\end{array}\begin{array}{c}\begin{matrix}e_1 & e_2 & e_3 & e_6\end{matrix}\\\begin{bmatrix}1 & 1 & 0 & 0\\-1 & 0 & 1 & 0\\0 & 0 & 0 & -1\\0 & -1 & 0 & 0\end{bmatrix}\end{array},\ \overline{b}=\begin{bmatrix}5\\-1\\-2\\-1\end{bmatrix}$$

现在解方程组$\overline{B}x_B=\overline{b}$，容易看出树$T$的悬挂点为节点3、4，任取一个，不妨取节点4，该节点为收点，且其关联边为e_2，因此得$x_2=-b_4=1$，同样由节点3得$x_6=-b_3=2$. 然后去掉节点3、4及其在树T中的关联边e_2、e_6得到新的树$T'=\{e_1,\ e_3\}$，相应地节点1、5的供需要求变为：$b_1'=b_1-x_2=5-1=4$，$b_5'=b_5-x_6=-1-2=-3$. 在树T'中的悬挂点为节点1、5，节点1为发点（$b_1'=3$），相应的关联边为e_1，于是得$x_1=b_1'=4$. 由于节点5为根节点，必须保留（注意在基矩阵$\overline{B}$中没有节点5对应的第5行）. 去掉节点1及其关联边e_1，相应地节点2的供需要求变为：$b_2'=b_2+x_1=-1+4=3$，最后剩下由一条边e_3构成的树，悬挂点为节点2（注意节点5为根节点），于是得$x_3=b_2'=3$. 因此生成树$T=\{e_1e_2e_3e_6\}$对应的基本可行解为：$x_1=4$，$x_2=1$，$x_3=3$，$x_6=2$，其他边对应的变量均为0，即$x_4=x_5=x_7=$

0，相应的目标函数值为 $z_0=c_1x_1+c_2x_2+c_3x_3+c_4x_4=23$. 所得结果见图 5-33 中弧边括号中的第二个数字，括号中的第一个数字为该弧的费用系数，第三个数字为该弧对应的变量的检验系数（对应于当前基）.

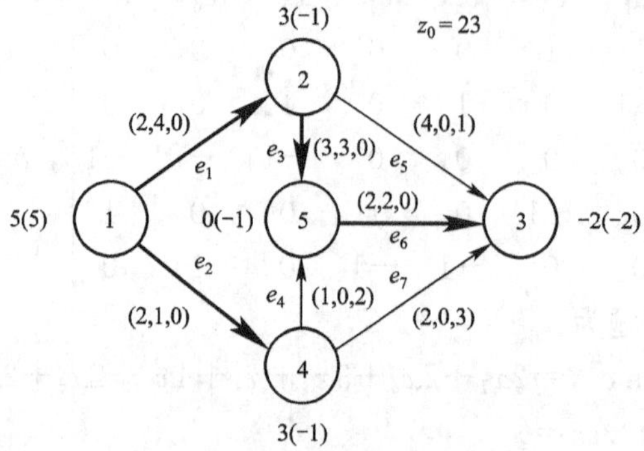

图 5-33

下面计算当前基对应的检验系数，首先计算单纯形乘子 $w^{\mathrm{T}}=c_B^{\mathrm{T}}B^{-1}$ 即解方程组 $B^{\mathrm{T}}w=c_{\mathrm{B}}$，其中 $c_B=(c_1, c_2, c_3, c_6)^{\mathrm{T}}=(2, 2, 3, 2)^{\mathrm{T}}$. 由于根节点为节点 5，令 $w_5=0$，在树 T 中，与节点 5 关联的节点有 2、3，于是由 $w_2-w_5=c_3$，$w_5-w_3=c_6$ 可得 $w_2=c_3=3$，$w_3=-c_6=-2$. 节点 3 为悬挂点，树 T 中与节点 2 关联的节点为节点 1，于是得 $w_1=c_1+w_2=2+3=5$. 同样可得 $w_4=w_1-c_2=5-2=3$，所得结果见图 5-33 中各节点旁未加括号的数字，加括号的数字为各节点的供需要求量. 然后按式（5-46）计算非基变量 x_4，x_5，x_7 的检验数：

$$\zeta_4=w_4-w_5-c_4=3-0-1=2>0$$

$$\zeta_5=w_2-w_3-c_5=3-(-2)-4=1>0$$

$$\zeta_7=w_4-w_3-c_7=3-(-2)-2=3>0$$

所得结果见 5-33 中弧边括号中的第三个数字.

在这一步也可采用联圈法计算非基变量 x_4，x_5，x_7 的检验数. 由于 e_4，e_5，e_7 与生成树 $T=\{e_1e_2e_3e_6\}$ 构成的唯一圈分别为 $\{4(-e_2)1(e_1)2(e_3)5(-e_4)4\}$，$\{2(e_3)5(e_6)3(-e_5)2\}$，$\{4(-e_2)1(e_1)2(e_3)5(e_6)3(-e_7)4\}$，因此根据式（5-50）得：

$$\zeta_4=-c_2+c_1+c_3-c_4=2>0,$$
$$\zeta_5=c_3+c_6-c_5=3+2-4=1>0,$$
$$\zeta_7=-c_2+c_1+c_3+c_6-c_7=3>0,$$

由检验数的值知当前基本可行解不是最优解，可任选一个检验数大于 0 的非基变量入基，不妨选 x_7. x_7 对应的边 e_7 与树 $T=\{e_1e_2e_3e_6\}$ 构成了唯一的圈 {412534}. 为保持各节点的供需要求，当增大 x_7 到 θ 时，根据式（5-49），圈 {412534} 中的边 e_1，e_3，e_6 上的流量即变量 x_1，x_3，x_6 的值应减少 θ，边 e_2 上的流量即 x_2 的值应增大 θ，且在保持 x 的可行性前提下，θ 越大越好. 为保持 x_1，x_3，x_6 的非负性，θ 最多为 2，即令 $x_7=\theta=2$，相应地原基变量 x_1，x_2，x_3，x_6 的值变为：$x_6=0$，$x_3=1$，$x_1=2$，$x_2=3$，即 x_6 为离基变量. 在树 $T=\{e_1e_2e_3e_6\}$ 中去掉边 e_6，加入边 e_7，则 $T=\{e_1e_2e_3e_7\}$ 仍构成原图的生成树，

相应的基变量为 x_1，x_2，x_3，x_7，对应的目标函数值变为：$z_0 \leftarrow z_0 - \zeta_7\theta = 17$，所得结果见图 5-34，其中各节点旁加括号的数字为各节点的供需要求量，各弧旁括号中的第一个数字为该弧的费用系数，第二个数字为该弧上的当前流量.

然后对图 5-34 所示的解重复以上过程，所得结果如图 5-35 所示，其中各节点旁未加括号的数字为各节点对应的单纯形乘子 w_i，加括号的数字为各节点的供需要求量；各弧旁括号中的第一个数字为该弧的费用系数，第二个数字为该弧上的当前流量，第三个数字为该弧对应变量在当前基下的检验系数. 由于基变量的检验数均为 0，因此基变量的检验数在图 5-35 中未标出. 由于 $\zeta_4 = 2 > 0$，应选 x_4 入基. x_4 对应的边 e_4 与树 $T = \{e_1 e_2 e_3 e_7\}$ 构成唯一的圈 {41254}. 当增大 x_4 时，圈 {41254} 中的边 e_1，e_3 上的流量即变量 x_1，x_3 的值应减少，而边 e_2 上的流量即 x_2 的值应增大，于是 $\theta = \min\{x_1, x_3\} = 1$，$x_3$ 为离基变量，相应的变量值变为：$x_1 = 1$，$x_2 = 4$，$x_3 = 0$，$x_4 = 1$，其他变量的值不变；对应的目标函数值变为：$z_0 \leftarrow z_0 - \zeta_4\theta = 17 - 2 \times 1 = 15$，基变量为 x_1，x_2，x_4，x_7，相应的生成树变为 $T = \{e_1 e_2 e_4 e_7\}$. 所得结果如图 5-36 所示.

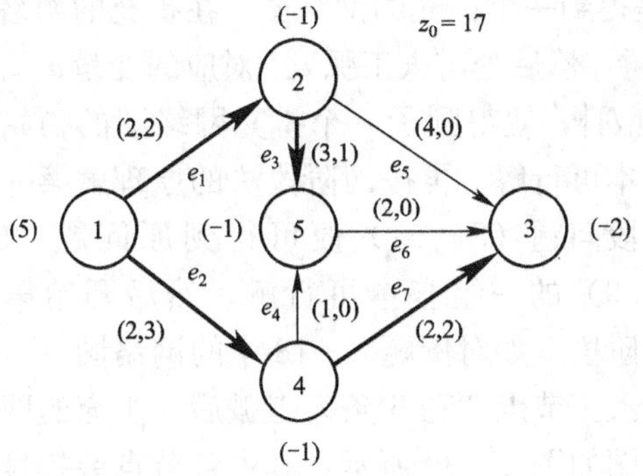

图 5-34

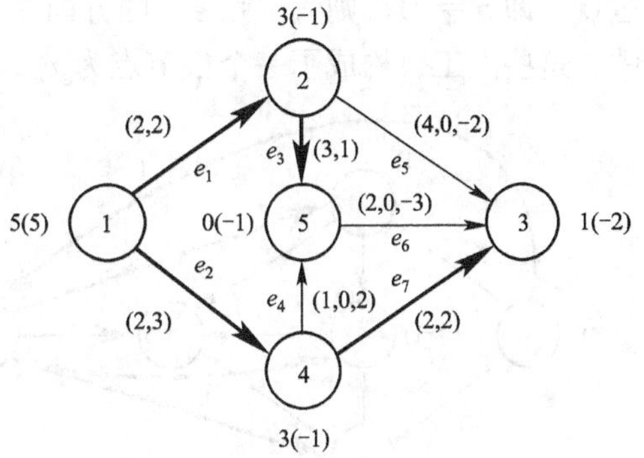

图 5-35

然后对图 5-36 所示结果计算检验数，结果如图 5-37 所示，由于非基变量的检验数均小于 0，因此当前解 $x_1 = 1$，$x_2 = 4$，$x_3 = 0$，$x_4 = 1$，$x_5 = 0$，$x_6 = 0$，$x_7 = 1$ 是最优解，对应的最优目标函数值为：$z_0 = 15$.

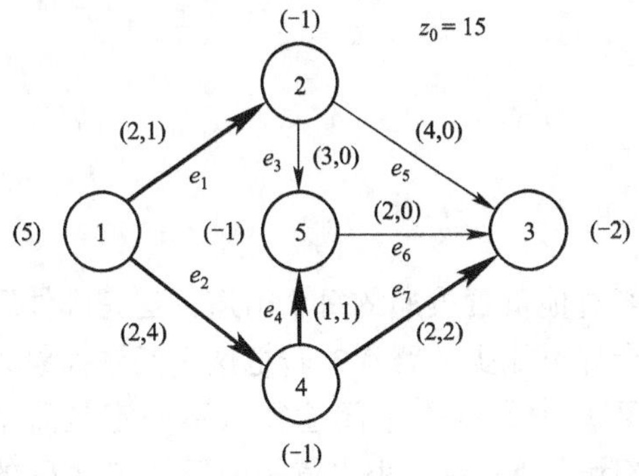

图 5-36

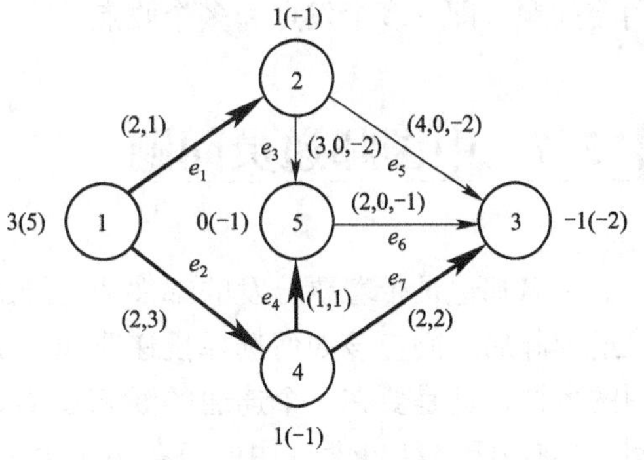

图 5-37

□

和单纯形法一样，网络单纯形法也必须从一个初始基本可行解开始．若没有一个明显的初始基本可行解，则需要采用两阶段法，即将问题（5-39）转化第一阶段问题：

$$
\begin{aligned}
&\min \sum_{i=1}^{m-1} x_{m+i} \\
&\text{s. t. } \bar{A}x + y = \bar{b} \\
&0 \leqslant x_j \leqslant u_j, \quad j = 1,2,\cdots,n \\
&y_i \geqslant 0, \quad i = 1,2,\cdots,m
\end{aligned}
\tag{5-51}
$$

其中 $[\bar{A},\ \bar{b}]$ 是 $[A,\ b]$ 去掉一行后得到的矩阵，$y=(x_{n+1},\ x_{n+2},\ \cdots,\ x_{n+m-1})$．在网络图上，问题（5-51）实际相当于引入了一个人工节点 v_{m+1}，该节点处的供求量 $b_{m+1}=0$，然后引入 m 条人工弧将节点 v_{m+1} 与其他节点 v_1，…，v_m 相连接．若 $v_i(i=1,\ \cdots,\ m)$ 是发点，则人工弧的方向由 v_i 指向 v_{m+1}，即人工弧 $e_{n+i}=(v_i,\ v_{m+1})$；若 $v_i(i=1,\ \cdots,\ m)$ 是收点，则人工弧的方向由 v_{m+1} 指向 v_i，即人工弧 $e_{n+i}=(v_{m+1},\ v_i)$；若 $v_i(i=1,\ \cdots,\ m)$ 是转运点（即 $b_i=0$），则人工弧 e_{n+i} 的方向任意，于是得到一个扩充的网络图．在扩充的网络图中，这些人工弧构成了一个根节点为 v_{m+1} 的生成树，然后令与人工弧 e_{n+i} 对应的变量 $x_{n+i}=|b_i|$，便得到了一个扩充网络图的初始基本可行解，再按两阶段法的原理解第一阶段问题（5-51）便可得到原问题（5-39）的一组基本可行解，然后开始第二阶段．如对例题 5-18 中的网络图，引入人工节点 6 和 5 条人工弧后，扩充的网络图如图 5-38 所示，其中各节点旁括号中的数字为该节点的供求量，5 条人工弧的费用系数均为 1，其他弧的费用系数为 0，以和第一阶段问题（5-51）相对应．第一阶段问题（5-51）初始可行基对应的生成树由新引入的 5 条人工弧构成．

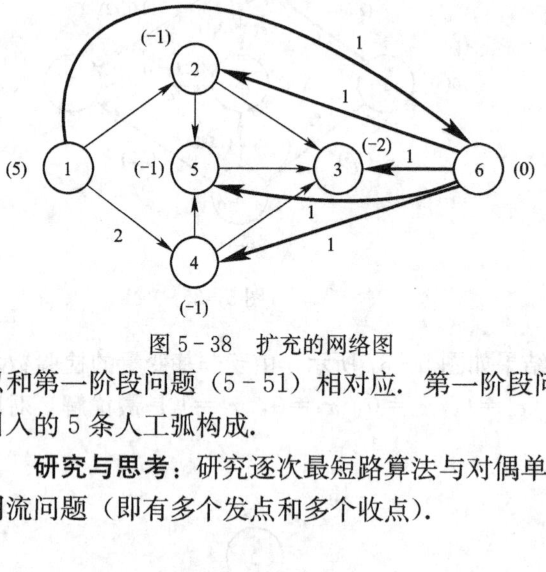

图 5-38 扩充的网络图

研究与思考：研究逐次最短路算法与对偶单纯形法的关系，并将之推广到一般的最小费用流问题（即有多个发点和多个收点）．

*5.7 中国邮递员问题

一名邮递员带着要分发的邮件从邮局出发，要经过他负责投递的每个街道，送完邮件后又返回邮局．问应该如何选择投递路线，使邮递员走尽可能少的路程？若把这一问题抽象为图的术语，就是要在一个连通的赋权图 $G(V,\ E,\ W)$ 中寻找一个闭途径（不一定是简单圈），使该闭途径包含 G 中的每条边至少一次，且该闭途径的权最小也就是说要从包含 G 的每条边的闭途径中找一条权数最小的．这个问题是由我国数学家管梅谷先生（山东师范大学数学系教授）等在 1962 年首先提出并给出解法的，因此在国际上通称为**中国邮递员问题**．

5.7.1　一笔画问题与欧拉图

一笔画问题与欧拉图是与哥尼斯堡（Königsberg）七桥问题相联系的．哥尼斯堡七桥问题说的是：在哥尼斯堡城有一条河叫普雷格尔河，该河中有两个岛，河上有七座桥，如图 5－39（a）所示．当地居民热衷于这样一个问题：一个散步者能否走过七座桥，且每座桥只走过一次，最后回到出发点．1736 年，欧拉将此问题抽象为图 5－39 之（b）所示的问题，即将两岸分别用 A、B 表示，两个岛用 C、D 表示，连接它们的每座桥梁用一条边表示，于是问题变为：能否从某一点开始一笔画出这个图形，最后回到出发点，而不重复．欧拉根据图（b）证明了这是不可能的，标志图论这一学科的开始．

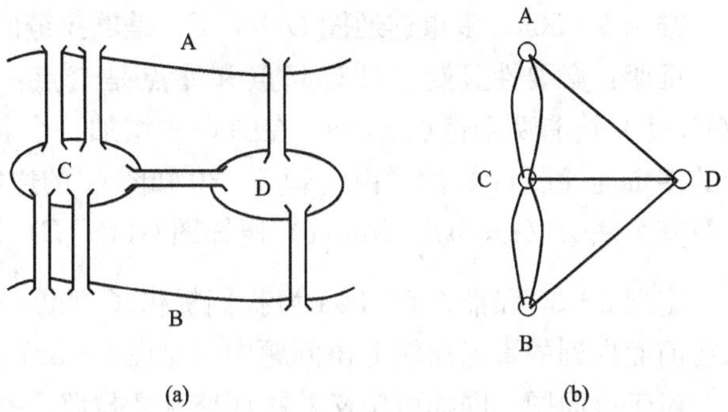

图 5－39　哥尼斯堡七桥问题

定义 5－21　若图 $G(V,\ E)$ 存在一个闭途径，经过图中每条边且只经过一次，就称这个闭途径为**欧拉圈**（或**欧拉回路**），并称图 $G(V,\ E)$ 为**欧拉图**．给定一个多重连通图 G，若存在一条途径，经过图中每条边且只经过一次，则称该途径为**欧拉链**．若一个图 $G(V,\ E)$ 能被一笔连续地画出，即从图的一个顶点出发，经过图中每个顶点和每条边，且每条边只经过一次，则称该图是**一笔画的**．

显然，一个图 G 是**一笔画的**，则该图必是欧拉图或欧拉链，反之亦然．因此一笔画问题与判断该图是否欧拉图或欧拉链是等价的．对欧拉图，我们有下列结果．

定理 5－30　对多重连通图 $G(V,\ E)$，下列条件是相互等价的：

(1) 图 G 是一个欧拉图；

(2) 图 G 中无奇点，即每一个节点的次都是偶数；

(3) 图 G 的边集合 E 可以分解为若干个没有公共边的圈的并．

证明：(1)→(2)：已知 G 为欧拉图，则必存在一个欧拉圈．显然对欧拉圈中的每个节点，若从该节点出发，一定可经过图中每条边且只经过一次又回到该节点，因此从该节点的一条边出去，必须经过另一条边回来，因此和该节点连接的边数一定是偶数，即每个节点都是偶点．

(2)→(3)：由于 G 中每一个节点的次均为偶数，于是根据图 G 的连通性和定理 5－3 知图 G 中一定存在一个圈 C_1．若 $G=C_1$，则结论成立．否则，令 $G_1=G\backslash C_1$（即从图 G 中将属于圈 C_1 的边去掉，节点集不变），由 C_1 上每个节点的次均为偶数，则 G_1 中的每个节点的次亦均为偶数，从而 G_1 及其每个连通分支也无奇点．于是只要 G_1 中各个节点的次不都为 0，则在 G_1 的某个节点次不为 0 的连通分支中必存在另一个圈 C_2．令 $G_2=G_1\backslash C_2$，…．由于 G 为有限图，上述过程经过有限步，最后必得一个圈 C_r 使 $G_r=G_{r-1}\backslash C_r$ 上各节点的次均为零，即 $C_r=G_{r-1}$．这样就得到 G 的一个分解 $G=C_1\cup C_2\cup\cdots\cup C_r$，且 $C_i\cap C_j=\varnothing$，$\forall i\neq j$，$i,\ j=1,\ 2,\ \cdots,\ r$．

(3)→(1)：设 $G=C_1\cup C_2\cup\cdots\cup C_r$，其中 $C_i(i=1,\ 2,\ \cdots,\ r)$ 均为圈，且 $C_i\cap C_j=\varnothing$，

$\forall i \neq j$，i，$j=1$，2，…，r. 由于 G 为连通图，对任意圈 C_i，必存在另一个圈 C_j 与之相连，即 C_i 与 C_j 至少存在一个共同的节点 v. 现在考虑 $C_i \cup C_j$，我们可从节点 v 出发，先走完圈 C_i 的边回到节点 v，然后再从节点 v 出发走完圈 C_j 的边再回到节点 v，因此 $C_i \cup C_j$ 是欧拉圈. 然后考虑与 $C_i \cup C_j$ 相连的另一个圈 C_k，设其公共节点为 w，同样可知 $C_i \cup C_j \cup C_k$ 也是欧拉圈. 依次类推便可知图 G 欧拉圈，从而是一个欧拉图. □

推论 5-30a 多重连通图 $G(V, E)$ 是欧拉链的充分必要条件是 G 恰有两个奇点.

证明：必要性显然，只有起点和终点是奇点，中间节点均为偶点. 现设多重连通图 $G(V, E)$ 恰有两个奇点 u，v，在图 G 中增加一个新点 w 及新边 (w, u)、(w, v)，得到新的多重连通图 G'，然后由定理 5-30 知图 G' 的边集 C' 是欧拉圈，从欧拉圈 C' 中去掉节点 w 及其关联边 (w, u)、(w, v) 便知图 $G(V, E)$ 是欧拉链. □

定理 5-30 和推论 5-30a 为我们提供了判断一个连通图是否能一笔画出的简单办法. 如在前面提到的哥尼斯堡七桥问题中（见图 5-39），有四个奇点，因此不能一笔画出.

对于有向图，同样可定义欧拉回路和欧拉路，并有如下结果.

定理 5-31 连通的有向图存在欧拉回路的充分必要条件是对任意节点，进入该节点边数（入次）与离开该点的边数（出次）相等.

5.7.2 奇偶点图上作业法

根据上面的讨论，如果在某邮递员所负责的范围内，街道图中没有奇点，那么他就可以从邮局出发，走过每条街道一次，且仅一次，最后回到邮局，这样他所走的路程也就是最短的路程. 对于有奇点的街道图，就必须在某些街道上重复走一次或多次，最后回到邮局. 如果该条路线在边 (i, j) 上重复走了 k 次，那么就在图中节点 i，j 之间增加 k 条边，并令每条边的权和原来的权相等，并把新增加的边，称为重复边. 将所有新增加的边（即重复边）构成的集合记为 E'，并令 $G'=G+E'$，即把重复边子集 E' 叠加在原图 G 上形成一个新的多重图 G'，于是这条路线就是新图 G' 中的欧拉圈. 因而，原来的问题可以叙述为在一个有奇点的图中，要求增加一些重复边，使新图不含奇点，并且重复边的总权 $w(E')$ 为最小.

我们把使新图不含奇点而增加的重复边 E'，简称为**可行（重复边）方案**，把使总权 $w(E^*)$ 最小的可行方案 E^* 称为最优方案. 现在的问题是第一个可行方案如何确定，在确定一个可行方案后，怎么判断这个方案是否为最优方案？若不是最优方案，如何调整这个方案？

首先注意到，若图 G 有奇点，则根据推论 5-1a 知 G 的奇点必是偶数个. 把奇点分为若干对，每对节点之间在 G 中有相应的最短路，将这些最短路画在一起构成一个附加的边子集 E'. 令 $G'=G+E'$，即把附加边子集 E' 叠加在原图 G 上形成一个多重图 G'，这时 G' 中连接两个节点之间的边不止一条，且 G' 没有奇点，从而 G' 是一个欧拉图，因而可以求出 G' 的欧拉圈. 该欧拉圈不仅通过原图 G 中每条边，同时还通过 E' 中的每条边，且均仅一次，从而得到一个可行方案. 当 G 的奇点较多时，显然有很多种配对方法，从而可得到多个可行方案. 如何判断当前方案是否为最优方案并进行相应的调整就成为邮递员问题的一个难点.

容易看到，在一个可行方案中，如果边 (i, j) 上有两条或两条以上的重复边，则从中去掉偶数条重复边，就能得到一个总长度较小的可行方案（此时图中仍无奇点）. **因此在最优方案中，图的每一边上最多有一条重复边**. 其次，我们还可以看到，如果把图中某个圈上的重复边去掉，而给原来没有重复边的边上加上一条重复边，图中仍没有奇点. 这是因为对一个圈中的任意一个节点 v，则其相邻的两条边要么都是重复边；要么一条是重复边，一条是非重复边；要么两条边都是非重复边. 因此按上面说的方法作一次调整，不会改变节点 v 的奇偶性. 如果在某个圈上重复边的总权大于这个圈的总权的一半，用上面说的方法作一次调整，即把该圈上的重复边去掉，并给该圈上的非重复边加上一条重复边，将得到一个总权下降的可行方案，**因此在最优方案中，图中每个圈上的重复边的总权不大于该图总权的一半**. 事实上，我们有下列定理，该定理在国际上被称为梅谷（Mei-Ko）定理.

定理 5-32 （梅谷（Mei-Ko）定理）设 $G(V, E)$ 为一个连通的赋权图，则使重复边子集 E' 的总权数 $w(E')$ 为最小的充分必要条件是 $G+E'$ 中任意边至多重复一次，且 $G+E'$ 中的任意圈中重复边的总权不大于该圈总权的一半.

证明：必要性：用反证法. 设存在一种奇点的配对，使其重复边子集 E' 的总权 $w(E')$ 为最小. 若 $G+E'$ 中有一条边重复 $k(k\geqslant 2)$ 次，由于 $G+E'$ 为欧拉图，设从重复边子集 E' 删去该边的偶数条重复边后得到的重复边子集为 E''，则 $G+E''$ 仍为欧拉图，但 $w(E'')<w(E')$，这与 $w(E')$ 为最小的假设矛盾.

其次，若 $G+E'$ 中存在一个圈，使它的重复边的总权大于该圈总权的一半，则在 E' 中删去这些重复边（注意：这些边均在 E' 中），而代之以该圈的其余部分的边再重复一次. 经过这种替代后所得到的边子集 E'' 仍为可行方案，且 $w(E'')<w(E')$，又产生矛盾.

充分性：设 E' 是最优重复边方案，则由必要性知 $G+E'$ 中每条边至多重复一次，且每个圈中重复边的总权不大于该圈总权的一半. 设另有一个重复边子集 E''，使 $G+E''$ 中每条边至多重复一次，且每个圈中重复边的总权不大于该圈总权的一半，我们来证明 $w(E')=w(E'')$. 首先引入一个记号，将由 E' 和 E'' 的边叠加在一块形成的一个多重图记为 $G(E'+E'')$，其中 E' 和 E'' 相同的边作为重复边加入. 由于在每一个最优重复边方案中，图 G 的奇点必有一条重复边与之相连，而且 E' 可分为图 G 中两两配对的奇点之间的链的并，因此在 E' 中，图 G 的奇点仍为奇点，而 E' 中的其他节点均为偶点. 对 E'' 也有同样结果. 因此 $G(E'+E'')$ 中每个节点的次均为偶数，且该图的边由所有 E' 和 E'' 的边构成（相同的边作为重复边加入）. 所以若它为连通图，则根据定理 5-30 知它是一个欧拉图，由一个欧拉圈构成，且该圈由所有 E' 和 E'' 中的边组成，而 E' 和 E'' 在该圈中的总权分别不大于该圈总权的一半，因此必有 $w(E')=w(E'')$；若 $G(E'+E'')$ 为非连通图，则它由若干个欧拉子图组成，每个欧拉子图都是一个欧拉圈，并全部由 E' 和 E'' 中的某些边构成. 由于在任意圈中，E' 和 E'' 中的边的权之和不大于该圈总权的一半，因此在每个欧拉子图中 E' 和 E'' 的边权之和相等，从而 $w(E')=w(E'')$，即 E' 和 E'' 均为使重复边子集的权数达到最小的最优重复边子集. □

由定理 5-32 可得一个寻找邮递员问题最优解的方法. 现举例说明如下：

例题 5-19　已知邮递员要投递的街道如图 5-40 所示，试求最优邮路.

解：先找出奇节点：A_1，A_2，A_3，A_4，B_1，B_2，B_3，B_4. 奇节点进行配对，不妨把 A_1 与 B_1，A_2 与 B_2，A_3 与 B_3，A_4 与 B_4 配对，求其最短路，得到图 5-41. 根据定理 5-32 容易看出该解不是最优解. 下面根据定理 5-32 及其证明来进行调整.

第一次调整：删去多于一条的重复边，即 A_3 与 B_3，A_4 与 B_4 中的（A_4，B_3）. 调整后，实际上成为 A_1 与 B_1，A_2 与 B_2，A_3 与 A_4，B_3 与 B_4 的配对，如图 5-42 所示.

第二次调整：发现在圈 $\{A_1, A_2, B_2, A_4, B_3, V_1, B_4, B_1, A_1\}$ 中重复边的总权为：3+3+4+1=11，大于该圈总权 20 的一半．因此调整时，把该圈的重复边删去，而将该圈的其余边添上重复边，得图 5-43．可以看出，实际上是调整为 B_1 与 B_4、A_1 与 A_2、A_3 与 A_4、B_2 与 B_3 之间的配对．

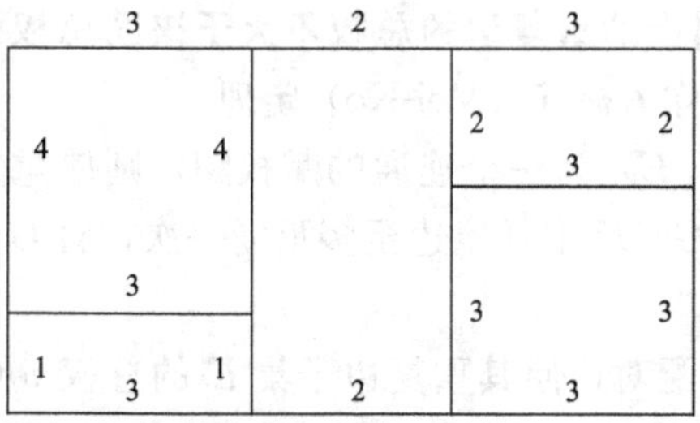

图 5-40

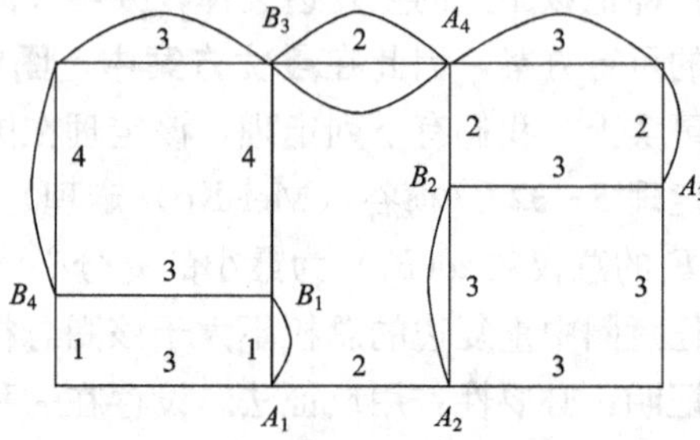

图 5-41

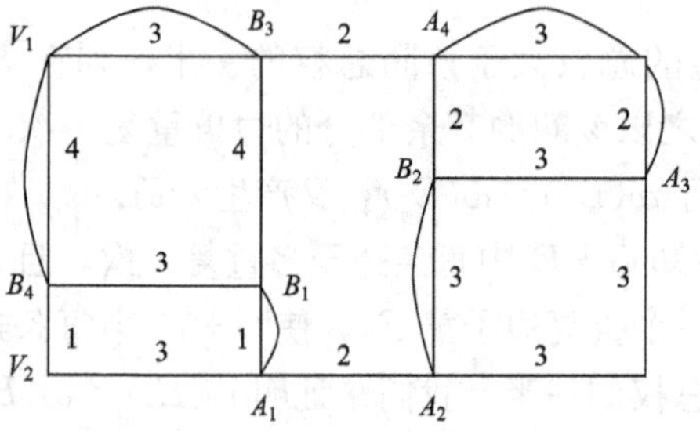

图 5-42

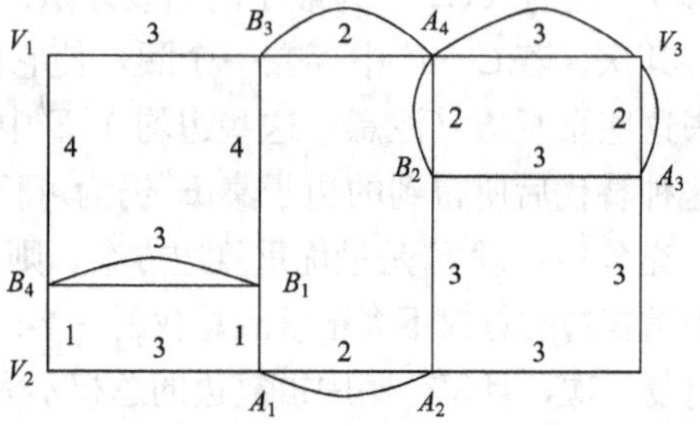

图 5-43

第三次调整：在图 5-43 中发现圈 $\{A_3, V_3, A_4, B_2, A_3\}$ 中重复边的权数之和为 2+3+2=7，大于该圈总权 10 的一半，因此删去原重复边 (A_3, V_3)，(V_3, A_4) 和 (A_4, B_2)，而添加重复边 (B_2, A_3)，得到图 5-44．

对图 5-44 进行检查发现，既没有多于一条的重复边，也没有任何圈使其重复边的总权之和大于该圈的一半，因此图 5-44 的重复边就是最优的可行方案 E'，而 $G+E'$ 为欧拉图，可找出最优邮路，其中一条为：$A_1 \to A_2 \to V_4 \to A_3 \to B_2 \to A_3 \to V_3 A_4 \to B_2 \to A_2 \to A_1 \to B_1 \to B_3 \to A_4 \to B_3 \to V_1 \to B_4 \to B_1 \to B_4 \to V_2 \to A_1$． □

上例中，如果在第二次调整中发现的是圈 $\{A_1, A_2, B_2, A_3, A_4, B_3, V_1, B_4, B_1, A_1\}$，则将由图 5-42 直接得到图 5-44，从而使调整减少一次．

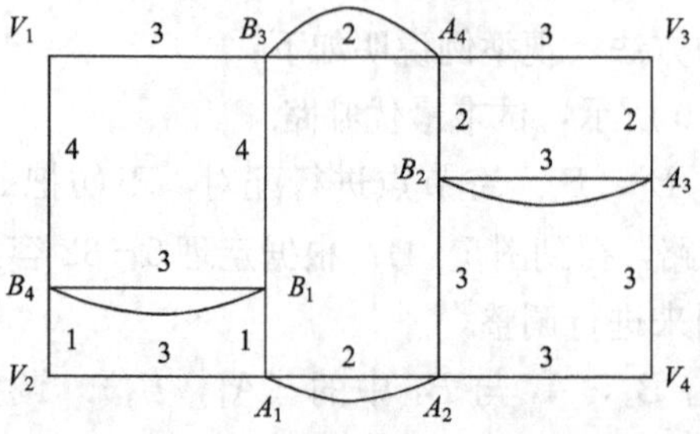

图 5-44

在现实生活中，很多问题都可以转化为中国邮递员问题，如道路清扫时如何使开空车的总时间最少的问题等等．上面例题所用的求最优邮路的方法叫“奇偶点图上作业法”．该方法的主要缺点在于需要验证每个圈．当图中点、边数较多时，圈的个数会很多，如“日”字形图有三个圈，而“田”字形图就有 13 个圈，而图 5-40 所示的例则有 22 个圈！对此，Edmonds 和 Johnson 1973 年在“Mathematical Programming”上提出了一种更为有效的方法，有兴趣的读者可参考有关资料.

习题

5-1 若图 G 中任意两点之间恰有一条边，称 G 为完全图. 又若图 G 中顶点集合 V 可分为两个非空子集 V_1 和 V_2（即 $V=V_1\cup V_2$ 且 $V_1\cap V_2=\varnothing$），使得同一子集中任何两个顶点都不邻接，称 G 为二部图（或偶图，bipartite graph）. 试问：(a) 具有 m 个顶点的完全图有多少条边；(b) 具有 m 个顶点的偶图最多有多少条边？

5-2 证明：在任意 6 个人的集会中，要么有 3 人曾相识，要么有 3 人不曾相识.

5-3 有甲、乙、丙、丁、戊、己 6 名运动员报名参加 A，B，C，D，E，F6 个项目的比赛. 表中打 * 的是各运动员报名参加的比赛项目. 问 6 个项目比赛顺序如何安排，做到每名运动员不连续参加两项比赛.

	A	B	C	D	E	F
甲				*		*
乙	*	*		*		
丙			*		*	
丁	*				*	
戊		*			*	
己		*		*		

5-4 分别用 Kruskal 算法和 Prim 算法计算图 5-45 中各图的最小生成树.

5-5 计算图 5.46 中 v_1 到 v_9 的最短路.

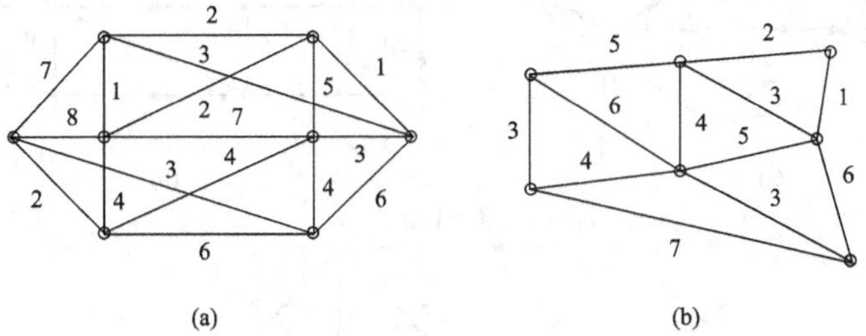

图 5-45

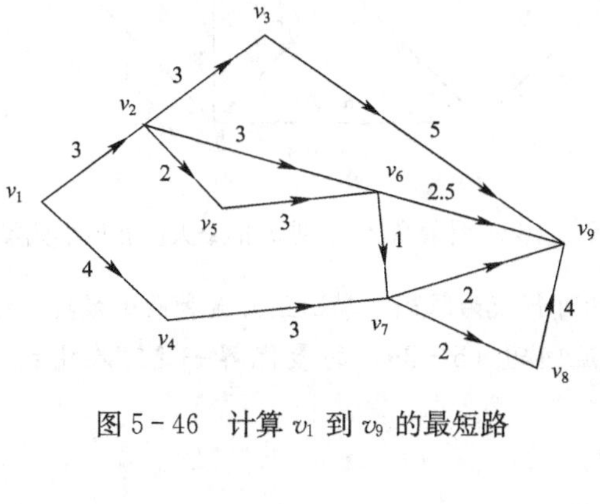

图 5-46 计算 v_1 到 v_9 的最短路

5-6 计算图 5-47 中 v_1 到各点的最短路和最长路（当出现负圈时，需采用枚举法）.

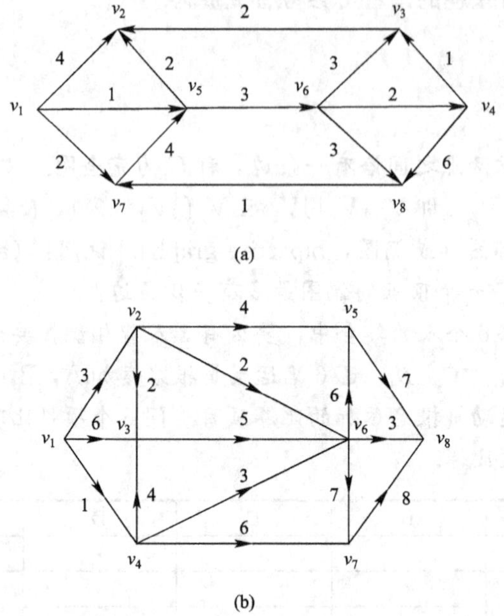

图 5-47 计算图（a）与（b）中 v_1 到各点的最短路和最长路

5-7 计算图 5-48 中各图 v_s 到 v_t 的最大流，并给出相应的最小截集和最小截量.

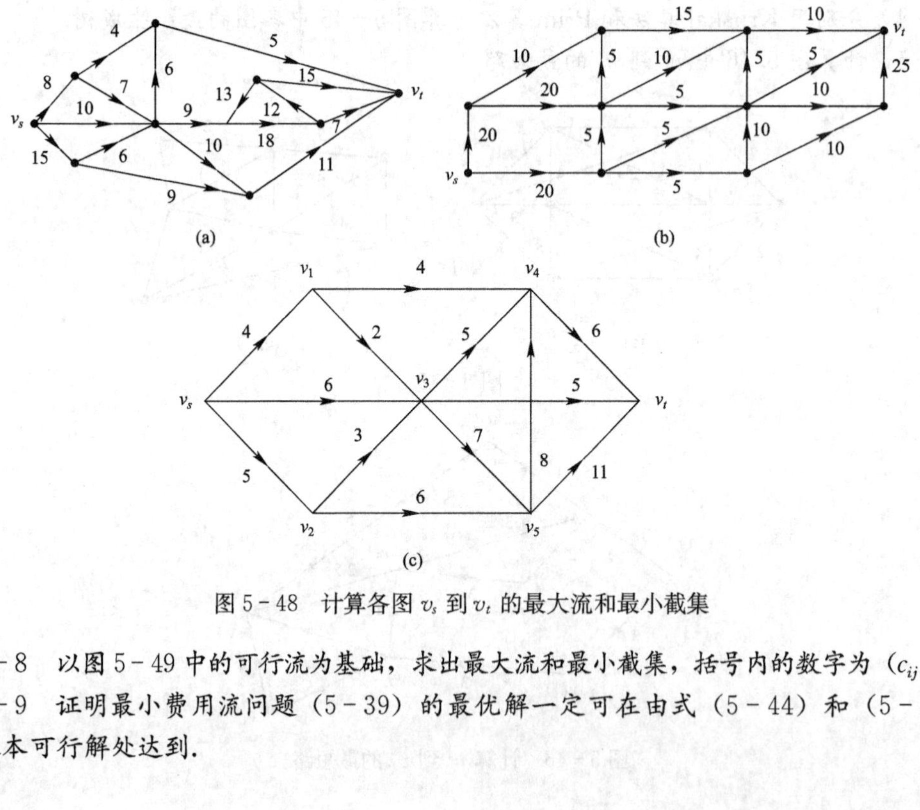

图 5-48 计算各图 v_s 到 v_t 的最大流和最小截集

5-8 以图 5-49 中的可行流为基础，求出最大流和最小截集，括号内的数字为（c_{ij}，f_{ij}）.

5-9 证明最小费用流问题（5-39）的最优解一定可在由式（5-44）和（5-45）定义的基本可行解处达到.

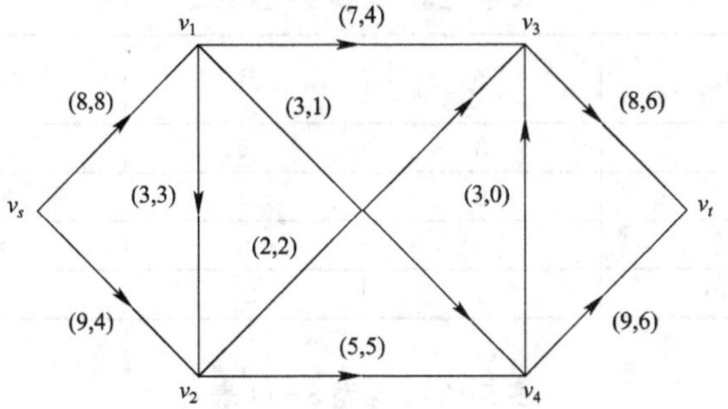

图 5-49 计算 v_s 到 v_t 的最大流和最小截集

5-10 分别用消圈算法、逐次最短路算法和网络单纯形法计算图 5-50 对应的最小费用流问题，弧边的数字为该弧上费用系数，各条弧上均无流量上界，即每条弧上的流量上界均为 $+\infty$；各节点旁括号里的数字是 b_i，即各节点的供需要求；初始可行基为图中粗线部分，相应的生成树为 $T=\{e_1e_5e_2e_4\}$.

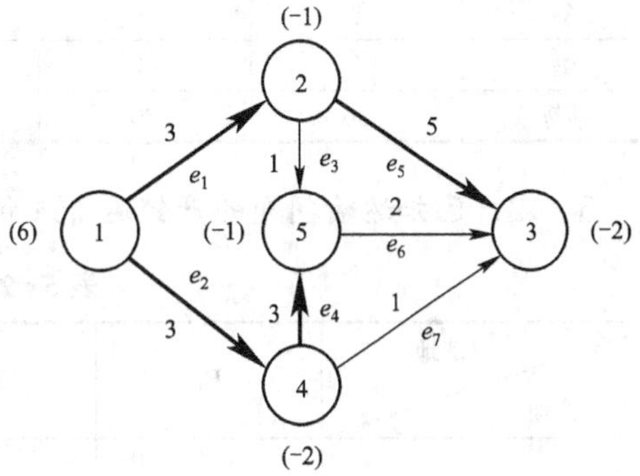

图 5-50 习题 5-10 图

5-11 已知运输问题的产销运价表，试用表上作业法计算各题的最优解，其中表 5-22 要求用西北角法获得初始基本可行解，表 5-23 要求用最小元素法获得初始基本可行解，表 5-24、表 5-25 要求用 Vogel 法获得初始基本可行解，表 5-25 中的“—”表示相应的产地和销地之间没有联系.

表 5-22 习题 5-11 表 1

销地 / 产地	B_1	B_2	B_3	B_4	产量
A_1	3	7	6	4	5
A_2	2	4	3	2	2
A_3	4	3	8	5	3
销量	3	3	2	2	

表 5-23 习题 5-11 表 2

销地 / 产地	B_1	B_2	B_3	B_4	产量
A_1	10	6	7	12	5
A_2	16	10	5	9	9
A_3	5	3	10	10	3
销量	5	2	4	6	

表 5-24 习题 5-11 表 3

销地 / 产地	B_1	B_2	B_3	B_4	产量
A_1	8	3	2	2	7
A_2	6	9	3	8	26
A_3	5	3	6	3	28
销量	10	12	20	15	

表 5-25 习题 5-11 表 4

销地 / 产地	B_1	B_2	B_3	B_4	B_5	产量
A_1	8	6	3	6	7	18
A_2	6	—	8	5	6	32
A_3	6	3	9	6	8	30
销量	30	30	20	10	10	

5-12 已知运输问题的产销运价表和最优调运方案如表 5-26 所示.

表 5-26 习题 5-12 表

销地 / 产地	B_1	B_2	B_3	B_4	产地 a_i
A_1	[10]	5 [1]	[20]	10 [11]	15
A_2	0 [12]	10 [7]	15 [9]	[20]	25
A_3	5 [2]	[14]	[16]	[18]	5
销地 b_j	5	15	15	10	

1. 表 5-26 中，从 A_2 至 B_2 的单位运价 c_{22} 在什么范围变化时，上述最优方案不变?

2. 表 5-26 中，从 A_2 至 B_4 的单位运价 c_{24} 变为何值时，将有无穷多最优解，并写出另外一个最优基本可行解，以及由这两个最优基本可行解组合出来的另外一个最优解.

5-13 一位教练正在组织一个参加 400 米混合泳接力赛的接力队，每名选手都必须以蛙泳、仰泳、蝶泳或自由泳中某种泳姿游完 100 米. 已知 A、B、C、D 四名选手各种泳姿的时间表 5-27 所示，试问要使这个队参加比赛时所用时间最少，每名选手各应采用哪种游泳姿势?

表 5-27 习题 5-13 表

	自由泳	蛙泳	蝶泳	仰泳
A	54	54	51	53
B	51	57	52	52
C	50	53	54	56
D	56	54	55	53

5-14 考虑问题（5-30）对应的标准形问题，证明其约束系数矩阵具有全幺单模性，从而一定有整数最优解 $x_{ij}^* \in \{0, 1\}$，$i=1, \cdots, m$；$j=1, \cdots, n$.

5-15 证明问题（5-32）一定有整数最优解 $u_i^* \in \{0, 1\}$，$v_j^* \in \{0, 1\}$，$i=1, \cdots, m$；$j=1, \cdots, n$.

5-16 计算图5-51中各图的最短邮路.

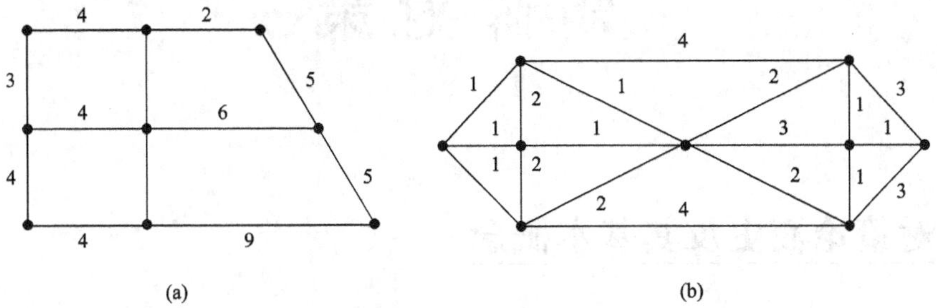

图5-51 计算最短邮路

第6章

矩阵对策

6.1 对策论简史及其基本概念

在现实社会中，我们经常会遇到带有竞赛或斗争性质的现象，像下棋、打扑克、体育比赛、军事斗争等. 这类现象的共同特点是参加的往往是利益互相冲突的双方或几方，而对抗的结局并不取决于某一方所选择的策略，而是由双方或者几方所选择的策略决定. 这类带有对抗性质的现象称为“对策现象”. 最早用数学方法来研究对策现象的是数学家策墨洛（E. Zermelo，1913)，他在1912年发表了“关于集合论在象棋对策中的应用”. 1921年法国数学家波雷尔（E. Borel）讨论了个别几种对策现象，引入了“最优策略”的概念，证明了这些对策现象存在最优策略，并猜出了一些结果. 1928年，德国数学家冯·诺伊曼（J. Von Neumann）证明了这些结果. 20世纪40年代以来，由于战争和生产的需要，提出不少“对策问题”，像飞机如何侦察潜水艇的活动、护航商船队的组织形式等，这些问题引起了一些科学家的兴趣. 1944年，冯·诺伊曼（J. Von Neumann）和奥斯卡·摩根斯坦（O. Morgenstern）总结了对策论的研究成果，合著了《对策论与经济行为》一书. 从此，对策论的研究开始系统化和公理化. 近年来，许多实际问题为对策论的应用提供了广泛的场所，加快了对策论的发展，应用也越来越广泛，如统计判决函数的研究，使对策论应用于统计学，航天技术应用了微分对策，一些经济学的理论研究引起了人们对多人合作对策的兴趣.

称具有对策行为的模型为对策模型，任何一个对策模型都具有下列三个基本要素.

(1) 局中人：在一个对策行为中，有权决定自己行动方案的对策参加者称为局中人. 在象棋比赛中，参加对弈的两位棋手就是两个局中人. 在人与大自然作斗争时，人与大自然是两个局中人. 局中人除了可理解为个人外，也可以是代表共同利益的一个集团，如球队、企业等. 一般要求一个对策至少有两个局中人. 如果有n个局中人，通常用符号$I=\{1, 2, \cdots, n\}$表示局中人的集合.

(2) 策略集合：每个局中人在竞争过程中，总希望自己取得尽可能好的结果. 这样，每个局中人都在想法挑选能达到目的的“方法”. 我们把这种“方法”称为局中人的策略，如在乒乓球团体赛中运动员的出场次序就是一个策略. 要注意的是，策略是指局中人在整个竞争过程中对付他方的一个完整方法，并非指竞争过程某一步所采用的局部办法. 在下象棋时，对于一盘棋来说，某一步走“当头炮”，只是作为一个策略的组成部分，并非一个完整的策略. 局中人的所有策略组成了该局中人的“策略集合”，策略集合可以是有限的，也可以是无限的. 用符号 S_i 表示局中人 i 的策略集合（$i=1, 2, \cdots, n$）. 当每个局中人在一局对策中都在自己的策略集合 S_i 中选定一个策略 $s_i \in S_i$ 后，这局对策的结果就被决定了.

(3) 赢得函数（支付函数）：在对策模型中，每个局中人所选定的策略放在一起就叫做一个**局势**，记作 $s=(s_1, s_2, \cdots, s_n)$，所有**局势**构成的集合 S 可表示为各局中人策略集合的笛卡尔积，即

$$S = S_1 \times S_2 \times \cdots \times S_n \triangleq \prod_{i=1}^{n} S_i$$

当局势出现后，对策的结果也就确定了. 用数量来表示，对任一局势 $s=(s_1, s_2, \cdots, s_n) \in S$，局中人 i 可获得了一个赢得值 $H_i(s)$（其值为正时表示赢得的量，为负时表示输掉的量），称 $H_i(s)$：$S = \prod_{i=1}^{S} S_i \to R$（$R$ 为全体实数集合）为局中人 i 的赢得函数（或支付函数）.

一个对策模型就是由局中人、策略集合、赢得函数三部分组成的，通常用符号表示为

$$G=\{I=\{1, \cdots, n\};\ S_i,\ i\in I;\ H_i(s),\ s\in S,\ i\in I\}$$

对策的进行过程是这样的，每个局中人都从自己的策略集合 S_i 中选定一个策略 $s_i \in S_i$，就组成一个局势 $s=(s_1, s_2, \cdots, s_n) \in S = \prod_{i=1}^{n} S_i$，把局势 s 代入到局中人 i 的赢得函数 $H_i(s)$ 中，局中人 i 就获得了在局对策中的一个赢得值 $H_i(s)$（正值为赢，负值为输），于是这局对策便结束了. 下面首先通过几个简单的例子来说明有关的基本概念.

例题 6-1 配钱币游戏

两个参加者，称为局中人（player）1 和 2，各拿出一枚钱币. 在不让对方看见的情况下，将钱币出示给对方. 如果两个钱币都呈正面或都呈反面，则局中人 1 得 1 分，局中人 2 得 -1 分，或者说，局中人 2 输给局中人 1 一个单位. 如果两个钱币一正一反，则局中人 1 和 2 分别得 -1 和 1 分，或者说，局中人 1 输给局中人 2 一个单位.

这里局中人 1 和局中人 2 各有两个策略，出示硬币的正面或反面. 用 α_1，α_2 分别表示局中人 1 出示正面和反面这两个策略，用 β_1，β_2 分别表示局中人 2 出示正面和反面这两个策略，则 $S_1=\{\alpha_1, \alpha_2\}$，$S_2=\{\beta_1, \beta_2\}$. 当两个局中人分别从自己的策略集合中选定一个策略以后，就得到一个局势. 这个游戏的局势集合是

$$S=S_1\times S_2=\{(\alpha_1, \beta_1), (\alpha_1, \beta_2), (\alpha_2, \beta_1), (\alpha_2, \beta_2)\}$$

两个局中人的赢得函数 H_1、H_2 是定义在局势集合上的函数，由给定的规则得到

$$H_1(\alpha_1, \beta_1)=1, \quad H_1(\alpha_1, \beta_2)=H_1(\alpha_2, \beta_1)=-1, \quad H_1(\alpha_2, \beta_2)=1$$

$$H_2(\alpha_1, \beta_1)=-1, \quad H_2(\alpha_1, \beta_2)=H_1(\alpha_2, \beta_1)=1, \quad H_2(\alpha_2, \beta_2)=-1$$

也可用如下表格表示：

局中人 2

		β_1	β_2
局中人 1	α_1	1	-1
	α_2	-1	1

上列表格中的数字实际上是一个 2×2 矩阵，称之为局中人 1 的赢得矩阵，或局中人 2 的支付矩阵，简称为对策的赢得矩阵或支付矩阵（payoff matrix），实际上就是两个局中人赢得（或支付）函数．例如，若局中人 1 出反面（策略 2），局中人 2 也出反面（策略 2），则在表中第 2 行第 2 列处的元素 1 就是局中人 2 应该付给局中人 1 个单位的数目（如以元为单位）；我们说，局中人 1 得到赢得（payoff）1．又如局中人 1 选择策略 1（正面），局中人 2 选择策略 2（反面），这时第 1 行第 2 列的元素是 -1，表示局中人 1 得到赢得值为 -1，就是局中人 1 输掉 l 个单位；换句话说，局中人 2 从局中人 1 处赢进 1 个单位．

例题 6-2 “锤子、剪刀、布”游戏

每个小孩都玩过这种游戏．锤子胜剪刀，剪刀胜布，布胜锤子．这里也是两个局中人：局中人 1 和局中人 2．每人有 3 个策略：策略 1 代表出锤子，策略 2 代表出剪刀，策略 3 代表出布．假设胜者得 1 分，负者得 -1 分，则可用表格（或赢得矩阵）表示为

		局中人 2		
		策略 1	策略 2	策略 3
局中人 1	策略 1	0	1	-1
	策略 2	-1	0	1
	策略 3	1	-1	0

例题 6-3 两个人决斗，都拿着已经装上子弹的手枪，站在相隔距离是 1 单位的地方，然后面对面走近，在每一步他们都可以决定是否打出唯一的一发子弹．当然，离得越近，打得越准，假如其中一人开枪而未打中，按规则，他仍要继续往前走．试问双方应各在什么时机开枪？

这个对策局中人只有两个，局中人 1 和局中人 2．局中人 1 的策略是选择在双方距离为 x 时开枪，$0\leqslant x\leqslant1$．所以局中人 1 的策略集合 $S_1=\{x\mid0\leqslant x\leqslant1\}$．同样，局中人 2 选择在双方距离为 y 时开枪，$S_2=\{y\mid0\leqslant y\leqslant1\}$．局势集合是 $S_1\times S_2=\{(x,y)\mid0\leqslant x\leqslant1,0\leqslant y\leqslant1\}$．

现在再来看定义在局势集合上的赢得函数是什么？假设局中人 1 的命中率函数是 $p_1(x)$，$0\leqslant x\leqslant1$，它表示当距离是 x 时，击中对方的概率；设局中人 2 在双方距离为 y 时开枪击中对方的概率是 $p_2(y)$，$0\leqslant y\leqslant1$，规定击中对方而自己未被击中得 1 分，被对方击中但自己没有击中对方得 -1 分，双方都没有被对方击中或者双方都被对方击中各得 0 分．以 $H_1(x,y)$ 表示局中人 1 的赢得函数，表示局中人 1 在双方相距为 x、局中人 2 在双方相距为 y 时开枪局中人 1 的赢得值．当 $x>y$ 时表示局中人 1 先开枪，$p_1(x)$ 是局中人 2 被击中的概率．若局中人 2 被击中，则局中人 1 得到的赢得为 1，$1-p_1(x)$ 是局中人 2 没有被击中的概率．若局中人 2 没有被击中，则局中人 2 可一直走到局中人 1 面前才开枪，因此局中人 1 必被击中，他得到的赢得是 -1．所以 $1\cdot p_1(x)$ 和 $(-1)\cdot[1-p_1(x)]$ 这两项之和是 $x>y$ 时局中人 1 的期望赢得值；当 $x=y$ 时，表示两个局中人同时开枪，其中 $1\cdot p_1(x)[1-p_2(x)]$ 表示局中人 2 被击中而局中人 1 没有被击中时，局中人 1 的期望赢得，而 $(-1)\cdot[1-p_1(x)]\cdot p_2(x)$ 则是局中人 2 没有被击中而局中人 1 被击中时，局中人 1 的期望赢得值，两个人都击中对方或者都没有被击中时赢得为 0．所以 $1\cdot p_1(x)[1-p_2(x)]$ 和

$(-1)\cdot[1-p_1(x)]\cdot p_2(x)$ 这两项之和是 $x=y$ 时局中人 1 的期望赢得值；$x<y$ 是局中人 2 先开枪的情形，$p_2(y)$ 是局中人 1 被击中的概率，这时他得到的赢得是-1. $1-p_2(y)$ 是局中人 1 没有被击中的概率，按规则局中人 2 将继续向前走，一定被击中. 这时局中人 1 得到的赢得是 1，所以局中人 1 的期望赢得是 $(-1)\cdot p_2(y)+1\cdot[1-p_2(y)]=-2p_2(y)+1$. 因此有

$$H_1(x,y)=\begin{cases}1\cdot p_1(x)+(-1)\cdot[1-p_1(x)]=2p_1(x)-1, & \text{若 } x>y\\ 1\cdot p_1(x)[1-p_2(x)]+(-1)\cdot[1-p_1(x)]\cdot p_2(x)=p_1(x)-p_2(x), & \text{若 } x=y\\ (-1)\cdot p_2(y)+1\cdot[1-p_2(y)]=-2p_2(y)+1, & \text{若 } x<y\end{cases}$$

同样可以写出局中人 2 的赢得函数，得

$$H_2(x,y)=-H_1(x,y)$$

在一个对策中，局中人、策略集合、赢得函数这三部分确定后，对策模型也就被确定了. 根据这三个要素的特点，人们对对策模型进行了分类. 根据局中人的个数，可把对策模型分为二人对策和多人对策；根据各局中人的赢得之和是否等于零，可把对策模型分为零和对策和非零和对策（或一般和对策）；根据各局中人是否允许合作，可把对策模型分为合作对策和非合作对策；根据各局中人的策略集合中的个数，可把对策模型分为有限对策和无限对策. 此外还可根据策略的选择是否与时间相关，把对策模型分为静态对策和动态对策；根据赢得函数的数学特征，可把对策模型分为矩阵对策、连续对策、微分对策、随机对策等.

矩阵对策（matrix game）就是两人有限零和对策，即每人的策略集合是有限的，且在任一局势下，两个局中人的赢得之和总等于零；把矩阵对策中策略集合有限的假设去掉，就是一般的**两人零和对策**，又称**对抗对策**，或者是**两人零和博弈**. 特别是当两人的策略集合都连续取值且赢得函数为局势的连续函数时，称之为**两人零和连续对策**. 如例题 6-1、例题 6-2 就是矩阵对策问题，例题 6-3 是两人零和连续对策. 两人零和对策的更一般推广是 n 人非合作对策及其平衡局势，这正是 1994 年诺贝尔经济学奖获得者 Nash 在 1950—1951 年做的工作. 该推广一是将两个局中人推广到 n 个局中人；二是将赢得函数（或支付函数）之和为零推广到了非零和.

由于非合作对策模型在适用性和理论上存在的局限性，使人们开始研究合作对策问题. 合作对策的基本特征是参加对策的局中人可以进行充分的合作，即可以事先商定好，把各自的策略协调起来；可以在对策后对所得到的支付进行重新分配. 合作的形式是所有局中人可以形成若干联盟，每个局中人仅参加一个联盟，联盟的所得要在联盟的所有成员中进行重新分配. 一般说来，合作可以提高联盟的所得，因而也可以提高每个联盟成员的所得. 但联盟能否形成以及形成哪种联盟，或者说一个局中人是否参加联盟以及参加哪个联盟，不仅取决于对策的规则，更取决于联盟获得的所得如何在成员间进行合理的重新分配. 如果分配方案不合理，就可能破坏联盟的形成，以至于不能形成有效的联盟. 因此，在合作对策中，每个局中人如何选择自己的策略已经不是要研究的主要问题了，应当强调的是如何形成联盟，以及联盟的所得如何被合理分配（即如何维持联盟）.

合作对策研究问题重点的转变，使得合作对策的模型、解的概念都和非合作对策问题有很大的不同. 具体来说，构成合作对策的两个基本要素是：局中人集合 I 和特征函数 $v(S)$，其中 $I=\{1, 2, \cdots, n\}$，S 为 I 的任一子集，也就是任何一个可能形成的联盟，$v(S)$ 表示联盟 S 在对策中的所得. 合作对策的可行解（也称分配）是一个满足下列条件的 n 维向量

$\boldsymbol{x}=(x_1, x_2, \cdots, x_n)$：

$$x_i \geqslant v(\{i\}), \quad i=1, 2, \cdots, n \tag{6-1}$$

$$\sum_{i=1}^{n} x_i = v(I) \tag{6-2}$$

合作对策研究的核心问题是：如何定义"最优的"分配？是否存在"最优的"分配？怎样去求解"最优的"分配？

在众多对策模型中，矩阵对策即两人有限零和对策是最基础和最重要的对策模型，是到目前为止在理论研究和求解方法两个方面都比较完善的对策分支，其研究思想和方法具有代表性，体现了对策论的一般思想和方法，其基本结果也是研究其他对策模型的基础. 限于篇幅，本章后面将着重介绍矩阵对策，对其他对策模型感兴趣的读者可进一步阅读相关文献.

6.2 矩阵对策

矩阵对策（matrix game）就是两人有限零和对策，即每人的策略集合是有限的，且在任一局势下，两个局中人的赢得之和总等于零，即双方的利益是激烈对抗的. 这是最基本的一类对策，如例题 6-1、例题 6-2 就是矩阵对策问题. 例题 6-3 中虽然两个局中人的赢得之和总等于零，但由于其策略集合是无限的，因此不是矩阵对策.

一般地，用 1、2 分别代表两个局中人，每个局中人的策略集合都是有限的. 局中人 1 有 m 个纯策略 $\alpha_1, \alpha_2, \cdots, \alpha_m$，局中人 2 有 n 个纯策略 $\beta_1, \beta_2, \cdots, \beta_n$，于是局中人 1、2 的策略集合分别为

$$S_1=\{\alpha_1, \alpha_2, \cdots, \alpha_m\}, \quad S_2=\{\beta_1, \beta_2, \cdots, \beta_n\}$$

对策的局势集合是

$$S=S_1\times S_2=\{(\alpha_i, \beta_i) \mid i=1, \cdots, m; j=1, \cdots, m\}$$

一共有 mn 个局势. 两个局中人的赢得函数具有性质 $H_1+H_2=0$（即零和的含义），此时，若 $H_1(\alpha_i, \beta_i)=a_{ij}$，则有 $H_2(\alpha_i, \beta_j)=-a_{ij}$，这样两个局中人赢得函数就可以用一个 $m\times n$ 阶矩阵表示：

$$\boldsymbol{A}=(a_{ij})_{m\times n}=\begin{bmatrix} a_{11} & a_{12} & \cdots & a_{1n} \\ a_{21} & a_{22} & \cdots & a_{2n} \\ \vdots & \vdots & & \vdots \\ a_{m1} & a_{m2} & \cdots & a_{mn} \end{bmatrix}$$

反之，如果给定一个 $m\times n$ 阶矩阵 $\boldsymbol{A}=(a_{ij})_{m\times n}$，用行的数目 m 代表局中人 1 的策略个数，用列的数目 n 代表局中人 2 的策略个数，用 $H_1(\alpha_i, \beta_j)=a_{ij}$ 代表局中人 1 在局势 (α_i, β_j) 下的赢得值和局中人 2 在局势 (α_i, β_j) 下的支付值（即 $H_2(\alpha_i, \beta_j)=-a_{ij}$），便给定了一个两人有限零和对策.

定义 6-1 称上述对策为矩阵对策（matrix game），用符号记为：$G=\{1, 2; S_1, S_2; \boldsymbol{A}\}$，或简记为：$G=\{S_1, S_2; \boldsymbol{A}\}$.

6.2.1 纯策略矩阵对策

当一个矩阵对策给定后，各局中人面临的问题便是如何选取对自己最有利的策略，下面

通过一例子来进行分析.

例题 6-4 设有一矩阵对策 $G=\{S_1, S_2; \boldsymbol{A}\}$，其中 $S_1=\{\alpha_1, \alpha_2, \alpha_3\}$，$S_2=\{\beta_1, \beta_2, \beta_3, \beta_4\}$，

$$\boldsymbol{A}=\begin{bmatrix} -3 & -1 & 0 & 2 \\ 3 & 0 & 2 & 1 \\ -6 & -3 & 5 & 2 \end{bmatrix}$$

由赢得矩阵 $\boldsymbol{A}$ 可看出，局中人 1 的最大赢得方案是采用策略 α_3，期望获得最大赢得 $a_{33}=5$，但局中人 2 可采用 β_1，反而将使局中人 1 失去 6 个单位，因此，局中人 1 的最大赢得方案并不是最佳方案. 当猜到局中人 2 可能采用策略 β_1 时，局中人 1 则会采用策略 α_2，以获取赢得值 3，反而使局中人 2 输掉 3 个单位，因此策略 β_1 也不是局中人 2 的最佳方案. 如果双方都不想冒险，都不存在侥幸心理，而是考虑到对方必然会设法使自己的所得最少这一点，就应该从各自可能出现的最不利情形中选择一种最有利的情形作为决策的依据，这就是所谓的"理智行为"，也是对策双方实际上都能接受的一种稳妥的方法.

在例题 6-4 中，局中人 1 的最稳妥策略是在最不利的情况中，选择一种最有利的情形. 局中人 1 之三种策略的最少赢得分别为 -3，0，-6，因此局中人 1 应选取策略 α_2 作为最稳妥策略，以保证可能的最少的赢得 0 个单位；对局中人 2 而言，其 4 种策略最不利的情形为 3，0，5，2，因此局中人 2 应选取 β_2 作为最稳妥策略，以保证最多输掉 0 个单位.

在一般的矩阵对策 $G=\{S_1, S_2; \boldsymbol{A}\}$ 中，局中人 1 希望赢得值越大越好，局中人 2 则相反，他希望支付越小越好，即 $-a_{ij}$ 越大越好. 但是，在赢得矩阵 $\boldsymbol{A}=(a_{ij})_{m\times n}$ 中，每个局中人只能控制两个变量 i 和 j 中的一个：局中人 1 只能控制变量 i，局中人 2 只能控制变量 j. 如果局中人 1 选定一个策略 i，则他至少可以得到赢得

$$\min_{1\leqslant j\leqslant n} a_{ij} \tag{6-3}$$

这就是赢得矩阵第 i 行的最小元素. 由于局中人 1 希望赢得值尽可能地大，他可以选择 i 使式（6-3）为最大，即他可以使赢得不小于

$$\max_{1\leqslant i\leqslant m}\min_{1\leqslant j\leqslant n} a_{ij} \tag{6-4}$$

同理，如果局中人 2 选定一个策略 j，则局中人 1 得到的支付至多是

$$\max_{1\leqslant i\leqslant m} a_{ij} \tag{6-5}$$

这是赢得矩阵第 j 列的最大元素. 由于局中人 2 希望支付值尽可能地小他可以选择 j 使式（6-5）为最小，这就是说，他可以使局中人 1 得到的支付不大于

$$\min_{1\leqslant j\leqslant n}\max_{1\leqslant i\leqslant m} a_{ij} \tag{6-6}$$

综上所述，给定矩阵对策 $G=\{S_1, S_2; \boldsymbol{A}\}$，如果

$$\max_{1\leqslant i\leqslant m}\min_{1\leqslant j\leqslant n} a_{ij}=\min_{1\leqslant j\leqslant n} a_{i_0 j}\triangleq v_1$$

则局中人 1 的最稳妥策略是 α_{i_0}，即无论局中人 2 采用什么样的策略，局中人 1 获得的支付不会小于 v_1. 同样，如果

$$\min_{1\leqslant j\leqslant n}\max_{1\leqslant i\leqslant m} a_{ij}=\max_{1\leqslant i\leqslant m} a_{ij_0}\triangleq v_2$$

则局中人 2 的最稳妥策略是 β_{j_0}，即无论局中人 1 采用什么样的策略，局中人 2 的支付不会超过 v_2. 一般情形下，我们有 $v_1\leqslant v_2$.

定理 6-1 对一般的支付矩阵 $\boldsymbol{A}=(a_{ij})_{m\times n}$，有

$$\max_{1\leqslant i\leqslant m}\min_{1\leqslant j\leqslant n} a_{ij} \leqslant \min_{1\leqslant j\leqslant n}\max_{1\leqslant i\leqslant m} a_{ij} \tag{6-7}$$

证明：设

$$v_1=\max_{1\leqslant i\leqslant m}\min_{1\leqslant j\leqslant n} a_{ij}=\min_{1\leqslant j\leqslant n} a_{i_0 j}$$

$$v_2=\min_{1\leqslant j\leqslant n}\max_{1\leqslant i\leqslant m} a_{ij}=\max_{1\leqslant i\leqslant m} a_{ij_0}$$

则

$$v_2=\max_{1\leqslant i\leqslant m} a_{ij_0}\geqslant a_{i_0 j_0}\geqslant \min_{1\leqslant j\leqslant n} a_{i_0 j}=v_1$$ □

若在式（6-7）中等号成立，即

$$\max_{1\leqslant i\leqslant m}\min_{1\leqslant j\leqslant n} a_{ij} = \min_{1\leqslant j\leqslant n}\max_{1\leqslant i\leqslant m} a_{ij}=v \tag{6-8}$$

则说明如果两个局中人都采取自己的最稳妥策略，那么他们都得到了在最坏情况下的最好结果，这是双方都能接受的结果，因此我们有如下定义.

定义 6-2 给定矩阵对策 $G=\{S_1, S_2; \boldsymbol{A}\}$，如果存在局势（$\alpha_{i^*}$，$\beta_{j^*}$）满足等式（6-8），则称局势（$\alpha_{i^*}$，$\beta_{j^*}$）是对策 G 的**纯平衡局势**，或称其为对策在纯策略意义下的解. α_{i^*}，β_{j^*} 分别是局中人 1 和局中人 2 的最优纯策略，$V_G=a_{i^*j^*}$ 称为对策平衡局势的值，或简称为**对策的值**（*value*）.

根据上述定义，例题 6-4 中的矩阵对策在纯策略意义下有解，（α_2，β_2）是该对策的在纯策略意义下的解（即纯平衡局势），对策的值为 0，α_2，β_2 分别是局中人 1 和局中人 2 的最优纯策略. 但并不是所有矩阵对策都有解，若将例题 6-4 中的赢得矩阵 $\boldsymbol{A}$ 改为

$$\boldsymbol{A}=\begin{bmatrix}-3 & 1 & 0 & 2\\ 3 & 0 & 2 & 1\\ -6 & -3 & 5 & 2\end{bmatrix}$$

则

$$v_1=\max_{1\leqslant i\leqslant m}\min_{1\leqslant j\leqslant n} a_{ij}=\max\{-3, 0, -6\}=0=a_{22}$$

$$v_2=\min_{1\leqslant j\leqslant n}\max_{1\leqslant i\leqslant m} a_{ij}=\min\{3, 1, 5, 2\}=1=a_{12}>v_1$$

因此该矩阵对策便没有纯策略意义下的解. 下面分析一个矩阵对策何时存在纯平衡局势，即等式（6-8）成立的条件. 首先考虑必要条件，假定等式（6-8）成立，此时必有一个 i^*，$1\leqslant i^*\leqslant m$，使

$$\max_{1\leqslant i\leqslant m}\min_{1\leqslant j\leqslant n} a_{ij} = \min_{1\leqslant j\leqslant n} a_{i^*j}$$

和一个 j^*，$1\leqslant j^*\leqslant n$，使

$$\min_{1\leqslant j\leqslant n}\max_{1\leqslant i\leqslant m} a_{ij} = \max_{1\leqslant i\leqslant m} a_{ij^*}$$

从而

$$\max_{1\leqslant i\leqslant m}\min_{1\leqslant j\leqslant n} a_{ij} = \min_{1\leqslant j\leqslant n} a_{i^*j} = \min_{1\leqslant j\leqslant n}\max_{1\leqslant i\leqslant m} a_{ij} = \max_{1\leqslant i\leqslant m} a_{ij^*}=v \tag{6-9}$$

注意到

$$\min_{1\leqslant j\leqslant n} a_{i^*j}\leqslant a_{i^*j^*}\leqslant \max_{1\leqslant i\leqslant m} a_{ij^*} \tag{6-10}$$

由式（6-9）、（6-10）便知

$$\min_{1\leqslant j\leqslant n} a_{i^*j}=\max_{1\leqslant i\leqslant m} a_{ij^*}=a_{i^*j^*} \tag{6-11}$$

显然式（6－11）与式（6－12）等价

$$a_{ij^*}\leqslant a_{i^*j^*}\leqslant a_{i^*j},\quad \forall i=1,\cdots,m;\ \forall j=1,\cdots,n \tag{6-12}$$

由此可引入鞍点的概念.

定义 6－3 给定一个 $m\times n$ 阶矩阵 $\boldsymbol{A}=(a_{ij})_{m\times n}$，如果存在 i^*，j^* 满足式（6－12），则称（i^*，j^*）是矩阵 $\boldsymbol{A}=(a_{ij})_{m\times n}$ 的一个**鞍点**（*saddle point*）.

根据定义，若（i^*，j^*）是矩阵 $\boldsymbol{A}=(a_{ij})_{m\times n}$ 的一个鞍点，则元素 $a_{i^*j^*}$ 既是其所在行的最小元素，又是其所在列的最大元素．鞍点具有如下性质.

定理 6－2 如果（i^*，j^*）和（i_0，j_0）都是 $m\times n$ 阶矩阵 $\boldsymbol{A}=(a_{ij})_{m\times n}$ 的鞍点，则（i^*，j_0）和（i_0，j^*）也都是它的鞍点，并且

$$a_{i^*j^*}=a_{i_0j_0}=a_{i_0j^*}=a_{i^*j_0}$$

证明：由鞍点定义即式（6－12）便得

$$a_{i^*j_0}\leqslant a_{i_0j_0}\leqslant a_{i_0j^*}\leqslant a_{i^*j^*}\leqslant a_{i^*j_0}$$

在上式中注意到 $a_{i^*j_0}=a_{i^*j_0}$，因此有

$$a_{i^*j_0}=a_{i_0j_0}=a_{i_0j^*}=a_{i^*j^*}$$ □

下面介绍矩阵对策在纯策略意义下的基本定理.

定理 6－3 矩阵对策 $G=\{S_1,S_2;\boldsymbol{A}\}$ 在纯策略意义下有解（即存在纯平衡局势）的充分必要条件是矩阵 $\boldsymbol{A}=(a_{ij})_{m\times n}$ 存在一个鞍点，即存在（i^*，j^*）使式（6－12）成立.

证明：必要性已由前面的分析即式（6－9）～（6－12）得到，下证充分性．假设存在（i^*，j^*）使式（6－12）成立，则有式（6－11）成立，于是可得

$$\max_{1\leqslant i\leqslant m}\min_{1\leqslant j\leqslant n}a_{ij}\geqslant\min_{1\leqslant j\leqslant n}a_{i^*j}=\max_{1\leqslant i\leqslant m}a_{ij^*}\geqslant\min_{1\leqslant j\leqslant n}\max_{1\leqslant i\leqslant m}a_{ij}$$

再由定理 6－1 即式（6－7）便得

$$\max_{1\leqslant i\leqslant m}\min_{1\leqslant j\leqslant n}a_{ij}=\min_{1\leqslant j\leqslant n}a_{i^*j}=\max_{1\leqslant i\leqslant m}a_{ij^*}=\min_{1\leqslant j\leqslant n}\max_{1\leqslant i\leqslant m}a_{ij}$$

于是充分性得证. □

下面再看一个例题.

例题 6－5 求解矩阵对策 $G=\{S_1,S_2;\boldsymbol{A}\}$，其中 $\boldsymbol{A}=\begin{bmatrix}-7 & 1 & -8\\ 3 & 2 & 4\\ 16 & -1 & -3\\ -3 & 0 & 5\end{bmatrix}$.

解：根据矩阵 $\boldsymbol{A}$，有

	β_1	β_2	β_3	$\min\limits_j a_{ij}$
α_1	−7	1	−8	−8
α_2	3	2	4	2*
α_3	16	−1	−3	−3
α_4	−3	0	5	−3
$\max\limits_i a_{ij}$	16	2*	5	

于是

$$\max_i \min_j a_{ij}=\min_j \max_i a_{ij}=2=a_{22}$$

从而该矩阵对策有纯策略意义下的解（即存在纯平衡局势），对策 G 的解为（α_2，β_2），G 的值为 $V_G=2$，α_2 与 β_2 分别是局中人 1 和局中人 2 的最优纯策略．矩阵 $\mathbf{A}$ 的鞍点是元素 a_{22}，该元素既是其所在行的最小元素，又是其所在列的最大元素，即 $a_{i2}\leqslant a_{22}\leqslant a_{2j}$，$\forall i=1, 2, 3, 4$；$j=1, 2, 3$.

6.2.2 混合策略

不是所有的矩阵对策都存在平衡局势，如对例题 6－2 的赢得矩阵有

$$v_1=\max_i \min_j a_{ij}=\max_i\{-1, -1, -1\}=-1$$

$$v_2=\min_j \max_i a_{ij}=\min_j\{1, 1, 1\}=1>v_1$$

由定理 6－3 便知该对策不存在鞍点，因此不存在平衡局势．假设这一对策是多次重复进行的，考虑到 $v_2>v_1$，局中人 1 便不会始终采用某个纯策略，而会采用某种随机性的方法选择策略以提高总的赢得值，同样局中人 2 也会采用某种随机性的方法选择策略以减少总的支付，而不是每次都输掉 1 个单位．这便是混合策略方法．该方法把每个局中人的策略集合 S_i 扩充为在集合 S_i 上的概率分布集合 S_i^*，$i=1, 2$．在进行多次对策时，不是每次都选择同一策略，而是以不同的概率选择每个策略，赢得函数是进行多次对策所得到支付的数学期望值．设局中人 1 以概率 x_i 选择策略 α_i，局中人 2 以概率 y_j 选择策略 β_j，这时赢得值为 a_{ij} 的概率是 x_iy_j．每一个赢得值乘以相应的概率 x_iy_j，并对所有的 i 和所有的 j 求和，就得到局中人 1 的期望赢得

$$E(\boldsymbol{x}, \boldsymbol{y})=\sum_{i=1}^{m}\sum_{j=1}^{n}a_{ij}x_iy_j=\boldsymbol{xAy}^{\mathrm{T}}$$

其中 $\boldsymbol{x}=(x_1, x_2, \cdots, x_m)$，$\boldsymbol{y}=(y_1, y_2, \cdots, y_n)$，两者均为行向量．相应地，局中人 2 的期望赢得为

$$-\sum_{i=1}^{m}\sum_{j=1}^{n}a_{ij}x_iy_j=-\boldsymbol{xAy}^{\mathrm{T}}$$

于是得到如下定义.

定义 6－4 给定矩阵对策 $G=\{S_1, S_2; \boldsymbol{A}\}$，局中人 1 的混合策略（*mixed strategy*）集合是

$$S_1^*=\left\{\boldsymbol{x}=(x_1, x_2, \cdots, x_m)\,\middle|\,\sum_{i=1}^{m}x_i=1, x_i\geqslant 0, i=1, 2, \cdots, m\right\}$$

局中人 2 的混合策略集合是

$$S_2^*=\left\{\boldsymbol{y}=(y_1, y_2, \cdots, y_n)\,\middle|\,\sum_{j=1}^{n}y_j=1, y_j\geqslant 0, j=1, 2, \cdots, n\right\}$$

在局势（$\boldsymbol{x}$，$\boldsymbol{y}$）下，局中人 1 的赢得函数为

$$E(\boldsymbol{x}, \boldsymbol{y})=\sum_{i=1}^{m}\sum_{j=1}^{n}a_{ij}x_iy_j=\boldsymbol{xAy}^{\mathrm{T}}$$

相应地，局中人 2 的赢得函数为 $-E(\boldsymbol{x}, \boldsymbol{y})$，称 $G^*=\{S_1^*, S_2^*; E(\boldsymbol{x}, \boldsymbol{y})\}$ 为矩阵对策 $G=\{S_1, S_2; \boldsymbol{A}\}$ 的**混合扩充**.

对混合扩充 G^*，局中人 1 希望预期的赢得值 $E(\boldsymbol{x},\boldsymbol{y})$ 越大越好，局中人 2 则希望它越小越好. 如果局中人 1 选用混合策略 $\boldsymbol{x}\in S_1^*$，他的期望赢得至少有

$$\min_{\boldsymbol{y}\in S_2^*} E(\boldsymbol{x},\boldsymbol{y})=\min_{\boldsymbol{y}\in S_2^*} \boldsymbol{xAy}^{\mathrm{T}} \tag{6-13}$$

局中人 1 可以选择 $\boldsymbol{x}\in S_1^*$，使式（6-13）为最大，就是说，他可以使自己得到的期望赢得不小于

$$v_1=\max_{\boldsymbol{x}\in S_1^*}\min_{\boldsymbol{y}\in S_2^*} E(\boldsymbol{x},\boldsymbol{y})=\max_{\boldsymbol{x}\in S_1^*}\min_{\boldsymbol{y}\in S_2^*} \boldsymbol{xAy}^{\mathrm{T}} \tag{6-14}$$

同样地，如果局中人 2 选用策略 $\boldsymbol{y}\in S_2^*$，他应当付出的期望赢得至多是

$$\max_{\boldsymbol{x}\in S_1^*} E(\boldsymbol{x},\boldsymbol{y})=\max_{\boldsymbol{x}\in S_1^*} \boldsymbol{xAy}^{\mathrm{T}} \tag{6-15}$$

局中人 2 可以选择 $\boldsymbol{y}\in S_2^*$，使式（6-15）为最小即他可以使局中人 1 得到的期望赢得不大于

$$v_2=\min_{\boldsymbol{y}\in S_2^*}\max_{\boldsymbol{x}\in S_1^*} E(\boldsymbol{x},\boldsymbol{y})=\min_{\boldsymbol{y}\in S_2^*}\max_{\boldsymbol{x}\in S_1^*} \boldsymbol{xAy}^{\mathrm{T}} \tag{6-16}$$

定义 6-5 给定矩阵对策 $G=\{S_1, S_2; \boldsymbol{A}\}$ 及其混合扩充 $G^*=\{S_1^*, S_2^*; E(\boldsymbol{x},\boldsymbol{y})\}$，如果

$$\max_{\boldsymbol{x}\in S_1^*}\min_{\boldsymbol{y}\in S_2^*} E(\boldsymbol{x},\boldsymbol{y})=\min_{\boldsymbol{y}\in S_2^*}\max_{\boldsymbol{x}\in S_1^*} E(\boldsymbol{x},\boldsymbol{y})=E(\boldsymbol{x}^*,\boldsymbol{y}^*)\triangleq V_G$$

则称 V_G 为**该对策的值**，称混合局势（$\boldsymbol{x}^*$，$\boldsymbol{y}^*$）为 G 在混合策略意义下的**解**（或称其为混合扩充 G^* 的**平衡局势**），简称为对策 G 的**解**或**平衡局势**，$\boldsymbol{x}^*$ 和 $\boldsymbol{y}^*$ 分别称为局中人 1 和 2 的**最优混合策略**，简称为局中人 1 和 2 的**最优策略**.

一般情形下，我们有 $v_2\geqslant v_1$，这可以由下面的定理说明.

定理 6-4 设 $f(\boldsymbol{x},\boldsymbol{y})$ 是定义在 $X\times Y$（其中 $X\in\mathbf{R}^m$，$Y\in\mathbf{R}^n$ 均非空集）上的函数，则

$$\sup_{\boldsymbol{x}\in X}\inf_{\boldsymbol{y}\in Y} f(\boldsymbol{x},\boldsymbol{y})\leqslant\inf_{\boldsymbol{y}\in Y}\sup_{\boldsymbol{x}\in X} f(\boldsymbol{x},\boldsymbol{y}) \tag{6-17}$$

证明：对 $\forall \boldsymbol{x}_0\in X$，$\forall \boldsymbol{y}_0\in Y$，

$$\inf_{\boldsymbol{y}\in Y} f(\boldsymbol{x}_0,\boldsymbol{y})\leqslant f(\boldsymbol{x}_0,\boldsymbol{y}_0)\leqslant\sup_{\boldsymbol{x}\in X} f(\boldsymbol{x},\boldsymbol{y}_0)$$

从而 $\forall \boldsymbol{y}_0\in Y$：

$$\sup_{\boldsymbol{x}_0\in X}\inf_{\boldsymbol{y}\in Y} f(\boldsymbol{x}_0,\boldsymbol{y})\leqslant\sup_{\boldsymbol{x}\in X} f(\boldsymbol{x},\boldsymbol{y}_0)$$

由上式便得

$$\sup_{\boldsymbol{x}_0\in X}\inf_{\boldsymbol{y}\in Y} f(\boldsymbol{x}_0,\boldsymbol{y})\leqslant\inf_{\boldsymbol{y}_0\in Y}\sup_{\boldsymbol{x}\in X} f(\boldsymbol{x},\boldsymbol{y}_0)$$

此即式（6-17）. □

J. Von Neumann 首先证明了对于一切 $m\times n$ 矩阵对策 $\boldsymbol{A}=(a_{ij})_{m\times n}$，值 v_1 和 v_2 存在且相等. 这一结果就是著名的对策论基本定理，或者叫做最小最大值定理（minimax theorem).

定理 6-5（Von Neumann 定理） 设 $G^*=\{S_1^*, S_2^*; E(\boldsymbol{x},\boldsymbol{y})\}$ 为矩阵对策 $G=\{S_1, S_2; \boldsymbol{A}\}$ 的混合扩充，则对任意 $m\times n$ 对策矩阵 $\boldsymbol{A}$，存在 $\boldsymbol{x}^*\in S_1^*$，$\boldsymbol{y}^*\in S_2^*$，使

$$\max_{\boldsymbol{x}\in S_1^*}\min_{\boldsymbol{y}\in S_2^*} \boldsymbol{xAy}^{\mathrm{T}}=\min_{\boldsymbol{y}\in S_2^*}\max_{\boldsymbol{x}\in S_1^*} \boldsymbol{xAy}^{\mathrm{T}}=\boldsymbol{x}^*\boldsymbol{Ay}^{*\mathrm{T}} \tag{6-18}$$

证明：由定义对 $\forall \boldsymbol{y}=(y_1,\cdots,y_n)\in S_2^*$，有 $\sum\limits_{j=1}^{n} y_j=1$，$y_j\geqslant 0$，$j=1,2,\cdots,n$，因此

$$\min_{y\in S_2^*}\sum_{j=1}^{n}y_j\left(\sum_{i=1}^{m}a_{ij}x_i\right)=\min_{1\leqslant j\leqslant n}\sum_{i=1}^{m}a_{ij}x_i \tag{6-19}$$

从而

$$v_1=\max_{x\in S_1^*}\min_{y\in S_2^*}\boldsymbol{xAy}^{\mathrm{T}}=\max_{x\in S_1^*}\min_{y\in S_2^*}\sum_{j=1}^{n}y_j\left(\sum_{i=1}^{m}a_{ij}x_i\right)=\max_{x\in S_1^*}\min_{1\leqslant j\leqslant n}\sum_{i=1}^{m}a_{ij}x_i \tag{6-20}$$

同样对 $\forall\, \boldsymbol{x}=(x_1,\cdots,x_m)\in S_1^*$，有 $\sum_{i=1}^{m}x_i=1,\ x_i\geqslant 0,\ i=1,2,\cdots,m$，从而

$$\max_{x\in S_1^*}\sum_{i=1}^{m}x_i\left(\sum_{j=1}^{n}a_{ij}y_j\right)=\max_{1\leqslant i\leqslant m}\sum_{j=1}^{n}a_{ij}y_j \tag{6-21}$$

于是得

$$v_2=\min_{y\in S_2^*}\max_{x\in S_1^*}\boldsymbol{xAy}^{\mathrm{T}}=\min_{y\in S_2^*}\max_{x\in S_1^*}\sum_{i=1}^{m}x_i\left(\sum_{j=1}^{n}a_{ij}y_j\right)=\min_{y\in S_2^*}\max_{1\leqslant i\leqslant m}\sum_{j=1}^{n}a_{ij}y_j \tag{6-22}$$

易知式（6－20）等价于线性规划问题：

$$\begin{aligned}&\max u\\&\text{s.t. } u-\sum_{i=1}^{m}a_{ij}x_i\leqslant 0,\quad j=1,2,\cdots,n\\&\qquad\sum_{i=1}^{m}x_i=1,\\&\qquad x_i\geqslant 0,\quad i=1,2,\cdots,m\end{aligned} \tag{6-23}$$

且 v_1 就是线性规划问题（6－23）的最优目标值. 显然线性规划问题（6－23）有可行解且有上界 $\max\limits_{1\leqslant i\leqslant m}\min\limits_{1\leqslant j\leqslant n}a_{ij}$，因此由线性规划基本定理线性规划问题（6－23）必定有最优解 x^*，v_1 就是线性规划问题（6－23）的最优目标值.

同样地，式（6－22）等价于

$$\begin{aligned}&\min v\\&\text{s.t. } v-\sum_{j=1}^{n}a_{ij}y_j\geqslant 0,\quad i=1,2,\cdots,m\\&\qquad\sum_{j=1}^{n}y_j=1,\\&\qquad y_j\geqslant 0,\quad j=1,2,\cdots,n\end{aligned} \tag{6-24}$$

同样可知线性规划问题（6－24）必有最优解 $\boldsymbol{y}^*$，v_2 就是线性规划问题（6－24）的最优目标值.

注意到线性规划问题（6－23）和线性规划问题（6－24）是一组互相对偶的问题，再由强对偶定理便得 $v_1=v_2$，由式（6－20）、（6－22）便得式（6－18）. 证毕. □

根据上述定理以及问题（6－23）与问题（6－24）的对偶性和互补松弛原理便可得到：

推论 6－5a 设局势（$\boldsymbol{x}^*$，$\boldsymbol{y}^*$）为对策 G 的解，V_G 是该对策的值，则

$$
\begin{aligned}
&(V_G - \sum_{i=1}^{m} a_{ij} x_i^*) y_j^* = 0 \\
&(V_G - \sum_{j=1}^{n} a_{ij} y_j^*) x_i^* = 0 \\
&\sum_{i=1}^{m} x_i^* = 1,\ x_i^* \geqslant 0,\quad i = 1, 2, \cdots, m \\
&\sum_{j=1}^{n} y_j^* = 1,\ y_j^* \geqslant 0,\quad j = 1, 2, \cdots, n
\end{aligned} \tag{6-25}
$$

当已知 $\boldsymbol{x}^*$（或 $\boldsymbol{y}^*$）时，便可由式（6-20）（或式（6-22））计算得到 V_G 的值，然后再由式（6-25）便可得 $\boldsymbol{y}^*$（或 $\boldsymbol{x}^*$）.

和纯策略意义下的矩阵对策一样，混合扩充的矩阵对策也可定义鞍点，下面给出一般函数和混合扩充矩阵对策鞍点的定义.

定义 6-6 设 $X \subseteq \mathbf{R}^m$，$Y \subseteq \mathbf{R}^n$，$f(\boldsymbol{x}, \boldsymbol{y})$ 是定义在 $X \times Y$ 上的函数，若存在 $\boldsymbol{x}^* \in X$，$\boldsymbol{y}^* \in Y$，使对 $\forall \boldsymbol{x} \in X$，$\forall \boldsymbol{y} \in Y$ 均有

$$f(\boldsymbol{x}, \boldsymbol{y}^*) \leqslant f(\boldsymbol{x}^*, \boldsymbol{y}^*) \leqslant f(\boldsymbol{x}^*, \boldsymbol{y})$$

则称 $(\boldsymbol{x}^*, \boldsymbol{y}^*)$ 是函数 $f(\boldsymbol{x}, \boldsymbol{y})$ 在 $X \times Y$ 上的一个**鞍点**.

对于矩阵对策 $G = \{S_1, S_2; \boldsymbol{A}\}$，设 $G^* = \{S_1^*, S_2^*; E(\boldsymbol{x}, \boldsymbol{y})\}$ 为其混合扩充，$E(\boldsymbol{x}, \boldsymbol{y}) = \boldsymbol{x}\boldsymbol{A}\boldsymbol{y}^{\mathrm{T}}$，若存在 $\boldsymbol{x}^* \in S_1^*$，$\boldsymbol{y}^* \in S_2^*$，使 $(\boldsymbol{x}^*, \boldsymbol{y}^*)$ 是函数 $E(\boldsymbol{x}, \boldsymbol{y})$ 在 $S_1^* \times S_2^*$ 上的一个鞍点，即对一切 $\boldsymbol{x} \in S_1^*$，$\boldsymbol{y} \in S_2^*$，均有

$$E(\boldsymbol{x}, \boldsymbol{y}^*) \leqslant E(\boldsymbol{x}^*, \boldsymbol{y}^*) \leqslant E(\boldsymbol{x}^*, \boldsymbol{y})$$

则称 $(\boldsymbol{x}^*, \boldsymbol{y}^*)$ 是混合扩充 $G^* = \{S_1^*, S_2^*; E(\boldsymbol{x}, \boldsymbol{y})\}$ 的一个**鞍点**，也称其为矩阵对策 G 的一个**鞍点**.

和纯策略意义下的矩阵对策一样，一般函数（包括混合扩充矩阵对策）的鞍点也有如下性质.

定理 6-6 如果 $(\boldsymbol{x}^{(1)}, \boldsymbol{y}^{(1)})$ 和 $(\boldsymbol{x}^{(2)}, \boldsymbol{y}^{(2)})$ 都是函数 $f(\boldsymbol{x}, \boldsymbol{y})$ 在 $X \times Y$（其中 $X \subseteq \mathbf{R}^m$，$Y \subseteq \mathbf{R}^n$）上的鞍点，则 $(\boldsymbol{x}^{(1)}, \boldsymbol{y}^{(2)})$ 和 $(\boldsymbol{x}^{(2)}, \boldsymbol{y}^{(1)})$ 也都是函数 $f(\boldsymbol{x}, \boldsymbol{y})$ 在 $X \times Y$ 上的鞍点，并且

$$f(\boldsymbol{x}^{(1)}, \boldsymbol{y}^{(1)}) = f(\boldsymbol{x}^{(2)}, \boldsymbol{y}^{(2)}) = f(\boldsymbol{x}^{(1)}, \boldsymbol{y}^{(2)}) = f(\boldsymbol{x}^{(2)}, \boldsymbol{y}^{(1)})$$

该定理的证明和定理 6-2 证明完全一样，留作习题.

定理 6-7 设 $f(\boldsymbol{x}, \boldsymbol{y})$ 是定义在 $X \times Y$（其中 $X \subseteq \mathbf{R}^m$，$Y \subseteq \mathbf{R}^n$）上的有界函数，则 $\max\limits_{x \in X} \inf\limits_{y \in Y} f(\boldsymbol{x}, \boldsymbol{y})$、$\min\limits_{y \in Y} \sup\limits_{x \in X} f(\boldsymbol{x}, \boldsymbol{y})$ 存在并相等的充分必要条件是存在 $\boldsymbol{x}^* \in X$，$\boldsymbol{y}^* \in Y$，使 $(\boldsymbol{x}^*, \boldsymbol{y}^*)$ 是 $f(\boldsymbol{x}, \boldsymbol{y})$ 在 $X \times Y$ 上的一个鞍点.

证明：首先设 $\max\limits_{x \in X} \inf\limits_{y \in Y} f(\boldsymbol{x}, \boldsymbol{y})$、$\min\limits_{y \in Y} \sup\limits_{x \in X} f(\boldsymbol{x}, \boldsymbol{y})$ 存在并相等. 由 $\max\limits_{x \in X} \inf\limits_{y \in Y} f(\boldsymbol{x}, \boldsymbol{y})$、$\min\limits_{y \in Y} \sup\limits_{x \in X} f(\boldsymbol{x}, \boldsymbol{y})$ 都存在知 $\exists \boldsymbol{x}^* \in X$，$\exists \boldsymbol{y}^* \in Y$ 使

$$\max_{x \in X} \inf_{y \in Y} f(\boldsymbol{x}, \boldsymbol{y}) = \inf_{y \in Y} f(\boldsymbol{x}^*, \boldsymbol{y}),\ \min_{y \in Y} \sup_{x \in X} f(\boldsymbol{x}, \boldsymbol{y}) = \sup_{x \in X} f(\boldsymbol{x}, \boldsymbol{y}^*) \tag{6-26}$$

由 $\max\limits_{x \in X} \inf\limits_{y \in Y} f(\boldsymbol{x}, \boldsymbol{y}) = \min\limits_{y \in Y} \sup\limits_{x \in X} f(\boldsymbol{x}, \boldsymbol{y})$ 和式（6-26）便得

$$\min_{y\in Y}\sup_{x\in X} f(\boldsymbol{x},\boldsymbol{y})=\sup_{x\in X} f(\boldsymbol{x},\boldsymbol{y}^*)\geqslant f(\boldsymbol{x}^*,\boldsymbol{y}^*)\geqslant\inf_{y\in Y}\boldsymbol{x}^*A\boldsymbol{y}^{\mathrm{T}}=\max_{x\in X}\inf_{y\in Y} f(\boldsymbol{x},\boldsymbol{y})$$

然后由$\max\limits_{x\in X}\inf\limits_{y\in Y} f(\boldsymbol{x},\boldsymbol{y})=\min\limits_{y\in Y}\sup\limits_{x\in X} f(\boldsymbol{x},\boldsymbol{y})$ 和上式便得

$$\sup_{x\in X} f(\boldsymbol{x},\boldsymbol{y}^*)=f(\boldsymbol{x}^*,\boldsymbol{y}^*)=\inf_{y\in Y} f(\boldsymbol{x}^*,\boldsymbol{y}) \tag{6-27}$$

即对$\forall\,\boldsymbol{x}\in X$，$\forall\,\boldsymbol{y}\in Y$，均有

$$f(\boldsymbol{x},\boldsymbol{y}^*)\leqslant f(\boldsymbol{x}^*,\boldsymbol{y}^*)\leqslant f(\boldsymbol{x}^*,\boldsymbol{y})$$

所以（$\boldsymbol{x}^*$，$\boldsymbol{y}^*$）是 $f(\boldsymbol{x},\boldsymbol{y})$ 在 $X\times Y$ 上的一个鞍点.

反之，若（$\boldsymbol{x}^*$，$\boldsymbol{y}^*$）是 $f(\boldsymbol{x},\boldsymbol{y})$ 在 $X\times Y$ 上的一个鞍点，则有式（6-27）成立，从而

$$\inf_{y\in Y}(\sup_{x\in X} f(\boldsymbol{x},\boldsymbol{y})\leqslant\sup_{x\in X} f(\boldsymbol{x},\boldsymbol{y}^*)=f(\boldsymbol{x}^*,\boldsymbol{y}^*)=\inf_{y\in Y} f(\boldsymbol{x}^*,\boldsymbol{y})\leqslant\sup_{x\in X}(\inf_{y\in Y} f(\boldsymbol{x},\boldsymbol{y})) \tag{6-28}$$

另一方面由式（6-17）知

$$\sup_{x\in X}\inf_{y\in Y} f(\boldsymbol{x},\boldsymbol{y})\leqslant\inf_{y\in Y}\sup_{x\in X} f(\boldsymbol{x},\boldsymbol{y}) \tag{6-29}$$

由式（6-28）和式（6-29）便得

$$\inf_{y\in Y}\sup_{x\in X} f(\boldsymbol{x},\boldsymbol{y})=\sup_{x\in X} f(\boldsymbol{x},\boldsymbol{y}^*)= f(\boldsymbol{x}^*,\boldsymbol{y}^*)=\inf_{y\in Y} f(\boldsymbol{x}^*,\boldsymbol{y})=\sup_{x\in X}\inf_{y\in Y} f(\boldsymbol{x},\boldsymbol{y})$$

注意到 $\boldsymbol{x}^*\in X$，$\boldsymbol{y}^*\in Y$，因此在上式中有

$$\inf_{y\in Y}\sup_{x\in X} f(\boldsymbol{x},\boldsymbol{y})=\sup_{x\in X} f(\boldsymbol{x},\boldsymbol{y}^*)=\min_{y\in Y}\sup_{x\in X} f(\boldsymbol{x},\boldsymbol{y})$$

$$\sup_{x\in X}\inf_{y\in Y} f(\boldsymbol{x}^*,\boldsymbol{y})=\inf_{y\in Y} f(\boldsymbol{x},\boldsymbol{y})=\max_{x\in X}\inf_{y\in Y} f(\boldsymbol{x},\boldsymbol{y})$$

从而定理得证. □

由上述定理便得：

推论 6-7a 设 $G^*=\{S_1^*,S_2^*;E(\boldsymbol{x},\boldsymbol{y})\}$ 为矩阵对策 $G=\{S_1,S_2;\boldsymbol{A}\}$ 的混合扩充，$E(\boldsymbol{x},\boldsymbol{y})=\boldsymbol{xAy}^{\mathrm{T}}$，则$\min\limits_{y\in S_2^*}\max\limits_{x\in S_1^*}E(\boldsymbol{x},\boldsymbol{y})$ 和$\max\limits_{x\in S_1^*}\min\limits_{y\in S_2^*}E(\boldsymbol{x},\boldsymbol{y})$ 一定存在，且（$\boldsymbol{x}^*$，$\boldsymbol{y}^*$）是矩阵对策 G 一个解的充分必要条件是（$\boldsymbol{x}^*$，$\boldsymbol{y}^*$）是 $G^*=\{S_1^*,S_2^*;E(\boldsymbol{x},\boldsymbol{y})\}$ 的一个鞍点.

证明：事实上由定理 6-5 我们已得到$\min\limits_{y\in S_2^*}\max\limits_{x\in S_1^*}\boldsymbol{xAy}^{\mathrm{T}}$ 和$\max\limits_{x\in S_1^*}\min\limits_{y\in S_2^*}\boldsymbol{xAy}^{\mathrm{T}}$ 的存在性，下面给出根据函数连续性的另一证明，以推广到更一般的非合作对策. 首先由 S_1^*，S_2^* 均为有界闭集知 $E(\boldsymbol{x},\boldsymbol{y})=\boldsymbol{xAy}^{\mathrm{T}}$ 在 $S_1^*\times S_2^*$ 上是一致连续的，从而 $p(\boldsymbol{x})=\min\limits_{y\in S_2^*}\boldsymbol{xAy}^{\mathrm{T}}$、$q(\boldsymbol{y})=\max\limits_{x\in S_1^*}\boldsymbol{xAy}^{\mathrm{T}}$ 分别是 S_1^*，S_2^* 上的连续函数，所以$\max\limits_{x\in S_1^*}\min\limits_{y\in S_2^*}\boldsymbol{xAy}^{\mathrm{T}}$、$\min\limits_{y\in S_2^*}\max\limits_{x\in S_1^*}\boldsymbol{xAy}^{\mathrm{T}}$ 一定存在，然后由定理 6-7 便得结论. □

由定理 6-5、6-7 便得：

推论 6-7b 矩阵对策 $G^*=\{S_1^*,S_2^*;E(\boldsymbol{x},\boldsymbol{y})\}$ 一定存在一个鞍点（$\boldsymbol{x}^*$，$\boldsymbol{y}^*$）.

由式（6-16）、（6-18）和定理 6-7 可得：

推论 6-7c 记 $E(\boldsymbol{x},j)=\sum\limits_{i=1}^{m}a_{ij}x_i$，$E(i,\boldsymbol{y})=\sum\limits_{j=1}^{n}a_{ij}y_j$，设 $\boldsymbol{x}^*\in S_1^*$，$\boldsymbol{y}^*\in S_2^*$，则（$\boldsymbol{x}^*$，$\boldsymbol{y}^*$）是 $G^*=\{S_1^*,S_2^*;E(\boldsymbol{x},\boldsymbol{y})\}$ 的一个解的充分必要条件是对$\forall\,i=1,\cdots,m$ 和$\forall\,j=1,\cdots,n$，均有

$$E(i,\boldsymbol{y}^*)\leqslant E(\boldsymbol{x}^*,\boldsymbol{y}^*)\leqslant E(\boldsymbol{x}^*,j) \tag{6-30}$$

证明：由式（6-19）、(6-21）得

$$\min_{y\in S_2^*} E(\boldsymbol{x},\ \boldsymbol{y})=\min_{1\leqslant j\leqslant n} E(\boldsymbol{x},\ j),\ \max_{x\in S_1^*} E(\boldsymbol{x},\ \boldsymbol{y})=\max_{1\leqslant i\leqslant m} E(i,\ \boldsymbol{y}) \tag{6-31}$$

若（x^*，y^*）是解，则由定理6-7、推论6-7a和式（6-31）知

$$E(\boldsymbol{x}^*,\ \boldsymbol{y}^*)=\min_{y\in S_2^*} E(\boldsymbol{x}^*,\ \boldsymbol{y})=\min_{1\leqslant j\leqslant n} E(\boldsymbol{x}^*,\ j)$$

$$E(\boldsymbol{x}^*,\ \boldsymbol{y}^*)=\max_{x\in S_1^*} E(\boldsymbol{x},\ \boldsymbol{y}^*)=\max_{1\leqslant i\leqslant m} E(i,\ \boldsymbol{y}^*)$$

即

$$E(\boldsymbol{x}^*,\ \boldsymbol{y}^*)=\max_{1\leqslant i\leqslant m} E(i,\ \boldsymbol{y}^*)=\min_{1\leqslant j\leqslant n} E(\boldsymbol{x}^*,\ j) \tag{6-32}$$

显然式（6-32）与式（6-30）等价；反之若式（6-30）成立，则有式（6-32）成立，再由式（6-31）知

$$E(\boldsymbol{x}^*,\ \boldsymbol{y}^*)=\max_{x\in S_1^*} E(\boldsymbol{x},\ \boldsymbol{y}^*)=\min_{y\in S_2^*} E(\boldsymbol{x}^*,\ \boldsymbol{y})$$

即（$\boldsymbol{x}^*$，$\boldsymbol{y}^*$）是 $E(\boldsymbol{x},\ \boldsymbol{y})$ 的鞍点，再由定理6-7便知（$\boldsymbol{x}^*$，$\boldsymbol{y}^*$）是对策 G 的解. □

推论 6-7d 设（α_1，β_1）是矩阵对策 G 的纯平衡局势，则 $\boldsymbol{x}^*=(1,\ 0,\ \cdots,\ 0)\in\mathbf{R}^m$，$\boldsymbol{y}^*=(1,\ 0,\ \cdots,\ 0)\in\mathbf{R}^n$ 一定是其混合扩充 G^* 的解.

证明：由假设知

$$a_{11}=\min_{1\leqslant j\leqslant n} a_{1j}=\max_{1\leqslant i\leqslant m} a_{i1}$$

$\forall\ \boldsymbol{x}=(x_1,\ \cdots,\ x_m)\in S_1^*$，$\forall\ \boldsymbol{y}=(y_1,\ \cdots,\ y_n)\in S_2^*$，注意到 $\sum_{i=1}^m x_i=1$，$x_i\geqslant 0$，$i=1$，2，$\cdots$，m，$\sum_{j=1}^n y_j=1$，$y_j\geqslant 0$，$j=1$，2，$\cdots$，n，于是有

$$\sum_{1\leqslant i\leqslant m} a_{i1}x_i\leqslant a_{11}\leqslant \sum_{1\leqslant j\leqslant n} a_{1j}y_j \tag{6-33}$$

注意到 $E(\boldsymbol{x}^*,\ \boldsymbol{y}^*)=a_{11}$，$E(i,\ \boldsymbol{y}^*)=\sum_{1\leqslant i\leqslant m} a_{i1}x_i$，$E(\boldsymbol{x}^*,\ j)=\sum_{1\leqslant j\leqslant n} a_{1j}y_j$，再由式（6-33）和推论6-7c便得结论.

推论6-7d表明**矩阵对策 G 的纯平衡局势实际上也可看做是其混合扩充 G^* 的解，因此后面对纯平衡局势和混合平衡局势不再加以区分**.

在上述定理的证明中，由式（6-20）~(6-24）便可得计算 $2\times n$ 或 $m\times 2$ 混合对策 $G^*=\{S_1^*,\ S_2^*;\ E(\boldsymbol{x},\ \boldsymbol{y})\}$ 的图解法和线性规划方法. 首先看图解法，记 $E(\boldsymbol{x},\ j)=\sum_{i=1}^m a_{ij}x_i$，$E(i,\ \boldsymbol{y})=\sum_{j=1}^n a_{ij}y_j$，则根据式（6-20）、(6-22）有

$$v_1=\max_{x\in S_1^*}\min_{y\in S_1^*} \boldsymbol{xAy}^{\mathrm{T}}=\max_{x\in S_1^*}\min_{1\leqslant j\leqslant n} E(\boldsymbol{x},\ j) \tag{6-34}$$

$$v_2=\min_{y\in S_2^*}\max_{x\in S_1^*} \boldsymbol{xAy}^{\mathrm{T}}=\min_{y\in S_2^*}\max_{1\leqslant i\leqslant m} E(i,\ \boldsymbol{y}) \tag{6-35}$$

因此当 $m=2$ 时，便可根据式（6-34）首先绘出 $T(\boldsymbol{x})=\min_{1\leqslant j\leqslant n} E(\boldsymbol{x},\ j)$ 的形状，然后便可得到式（6-34）对应的值 v_1 和相应的解 $\boldsymbol{x}^*$，也就得到了问题（6-23）对应的最优解；再根据式（6-25）便可得到问题（6-24）即式（6-35）的解 $\boldsymbol{y}^*$（根据定理6-5已有 $v_2=v_1$）. 当 $n=2$ 时，同样可根据式（6-35）首先得到解 $\boldsymbol{y}^*$ 和 v_2，然后由问题（6-23）与问题（6-24）

的对偶性和互补松弛原理即式（6－25）便可得到问题（6－23）的 x^*. 下面举例说明.

例题 6－6 考虑矩阵对策 $G=\{S_1, S_2; \mathbf{A}\}$，其中

$$\mathbf{A}=\begin{bmatrix}2 & 3 & 11\\7 & 5 & 2\end{bmatrix}$$

$$S_1=\{\alpha_1, \alpha_2\},\quad S_2=\{\beta_1, \beta_2, \beta_3\}$$

试求解之.

解：设局中人 1 的混合策略为 $(x, 1-x)^{\mathrm{T}}$，$x\in[0,1]$，则局中人 2 选择 $\beta_1, \beta_2, \beta_3$ 时所确定的局中人 1 的赢得函数依次为 $2x+7(1-x)$，$3x+5(1-x)$，$11x+2(1-x)$，根据式（6－18）和（6－20），局中人 1 的最少的可能收入 $T(x)$ 为这三者中最小的，即

$$\begin{aligned}T(x)&=\min_{1\leqslant j\leqslant n}E(x, j)=\min\{2x+7(1-x), 3x+5(1-x), 11x+2(1-x)\}\\&=\min\{7-5x, 5-2x, 9x+2\}\end{aligned}$$

建立平面坐标系以画出 $T(x)$ 的图形，过数轴上原点 O 和（1，0）的两点分别做两条垂线，在过原点 O 的垂线上标出纵坐标值以表示局中人 1 采取纯策略 α_2 时（即 $x=0$ 时）赢得函数 $7-5x$，$5-2x$，$9+2x$ 的值（即局中人 2 采取各纯策略时的赢得值）；在过点（1，0）的垂线上标出的纵坐标值表示局中人 1 采取纯策略 α_1 时（即 $x=1$ 时）赢得函数 $7-5x$，$5-2x$，$9x+2$ 的值（即局中人 2 采取各纯策略时的赢得值），将相应的点连接起来便得到表示函数 $7-5x$，$5-2x$，$9x+2$ 的三条直线 $\beta_1, \beta_2, \beta_3$. 按最大最小原理，即式（6－20）或式（6－34），局中人 1 的赢得函数为三条直线 $\beta_1, \beta_2, \beta_3$（依次表示函数 $7-5x$，$5-2x$，$9x+2$）在 x 处的纵坐标中之最小者，即如折线 $B_1BB_2B_3$ 所示. 所以对局中人 1 来说，他的最优选择就是确定 x 使他的收入尽可能地多，这正是式（6－20）或式（6－34）的含义. 从图上可知应选择 $x=OA$，而 AB 即为对策值. 为求出点 x 和对策值 V_G，可联立过 B 点的两条线段 β_2 和 β_3 所确定的方程：

$$\begin{cases}5-2x=V_G\\9x+2=V_G\end{cases}$$

解得 $x=\dfrac{3}{11}$，$V_G=\dfrac{49}{11}$. 所以，局中人 1 的最优策略为 $\boldsymbol{x}^*=\left(\dfrac{3}{11}, \dfrac{8}{11}\right)^{\mathrm{T}}$.

此外，从图 6－1 上还可以看出，局中人 2 的最优混合策略只由 β_2 和 β_3 组成. 事实上，若记 $\boldsymbol{y}^*=(y_1^*, y_2^*, y_3^*)^{\mathrm{T}}$ 为局中人 2 的最优混合策略，则由

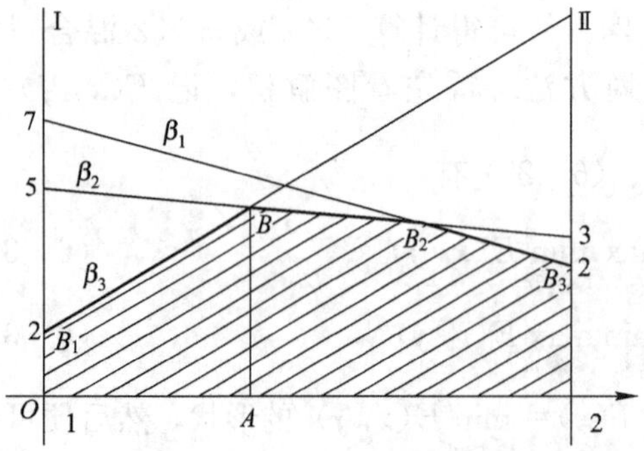

图 6－1 2×n 对策的图解法

$$E(x^*, 1)=2\times\frac{3}{11}+7\times\frac{8}{11}=\frac{62}{11}>\frac{49}{11}=V_G$$

$$E(x^*, 2)=E(x^*, 3)=V_G$$

根据推论 6－5a 可知，必有 $y_1^*=0$，并有

$$\begin{cases}3y_2^*+11y_3^*=\dfrac{49}{11}\\[2mm]5y_2^*+2y_3^*=\dfrac{49}{11}\\[2mm]y_2^*+y_3^*=1\end{cases}$$

求得 $y_2^*=\dfrac{9}{11}$，$y_3^*=\dfrac{2}{11}$. 所以局中人 2 的最优混合策略为 $\boldsymbol{y}^*=\left(0, \dfrac{9}{11}, \dfrac{2}{11}\right)^{\mathrm{T}}$. □

图解法一般只能解决 $m=2$ 或 $n=2$ 的情形，当 $m=3$ 或 $n=3$ 就要画出立体图形，更大的 m 和 n 就画不出来了. 但在特定情形下，矩阵 $\boldsymbol{A}$ 可化简，此即下面将要介绍的优超原则.

定义 6-7 设有矩阵对策 $G=\{S_1, S_2; \boldsymbol{A}\}$，其中 $S_1=\{\alpha_1, \alpha_2, \cdots, \alpha_m\}$，$S_2=\{\beta_1, \beta_2, \cdots, \beta_n\}$，$\boldsymbol{A}=(a_{ij})$，如果对一切 $j=1, 2, \cdots, n$ 都有 $a_{i_0 j} \geqslant a_{k_0 j}$，即矩阵 $\boldsymbol{A}$ 的第 i_0 行元素均不小于第 k_0 行的对应元素，则称局中人 1 的纯策略 α_{i_0} 优超于 α_{k_0}；同样，若对一切 $i=1, 2, \cdots, m$，都有 $a_{ij_0} \leqslant a_{il_0}$，即矩阵 $\boldsymbol{A}$ 的第 l_0 列元素均不小于第 j_0 列的对应元素，则称局中人 2 的纯策略 β_{j_0} 优超于 β_{l_0}.

定理 6-8 设 $G=\{S_1, S_2; \boldsymbol{A}\}$ 为矩阵对策，其中 $S_1=\{\alpha_1, \alpha_2, \cdots, \alpha_m\}$，$S_2=\{\beta_1, \beta_2, \cdots, \beta_n\}$，$\boldsymbol{A}=(a_{ij})$，如果纯策略 α_1 被其余纯策略 $\alpha_2, \cdots, \alpha_m$ 中之一所优超，令 $S_1'=\{\alpha_2, \cdots, \alpha_m\}$，则由 G 可得到一个新的矩阵对策 $G'=\{S_1', S_2; A'\}$，其中 $\boldsymbol{A}'=(a_{ij}')_{(m-1)\times n}$，$a_{ij}'=a_{i+1,j}$，$i=1, \cdots, m-1$，$j=1, 2, \cdots, n$. 则有

(1) $V_{G'}=V_G$；

(2) G' 中局中人 2 的最优策略就是其在 G 中的最优策略；

(3) 若 $(x_2^*, \cdots, x_m^*)^{\mathrm{T}}$ 是 G' 中局中人 1 的最优策略，则 $\boldsymbol{x}^*=(0, x_2^*, \cdots, x_m^*)^{\mathrm{T}}$ 便是其在 G 中的最优策略.

证明：不妨设 α_2 优超于 α_1，即

$$a_{2j} \geqslant a_{1j}, \quad j=1, 2, \cdots, n \tag{6-36}$$

因 $x'^*=(x_2^*, \cdots, x_m^*)^{\mathrm{T}}$ 和 $y^*=(y_1^*, \cdots, y_n^*)$ 是 G' 的解，由推论 6-7c，对 $\forall i=2, \cdots, m$；$\forall j=1, 2, \cdots, n$ 有

$$\sum_{j=1}^{n} a_{ij} y_j^* \leqslant V_{G'} \leqslant \sum_{i=2}^{m} a_{ij} x_i^* \tag{6-37}$$

因 α_2 优超于 α_1，由式（6-31）有

$$\sum_{j=1}^{n} a_{1j} y_j^* \leqslant \sum_{j=1}^{n} a_{2j} y_j^* \leqslant V_{G'} \tag{6-38}$$

合并式（6-32）和式（6-33）得

$$\sum_{j=1}^{n} a_{ij} y_i^* \leqslant V_{G'} \leqslant \sum_{i=2}^{m} a_{ij} x_i^* + a_{1j} \cdot 0, \quad \forall i=1, 2, \cdots, m; \ \forall j=1, 2, \cdots, n$$

即

$$E(i, \boldsymbol{y}^*) \leqslant V_{G'} \leqslant E(\boldsymbol{x}^*, j), \quad \forall i=1, 2, \cdots, m; \ \forall j=1, 2, \cdots, n$$

由推论 6-7c 知 $(\boldsymbol{x}^*, \boldsymbol{y}^*)$ 是 G 的解，其中 $\boldsymbol{x}^*=(0, x_2^*, \cdots, x_m^*)^{\mathrm{T}}$，且 $V_{G'}=V_G$. 证毕. □

由上述定理的证明便可得到：

推论 6-8a 在定理 6-8 中，若 α_1 不是为纯策略 $\alpha_2, \cdots, \alpha_m$ 中之一所优超，而是为 $\alpha_2, \cdots, \alpha_m$ 的某个凸线性组合所优超，定理 6-8 的结论仍然成立.

定理 6-8 实际给出了一个化简赢得矩阵 $\boldsymbol{A}$ 的原则，称之为优超原则. 根据这个原则，当局中人 1 的某纯策略 a_i 被其他纯策略或纯策略的凸线性组合所优超时，可在矩阵 $\boldsymbol{A}$ 中划去第 i 行而得到一个与原对策 G 等价但赢得矩阵阶数较小的对策 G'，而 G' 的求解往往比 G 的求解容易些，通过求解 G' 而得到 G 的解. 类似地，对局中人 2 来说，可以在赢得矩阵 $\boldsymbol{A}$ 中划去被其他列或其他列的凸线性组合所优超的那些列.

下面举例说明优超原则的应用.

例题 6-7 设赢得矩阵为 $\boldsymbol{A}$，求解这个矩阵对策.

$$\boldsymbol{A}=\begin{bmatrix}3 & 2 & 0 & 3 & 0\\ 5 & 0 & 2 & 5 & 9\\ 7 & 3 & 9 & 5 & 9\\ 4 & 6 & 8 & 7 & 5.5\\ 6 & 0 & 8 & 8 & 3\end{bmatrix}$$

解：由于第 4 行优超于第 1 行，第 3 行优超于第 2 行，故可划去第 1 行和第 2 行，得到新的赢得矩阵

$$\boldsymbol{A}_1=\begin{bmatrix}7 & 3 & 9 & 5 & 9\\ 4 & 6 & 8 & 7 & 5.5\\ 6 & 0 & 8 & 8 & 3\end{bmatrix}$$

对于 $\boldsymbol{A}_1$，第 1 列优超于第 3 列，第 2 列优超于第 4 列，$\frac{1}{3}\times$(第 1 列)$+\frac{2}{3}\times$(第 2 列)优超于第 5 列，因此去掉第 3 列、第 4 列和第 5 列，得到

$$\boldsymbol{A}_2=\begin{bmatrix}7 & 3\\ 4 & 6\\ 6 & 0\end{bmatrix}$$

这时，第 1 行又优超于第 3 行，故从 $\boldsymbol{A}_2$ 中划去第 3 行，得到

$$\boldsymbol{A}_3=\begin{bmatrix}7 & 3\\ 4 & 6\end{bmatrix}$$

这时便可用图解法计算了，求得解为

$$x_3^*=\frac{1}{3},\ x_4^*=\frac{2}{3}$$

$$y_1^*=\frac{1}{2},\ y_2^*=\frac{1}{2}$$

$$V=5$$

于是，原矩阵对策的一个解为

$$\boldsymbol{x}^*=\left(0,\ 0,\ \frac{1}{3},\ \frac{2}{3},\ 0\right)^{\mathrm{T}}$$

$$\boldsymbol{y}^*=\left(\frac{1}{2},\ \frac{1}{2},\ 0,\ 0,\ 0\right)^{\mathrm{T}}$$

$$V_G=5$$

当 m 或 n 很大时（即使是采用优超原则也不能进一步化简），这时可用由式（6-20）～式(6-25) 导出的计算混合对策 $G^*=\{S_1^*, S_2^*; E(\boldsymbol{x}, \boldsymbol{y})\}$ 的线性规划方法. 为简化计算，需要如下结论.

定理 6-9 记矩阵对策 G 的解集为 $T(G)$. 设有矩阵对策 $G_1=\{S_1, S_2; \boldsymbol{A}_1\}$ 和 $G_2=\{S_1, S_2; \boldsymbol{A}_2\}$，其中 $\boldsymbol{A}_1=(a_{ij})_{m\times n}$，$\boldsymbol{A}_2=(a_{ij}+L)_{m\times n}$，$L$ 为任一常数. 则

(1) $V_{G_2}=V_{G_1}+L$

(2) $T(G_1)=T(G_2)$

定理 6-10 设有两个矩阵对策

$$G_1=\{S_1, S_2; \boldsymbol{A}\}$$
$$G_2=\{S_1, S_2; \alpha\boldsymbol{A}\}$$

其中 $\alpha>0$ 为任一常数. 则

(1) $V_{G_1}=\alpha V_{G_2}$

(2) $T(G_1)=T(G_2)$

上述两个定理的证明见习题 6-2. 由定理 6-9，对一般的矩阵对策 $G=\{S_1, S_2; \boldsymbol{A}\}$，可假设对策矩阵 $\boldsymbol{A}$ 的元素均为正数，从而线性规划问题（6-23）和线性规划问题（6-24）的最优值均大于 0. 为减少计算量，对线性规划问题（6-23）作变换，令

$$x_i'=\frac{x_i}{u},\quad i=1, 2, \cdots, m \tag{6-39}$$

将式（6-39）代入到式（6-23），则线性规划问题（6-23）等价于

$$\begin{aligned}&\max u\\ &\text{s. t. } 1-\sum_{i=1}^{m}a_{ij}x_i'\leqslant 0,\quad j=1, 2, \cdots, n\\ &\qquad \sum_{i=1}^{m}x_i'=\frac{1}{u}\\ &\qquad x_i'\geqslant 0,\quad i=1, 2, \cdots, m\end{aligned}\tag{6-40}$$

式（6-40）又等价于

$$\begin{aligned}&\min \sum_{i=1}^{m}x_i'\\ &\text{s. t. } \sum_{i=1}^{m}a_{ij}x_i'\geqslant 1,\quad j=1, 2, \cdots, n\\ &\qquad x_i'\geqslant 0,\quad i=1, 2, \cdots, m\end{aligned}\tag{6-41}$$

即线性规划问题（6-23）与（6-41）等价. 同样对线性规划问题（6-24）作变换，令

$$y_j'=\frac{y_j}{v},\quad j=1, 2, \cdots, n$$

可得线性规划问题（6-24）与下述问题等价：

$$\begin{aligned}&\max \sum_{j=1}^{n}y_j'\\ &\text{s. t. } \sum_{j=1}^{n}a_{ij}y_j'\leqslant 1,\quad i=1, 2, \cdots, m\\ &\qquad y_j'\geqslant 0,\quad j=1, 2, \cdots, n\end{aligned}\tag{6-42}$$

显然线性规划问题（6-41）和（6-42）是一对互相对偶的问题，因此通过解问题（6-41）得到解 x_i' $(i=1, 2, \cdots, m)$，通过互补松弛原理得到对偶问题的解 y_j' $(j=1, 2, \cdots, n)$，然后令

$$V_G=\frac{1}{\sum_{i=1}^{m}x_i'}$$

$$x_i = \frac{x_i'}{\sum_{i=1}^{m} x_i'}, \quad i = 1, 2, \cdots, m$$

$$y_j = \frac{y_j'}{\sum_{j=1}^{n} y_j'}, \quad j = 1, \cdots, n$$

即可．为保证线性规划问题（6－41）或（6－42）的最优目标值大于0，由（6－41）和（6－42）知只要对策矩阵 $\boldsymbol{A}$ 的元素均为非负数，且每列至少有一个正数即可．因此在应用线性规划问题（6－41）或（6－42）解矩阵对策 $G=\{S_1, S_2; \boldsymbol{A}\}$ 时，首先应通过变换 $\boldsymbol{A}=(a_{ij})\rightarrow\boldsymbol{A}'=(a_{ij}+L)$ 将对策矩阵的负元化为零或正数．

例题 6－8 计算下面的矩阵对策：

$$\boldsymbol{A}=\begin{bmatrix} 2 & -3 & 4 \\ -3 & 4 & -5 \\ 4 & -5 & 6 \end{bmatrix}$$

解：$\boldsymbol{A}=\begin{bmatrix} 2 & -3 & 4 \\ -3 & 4 & -5 \\ 4 & -5 & 6 \end{bmatrix}\rightarrow\boldsymbol{A}'=\begin{bmatrix} 7 & 2 & 9 \\ 2 & 9 & 0 \\ 9 & 0 & 11 \end{bmatrix}$（各元素加上5）

对应的线性规划问题为

$$\begin{aligned} \min\ & x_1+x_2+x_3 \\ \text{s.t.}\ & 7x_1+2x_2+9x_3 \geqslant 1 \\ & 2x_1+9x_2 \geqslant 1 \\ & 9x_1 + 11x_3 \geqslant 1 \\ & x_i \geqslant 0, \quad i=1, 2, 3 \end{aligned}$$

解之得：$x_1=0.05$，$x_2=0.1$，$x_3=0.05$，目标值为：0.2，对偶变量值为：$y_1=0.05$，$y_2=0.1$，$y_3=0.05$，从而矩阵对策 $\boldsymbol{A}$ 的解为

$$V_G'=\frac{1}{0.2}=5$$

$$\boldsymbol{x}^*=V_G'\cdot(x_1, x_2, x_3)=5\cdot(0.05, 0.1, 0.05)=(0.25, 0.5, 0.25)$$

$$\boldsymbol{y}^*=V_G'\cdot(y_1, y_2, y_3)=5\cdot(0.05, 0.1, 0.05)=(0.25, 0.5, 0.25)$$

$$V_G=V_G'-5=0$$

□

习题

6－1 “二指莫拉问题”．甲、乙二人游戏，每人出一个或两个手指，同时又把猜测对方所出的指数叫出来．如果只有一个人猜测正确，则他所赢得的数目为二人所出指数之和，否则重新开始，写出该对策中各局中人的策略集合及甲的赢得矩阵，并回答局中人是否存在某种出法比其他出法更为有利．

6－2 求解下列矩阵对策，其中赢得矩阵分别为

(1) $\boldsymbol{A}=\begin{bmatrix}-2 & 12 & -4\\ 1 & 4 & 8\\ -5 & 2 & 3\end{bmatrix}$　　(2) $\boldsymbol{A}=\begin{bmatrix}2 & 2 & 1\\ 3 & 4 & 4\\ 2 & 1 & 6\end{bmatrix}$

(3) $\boldsymbol{A}=\begin{bmatrix}2 & 7 & 2 & 1\\ 2 & 2 & 3 & 4\\ 3 & 5 & 4 & 4\\ 2 & 3 & 1 & 6\end{bmatrix}$　　(4) $\boldsymbol{A}\begin{bmatrix}9 & 3 & 1 & 8 & 0\\ 6 & 5 & 4 & 6 & 7\\ 2 & 4 & 3 & 3 & 8\\ 5 & 6 & 2 & 2 & 1\\ 3 & 2 & 3 & 5 & 4\end{bmatrix}$

6-3 利用优超原则求解下列矩阵对策：

(1) $\boldsymbol{A}=\begin{bmatrix}1 & 0 & 3 & 4\\ -1 & 4 & 0 & 1\\ 2 & 2 & 2 & 3\\ 0 & 4 & 1 & 1\end{bmatrix}$　　(2) $\boldsymbol{A}=\begin{bmatrix}3 & 4 & 0 & 3 & 0\\ 5 & 0 & 2 & 5 & 9\\ 7 & 3 & 9 & 5 & 9\\ 4 & 6 & 8 & 7 & 6\\ 6 & 0 & 8 & 8 & 3\end{bmatrix}$

6-4 证明定理6-6.

6-5 利用图解法求解下列矩阵对策，其中$\boldsymbol{A}$为

(1) $\boldsymbol{A}=\begin{bmatrix}4 & 2 & 3 & -1\\ -4 & 0 & -2 & -2\end{bmatrix}$　　(2) $\boldsymbol{A}=\begin{bmatrix}1 & 3 & 11\\ 8 & 5 & 2\end{bmatrix}$

6-6 证明定理6-9和定理6-10.

6-7 用线性规划方法求解下列矩阵对策，其中$\boldsymbol{A}$为

(1) $\boldsymbol{A}=\begin{bmatrix}8 & 2 & 4\\ 2 & 6 & 6\\ 6 & 4 & 4\end{bmatrix}$　　(2) $\boldsymbol{A}=\begin{bmatrix}2 & 0 & 2\\ 0 & 3 & 1\\ 1 & 2 & 3\end{bmatrix}$

6-8 在例6-3中，设$p_1(\boldsymbol{x})$，$p_2(\boldsymbol{x})$都是$\boldsymbol{x}\in[0, 1]$的严格递减函数，并满足$p_1(0)=p_2(0)=1$，计算该问题并指出解是否唯一.

第 7 章 多目标线性规划与目标规划

7.1 引言

实际生活中，常常会遇到需要考虑多种因素的优化问题. 譬如某工厂生产一批货物，当然要考虑尽可能地节省成本；同时，由于顾客的要求，又想能尽快地完成任务；最后，由于该地区电力供应方面的原因，还希望能尽量地节省耗电量. 称这类具有多个目标函数的优化问题为多目标规划. 又称为向量最优化问题（Vector Optimization Problem，简记为 VOP). 一般向量最优化问题可表示为如下形式：

$$
\begin{aligned}
&\min\ (\text{或}\ \max) f(\boldsymbol{x})=(f_1(\boldsymbol{x}),\ f_2(\boldsymbol{x}),\ \cdots,\ f_l(\boldsymbol{x}))^{\mathrm{T}}\\
(\text{VOP})\ \text{s.t.}\quad & h_i(\boldsymbol{x})=0,\quad i=1,\ 2,\ \cdots,\ m_e\\
& g_j(\boldsymbol{x})\geqslant(\text{或}\leqslant)0,\quad j=m_e+1,\ \cdots,\ m\\
& \boldsymbol{x}\in X\subseteq \mathbf{R}^n
\end{aligned}
\tag{7-1}
$$

其中 $\mathbf{R}^n$ 为 n 维 Euclid 空间. 称 $x\in\mathbf{R}^n$ 为**决策变量**（或**设计变量**），称其所在的空间为**决策空间**；称 $f(\boldsymbol{x})=(f_1(\boldsymbol{x}),\ f_2(\boldsymbol{x}),\ \cdots,\ f_l(\boldsymbol{x}))^T$：$\mathbf{R}^n\mapsto\mathbf{R}^l$ 为**向量值目标函数**，向量目标值所在的空间称为**目标空间**，称 $h_i(\boldsymbol{x})$，$g_j(\boldsymbol{x})$：$\mathbf{R}^n\mapsto\mathbf{R}$ 为**约束函数**，称

$$
\begin{aligned}
D=\{\boldsymbol{x}\in X\subseteq\mathbf{R}^n\ \mid\ & h_i(\boldsymbol{x})=0,\quad i=1,\ 2,\ \cdots,\ m_e;\\
& g_j(\boldsymbol{x})\geqslant 0,\quad j=m_e+1,\ \cdots,\ m\}
\end{aligned}
$$

为上述问题（7-1）的可行域. 对任意 $\boldsymbol{x}\in D$，称其为可行解；若 $\boldsymbol{x}\notin D$，则称其为不可行解. 因此问题（7-1）也常简记为

$$
\min_{x\in D} f(\boldsymbol{x}),\ \text{或}\min_{x\in D} f_i(\boldsymbol{x}),\quad i=1,\ \cdots,\ l \tag{7-2}
$$

如果目标函数和约束条件都是线性的，就称为多目标线性规划（multiobjective linear programming)，这就是本章所要讨论的内容. 同 LP 问题一样，为了便于处理，可把约束条件化为等式约束和变量的非负约束，目标函数都化为求极小值，这样的问题称为标准形的向量极小值问题（vector minima，简记为 VM).

$$
\begin{aligned}
&\min\ (\text{或}\ v\text{—}\min)\boldsymbol{z}=\boldsymbol{Cx}\\
(\text{VM})\ \text{s.t.}\quad & \boldsymbol{Ax}=\boldsymbol{b}\\
& \boldsymbol{x}\geqslant 0
\end{aligned}
\tag{7-3}
$$

其中 $\boldsymbol{A}$ 为 $m\times n$ 行满秩矩阵，即 $\mathrm{Rank}(\boldsymbol{A})=m$，$\boldsymbol{x}\in\mathbf{R}^n$，$v$—min 表示这是一个向量极小值问题（即多目标规划问题)，$\boldsymbol{C}$ 是一个 $l\times n$ 矩阵，故 $\boldsymbol{z}=(z_1,\ \cdots,\ z_l)^{\mathrm{T}}$，即该问题有 l 个目标函

数. 若将 C 的第 k 行记为 c^k（第 j 列记为 c_j），则目标函数又可记为 $z_k=c^kx$，$k=1, \cdots, l$.

对于一个 VM 问题，显然 l 个目标函数在同一个解处达到最优值的可能性是很小的（l 个目标函数在同一个解处达到最优值，则称该解为**绝对最优解**），为此需要考虑怎样才算是“求解”了一个 VM 问题，也就是应如何对向量排序. 对向量 $x=(x_1, x_2, \cdots, x_m)$，$y=(y_1, y_2, \cdots, y_m)$，若对 $\forall i=1, \cdots, m$，均有 $x_i<y_i$，则记为 $x<y$；若对 $\forall i=1, \cdots, m$，均有 $x_i\leqslant y_i$，则记为 $x\leqslant y$. 将问题（7-3）的可行域记为 S，即

$$S=\{x\in \mathbf{R}^n \mid Ax=b,\ x\geqslant 0\}$$

定义 7-1　设 S 为问题（7-3）约束条件所决定的可行域. 如果 $x^{(1)}, x^{(2)}\in S$，有 $Cx^{(1)}\leqslant Cx^{(2)}$，且 $Cx^{(1)}\neq Cx^{(2)}$，即对所有 $k=1, \cdots, l$ 均有 $c^kx^{(1)}\leqslant c^kx^{(2)}$，且至少存在一个 r，$1\leqslant r\leqslant l$，使 $c^rx^{(1)}<c^rx^{(2)}$，则称 $x^{(2)}$ 受支配于 $x^{(1)}$，同时称 $x^{(2)}$ 是问题（VM）的一个**受支配解**（dominated feasible solution）；反之，设 $x^{(1)}\in S$，若不存在 $x\in S$，使 $Cx\leqslant Cx^{(1)}$ 且 $Cx\neq Cx^{(1)}$，则称 $x^{(1)}$ 为问题（VM）的一个**非支配解**（non-dominaied feasible solution）. **非支配解**也被称为**有效解**（efficient solution），或者是 ***Pareto*** 最优解（Pareto optimal solution），或者是**非劣解**（noninferior solution）. 问题 VM 的所有有效解构成的集合称为问题 VM 的**有效解集**，记为 Ω. 如果 S 的一个极点 $x\in\Omega$，则称 x 为**有效极点解**，有效极点解集记为 Ω^*.

一般来说，一个多目标问题的有效解有多个，而绝对最优解通常是不存在的. 求出一个有效解并不困难，困难的是该解是否满足决策者的要求，因此通常需要求出多个有效解以供决策者选择. 对于多目标线性规划问题（7-3），由于其可行域 S 是一个多面凸集，因此在理论上，我们能够求出它的有效解集 Ω，即所有有效解，以供决策者比较与选择，满足实际问题的需要. 但当问题规模较大时，其计算量巨大，实际上是难以实现的. 对一般的多目标规划问题（7-1），要找出所有有效解一般是不可能的. 因此在最后一节，我们还将介绍一个应用广泛的、从建模阶段便开始规划多个目标的方法——**目标规划方法**，该方法在计算上更为节省.

7.2　有效解与有效极点解

对于较简单的多目标线性规划问题，如二维问题，可通过图解法求出其所有有效解，如对下面的问题：

$$\begin{aligned} \min\ z_1 &= 2x_1+x_2 \\ z_2 &= -4x_1-3x_2 \\ \text{s.t. } x_1+x_2 &\leqslant 1 \\ x_1, x_2 &\geqslant 0 \end{aligned}$$

在图 7-1 中画出问题可行域和两个目标函数的等值线及其增大方向后，容易验证它的有效解集由图中的两条粗体线组成. 由该例可看到，VM 问题（7-3）的有效解集 Ω 不一定是一个凸集，但它一定是一个连通的集合.

下面考虑如何求一般问题（7-3）的有效解. 首先考虑给出问题（7-3）的一个可行解 $\bar{x}$，如何判断其为有效解. 根据有效解的定义，可构造如下与问题（7-3）对应的辅助 LP

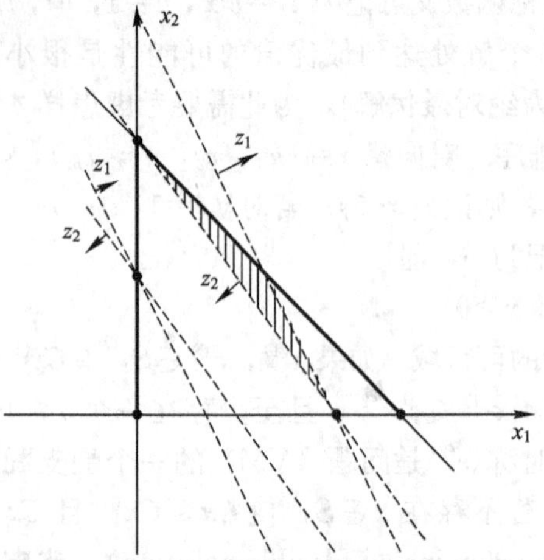

图 7-1 通过图解法求有效解

注：图中箭头为目标函数值增加的方向，阴影部分为目标函数等值线交点处解的受支配解集

子问题来帮助判断.

$$
\begin{aligned}
\max\ & \delta = \boldsymbol{e}^{\mathrm{T}} \boldsymbol{y} \\
\text{s.t.}\ & \boldsymbol{A}\boldsymbol{x} = \boldsymbol{b} \\
& \boldsymbol{C}\boldsymbol{x} + \boldsymbol{y} = \boldsymbol{C}\bar{\boldsymbol{x}} \\
& \boldsymbol{x} \geqslant \boldsymbol{0},\ \boldsymbol{y} \geqslant \boldsymbol{0}
\end{aligned} \tag{7-4}
$$

其中 $\boldsymbol{e}=(1, 1, \cdots, 1)^{\mathrm{T}} \in \mathbf{R}^l$.

定理 7-1 以 S 记问题可行域，Ω 记问题 (7-3) 的有效解集. 设$\bar{\boldsymbol{x}} \in S$，考虑与问题对应的辅助 LP 问题 (7-4)，则

1. $\bar{\boldsymbol{x}} \in \Omega$ 当且仅当问题 (7-4) 的最优值 $\delta^*=0$，即当且仅当 $(\bar{\boldsymbol{x}}, 0)$ 是问题 (7-4) 的一个最优解时，$\bar{\boldsymbol{x}}$ 是问题 (7-3) 的一个有效解；
2. 若问题 (7-4) 有最优解 $(\boldsymbol{x}^*, \boldsymbol{y}^*)$，则 $x^* \in \Omega$;
3. 若问题 (7-4) 无界，则 $\Omega=\varnothing$.

证明：1. 易知 $\boldsymbol{x}=\bar{\boldsymbol{x}}$，$\boldsymbol{y}=0$ 是问题 (7-4) 的一个可行解，因此该问题的最优值 $\delta^* \geqslant 0$. 根据线性规划基本定理，问题 (7-4) 要么有最优解，要么无上界. 若问题 (7-4) 无上界或者其最优值 $\delta^*>0$，则存在问题 (7-4) 的一个可行解 $\boldsymbol{x}=\boldsymbol{x}^*$，$\boldsymbol{y}=\boldsymbol{y}^*$，$\boldsymbol{y}^* \geqslant 0$，$\boldsymbol{e}^{\mathrm{T}}\boldsymbol{y}^*=\delta^*>0$ 即 $y^* \neq 0$，从而由问题 (7-4) 的第二个约束条件知 $\boldsymbol{C}\boldsymbol{x}^* \leqslant \boldsymbol{C}\bar{\boldsymbol{x}}$ 且 $\boldsymbol{C}\boldsymbol{x}^* \neq \boldsymbol{C}\bar{\boldsymbol{x}}$，于是由定义便知可行解$\bar{\boldsymbol{x}}$不是有效解，而是一个支配解. 因此若问题 (7-4) 无上界或者其最优值 $\delta^*>0$，则 $\bar{\boldsymbol{x}}$ 不是有效解；反之，若$\bar{\boldsymbol{x}}$不是有效解，而是一个支配解，则由定义知一定存在 $\boldsymbol{x}^* \in S$，$\boldsymbol{y}^* \geqslant 0$ 且 $\boldsymbol{y}^* \neq 0$，从而 $\boldsymbol{e}^{\mathrm{T}}\boldsymbol{y}^*>0$，使得 $\boldsymbol{C}\boldsymbol{x}^*+\boldsymbol{y}^*=\boldsymbol{C}\bar{\boldsymbol{x}}$，因此此时一定有问题 (7-4) 的最优值 $\delta^*>0$ 或者无上界. 所以$\bar{\boldsymbol{x}} \in \Omega$ 当且仅当问题 (7-4) 的最优值 $\delta^*=0$. 由于 $\boldsymbol{y}^* \geqslant 0$，$\delta^*=\boldsymbol{e}^{\mathrm{T}}\boldsymbol{y}^*=\sum_{i=1}^{l} y_i^* \geqslant 0$，因此 $\delta^*=0$ 等价于 $\boldsymbol{y}^*=0$，再由问题 (7-4) 的约束条件知这又等价于 $(\bar{\boldsymbol{x}}, 0)$ 是问题 (7-4) 的一个最优解.

2. 若问题 (7-4) 有最优解，则由约束条件知 $\boldsymbol{x}^*$ 是问题 (7-3) 的可行解，考虑问题：

$$
\begin{aligned}
\max\ & \delta = \boldsymbol{e}^{\mathrm{T}} \boldsymbol{y} \\
\text{s.t.}\ & \boldsymbol{A}\boldsymbol{x} = \boldsymbol{b} \\
& \boldsymbol{C}\boldsymbol{x} + \boldsymbol{y} = \boldsymbol{C}\boldsymbol{x}^* \\
& \boldsymbol{x} \geqslant 0,\ \boldsymbol{y} \geqslant 0
\end{aligned} \tag{7-5}
$$

显然 $(\boldsymbol{x}^*, 0)$ 是该问题的一个可行解，对应的目标值为 0. 若问题 (7-5) 的最优值 $\hat{\delta}>0$ 或者其无上界，则问题 (7-5) 存在一个可行解 $(\hat{\boldsymbol{x}}, \hat{\boldsymbol{y}})$，使 $\hat{\boldsymbol{y}} \geqslant 0$，$\boldsymbol{e}^{\mathrm{T}}\hat{\boldsymbol{y}}>0$，且 $\boldsymbol{C}\hat{\boldsymbol{x}}+\hat{\boldsymbol{y}}=\boldsymbol{C}\boldsymbol{x}^*$. 再由问题 (7-4) 的约束条件 $\boldsymbol{C}\boldsymbol{x}^*+\boldsymbol{y}^*=\boldsymbol{C}\bar{\boldsymbol{x}}$便得

$$\boldsymbol{C}\hat{\boldsymbol{x}}+(\hat{\boldsymbol{y}}+\boldsymbol{y}^*)=\boldsymbol{C}\bar{\boldsymbol{x}}$$

即 $(\hat{\boldsymbol{x}}, \hat{\boldsymbol{y}}+\boldsymbol{y}^*)$ 也是问题 (7-4) 的一个可行解，且由 $\boldsymbol{e}^{\mathrm{T}}\hat{\boldsymbol{y}}>0$ 得

$$\boldsymbol{e}^{\mathrm{T}}(\hat{\boldsymbol{y}}+\boldsymbol{y}^*)=\boldsymbol{e}^{\mathrm{T}}\hat{\boldsymbol{y}}+\boldsymbol{e}^{\mathrm{T}}\boldsymbol{y}^*>\boldsymbol{e}^{\mathrm{T}}\boldsymbol{y}^*$$

这与 $(\boldsymbol{x}^*, \boldsymbol{y}^*)$ 是问题 (7-4) 的最优解相矛盾，因此问题 (7-5) 的最优值一定是 0，再由第 1 部分的证明便知 $\boldsymbol{x}^* \in \Omega$.

3. 若问题（7－4）无上界，则由单纯形法知可找到一组解 $\boldsymbol{x}=\boldsymbol{x}^*+t\boldsymbol{d}_1$，$\boldsymbol{y}=\boldsymbol{y}^*+t\boldsymbol{d}_2$，$t\geqslant 0$，其中 $\boldsymbol{x}=\boldsymbol{x}^*$，$\boldsymbol{y}=\boldsymbol{y}^*$ 是问题（7－4）的一个基本可行解，$(\boldsymbol{d}_1, \boldsymbol{d}_2)$ 是问题（7－4）的一个非零极方向，即有 $\boldsymbol{A}\boldsymbol{d}_1=0$，$\boldsymbol{C}\boldsymbol{d}_1+\boldsymbol{d}_2=0$ 且 $\boldsymbol{d}_1\geqslant 0$，$\boldsymbol{d}_2\geqslant 0$，并有 $\boldsymbol{e}^{\mathrm{T}}\boldsymbol{d}_2>0$，从而当 $t\to+\infty$ 时，目标函数值 $\delta=\boldsymbol{e}^{\mathrm{T}}\boldsymbol{y}=\boldsymbol{e}^{\mathrm{T}}\boldsymbol{y}^*+t\boldsymbol{e}^{\mathrm{T}}\boldsymbol{d}_2\to+\infty$. 此时对问题（7－3）的任意一个可行解 $\hat{\boldsymbol{x}}$，当 $t>0$ 时 $\hat{\boldsymbol{x}}+t\boldsymbol{d}_1$ 仍是问题（7－3）的可行解，再由 $\boldsymbol{C}\boldsymbol{d}_1+\boldsymbol{d}_2=0$ 和 $\boldsymbol{e}^{\mathrm{T}}\boldsymbol{d}_2>0$ 知

$$\boldsymbol{C}\hat{\boldsymbol{x}}=\boldsymbol{C}(\hat{\boldsymbol{x}}+t\boldsymbol{d}_1)+t\boldsymbol{d}_2\geqslant\boldsymbol{C}(\hat{\boldsymbol{x}}+t\boldsymbol{d}_1)$$

$$\boldsymbol{e}^{\mathrm{T}}\boldsymbol{C}\hat{\boldsymbol{x}}=\boldsymbol{e}^{\mathrm{T}}\boldsymbol{C}(\hat{\boldsymbol{x}}+t\boldsymbol{d}_1)+t\boldsymbol{e}^{\mathrm{T}}\boldsymbol{d}_2>\boldsymbol{e}^{\mathrm{T}}\boldsymbol{C}(\hat{\boldsymbol{x}}+t\boldsymbol{d}_1)$$

因此，问题（7－3）的任意一个可行解 $\hat{\boldsymbol{x}}$ 均是支配解，从而 $\Omega=\varnothing$. □

由问题（7－4）的第二个约束条件得 $\boldsymbol{y}=\boldsymbol{C}\bar{\boldsymbol{x}}-\boldsymbol{C}\boldsymbol{x}$，代入到问题（7－4）的目标函数得 $\delta=\boldsymbol{e}^{\mathrm{T}}\boldsymbol{y}=\boldsymbol{e}^{\mathrm{T}}\boldsymbol{C}\bar{\boldsymbol{x}}-\boldsymbol{e}^{\mathrm{T}}\boldsymbol{C}\boldsymbol{x}$，注意到 $\boldsymbol{e}^{\mathrm{T}}\boldsymbol{C}\bar{\boldsymbol{x}}$ 是常量，因此问题（7－4）与下述问题等价：

$$\begin{aligned} \min\ & z_e=\boldsymbol{e}^{\mathrm{T}}\boldsymbol{C}\boldsymbol{x} \\ \text{s. t.}\ & \boldsymbol{A}\boldsymbol{x}=\boldsymbol{b} \\ & \boldsymbol{C}\boldsymbol{x}\leqslant\boldsymbol{C}\bar{\boldsymbol{x}} \\ & \boldsymbol{x}\geqslant 0 \end{aligned} \tag{7-6}$$

因此根据定理7－1直接便得：

推论7－1a　设 S 为问题（7－3）的可行域，$\bar{\boldsymbol{x}}\in S$，考虑与问题（7－3）对应的辅助LP问题（7－6），则 $\bar{\boldsymbol{x}}\in\Omega$ 当且仅当问题（7－6）的最优目标值 $z_e^*=\min z_e=\boldsymbol{e}^{\mathrm{T}}\boldsymbol{C}\bar{\boldsymbol{x}}$；若问题（7－6）有最优解 $\boldsymbol{x}^*$，则 $\boldsymbol{x}^*\in\Omega$；若问题（7－6）无界，则 $\Omega=\varnothing$.

根据定理7－1的证明，式（7－4）中的 $\boldsymbol{e}=(1,\cdots,1)^{\mathrm{T}}$ 用任意的 $\boldsymbol{\lambda}=(\lambda_1,\cdots,\lambda_l)^{\mathrm{T}}>0$ 代替时，结论仍然正确，因此在推论7－1a和问题（7－6）中，将 $\boldsymbol{e}=(1,\cdots,1)^{\mathrm{T}}$ 用任意的 $\boldsymbol{\lambda}=(\lambda_1,\cdots,\lambda_l)^{\mathrm{T}}>0$ 代替可得如下结论.

推论7－1b　设 $\bar{\boldsymbol{x}}\in S$，任取 $\boldsymbol{\lambda}=(\lambda_1,\cdots,\lambda_l)^{\mathrm{T}}>0$，考虑与问题（7－3）对应的辅助LP问题：

$$\begin{aligned} \min\ & z_\lambda=\boldsymbol{\lambda}^{\mathrm{T}}\boldsymbol{C}\boldsymbol{x} \\ \text{s. t.}\ & \boldsymbol{A}\boldsymbol{x}=\boldsymbol{b} \\ & \boldsymbol{C}\boldsymbol{x}+\boldsymbol{y}=\boldsymbol{C}\bar{\boldsymbol{x}} \\ & \boldsymbol{x}\geqslant 0,\ \boldsymbol{y}\geqslant 0 \end{aligned} \tag{7-7}$$

则 $\bar{\boldsymbol{x}}\in\Omega$ 当且仅当问题（7－7）的最优目标值 $z_\lambda^*=\min z_\lambda=\boldsymbol{\lambda}^{\mathrm{T}}\boldsymbol{C}\bar{\boldsymbol{x}}$；若问题（7－7）有最优解 (x^*, y^*)，则 $x^*\in\Omega$；若问题（7－7）无界，则 $\Omega=\varnothing$.

定理7－1及其推论7－1a、推论7－1b说明，可通过求解一个LP问题来判定问题（VM）的一个可行解 $\bar{\boldsymbol{x}}$ 是否为有效解. 现在考虑如何计算一个有效解.

定理7－2　考虑问题：

$$\begin{aligned} & \min\ z_\lambda=\boldsymbol{\lambda}^{\mathrm{T}}\boldsymbol{C}\boldsymbol{x}=\sum_{k=1}^{l}\lambda_k\boldsymbol{c}^{(k)}\boldsymbol{x} \\ (\mathrm{LP}(\lambda))\quad & \text{s. t}\ \ \boldsymbol{A}\boldsymbol{x}=\boldsymbol{b} \\ & \qquad\ \ \boldsymbol{x}\geqslant 0 \end{aligned} \tag{7-8}$$

其中 $\boldsymbol{c}^{(k)}$ 为目标函数系数矩阵 $\boldsymbol{C}$ 的第 k 行，则问题（7－3）的可行解 $\bar{\boldsymbol{x}}$ 为有效解当且仅当存在 $\boldsymbol{\lambda}>0$，使 $\bar{\boldsymbol{x}}$ 为问题（7－8）的最优解.

证明：问题（7-8）的对偶问题是

$$\begin{aligned}&\max\ \boldsymbol{w}^{\mathrm{T}}\boldsymbol{b}\\&\text{s.t. }\ \boldsymbol{w}^{\mathrm{T}}\boldsymbol{A}\leqslant\boldsymbol{\lambda}^{\mathrm{T}}\boldsymbol{C}\end{aligned}\tag{7-9}$$

问题（7-6）的对偶问题是

$$\begin{aligned}&\max\ \boldsymbol{w}^{\mathrm{T}}\boldsymbol{b}-\boldsymbol{v}^{\mathrm{T}}\boldsymbol{C}\bar{\boldsymbol{x}}\\&\text{s.t. }\ \boldsymbol{w}^{\mathrm{T}}\boldsymbol{A}-\boldsymbol{v}^{\mathrm{T}}\boldsymbol{C}\leqslant\boldsymbol{e}^{\mathrm{T}}\boldsymbol{C}\\&\qquad \boldsymbol{w}\text{ 任意},\ \boldsymbol{v}\geqslant 0\end{aligned}\tag{7-10}$$

先证必要性．若 $\bar{\boldsymbol{x}}\in\Omega$，根据推论 7-1a 知 $\bar{\boldsymbol{x}}$ 是问题（7-6）的最优解，由对偶原理，问题（7-10）有最优解（$\bar{\boldsymbol{w}}$，$\bar{\boldsymbol{v}}$），且

$$\boldsymbol{e}^{\mathrm{T}}\boldsymbol{C}\bar{\boldsymbol{x}}=\bar{\boldsymbol{w}}^{\mathrm{T}}\boldsymbol{b}-\bar{\boldsymbol{v}}^{\mathrm{T}}\boldsymbol{C}\bar{\boldsymbol{x}}$$

即

$$\bar{\boldsymbol{w}}^{\mathrm{T}}\boldsymbol{b}=(\boldsymbol{e}+\bar{\boldsymbol{v}})^{\mathrm{T}}\boldsymbol{C}\bar{\boldsymbol{x}}\tag{7-11}$$

令 $\boldsymbol{\lambda}=\boldsymbol{e}+\bar{\boldsymbol{v}}>0$，由问题（7-6）和问题（7-10）的约束条件知 $\bar{\boldsymbol{x}}$ 和 $\bar{\boldsymbol{w}}$ 分别为问题（7-8）和（7-9）的可行解，再由式（7-11）和对偶原理便知 $\bar{\boldsymbol{x}}$ 和 $\bar{\boldsymbol{w}}$ 分别为问题（7-8）和（7-9）的最优解．

下证充分性．设 $\exists\boldsymbol{\lambda}>0$ 使 $\bar{\boldsymbol{x}}$ 是问题（7-8）的最优解，用反证法，若 $\bar{\boldsymbol{x}}\notin\Omega$，则存在 $\boldsymbol{x}^*\in S$ 使 $\boldsymbol{C}\boldsymbol{x}^*\leqslant\boldsymbol{C}\bar{\boldsymbol{x}}$ 且 $\boldsymbol{C}\boldsymbol{x}^*\neq\boldsymbol{C}\bar{\boldsymbol{x}}$．于是对任一 $\boldsymbol{\lambda}>\boldsymbol{0}$，均有 $\boldsymbol{\lambda}^{\mathrm{T}}\boldsymbol{C}\boldsymbol{x}^*<\boldsymbol{\lambda}^{\mathrm{T}}\boldsymbol{C}\bar{\boldsymbol{x}}$，即对任一 $\boldsymbol{\lambda}>0$，$\bar{\boldsymbol{x}}$ 均不是问题（7-8）的最优解，矛盾！因此若 $\exists\boldsymbol{\lambda}>\boldsymbol{0}$ 使 $\bar{\boldsymbol{x}}$ 是问题（7-8）的最优解，则 $\bar{\boldsymbol{x}}\in\Omega$． □

定理 7-2 是一个重要定理．它表明，通过取合适的 $\boldsymbol{\lambda}>\boldsymbol{0}$，在理论上可找出问题（7-3）的所有有效解．在多目标规划中，$\boldsymbol{\lambda}$ 也常常称为权重因子．在实际计算中，如果对某个目标函数 $\boldsymbol{c}^{(k)}\boldsymbol{x}$ 的值不满意，可增大对应的权重因子 λ_k 重新计算，以使该目标函数值变小．对于具有两个目标函数 $\boldsymbol{c}^{(1)\mathrm{T}}\boldsymbol{x}$ 和 $\boldsymbol{c}^{(2)\mathrm{T}}\boldsymbol{x}$ 的 VM 问题，由于

$$\begin{aligned}z_\lambda&=\lambda_1\boldsymbol{c}^{(1)\mathrm{T}}\boldsymbol{x}+\lambda_2\boldsymbol{c}^{(2)\mathrm{T}}\boldsymbol{x}\\&=\lambda_1\left(\boldsymbol{c}^{(1)\mathrm{T}}\boldsymbol{x}+\frac{\lambda_2}{\lambda_1}\boldsymbol{c}^{(2)\mathrm{T}}\boldsymbol{x}\right)\end{aligned}$$

因此可以将它化为目标函数为 $\boldsymbol{c}^{(1)}\boldsymbol{x}+\theta\boldsymbol{c}^{(2)}\boldsymbol{x}$（$\theta>0$）的参数 LP 问题，从而使问题得到简化．

下面给出有效极点解的存在性定理．

定理 7-3 若一个 VM 问题的有效解集 $\Omega\neq\varnothing$，则有效极点解集 $\Omega^*\neq\varnothing$．

证明：设 $\bar{\boldsymbol{x}}\in\Omega$，则存在 $\lambda>0$，使 $\bar{\boldsymbol{x}}$ 为问题（7-8）的最优解，于是由线性基本定理知问题（7-8）存在最优基本可行解，从而 $\Omega^*\neq\varnothing$，证毕．

定理 7-1 和定理 7-2 提供了寻找问题（7-3）一个有效极点解的方法．根据定理7-2，可以取定向量 $\boldsymbol{\lambda}=\boldsymbol{\lambda}_0>\boldsymbol{0}$，如令 $\boldsymbol{\lambda}=\boldsymbol{e}^{\mathrm{T}}$，求解问题（7-8）．如果问题（7-8）有最优基本可行解，则也就找到了问题（7-3）的一个有效极点解；如果问题（7-8）无可行解，则问题（7-3）也无可行解（因为问题（7-8）和问题（7-3）的可行域相同）．

如果问题（7-8）无下界，此时若问题（7-3）有有效解，根据定理 7-2 知当前的 λ 不合适，应寻找另一个合适的向量 $\boldsymbol{\lambda}>\boldsymbol{0}$，使问题（7-8）有最优解．而这根据线性规划基本定理和对偶原理，这又等价于是否存在 $\boldsymbol{\lambda}>\boldsymbol{0}$，使问题（7-8）的对偶问题（7-9）有可行解．对任一个数学规划问题，将目标函数乘以某个正数后，得到的新问题显然与原问题等价，因此在定理 7-2 中，条件“$\boldsymbol{\lambda}>\boldsymbol{0}$”实际是与“$\boldsymbol{\lambda}\geqslant\boldsymbol{e}$”等价的，于是问题变为判断下述问题是否

有可行解 $(\boldsymbol{w}, \boldsymbol{v})$：

$$\begin{aligned} &\boldsymbol{w}^{\mathrm{T}}\boldsymbol{A} \leqslant \boldsymbol{e}^{\mathrm{T}}\boldsymbol{C} + \boldsymbol{v}^{\mathrm{T}}\boldsymbol{C} \\ &\boldsymbol{w} \text{任意}, \boldsymbol{v} \geqslant 0 \end{aligned} \tag{7-12}$$

问题 (7 - 12) 的求解可通过线性规划两阶段法的第一阶段完成，或直接观察得到. 若问题 (7 - 12) 有解，令 $\boldsymbol{\lambda}=\boldsymbol{e}+\boldsymbol{v}$ 再去计算问题 (7 - 8) 即可；注意到问题 (7 - 12) 实际上就是问题 (7 - 10) 的约束条件，因此由对偶原理，若问题 (7 - 12) 无解，则问题 (7 - 6) 要么无下界，要么无可行解，再根据定理 7 - 1 及其推论 7 - 1a 便知问题 (7 - 3) 无有效解，即 $\Omega=\varnothing$.

另一种方法是在具体计算时，首先任意取定一个 $\boldsymbol{\lambda}=\boldsymbol{\lambda}_0>0$，如果用单纯形法计算问题 (7 - 8) 时发现其无下界，则在这一过程中，将会得到问题 (7 - 8) 即问题 (7 - 3) 的一个基本可行解 $\bar{\boldsymbol{x}}$，然后根据推论 7 - 1b 求解问题 (7 - 7) 将可发现 $\Omega=\varnothing$ 或者是一个有效解 $\boldsymbol{x}^*$ (不一定是基本的). 为充分利用已有的计算结果，应将目标行系数放在表中一起迭代，而不仅仅是计算问题 (7 - 8). 该单纯形表变换过程为

	$\boldsymbol{x}_B$	$\boldsymbol{x}_N$	RHS
$\boldsymbol{x}_B$	$\boldsymbol{B}$	$\boldsymbol{N}$	$\boldsymbol{b}$
$\boldsymbol{z}$	$-\boldsymbol{C}_B$	$-\boldsymbol{C}_N$	0
z_λ	$-\boldsymbol{\lambda}_0^{\mathrm{T}}\boldsymbol{C}_B$	$-\boldsymbol{\lambda}_0^{\mathrm{T}}\boldsymbol{C}_N$	0

→

	$\boldsymbol{x}_B$	$\boldsymbol{x}_N$	RHS
$\boldsymbol{x}_B$	$\boldsymbol{I}$	$\overline{\boldsymbol{N}}$	$\bar{\boldsymbol{b}}$
$\boldsymbol{z}$	0	$\overline{\boldsymbol{C}}_N$	$\bar{\boldsymbol{z}}$
z_λ	0	$\boldsymbol{\zeta}_N$	z_0

(7 - 13)

式 (7 - 13) 中 $\boldsymbol{z}$ 为原问题 (7 - 3) 的 l 个目标变量，是一个 l 维的列向量，对应的系数为 $l\times n$ 矩阵 $\boldsymbol{C}$，按基变量 $\boldsymbol{x}_B$ 和非基变量 $\boldsymbol{x}_N$ 划分为 $[\boldsymbol{C}_B \mid \boldsymbol{C}_N]$. z_λ 是问题 (7 - 8) 的目标函数，即该表的目标行. 在作单纯形旋转时，不仅要把基变量 $\boldsymbol{x}_B$ 从 z_λ 行消去，还要把它从 $\boldsymbol{z}$ 行消去，因此 $\overline{\boldsymbol{A}}=\boldsymbol{B}^{-1}\boldsymbol{A}$，$\overline{\boldsymbol{N}}=\boldsymbol{B}^{-1}\boldsymbol{N}$，$\overline{\boldsymbol{C}}=\boldsymbol{C}_B\boldsymbol{B}^{-1}\boldsymbol{A}-\boldsymbol{C}$，$\overline{\boldsymbol{C}}_N=\boldsymbol{C}_B\boldsymbol{B}^{-1}\boldsymbol{N}-\boldsymbol{C}_N$，$\bar{\boldsymbol{b}}=\boldsymbol{B}^{-1}\boldsymbol{b}\geqslant 0$，$\bar{\boldsymbol{z}}=\boldsymbol{C}_B\bar{\boldsymbol{b}}=\boldsymbol{C}\bar{\boldsymbol{x}}$，$\boldsymbol{\zeta}_N=\boldsymbol{\lambda}_0^{\mathrm{T}}\boldsymbol{C}_B\boldsymbol{B}^{-1}\boldsymbol{N}-\boldsymbol{\lambda}_0^{\mathrm{T}}\boldsymbol{C}_N=\boldsymbol{\lambda}_0^{\mathrm{T}}\overline{\boldsymbol{C}}_N$，$z_0=\boldsymbol{\lambda}_0^{\mathrm{T}}\boldsymbol{C}_B\boldsymbol{B}^{-1}\boldsymbol{b}=\boldsymbol{\lambda}_0^{\mathrm{T}}\boldsymbol{C}_B\bar{\boldsymbol{b}}$. 根据单纯形表变换过程的等价性，有 $\boldsymbol{z}=\boldsymbol{C}\boldsymbol{x}=\bar{\boldsymbol{z}}-\overline{\boldsymbol{C}}_N\boldsymbol{x}_N$，将其代入到约束 $\boldsymbol{C}\boldsymbol{x}+\boldsymbol{y}=\boldsymbol{C}\bar{\boldsymbol{x}}$ 中便得

$$-\overline{\boldsymbol{C}}_N\boldsymbol{x}_N+\boldsymbol{y}=\boldsymbol{C}\bar{\boldsymbol{x}}-\bar{\boldsymbol{z}}=0$$

从而问题 (7 - 7) 的单纯形表及其相应的变换可表示为

	$\boldsymbol{x}_B$	$\boldsymbol{x}_N$	$\boldsymbol{y}$	
$\boldsymbol{x}_B$	$\boldsymbol{B}$	$\boldsymbol{N}$	0	$\boldsymbol{b}$
$\boldsymbol{y}$	$\boldsymbol{C}_B$	$\boldsymbol{C}_N$	$\boldsymbol{I}$	$\boldsymbol{C}\bar{\boldsymbol{x}}$
z_λ	$-\boldsymbol{\lambda}_0^{\mathrm{T}}\boldsymbol{C}_B$	$-\boldsymbol{\lambda}_0^{\mathrm{T}}\boldsymbol{C}_N$	0	0

→

	$\boldsymbol{x}_B$	$\boldsymbol{x}_N$	$\boldsymbol{y}$	
$\boldsymbol{x}_B$	$\boldsymbol{I}$	$\overline{\boldsymbol{N}}$	0	$\bar{\boldsymbol{b}}$
$\boldsymbol{y}$	0	$-\overline{\boldsymbol{C}}_N$	$\boldsymbol{I}$	0
z_λ	0	$\boldsymbol{\zeta}_N$	0	z_0

(7 - 14)

其中式 (7 - 14) 箭头右边的数据完全来自式 (7 - 13) 箭头右边的表 (注意符号)，且该表中 $(\boldsymbol{x}_B, \boldsymbol{y})$ 是问题 (7 - 7) 的一组 (退化) 基本可行解，从而可直接从该表出发作单纯形迭代求解问题 (7 - 7)，然后根据推论 7 - 1b 便得到一个有效解或发现 $\Omega=\varnothing$.

如果用单纯形法从式 (7 - 14) 箭头右边的表出发得到了问题 (7 - 7) 的一个最优解

$(\boldsymbol{x}^*, \boldsymbol{y}^*)$，则根据推论 7-1b 知 $\boldsymbol{x}^*$ 是原问题的一个有效解. 若 $\boldsymbol{C}\boldsymbol{x}^* = \boldsymbol{C}\bar{\boldsymbol{x}}$，则 $\boldsymbol{x}^*$，$\bar{\boldsymbol{x}}$ 均是有效解，且基本可行解 $\bar{\boldsymbol{x}}$ 就是一个有效极点解；若 $\boldsymbol{C}\boldsymbol{x}^* \neq \boldsymbol{C}\bar{\boldsymbol{x}}$（此时 $y^* \neq 0$），且解问题（7-7）得到的有效解 $\boldsymbol{x}^*$ 不是基本的，则根据定理 7-2 及其证明，可得到问题（7-8）的对偶问题（7-9）的一个可行解 $\boldsymbol{\lambda}$，设在问题（7-7）中 $\boldsymbol{\lambda} = \boldsymbol{\lambda}_0 = (\lambda_1^{(0)}, \cdots, \lambda_l^{(0)})^{\mathrm{T}} > 0$，则其对偶问题是

$$\begin{aligned} &\max\ \boldsymbol{w}^{\mathrm{T}}\boldsymbol{b} - \boldsymbol{v}^{\mathrm{T}}\boldsymbol{C}\bar{\boldsymbol{x}} \\ &\text{s. t. }\ \boldsymbol{w}^{\mathrm{T}}\boldsymbol{A} - \boldsymbol{v}^{\mathrm{T}}\boldsymbol{C} \leqslant \boldsymbol{\lambda}_0^{\mathrm{T}}\boldsymbol{C} \\ &\qquad \boldsymbol{w} \text{ 任意}, \boldsymbol{v} \geqslant 0 \end{aligned} \tag{7-15}$$

设问题（7-15）的最优解是 $(\bar{\boldsymbol{w}}, \bar{\boldsymbol{v}})$，将问题（7-15）与问题（7-9）相比较便知 $\boldsymbol{\lambda} = \boldsymbol{\lambda}_0 + \bar{\boldsymbol{v}}$ 是问题（7-9）的一个可行解. 设用单纯形法从式（7-14）箭头右边的表出发求解问题（7-7）的迭代过程可表示为（其中 $\boldsymbol{B}'$ 为迭代中止时的基矩阵）

	$\boldsymbol{x}_B$	$\boldsymbol{x}_N$	$\boldsymbol{y}$	
$\boldsymbol{x}_B$	$\boldsymbol{I}$	$\bar{\boldsymbol{N}}$	0	$\bar{\boldsymbol{b}}$
$\boldsymbol{y}$	0	$-\bar{\boldsymbol{C}}_N$	$\boldsymbol{I}$	0
z_λ	0	$\boldsymbol{\zeta}_N$	0	z_0

→

	$\boldsymbol{x}_B$	x_N	$\boldsymbol{y}$	
$\boldsymbol{x}_{B_1'}$	$\bar{\boldsymbol{B}}'$	$\bar{\boldsymbol{N}}'$	T_1	$\bar{\boldsymbol{b}}_1'$
$\boldsymbol{x}_{B_2'}$	$\bar{\boldsymbol{C}}_B'$	$\bar{\boldsymbol{C}}_N'$	T_2	$\bar{\boldsymbol{b}}_2'$
g	$\boldsymbol{\zeta}_B'$	$\boldsymbol{\zeta}_N'$	$\boldsymbol{\zeta}_y$	z_0'

（7-16）

则由表（7-16）知

$$\bar{\boldsymbol{w}}^{\mathrm{T}}\boldsymbol{A} - (\bar{\boldsymbol{v}} + \boldsymbol{\lambda}_0)^{\mathrm{T}}\boldsymbol{C} = (\boldsymbol{\zeta}_B', \boldsymbol{\zeta}_N'), \quad -\bar{\boldsymbol{v}}^{\mathrm{T}} = \boldsymbol{\zeta}_y$$

从而问题（7-9）的一个可行解是

$$\boldsymbol{\lambda} = \boldsymbol{\lambda}_0 + \bar{\boldsymbol{v}} = \boldsymbol{\lambda}_0 - \boldsymbol{\zeta}_y > 0 \tag{7-17}$$

根据式（7-17）可得到 LP($\boldsymbol{\lambda}$) 问题（7-8）对应的一个新的 $\boldsymbol{\lambda}$ 和新的目标函数 z_λ. 由于新的 $\boldsymbol{\lambda}$ 是问题（7-8）的对偶问题（7-9）的一个可行解，因此根据对偶原理和线性规划基本定理知新的 LP($\boldsymbol{\lambda}$) 问题（7-8）一定会有最优基本可行解，从而得到原问题的一个有效极点解. 此时求解新的 LP($\boldsymbol{\lambda}$) 问题（7-8）初始单纯形表的数据也可从（7-13）箭头右边的表得到，为

	$\boldsymbol{x}_B$	$\boldsymbol{x}_N$	RHS
$\boldsymbol{x}_B$	$\boldsymbol{I}$	$\bar{\boldsymbol{N}}$	$\bar{\boldsymbol{b}}$
z	0	$\bar{\boldsymbol{C}}_N$	$\bar{z}$
z_λ	0	$\hat{\boldsymbol{\zeta}}_N$	$\hat{z}_0$

（7-18）

其中 $\hat{\boldsymbol{\zeta}}_N = \boldsymbol{\lambda}^{\mathrm{T}}\bar{\boldsymbol{C}}_N$，$\hat{z}_0 = \boldsymbol{\lambda}^{\mathrm{T}}\bar{\boldsymbol{b}}$，$\boldsymbol{\lambda}$ 由式（7-17）确定.

综上所述，我们有两种方法来计算一个有效极点解. 一是通过式问题（7-12）确定一个合适的 $\boldsymbol{\lambda} = \boldsymbol{e} + \boldsymbol{v} > 0$，然后解问题（7-8）；二是先任取一个 $\boldsymbol{\lambda} > 0$，按式（7-13）作单纯形迭代，若得到一个最优基本可行解，则该解就是一个有效极点解；若无下界，则根据式（7-13）箭头右边的表得到式（7-14）箭头右边的表，该表与问题（7-7）等价，然后用单纯形法求解之. 根据推论 7-1b 便可得到一个有效解 $\boldsymbol{x}^*$ 或发现 $\Omega = \varnothing$. 若得到的有效解 $\boldsymbol{x}^*$ 不是基本的，则根据式（7-17）确定新的 $\boldsymbol{\lambda}$，再从单纯形表（7-18）出发解新的 LP($\boldsymbol{\lambda}$) 问题（7-8）

便可得到原问题的一个有效极点解．下面通过例子说明具体计算过程．

例题7-1　求下面的VM问题的一个有效解．

$$
\begin{aligned}
v-\min\ & z_1=x_1-x_2\\
& z_2=6x_1-x_2\\
& z_3=-3x_1+x_2\\
\text{s.t.}\ & 3x_1-x_2\leqslant 4\\
& 4x_1-x_2\leqslant 5\\
& -9x_1+x_2\leqslant -3\\
& x_1,\ x_2\geqslant 0
\end{aligned}
$$

解：方法一　首先寻找一个合适的λ，该问题与式（7-12）对应的不等式组为

$$
\begin{aligned}
& 3w_1+4w_2-9w_3\leqslant v_1+6v_2-3v_3+4\\
& -w_1-w_2+w_3\leqslant -v_1-v_2+v_3-1\\
& w_1,\ w_2,\ w_3\leqslant 0;\quad v_1,\ v_2,\ v_3\geqslant 0
\end{aligned}
$$

它有一个可行解（注意此时$v_1=v_2=v_3=0$不可行，这只要将第二个不等式乘以9加到第一个不等式即可看出）：

$$(w_1,\ w_2,\ w_3,\ v_1,\ v_2,\ v_3)=\left(0,\ 0,\ 0,\ 0,\ 0,\ \frac{4}{3}\right)$$

故可求得$\boldsymbol{\lambda}=\left(1,\ 1,\ \frac{7}{3}\right)^{\mathrm{T}}$，从而对应的（LP($\lambda$)）问题为

$$
\begin{aligned}
\min\ & z=\frac{1}{3}x_2\\
\text{s.t.}\ & 3x_1-x_2+x_3=4\\
& 4x_1-x_2+x_4=5\\
& -9x_1+x_2+x_5=-3\\
& x_j\geqslant 0,\quad j=1,\ \cdots,\ 5
\end{aligned}
$$

相应的单纯形表为

	x_1	x_2	x_3	x_4	x_5	RHS
x_3	3	-1	1	0	0	4
x_4	4	-1	0	1	0	5
x_5	$-9*$	1	0	0	1	-3
z_λ	0	$-\frac{1}{3}$	0	0	0	0

用对偶单纯形法，以x_5为离基变量，非基变量x_1为入基变量，作相应的旋转后单纯形表为

	x_1	x_2	x_3	x_4	x_5	RHS
x_3	0	$-\frac{2}{3}$	1	0	$\frac{1}{3}$	3
x_4	0	$-\frac{5}{9}$	0	1	$\frac{4}{9}$	$\frac{11}{3}$
x_1	1	$-\frac{1}{9}$	0	0	$-\frac{1}{9}$	$\frac{1}{3}$
z_λ	0	$-\frac{1}{3}$	0	0	0	0

得到最优解：$x_3=3$，$x_4=\frac{11}{3}$，$x_1=\frac{1}{3}$，$x_2=x_5=0$，从而得到原问题的一个有效极点解

$$\boldsymbol{x}=\begin{bmatrix}\frac{1}{3}\\0\end{bmatrix}$$

方法二 问题的标准形为

$$\begin{aligned}\min\ & z_1=x_1-x_2\\ & z_2=6x_1-x_2\\ & z_3=-3x_1+x_2\\ \text{s. t.}\ & 3x_1-x_2+x_3=4\\ & 4x_1-x_2+x_4=5\\ & -9x_1+x_2+x_5=-3\\ & x_j\geqslant 0,\quad j=1,\cdots,5\end{aligned}$$

取 $\boldsymbol{\lambda}=(1,1,1)$，相应的 (LP($\boldsymbol{\lambda}$)) 问题为

$$\begin{aligned}\min\ & z_\lambda=4x_1-x_2\\ \text{s. t.}\ & 3x_1-x_2+x_3=4\\ & 4x_1-x_2+x_4=5\\ & -9x_1+x_2+x_5=-3\\ & x_j\geqslant 0,\quad j=1,\cdots,5\end{aligned}$$

用两阶段法解该问题，第一阶段问题为

$$\begin{aligned}\min\ & g=x_6\\ \text{s. t.}\ & 3x_1-x_2+x_3=4\\ & 4x_1-x_2+x_4=5\\ & 9x_1-x_2-x_5+x_6=3\\ & x_j\geqslant 0,\ j=1,\cdots,6\end{aligned}$$

相应的单纯形表为

	x_1	x_2	x_3	x_4	x_5	x_6	RHS
x_3	3	−1	1	0	0	0	4
x_4	4	−1	0	1	0	0	5
x_6	9	−1	0	0	−1	1	3
g	0	0	0	0	0	−1	0

用消元法将目标行中与基变量对应的系数消去，得到新的单纯形表为

	x_1	x_2	x_3	x_4	x_5	x_6	RHS
x_3	3	-1	1	0	0	0	4
x_4	4	-1	0	1	0	0	5
x_6	$9*$	-1	0	0	-1	1	3
g	9	-1	0	0	-1	0	3

以非基变量 x_1 为入基变量，计算得第 3 个基变量即 x_6 为离基变量，作相应的旋转后单纯形表为

	x_1	x_2	x_3	x_4	x_5	x_6	RHS
x_3	0	$-\frac{2}{3}$	1	0	$\frac{1}{3}$	$-\frac{1}{3}$	3
x_4	0	$-\frac{5}{9}$	0	1	$\frac{4}{9}$	$-\frac{4}{9}$	$\frac{11}{3}$
x_1	1	$-\frac{1}{9}$	0	0	$-\frac{1}{9}$	$\frac{1}{9}$	$\frac{1}{3}$
g	0	0	0	0	0	-1	0

得到一个基本可行解

$$x_3=3,\quad x_4=\frac{11}{3},\quad x_1=\frac{1}{3},\quad x_2=x_5=x_6=0$$

去掉人工变量开始第二阶段，相应的单纯形表为

	x_1	x_2	x_3	x_4	x_5	RHS
x_3	0	$-\frac{2}{3}$	1	0	$\frac{1}{3}$	3
x_4	0	$-\frac{5}{9}$	0	1	$\frac{4}{9}$	$\frac{11}{3}$
x_1	1	$-\frac{1}{9}$	0	0	$-\frac{1}{9}$	$\frac{1}{3}$
z_λ	-4	1	0	0	0	0

用消元法将目标行中与基变量对应的系数消去，得到新的单纯形表为

	x_1	x_2	x_3	x_4	x_5	RHS
x_3	0	$-\frac{2}{3}$	1	0	$\frac{1}{3}$	3
x_4	0	$-\frac{5}{9}$	0	1	$\frac{4}{9}$	$\frac{11}{3}$
x_1	1	$-\frac{1}{9}$	0	0	$-\frac{1}{9}$	$\frac{1}{3}$
z_λ	0	$\frac{5}{9}$	0	0	$-\frac{4}{9}$	$\frac{4}{3}$

选取非基变量 x_2 为入基变量，注意到 $\bar{\boldsymbol{a}}_2\leqslant 0$，因此问题无下界，当前的 $\boldsymbol{\lambda}=\boldsymbol{e}$ 不合适，但得到了原问题一个基本可行解 $x_3=3$，$x_4=\frac{11}{3}$，$x_1=\frac{1}{3}$，$x_2=x_5=0$，然后根据推论 7-1b 求解问题 (7-7) 便可得到一个有效解. 为利用已有计算结果，将所有目标函数加入到单纯形表中得

	x_1	x_2	x_3	x_4	x_5	RHS
x_3	0	$-\frac{2}{3}$	1	0	$\frac{1}{3}$	3
x_4	0	$-\frac{5}{9}$	0	1	$\frac{4}{9}$	$\frac{11}{3}$
x_1	1	$-\frac{1}{9}$	0	0	$-\frac{1}{9}$	$\frac{1}{3}$
z_1	-1	1	0	0	0	0
z_2	-6	1	0	0	0	0
z_3	3	-1	0	0	0	0
z_λ	0	$\frac{5}{9}$	0	0	$-\frac{4}{9}$	$\frac{4}{3}$

将所有目标行中与基变量对应的系数消去得

(T_0)

	x_1	x_2	x_3	x_4	x_5	RHS
x_3	0	$-\frac{2}{3}$	1	0	$\frac{1}{3}$	3
x_4	0	$-\frac{5}{9}$	0	1	$\frac{4}{9}$	$\frac{11}{3}$
x_1	1	$-\frac{1}{9}$	0	0	$-\frac{1}{9}$	$\frac{1}{3}$
z_1	0	$\frac{8}{9}$	0	0	$-\frac{1}{9}$	$\frac{1}{3}$
z_2	0	$\frac{1}{3}$	0	0	$-\frac{2}{3}$	2
z_3	0	$-\frac{2}{3}$	0	0	$\frac{1}{3}$	-1
z_λ	0	$\frac{5}{9}$	0	0	$-\frac{4}{9}$	$\frac{4}{3}$

根据式（7 - 13）和式（7 - 14），与问题（7 - 7）对应的辅助 LP 问题的单纯形表为

	x_1	x_2	x_3	x_4	x_5	y_1	y_2	y_3	RHS
x_3	0	$-\frac{2}{3}$	1	0	$\frac{1}{3}$	0	0	0	3
x_4	0	$-\frac{5}{9}$	0	1	$\frac{4}{9}$	0	0	0	$\frac{11}{3}$
x_1	1	$-\frac{1}{9}$	0	0	$-\frac{1}{9}$	0	0	0	$\frac{1}{3}$
y_1	0	$-\frac{8}{9}$	0	0	$\frac{1}{9}$	1	0	0	0
y_2	0	$-\frac{1}{3}$	0	0	$\frac{2}{3}$	0	1	0	0
y_3	0	$\frac{2}{3}$ *	0	0	$-\frac{1}{3}$	0	0	1	0
z_λ	0	$\frac{5}{9}$	0	0	$-\frac{4}{9}$	0	0	0	$\frac{4}{3}$

选取非基变量 x_2 为入基变量，计算得第 6 个基变量即 y_3 为离基变量，作相应的旋转后单纯形表为

	x_1	x_2	x_3	x_4	x_5	y_1	y_2	y_3	RHS
x_3	0	0	1	0	0	0	0	1	3
x_4	0	0	0	1	$\frac{1}{6}$	0	0	$\frac{5}{6}$	$\frac{11}{3}$
x_1	1	0	0	0	$-\frac{1}{6}$	0	0	$\frac{1}{6}$	$\frac{1}{3}$
y_1	0	0	0	0	$-\frac{1}{3}$	1	0	$\frac{4}{3}$	0
y_2	0	0	0	0	$\frac{1}{2}$	0	1	$\frac{1}{2}$	0
x_2	0	1	0	0	$-\frac{1}{2}$	0	0	$\frac{3}{2}$	0
z_λ	0	0	0	0	$-\frac{1}{6}$	0	0	$-\frac{5}{6}$	$\frac{4}{3}$

检验系数均小于或等于 0，当前解是最优解，从而得到原问题的一个有效解：$x_3=3$，$x_4=\frac{11}{3}$，$x_1=\frac{1}{3}$，$x_2=x_5=0$，该有效解还是一个有效极点解（即基本可行解）. □

从例题 7 - 1 可看到，方法一的关键是要先找出不等组（7 - 12）一个可行解，但对于复杂问题，这并不是一件易事. 使用方法二时，若最后解问题（7 - 7）得到的有效解 $\boldsymbol{x}^*$ 不是基本的（此时 $\boldsymbol{y}^* \neq 0$），为计算一个有效极点解，还需要根据式（7 - 17）计算一个新的 $\boldsymbol{\lambda}$ 和

新的目标函数 z_λ，然后对新的目标函数 z_λ 求解问题（7-8）以得到一个有效极点解，此时可在已得到的单纯形表上继续迭代. 例如，在例题 7-1 的方法二中，根据式（7-17）和最后一张单纯形表知 LP(λ) 问题（7-8）对应的 $\boldsymbol{\lambda}$ 为

$$\boldsymbol{\lambda}=\boldsymbol{\lambda}_0-\left(0,0,-\frac{5}{6}\right)=\left(1,1,\frac{11}{6}\right)$$

相应的目标函数为

$$z_\lambda=\boldsymbol{\lambda}^{\mathrm{T}}\boldsymbol{Cx}=\frac{3}{2}x_1-\frac{1}{6}x_2$$

然后根据式（7-18）和例题 7-1 中表（T_0）可得新的 LP(λ) 问题对应单纯形表为

	x_1	x_2	x_3	x_4	x_5	RHS
x_3	0	−2/3	1	0	1/3	3
x_4	0	−5/9	0	1	4/9	11/3
x_1	1	−1/9	0	0	−1/9	1/3
z_1	0	$\frac{8}{9}$	0	0	−1/9	1/3
z_2	0	1/3	0	0	−2/3	2
z_3	0	−2/3	0	0	1/3	−1
z	0	0	0	0	−1/6	1/2

最优解不变.

在找到一个有效极点解后，通过逐步搜索已知的有效极点解的相邻极点便可找出所有的有效极点解集 Ω^*. 然后根据有效解集 Ω 的连通性便可得到所有有效解，即有效解集 Ω. 进一步的内容感兴趣的读者可参考文献［11］之 12.3 节. 然而，在实际计算中，人们更多的是根据定理 7-2，调整 $\boldsymbol{\lambda}$ 并结合参数规划的技巧来获得一个满意解.

下一节将介绍另一个求多目标规划问题的方法——目标规划方法.

7.3 目标规划

目标规划由线性规划演化而来. 对一个较大的组织机构，其决策活动常常有多个目标. 决策者需要根据全局情况分清目标的轻重缓急，分析如何整体上尽可能达到规定的多个目标，通过“运筹规划”达到满意的问题解决方案，这就是目标规划方法.

下面先用实际问题引入模型.

例题 7-2 某工厂生产两种产品，受到原材料和设备工时的限制，具体数据见表 7-1，要求制订一个工厂获利最大的生产计划.

表7-1 例题7-2表

产品	A	B	限量
原材料（kg/件）	5	10	60
设备工时（h/件）	4	4	40
利润（元/件）	6	8	

解：设产品A、B的产量分别是x_1、x_2，则其线性规划模型为

$$\begin{aligned} &\max\ 6x_1+8x_2 \\ &\text{s.t.}\ 5x_1+10x_2\leqslant 60 \\ &\quad 4x_1+4x_2\leqslant 40 \\ &\quad x_1,\ x_2\geqslant 0 \end{aligned} \tag{7-19}$$

直接求解上述问题便得最优解：$x_1^*=8$，$x_2^*=2$，相应的最优值为：$z^*=64$. 但由于市场的复杂性，如生产出来的产品可能卖不出去，设备全负荷运转容易出问题等，因此计划人员还被要求考虑来自其他部门的意见：

（1）由于产品B销售疲软，希望产品B的产量不要超过产品A的一半；

（2）由于原材料严重短缺，生产中应避免过量消耗；

（3）最好能节约4 h设备工时；

（4）计划利润不少于48元.

面对这些意见，计划人员与其他方面经过协商，达成如下一致看法：原材料使用限额不得突破；产品B的产量要求必须优先考虑；设备工时其次考虑；最后考虑计划利润的要求. 这是一个典型的分级多目标决策问题，可用**目标规划**的方法解决. 这类模型的特点是有多个目标，但可将多个目标分级考虑，或可以确定每个目标的相对重要性. 要求首先实现最重要的目标，其次考虑一般的目标；并不是要求每个目标都得实现，只要达到满意的程度就可以了. 为解决这类问题，目标规划方法对每一个决策目标引入了正、负偏差变量d^+、d^-，分别表示决策值超过、不足目标值的部分，把每一个决策目标作为一个目标约束，把约束右端项看做要追求的目标值，在达到此目标值时允许发生正或负偏差. 对于例题7-1，建立模型如下：

$$\begin{aligned} &\min\ P_1d_1^-+P_2d_2^++P_3d_3^- \\ &\text{s.t.}\begin{cases} 5x_1+10x_2\leqslant 60 \\ x_1-2x_2+d_1^--d_1^+=0 \\ 4x_1+4x_2+d_2^--d_2^+=36 \\ 6x_1+8x_2+d_3^--d_3^+=48 \\ x_1,\ x_2,\ d_1^-,\ d_1^+,\ d_2^-,\ d_2^+,\ d_3^-,\ d_3^+\geqslant 0 \end{cases} \end{aligned} \tag{7-20}$$

式（7-20）中，P_1，P_2，P_3为各目标的优先系数，满足$P_1\gg P_2\gg P_3>0$；d_i^-，d_i^+（$i=1,2,3$）为3个目标的偏差变量，表示各目标值的不足与超出部分；约束中第一个约束为绝对约束，其他三个约束为目标约束；目标函数是使各目标的相应偏差量按优先级依次达到最小.

对同一优先级的多个目标，可以用权系数来表示其重要程度。如对例题 7 - 2，若第二个目标“设备工时”与第三个目标“计划利润”具有同等的重要性，但可以确定第二个目标比第三个目标重要三倍，则目标规划模型（7 - 20）的目标函数变为

$$\min P_1 d_1^- + P_2(3d_2^+ + d_3^-)$$

约束不变. □

一般目标规划数学模型涉及下述基本概念.

1. 偏差变量

对每一个决策目标，引入正、负偏差变量 d^+ 和 d^-，分别表示决策值超过或不足目标值的部分. 按定义应有 $d^+ \geqslant 0$，$d^- \geqslant 0$，$d^+ \cdot d^- = 0$（即决策值不可能既超过目标值又未达到目标值）.

2. 绝对约束和目标约束

绝对约束是指必须严格满足的约束条件，如线性规划中的约束条件都是绝对约束. 绝对约束是硬约束，对其满足与否，决定了解的可行性. 目标约束是目标规划特有的，可把约束右端项看做要追求的目标值. 在达到此目标值时允许发生正或负偏差，因此在这些约束中加入正、负偏差变量，是一种软约束，通过偏差变量表示目标约束中决策值和目标值之间的差异. 如在式（7 - 20）中第一个约束是绝对约束，其他三个约束是目标约束.

3. 优先因子和权系数

不同目标的主次轻重有两种差别. 一种差别是绝对的，可用优先因子 P_l 来表示. 只有在高级优先因子对应的目标已满足的基础上，才能考虑较低级优先因子对应的目标；在考虑低级优先因子对应的目标时，绝不允许违背已满足的高级优先因子对应的目标. 优先因子间的关系为 $P_l \gg P_{l+1}$，即 P_l 对应的目标比 P_{l+1} 对应的目标有绝对的优先性. 另一种差别是相对的，这些目标具有相同的优先因子，其重要程度可用权系数的不同来表示.

4. 目标规划的目标函数

目标规划的目标函数（又称为准则函数或达成函数）由各目标约束的偏差变量及相应的优先因子和权系数构成. 由于目标规划追求的是尽可能接近各既定目标值，也就是使各有关偏差变量尽可能小，所以其目标函数只能是极小化. 应用时，有三种基本表达式.

（1）要求恰好达到目标值. 这时，决策值超过或不足目标值都是不希望的，因此有

$$\min f(d^+ + d^-)$$

（2）要求不超过目标值，但允许不足目标值. 这时，不希望决策值超过目标值，因此有

$$\min f(d^+)$$

（3）要求不低于目标值，但允许超过目标值. 这时，不希望决策值低于目标值，因此有

$$\min f(d^-)$$

除以上三种基本表达式外，目标规划的目标函数还可以有其他表达式，如 $\min(d^+ - d^-)$ 和 $\min(d^- - d^+)$ 等，但很少使用.

由以上讨论，目标线性规划的一般数学模型可表示为

$$\min \sum_{l=1}^{L} P_l \Big(\sum_{k=1}^{K_l} (w_{lk}^- d_{lk}^- + w_{lk}^+ d_{lk}^+ \Big) \tag{7-21}$$

$$\text{s. t.}\ \sum_{j=1}^{n} a_{ij}x_j \leqslant (=,\ \geqslant) b_i,\quad (i=1,\ \cdots,\ m) \tag{7-22}$$

$$\sum_{j=1}^{n} c_{kj}^{(l)} x_j + d_{lk}^- - d_{lk}^+ = g_{lk},\quad k=1,\ \cdots,\ K_l;\ l=1,\ \cdots,\ L \tag{7-23}$$

$$d_{lk}^+ \geqslant 0,\ d_{lk}^- \geqslant 0,\quad k=1,\ \cdots,\ K_l;\ l=1,\ \cdots,\ L \tag{7-24}$$

其中 P_l（共 L 个，$l=1, \cdots, L$）是各目标的优先级系数，w_{lk}^-，w_{lk}^+ 是第 l 级 K_l 个目标的权系数（$k=1, \cdots, K_l$），用以衡量这 K_l 个第 l 级目标的相对重要性，并一定满足 $w_{lk}^+ \geqslant 0$，$w_{lk}^- \geqslant 0$，$w_{lk}^+ \cdot w_{lk}^- = 0$；约束中式（7-23）、（7-24）是**目标约束**，（7-22）是**绝对约束**. 目标规划模型（7-21）～（7-24）实际上是把一个有 $\sum_{l=1}^{L} K_l$ 个目标的优化问题：

$$\min\{d_{lk}^- \text{或}\ d_{lk}^+,\ k=1,\ 2,\ \cdots,\ K_l;\ l=1,\ 2,\ \cdots,\ L\} \tag{7-25}$$

通过引入优先级系数 $P_l(l=1, \cdots, L)$ 和权系数 w_{lk}^-，w_{lk}^+（$k=1, \cdots, K_l$）化为了单目标线性规划问题（7-21）～（7-24），从而能够用计算线性规划的方法来求解多目标规划问题（7-25）. 因此目标规划方法更多的是一种建模方法，重要的如何确定优先级系数 P_l（$l=1, \cdots, L$）和权系数 w_{lk}^-，w_{lk}^+（$k=1, \cdots, K_l$）. 在确定优先级系数和权系数后，根据定理7-2，模型（7-21）～（7-24）的解一定是多目标规划问题（7-25）的有效解（要求 $w_{lk}^- + w_{lk}^+ > 0$）. 注意到优先级系数 P_l（$l=1, \cdots, L$）的严格优先性，有如下两种计算目标规划模型（7-21）～（7-24）的方法.

7.3.1　分级优化方法

该方法是把目标规划问题（7-21）～（7-24）严格按照目标的优先级化为一系列单个线性规划来求解，下面以例题即目标规划（7-20）来说明求解的方法.

首先求解只有第一个目标的问题：

$$\min\ d_1^-$$

$$\text{s. t.}\ \begin{cases} 5x_1 + 10x_2 \leqslant 60 \\ x_1 - 2x_2 + d_1^- - d_1^+ = 0 \\ 4x_1 + 4x_2 + d_2^- - d_2^+ = 36 \\ 6x_1 + 8x_2 + d_3^- - d_3^+ = 48 \\ x_1,\ x_2,\ d_1^-,\ d_1^+,\ d_2^-,\ d_2^+,\ d_3^-,\ d_3^+ \geqslant 0 \end{cases}$$

用单纯形法求得：$d_1^- = 0$，$x_1 = 6$，$x_2 = 3$，即最优目标值为0，然后将该目标值即 $d_1^- = 0$ 作为约束加入到前面的约束中，以第二个目标作为目标函数得如下问题：

$$\min\ d_2^+$$

$$\text{s. t.}\ \begin{cases} 5x_1 + 10x_2 \leqslant 60 \\ x_1 - 2x_2 + d_1^- - d_1^+ = 0 \\ 4x_1 + 4x_2 + d_2^- - d_2^+ = 36 \\ 6x_1 + 8x_2 + d_3^- - d_3^+ = 48 \\ d_1^- = 0 \\ x_1,\ x_2,\ d_1^+,\ d_2^-,\ d_2^+,\ d_3^-,\ d_3^+ \geqslant 0 \end{cases}$$

计算得 $d_2^+=0$，然后将 $d_2^+=0$ 作为约束加入到上一问题的约束中再优化第三个目标：

$$\min d_3^-$$

$$\text{s.t.}\begin{cases}5x_1+10x_2\leqslant 60\\x_1-2x_2+d_1^--d_1^+=0\\4x_1+4x_2+d_2^--d_2^+=36\\6x_1+8x_2+d_3^--d_3^+=48\\d_1^-=0\\d_2^+=0\\x_1,\ x_2,\ d_1^+,\ d_2^-,\ d_3^-,\ d_3^+\geqslant 0\end{cases}$$

计算得到 $d_3^-=0$，$x_1=6$，$x_2=3$，三个目标都得到了满足.

对一般问题（7-21）～（7-24），上述方法的计算过程可概括如下：

(1) 以（P_1）记以第一级目标 $G_1\equiv\sum_{k=1}^{K_1}(w_{1k}^-d_{1k}^-+w_{1k}^+d_{1k}^+)$ 为目标函数、以（7-22）～（7-24）为约束的线性规划问题，令 $l=1$；

(2) 用单纯形法计算线性规划问题（P_l）得相应最优目标值 G_l^*；

(3) 若 $l=L$，中止，当前解就是目标规划问题（7-21）～（7-24）的最优解. 否则将最优目标值 G_l^* 作为约束，即将 $G_l\equiv\sum_{k=1}^{K_l}(w_{lk}^-d_{lk}^-+w_{lk}^+d_{lk}^+)=G_l^*$ 作为约束加入到线性规划问题（P_l）的约束中形成新的约束条件，以第 $l+1$ 级目标 $G_{l+1}\equiv\sum_{k=1}^{K_{l+1}}(w_{l+1,k}^-d_{l+1,k}^-+w_{l+1,k}^+d_{l+1,k}^+)$ 作为目标函数形成新的线性规划问题（P_{l+1}），令 $l\leftarrow l+1$ 转 2.

上述方法实际是依次对 $l=1,\cdots,L$ 计算单目标线性规划问题（P_l），特点是约束的个数在依次增加，计算时可采用前述的灵敏度分析方法.

7.3.2 单纯形表方法

该方法是将目标规划中的优先级因子 P_l（$l=1,\cdots,L$）看做参数，直接目标函数（7-21）看做是一个单目标，并注意到 $P_1\gg P_2\gg\cdots\gg P_L>0$，从而

$$a_1P_1+a_2P_2+\cdots+a_LP_L>b_1P_1+b_2P_2+\cdots+b_LP_L$$

的充要条件是 $\exists k$, $L\geqslant k\geqslant 1$，使

$$a_1=b_1,\ \cdots,\ a_{k-1}=b_{k-1},\quad a_k>b_k$$

因此类似于字典序方法，可以用向量（$a_1,a_2,\cdots,a_L$）来代表 $a_1P_1+a_2P_2+\cdots+a_LP_L$，并采用字典序方法来判断向量（$a_1,a_2,\cdots,a_L$）的正负，然后用单纯形法直接计算（7-21）～（7-24）即可. 注意到优先级系数 P_l（$l=1,\cdots,L$）的严格优先性，在单纯形表中可省略参数 P（$l=1,\cdots,L$），直接在单纯形表中把各个目标按优先级依次排好即可. 例如，对目标规划问题（7-20），目标函数可分解为

$$z=P_1d_1^-+P_2d_2^++P_3d_3^-=P_1z_1+P_2z_2+P_3z_3$$

即含有三个目标，对应的初始单纯形表为

	x_1	x_2	x_3	d_1^-	d_1^+	d_2^-	d_2^+	d_3^-	d_3^+	RHS
x_3	5	10	1	0	0	0	0	0	0	60
d_1^-	1	−2	0	1	−1	0	0	0	0	0
d_2^-	4	4	0	0	0	1	−1	0	0	36
d_3^-	6	8	0	0	0	0	0	1	−1	48
z_1	0	0	0	−1	0	0	0	0	0	0
z_2	0	0	0	0	0	0	−1	0	0	0
z_3	0	0	0	0	0	0	0	−1	0	0

注意到上表中有三个目标，是 $P_1z_1+P_2z_2+P_3z_3$ 的向量表示，如表中变量 d_1^- 对应的目标行系数是 $P_1\cdot(-1)+P_2\cdot 0+P_3\cdot 0=-P_1$，由于基变量 d_1^- 对应的目标行系数是 $-P_1\triangleq(-1, 0, 0)\neq 0$，因此首先必须将其通过消元法化为0，这只需将基变量 d_1^- 对应的行加到 z_1 所在的行即可.

	x_1	x_2	x_3	d_1^-	d_1^+	d_2^-	d_2^+	d_3^-	d_3^+	RHS
x_3	5	10	1	0	0	0	0	0	0	60
d_1^-	1*	−2	0	1	−1	0	0	0	0	0
d_2^-	4	4	0	0	0	1	−1	0	0	36
d_3^-	6	8	0	0	0	0	0	1	−1	48
z_1	1	−2	0	0	−1	0	0	0	0	0
z_2	0	0	0	0	0	0	−1	0	0	0
z_3	6	8	0	0	0	0	0	0	−1	48

上表中目标行的检验数 $(1, 0, 6)>0$，因此 x_1 应作为入基变量，然后按单纯形法选择离基变量并进行旋转得

	x_1	x_2	x_3	d_1^-	d_1^+	d_2^-	d_2^+	d_3^-	d_3^+	RHS
x_3	0	20	1	−5	5	0	0	0	0	60
x_1	1	−2	0	1	−1	0	0	0	0	0
d_2^-	0	12	0	−4	4	1	−1	0	0	36
d_3^-	0	20*	0	−6	6	0	0	1	−1	48
z_1	0	0	0	−1	0	0	0	0	0	0
z_2	0	0	0	0	0	0	−1	0	0	0
z_3	0	20	0	−6	6	0	0	0	−1	48

选择 x_2 作为入基变量，旋转得

	x_1	x_2	x_3	d_1^-	d_1^+	d_2^-	d_2^+	d_3^-	d_3^+	RHS
x_3	0	0	1	1	-1	0	0	-1	1	12
x_1	1	0	0	$\frac{2}{5}$	$-\frac{2}{5}$	0	0	$\frac{1}{10}$	$-\frac{1}{10}$	$\frac{24}{5}$
d_2^-	0	0	0	$-\frac{2}{5}$	$\frac{2}{5}$	1	-1	$-\frac{3}{5}$	$\frac{3}{5}$	$\frac{36}{5}$
x_2	0	1	0	$-\frac{3}{10}$	$\frac{3}{10}$	0	0	$\frac{1}{20}$	$-\frac{1}{20}$	$\frac{12}{5}$
z_1	0	0	0	-1	0	0	0	0	0	0
z_2	0	0	0	0	0	0	-1	0	0	0
z_3	0	0	0	0	0	0	0	-1	0	0

已得最优解，且三个目标值均为 0，都达到了要求. 上表中还可选择变量 d_1^+ 或 d_3^+ 作为入基变量继续旋转得到另外两个基本可行解 $x_1=6$，$x_2=3$ 和 $x_1=8$，$x_2=0$，即解不唯一.

习题

7－1 用图解法解例 7－1.

7－2 对于下述问题，检验所给出的解 $\bar{x}$ 是否是有效解. 若不是，请给出它的一个支配解.

(1)
$$v-\min \begin{pmatrix} -x_1-x_2 \\ -9x_1-5x_2 \end{pmatrix}$$
$$\text{s. t.}\quad \begin{cases} x_1+3x_2\leqslant 15 \\ 3x_1+2x_2\leqslant 15 \\ x_1,\ x_2\geqslant 0 \end{cases}$$
$$\bar{x}=(5,\ 0)^T$$

(2)
$$v-\min \begin{pmatrix} x_1+2x_2-3x_3 \\ -x_1-2x_2-x_3 \\ x_1-2x_2+7x_3 \end{pmatrix}$$
$$\text{s. t.}\quad \begin{cases} x_1+3x_2+5x_3\leqslant 6 \\ x_1+x_2+\leqslant 2x_3 \\ x_1,\ x_2,\ x_3\geqslant 0 \end{cases}$$
$$\bar{x}=(1\quad 0\quad 1)^T$$

7－3 求下列问题的一个有效极点解，或者说明没有有效解.

(1)
$$v-\min \begin{pmatrix} -2x_1+3x_2 \\ x_1-x_2 \end{pmatrix}$$
$$\text{s. t.}\quad \begin{cases} x_1-2x_2\leqslant 3 \\ 2x_1-x_2\leqslant 5 \\ x_1\geqslant 0,\ x_2\geqslant 0 \end{cases}$$

(2)
$$v-\min \begin{pmatrix} x_1+3x_2 \\ 2x_1-3x_2 \end{pmatrix}$$
$$\text{s. t.}\quad \begin{cases} 2x_1-3x_2\leqslant 3 \\ -3x_1+4x_2\leqslant 2 \\ 2x_1-x_2\leqslant -6 \\ x_1\geqslant 0,\ x_2\geqslant 0 \end{cases}$$

7－4 在 VM 问题（7－3）的约束条件下，取它的某一个目标函数，求解对应的 LP 问题，得到有限的最优值. 若此时最优解唯一，则该解即为原 VM 问题的有效极点解；否则，若其最解集有界，则在所有的最优基本可行解中必有一个是原 VM 问题（7－3）的有效极点解，试说明理由.

7-5　计算下列目标规划：

(1) $\min z=P_1(d_2^+ + d_2^-)+P_2 d_1^-$

s. t. $x_1+2x_2+d_1^- - d_1^+ =12$

$10x_1+12x_2+d_2^- - d_2^+ =65$

$2x_1+3x_2\leqslant 10$

$x_i,\ d_i^-,\ d_i^+\geqslant 0,\quad i=1,\ 2$

(2) $\min z=P_1(d_1^+ + d_1^-)+P_2 d_2^-$

s. t. $2x_1+x_2+d_1^- - d_1^+ =3$

$x_1-3x_2+d_2^- - d_2^+ =5$

$x_1\leqslant 6$

$x_i,\ d_i^-,\ d_i^+\geqslant 0,\quad i=1,\ 2$

(3) $\min z=P_1(d_1^- + d_1^+)+P_2 d_2^+ +P_3 d_3^-$

s. t. $2x_1+x_2+3x_3+d_1^- - d_1^+ =60$

$x_1-2x_2+x_3+d_2^- - d_2^+ =15$

$x_1+x_2-3x_3+d_3^- - d_3^+ =30$

$x_i,\ d_i^-,\ d_i^+\geqslant 0,\quad i=1,\ 2,\ 3$

(4) $\min z=P_1(d_1^+ + d_2^+)+P_2 d_3^-$

s. t. $x_1+x_2+d_1^- - d_1^+ =3$

$2x_1+3x_2+d_2^- - d_2^+ =10$

$x_1-2x_2+d_3^- - d_3^+ =35$

$x_1,\ x_2,\ d_i^-,\ d_i^+\geqslant 0,\quad i=1,\ 2,\ 3$

7-6　某汽车公司正在确定如何购买电视广告，公司可以购买两种广告：在足球比赛中间播放的广告和在肥皂剧中间播放的广告，广告投资最多为60万元．该汽车公司有依重要程度分级排序的三个目标：

目标1　它的广告至少应当有4 000万高收入男士看到；

目标2　它的广告至少应当有6 000万低收入人群看到；

目标3　它的广告至少应当有3 500万高收入女士看到；

表7-2是每种广告一分钟的广告费和潜在观众人数．

表7-2　习题7-6表

广告	观众人数（百万）			费用（万元）
	高收入男士	低收入人群	高收入女士	
足球	7	10	5	10
肥皂剧	3	5	4	6

1. 试建立数学模型并用单纯形法计算，以确定该公司应如何购买广告．

2. 如果该公司能够确定如下信息：高收入男士的观众每减少一百万，该公司将由于滞销而损失20万元；低收入人群的观众每减少一百万，该公司将由于滞销而损失10万元；高收入女士的观众每减少一百万，该公司将由于滞销而损失5万元．那么模型和解有何变化？

7-7　某酒厂要用三种等级的原料酒Ⅰ，Ⅱ，Ⅲ混合配制三种不同规格的酒产品A，B，C．各产品的规格、售价以及各原料酒的成本价和每天最大供应量如表7-3和表7-4所示．决策者规定：首先必须严格按规定比例兑制各规格的酒；其次是使利润最大；再次是产品A每天至少生产2 000 kg．问该厂应如何安排生产？

表7-3　各产品的规格和售价

产品	规　格	单价（元/kg）
A	原料酒Ⅰ不少于50%，原料Ⅱ不超过10%	55
B	原料酒Ⅰ不少于20%，原料Ⅲ不超过70%	48
C	原料酒Ⅰ不少于10%，原料Ⅲ不超过50%	42

表 7-4 各原料酒每天最大供应量和成本价

原料酒	最大供应量（kg/d）	成本价（元/kg）
Ⅰ	1 500	60
Ⅱ	2 000	40
Ⅲ	1 000	30

第 8 章

动态规划原理

动态规划是一种研究多阶段决策问题的理论和方法. 多阶段决策问题是指这样一类决策过程：它可以分为若干个互相联系的阶段，在每一阶段分别对应着一组可以选取的决策，当每个阶段的决策选定以后，过程也就随之确定. 把各个阶段的决策综合起来，构成一个决策序列，称为一个策略. 显然由于各个阶段选取的决策不同，对应整个过程就可以有一系列不同的策略. 当对过程采取某一策略时，可以得到一个确定的（或期望的）效果，采取不同的策略，就会得到不同的效果. 多阶段的决策问题，就是要在所有可能采取的策略中间选取一个最优的策略，使在预定的标准下得到最好的效果.

与前面的线性规划等问题相比，动态规划并没有标准的数学模型，更多的是一种数学方法，不仅可用于求解线性规划问题，也可用于求解其他可分阶段的优化问题. 但对于不同的问题，一般需要不同的技巧来建立动态规划模型.

8.1 多阶段决策问题与动态规划的解题思路

下面通过例子来说明多阶段决策问题与动态规划的解题思路.

例题 8-1 最短路线问题. 设有一个旅行者从图 8-1 中的 A 点出发，途中要经过 B、C、D 等处，最后到达终点 E. 从 A 到 E 有很多条路线可以选择，各点之间的距离如图 8-1 所示，问该旅行者应选择哪一条路线，使从 A 到达 E 的总路程为最短？

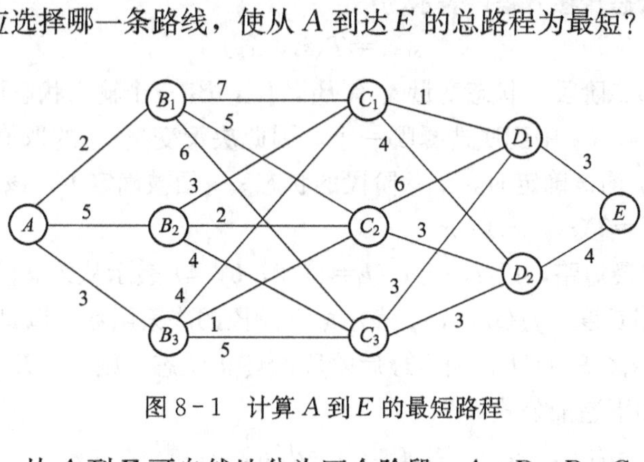

图 8-1 计算 A 到 E 的最短路程

在例题 8-1 中，从 A 到 E 可自然地分为四个阶段：$A\to B$、$B\to C$、$C\to D$ 和 $D\to E$，是一个典型的多阶段决策问题. 在一般的多阶段决策问题中，各阶段的划分一般表现出明显的时序性和相关性，动态规划的“动态”二字也由此而得名.

动态规划问题的复杂性在于各阶段决策之间的相互联系. 如在例题 8-1 中，从 A 点出发有三种选择：到 B_1、B_2 或 B_3. 如果仅考虑一段内最优，自然就选从 A 到 B_1，但从整体最优考虑，从 A 到 E 的最短路却经过 B_3，不经过 B_1，因此分段孤立地从本段最优考虑，总体不一定最优. 如果把从 A 到 E 的所有可能路线（由乘法原理，这个例子中共有 $3\times3\times2=18$ 条）一一列举出来，找出最短一条，这不仅计算量大，而且当阶段数很多时会出现“组合爆炸”现象（即“维数灾难”），如假设有 100 个阶段，每个阶段的每个状态在下一阶段（除最后一个阶段只有一个状态外）均有 2 个状态可供选择，则共有 2^{99} 条路线，设计算机每秒可计算十亿条路线并相比较，则进行穷举所需要的时间约为 $2.009\,9\times10^{13}$ 年!

动态规划方法解题的基本思路是将一个 n 阶段的决策问题转化为依次求解 n 个具有递推关系的单阶段的决策问题，从而简化计算过程.

如前所述，从 A 到 E 可自然地分为四个阶段：$A\rightarrow B$、$B\rightarrow C$、$C\rightarrow D$ 和 $D\rightarrow E$. 一个自然的观察是（见 5.3 节）：设 r，s 是节点 $\boldsymbol{x}\rightarrow\boldsymbol{y}$ 的最短路 P_1 上的两个中间节点，P_2 是路 P_1 上 $r\rightarrow s$ 的**子路**，则子路 P_2 也**一定是节点 $r\rightarrow s$ 的最短路**. 因此在计算上，如果已知 $A\rightarrow B_i$ 和 $B_i\rightarrow E$ 的最短路 P_i 和 $Q_i(i=1, 2, 3)$，那么只需要把最短路 P_i 和 Q_i 连起来得到三条路 $R_i(i=1, 2, 3)$，并取其中最短的，便得到了从 A 到 E 的最短路. 而要计算 $B_i\rightarrow E$ 的最短路（$i=1, 2, 3$），又需要知道 $C_j\rightarrow E$ 的最短路（$j=1, 2, 3$）. 依次类推，最先应求出 $D_k\rightarrow E$ 的最短路（$k=1, 2$），然后一步步反推便可得到 A 到 E 的最短路，这就是动态规划方法解题的基本思路.

为方便算法的描述，动态规划方法针对各个阶段引入了**状态**和**决策**的概念. 所谓状态，就是每个阶段开始的初始条件，也称之为输入状态；决策就是在该阶段输入状态确定的前提下，在该阶段应该作出的最佳选择. 该阶段的输入状态和决策将决定下一阶段的输入状态，其关系式被称为**状态转移方程**.

下面以 s_k 表示第 k 阶段的输入状态，S_k 表示第 k 阶段输入状态的取值范围，$x_k(s_k)$（通常简记为 x_k）表示第 k 阶段处于状态 s_k 时的决策变量，$D_k(s_k)$ 表示处于状态 s_k 时决策变量 x_k 的允许范围. 当第 k 阶段的状态 s_k 和决策 x_k 均被确定时，下一阶段的状态 s_{k+1} 便被完全确定了，因此**状态转移方程**可表示为

$$s_{k+1}=T(s_k, x_k)$$

对于本例，在第二阶段，状态变量 s_2 有 B_1，B_2，B_3 三个输入状态可供选择. 当 $s_2=B_1$ 时，要决定从 C_1，C_2，C_3 中到底选择哪一个，因此决策变量 x_2 的取值范围 $D_2(s_2)=\{C_1, C_2, C_3\}$. 当 s_k 和 x_k 均被确定时，下一阶段的状态 s_{k+1} 便被确定了，该例中有 $s_{k+1}=x_k$，即状态转移方程为 $s_{k+1}=T(s_k, x_k)=x_k$.

为计算 $A\rightarrow E$ 的最短路，以 $f_k^*(s_k)$（$k=1, 2, 3, 4$）表示从第 k 阶段的状态 s_k 出发到达目的地 E 的最短路长度，$f_k(s_k, x_k)$ 表示第 k 阶段的决策函数，以 $d(u, v)$ 表示图中弧 (u, v) 的长度，以 $s_5\in S_5=\{E\}$ 表示最后阶段的终止状态，则 $f_5^*(E)=0$，并根据状态转移方程 $s_{k+1}=x_k$ 有如下递推公式：

$$\begin{aligned}&f(s_k, x_k)=d(s_k, x_k)+f_{k+1}^*(s_{k+1})=d(s_k, x_k)+f_{k+1}^*(x_k)\\&f_k^*(s_k)=\min_{x_k\in D_k(s_k)} f(s_k, x_k)=\min_{x_k\in D_k(s_k)}\{d(s_k, x_k)+f_{k+1}^*(x_k)\}, \quad \forall s_k\in S_k\end{aligned} \tag{8-1}$$

然后根据 $f_5^*(E)=0$ 和式（8-1）对 $k=4, 3, 2, 1$ 依次递推便可得最短路及其长度，具体

计算过程如下.

① 在第四阶段 $D\to E$，有 $S_4=\{D_1, D_2\}$，即有两个输入状态. 两个输入状态 D_1，D_2 的决策变量的允许范围均为 $D_4(D_1)=D_4(D_2)=S_5=\{E\}$. 根据前面的记号和式（8-1）知从 D_1 出发到终点 E 的最短路长度为

$$f_4^*(D_1)=\min_{x_4\in D_4(D_1)}\{f_5^*(s_5)+d(D_1, x_4)\}=\min_{x_4\in\{E\}}\{f_5^*(x_4)+d(D_1, x_4)\}$$
$$=f_5^*(E)+d(D_1, E)\}=0+3=3$$

相应的决策变量 $x_4^*(D_1)=E$，并有 $s_5^*=x_4^*(D_1)=E$；同样从 D_2 出发到终点 E 的最短路长度为

$$f_4^*(D_2)=\min_{x_4\in D_4(D_2)}\{f_5^*(s_5)+d(D_2, x_4)\}=\min\{f_5^*(E)+d(D_2, E)\}=0+4=4$$

相应的决策变量 $x_4^*(D_2)=E$，并有 $s_5^*=x_4^*(D_2)=E$.

② 在第三阶段 $C\to D$，$S_3=\{C_1, C_2, C_3\}$，即有 $\{C_1, C_2, C_3\}$ 三个输入状态，并有 $D_3(C_1)=D_3(C_2)=D_3(C_3)=S_4=\{D_1, D_2\}$，根据式（8-1）知从 C_1 出发到终点 E 的最短路长度为（其中 $s_4=x_3(C_1)$）：

$$f_3^*(C_1)=\min_{x_3\in D_3(C_1)}\{f_4^*(s_4)+d(C_1, x_3)\}=\min_{x_3\in\{D_1,D_2\}}\{f_4^*(x_3)+d(C_1, x_3)\}$$
$$=\min\{f_4^*(D_1)+d(C_1, D_1), f_4^*(D_2)+d(C_1, D_2)\}$$
$$=\min\{3+1, 4+4\}=4$$

相应的决策变量 $x_3^*(C_1)=D_1$ （即从 C_1 出发到终点 E 的最短路经节点 D_1）

从 C_2 出发到终点 E 的最短路长度为（其中 $s_4=x_3(C_2)$）：

$$f_3^*(C_2)=\min_{x_3\in D_3(C_2)}\{f_4^*(s_4)+d(C_2, x_3)\}=\min_{x_3\in\{D_1,D_2\}}\{f_4^*(x_3)+d(C_2, x_3)\}$$
$$=\min\{3+6, 4+3\}=7$$

相应的决策变量 $x_3^*(C_2)=D_2$ （即从 C_2 出发到终点 E 的最短路经节点 D_2）

从 C_3 出发到终点 E 的最短路长度为（其中 $s_4=x_3(C_3)$）：

$$f_3^*(C_3)=\min_{x_3\in D_3(C_3)}\{f_4^*(s_4)+d(C_3, x_3)\}=\min_{x_3\in\{D_1,D_2\}}\{f_4^*(x_3)+d(C_3, x_3)\}$$
$$=\min\{3+3, 4+3\}=6$$

相应的决策变量 $x_3^*(C_3)=D_1$ （即从 C_3 出发到终点 E 的最短路经节点 D_1）

③ 在第二阶段 $B\to C$，有 $S_2=\{B_1, B_2, B_3\}$，即有 $\{B_1, B_2, B_3\}$ 三个输入状态，并有 $D_2(B_1)=D_2(B_2)=D_2(B_3)=\{C_1, C_2, C_3\}$，于是从 B_1 出发到终点 E 的最短路长度为（其中 $s_3=x_2(B_1)$）：

$$f_2^*(B_1)=\min_{x_2\in D_2(B_1)}\{f_3^*(s_3)+d(B_1, x_2)\}$$
$$=\min\{f_3^*(C_1)+d(B_1, C_1), f_3^*(C_2)+d(B_1, C_2), f_3^*(C_3)+d(B_1, C_3)\}$$
$$=\min\{4+7, 7+5, 6+6\}=11$$

且相应的决策变量 $x_2^*(B_1)=C_1$ （即经节点 C_1）

从 B_2 出发到终点 E 的最短路长度为

$$f_2^*(B_2)=\min\{f_3^*(x_2)+d(B_2, x_2)\mid x_2\in \mathrm{D}_2(B_2)=\{C_1, C_2, C_3\}\}$$
$$=\min\{4+3, 7+2, 6+4\}=7$$

且相应的决策变量 $x_2^*(B_2)=C_1$ （经节点 C_1）

从 B_3 出发到终点 E 的最短路长度为

$$f_2^*(B_3)=\min\{f_3^*(x_2)+d(B_3,x_2)\mid x_2\in D_2(B_3)=\{C_1,C_2,C_3\}\}$$
$$=\min\{4+5,7+1,6+5\}=8$$

且相应的决策变量 $x_2^*(B_3)=C_2$ （经节点 C_2）

④ 在第一阶段 $A\to B$，只有一个输入状态 A，即 $S_1=\{A\}$，于是：

$$f_1^*(A)=\min\{f_2^*(x_1)+d(A,x_1)\mid x_1\in D_1(A)=\{B_1,B_2,B_3\}\}$$
$$=\min\{11+2,7+5,8+3\}=11$$

相应的决策变量 $x_1^*(A)=B_3$ （经节点 B_3）

然后根据计算过程、各阶段的决策值和状态转移方程依次反推得：$x_1^*(A)=B_3$，$x_2^*(B_3)=C_2$，$x_3^*(C_2)=D_2$，$x_4^*(D_2)=E$，因此 $A\to E$ 的最短路为：$A\to B_3\to C_2\to D_2\to E$，最短路长度为 11. 总的计算量（含比较、加法和第一步的赋值运算）为：$3+3\times(3+2)+2\times(3+2)+(2+1)=31$，而穷举法的计算量为：$18\times3+18-1=71$. 上述计算方法的计算量减少了一半多. □

从上面的计算可看到动态规划的基本特点：将整个过程划分为若干个阶段，单独考虑每个阶段，且该阶段仅和紧接在其前面的一个阶段有关系，和前面的其他阶段无关，即求解的各阶段间具有一阶递推性. 记 $f_i^*(v)$ 为第 i 阶段初始节点 v 到达目的地的最短路长度，$d(u,v)$为图中弧（u，v）的长度，Arc 为图中所有弧构成的集合，S_i 为第 i 阶段所有初始节点（即出发节点）构成的集合，则对 $\forall v\in S_i$，我们有如下递推方程：

$$f_i^*(v)=\min\{f_{i+1}^*(u)+d(v,u)\mid u\in S_{i+1}\text{且}(v,u)\in Arc\}$$

这样便把计算复杂性由各个阶段节点数相乘化为由各个阶段节点数相加，阶段数越多相应的优势越明显，如对“有 n 个阶段，每个阶段的每个状态在下一阶段（除最后一个阶段只有一个状态外）均有 2 个节点可供选择”的问题，采用上述动态规划方法的计算复杂性（加法和比较的总次数）为：$2+2\times(2+1)\times(n-1)+(2+1)=6n-1$，而不是穷举法所需的 $(n-1)2^{n-1}+2^{n-1}-1=n2^{n-1}-1$，大大减少了运算量.

8.2 动态规划的基本概念与最优化原理

下面介绍动态规划的一些基本概念.

1. 阶段（Stage）

阶段是对整个过程的自然划分，也是一个问题需要作出决策的步数. 通常根据时间顺序或空间特征来划分阶段，以便按阶段的次序解优化问题.

在例题 8 - 1 中旅行者要依次在 A、D、C、D 四个站作出下一步走向的决策，它构成一个四阶段的决策问题，四个阶段的决策变量依次为 x_1，x_2，x_3，x_4，均取离散值.

2. 状态（State）

状态表示每个阶段**开始时过程**所处的自然状况或客观条件，即每个阶段的初始状态. 最短路线问题中，各阶段都有若干个站，这些站是该段以后某路径的出发点，也是前一段路径的终点. 因此各阶段的站就是该阶段的状态.

如果给定过程某一阶段的状态，那么这个阶段以后过程的演变和发展要受到该阶段给出状态的影响，而不受该阶段以前各阶段状态的影响．这就是说：过程的发展，只受当前状态的影响，过去的历史只能通过当前的状态去影响它的未来．这种特性叫做**无后效性**．在建立实际问题的动态规划模型时，其状态的描述，要求其满足无后效性．

描述状态的变量称为**状态变量**（State Variable）．变量允许取值的范围称为允许状态集合（Set of Admissible States）．用 s_k 表示第 k 阶段的状态变量，它可以是一个数或一个向量，用 S_k 表示第 k 阶段的允许状态集合．如在例题 8－1 中，s_2 可取节点 B_1，B_2 和 B_3，因此 $S_2=\{B_1, B_2, B_3\}$．状态变量简称为**状态**．

n 个阶段的决策过程有 $n+1$ 个状态变量，s_{n+1} 表示 s_n 演变的结果．根据过程演变的具体情况，状态变量可以是离散的或连续的．状态变量均取离散值的动态规划，称之为**离散型动态规划**；状态变量均取连续值的动态规划，称之为**连续型动态规划**．在例题 8－1 中，各状态变量均取离散值，因此它是一个为离散型动态规划问题．为了计算方便有时将连续变量离散化；为了分析方便有时又将离散变量视为连续的．

3. 决策（Decision）

当一个阶段的状态确定后，可以作出各种选择从而演变到下一阶段的某个状态，这种选择称为**决策**（Decision），在最优控制问题中也称为**控制**（Control）．

描述决策的变量称为**决策变量**（Decision Variable），简称决策．变量允许取值的范围称为允许决策集合（Set of Admissible Decisions）．用 $x_k(s_k)$ 表示第 k 阶段处于状态 s_k 时的决策变量，它是 s_k 的函数；一般而言，第 k 阶段处于状态 s_k 时的决策变量是有一定范围的，用 $D_k(s_k)$ 表示处于状态 s_k 时的允许决策集合．在例题 8－1 中 $x_2(B_1)$ 可取节点 C_1，C_2 和 C_3，因此 $D_2(B_1)=\{C_1, C_2, C_3\}$．

4. 策略

按一定顺序的决策组成的序列称为策略（Policy）．由初始状态 s_1 开始的全过程的策略记作 $p_{1n}(s_1)$，即 $p_{1n}(s_1)=\{x_1(s_1), x_2(s_2), \cdots, x_n(s_n)\}$．由第 k 阶段的状态 s_k 开始，到终止状态的后部子过程的策略记作 $p_{kn}(s_k)$，即 $p_{kn}(s_k)=\{x_k(s_k), x_{k+1}(s_{k+1}), \cdots, x_n(s_n)\}$．类似地，由第 k 到第 j $(k<j)$ 阶段的子过程的策略记作 $p_{kj}(s_k)=\{x_k(s_k), x_{k+1}(s_{k+1}), \cdots, x_j(s_j)\}$．对于每一个阶段 k 的某一给定的状态 s_k，可供选择的策略 $p_{kj}(s_k)$ 有一定的范围，称为允许策略集合（set of admissible policies），用 $P_{kj}(s_k)$ 表示．

5. 状态转移方程

在确定性过程中，一旦某阶段的状态和决策为已知，下阶段的状态便完全确定，表示这种演变规律的方程称为**状态转移方程**（**Equation of State**）．如果是由 s_k、x_k 确定 s_{k+1}，相应的状态转移方程可以表示为

$$s_{k+1}=T_k(s_k, x_k(s_k)), \quad k=1, 2, \cdots, n \tag{8-2}$$

如在例题 8－1 中状态转移方程为：$s_{k+1}=x_k(s_k)$．相应地在求解该动态规划问题时，应从最后一阶段开始计算反推至第一阶段，称之为动态规划的**逆序解法**，如前面例题 8－1 的计算过程所示．

6. 指标函数和最优值函数

由于动态规划是用来解决多阶段决策过程最优化问题，因而要有一个用来衡量所实现的过程优劣的一种数量指标，这就是指标函数．指标函数有阶段指标函数和过程指标函数．阶段指标函数 $v_k(s_k, x_k)$ 表示在第 k 阶段处于 s_k 状态下，经过决策 x_k 后产生的效果．如在例

题 8-1 中我们有 $v_k(s_k, x_k)=d(s_k, x_k)$，就是第 k 阶段的节点 s_k 到第 $k+1$ 阶段节点 x_k 的距离.

过程指标函数是衡量全过程策略或 $k\to j$ 子过程（即从第 k 阶段的开始状态到第 j 阶段的结束状态）策略优劣的数量指标，用 V_{1n} 或 V_{kj} 表示（假定一共有 n 个阶段）. 根据动态规划的特点，指标函数应具有可分离性（按阶段），即 V_{kn} 可由 s_k，x_k 和 $V_{k+1,n}$ 表示，或者是 $V_{1,k+1}$ 可由 s_{k+1}，x_k 和 V_{1k} 表示. 常用的指标函数有两种形式.

(1) 过程和它的任一子过程的指标，是它所包含的各阶段的指标的和.

$$V_{kj}(p_{kj}) = \sum_{i=k}^{j} v_i(s_i, x_i(s_i)) \tag{8-3}$$

(2) 过程和它的任一子过程的指标，是它所包含的各阶段的指标的乘积.

$$V_{kj}(p_{kj}) = \prod_{i=k}^{j} v_i(s_i, x_i(s_i)) \tag{8-4}$$

此外还可采用 max 或 min 类型的指标函数，即 $V_{kj}(p_{kj})=\max\{v_i(s_i, x_i(s_i))\mid i=k, k+1, \cdots, j\}$ 或 $V_{kj}(p_{kj})=\min\{v_i(s_i, x_i(s_i))\mid i=k, k+1, \cdots, j\}$. 一般来说，问题不同，指标函数也不同. 指标函数可能是距离、利润、成本、产品的产量或资源的消耗等. 例如，在最短路线问题中，指标函数 V_{kn} 就是由第 k 段起始节点 s_k 到达终点 E 的距离.

指标函数的最优值称之为**最优指标函数或最优目标函数**，记为 $f_k^*(s_k)$. 采用逆序解法时，即从最后一阶段开始计算直至第一阶段，$f_k^*(s_k)$ 表示从第 k 阶段的状态 s_k 开始到最后阶段结束时的最优目标函数值，因此有

$$f_k^*(s_k)=\underset{p_{kn}\in P_{kn}}{\text{opt}} V_{kn}(p_{kn})=V_{kn}(p_{kn}^*) \tag{8-5}$$

这里"opt"是英文"optimization"的缩写，可根据具体情况取"max"或"min". $p_{1k}^*=\{x_1^*, \cdots, x_k^*\}$ 表示初始状态为 s_1 的子过程 $1\to k$ 的所有子策略中的最优策略；$p_{kn}^*=\{x_k^*, \cdots, x_n^*\}$ 表示初始状态为 s_k 的后部子过程所有子策略中的最优策略.

7. 最优策略和最优轨线

使 $k\to j$ 子过程目标函数 V_{kj} 达到最优值的策略记做 $p_{kj}^*=\{x_k^*, \cdots, x_j^*\}$，$p_{1n}^*$ 又是全过程的最优策略，简称**最优策略**（optimal policy）. 从初始状态 $s_1(=s_1^*)$ 出发，按照 p_{1n}^* 和状态转移方程演变所经历的状态序列 $\{s_1^*, s_2^*, \cdots, s_{n+1}^*\}$ 称做**最优轨线**（optimal trajectory）.

有了以上概念，下面给出由美国人利·别尔曼（R. Bellman）提出的求解动态规划的最优化原理.

最优化原理：作为整个过程的最优策略具有这样的性质，无论过去的状态和决策如何，对先前决策所形成的状态而言，余下的诸决策必构成最优策略. 简而言之，一个最优策略的子策略，对于它的初态和终态而言也必是最优的.

这个"最优性原理"如果用数学化的语言来描述的话，就是：假设为了解决某一可分为 n 个阶段的优化问题，其初始状态（如出发点）s_1 和最终状态（如终点）s_{n+1} 均已确定，需要依次作出 n 个决策 $x_1^*, x_2^*, \cdots, x_n^*$，其确定的下一阶段的状态依次为 $s_2^*, s_3^*, \cdots, s_{n+1}^*$. 如果这个决策序列是最优的，那么对于任意两个整数 k，p，满足 $1\leqslant k<p\leqslant n$，在第 k 阶段的输入状态确定为 s_k^* 和第 p 阶段的终止状态确定为 s_{p+1}^* 时，子决策序列 $x_k^*, x_{k+1}^*, \cdots, x_p^*$ 仍旧是一个关于初态 s_k^* 和终态 s_{p+1}^* 的最优决策序列. 如对例题 8-1 中的最短路问题，

若已知 $A\to E$ 的最短路为：$A\to B_3\to C_2\to D_2\to E$，那么子路径 $B_3\to C_2\to D_2$ 也一定是 B_3 到 D_2 的最短路.

最优化原理是动态规划的基础. 任何一个问题，如果失去了这个最优化原理的支持，就不能用动态规划方法解决.

动态优化问题的计算有**逆序解法**和**顺序解法**两种，逆序解法是从最后阶段开始计算反推至第一阶段，而顺序解法则是第一阶段开始计算直至最后阶段. 两者的基本原理是相同的，只是计算方向刚好相反. 下面采用“和”指标函数 V_{kj}（由式（8-3）确定），结合最优化原理，讨论动态规划的逆序解法和顺序解法的一般计算过程.

采用逆序解法时，即从最后阶段开始计算直至第一阶段，我们需要计算从第 k 阶段开始到最后阶段结束时的最优目标函数值 $f_k^*(s_k)$（由式（8-5）确定）及它们之间的递推式. 为得到第 $k+1$ 阶段到第 k 阶段最优目标函数值的递推式，设状态转移方程为 $s_{k+1}=T(s_k,x_k)$，则根据式（8-3）、式（8-5）和最优化原理有

$$
\begin{aligned}
f_k^*(s_k) &= \underset{\substack{s_{i+1}=T(s_i,\, x_i)\in S_{i+1}\\ x_i\in D_i(s_i),\ i=k,\cdots,n}}{\operatorname{opt}} \sum_{i=k}^{n} v_i(s_i, x_i)\\
&= \underset{\substack{s_{k+1}=T(s_k,\, x_k)\in S_{k+1}\\ x_k\in D_k(s_k)}}{\operatorname{opt}} \left\{ v_k(s_k,\ x_k) + \underset{\substack{s_{i+1}=T(s_i,\, x_i)\in S_{i+1}\\ x_i\in D_i(s_i),\ i=k+1,\cdots,n}}{\operatorname{opt}} \sum_{i=k+1}^{n} v_i(s_i,\ x_i)\right\}\\
&= \underset{\substack{s_{k+1}=T(s_k,\, x_k)\in S_{k+1}\\ x_k\in D_k(s_k)}}{\operatorname{opt}} \{v_k(s_k,\ x_k)+f_{k+1}^*(s_{k+1})\}\\
&= \underset{\substack{T(s_k,\, x_k)\in S_{k+1}\\ x_k\in D_k(s_k)}}{\operatorname{opt}} \{v_k(s_k,\ x_k)+f_{k+1}^*(T(s_k,\ x_k))\}
\end{aligned}
\tag{8-6}
$$

相应地第 k 阶段的决策函数 $f(s_k,\ x_k)$ 可表示为

$$
f(s_k,\ x_k)=v(s_k,\ x_k)+f_{k+1}^*(s_{k+1})=v(s_k,\ x_k)+f_{k+1}^*(T(s_k,\ x_k)) \tag{8-7}
$$

从而动态规划逆序解法的递推过程可表示如下：

$$
\begin{aligned}
&f_{n+1}^*(s_{n+1})=v_0\\
&\text{对 } k=n,\ n-1,\ \cdots,\ 1,\ \text{对 } \forall s_k\in S_k,\ \text{依次计算：}\\
&\quad f_k^*(s_k)=\operatorname{opt}\{v(s_k,\ x_k)+f_{k+1}^*(s_{k+1})\mid x_k\in D_k(s_k),\ \text{且}\\
&\qquad\qquad\qquad\qquad\qquad\qquad s_{k+1}=T(s_k,\ x_k)\in S_{k+1}\}
\end{aligned}
\tag{8-8}
$$

对于乘积指标函数，将计算公式（8-8）中加号“+”变为乘号“×”，并对初值 $f_{n+1}^*(s_{n+1})=v_0$ 作适当改变即可.

动态规划逆序解法的特点是从终点状态一步步进行反推，同样也可从起点状态一步步向前推，此即动态规划的**顺序解法**. 采用顺序解法时，如果仍用前面定义的符号 s_k，x_k，则此时 s_{k+1} 既是第 $k+1$ 阶段的输入状态，又应看做是第 k 阶段的终止状态. 由于要从第一阶段开始计算直至最后阶段，因此需要计算从第 1 阶段开始到第 k 阶段结束时的最优目标函数值 $f_k^*(s_{k+1})$ 及它们之间的递推式（注意此处 s_{k+1} 是第 k 阶段的终止状态），相应地，式（8-5）变为

$$
f_k^*(s_{k+1})=\underset{p_{1k}\in P_{1k}}{\operatorname{opt}} V_{1k}(p_{1k})=V_{1k}(p_{1k}^*) \tag{8-9}
$$

同时需要从第 k 阶段的终止状态 s_{k+1}（即第 $k+1$ 阶段的输入状态）和第 k 阶段的决策变量 x_k 反向得到第 k 阶段的输入状态 s_k，因此状态转移方程应变为

$$
s_k=T_k(s_{k+1},\ x_k(s_{k+1})),\quad k=1,\ 2,\ \cdots,\ n \tag{8-10}
$$

可见状态转移方程有两种构造方法：一种是由 s_k、x_k 确定 s_{k+1}，对应逆序算法；一种是由 s_{k+1}、x_k 确定 s_k，对应顺序解法．应根据问题的特点选择方便的方法．当采用顺序解法时，是从第一阶段开始按顺序计算直至最后阶段，但从状态转移方程的角度看，其计算方向恰好要反过来，要由第 k 阶段的终止状态 s_{k+1} 和第 k 阶段的决策变量 x_k 共同决定第 k 阶段的输入状态 s_k，对阶段指标函数 $v_k(x_k, s_{k+1})$ 也要做同样理解，相应地，式（8-3）表示的 $k\to j$ 子过程指标函数（由第 k 阶段的开始状态到第 j 阶段的结束状态）应变为

$$V_{kj}(p_{kj}) = \sum_{i=k}^{j} v_i(x_i, s_{i+1}) \tag{8-11}$$

以 $D_k(s_{k+1})$ 表示第 k 阶段终止状态为 s_{k+1} 时决策变量 x_k 的允许范围（通常就是 S_k），同样根据式（8-9）、式（8-11）和最优化原理有

$$\begin{aligned}
f_k^*(s_{k+1}) &= \operatorname*{opt}_{\substack{s_i=T(s_{i+1},x_i)\in S_i \\ x_i\in D_i(s_{i+1}),\ i=1,\cdots,k}} \sum_{i=1}^{k} v_i(x_i, s_{i+1}) \\
&= \operatorname*{opt}_{\substack{s_k=T(s_{k+1},x_k)\in S_k \\ x_k\in D_k(s_{k+1})}} \left\{ v_k(x_k, s_{k+1}) + \operatorname*{opt}_{\substack{s_i=T(s_{i+1},x_i)\in S_i \\ x_i\in D_i(s_{i+1}),\ i=1,\cdots,k-1}} \sum_{i=1}^{k-1} v_i(x_i, s_{i+1}) \right\} \\
&= \operatorname*{opt}_{\substack{s_k=T(s_{k+1},x_k)\in S_k \\ x_k\in D_k(s_{k+1})}} \{ v_k(x_k, s_{k+1}) + f_{k-1}^*(s_k) \} \\
&= \operatorname*{opt}_{\substack{T(s_{k+1},x_k)\in S_k \\ x_k\in D_k(s_{k+1})}} \{ v_k(x_k, s_{k+1}) + f_{k-1}^*(T(s_{k+1}, x_k)) \}
\end{aligned} \tag{8-12}$$

相应地，第 k 阶段终止状态为 s_{k+1} 时的决策函数 $f(s_{k+1}, x_k)$ 可表示为

$$f(s_{k+1}, x_k) = v_k(x_k, s_{k+1}) + f_{k-1}^*(T(s_{k+1}, x_k)) \tag{8-13}$$

其中 s_{k+1} 看做常数，x_k 是决策变量．因此动态规划顺序算法的计算过程可表示如下：

$$\begin{aligned}
&f_1^*(s_1) = v_0 \\
&\text{对 } k=1, \cdots, n, \text{ 对 } \forall s_{k+1}\in S_{k+1}, \text{ 依次计算：} \\
&\quad f_k^*(s_{k+1}) = \operatorname{opt}\{ v_k(x_k, s_{k+1}) + f_{k-1}^*(s_k) \mid x_k \in D_k(s_{k+1}), \text{ 且 } \\
&\qquad\qquad\qquad\qquad s_k = T(s_{k+1}, x_k) \in S_k \}
\end{aligned} \tag{8-14}$$

其中 s_{k+1} 是第 $k+1$ 阶段的输入状态，也是第 k 阶段的终止状态，S_{k+1} 表示第 k 阶段的终止状态 s_{k+1} 的取值范围，$D_k(s_{k+1})$ 表示第 k 阶段终止状态为 s_{k+1} 时第 k 阶段的决策变量 x_k 的允许范围，$f_k^*(s_{k+1})$ 表示从起点状态 s_1 到达第 k 阶段终止状态 s_{k+1} 时的最优决策值（注意此处符号含义与前面逆序算法的不同）．如在例题 8-1 中，第二阶段最终状态就是第三阶段的输入状态 s_3，可取 C_1，C_2，C_3 三个值，从而取值范围 $S_3=\{C_1, C_2, C_3\}$，而此时相应的第二阶段决策变量 x_2 可取值 $\{B_1, B_2, B_3\}$，即 $D_2(s_3)=\{B_1, B_2, B_3\}$．因此在顺序计算方法中，我们是用 $f_k^*(s_{k+1})$ 表示从起点状态 s_1 到达第 k 阶段终止状态 s_{k+1}（即第 $k+1$ 阶段的输入状态）时的最短路长度，相应地**状态转移方程**变为 $s_k=T(s_{k+1}, x_k)$．如在例题 8-1 中，状态转移方程为 $s_k=T(s_{k+1}, x_k)=x_k$．下面仍以例题 8-1 为例介绍动态规划的顺序解法．

例题 8-2 用动态规划的顺序解法计算例题 8-1．

解：此时 $f_k^*(s_{k+1})$ 表示从起点状态 $s_1=A$ 出发到达第 k 阶段的终止状态 s_{k+1}（即第 $k+1$ 阶段输入状态）时的最短路长度（$k=1, 2, 3, 4$）．和前面的逆序计算方法一样，从 A 到

E 可自然地分为四个阶段：$A \to B$、$B \to C$、$C \to D$ 和 $D \to E$，有五个状态，四个决策，且各阶段状态的允许取值范围分别是 $S_1 = \{A\}$，$S_2 = \{B_1, B_2, B_3\}$，$S_3 = \{C_1, C_2, C_3\}$，$S_4 = \{D_1, D_2\}$，$S_5 = \{E\}$，状态转移方程为 $s_k = x_k$. 从第一个阶段开始依次考虑如下.

① 在第一阶段 $A \to B$，显然从 A 到 A 的最短路长度 $f_0^*(A) = 0$. 第一阶段的终止状态（即第二阶段的输入状态）有 B_1，B_2，B_3 三个状态可供选择，这时易知

从 A 到 B_1 的最短路长度 $f_1^*(B_1) = 2$，

从 A 到 B_2 的最短路长度 $f_1^*(B_2) = 5$，

从 A 到 B_3 的最短路长度 $f_1^*(B_3) = 3$.

根据式（8-14）计算可得同样结果，且有 $x_1^*(B_1) = x_1^*(B_2) = x_1^*(B_3) = A$.

② 在第二阶段 $B \to C$，决策变量可取值 $\{B_1, B_2, B_3\}$，第二阶段的终态亦即第三阶段的输入状态有 $\{C_1, C_2, C_3\}$ 三个状态可供选择，从 A 出发到 C_1 的最短路长度为

$$\begin{aligned} f_2^*(C_1) &= \min\{f_1^*(s_2) + d(x_2, C_1) \mid x_2 \in \{B_1, B_2, B_3\}, s_2 = x_2\} \\ &= \min\{f_1^*(B_1) + d(B_1, C_1), f_1^*(B_2) + d(B_2, C_1), f_1^*(B_3) + d(B_3, C_1)\} \\ &= \min\{2+7, 5+3, 3+5\} = 8 \quad (\text{经节点 } B_2 \text{ 或 } B_3\text{，即：} x_2^*(C_1) = B_2 \text{ 或 } B_3) \end{aligned}$$

到 C_2 的最短路长度为

$$\begin{aligned} f_2^*(C_2) &= \min\{f_1^*(x_2) + d(x_2, C_2) \mid x_2 \in \{B_1, B_2, B_3\}\} \\ &= \min\{2+5, 5+2, 3+1\} = 4 \quad (\text{经节点 } B_3\text{，即：} x_2^*(C_2) = B_3) \end{aligned}$$

到 C_3 的最短路长度为

$$\begin{aligned} f_2^*(C_3) &= \min\{f_1^*(x_2) + d(x_2, C_3) \mid x_2 \in \{B_1, B_2, B_3\}\} \\ &= \min\{2+6, 5+4, 3+5\} = 8 \quad (\text{经节点 } B_1 \text{ 或 } B_3\text{，即：} x_2^*(C_3) = B_1 \text{ 或 } B_3) \end{aligned}$$

实际上就是在根据式（8-14）计算（其中 $s_2 = x_2$）.

③ 在第三阶段 $C \to D$，终态即第四阶段的输入状态有 $\{D_1, D_2\}$ 两个状态可供选择，根据式（8-14）和 $s_3 = x_3$，到 D_1 的最短路长度为

$$\begin{aligned} f_3^*(D_1) &= \min\{f_2^*(x_3) + d(x_3, D_1) \mid x_3 \in \{C_1, C_2, C_3\}\} \\ &= \min\{f_2^*(C_1) + d(C_1, D_1), f_2^*(C_2) + d(C_2, D_1), f_2^*(C_3) + d(C_3, D_1)\} \\ &= \min\{8+1, 4+6, 8+3\} = 9 \quad (\text{经节点 } C_1\text{，即：} x_3^*(D_1) = C_1) \end{aligned}$$

到 D_2 的最短路长度为

$$\begin{aligned} f_3^*(D_2) &= \min\{f_2^*(x_3) + d(x_3, D_2) \mid x_3 \in \{C_1, C_2, C_3\}\} \\ &= \min\{8+4, 4+3, 8+3\} = 7 \quad (\text{经节点 } C_2\text{，即：} x_3^*(D_2) = C_2) \end{aligned}$$

④ 在第四阶段 $D \to E$，只有一个输入状态 E（即 $s_5 = E$），于是根据式（8-14）和 $s_4 = x_4$，到 E 的最短路为

$$\begin{aligned} f_4^*(E) &= \min\{f_3^*(x_4) + d(x_4, E) \mid x_4 \in \{D_1, D_2\}\} \\ &= \min\{9+3, 7+4\} = 11 \quad (\text{经节点 } D_2\text{，即：} x_4^*(E) = D_2) \end{aligned}$$

然后根据计算过程、各阶段的决策值和状态转移方程依次反推得：$x_4^*(E) = D_2$，$x_3^*(D_2) = C_2$，$x_2^*(C_2) = B_3$，$x_1^*(B_3) = A$，从而 $A \to E$ 的最短路为：$A \to B_3 \to C_2 \to D_2 \to E$，最短路长度为 11. □

在求解例题 8-1 最短路的问题中看到，从某一状态出发寻求最优选择时，它是从下述所有可能的组合中进行优化选取的：将本阶段决策的指标效益值加上（或乘上）从下阶段开始采取最优策略时的指标效益值，这正是最优化原理所描述的. 这是一种递推关系式，顺序解法是从第一个阶段开始顺序地递推到过程的结束；按逆序解法时是从最后一个阶段反推到过程的开始.

对于离散动态规划问题，递推关系式（8-8）、（8-14）是最优化原理的具体表达形式，相应地称递推关系式（8-8）、（8-14）为**离散动态规划的基本方程**.

8.3 常见动态规划问题及其求解

从 8.2 节中可看到，为构造和求解动态规划的数学模型，需要明确模型中有关阶段的划分、状态变量、决策变量、允许决策集合和状态转移方程等，并注意下述各点。

（1）状态变量的确定是构造动态规划模型中最关键的一步，它要求对研究的问题有深入的观察了解，并将问题划分为若干个独立决策的阶段. 状态变量首先应描述反映研究过程的演变特征，其次应包含到达这个状态前的足够信息，并具有无后效性，即到达这个状态前的过程的决策将不影响到该状态以后的决策. 如例题 8-1 中旅行者从 C_1 点以后的最优路线的选择只与状态 C_1 有关，而与 C_1 点以前的路线选择无关. 这种在某个状态前后决策上的互相独立性，保证把 n 个互为联系的阶段可以分割开来研究. 状态变量还应具有可知性，即规定的状态变量的值可通过直接或间接的方法测知. 状态变量可以是离散的，也可以是连续的.

（2）决策变量是对过程进行控制的手段，复杂的问题中决策变量也可以是多维的向量，它的取值可能离散，也可能连续. 允许决策集合相当于线性规划问题中的约束条件.

（3）状态转移方程是构造动态规划模型中的重要方程，它的构造同样也有逆序与顺序两种方法，一般要根据问题的条件来决定采用哪种方法，一般都是在给出 s_k、x_k 的取值后再确定 s_{k+1}，相应的状态转移方程可以表示为 $s_{k+1}=T_k(s_k, x_k(s_k))$ （$k=1, 2, \cdots, n$），这也决定了必须用逆序解法求解该问题；有时也会发现给出 s_{k+1}、x_k 后，再确定 s_k 更容易些，这时状态转移方程可以表示为 $s_k=T_k(s_{k+1}, x_k(s_{k+1}))$ （$k=1, 2, \cdots, n$），相应地应该用顺序解法求解该问题.

在逆序解法中，当给出 s_k、x_k 的取值后，如果 s_{k+1} 的取值唯一确定，相应的多阶段决策过程称为**确定性的多阶段决策过程**. 在有些问题中，对给定的 s_k 和 x_k，相应的 s_{k+1} 的取值不是确定的，而是具有某种概率分布的随机变量，但它的概率分布则由 s_k 和 x_k 唯一确定，这类多阶段的决策过程称为**随机性的多阶段决策过程**.

（4）指标函数是衡量决策过程效益高低的指标，它是一个定义在全过程或从 k 到 n 阶段的子过程上的数量函数（顺序解法中为第一阶段到第 k 阶段的子过程上的数量函数）. 为了进行动态规划的计算，指标函数必须具有递推性（也称为分离性）.

按过程演变的特征，动态规划模型划分为确定性的动态规划模型和随机性的动态规划模型两大类. 根据状态变量的取值是离散还是连续，它们又可区分为连续和离散两类. 因此，有离散确定性的动态规划模型、连续确定性的动态规划模型、离散随机性的动态规划模型和连续随机性的动态规划模型四大类. 此外有些决策过程的阶段数是固定的，称定期的决策过程，有些决策过程的阶段数是不固定的或可以有无限多阶段数，分别称为不定期或无期的决策过程. 下面讨论几个常见的离散确定性动态规划模型及其求解方法.

1. 用动态规划方法解可分离数学规划问题

这里我们将通过例子介绍如何用动态规划方法解一些特殊的数学规划问题.

例题 8-3　分别用动态规划的逆序法和顺序法求解下面问题：

$$\max z=x_1\cdot x_2^2\cdot x_3^2$$
$$\text{s.t.}\ x_1+x_2+x_3=c\quad (c>0)$$
$$x_i\geqslant 0\quad i=1,2,3$$

解：根据问题目标函数和约束函数的特点，可自然地按变量个数划分阶段，把它看做一个三阶段决策问题，将问题中的变量 x_1、x_2、x_3 作为各阶段的决策变量，而把约束条件作为状态变量. 记 $p_1(\boldsymbol{x})=x$，$p_2(\boldsymbol{x})=p_3(\boldsymbol{x})=x^2$，则目标函数可表示为：$z=\prod_{i=1}^{3}p_i(x_i)$.

当采用逆序解法时，第 k 阶段到第三阶段的指标函数为：$V_{k3}=\prod_{i=k}^{3}p_i(x_i)=p_k(x_k)\prod_{i=k+1}^{3}p_i(x_i)$，因此自然地设第 k 阶段指标函数为：$v_k(s_k,x_k)=p_k(x_k)$. 设三个阶段状态变量依次为 s_1、s_2、s_3、s_4，由于是从最后阶段反推至第一阶段，为满足约束条件，应令 $s_1=c$，$s_4=0$，相应地各阶段决策变量和状态变量依次满足（即状态转移方程）：

$$s_4+x_3=s_3,\quad s_3+x_2=s_2,\quad s_2+x_1=s_1,\quad s_1=c$$

并满足 $x_i\geqslant 0$（$i=1,2,3$），从而各阶段状态变量的取值范围为

$$S_1=\{c\},\quad S_2=S_3=\{s\mid s\geqslant 0\},\quad S_4=\{0\}$$

以 $f_k^*(s_k)$ 表示从第 k 阶段输入状态 s_k 到第三阶段结束状态所得到的最大值，并令 $f_4^*(0)=1$，则

$$\begin{aligned}
f_k^*(s_k) &= \max_{\substack{\sum_{i=k}^{3}x_i=s_k\\ x_i\geqslant 0,\ i=k,\cdots,3}}\prod_{i=k}^{3}p_i(x_i)\\
&=\max_{\substack{x_k+s_{k+1}=s_k\\ x_k\geqslant 0}}\left\{p_k(x_k)\cdot\max_{\substack{\sum_{i=k+1}^{3}x_i=s_{k+1}\\ x_i\geqslant 0,\ i=k+1,\cdots,3}}\prod_{i=k+1}^{3}p_i(x_i)\right\}\\
&=\max_{\substack{s_{k+1}=s_k-x_k\\ x_k\geqslant 0}}\{p_k(x_k)\cdot f_{k+1}^*(s_{k+1})\}\\
&=\max_{\substack{s_k-x_k\in S_{k+1}\\ x_k\geqslant 0}}\{p_k(x_k)\cdot f_{k+1}^*(s_k-x_k)\}\\
&=\begin{cases}\max\limits_{x_3=s_3}\{p_3(x_3)\cdot f_4^*(0)\}, & \text{若 } k=3\\ \max\limits_{0\leqslant x_k\leqslant s_k}\{p_k(x_k)\cdot f_{k+1}^*(s_k-x_k)\}, & \text{若 } k=2,1\end{cases}
\end{aligned}$$

于是从最后一阶段开始从后向前依次有

第三阶段：对 $\forall s_3\geqslant 0$（$s_3<0$ 时无定义），有

$$f_3^*(s_3)=\max_{x_3=s_3} x_3^2=s_3^2 \text{ 及最优解 } x_3^*=s_3$$

第二阶段：对 $\forall s_2 \geqslant 0$，有

$$f_2^*(s_2)=\max_{0\leqslant x_2, x_2+s_3=s_2}\left[x_2^2 \cdot f_3^*(s_3)\right]=\max_{0\leqslant x_2\leqslant s_2}\left[x_2^2 \cdot (s_2-x_2)^2\right]=\max_{0\leqslant x_2\leqslant s_2} h_2^2(s_2, x_2)$$

其中 $h_2(s_2, x_2)=x_2(s_2-x_2)=-\left(x_2-\frac{1}{2}s_2\right)+\frac{1}{4}s_2^2$，因此得 $x_2=\frac{1}{2}s_2$ 为第二阶段问题的极大值点，所以 $f_2^*(s_2)=\frac{1}{16}s_2^4$ 及最优解 $x_2^*=\frac{1}{2}s_2$.

第一阶段：对 $\forall s_1 \geqslant 0$，有

$$f_1^*(s_1)=\max_{0\leqslant x_1, s_2+x_1=s_1}\left[x_1 \cdot f_2^*(s_2)\right]=\max_{0\leqslant x_1\leqslant s_1}\left[x_1 \cdot \frac{1}{16}(s_1-x_1)^4\right]=\max_{0\leqslant x_1\leqslant s_1}\frac{1}{16}h_1(s_1, x_1)$$

其中 $h_1(s_1, x_1)=x_1(s_1-x_1)^4$. 由微分法，将 $h_1(s_1, x_1)$ 对 x_1 求导得：$\frac{dh_1}{dx_1}=(s-x_1)^3(s_1-5x_1)$，因此当 $0\leqslant x_1\leqslant\frac{1}{5}s_1$ 时，$h_1(s_1, x_1)$ 是 x_1 的严格单增函数；当 $\frac{1}{5}s_1\leqslant x_1\leqslant s_1$ 时，$h_1(s_1, x_1)$ 是 x_1 的严格单降函数，因此当 $x_1^*=\frac{1}{5}s_1$ 时，$h_1(s_1, x_1)$ 在区间 $[0, s_1]$ 上取得极大值，故 $f_1^*(s_1)=\frac{16}{3\,125}s_1^5$.

由于已知 $s_1=c$，因而按计算的顺序反推，可得各阶段的最优决策和最优值. 即 $x_1^*=\frac{1}{5}c$，$f_1^*(c)=\frac{16}{3\,125}c^5$.

由 $s_2=s_1-x_1^*=c-\frac{1}{5}c=\frac{4}{5}c$，所以

$$x_2^*=\frac{1}{2}s_2=\frac{2}{5}c, \quad f_2^*(s_2)=\frac{16}{625}c^4$$

由 $s_3=s_2-x_2^*=\frac{4}{5}c-\frac{2}{5}c=\frac{2}{5}c$，所以

$$x_3^*=\frac{2}{5}c, \quad f_3^*(s_3)=\frac{4}{25}c^2$$

因此得到的最优解为 $x_1^*=\frac{1}{4}c$，$x_2^*=\frac{1}{2}c$，$x_3^*=\frac{1}{4}c$，最大值为 $z^*=f_1^*(c)=\frac{16}{3\,125}c^5$.

用顺序解法求解上述问题时，第 1 阶段到第 k 阶段的指标函数为 $V_{1k}=\prod_{i=1}^{k}p_i(x_i)=p_k(x_k)\cdot\prod_{i=1}^{k-1}p_i(x_i)$，因此同样设第 k 阶段指标函数为 $v_k(s_k, x_k)=p_k(x_k)$. 由于要按顺序从第 1 阶段计算到第 3 阶段，因此一共有 4 个状态变量，三个阶段的结束状态变量依次为 s_2、s_3、s_4，各阶段的决策变量依次为 x_1、x_2、x_3. 为满足约束条件，应令 $s_4=c$，并满足：

$$s_1=0, \quad s_2=x_1, \quad s_2+x_2=s_3, \quad s_3+x_3=s_4=c$$

且 $x_i\geqslant 0(i=1, 2, 3)$，从而状态变量的取值范围依次为 $S_1=\{0\}$，$S_2=S_3=\{s|s\geqslant 0\}$，$S_4=\{c\}$. 以 $f_k^*(s_{k+1})$ 表示从第 1 阶段开始到第 k 阶段的结束状态 s_{k+1} 时所得到的最大值，则

$$
\begin{aligned}
f_k^*(s_{k+1}) &= \max_{\substack{\sum_{i=1}^{k} x_i = s_{k+1} \\ x_i \geqslant 0,\ i=1,\cdots,k}} \prod_{i=1}^{k} p_i(x_i) \\
&= \max_{\substack{x_k + s_k = s_{k+1} \\ x_k \geqslant 0}} \left\{ p_k(x_k) \cdot \max_{\substack{\sum_{i=1}^{k-1} x_i = s_k \\ x_i \geqslant 0,\ i=1,\cdots,k-1}} \prod_{i=1}^{k-1} p_i(x_i) \right\} \\
&= \max_{\substack{x_k + s_k = s_{k+1} \\ x_k \geqslant 0}} \{ p_k(x_k) \cdot f_{k-1}^*(s_k) \} \\
&= \max_{\substack{s_{k+1} - x_k \in S_k \\ x_k \geqslant 0}} \{ p_k(x_k) \cdot f_{k-1}^*(s_{k+1} - x_k) \}
\end{aligned}
$$

其中 $f_1^*(0)=1$. 于是用顺序解法从前向后依次有

第一阶段：对 $\forall s_2 \in S_2$（$s_2 < 0$ 时无定义），有

$$f_1^*(s_2) = \max_{s_2 - x_1 \in S_1} \{ x_1 \cdot f_0^*(s_2 - x_1) \} = \max_{x_1 = s_2}(x_1 \cdot 1) = s_2 \text{ 及最优解 } x_1^* = s_2$$

第二阶段：对 $\forall s_3 \in S_3$，有

$$f_2^*(s_3) = \max_{0 \leqslant x_2,\, s_2 = s_3 - x_2 \in S_2} [x_2^2 \cdot f_1^*(s_2)] = \max_{0 \leqslant x_2 \leqslant s_3} [x_2^2 \cdot (s_3 - x_2)]$$

解上述问题得最优解为 $x_2^* = \dfrac{2}{3} s_3$，相应的最优值为：$f_2^*(s_3) = \dfrac{4}{27} s_3^3$.

第三阶段：此时 $s_4 = c$，有

$$f_3^*(s_4) = \max_{0 \leqslant x_3,\, s_3 = s_4 - x_3 \in S_3} [x_3^2 \cdot f_2^*(s_3)] = \max_{0 \leqslant x_3 \leqslant s_4} \left[x_3^2 \cdot \frac{4}{27} (s_4 - x_3)^3 \right]$$

解上述问题得最优解为 $x_3^* = \dfrac{2}{5} s_4$，相应的最优值为：$f_3^*(s_4) = \dfrac{16}{3\,125} s_4^5$.

由于已知 $s_4 = c$，故根据状态转移方程依次反推便得最优解为 $x_3^* = \dfrac{2}{5} c$，$x_2^* = \dfrac{2}{5} c$，$x_1^* = \dfrac{1}{5} c$，相应的最大值为 $\max z = \dfrac{16}{3\,125} c^5$. □

由例题 8-3 可看到，对于如下形式的问题：

$$
\begin{aligned}
\max z &= \prod_{i=1}^{n} p_i(x_i) \\
\text{s.t. } & \sum_{i=1}^{n} x_i = c \\
& x_i \in X_i, \quad i = 1, \cdots, n
\end{aligned}
$$

可自然地将其划分为 n 个阶段求解，x_1，…，x_n 依次为这 n 个阶段的决策变量，相应地定义 $n+1$ 个状态变量 s_1，…，s_n，s_{n+1}，以使决策变量满足约束条件. 如果采用逆序解法，第 k 阶段到第 n 阶段的指标函数为：$V_{kn} = \prod_{i=k}^{n} p_i(x_i) = p_k(x_k) \cdot \prod_{i=k+1}^{n} p_i(x_i)$，因此自然地设第 k 阶段指标函数为：$v_k(s_k, x_k) = p_k(x_k)$. 为满足约束条件，应令 $s_1 = c$，$s_{n+1} = 0$，各阶段决策变量和状态变量依次满足（即状态转移方程）：

$$s_{n+1}+x_n=s_n,\ s_n+x_{n-1}=s_{n-1},\ \cdots,\ s_2+x_1=s_1,\ s_1=c$$

并满足 $x_i\in X_i$，$i=1$，…，n. 定义集合的“+”运算为

$$Z=X+Y=\{z=\boldsymbol{x}+\boldsymbol{y}\mid \boldsymbol{x}\in X,\ \boldsymbol{y}\in Y\}$$

其中 X，Y 为实数域的两个子集，则各状态变量的取值范围依次为

$$S_{n+1}=\{0\},\ S_n=X_n,\ S_{n-1}=X_{n-1}+X_n,\ \cdots,\ S_2=\sum_{i=1}^{n}X_i,\ S_1=\{c\}$$

以 $f_k^*(s_k)$ 表示从第 k 阶段初始状态 s_k 到最后阶段的最大值，则

$$\begin{aligned}f_k^*(s_k)&=\max_{\substack{\sum_{i=k}^{n}x_i=s_k\\ x_i\in X_i,\ i=k,\cdots,n}}\prod_{i=k}^{n}p_i(x_i)=\max_{\substack{x_k+s_{k+1}=s_k\\ x_k\in X_k}}\left[p_k(x_k)\cdot\max_{\substack{\sum_{i=k+1}^{n}x_i=s_{k+1}\\ x_i\in X_i,\ i=k+1,\cdots,n}}\prod_{i=k+1}^{n}p_i(x_i)\right]\\&=\max_{\substack{x_k+s_{k+1}=s_k\\ x_k\in X_k}}[p_k(x_k)\cdot f_{k+1}^*(s_{k+1})]=\max_{\substack{x_k\in X_k\\ s_k-x_k\in S_{k+1}}}[p_k(x_k)\cdot f_{k+1}^*(s_k-x_k)]\end{aligned}\quad(8-15)$$

于是求解该类问题逆序解法的递推过程为

$$\begin{aligned}&s_{n+1}=0,\ f_{n+1}^*(s_{n+1})=1,\\&\text{对 }k=n,\ n-1,\ \cdots,\ 1\text{ 依次计算：}\\&f_k^*(s_k)=\max_{\substack{x_k\in X_k\\ s_k-x_k\in S_{k+1}}}[p_k(x_k)\cdot f_{k+1}^*(s_k-x_k)],\quad\forall s_k\in S_k\end{aligned}\quad(8-16)$$

最后得到的 $f_1^*(c)$ 就是要求的最大值. 类似地可得到其顺序解法的递推过程.

例题 8-4 用动态规划方法求解下面问题：

$$\begin{aligned}\max\quad & z=2x_1+3x_2\\ \text{s. t.}\quad & x_1+x_2\leqslant 5\\ & 3x_1+2x_2\leqslant 8\\ & x_1\geqslant 0,\ x_2\geqslant 0\end{aligned}$$

解：解题思路和例题 8-3 相似，只是此时由于有两个约束，因此状态变量应为一个二维向量. 根据题目自然划分为两个阶段，决策变量依次为 x_1，x_2，状态变量依次为 s_1，s_2，s_3（均为二维向量）. 采用逆序解法，为满足约束条件，应令

$$s_1=\begin{bmatrix}s_{11}\\ s_{21}\end{bmatrix}=\begin{bmatrix}5\\ 8\end{bmatrix},\quad s_3=\begin{bmatrix}s_{13}\\ s_{23}\end{bmatrix}=\begin{bmatrix}0\\ 0\end{bmatrix}$$

状态转移方程为

$$s_3+\begin{bmatrix}x_2\\ 2x_2\end{bmatrix}=s_2\triangleq\begin{bmatrix}s_{12}\\ s_{22}\end{bmatrix},\quad s_2+\begin{bmatrix}x_1\\ 3x_1\end{bmatrix}=s_1$$

状态变量的取值范围分别为：$S_1=\{s_1\}$，$S_2=\{s_2\mid 0\leqslant s_2\leqslant s_1\}$，$S_3=\{0\}$. 记原问题的可行域为 $D=\{\boldsymbol{x}=(x_1,\ x_2)\mid x_1+x_2\leqslant 5,\ 3x_1+2x_2\leqslant 8,\ x_1\geqslant 0,\ x_2\geqslant 0\}$，$z^*$ 为原问题的最优值，则

$$z^*=\max_{x\in D}(2x_1+3x_2)=\max_{\substack{x_1\leqslant s_{11}\\ 3x_1\leqslant s_{21}\\ x_1\leqslant 0}}\left[2x_1+\max_{\substack{x_2\leqslant s_{12}=s_{11}-x_1\\ 2x_2\leqslant s_{22}=s_{21}-3x_1\\ x_2\geqslant 0}}3x_2\right]$$

于是在第二阶段，对任意 $s_2\in S_2$，$D_2(s_2)=\{x_2\in\mathbf{R}\mid x_2\leqslant s_{12},\ 2x_2\leqslant s_{22},\ x_2\geqslant 0\}$，

$$f_2^*(s_2)=\max_{\substack{x_2\leqslant s_{12}\\2x_2\leqslant s_{22}\\x_2\geqslant 0}}3x_2=3\min\left\{s_{12},\ \frac{s_{22}}{2}\right\},\quad (若 \min\{s_{12},\ s_{22}\}<0，则 s_2\notin S_2，无解)$$

对应的最优解为：$x_2^*(s_2)=\min\left\{s_{12},\ \frac{s_{22}}{2}\right\}$.

在第一阶段，对 $s_1=(5,\ 8)^{\mathrm{T}}$，有 $D_1(s_1)=\{x_1\in\mathbf{R}\mid x_1\leqslant s_{11},\ 3x_1\leqslant s_{21},\ x_1\geqslant 0\}$，该阶段的决策函数为

$$\begin{aligned}f(s_1,\ x_1)&=2x_1+f_2^*(s_2)=2x_1+f_2^*(s_1-(x_1,\ 3x_1)^{\mathrm{T}})\\&=2x_1+\min\left\{5-x_1,\ \frac{8-3x_1}{2}\right\}=\begin{cases}\dfrac{8+x_1}{2}, & 若 x_1\geqslant -2\\5+x_1, & 若 x_1\leqslant -2\end{cases}\\&=\frac{8+x_1}{2}\end{aligned}$$

从而

$$f_1^*(s_1)=\max_{x_1\in D_1(s_1)}f(s_1,\ x_1)=\max_{\substack{x_1\leqslant 5\\3x_1\leqslant 8\\x_1\geqslant 0}}\left(\frac{8+x_1}{2}\right)=\frac{16}{3}$$

该阶段对应的最优解为：$x_1^*=\frac{8}{3}$，从而 $s_2^*=s_1-(x_1^*,\ 3x_1^*)=(5,\ 8)-\left(\frac{8}{3},\ 8\right)=\left(\frac{7}{3},\ 0\right)$，$x_2^*=\min\left\{s_{12}^*,\ \frac{s_{22}^*}{2}\right\}=\min\left\{\frac{7}{3},\ 0\right\}=0$，即原问题的最优解为：$x_1^*=\frac{8}{3}$，$x_2^*=0$，对应的最优值为 $z^*=\frac{16}{3}$. □

2. 资源分配问题

所谓资源分配问题，就是将数量一定的一种或若干种资源（如原材料、资金、机器设备、劳力、食品等），恰当地分配给若干个使用者，而使目标函数为最优.

设有某种原料，总数量为 a，用于生产 n 种产品. 若分配数量 x_i 用于生产第 i 种产品，其收益为 $g_i(x_i)$，且 x_i 只能在集合 X_i 中取值，$g_i(x_i)$ 是 x_i 的单增函数. 问应如何分配，才能使生产 n 种产品的总收入最大?

此问题可写成静态规划问题：

$$\begin{cases}\max z=g_1(x_1)+g_2(x_2)+\cdots+g_n(x_n)\\x_1+x_2+\cdots+x_n=a\\x_i\in X_i,\quad i=1,\ 2,\ \cdots,\ n\end{cases}\tag{8-17}$$

当 $g_i(x_i)$ 都是线性函数时，它是一个线性规划问题；当某个 $g_i(x_i)$ 是非线性函数时，它就成为一个非线性规划问题. 通常要求 $x_i(i=1,\ 2,\ \cdots,\ n)$ 为整数. 当 n 比较大时，具体求解该问题是比较麻烦的. 然而，由于这类问题的特殊结构，在目标和约束中，变量均可分离，从而可以自然地将它看成一个多阶段决策问题，将变量 x_i 看做各阶段的决策变量，采用类似于例题 8-3 的解题思路，利用动态规划的递推关系来分段求解.

下面讨论如何用逆序法解上述问题（顺序解法留作习题）. 设状态变量 s_k 表示分配用于

生产第 k 种产品至第 n 种产品的原料数量，决策变量 x_k 是分配给第 k 种产品的原料数，则状态转移方程为

$$s_{k+1}=s_k-x_k$$

为满足问题约束条件，令初始状态 $s_1=a$，最终状态 $s_{n+1}=0$，相应地 $S_1=\{a\}$，$S_{n+1}=\{0\}$. 对 $k=2$，…，n，状态 s_k 的允许范围为 $S_k=\{s_k \mid 0\leqslant s_k\}$，相应地其允许决策集合为 $D_k(s_k)=\{x_k \mid 0\leqslant x_k\}$. 令最优值函数 $f_k^*(s_k)$ 表示以数量为 s_k 的原料分配给第 k 种产品至第 n 种产品所得的最大总收入，则有

$$\begin{aligned} f_k^*(s_k) &= \max_{\substack{\sum_{i=k}^{n} x_i=s_k \\ x_i\in X_i,\ i=1,\cdots,n}} \sum_{i=k}^{n} g_i(x_i) = \max_{\substack{x_k+s_{k+1}=s_k \\ x_k\in X_k}} \left[g_k(x_k)+\max_{\substack{\sum_{i=k+1}^{n} x_i=s_{k+1} \\ x_i\in X_i,\ i=k+1,\cdots,n}} \sum_{i=k+1}^{n} g_i(x_i)\right] \\ &= \max_{\substack{x_k+s_{k+1}=s_k \\ x_k\in X_k}} \left[g_k(x_k)+f_{k+1}^*(s_{k+1})\right] = \max_{\substack{s_k-x_k\in S_{k+1} \\ x_k\in X_k}} \left[g_k(x_k)+f_{k+1}^*(s_k-x_k)\right] \end{aligned} \tag{8-18}$$

其中 $f_{n+1}^*(0)=0$，则逆序解法的递推关系式可表示为

$$f_{n+1}^*(0)=0,$$

$$f_k^*(s_k)=\max_{\substack{x_k\in X_k \\ s_k-x_k\in S_{k+1}}} \{g_k(x_k)+f_{k+1}^*(s_k-x_k)\},\quad k=n,\ n-1,\ \cdots,\ 1$$

利用这个递推关系是进行逐段计算，最后求得 $f_1^*(a)$ 即为所求问题的最大总收入.

例题 8-5 某工业部门根据国家计划的安排，拟将某种高效率的设备五台，分配给所属的甲、乙、丙三个工厂，各工厂若获得这种设备之后，可以为国家提供的盈利如表 8-1 所示.

表 8-1 例题 8-5 图 单位：万元

设备台数 \ 盈利 \ 工厂	甲	乙	丙
0	0	0	0
1	3	5	4
2	7	10	6
3	9	11	11
4	12	11	12
5	13	11	12

问：这五台设备如何分配给各工厂，才能使国家得到的盈利最大.

解：将甲、乙、丙三个工厂依次编号为 1、2、3，设第 k 个工厂分得 x_k 台设备，$P_k(x_k)$ 为第 k 个工厂分得 x_k 台设备时所得的盈利值（由表 8-1 中甲、乙、丙三列的数值定义），则该问题可表示为形如式（8-17）的资源分配问题，其中 $a=5$，$n=3$，$g_k(x_k)=P_k(x_k)$，$1\leqslant k\leqslant 3$. 记 $X=\{0,1,2,3,4,5\}$，则 $x_k\in X$. 用状态变量 s_k 表示分配给第 k 个工厂至第 n 个工厂的设备台数，则 s_k 的允许范围 $S_1=\{5\}$，$S_2=S_3=X$，$S_4=\{0\}$，状态转移方程为 $s_{k+1}=s_k-x_k$. 递推关系式为

$$\begin{cases} f_4^*(0)=0 \\ f_k^*(s_k)=\max\limits_{\substack{x_k\in X \\ x_k-x_k\in S_{k+1}}} \left[P_k(x_k)+f_{k+1}^*(s_k-x_k)\right],\quad k=3,\ 2,\ 1 \end{cases}$$

下面从最后一个阶段开始向前逆推计算.

第三阶段：

设将 s_3 台设备 ($s_3=0$, 1, 2, 3, 4, 5) 全部分配给工厂丙时，则最大盈利值为

$$f_3^*(s_3)=\max_{s_3-x_3\in S_4, x_3\in X} P_3(x_3)=P_3(s_3)$$

其中 $x_3^*=s_3\in\{0, 1, 2, 3, 4, 5\}$. 此时只有一个工厂，有多少台设备就全部分配给它，以使其盈利值最大，其数值如原问题的表格第四列所示.

第二阶段：

设把 s_2 台设备 ($s_2=0$, 1, 2, 3, 4, 5) 分配给工厂乙和工厂丙时，则对每个 s_2 值，有一种最优分配方案，使最大盈利值为

$$f_2^*(s_2)=\max_{s_2-x_2\in S_3, x_2\in X}[P_2(x_2)+f_3^*(s_2-x_2)]$$

其中 $x_2=0$, 1, 2, 3, 4, 5, $P_2(x_2)$ 的取值是原问题的表格第三列. 因为给乙工厂 x_2 台，其盈利为 $P_2(x_2)$，余下的 s_2-x_2 台就给丙工厂，则它的盈利最大值为 $f_3^*(s_2-x_2)$. 先要选择 x_2 的值，使 $P_2(x_2)+f_3^*(s_2-x_2)$ 取最大值. 由于 s_2，x_2 均取离散值，因此采用表格法计算如下.

x_2 \ s_2	$P_2(x_2)+f_3^*(s_2-x_2)$						$f_2^*(s_2)$	x_2^*
	0	1	2	3	4	5		
0	0						0	0
1	0+4	5+0					5	1
2	0+6	5+4	10+0				10	2
3	0+11	5+6	10+4	11+0			14	2
4	0+12	5+11	10+6	11+4	11+0		16	1，2
5	0+12	5+12	10+11	11+6	11+4	11+0	21	2

第一阶段：

设把 s_1 台（这里只有 $s_1=5$ 的情况）设备分配给甲、乙、丙三个工厂时，其最大盈利值为

$$f_1^*(5)=\max_{s_1-x_1\in S_2, x_1\in X}[P_1(x_1)+f_1^*(5-x_1)]$$

其中 $x_1=0$, 1, 2, 3, 4, 5, 同样采用表格法计算得

x_1 \ s_1	$P_1(x_1)+f_2^*(5-x_1)$						$f_1^*(5)$	x_1^*
	0	1	2	3	4	5		
5	0+21	3+16	7+14	9+10	12+5	13+0	21	0，2

因为给甲工厂 x_1 台，其盈利值为 $P_1(x_1)$，剩下的 $5-x_1$ 台就分别给乙和丙两个工厂，则它的盈利最大值为 $f_2^*(5-x_1)$. 现在就选择 x_1 值，使 $P_1(x_1)+f_1^*(5-x_1)$ 取最大值，它就是所求的总盈利最大值，其计算结果如上所示.

然后按计算表格的顺序反推算，可知最优分配方案有两个.

(1) 由 $x_1^*=0$，根据 $s_2=s_1-x_1^*=5-0=5$，查表知，$x_2^*=2$，有 $s_3=s_2-x_2^*=5-2=$

3，故 $x_3^*=s_3=3$. 即得甲工厂分配 0 台，乙工厂分配 2 台，丙工厂分配 3 台.

(2) 由 $x_1^*=2$，根据 $s_2=s_1-x_1^*=5-3=2$，查表知，$x_2^*=2$，有 $s_3=s_2-x_2^*=3-2=1$，故 $x_3^*=s_3=1$. 即得甲工厂分配 2 台，乙工厂分配 2 台，丙工厂分配 1 台.

以上两个分配方案所得到的总盈利均为 21 万元. □

在这个问题中，如果原设备的台数不是 5 台，而是 4 台或 3 台，用其他方法解时，往往要从头再算，但用动态规划解时，这些列出的表仍旧有用，只需要修改最后的表格，就可以得到（具体留作练习）：

当设备台数为 4 台时，最优分配方案为 $x_1^*=1$，$x_2^*=2$，$x_3^*=1$；或 $x_1^*=2$，$x_2^*=2$，$x_3^*=0$，总盈利为 17 万元；

当设备台数为 3 台时，最优分配方案为 $x_1^*=0$，$x_2^*=2$，$x_3^*=1$，总盈利为 14 万元.

3. 生产计划问题

设某公司对某种产品要制订一项 n 个阶段的生产（或购买）计划. 已知它的初始库存量为零，每阶段生产（或购买）该产品的数量有上限的限制；每阶段社会对该产品的需求量是已知的，公司保证供应；在 n 阶段末的终结库存量为零. 问该公司如何制订每个阶段的生产（或购买）计划，从而使总成本最小.

设 d_k 为第 k 阶段对产品的需求量，x_k 为第 k 阶段该产品的生产量（或采购量），v_k 为第 k 阶段结束时的产品库存量，则有 $v_k=v_{k-1}+x_k-d_k$.

以 $c_k(x_k)$ 表示第 k 阶段生产产品 x_k 时的成本费用，它包括生产准备成本 K 和产品成本 $a\cdot x_k$（其中 a 是单位产品成本）两项费用. 即

$$c_k(x_k)=\begin{cases}0 & \text{当 } x_k=0\\ K+ax_k & \text{当 } x_k=1,\ 2,\ \cdots,\ m\\ \infty & \text{当 } x_k>m\end{cases}$$

其中 m 表示每阶段最多能生产该产品的上限数. 用 $h_k(v_k)$ 表示第 k 阶段结束时库存量为 v_k 时所需的存储费用，故第 k 阶段的成本费用为 $c_k(x_k)+h_k(v_k)$. 因而，上述问题的数学模型为

$$\min z=\sum_{k=1}^{n}\left[c_k(x_k)+h_k(v_k)\right]$$

$$\text{s. t.}\begin{cases}v_0=0,\ v_n=0\\ v_k=v_{k-1}+x_k-d_k\geqslant 0, \quad k=1,\cdots,n\\ 0\leqslant x_k\leqslant m, \quad k=1,2,\cdots,n\\ x_k \text{ 为整数} \quad k=1,2,\cdots,n\end{cases}$$

用动态规划方法来求解，把它看作一个 n 阶段决策问题. 采用顺序解法，令 v_k 为状态变量，它表示第 k 阶段结束时的库存量（如果用前面的记号 s_k 表示第 k 阶段开始时的库存量，则此处的 v_k 相当于 s_{k+1}）. x_k 为决策变量，它表示第 k 阶段的生产量. 状态转移方程为

$$v_{k-1}=v_k-x_k+d_k,\quad k=1,\ 2,\ \cdots,\ n$$

最优值函数 $f_k^*(v_k)$ 表示第 1 阶段初始库存量为 0 到第 k 阶段末库存量为 v_k 时的最小总费用. 以 $V_k(k=0,\ 1,\ \cdots,\ n)$ 表示状态变量的允许取值范围，则 $V_0=V_n=\{0\}$，$V_k=\{v_k|v_k\geqslant 0\}$，因此与式（8-12）的推导类似，可以写出顺序递推关系式为

$$f_k^*(v_k)=\min_{\substack{0\leqslant x_k\leqslant m \\ v_{k-1}=v_k-x_k+d_k\in S_{k-1}}}\{c_k(x_k)+h_k(v_k)+f_{k-1}^*(v_{k-1})\}$$
$$=\min_{0\leqslant x_k\leqslant \sigma_k}\{c_k(x_k)+h_k(v_k)+f_{k-1}^*(v_k-x_k+d_k)\}\quad k=2,\cdots,n$$

其中 $\sigma_k=\min(v_k+d_k, m)$. 这是因为一方面每个阶段生产的上限为 m；另一方面由于要保证供应，第 $k-1$ 阶段末的库存量 v_{k-1} 必须非负，即 $v_k+d_k-x_k\geqslant 0$，所以 $x_k\leqslant v_k+d_k$.

当 $k=1$ 时，由 $v_0=0$ 和状态转移方程知 $x_1=v_1+d_1$，从而边界条件为

$$f_1^*(v_1)=\min_{x_1=v_1+d_1}[c_1(x_1)+h_1(v_1)]=c_1(v_1+d_1)+h_1(v_1)$$

从边界条件出发，利用上面的递推关系式，对每个 k，计算出 $f_k^*(v_k)$ 中的 v_k 在 0 至 $\sum\limits_{j=k+1}^{n}d_j$ 之间的值$\Big($即第 k 阶段末的库存不会超过后面所有阶段需求的总和，以保证 $v_n=0$). 由 $v_0=0$，在第一阶段时可取为 $\min\Big\{\sum\limits_{j=2}^{n}d_j, m-d_1\Big\}\Big)$，最后求得 $f_n^*(v_n)$ 即为所求的最小总费用.

注：若每阶段生产产品的数量无上限的限制，则相当于 $m=\infty$，此时只要改变 $c_k(x_k)$ 和 σ_k 就行. 即

$$c_k(x_k)=\begin{cases}0, & \text{当 } x_k=0\\ K+ax_k, & \text{当 } x_k=1, 2, \cdots\end{cases}$$
$$\sigma_k=v_k+d_k$$

对每个 k，需计算 $f_k^*(v_k)$ 中的 v_k 在 0 至 $\sum\limits_{j=k+1}^{n}d_j$ 之间的值.

例题 8-6 某工厂要对一种产品制订今后四个时期的生产计划，据估计在今后四个时期内，市场对该产品的需求量如下所示：

时期 (k)	1	2	3	4
需求量 (d_k)	2	3	2	4

假定该厂生产每批产品的固定成本为 3 千元，若不生产就为 0；每单位产品成本为 1 千元；每个时期生产能力所允许的最大生产批量为不超过 6 个单位；每个时期末售出的产品，每单位需付存储费 0.5 千元. 还假定在第一个时期的初始库存量为 0，第四个时期之末的库存量也为 0. 试问该厂应如何安排各个时期的生产与库存，才能在满足市场需要的条件下，使总成本最小.

解：用动态规划方法来求解，其符号含义与上面相同.

按四个时期将问题分为四个阶段. 由题意知，在第 k 时期内的生产成本为

$$c_k(x_k)=\begin{cases}0, & \text{当 } x_k=0\\ 3+1\cdot x_k, & \text{当 } x_k=1, 2, \cdots, 6\\ \infty, & \text{当 } x_k>6\end{cases}$$

第 k 时期末库存量为 v_k 时的存储费用为

$$h_k(v_k)=0.5v_k$$

故第 k 时期内的总成本为 $c_k(x_k)+h_k(v_k)$，从而动态规划的顺序递推关系式为

$$f_k^*(v_k)=\min_{0\leqslant x_k\leqslant\sigma_k}[c_k(x_k)+h_k(v_k)+f_{k-1}^*(v_k+d_k-x_k)],\quad k=2,3,4$$

其中 $\sigma_k=\min\{v_k+d_k, 6\}$. 边界条件为

$$f_1^*(v_1)=\min_{\substack{x_1\geqslant 0\\ x_1=v_1+d_1}}[c_1(x_1)+h_1(v_1)]$$

当 $k=1$ 时，

$$f_1^*(v_1)=\min_{x_1=v_1+2}[c_1(x_1)+h_1(v_1)]=\begin{cases}5+1.5v_1, & 0\leqslant v_1\leqslant 4\\ +\infty, & \text{其他}\end{cases}$$

上式中，当 $v_1\geqslant 4$ 时，$x_1=v_1+2>6$，从而 $c_1(x_1)=+\infty$，$f_1^*(v_1)=+\infty$，因此实际只需对 v_1 在 0 至 $\min\left\{\sum_{j=2}^{4}d_j, m-d_1\right\}=\min\{9, 6-2\}=4$ 之间的值进行计算即可. 由于 v_1 只能取非负整数，因此计算结果可列表如下：

v_1	0	1	2	3	4	>4
$x_1^*=v_1+d_1$	2	3	4	5	6	v_1+2
$f_1^*(v_1)$	5	6.5	8	9.5	11	$+\infty$

该阶段的状态转移方程为 $v_0=v_1+2-x_1=0$.

当 $k=2$ 时，$d_2=3$，状态转移方程为 $v_1=v_2+3-x_2$，且由 $v_1\geqslant 0$ 有

$$\begin{aligned}f_2^*(v_2)&=\min_{\substack{0\leqslant x_2\leqslant 6\\ v_1+x_2-d_2=v_2}}[c_2(x_2)+h_2(v_2)+f_1^*(v_1)]\\&=\min_{0\leqslant x_2\leqslant\sigma_2}[c_2(x_2)+h_2(v_2)+f_1^*(v_2+3-x_2)]\end{aligned}$$

其中 $\sigma_2=\min\{v_2+3, 6\}$. 由于 $c_2(x_2)$ 和 $f_1^*(v_1)$ 均是分段函数，对上式分段计算得

$$f_2^*(v_2)=\begin{cases}9.5+2v_2, & \text{若 } 0\leqslant v_2\leqslant 1\text{，此时 } x_2=0\\ 11+1.5v_2, & \text{若 } 1<v_2\leqslant 3\text{，此时 } x_2=v_2+3\\ 9.5+2v_2, & \text{若 } 3<v_2\leqslant 7\text{，此时 } x_2=6\\ +\infty, & \text{若 } v_2>7\end{cases}$$

由 $v_4=v_2+x_3+x_4-d_3-d_4=0$ 且 $x_3\geqslant 0$，$x_4\geqslant 0$，因此 $v_2\leqslant\sum_{j=3}^{4}d_j=6$ 且取非负整数值，从而计算结果可列表如下：

v_2	0	1	2	3	4	5	6
x_2^*	0	0	5	6	6	6	6
$f_2^*(v_2)$	9.5	11.5	14	15.5	17.5	19.5	21.5

当 $k=3$ 时，状态转移方程为：$v_2=v_3+2-x_3$. 由

$$f_3^*(v_3)=\min_{0\leqslant x_3\leqslant\sigma_3}[c_3(x_3)+h_3(v_3)+f_2^*(v_3+2-x_3)]$$

其中 $\sigma_3=\min\{v_3+2, 6\}$. 由 $v_4=v_3+x_4-d_4=0$ 和 $x_4\geqslant 0$ 只需对 v_3 在 0 至 $d_4=4$ 之间的整数值分别进行计算，采用表格法计算如下.

v_3 \ x_3	$c_3(x_3)+h_3(v_3)+f_2^*(v_3+2-x_3)$ 0	1	2	3	4	5	6	$f_3^*(v_3)$	x_3^*
0	0+14	4+11.5	5+9.5					14	0
1	0.5+15.5	4.5+14	5.5+11.5	6.5+9.5				16	0, 3
2	1.0+17.5	5+15.5	6+14	7+11.5	8+9.5			17.5	4
3	1.5+19.5	5.5+17.5	6.5+15.5	7.5+14	8.5+11.5	9.5+9.5		19	5
4	2.0+21.5	6+19.5	7+17.5	8+15.5	9+14	10+11.5	11+9.5	20.5	6

当 $k=4$ 时，因要求第 4 时期之末的库存量为 0，即 $v_4=0$，状态转移方程为 $v_3=4-x_4$. 故有

$$f_4^*(0)=\min_{0\leqslant x_4\leqslant 4}\left[c_4(x_4)+h_4(0)+f_3^*(4-x_4)\right]$$

用表格法计算得

v_4 \ x_4	$c_4(x_4)+h_4(0)+f_3^*(4-x_4)$ 0	1	2	3	4	5	6	$f_4^*(v_4)$	x_4^*
0	0+20.5	4+19	5+17.5	6+16	7+14	—	—	20.5	0

再按计算的顺序根据状态方程和各阶段的最优解反推得 $v_4=0$，$x_4^*=0$，$v_3=4-x_4^*=4$，$x_3^*=6$，$v_2=v_3+2-x_3^*=0$，$x_2^*=0$，$v_1=v_2+3-x_2^*=3$，$x_1^*=5$，从而每个时期的最优生产决策为

$$x_1=5,\quad x_2=0,\quad x_3=6,\quad x_4=0$$

其相应的最小总成本为 20.5 千元. □

4. 背包问题

背包问题是动态规划的典型问题. 一维背包问题的典型提法是：一位旅行者能承受的背包的最大重量是 b 公斤，现在有 n 种物品供他选择装入背包，第 i 种物品单件重量为 a_i 公斤，其价值（或重要性参数）为 c_i 元，总价值是携带数量 x_i 的函数即 c_ix_i，问旅行者应如何选择所携带物品的件数以使总价值最大？

该问题的数学模型可表述为

$$\max z=\sum_{i=1}^{n}c_ix_i$$

$$\text{s. t.}\ \sum_{i=1}^{n}a_ix_i\leqslant b$$

$$x_i\geqslant 0\ \text{且为整数},\quad i=1,2,\cdots,n$$

背包问题在实际问题中应用广泛，前面介绍了如何使用整数规划方法求解上述问题，下面用动态规划方法来求解. 该问题可自然地根据变量个数划分阶段，在第 k 阶段只装入第 k 种物品. 采用顺序解法，设 s_k 为第 k 阶段结束时背包允许装入的总重量（注意此处与 8.2 节中 s_k 的含义的区别），则 $s_n=b$，相应地 $S_n=\{b\}$. 决策变量 x_k 是第 k 阶段装入第 k 种物品的件数，于是状态转移方程为

$$s_{k-1}=s_k-a_kx_k$$

状态变量 $s_k(k=1, \cdots, n-1)$ 允许范围为 $S_k=\{s_k \mid 0\leqslant s_k\leqslant b\}$，令 $s_0=0$，允许的决策集合是 $D_k(s_k)=\left\{x_k \mid 0\leqslant x_k\leqslant\frac{s_k}{a_k}\text{且为整数}\right\}$ $(k=1, \cdots, n)$. 引入初始状态 s_0，并令 $f_0^*(s_0)=0$，则各阶段的递推关系为

$$\begin{cases} f_0^*(s_0)=0 \\ f_k^*(s_k)=\max\limits_{x_k\in D_k(s_k)}\{c_kx_k+f_{k-1}^*(s_k-a_kx_k)\}, \quad k=1, 2, \cdots, n \end{cases}$$

下面举一个运输问题的具体例子.

例题 8-7 一贩运商拟用一辆 10 吨载重的大卡车装载 3 种货物，数据如下，问应如何组织装载，可使总价值最大？

货物编号	1	2	3
重量（吨）	3	4	5
单位价值	4	5	6

解：这是一个典型的背包问题. 设装载第 i 中货物的件数为 x_i，则有

$$\max Z=4x_1+5x_2+6x_3$$
$$\text{s.t.}\ \ 3x_1+4x_2+5x_3\leqslant 10$$
$$x_i\geqslant 0\text{ 且为整数}, \quad i=1, 2, 3$$

用动态规划方法的顺序解法求解，则当 $k=1$ 时，

$$f_1^*(s_1)=\max_{\substack{0\leqslant 3x_1\leqslant s_1 \\ x_1\text{为整数}}}\{4x_1\}$$

这是一个简单的线性规划问题，$0\leqslant 3x_1\leqslant s_1$，即 $0\leqslant x_1\leqslant\frac{s_1}{3}$，因此

$$f_1^*(s_1)=\max_{0\leqslant x_1\leqslant\left[\frac{s_1}{3}\right]}\{4x_1\}=4\left[\frac{s_1}{3}\right]$$

且 $x_1^*=\left[\frac{s_1}{3}\right]$，这里 $[\boldsymbol{x}]$ 表示不超过 $\boldsymbol{x}$ 的最大整数.

当 $k=2$ 时，

$$f_2^*(s_2)=\max_{\substack{0\leqslant x_2\leqslant\left[\frac{s_2}{4}\right] \\ x_2\text{为整数}}}\{f_1^*(s_2-4x_2)+5x_2\}$$
$$=\max_{\substack{0\leqslant x_2\leqslant\left[\frac{s_2}{4}\right] \\ x_2\text{为整数}}}\left\{4\left[\frac{s_2-4x_2}{3}\right]+5x_2\right\}$$

注意到 $0\leqslant s_2\leqslant s_3=10$，分段计算可得

s_2	$0\leqslant s_2<4$	4, 5	6	7	8	9	10
$f_2^*(s_2)$	$4\left[\frac{s_2}{3}\right]$	5	8	9	10	12	13
x_2^*	0	1	0	1	2	0	1

当 $k=3$ 时，因 $s_3=10$，故 $s_2=10-5x_3\geqslant 0$，即 $x_3\leqslant 2$，所以

$$
\begin{aligned}
f_2^*(10) &= \max_{\substack{0\leqslant x_3\leqslant 2\\ x_3\text{为整数}}}\{f_2^*(10-5x_3)+6x_3\}\\
&= \max_{x_3=0,1,2}\{f_2^*(10-5x_3)+6x_3\}\\
&=\max\{f_2^*(10),\ f_2^*(5)+6,\ f_2^*(0)+12\}\\
&=\max\{13,\ 5+6,\ 0+12\}=13
\end{aligned}
$$

即 $x_3^*=0$，依状态转移方程反推，此时有 $s_2=10$；依第二段计算结果得 $x_2^*=1$，当 $x_2^*=1$，$s_2=10$ 时，依 $s_1=s_2-4x_2$ 有 $s_1=6$；由第一段计算结果知，当 $s_1=6$，$x_1^*=\left[\frac{s_1}{3}\right]=2$，即最优方案为 $x_1^*=2$，$x_2^*=1$，$x_3^*=0$，最大值为 13.

研究与思考：如何用动态规划方法求解多维资源分配问题？要求给出方法的构造和计算实例.

习题

8-1　设某工厂从国外进口一部机器，由机器制造厂 A 至出口港有三个港口 B_1、B_2、B_3 可供选择，进口港又有三个港口 C_1、C_2、C_3 可供选择，进口后可由两个城市 D_1、D_2 到达目的地 E，各段的运输成本如图 8-2 所示，试用动态规划法计算运输最低的路线.

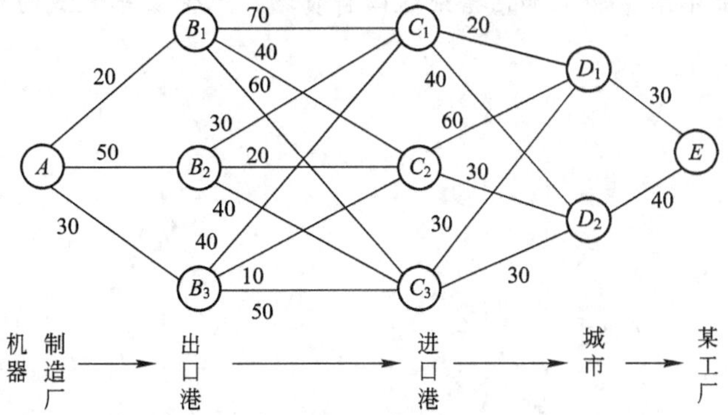

图 8-2　习题 8-1 图

8-2　用递推法解下列问题：

(1) $\min z=3x_1+5x_2+2x_3^2$

s. t. $x_1+2x_2+3x_3=20$

$x_i\geqslant 0$，$i=1,\ 2,\ 3$

(2) $\min z=2x_1^2-3x_1+x_2^2-4x_2+2x_3^2-6x_3$

s. t. $x_1+3x_2+x_3\geqslant 16$

$x_i\geqslant 0$，$i=1,\ 2,\ 3$

(3) $\max z=x_1^2-2x_1+2x_2^2+x_3$

s. t. $x_1+2x_2+3x_3\leqslant 18$

$x_i\geqslant 0$，$i=1,\ 2,\ 3$

(4) $\max z=3x_1+5x_2+8x_5$

s. t. $x_1+x_2+x_3\leqslant 10$

$x_1+3x_2+5x_3\leqslant 20$

$x_i\geqslant 0$，$i=1,\ 2,\ 3$

8-3　1. 写出计算资源分配问题（8-17）的顺序解法的递推关系式.

2. 若在资源分配问题中不要求 $g_i(x_i)$ 是 x_i 的单增函数，则约束条件"$x_1+x_2+\cdots+x_n=a$"

应改为“$x_1+x_2+\cdots+x_n\leqslant a$”，此时应对逆序算法作何修改？

8-4 某工厂有100台机器，拟分四个周期使用，在每一周期内生产A、B两种产品. 若生产产品A，每台机器可收益30万元，但会有50%的机器作废；若生产产品B，每台机器可收益20万元，但会有35%的机器作废. 问应怎样分配机器，使四个周期内的总收益最大？

8-5 某厂生产一种产品，该产品在未来四个月的销售量分别为400、500、300、300件. 该项产品的生产准备费用每批为500元，每件的生产费用为1元，存储费用为每件每月1元. 假定1月初的存货为100件，4月底的存货为0. 试求该厂在这4个月内的最优生产计划.

8-6 设有四种货物，其重量、容积及其价值如下所示：

货物代号	重量/t	容积/m^3	价值/千元
A	2	2	3
B	3	2	4
C	4	2	5
D	5	3	6

用一辆卡车运输这四种货物，该卡车的最大载重为15 t，最大允许装载容积为10 m^3，每种货物的装载件数不限. 问应如何搭配这四种货物，以使该车装载的货物总价值最大？

附录 A
使用 MATLAB 和 LINDO 求解线性规划问题

在 MATLAB 中，解线性规划问题的函数是 linprog，它不要求将线性规划问题化为标准形，而是化为如下形式：

$$
\begin{aligned}
&\min\ \boldsymbol{c}^{\mathrm{T}}\boldsymbol{x} \equiv \sum_{j=1}^{n} c_j x_j \\
&\text{s. t. } \boldsymbol{A}_1\boldsymbol{x} \leqslant \boldsymbol{b}_1 \\
&\qquad \boldsymbol{A}_2\boldsymbol{x} = \boldsymbol{b}_2 \\
&\qquad \boldsymbol{l} \leqslant \boldsymbol{x} \leqslant \boldsymbol{u}
\end{aligned}
\tag{A-1}
$$

调用形式为

```
x=lingprog(c,A₁,b₁)
x=lingprog(c,A₁,b₁,A₂,b₂)
x=lingprog(c,A₁,b₁,A₂,b₂,l,u)
x=lingprog(c,A₁,b₁,A₂,b₂,l,u,x₀)
x=lingprog(c,A₁,b₁,A₂,b₂,l,u,x₀,OPTIONS)
```

其中“x=lingprog(c, A_1, b_1)”求解问题“min $\boldsymbol{c}^{\mathrm{T}}\boldsymbol{x}$, s. t. $\boldsymbol{A}_1\boldsymbol{x}\leqslant\boldsymbol{b}_1$”；“x=lingprog (c, A_1, b_1, A_2, b_2)”求解再加上等式约束“$\boldsymbol{A}_2\boldsymbol{x}=\boldsymbol{b}_2$”的线性规划问题，如果此时没有不等式约束“$\boldsymbol{A}_1\boldsymbol{x}\leqslant\boldsymbol{b}_1$”，在调用时令“$A_1$=[ ]，$b_1$=[ ]”即可（其中“[ ]”在 MATLAB 中表示空矩阵)；“x=lingprog (c, A_1, b_1, A_2, b_2, l, u)”求解问题（A-1)，如果此时没有等式约束“$\boldsymbol{A}_2\boldsymbol{x}=\boldsymbol{b}_2$”，在调用时应令“$A_2$=[ ]，$b_2$=[ ]”. 在调用格式“x=lingprog (c, A_1, b_1, A_2, b_2, l, u, x_0)”中，“x_0”是给出的初始点；调用格式“x=lingprog (c, A_1, b_1, A_2, b_2, l, u, x_0, OPTIONS)”中的“OPTIONS”是 MATLAB 中的一个结构，可由 MATLAB 的函数“OPTIMSET”设置，可设置 MaxIter（最大迭代次数)，LargeScale 等参数，具体可参考 MATLAB 帮助.

在上述调用中，返回值是算法得到的设计变量 $\boldsymbol{x}$ 的值，它是一个 n 维向量，正常情况下就是要求的最优解. 为了解更多关于当前解的信息，MATLAB 还提供了如下具有更多返回值的调用方式：

```
[X,FVAL]=lingprog(c,A₁,…)
[X,FVAL,EXITFLAG]=lingprog(c,A₁,…)
[X,FVAL,EXITFLAG,OUTPUT]=lingprog(c,A₁,…)
[X,FVAL,EXITFLAG,OUTPUT,LAMBDA]=lingprog(c,A₁,…)
```

其中调用“[X, FVAL]=lingprog (…)”不仅返回算法当前得到的变量 $\boldsymbol{x}$ 的值 X，还返回目

标函数在当前解 $\boldsymbol{x}$ 处的函数值 FVAL；调用“[X，FVAL，EXITFLAG]＝lingprog（…）”还返回当前解是否是最优解等信息，由 EXITFLAG 指示．当 EXITFLAG＞0 时，当前解 $\boldsymbol{x}$ 就是最优解；当 EXITFLAG＝0 时，表示算法是因为达到设定的最大迭代次数而中止，当前解 $\boldsymbol{x}$ 可能还不是最优解，为得到最优解应进一步增大迭代次数（通过 MATLAB 的函数“OPTIMSET”设置参数 MaxIter）；若 EXITFLAG＜0，则说明问题不可行，或者是算法失败了，不能求解该问题，具体的情形可参考 MATLAB 的帮助．

在调用格式“[X，FVAL，EXITFLAG，OUTPUT]＝lingprog（…）”和“[X，FVAL，EXITFLAG，OUTPUT，LAMBDA]＝lingprog（…）”中，返回值 OUTPUT 和 LAMBDA 是 MATLAB 的两个结构，其中 OUTPUT．iterations 指出算法为得到当前解 $\boldsymbol{x}$ 进行了多少次迭代，OUTPUT．algorithm 指示使用是的是何种算法，等等；LAMBDA 返回的值实际上就是对偶变量的值，也被称作拉格朗日乘子（Lagrangian multipliers），其中 LAMBDA．ineqlin 是线性不等式组 $\boldsymbol{A}_1\boldsymbol{x}\leqslant\boldsymbol{b}_1$ 对应的拉格朗日乘子（或对偶变量），LAMBDA．eqlin 是线性方程组 $\boldsymbol{A}_2\boldsymbol{x}=\boldsymbol{b}_2$ 对应的拉格朗日乘子，LAMBDA．lower 是界约束 $\boldsymbol{l}\leqslant\boldsymbol{x}$ 对应的拉格朗日乘子，而 LAMBDA．upper 是界约束 $\boldsymbol{x}\leqslant\boldsymbol{u}$ 对应的拉格朗日乘子．在 MATLAB 中，单纯形法也被称为积极法（active set method），下面通过例子来具体说明调用过程．

考虑问题：

$$\begin{aligned}\min\ & x_1+x_3\\ \text{s. t.}\ & x_1+x_2\leqslant 6\\ & x_1+x_3\geqslant 5\\ & 2x_1-x_2+x_3=2\\ & x_1\geqslant 0,\ x_2\geqslant 0,\ x_3\ \text{任意}\end{aligned}$$

该问题的 M－file 是

```
c=[1 0 1];
A=[1 1 0;-1,0,-1];
b=[6;-5];
Ae=[2-1 1];
be=[2];
lb=[0,0,-inf];
x0=[0,5,5];
%1=[0,0,-inf]'
[X,FVAL,EXITFLAG,OUTPUT,LAMBDA]=linprog(c,A,b,Ae,be,lb)
opt1=optimset('largescale','off');
[X,FVAL,EXITFLAG,OUTPUT,LAMBDA]=linprog(c,A,b,Ae,be,lb,[ ],x0,opt1)
opt2=optimset('maxiter',3,'largescale','on');
[X,FVAL,EXITFLAG,OUTPUT,LAMBDA]=linprog(c,A,b,Ae,be,lb,[ ],x0,opt2)
```

将上述代码存入到一个 M 文件中并在 MATLAB 中运行后输出为

```
Optimization terminated.

X=
```

```
   0.1564
   3.1564
   4.8436

FVAL=

   5.0000

EXITFLAG=

     1

OUTPUT=

     iterations:6
      algorithm:'large-scale:interior point'
   cgiterations:0
        message:'Optimization terminated.'

LAMBDA=

    ineqlin:[2x1 double]
      eqlin:2.6813e-012
      upper:[3x1 double]
      lower:[3x1 double]

Optimization terminated.

X=

   0.6667
   3.6667
   4.3333

FVAL=

    5

EXITFLAG=

    1

OUTPUT=
```

```
    iterations:1
     algorithm:'medium-scale:active-set'
   cgiterations:[ ]
        message:'Optimization terminated.'

LAMBDA=

     lower:[3x1 double]
     upper:[3x1 double]
     eqlin:1.2820e-016
   ineqlin:[2x1 double]

Warning:Large scale(interior point)method uses a built-in starting point;
ignoring user-supplied X0.
>In linprog at 205
 In testlinprog at 13
Exiting:Maximum number of iterations exceeded;increase options.MaxIter.

X=

   0.1564
   3.1564
   4.8437

FVAL=

   5.0000

EXITFLAG=

     0

OUTPUT=

     iterations:4
      algorithm:'large-scale:interior point'
   cgiterations:0
  message:'Exiting:Maximum number of iterations exceeded;increase options.MaxIter.'

LAMBDA=

    ineqlin:[2x1 double]
      eqlin:0.0054
```

```
upper:[3x1 double]
lower:[3x1 double]
```

其中“algorithm：‘large-scale：interior point’”表示采用的是解大规模问题的内点算法，“cgiterations:”右边的数字表示共轭梯度法用了多少次迭代以获得内点法中的牛顿步，“algorithm：‘medium-scale：active-set’”表示采用的是解中小规模问题的积极集（active-set）法，对于标准形的线性规划问题，MATLAB中的积极集（active-set）法就是单纯形法.

对于线性规划问题和整数规划问题，LINDO软件更为方便强大，如上例在LINDO中的输入为

```
min x1+x3
!说明:st 也可写作 ST,S.T.,SUCH THAT 或者 subject to,Lindo 不区分大小写
 c2)x1+x2<6
c3)x1+
   x3>5
c4)2x1-x2+x3=2
end
free x3
```

我们看到上面输入的格式与数学模型的表达式几乎完全一样，连系数与变量之间的乘号也一样省略了（而且必须省略），约束条件也一样可以命名，即模型中用右括号“)”结尾的“c2)”，“c3)”，“c4)”是行名. 对于约束，就是约束名. 但约束不一定非命名不可，也就是说“c2)”，“c3)”，“c4)”可以省略，省略时LINDO自动生成行名“2”，“3”，“4”，并对目标函数所在行自动生成行名“1”：用户也可以分别直接输入“2)”，“3)”，“4)”等其他行名. 请注意：我们输入上面模型时故意写得不整齐，是为了说明在LINDO中模型书写起来是相当灵活的. 由于LINDO中已假设所有的变量都是非负的，所以非负约束（即 $x_1 \geqslant 0$，$x_2 \geqslant 0$）不必再输入到计算机中，而对于自由变量 x_3，则必须在“END”后加以说明；LINDO也不区分变量中的大小写字符（实际上任何小写字符将被转换为大写字符）；约束条件中的“<=”及“>=”可用“<”及“>”代替；输入的多余空格和回车会被忽略，惊叹号“!”后面的文字将被认为是说明语句，不参与模型的建立.

现在来求解这个模型. 用鼠标单击工具栏中的图标或从菜单中选择Solve/Solve（Ctrl＋S）命令（即LINDO的主菜单Solve中的Solve命令，快捷键是Ctrl＋S，以后我们约定都这样表示），则LINDO开始编译这个模型，编译没有错误马上开始求解，求解时会显示如图A-1所示的运行状态窗口（LINOO Solver Status），含有以下信息：

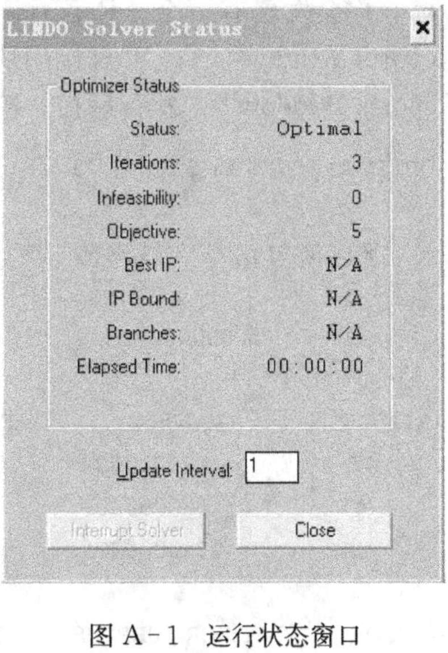

图A-1 运行状态窗口

解释如下：

当前状态：已经达到最优解

迭代次数：3次

约束违反总量（不是“个数”）：0

当前的目标值：5.000 000

最好的整数解：没有答案（对木例无意义）

整数规划的界：没有答案（对本例无意义）

分枝数：没有答案（对本例无意义）

所用时间：0.00 秒（太快了，还不到 0.005 秒）

刷新本界面的时间间隔：1（秒）

说明：

1. 由于这个模型中没有整数变量，所以与整数规划相关的三个域的值都是“N/A”(No Answer 或 NotApplicable).

2. LINDO 求解线性规划的过程采用单纯形法. 一般是首先寻求一个可行解，在有可行解情况下再寻求最优解. 用 LINDO 求解一个 LP 问题会得到如下几种结果：不可行或可行. 可行时又可分为：有最优解和解无界两种情况. 因此除 optimal（最优解）外，状态域内其他可能的显示还有三个：Feasible（可行解），Infeasible（不可行解），Unbounded（最优值无界).

3. 当模型规模比较大时（尤其对整数规划），可能求解时间会很长，这时可以在程序运行过程中用鼠标单击“Interrupt Solver”按钮终止计算（“Close”按钮只是关闭该窗口，并不终止计算）.

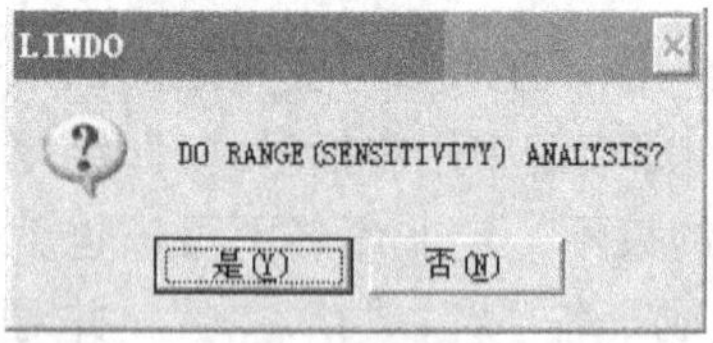

图 A－2　询问是否做灵敏性分析

4. 你将来随时可以选择 WINDOW/OPEN STATUS WINDOW 菜单命令来打开该窗口.

由于这个 LP 模型的规模太小了，我们可能还没来得及看清图 A－1 的界面，LINDO 就解出了最优解，并马上弹出图 A－2 的窗口.

这个窗口询问你是否需要做灵敏性分析（DO RANGE（SENSITIVITY）ANALYSIS?). 我们现在选择“是（Y)”按钮，这个窗口就会关闭. 然后，我们再把状态窗口也关闭（按图 A－1 中的“Close”按钮即可).

现在这个模型就解完了. 那么最优解在哪里呢？用鼠标选择 LINDO 的主菜单“Window”，你会发现有一个“Reports Window”，这就是最终结果的报告窗口. 用鼠标选择“Reports Window”（也可直接用快捷键“Ctrl＋Tab”或“Ctrl＋F6”在各窗口中轮换到“Reports Window”). 执行后在“Reports Window”中的输出为

```
LP OPTIMUM FOUND AT STEP      3

        OBJECTIVE FUNCTION VALUE

        1)        5.000000

 VARIABLE          VALUE          REDUCED COST
        X1          0.000000          0.000000
        X3          5.000000          0.000000
        X2          3.000000          0.000000

      ROW    SLACK OR SURPLUS      DUAL PRICES
```

```
     C2)          3.000000          0.000000
      3)          0.000000         -1.000000
     C3)          0.000000          0.000000

NO.ITERATIONS=        3

RANGES IN WHICH THE BASIS IS UNCHANGED:

                          OBJ COEFFICIENT RANGES
VARIABLE         CURRENT        ALLOWABLE        ALLOWABLE
                   COEF          INCREASE         DECREASE
       X1        1.000000        INFINITY         0.000000
       X3        1.000000        0.000000         1.000000
       X2        0.000000        INFINITY         0.000000

                         RIGHTHAND SIDE RANGES
      ROW        CU RRENT       ALLOWABLE         ALLOWABLE
                    RHS          INCREASE           DECREASE
       C2        6.000000        INFINITY          3.000000
        3        5.000000        3.000000          3.000000
       C3        2.000000        3.000000          3.000000
```

注意到在 Lindo 中检验系数被称为 Reduced Costs，其他解释见表 A - 1.

表 A - 1 Lindo 输出报表的解释

“LP OPTIMUM FOUND AT STEP3”	表示单纯形法在 3 次迭代（旋转）后得到最优解
“OBJECTIVE FUNCTION VALUE 5.000000”	表示最优目标值为 5.000 000（在 LINDO 中目标函数所在的行总是被认为是第一行，这就是这里“1)”的含义）
“VALUE”	给出最优解中各变量（VARIABLE）的值
“REDUCED COST”	给出最优的单纯形表中目标函数行（第 1 行）中变量的系数（即各个变量的检验数），其中基变量的 reduced cost 值应为 0，对于非基变量（其取值一定为 0）相应的 reduced cost 值表示当该非基变量增加一个单位时（其他非基变量保持不变）目标函数减少的量（对 max 型问题）. 本例中此值均为 0
“SLACK OR SURPLUS”	给出松弛变量的值：第 2 行的松弛变量值为 3，表示第二行（即第一个约束）为严格不等式，且有剩余量. 第 3、4 行松弛变量均为 0，说明对于最优解来讲，两个约束（第 3、4 行）均取等号
“DUALPRICES”	给出对偶价格的值，即单纯形乘子
“NO. ITERATIONS=3”	表示用单纯形法进行了 3 次迭代（旋转）

我们现在可以用鼠标单击工具栏中的图标或选择 File/Save（F5）命令把这个结果报告保存在一个文件中（缺省的后缀名为 LTX，即 LINDO 文本文件），以便以后调出来查看，如“2007_1rlt.ltx”. 类似地，可以回到前面的模型窗口，把输入的模型也保存在一个文件中（如“2007_1.ltx”，此时模型窗口中的标题“untitled”将变成文件名“2007_1.ltx”），

保存的文件将来可以用 File/Open（F3）和 File/View（F4）重新打开.

按“Alt+7”或选择 Reports/Tableau 显示单纯形表：

```
THE TABLEAU

  ROW  (BASIS)        X1          X3          X2  SLK     2  SLK     3
   1 ART           0.000       0.000       0.000       0.000       1.000      -5.000
   2 SLK     2     2.000       0.000       0.000       1.000       1.000       3.000
   3        X2    -1.000       0.000       1.000       0.000      -1.000       3.000
   4        X3     1.000       1.000       0.000       0.000      -1.000       5.000
```

按“Alt+5”或选择 Reports/Picture 显示模型的图示（此处是“TEXT”模式）：

```
X X X
1 3 2
1:1 1  MIN
2:1  1<6
3:1 1'  >5
4:2 1-1=2
```

如果不想继续使用 LINDO，现在可以选择 File/Exit（Shft+F6）命令退出 LINDO.

应该说明的是，Lindo 是对如下极大问题构造单纯形表的：

$$\begin{aligned} \max\ z &= \boldsymbol{c}^{\mathrm{T}}\boldsymbol{x} \equiv \sum_{j=1}^{n} c_j x_j \\ \text{s. t.}\ A\boldsymbol{x} &= \boldsymbol{b} \\ \boldsymbol{x} &\geqslant \boldsymbol{0} \end{aligned} \tag{A-2}$$

相应的单纯形表为

	$\boldsymbol{x}_B$	$\boldsymbol{x}_N$	RHS			$\boldsymbol{x}_B$	$\boldsymbol{x}_N$	RHS
$\boldsymbol{x}_B$	$\boldsymbol{B}$	$\boldsymbol{N}$	$\boldsymbol{b}$	→	$\boldsymbol{x}_B$	$\boldsymbol{I}$	$\boldsymbol{B}^{-1}\boldsymbol{N}$	$\boldsymbol{B}^{-1}\boldsymbol{b}$
z	$-\boldsymbol{c}_B^T$	$-\boldsymbol{c}_N^T$	0		z	0	$\boldsymbol{c}_B^{\mathrm{T}}\boldsymbol{B}^{-1}\boldsymbol{N}-\boldsymbol{c}_N^{\mathrm{T}}$	$\boldsymbol{c}_B^{\mathrm{T}}\boldsymbol{B}^{-1}\boldsymbol{b}$

只有当 $\boldsymbol{B}^{-1}\boldsymbol{b}\geqslant 0$ 且 $\boldsymbol{c}_B^{\mathrm{T}}\boldsymbol{B}^{-1}\boldsymbol{N}-\boldsymbol{c}_N^{\mathrm{T}}\geqslant\boldsymbol{0}$ 时，才获得最优解. 对于 $\min z=\boldsymbol{c}^{\mathrm{T}}\boldsymbol{x}$，Lindo 将之化为：$\max -z=-\boldsymbol{c}^{\mathrm{T}}\boldsymbol{x}$ 再求解. 对于标准形问题（2-2），Lindo 中的单纯形表为

	$\boldsymbol{x}_B$	$\boldsymbol{x}_N$	RHS			$\boldsymbol{x}_B$	$\boldsymbol{x}_N$	RHS
$\boldsymbol{x}_B$	$\boldsymbol{B}$	$\boldsymbol{N}$	$\boldsymbol{b}$	→	$\boldsymbol{x}_B$	$\boldsymbol{I}$	$\boldsymbol{B}^{-1}\boldsymbol{N}$	$\boldsymbol{B}^{-1}\boldsymbol{b}$
$-z$	$\boldsymbol{c}_B^{\mathrm{T}}$	$\boldsymbol{c}_N^{\mathrm{T}}$	0		$-z$	0	$\boldsymbol{c}_N^{\mathrm{T}}-\boldsymbol{c}_B^{\mathrm{T}}\boldsymbol{B}^{-1}\boldsymbol{N}$	$-\boldsymbol{c}_B^{\mathrm{T}}\boldsymbol{B}^{-1}\boldsymbol{b}$

例如，在 Lindo 中输入模型：

```
MIN -  X1 -  3 X2
  S T
          2)     X1 + X2 <=    6
          3) -  X1 + 2 X2 <=    8
  END
```

再通过“Alt+7”或选择Reports/Tableau显示单纯形表得到的结果为

```
THE TABLEAU

   ROW  (BASIS)          X1          X2  SLK     2  SLK     3
     1 ART         -1.000      -3.000      0.000      0.000      0.000
     2 SLK     2    1.000       1.000      1.000      0.000      6.000
     3 SLK     3   -1.000       2.000      0.000      1.000      8.000
ART    ART         -1.000      -3.000      0.000      0.000      0.000
```

现在，我们归纳求解LP问题的一般步骤：

(1) 在模型窗口中输入一个LP模型，模型以“MAX”或“MIN”开始；

(2) 求解模型，如果LINDO报告有编译错误，则回到上一步修改模型；

(3) 查看结果，存储结果和模型.

输入LP模型时应遵循如下语法规则.

1. LINDO模型的第一个词一定是“MAX”或“MIN”，后跟一个表达式作为优化的目标函数（以空格或回车分开，“MAX”表示极大化目标函数，而“MIN”表示极小化目标函数）. LINDO将目标函数所在行作为第一行，从第二行起为约束条件，以“st”（也可写作ST，S. T.，SUCH THAT或者subject to，Lindo不区分大小写）开始，“end”结束. 可以命名每个约束，以“)”结束，可以是数字，也可以和变量名一样，但同样不能超过8个字符.

2. 变量不能出现在一个约束条件的右端（即约束条件的右端只能是常数）；变量名以字母开头，不能超过8个字符，变量中不能含有符“!,)，+，－，=，<，>”（如“x3＊”或“x3（”是合法的变量名，但“x3)”和“x3!”均不是合法的变量名）. LINDO中不区分大小写字母，包括LINDO中本身的关键字（如MAX、MIN等），也不区分大小写字母.

3. LINDO文件中常有注释间杂于各命令之中，前面注有“!”例如：“! This is a Comment.”此外，在模型的任何地方都可以用“TITLE”语句对输入的模型命名，用法是在TITLE后面写出其名字（最多72个字符），如：

```
TITLE This Model is only an Example
```

4. LINDO只识别如下五个运算符号：“+，－，=，<，>”，且把<（>）看做是≤（≥），如果愿意，也可输入“<=（>=）”作为“≤（≥）”. LINDO不接受括号“()”和逗号“,”作为运算符（包括乘号“＊”和除号“\”等），变量与其系数间可以有空格（甚至回车，当然不出现也可以），但不能有任何运算符号（包括乘号“＊”和除号“\”等）. 例如“400（X1+x2)”需写为“400x1+400x2”；“10，000”需写为“10 000”.

5. 表达式应当已经经过化简，如不能出现“2X1+3X2－4X1”，而应写成“－2X1+3X2”.

6. 在等式或不等式的右端项，只能出现常数，如“X>Y”是不允许的，应该写做：“X－Y>0”；同样在等式或不等式的左端项，只能出现变量和对应的系数，不能出现常数项，如“3X+5Y－10=0”是不允许的，应该写做：“3X+5Y=10”.

7. LINDO中已假定所有变量非负. 可在模型的“END”语句后面用“FREE name”语

句将变量 name 的非负假定取消．可以在模型的“END”语句后面用“SUB”（SET UPPER BOUND）或“SLB”（SET LOWER BOUND）命令设定变量的上下界，其用法是：“SUB name value”，将变量 name 的上限设定为 Value；“SLB”的用法类似．例如，“sub X1 10”的作用等价于“x1＜＝10”．“SLB X2 20”的作用等价于“X2＞＝20”．但用“SUB”和“SLB”表示的上下界约束不计入模型的约束，因此也不能给出其松紧判断和敏感性分析．

其他常用技巧有：

1．数值均衡化及其他考虑．如果系数矩阵中各非零元的绝对值的数量级差别很大，则称其为数值不均衡的．为了造免数值不均衡引起的计算问题，使用者应尽可能自己对矩阵的行列进行均衡化．一个原则是，系数矩阵中非零元的绝对值不能大于 100 000 或者小于 0.000 1．LINDO 不能对 LP 中的系数矩阵自动进行数值均衡化，但如果 LINDO 觉得矩阵元素之间很不均衡，将会给出警告．

2．简单错误的避免．当你将一个规划问题的数学表达式输入 LINDO 系统时，有可能会带有某些输入错误．这类错误虽只是抄写造成的，但当问题规模较大时，要搜寻它们也是比较困难的．在 LINDO 中有一些可帮助寻找错误的功能，其中之一就是菜单命令“Report/Picture”（Alt＋5），它的功能是可以将表达式中的系数通过列表（或图形）显示出来．如输入：

```
MIN 5 A0 +6 A1 +2 A2 +4 B0 +3 B1 +7 B2 +2 C0 +9 C1 +8 C2
subject TO
        2) A0 +A1 +A2< =6
        3) B0 +B1 +B2< 9
        4) C0 +C1 +C2< 6
        S) A0 +B0 +CO =6
        6} A1 +B1 +C1 =5
        7) A2 +B2 +C2 =9
end
```

用“Report/Picture”可显示图 A－3，可见是“C0”和“CO”混淆了．

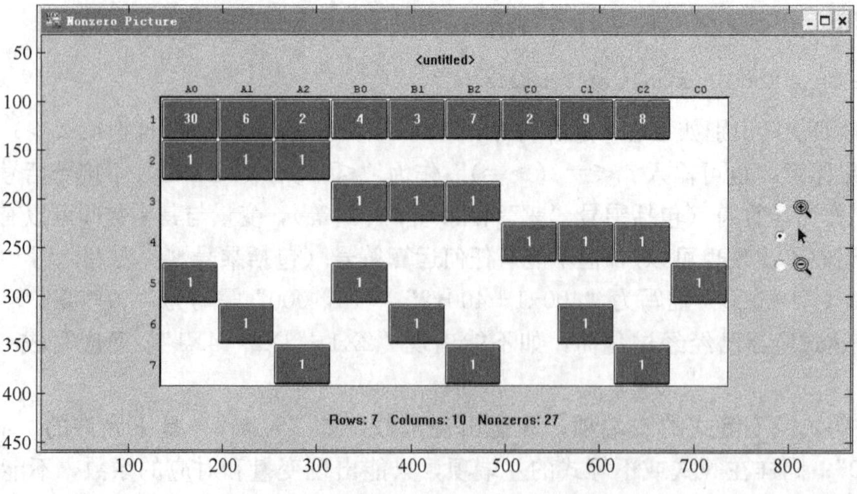

图 A－3 “Report/Picture”的使用

此外要特别注意半角字符和全角字符的区别（如“)”和“）”），在Lindo中是不认识全角字符的，如“）”．所以在输入模型时，应尽量使用英文模式，避免使用中文模式.

Lindo也可以支持命令行模式，在Lindo中可用“Window/Open Command Window”或快捷键“Alt－C”打开Command窗口，然后在Command窗口中输入建模命令和求解分析命令，具体请参考Lindo随带的help文档.

附录 B

网络流算法的实现

B.1 图的计算机表示

在计算机上实现网络流算法时，需要将图用矩阵表示．常用的矩阵表示有邻接矩阵、节点—弧关联矩阵等，对于赋权图，也可用边权矩阵表示，下面分别介绍．

考虑图 $G(V, E)$，设 $|V|=m$，$|E|=n$，$V=\{1, 2, \cdots, m\}$，$E=\{\boldsymbol{e}_1, \boldsymbol{e}_2, \cdots, \boldsymbol{e}_n\}$．为对其进行数学描述，可引入一个 $m\times n$ 矩阵 $\boldsymbol{A}=(a_{ij})_{m\times n}$，当 $G(V, E)$ 是无向图时，矩阵 $\boldsymbol{A}=(a_{ij})_{m\times n}$ 的元素取值如下：

$$a_{ij}=\begin{cases}1 & \text{若节点 } i \text{ 是弧 } \boldsymbol{e}_j \text{ 的端点}\\ 0 & \text{其他}\end{cases} \tag{B-1}$$

当 $G(V, E)$ 是有向图时，矩阵 $\boldsymbol{A}=(a_{ij})_{m\times n}$ 的元素定义为

$$a_{ij}=\begin{cases}1 & \text{若节点 } i \text{ 是弧 } \boldsymbol{e}_j \text{ 的起点}\\ -1 & \text{若节点 } i \text{ 是弧 } \boldsymbol{e}_j \text{ 的终点}\\ 0 & \text{其他}\end{cases} \tag{B-2}$$

称矩阵 $\boldsymbol{A}=(a_{ij})_{m\times n}$ 为图 $G(V, E)$ **节点—弧关联矩阵**（node-arc incidence matrix）．例如，有向图 B-1 对应的节点—弧关联矩阵为

$$\begin{array}{c} \\ \\ \boldsymbol{A}= \\ \\ \\ \end{array}\begin{array}{c} \\ 1\\ 2\\ 3\\ 4\\ 5 \end{array}\begin{array}{c} \begin{matrix} \boldsymbol{e}_1 & \boldsymbol{e}_2 & \boldsymbol{e}_3 & \boldsymbol{e}_4 & \boldsymbol{e}_5 & \boldsymbol{e}_6 & \boldsymbol{e}_7 & \boldsymbol{e}_8 \end{matrix} \\ \begin{bmatrix} 1 & 1 & 0 & 0 & 0 & 1 & 0 & 0\\ -1 & 0 & 1 & 1 & 0 & 0 & 0 & 0\\ 0 & -1 & -1 & 0 & 1 & 0 & -1 & 0\\ 0 & 0 & 0 & -1 & -1 & 0 & 0 & -1\\ 0 & 0 & 0 & 0 & 0 & -1 & 1 & 1 \end{bmatrix}\end{array}$$

而相应的无向图 B-2 对应的节点—弧关联矩阵为

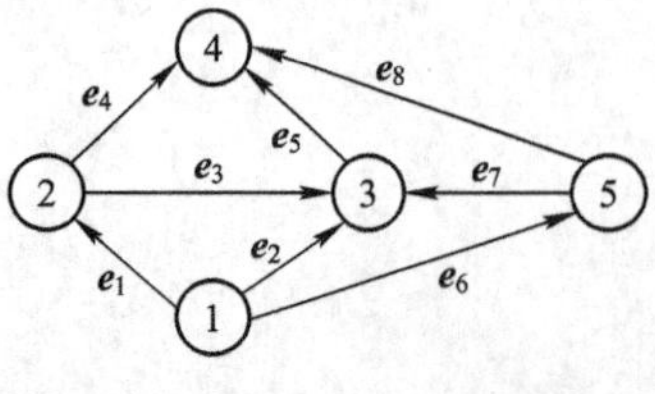

图 B-1　一个有向图

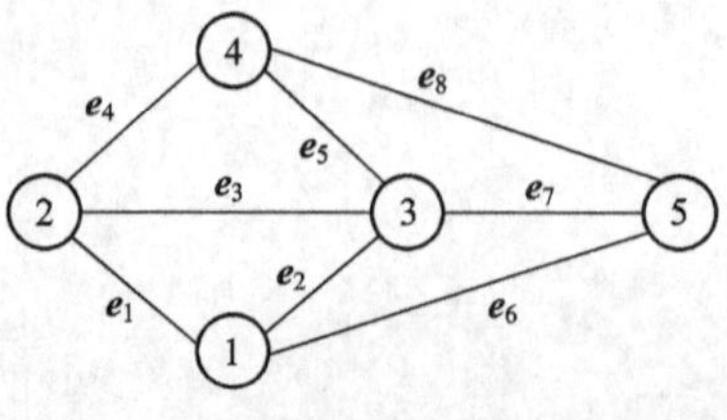

图 B-2　与有向图 B-1 对应的无向图

$$\mathbf{A}=\begin{array}{c}\\1\\2\\3\\4\\5\end{array}\begin{array}{c}\begin{array}{cccccccc}\boldsymbol{e}_1&\boldsymbol{e}_2&\boldsymbol{e}_3&\boldsymbol{e}_4&\boldsymbol{e}_5&\boldsymbol{e}_6&\boldsymbol{e}_7&\boldsymbol{e}_8\end{array}\\\begin{bmatrix}1&1&0&0&0&1&0&0\\1&0&1&1&0&0&0&0\\0&1&1&0&1&0&1&0\\0&0&0&1&1&0&0&1\\0&0&0&0&0&1&1&1\end{bmatrix}\end{array}$$

可见节点—弧关联矩阵与相应的图构成了一一对应关系.

图 $G(V, E)$ 的另一种常用矩阵表示（或数学符号表示）是（节点）**邻接矩阵**. 设 $|V|=m, |E|=n$，$V=\{1, 2, \cdots, m\}$，$E=\{e_1, e_2, \cdots, e_n\}$，引入一个 $m\times m$ 矩阵 $\mathbf{A}=(a_{ij})_{m\times n}$，当 $G(V, E)$ 是无向图时，矩阵 $\mathbf{A}=(a_{ij})_{m\times n}$ 的元素取值如下：

$$a_{ij}=\begin{cases}1 & \text{若节点 } i \text{ 与节点 } j \text{ 相关联}\\0 & \text{其他}\end{cases}$$

当 $G(V, E)$ 是有向图时，矩阵 $\mathbf{A}=(a_{ij})_{m\times n}$ 的元素定义为

$$a_{ij}=\begin{cases}1 & \text{若存在弧从节点 } i \text{ 指向节点 } j\\0 & \text{其他}\end{cases} \tag{B-3}$$

称矩阵 $\mathbf{A}=(a_{ij})_{m\times n}$ 为图 $G(V, E)$ 的**邻接矩阵**（adjacent matrix）. 如对有向图 B-1，其邻接矩阵为

$$\begin{array}{c}\\1\\2\\3\\4\\5\end{array}\begin{array}{c}\begin{array}{ccccc}1&2&3&4&5\end{array}\\\begin{bmatrix}0&1&1&0&1\\0&0&1&1&0\\0&0&0&1&0\\0&0&0&0&0\\0&0&1&1&0\end{bmatrix}\end{array}$$

该有向图的边数为矩阵中非零元素的个数；而对于无向图 B-2，其邻接矩阵为

$$\begin{array}{c}\\1\\2\\3\\4\\5\end{array}\begin{array}{c}\begin{array}{ccccc}1&2&3&4&5\end{array}\\\begin{bmatrix}0&1&1&0&1\\1&0&1&1&0\\1&1&0&1&1\\0&1&1&0&1\\1&0&1&1&0\end{bmatrix}\end{array}$$

该矩阵为对称矩阵，对应的无向图的边数为矩阵中非零元素的个数的一半. 可以证明**无向图对应的邻接矩阵一定是对称矩阵**. 显然**邻接矩阵**与相应的图 $G(V, E)$ 也构成了一一对应关系.

其他常用的图表示法还有边表（或弧表，Edge table 或 Arc table）矩阵表示法和邻近节点表（Adjacent nodes table）表示法. 边表（或弧表）就是先将图中的各条边按顺序编号，然后将其起点和终点记录到一个矩阵中；邻近节点表就是先将图中的各个节点按顺序编号，然后记录每个节点的关联节点（在有向图中指由该节点为起点所指向的节点）. 如对有向图 B-1，其边表矩阵为

$$\begin{array}{c} \\ 起点 \\ 终点 \end{array}\begin{array}{c} \begin{matrix} \boldsymbol{e}_1 & \boldsymbol{e}_2 & \boldsymbol{e}_3 & \boldsymbol{e}_4 & \boldsymbol{e}_5 & \boldsymbol{e}_6 & \boldsymbol{e}_7 & \boldsymbol{e}_8 \end{matrix} \\ \begin{bmatrix} 1 & 1 & 2 & 2 & 3 & 1 & 5 & 5 \\ 2 & 3 & 3 & 4 & 4 & 5 & 3 & 4 \end{bmatrix} \end{array}$$

对于网络图或赋权图，还需要表示各条边对应的权．在节点—弧关联矩阵和边表矩阵表示法中，可在矩阵中再增加一行来表示各条边对应的权；而在邻接矩阵中只需把矩阵中值为 1 的元改为相应的权即可，此时权为 0 的边实际上表示相应的两个节点间没有连接；若图中含有负权或零权，则此时需将邻接矩阵中的零元换为 $+\infty$（以表示两个节点没有连接），其他元素赋予相应的权即可．如在有向图 B-1 中，若设各条边的权为

$$w=(w(\boldsymbol{e}_1),\ \cdots,\ w(\boldsymbol{e}_8))=(3,\ 5,\ 7,\ 6,\ 2,\ 8,\ 1,\ 2)$$

则其边权表为

$$\begin{array}{c} \\ 起点 \\ 终点 \\ 权 \end{array}\begin{array}{c} \begin{matrix} \boldsymbol{e}_1 & \boldsymbol{e}_2 & \boldsymbol{e}_3 & \boldsymbol{e}_4 & \boldsymbol{e}_5 & \boldsymbol{e}_6 & \boldsymbol{e}_7 & \boldsymbol{e}_8 \end{matrix} \\ \begin{bmatrix} 1 & 1 & 2 & 2 & 3 & 1 & 5 & 5 \\ 2 & 3 & 3 & 4 & 4 & 5 & 3 & 4 \\ 3 & 5 & 7 & 6 & 2 & 8 & 1 & 2 \end{bmatrix} \end{array}$$

上述矩阵也常被称为赋权图的**边权矩阵**.

上述各种表示法各有其优缺点，需要根据具体情况选择使用，甚至还可将其重新组合，目的是为了算法实现和程序设计变得容易或高效．通常，对于边数较少的问题（如稀疏图），我们更愿意使用**节点—弧关联矩阵或边表矩阵**；而对于边数较多的问题，我们更愿意使用**邻接矩阵或邻近节点表**．对于最小费用流问题，则通常使用**节点—弧关联矩阵**来描述问题.

B.2 Kruskal 算法的计算机实现

在用前面所述的节点邻接矩阵，边—节点关联表、邻近节点表、节点—弧关联矩阵等表示出一个图后，Kruskal 算法实现的关键在于如何在计算机中识别圈，一个简单的办法就是设置所谓的“bucket”．设已得到弧集 $E_i=\{\boldsymbol{e}_1,\ \boldsymbol{e}_2,\ \cdots,\ \boldsymbol{e}_i\}$，其相应的节点集合为 V_i，将集合 V_i 中所有连通的节点放入到同一个“bucket”中，即若子图 $T=(V_i,\ E_i)$ 一共有 k 个连通分枝，则将定义 k 个不同的“bucket”，同一个“bucket”中节点通过当前弧集 $E_i=\{\boldsymbol{e}_1,\ \boldsymbol{e}_2,\ \cdots,\ \boldsymbol{e}_i\}$ 相互连通．当把弧 $\boldsymbol{e}_{i+1}$ 加入到子图 $T=(V_i,\ E_i)$ 中时，若弧 $\boldsymbol{e}_{i+1}$ 的两个端点在同一个“bucket”中，则说明弧 $\boldsymbol{e}_{i+1}$ 与当前的弧集 $E_i=\{\boldsymbol{e}_1,\ \boldsymbol{e}_2,\ \cdots,\ \boldsymbol{e}_i\}$ 构成圈，舍去；若弧 $\boldsymbol{e}_{i+1}$ 的两个端点在两个不同的“bucket”中，不妨设弧 $\boldsymbol{e}_{i+1}$ 的两个端点分别在 1 号“bucket”和 2 号“bucket”中，则说明弧 $\boldsymbol{e}_{i+1}$ 与当前的弧集 $E_i=\{\boldsymbol{e}_1,\ \boldsymbol{e}_2,\ \cdots,\ \boldsymbol{e}_i\}$ 不构成圈，加入弧 $\boldsymbol{e}_{i+1}$ 后，1 号“bucket”和 2 号“bucket”中的节点变为连通的，此时应将 1 号“bucket”和 2 号“bucket”合成一个“bucket”；若弧 $\boldsymbol{e}_{i+1}$ 的一个端点在某个“bucket”中，不妨设其在 1 号“bucket”中，而另一个端点 v_{i+1} 不在当前的任何一个“bucket”中，则说明弧 $\boldsymbol{e}_{i+1}$ 与当前的弧集 $E_i=\{\boldsymbol{e}_1,\ \boldsymbol{e}_2,\ \cdots,\ \boldsymbol{e}_i\}$ 不构成圈，加入弧 $\boldsymbol{e}_{i+1}$ 后，端点 v_{i+1} 将和 1 号“bucket”中的节点连通，此时将端点 v_{i+1} 加入到 1 号“bucket”中即可；若弧 $\boldsymbol{e}_{i+1}$ 的两个端点不在当前的任何一个“bucket”中，则说明弧 $\boldsymbol{e}_{i+1}$ 与当前的弧集 $E_i=\{\boldsymbol{e}_1,\ \boldsymbol{e}_2,\ \cdots,\ \boldsymbol{e}_i\}$ 不构成圈，且弧 $\boldsymbol{e}_{i+1}$ 的两个端点不与当前任何一个“bucket”中的节点连通，因此加入弧 $\boldsymbol{e}_{i+1}$

后，应新建一个“bucket”，并将弧 e_{i+1} 的两个端点放入到该“bucket”中. 通过上述方法，便可判别新加入的弧 e_{i+1} 是否和当前的子图 $T=(V_i, E_i)$ 构成圈.

具体实现时，可用标号法标记各个不同的“bucket”，即对各个节点标号来表明该节点属于哪个“bucket”. 初始时，令 $V_0=V$，$E_0=\varnothing$，此时各个节点均属于不同的 bucket，一共有 $m=|V|$ 个“bucket”，对 m 个节点依次标号为 1，…，m. 由于所有的节点已放入各个不同的“bucket”中，因此在计算过程中不会创建新的“bucket”. 如果两个节点的标号相同，则表明该两个节点在同一个“bucket”. 在合并两个不同的“bucket”时，为保持标号的唯一性，可规定合并后的“bucket”取这两个“bucket”标号中较小的（也可取较大的，但在整个计算过程只能取一个，即要么一直取较大的标号，要么就一直取较小的标号，以保持标号的唯一性）. 当找到生成树后，所有节点的标号将都相同（合并后的“bucket”取较小标号时，所有节点的标号将都为 1；取较大标号时，所有节点的标号将都为 m）. 在具体编程实现 Kruskal 算法时，为方便最小边的加入，应先将所有边按权的大小从小到大排序（在求最大生成树时，则应先将所有边按权的大小从大到小排序）. 下面是用 Matlab 编写的一个简单的求解例题 5-1 的程序（其中以%开始的内容为注释）：

```
m=5;%节点个数
% b为边表,也叫边权矩阵,每一列代表一条边的起点,终点和权
b=[1 1 1 1 2 2 2 3 3 4;2 3 4 5 3 4 5 4 5 5;…
        702 454 842 2396 324 1093 2136 1137 2180 1616];
n=size(b,2);%边的条数
b=b';%转置矩阵
[B,ind]=sortrows(b,3);%按第三列即权由小到大排列
B=B';
len=0;E=[ ];% len为最短路长度,E用来存储最小树每条边的两个端点
k=0;label=1:m;% k为E中的边数,label为每个节点所在的bucket编号
for i=1:n
    if label(B(1,i))~=label(B(2,i))
        k=k+1;
        E(1:2,k)=B(1:2,i);len=len+B(3,i);
        %合并bucket,合并后的bucket使用较大的标号
        labelmin=min(label(B(1,i)),label(B(2,i)));
        labelmax=max(label(B(1,i)),label(B(2,i)));
        for j=1:m
            if label(j)==labelmin
                label(j)=labelmax;
            end
        end
    end
    if k==m-1
        break;
    end
end
```

```
E
len
```

上述 Kruskal 算法的复杂度为 $O(mn)$，其高效实现需要用到更为复杂的数据结构，如并查集、最小堆等，其算法复杂度可降为 $O(n\log_2 n+n\log_2 m+m)$.

B.3 Prim 算法的程序实现

Prim 算法实现的关键在于如何高效地找到 C' 中与集合 C 最近的节点和相应的弧. 定义

$$d(C, C')=\min\{w(i, j) \mid i\in C, j\in C'\}$$

设在第 k 次迭代中 $d(C_k, C'_k)=w(i_k, j_k)$，其中 $i_k\in C_k$，$j_k\in C'_k$，则根据 Prim 算法，集合 $C_{k+1}=C_k\cup\{j_k\}$、$C'_{k+1}=C'_k\setminus\{j_k\}$，为计算 $d(C_{k+1}, C'_{k+1})$ 和相应的节点 i_{k+1}、j_{k+1}，对任意 $\boldsymbol{x}\in C'_{k+1}$ 有

$$d(C_{k+1}, \boldsymbol{x})=\min\{d(C_k, \boldsymbol{x}), w(j_k, \boldsymbol{x})\} \tag{B-4}$$

再计算

$$\min_{x\in C'_{k+1}} d(C_{k+1}, \boldsymbol{x})\triangleq d(C_{k+1}, j_{k+1}) \tag{B-5}$$

便得到节点 j_{k+1}. 为得到节点 i_{k+1}，需要记录 C_{k+1} 中与节点 $\boldsymbol{x}$ 最近的节点，不妨设其为 $\mathrm{Pred}(\boldsymbol{x})$，于是有 $i_{k+1}=\mathrm{Pred}(j_{k+1})$，并且在按式（B-4）计算 $d(C_{k+1}, \boldsymbol{x})$ 时，还要对 $\mathrm{Pred}(\boldsymbol{x})$ 作相应的修正，其计算公式为

$$\mathrm{Pred}(\boldsymbol{x})=\begin{cases} j_k, & \text{若 } d(C_k, \boldsymbol{x})>w(j_k, \boldsymbol{x}) \\ \text{不变}, & \text{否则} \end{cases} \tag{B-6}$$

初始时，可任取一个节点 i_0，令 $C_0=\{i_0\}$，$C'_0=V\setminus C$，$E_0=\varnothing$，$k=0$，且对任意 $\boldsymbol{x}\in C'_0$ 有

$$d(C_0, \boldsymbol{x})=\begin{cases} w(i_0, \boldsymbol{x}), & \text{若 } (i_0, \boldsymbol{x})\in E \\ +\infty, & \text{否则} \end{cases} \quad \mathrm{Pred}(\boldsymbol{x})=\begin{cases} i_0, & \text{若 } (i_0, \boldsymbol{x})\in E \\ \boldsymbol{x}, & \text{否则} \end{cases}$$

然后再按式（B-4）～(B-6) 进行循环便可写出 Prim 算法的计算机代码.

算法 B-1 Prim 算法的计算机伪代码

步 1 任取一个节点 i_0，令 $C_0=\{i_0\}$，$C'_0=V\setminus C_0$，$E_0=\varnothing$，对任意 $\boldsymbol{x}\in C'_0$ 计算：

$$d(C_0, \boldsymbol{x})=\begin{cases} w(i_0, \boldsymbol{x}), & \text{若 } (i_0, \boldsymbol{x})\in E \\ +\infty, & \text{否则} \end{cases} \quad \mathrm{Pred}(\boldsymbol{x})=\begin{cases} i_0, & \text{若 } (i_0, \boldsymbol{x})\in E \\ \boldsymbol{x}, & \text{否则} \end{cases}$$

令 $k=0$.

步 2 若 $C'_k=\varnothing$，算法中止，已找到最小生成树，C_k 为相应的节点集，E_k 为相应的弧集.

步 3 计算

$$\min_{x\in C'_k} d(C_k, \boldsymbol{x})\triangleq d(C_k, j_k),$$

若 $d(C_k, j_k)=+\infty$，则 C'_k 中所有节点均不能与 C_k 连通，说明图 G 不是连通的，算法中止.

步 4 令 $i_k=\mathrm{pred}(j_k)$，$C_{k+1}=C_k\cup\{j_k\}$，$C'_{k+1}=C'_k\setminus\{j_k\}$，$E_{k+1}=E_k\cup\{(i_k, j_k)\}$，对任意 $\boldsymbol{x}\in C'_{k+1}$，按式（B-4）和式（B-6）计算 $d(C_{k+1}, \boldsymbol{x})$ 和 $\mathrm{Pred}(\boldsymbol{x})$，令 $k\leftarrow k+1$ 转步 2.

容易看出上述算法需要 $\sum_{k=0}^{m-1}(m-k)=m^2+m$ 次比较，即其计算复杂性为 $O(m^2)$．因此当图的边数较多时，Prim 算法的计算量要比 Kruskal 算法少；而当图是稀疏图时，Kruskal 算法通常要表现更好．此外，Kruskal 算法更容易在并行计算机上实现，而 Prim 算法在本质上则是一个串行算法．

在以上算法编码的基础上，读者不难根据教材介绍的内容，选择合适的数据结构（如邻接矩阵、邻近节点表、节点—弧关联矩阵，边表矩阵等），写出求解最短路问题、最大流问题等网络流问题的算法代码并在计算机上实现．

附录C 著名人物与相关知识点的关系

C.1 钱学森与我国运筹学的发展

现代运筹学是在第二次世界大战中由于军事斗争的需要发展起来的，在“二战”后又被民用行业广泛应用，从而迅速发展成为一个独立的学科。该学科在20世纪50年代中期由著名科学家钱学森、许国志等从西方引入我国，也正是在钱学森的支持和推动下，运筹学会在1992年从中国数学会独立出来，成为国家一级学会。

钱学森是我国“两弹一星”元勋，被誉为“中国航天之父”“火箭之王”“中国自动化控制之父”，是我国航天科技事业的先驱和杰出代表。钱学森1934年在上海交通大学机械工程系毕业后考取了清华大学“庚子赔款”公费留学生，于1935年8月从上海乘船赴美国美国麻省理工学院航空工程系学习，获硕士学位；1936年10月转学到加州理工学院，成为世界著名力学家冯·卡门教授的博士生。1939年6月在加州理工学院完成了博士论文，发表了《高速气动力学问题的研究》等4篇论文，取得航空和数学博士学位，之后留校任教，在空气动力学、固体力学和火箭、导弹等领域展开研究，建立了卡门·钱学森方法，成为当时世界知名的空气动力学家；1945年至1946年任美国加州理工学院航空系副教授，1946年至1949年任美国麻省理工学院航空系副教授、空气动力学教授，1949年至1955年任美国加州理工学院喷气推进中心主任、教授。之后冲破重重阻挠回到祖国为国效力。

- **有志气、有能力、有担当、自尊自强**

1935—1936年在麻省理工学院学习期间，一些美国同学瞧不起中国人，钱学森对他们说：“中国现在是比你们美国落后，但作为个人，你们谁敢和我比试?”期末考试时，有位教授出了一些难题，大部分同学做不出来，认为老师故意刁难学生。谁知他们来到教授办公室门前，看到门上贴着钱学森的试卷，卷面工工整整，试卷右上角有老师批阅的分数，一个大大的A后面还跟着三个+。本想闹事的学生看着这份试卷，目瞪口呆，从此对钱学森刮目相看。

回国后，钱学森被安排在中国科学院工作，筹备建立力学研究所。一次，陈赓大将问钱学森：“钱先生，中国人自己搞导弹行不行?”钱学森不假思索地回答道：“有什么不能的?外国人能造出来的，我们中国人同样能造出来。难道中国人比外国人矮一截不成?”

- **学术上精益求精，坚持真理**

钱学森跟冯·卡门之间，曾因为对一个科学问题的见解不同而争论。有一次，师生之间因为对钱学森的一篇文章观点不一争辩起来，冯·卡门一气之下把文章扔到地上，两人不欢而散。第二天，冯·卡门在办公室见到钱学森时，给他鞠了一躬，并对钱学森说："我昨天一夜未睡，想了想，你是对的。"

1941 年，钱学森在美国《航空科学学报》发表科研成果《杜壳轴压屈曲》一文，攻克了困扰航空界多年的难题。这篇文章仅有 10 页，极为简明，而钱学森在研究过程中仅编有页码的推导演算手稿就达 800 多页，其中有些计算数字精确到了小数点后 8 位。论文完成后，钱学森把手稿存放到纸袋里，并在纸袋外面写下了"Final"（定稿）字样。但他立刻想到，科学家对真理的探索永无止境。于是，他又写上"Nothing is final"（永无止境）。

• 百折不挠的科学精神、民族自尊心和爱国主义精神

由于掌握了美国军方的大量机密，1950 年 9 月钱学森决定以探亲为名回国时遭到美国司法部的无理拘禁和关押，15 天的非人折磨，使钱学森瘦了 15 公斤，还暂时失去了语言能力。后虽经同事保释出来，但继续受到移民局的限制和联邦调查局特务的监视，被滞留 5 年之久。但在受到美国政府迫害的几年中，钱学森除教书外，仍未放弃学术研究，在 1954 年出版了具有开创性的研究成果《工程控制论》一书，在科学界引起了强烈反响。《科学美国人》杂志希望做专题报道，并将钱学森的名字列入美国科学团体。这个想法被钱学森回信拒绝，信中写明了一句话："我是一名中国科学家。"

1955 年 9 月 17 日，钱学森一家来到洛杉矶港口，等待登上回国的邮轮。记者追问钱学森是否还打算回美国，钱学森回答说："我不会再回来，我没有理由再回来，这是我想了很长时间的决定。今后我打算尽我最大的努力帮助中国人民建设自己的国家，以便他们能过上有尊严的幸福生活。"

• 有学识、有远见

1936 年，钱学森获航空工程硕士学位。他发现当时航空工程的工作依据基本上是经验，很少有理论指导。他想，如果能掌握航空理论，并以此来指导航空工程，一定可以取得事半功倍的效果。钱学森做出了人生的第三次选择：从做一名航空工程师，转为研究航空理论，成为世界著名力学家冯·卡门教授的博士生。

1966 年，在两弹结合成功后，他又提出了射程更远、载重量更大的火箭研究计划，极富远见，被誉为"战略科学家"。

C.2 创始人乔治·伯纳德·丹捷格（G. B. Dantzig）的轶事

1947 年国际著名运筹学家乔治·伯纳德·丹捷格（G. B. Dantzig）总结其在"二战"中的研究提出了线性规划（linear programming）和单纯形法（simplex method）。线性规划在管理科学、经济学研究和工业生产中获得了大量的应用，而计算机的出现和单纯形法的高效率使得线性规划和单纯形法在实际应用中获得了巨大的成功，影响越来越大，成为运筹学发展的第一大助力，并在 1975 年被提名诺贝尔经济学奖。在线性规划理论与方法迅速发展的影响下，非线性规划的理论与方法，以及其他分支也迅速发展起来，并在 1973 年成立了国际数学规划协会（the Mathematical Programming Society），丹捷格由于其在线性规划方面的杰出贡献被推选为协会第一任主席。线性规划和单纯形法的出现标志着现代最优化方法的开始，丹捷格也被誉为“线性规划之父”。在1975年，丹捷格获得了美国运筹管理学领域最高奖——冯·诺依曼理论奖，同年还获得了美国国家科学奖章。

历史上，管理科学和经济学中的许多模型都是用线性不等式表达的，当问题的变量个数较多时，常用的消去法将导致巨大的计算量。在第二次世界大战期间，丹捷格中断了在加利福尼亚大学伯克利分校（Berkeley）攻读统计学博士学位的研究生学习，到美国空军总部的作战分析分部工作，处理供应链的补给和物资的调配。在当时，物资因战争而普遍匮乏，因此需要考虑多方面复杂因素来进行规划。丹捷格将 W. Leontief 在1932年提出的投入产出模型应用到这类问题中，尝试建立数学模型，并在D. Hitchcock 和M. Wood 的鼓励下，试图开发出合适的算法将这些规划活动“机械化”（mechanizing，当时还没有计算机）。丹捷格决定以简单的线性结构，简化相关的假设，并以线性的方式来解决这类问题。1946年，丹捷格返回伯克利并取得博士学位。在深入思考后，丹捷格在以前全部是不等式的数学模型中创造性地提出了目标函数的概念，并在消去法的基础上提出了改进的算法——单纯形算法，其高效性使得线性规划在实际应用中获得了巨大的成功。1952年，美国标准局（National Bureau of Standards，现已更名为National Institute of Science and Technology）对当时各种计算线性规划问题的算法进行了评测，结果单纯形法明显胜出，成为当时的研究主流。该算法后来还被评为20世纪最伟大的算法之一。目前单纯形算法仍是计算线性规划问题的主要算法之一，如何进一步改进该算法也仍是学术界的研究热点。

丹捷格还有一段富有传奇色彩的学习经历，1939年他在伯克利作研究生，有一堂课他迟到了，把老师留在黑板上两个统计学中著名的一直悬而未决的难题当成课外作业记了下来，几天后他终于完成了作业，并向教授道歉说上次的作业有些难，因此逾期了！六周后心情激动的老师告诉丹捷格，他准备好把丹捷格其中一题的解答递交一份数学期刊发表。这段传奇经历就是丹捷格与著名的统计学家奈曼教授（Jerzy Neyman，1894—1981）的故事，最后被搬上银幕《心灵捕手（*Good Will Hunting*）》而广为流传。丹捷格回忆道：

“During my first year at Berkeley I arrived late one day to one of Neyman's classes. On the blackboard were two problems which I assumed had been assigned for homework. I copied them down. A few days later I apologised to Neyman for taking so long to do the homework——the problems seemed to be a little harder than usual. I asked him if he still wanted the work. He told me to throw it on his desk.

About six weeks later, one Sunday morning about eight o'clock, Anne and I were awakened by someone banging on our front door. It was Neyman. He rushed in with papers in hand, all excited: ‘I've just written an introduction to one of your papers. Read it so I can send it out right away for publication.’ For a minute I had no idea what he was talking about. To make a long story short, the problems on the blackboard which I had solved thinking they were homework were in fact two famous unsolved problems in statistics.”

多年后另一个研究者亚伯拉罕·瓦尔德得到第二题的结论，并准备发表论文。他知道了丹捷格之前的解答后，就把丹捷格列为了合著者。

这段轶事表明了正向思考的力量，不要因为问题的困难而畏惧退缩，束缚自己的思维。

主要参考文献

［1］ 刁在筠，刘桂真．运筹学．3 版．北京：高等教育出版社，2007.

［2］《运筹学》教材编写组．运筹学．3 版．北京：清华大学出版社，2005.

［3］ 刘彦佩．运筹学导引：上篇．北京：北京交通大学出版社，2002.

［4］ 徐光辉．运筹学基础手册．北京：科学出版社，1999.

［5］ 陈宝林．最优化理论与算法．2 版．北京：清华大学出版社，2000.

［6］ 胡运权．运筹学教程．3 版．北京：清华大学出版社，2007.

［7］ 张可村，李换琴．工程优化方法及其应用．西安：西安交通大学出版社，2007.

［8］ 姚恩瑜等．数学规划与组合优化．杭州：浙江大学出版社，2001.

［9］ 孙文瑜，徐成贤，朱德通．最优化方法．北京：高等教育出版社，2004.

［10］ 朱道立．运筹学．北京：高等教育出版社，2006.

［11］ 张建中，许绍吉．线性规划．北京：科学出版社，1990.

［12］ 党耀国，李帮义，朱建军，等．运筹学．北京：科学出版社，2009.

［13］ 胡运权．运筹学习题集．北京：清华大学出版社，1985.

［14］ 马仲蕃．线性整数规划的数学基础．北京：科学出版社，1995.

［15］ VANDERBEI R J. Linear programming：foundationsand extensions. 2nd ed. Kluwer，Massachusetts，2001.

［16］ LUENBERGER D G，YE Y. Linear and nonlinear programming. 3rd ed. New York：Springer，2008.

［17］ HILLIER F S，LIEBERMAN G J. Introduction to operations research. 8th ed. The McGraw-Hill Company，Inc.，2005（中译本：运筹学导论．胡运权，冯玉强，孙文俊，等译．北京：清华大学出版社，2007.）

［18］ WINSTON W L. Operations research：applications and algorithms. 4th ed. Thomson Learning，2004（中译本：运筹学：应用范例与解法．杨振凯，周红，易兵，等译．北京：清华大学出版社，2006）.

［19］ TAHA H A. Operations research：an introduction. 8th ed. 影印版．北京：人民邮电出版社，2007.

［20］ 王元．数学大辞典．北京：科学出版社，2010.